高等院校电气信息类专业"互联网+"创新规划教材

图论算法理论、实现及应用
(第 2 版)

王桂平　　杨建喜　李　韧　编著

北京大学出版社

PEKING UNIVERSITY PRESS

内 容 简 介

本书系统地介绍了图论算法理论，并选取经典的 ACM/ICPC 题目为例题阐述图论算法思想，侧重于图论算法的程序实现及应用。本书第 1 章介绍图的基本概念和图的两种存储表示方法：邻接矩阵和邻接表。第 2～9 章分别讨论图的遍历与活动网络问题，树与图的生成树，最短路径问题，可行遍性问题，网络流问题，支配集、覆盖集、独立集与匹配，图的连通性问题，平面图及图的着色问题。

本书可以作为高等院校计算机专业(或相关专业)图论等相关课程的主教材，也可作为 ACM/ICPC 的辅导教材。

图书在版编目(CIP)数据

图论算法理论、实现及应用/王桂平，杨建喜，李韧编著. —2 版. —北京：北京大学出版社，2022.1
高等院校电气信息类专业 "互联网+" 创新规划教材

ISBN 978-7-301-32385-4

Ⅰ. ①图… Ⅱ. ①王… ②杨… ③李… Ⅲ. ①图论算法－算法程序－高等学校－教材 Ⅳ. ①O157.5

中国版本图书馆 CIP 数据核字(2021)第 158173 号

书　　　　　名	图论算法理论、实现及应用(第 2 版)
	TULUN SUANFA LILUN、SHIXIAN JI YINGYONG(DI-ER BAN)
著作责任者	王桂平　杨建喜　李　韧　编著
策 划 编 辑	郑　双
责 任 编 辑	郑　双
数 字 编 辑	蒙俞材
标 准 书 号	ISBN 978-7-301-32385-4
出 版 发 行	北京大学出版社
地　　　　址	北京市海淀区成府路 205 号　100871
网　　　　址	http://www.pup.cn　新浪微博：@北京大学出版社
电　　　　话	邮购部 010-62752015　发行部 010-62750672　编辑部 010-62750667
电 子 信 箱	pup_6@163.com
印 刷 者	三河市北燕印装有限公司
经 销 者	新华书店
规　　　　格	787 毫米×1092 毫米　16 开本　29 印张　696 千字
版　　　　次	2011 年 1 月第 1 版
	2022 年 1 月第 2 版　2022 年 8 月第 2 次印刷
定　　　　价	88.00 元

第 2 版前言

图论在运筹学、计算机科学、电子学、信息论、控制论、网络理论、经济管理等领域有着广泛的应用。图论也是离散数学、数据结构、算法分析与设计、运筹学、拓扑学等多门课程的重要教学内容，很多高校甚至把图论单独作为一门课程来开设。由于图论的重要性，图论算法的实现与应用也是各类程序设计竞赛的一种重要题型。

《图论算法理论、实现及应用》第 1 版于 2011 年 1 月出版，距今已十年。这本书的编写思路独特，侧重于系统地阐述图论算法理论、详细地分析图论算法思想，并通过例题诠释图论算法的实现及应用，因而非常适合信息类专业学生使用，又契合了当前在我国高校广泛开展的程序设计类竞赛。因此，这本书受到了信息类专业学生和程序设计竞赛爱好者的喜爱和关注。

此次再版对第 1 版教材进行了全面的修订，主要体现在以下几个方面。

(1) 补充了一些较新的图论算法和应用。例如，第 1 章实现有向图可图序列判定的 Erdös 定理及算法、链式前向星；第 3 章的带权并查集、最大生成树、最小生成森林、最大生成森林；第 4 章的无向网最短路径问题、最长路径；第 8 章的有向图深度优先搜索；等等。

(2) 更新了一些冗长的解题代码，对解题思想进行了重新诠释。

(3) 补充了一些新的例题和练习题，包括编者原创的一些题目。

(4) 为了帮助读者理解图论算法的实现，本书电子资源大部分例题/练习题都提供了测试数据，部分题目还提供了测试数据生成程序，详见附录中的备注。

(5) 为了方便读者学习，本书重新制作了全套课件，录制了 238 个教学视频，约 1800 分钟。

本书继续采用程序设计竞赛题目来阐述图论算法思想在求解这些题目中的应用。没有参加过程序设计竞赛的读者可能对这些题目的输入/输出方式和处理方法难以理解，这部分读者可参考编者在北京大学出版社出版的另一本书——《程序设计方法及算法导引》，这本书适合作为程序设计竞赛爱好者自学或培训的入门教材。

本书再版时为了减少篇幅，所有例题代码都把头文件包含语句"#include <...>"去掉了，读者在运行这些代码或在 ZOJ（浙江大学的 OJ 系统）、POJ（北京大学的 OJ 系统）等在线评判（Online Judge, OJ）网站提交解题代码时都要加上这些语句。本书配套电子资源中的源代码则保留了这些语句。同样，为了减少篇幅，例题代码可能会把多行较短的代码放在同一行，读者阅读代码时要注意。

本书收录了 162 道例题和练习题，其中包括 140 余道各类程序设计竞赛题目(包括作者原创的一些题目)，这些题目在阐述图论算法思想、演示图论算法应用等方面起着重要的作用，部分例题的解答程序也参考了网络上发布的一些源代码。在本书再版之际，编者对这些题目、源代码和参考文献的作者再次表示衷心的感谢！

本书的再版得到了重庆市高等教育教学改革研究重大项目"在线实践和学科竞赛'双核驱动'的计算机类专业程序与算法设计实践教学体系构建"（编号：171016）的支持，在此表示感谢。另外，本书的出版得到了重庆交通大学信息科学与工程学院和北京大学出版社的大力支持，在此表示衷心的感谢。

　　由于编者水平有限，书中难免存在疏误之处，欢迎读者指正，如果读者有什么好的建议，也可以与编者联系，邮箱地址为 w_guiping@163.com，谢谢！

编　者

2021 年 6 月

第 1 版前言

一、图论研究及图论教学[①]

图论(Graph Theory)是数学的一个分支，它以图为研究对象。图论中的图是由若干个给定的顶点及若干条连接两个顶点的边所构成的图形。这种图形通常用来描述某些事物之间的某种特定关系，用顶点代表事物，用连接两个顶点的边表示相应两个事物间具有这种关系。这种图提供了一个很自然的数据结构，可以对自然科学和社会科学中许多领域的问题进行恰当的描述或建模，因此图论研究越来越得到这些领域的专家和学者的重视。

图论最早的研究源于瑞士数学家莱昂哈德·欧拉(Leonhard Euler，1707—1783 年)，他在 1736 年成功地解决了**哥尼斯堡(Königsberg)七桥问题**，从而开创了图论的研究。

哥尼斯堡七桥问题表述如下。东普鲁士哥尼斯堡市(今俄罗斯加里宁格勒)有一条普雷格尔(Pregel)河，如图 0.1(a)所示。普雷格尔河横贯哥尼斯堡城区，它有两条支流，在这两条支流之间夹着一块岛形地带，这里是城市的繁华地区。全城分为北、东、南、岛 4 个区，各区之间共有 7 座桥梁相联系。人们长期生活在河畔、岛上，来往于七桥之间。有人提出这样一个问题：能不能一次走遍所有的 7 座桥，而每座桥只准经过一次？问题提出后，很多人对此很感兴趣，纷纷进行试验，但在相当长的时间里，始终未能解决。

欧拉在 1736 年解决了这个问题，他将这个问题抽象为一个图论问题：把每一块陆地用一个顶点来代替，将每一座桥用连接相应两个顶点的一条边来代替，从而得到一个图，如图 0.1(b)所示。欧拉证明了这个问题没有解(详见本书 5.1 节)，并且推广了这个问题，给出了"对于一个给定的图，能否用某种方式走遍所有的边且没有重复"的判定法则。这项工作使欧拉成为图论及拓扑学的创始人。

在此后的 200 多年时间里，图论的研究从萌芽阶段，逐渐发展成为数学的一个新分支。特别是从 20 世纪初期开始，在生产管理、交通运输、计算机和通信网络等方面涌现了许多离散性问题，这极大地促进了图论的发展。20 世纪 70 年代以后，由于高性能计算机的出现，使大规模的图论问题的求解成为可能。现在，图论理论广泛应用在运筹学、计算机科学、电子学、信息论、控制论、网络理论、经济管理等领域。

由于图论的重要性，越来越多的大学将图论单独作为一门课程来开设，把它作为数学、计算机科学、电子学、管理学等专业本科生和研究生的必修课或选修课。很多其他课程的内容也都涉及图论知识，如离散数学、运筹学、拓扑学等。介绍图论理论的教材逐渐增多，其中也不乏优秀的教材，如参考文献中提及的。这些课程和教材或者是侧重于完整的图论

[①] 本文中关于图论课程教学改革的一些思想，已经发表在《计算机教育》2009 年第 20 期上，论文题目为《计算机专业图论课程教学改革探索》(获得《计算机教育》杂志社举办的"英特尔杯"2009 年全国计算机教育优秀论文评比二等奖)。

知识体系介绍以及复杂的图论定理的数学证明，或者是侧重于从应用数学的角度研究图论在各领域的应用。

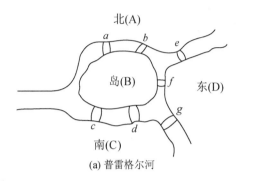

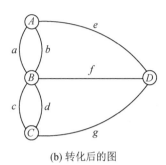

(a) 普雷格尔河   (b) 转化后的图

图 0.1 七桥问题

另外，为了实现用计算机程序求解各种应用问题，计算机科学家抽象出许多数据结构，如栈、队列、堆、树及二叉树、图等，其中图是最重要的数据结构之一，也是应用得最广的数据结构之一。数据结构课程是专门研究这些数据结构的描述、实现及应用的课程。数据结构课程讲到图论部分时，侧重于图结构的描述、图结构的存储、少量基本的图论算法的实现等。

许多学生(特别是计算机专业的学生)在学习图论时，都不满足于图论算法的手工和草稿纸演算，迫切地想知道如何用程序实现图论中的算法，以及如何利用这些算法思想求解实际问题。据作者调查统计[①]，市面上侧重于用程序实现图论算法，并通过例题阐述图论算法思想及其应用的教材少之又少，本书希望能弥补这一缺憾。所以本书立足于图论算法理论和思想的描述及程序实现，并以大量的 ACM/ICPC 题目来阐述图论算法思想在求解这些题目中的应用。接下来简要地介绍 ACM/ICPC。

二、ACM/ICPC

1. ACM/ICPC 简介

ACM/ICPC(ACM International Collegiate Programming Contest，国际大学生程序设计竞赛)是由美国计算机协会(Association for Computing Machinery，ACM)主办的，世界上公认的规模最大、水平最高的国际大学生程序设计竞赛，其目的旨在使大学生运用计算机来充分展示自己分析问题和解决问题的能力。该项竞赛从 1977 年第 1 次举办世界总决赛以来，至今已连续举办 30 多届了。该项竞赛一直受到国际各知名大学的重视，并受到全世界各著名计算机公司的高度关注。

ACM/ICPC 分区域预赛和总决赛两个阶段进行，各预赛区第 1 名自动获得参加世界总决赛的资格。世界总决赛安排在每年的 3—4 月举行，而区域预赛安排在上一年的 9—12 月在各大洲举行。

---

① 编者对互动出版网站(www.china-pub.com)和卓越亚马逊网站(www.amazon.cn)上列出的全部图论相关书目及目录进行了仔细的分析，从而得出的结论。

ACM/ICPC 以组队方式进行比赛，每支队伍由不超过 3 名队员组成，比赛时每支队伍只能使用一台计算机。在 5 个小时的比赛时间里，参赛队伍要解答 6~10 道指定的题目。排名时，首先根据来排名，如果多支队伍相同，则根据队伍的总用时进行排名(用时越少，排名越靠前)。每支队伍的总用时为每道解答正确的题目的用时总和。每道解答正确的题目的用时为从比赛开始计时到该题目解答被判定为正确的时间，其间每一次错误的提交运行将被加罚 20 分钟时间。最终未正确解答的题目不记入总时间，其提交也不加罚时间。

ACM/ICPC 在公平竞争的前提下，提供了一个让大学生充分展示用计算机解决问题的能力与才华的平台。ACM/ICPC 鼓励创造性和团队协作精神，鼓励在编写程序时的开拓与创新，它考验参赛选手在承受相当大的压力下所表现出来的非凡能力。竞赛所触发的大学生的竞争意识为加速培养计算机人才提供了最好的动力。竞赛中对解决问题的严格要求和标准使得大学生对解决问题的深度和广度展开最大程度的追求，也为计算机科学的研究和发展做了一个最好的导向。

由于图论有着丰富的算法和大量灵活的应用问题，所以一直以来图论题目在 ACM/ICPC 中都占了比较大的比重。图的遍历、活动网络、最小生成树、最短路径、图的可行遍性问题、网络流问题、匹配问题、图的连通性、图的着色等都有大量经典的题目，几乎涵盖了图论完整的知识体系。

2. 在线评判网站

随着 ACM/ICPC 的推广，各种程序在线评判(Online Judge，OJ)网站也应运而生，这为程序设计爱好者提供了一种新的程序实践方法：在线程序实践。

在线程序实践是指由 OJ 网站提供题目，用户在线提交程序，OJ 网站的在线评判系统实时评判并反馈评判结果。这些题目一般具有较强的趣味性和挑战性，评判过程和结果也公正及时，因此能引起用户的极大兴趣。

用户在解题时编写的解答程序通过网页提交给在线评判系统称为提交运行，每一次提交运行会被判为正确或者错误，判决结果会及时显示在网页上。

用户从评判系统收到的反馈信息包括以下几种。

"Accepted" ——程序通过评判！

"Compile Error" ——程序编译出错。

"Time Limit Exceeded" ——程序运行超过该题的时间上限还没有得到输出结果。

"Memory Limit Exceeded" ——内存使用量超过题目里规定的上限。

"Output Limit Exceeded" ——输出数据量过大(可能是因为陷入死循环了)。

"Presentation Error" ——输出格式不对，可检查空格、空行等细节。

"Run Time Error" ——程序运行过程中出现非正常中断，如数组越界等。

"Wrong Answer" ——用户程序的输出错误。

用户可以根据 OJ 系统反馈回来的评判结果反复修改程序，直到最终收获 Accepted(程序正确)。这个过程不仅能培养用户独立分析问题、解决问题的能力，而且每成功解决一道题目都能给用户带来极大的成就感。

三、本书安排

本书共分9章，每章内容安排如下。

第1章介绍图的一些基本概念，以及图的两种重要存储表示方法：邻接矩阵和邻接表，并初步讨论存储方式对图论算法复杂度的影响。

第2章讨论图的遍历，遍历是很多图论算法的基础。本章介绍两种重要的遍历方法：深度优先搜索和广度优先搜索，并对这两种遍历算法的思想、程序实现、算法复杂度作详细的分析和讨论。本章还讨论活动网络，包括AOV网络与拓扑排序问题、AOE网络与关键路径问题。

第3章讨论树与图的生成树，主要介绍求无向连通图最小生成树的3种算法：Kruskal算法、Boruvka算法和Prim算法，并对这3种算法的思想、程序实现、算法复杂度做详细的分析和讨论。另外，本章还讨论判断生成树是否唯一的方法。

第4章讨论了有向网(或无向网)中一个典型的问题：最短路径问题。本章介绍求解最短路径问题的4种算法：Dijkstra算法、Bellman-Ford算法、SPFA算法和Floyd算法，这4个算法分别适用于有向网(或无向网)中各边权值的取值的不同情形及问题求解的不同需要。本章着重对这4种算法的思想、递推过程、算法复杂度作详细的讨论，并对这4种算法作详细的对比分析。本章还介绍了求最短路径的算法思想在求解差分约束系统中的应用。

第5章讨论可行遍性问题，包括欧拉回路、汉密尔顿回路以及中国邮递员问题。前两个概念容易混淆，欧拉回路要求经过每条边一次且仅一次并回到出发点，而汉密尔顿回路要求经过每个顶点一次且仅一次并回到出发点。本章介绍相关概念及定理，并讨论这两种回路及中国邮递员问题的求解方法和应用。

第6章讨论网络流问题。许多系统包含了流量问题，如公路系统中有车辆流，控制系统中有信息流，供水系统中有水流，金融系统中有现金流等。从问题求解的需求出发，网络流问题可以分为：网络最大流，流量有上下界的网络的最大流和最小流，最小费用最大流，流量有上下界的网络的最小费用最大流等。本章介绍各种网络流问题的求解方法。

第7章讨论点支配集、点覆盖集、点独立集、边覆盖集、边独立集(匹配)，这些概念之间存在一定的联系，也容易混淆。本章主要讨论各种匹配问题，以及求解二部图最大匹配的算法、程序实现和应用。

第8章讨论图的连通性，这是图论中一个重要的概念。本章介绍无向连通图和非连通图，无向图的点连通性(包括割顶集、割点、顶点连通度、点双连通图等)、边连通性(包括割边集、割边、边连通度、边双连通图等)，有向图的强连通性(包括强连通、弱连通和单连通)。本章着重介绍上述概念及求解算法。

第9章讨论平面图和着色问题。本章介绍平面图和非平面图的概念、平面图的判定方法，以及图的顶点着色、边着色、平面图的面着色等概念和求解算法。

四、本书读者对象及本书特点

本书的读者对象为计算机专业学生或对ACM/ICPC感兴趣的学生。本书可以作为高等院校计算机专业(或相关专业)的图论等相关课程的主教材，也可作为ACM/ICPC的辅导教材。读者应该具备 C/C++语言知识，已经掌握了一定的程序设计思想和方法，具备一定的算法分析与设计能力，并能熟练使用数据结构。

本书在内容取材、描述上具有以下特点。

(1) 许多图论教材对图论概念的描述不一致，造成读者的阅读困难，本书试图改变这一现状，在每个概念的表述上编者查阅了大量的图论著作并进行比较分析，对每个概念采用大多数图论教材采用(或约定)的名词、定义方法等。

(2) 本书对图论算法思想的描述尽可能采用浅显易懂的语言。

(3) 本书忽略所有图论定理的证明，着重分析图论算法的思想，重点在于这些图论算法的程序实现。对图论算法的程序实现是以 ACM/ICPC 例题来阐述的，本书共收录了 130 余道 ACM/ICPC 题目，例题和练习题各约占一半。本书附录列出了本书所有例题和练习题在 ZOJ、POJ 上的题号。

(4) 本书图表内容丰富，共绘制了 270 余幅图表。

(5) 为方便读者阅读和使用，编者对本书中出现的图论术语、符号、图论问题及算法分别做了索引，列在本书后面。

五、关于本书例题和练习题的说明

本书例题和练习题占了比较多的篇幅，为了尽可能压缩本书的篇幅，在此对本书的例题和练习题有以下约定。

(1) 删除了所有例题代码中的头文件，为此在这里对头文件包含做一些说明。因为 ACM/ICPC 题目对程序运行时间要求很严格，所以本书除例 2.8 外所有例题的输入/输出均采用 C 语言的输入/输出方式(即 scanf 函数和 printf 函数)。本书例题代码一般需要包含以下头文件。

```
#include <cstdio>        //或#include <stdio.h>
#include <cstring>       //或#include <string.h>
```

如果使用了 STL 中的栈 stack(或队列 queue、向量 vector、双端队列 deque)，则还需要包含以下头文件，并使用命名空间。

```
#include <stack>         //或#include <queue>，或#include <vector>，或#include <deque>
using namespace std;     //使用命名空间
```

另外，根据不同的情况可能还需要包含以下头文件。

```
#include <algorithm>     //如果调用了排序函数 sort
#include <cstdlib>       //如果调用了排序函数 qsort
#include <cmath>         //如果调用了数学函数
```

例 2.8 中的代码用到了 string 类，所以只能采用 C++语言的输入/输出方式(即 cin 和 cout)，因此例 2.8 需要包含以下头文件。

```
#include <iostream>      //支持 C++输入/输出的头文件
#include <string>        //string 类头文件
#include <cstring>       //字符处理函数 strcpy、memset 等
using namespace std;     //命名空间
```

(2) 每道题目的样例输入/样例输出中一般只给出一个测试数据，除非在题目的分析中需要借助不同的测试数据来解释算法时需要考虑不同情形。

六、关于插图格式的说明

为了便于读者阅读和理解书中的插图，编者对书中的插图作以下格式约定。

(1) 顶点序号。顶点序号一般从 1 开始计起，但第 4、6 章的插图顶点序号一般从 0 开始计起，因为这两章的算法和应用问题都包含源点，顶点 0 一般作为源点。另外，个别例题和练习题中顶点序号是从 0 开始计起，本书遵守题目的规定，不做修改。

(2) 顶点的表示。本书统一用两种圆圈表示顶点，即较小的空心圆圈和较大的空心圆圈。前者在必要的时候(如区分二部图两个顶点集合中的顶点)可以填充为实心圆圈；后者主要是考虑到很多情况下需要将顶点的序号或其他标识顶点的符号放在圆圈内，因为顶点旁可能有其他的参数(如第 6 章中顶点的标号、第 8 章中顶点的深度优先数等)，或者是为了突出顶点的重要性(如无向图的连通分量等)。

七、致谢

本书收录了 130 余道 ACM/ICPC 题目，这些题目在阐述图论算法思想、演示图论算法应用等方面起着重要的作用，部分例题的解答程序也参考了网络上发布的一些源代码。同时，本书在编写过程中还参考了国内外多本优秀的图论教材(详见参考文献)。在此，编者对这些题目、源代码和图论教材的作者一并表示衷心的感谢！

本书的编写和出版得到了 2010 年浙江省教育科学规划研究课题"以大学生学科竞赛为契机推动课程群的规划与建设"(编号：SCG156)的支持，在此表示感谢！

由于编者水平有限，书中难免有疏漏之处，欢迎读者指正，或者读者有什么好的建议，都可以联系编者：w_guiping@163.com。不胜感激！

编　者
2010 年 10 月

目　　录

第 1 章　图的基本概念及图的存储

本章介绍图论的一些术语、可图序列的判定，以及图的两种存储表示方法(邻接矩阵和邻接表)。图论知识的一个特点是术语特别多，为了使读者尽快进入到图论算法层次，而不是停留在术语层面上，本节只介绍一些基本的术语，其他术语(如遍历、拓扑排序、网络流、割点、割边等)在其他章节里需要用的时候再补充介绍。

图的基本概念及图的存储

1.1　基 本 概 念

1.1.1　有向图与无向图

图(graph)是由顶点集合和顶点间的二元关系集合(即边的集合或弧的集合)组成的数学模型，通常可以用 $G(V, E)$ 来表示。其中，**顶点集合**(vertext set)和**边的集合**(edge set)分别用 $V(G)$ 和 $E(G)$ 表示。$V(G)$ 中的元素称为**顶点**(vertex)或**结点**(node)，用 u, v, v_1, v_2 等符号表示；顶点个数称为图的**阶**(order)，通常用 n 表示。$E(G)$ 中的元素称为**边**(edge)，用 e, e_1, e_2 等符号表示；边的数目称为图的**边数**(size)，通常用 m 表示。

例如，图 1.1(a)所示的图可以表示为 $G_1(V, E)$。其中，顶点集合 $V(G_1) = \{ 1, 2, 3, 4, 5, 6 \}$，集合中的元素为顶点(用序号代表，在其他图中，顶点集合中的元素也可以是其他标识顶点的符号，如字母 A、B、C 等)；边的集合为

$E(G_1) = \{ (1, 2), (1, 3), (2, 3), (2, 4), (2, 5), (2, 6), (3, 4), (3, 5), (4, 5) \}$。

上述边的集合中，每个元素 (u, v) 为一对顶点构成的无序对(用圆括号括起来)，表示与顶点 u 和 v 相关联的一条**无向边**(undirected edge)，这条边没有特定的方向，因此 (u, v) 与 (v, u) 是同一条边。如果所有的边都没有方向性，这种图称为**无向图**(undirected graph)。

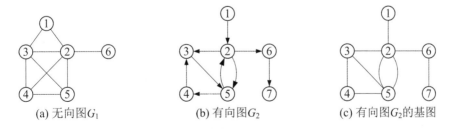

图 1.1　无向图与有向图

图 1.1(b)所示的图可以表示为 $G_2(V, E)$，其中，顶点集合 $V(G_2) = \{ 1, 2, 3, 4, 5, 6, 7 \}$，集合中的元素也为顶点的序号；边的集合为

$E(G_2) = \{ <1, 2>, <2, 3>, <2, 5>, <2, 6>, <3, 5>, <4, 3>, <5, 2>, <5, 4>, <6, 7> \}$。

上述边的集合中，每个元素$<u, v>$为一对顶点构成的有序对(用尖括号括起来)，表示从顶点u到顶点v的**有向边**(directed edge)。其中，u是这条有向边的**起始顶点**(start vertex)，简称起点，v是这条有向边的**终止顶点**(end vertex)，简称终点，这条边有特定的方向，由u指向v，因此$<u, v>$与$<v, u>$是两条不同的边。例如，在图G_2中，$<2, 5>$和$<5, 2>$是两条不同的边。如果图中所有的边都是有方向性的，这种图称为**有向图**(directed graph 或 digraph)。有向图中的边也可以称为**弧**(arc)。有向图也可以表示成$D(V, A)$，其中A为弧的集合。

有向图的**基图**(ground graph)是指忽略有向图所有边的方向，从而得到的无向图。例如，图 1.1(c)为有向图G_2的基图。

说明：如果一个图中某些边具有方向性，而其他边没有方向性，这种图可以称为**混合图**(mixed graph)；如无特殊说明，本书的讨论仅限于无向图和有向图，不包括混合图。

1.1.2 完全图、稀疏图、稠密图

许多图论算法的复杂度都与图中顶点个数n或边的数目m有关，甚至m与$n \times (n-1)$之间的相对大小也会影响图论算法的选择。下面介绍几个与顶点个数、边的数目相关的概念。

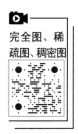

完全图(complete graph)。如果无向图中任何一对顶点之间都有一条边，这种无向图称为完全图。在完全图中，阶数和边数存在关系式：$m = n \times (n-1)/2$。例如，图 1.2(a)所示的无向图就是完全图。阶为n的完全图用K_n表示。例如，图 1.2(a)为 4 阶完全图K_4。

有向完全图(directed complete graph)。如果有向图中任何一对顶点u和v，都存在$<u, v>$和$<v, u>$两条有向边，这种有向图称为有向完全图。在有向完全图中，阶数和边数存在关系式：$m = n \times (n-1)$。例如，图 1.2(b)为 4 阶有向完全图。

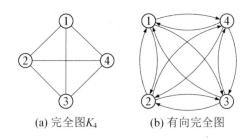

(a) 完全图K_4　　　(b) 有向完全图

图 1.2　完全图与有向完全图

稀疏图(sparse graph)。边或弧的数目相对较少[远小于$n \times (n-1)$]的图称为稀疏图。有的文献认为，边或弧的数目$m < n\log_2 n$的无向图或有向图，称为稀疏图。

稠密图(dense graph)。边或弧的数目相对较多的图(接近于完全图或有向完全图)称为稠密图。例如，图 1.3(a)可以称为稀疏图，图 1.3(b)可以称为稠密图。

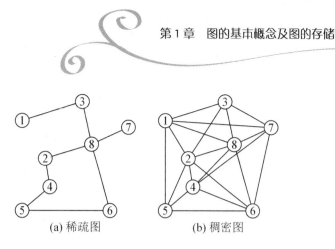

(a) 稀疏图　　　　　　(b) 稠密图

图 1.3　稀疏图与稠密图

平凡图(trivial graph)与**非平凡图**(nontrivial graph)。只有一个顶点的图, 即阶 $n=1$ 的图称为平凡图。相反, 阶 $n>1$ 的图称为非平凡图。

零图(null graph)。边的集合 $E(G)$ 为空的图, 称为零图。

1.1.3　顶点与顶点、顶点与边的关系

在无向图和有向图中, 顶点与顶点之间的关系, 以及顶点与边之间的关系是通过**邻接**(adjacency)这个概念来表示的。

对无向图 $G(V, E)$, 如果 $(u, v) \in E(G)$, 即 (u, v) 是图中一条无向边, 则称顶点 u 与 v 互为**邻接顶点**(adjacent vertex), 边 (u, v) **依附于**(attach to)顶点 u 和 v, 或称边 (u, v) 与顶点 u 和 v **相关联**(incident)。此外, 称有一个共同顶点的两条不同边互为**邻接边**(adjacent edge)。

例如, 在图 1.1(a)所示的无向图 G_1 中, 与顶点 2 相邻接的顶点有 1, 3, 4, 5, 6, 而依附于顶点 2 的边有(2, 1), (2, 3), (2, 4), (2, 5), (2, 6)。

对有向图 $G(V, E)$, 如果 $<u, v> \in E(G)$, 即 $<u, v>$ 是图中一条有向边, 则称顶点 u **邻接到** (adjacent to)顶点 v, 顶点 v **邻接自**(adjacent from)顶点 u, 边 $<u, v>$ 与顶点 u 和 v **相关联**。

例如, 在图 1.1(b)所示的有向图 G_2 中, 顶点 2 分别邻接到顶点 3, 5, 6, 邻接自顶点 1, 5; 有向边 $<2, 6>$ 的顶点 2 邻接到顶点 6, 顶点 6 邻接自顶点 2; 顶点 2 分别与边 $<2, 3>$, $<2, 5>$, $<2, 6>$, $<1, 2>$, $<5, 2>$ 相关联, 等等。

自回路(self circuit)是指关联于同一顶点的边, 或称**自身环**(self loop)。

平行边(parallel edge)。在有向图中, 起点和终点均相同的边称为平行边; 在无向图中, 两个顶点间的多条边称为平行边。平行边也称**重边**(multiple edge)。

与平行边易混淆的另一个概念是**对称边**(symmetric edge)。如果有一对顶点 u 和 v, 边 $<u, v>$ 和 $<v, u>$ 同时存在, 则这两条边称为对称边。

简单图(simple graph)是指不含有平行边和自身环的图。

1.1.4　顶点的度数及度序列

1. 与顶点度数有关的概念

在无向图中, 一个顶点 u 的**度数**(degree)是与它相关联的边的数目, 记为 $\deg(u)$。例如, 在图 1.1(a)所示的无向图 G_1 中, 顶点 2 的度数为 5, 顶点 5 的度数为 3。

在有向图中,顶点的度数等于该顶点的出度与入度之和。其中,顶点 u 的**出度**(outdegree)是以 u 为起始顶点的有向边(即从顶点 u 出发的有向边)的数目,记为 $od(u)$;顶点 u 的**入度**(indegree)是以 u 为终点的有向边(即进入到顶点 u 的有向边)的数目,记为 $id(u)$。顶点 u 的度数为: $\deg(u) = od(u) + id(u)$。例如,在图 1.1(b)所示的有向图 G_2 中,顶点 2 的出度为 3,入度为 2,则度数为 $3 + 2 = 5$。

在无向图和有向图中,边数 m 和所有顶点度数总和都存在以下关系。

定理 1.1 在无向图和有向图中,所有顶点度数总和,等于边数的两倍,即

$$m = \frac{1}{2}\left\{\sum_{i=1}^{n}\deg(u_i)\right\}。 \tag{1-1}$$

这是因为,对有向图和无向图,在统计所有顶点度数总和时,每条边都统计了两次。
度数为偶数的顶点称为**偶点**(even vertex),把度数为奇数的顶点称为**奇点**(odd vertex)。

定理 1.1 的推论 每个图都有偶数个奇点。

孤立顶点(isolated vertex)是指度数为 0(即不与其他任何顶点邻接)的顶点。

叶(leaf)是指度数为 1 的顶点,也称**叶顶点**(leaf vertex)或**端点**(end vertex)。其他顶点称为非叶顶点。

图 G 的**最小度**(minimum degree)是指图 G 所有顶点度数的最小值,记为 $\delta(G)$。

图 G 的**最大度**(maximum degree)是指图 G 所有顶点度数的最大值,记为 $\Delta(G)$。

例如,图 1.1(a)所示的无向图 G_1 没有孤立顶点,顶点 6 为叶顶点;$\delta(G_1) = 1$,$\Delta(G_1) = 5$。

2. 度序列与 Havel-Hakimi 定理

度序列与
Havel-Hakimi 定理

度序列(degree sequence)。若把无向图 G 所有顶点的度数排成一个序列 s,则称 s 为图 G 的度序列。例如,图 1.1(a)所示的无向图 G_1 的度序列为

s: 2, 5, 4, 3, 3, 1; 或 s': 1, 2, 3, 3, 4, 5; 或 s'': 5, 4, 3, 3, 2, 1。

其中,序列 s 是按顶点序号顺序排列的,序列 s' 是按度数非减顺序排列的,序列 s'' 是按度数非增顺序排列的。给定一个无向图,确定它的度序列很简单,但是其逆问题并不容易,即给定一个由非负整数组成的有限序列 s,判断 s 是否是某个无向图的度序列。

一个由非负整数组成的有限序列如果是某个无向图的度序列,则称该序列是**可图的**(graphical)。对于判定一个序列是否是可图的,Havel 和 Hakimi 分别于 1955 年和 1962 年各自提出并证明了一种求解算法,即以下的定理 1.2。

定理 1.2(Havel-Hakimi 定理) 由非负整数组成的非增序列 s: $d_1, d_2, \cdots, d_n$ $(n \geqslant 2, d_1 \geqslant 1)$ 是可图的,当且仅当序列

s_1: $d_2 - 1, d_3 - 1, \cdots, d_{d1+1} - 1, d_{d1+2}, \cdots, d_n$

是可图的。序列 s_1 中有 $n-1$ 个非负整数,s 序列中 d_1 后的前 d_1 个度数(即 $d_2 \sim d_{d1+1}$)各减 1 后构成 s_1 中的前 d_1 个数。

例如,判断序列 s: 7, 7, 4, 3, 3, 3, 2, 1 是否是可图的。删除 s 的首项 7,对其后的 7 项每项减 1,得到 6, 3, 2, 2, 2, 1, 0。继续删除首项 6,对其后的 6 项每项减 1,得到 2, 1, 1, 1, 0, -1,到这一步出现了负数。由于图中不可能存在负数的顶点,因此该序列不是可图的。

又如,判断序列 s: 5, 4, 3, 3, 2, 2, 2, 1, 1, 1 是否是可图的。删除 s 的首项 5,对其后的 5

项每项减 1，得到 3, 2, 2, 1, 1, 2, 1, 1, 1，重新排序后为 3, 2, 2, 2, 1, 1, 1, 1, 1。继续删除首项 3，对其后的 3 项每项减 1，得到 1, 1, 1, 1, 1, 1, 1, 1。如此再陆续得到序列 1, 1, 1, 1, 1, 1, 0；1, 1, 1, 1, 0, 0；1, 1, 0, 0, 0, 0；0, 0, 0, 0。由此可判定该序列是可图的。

Havel-Hakimi 定理实际上给出了根据一个序列 s 构造图(或判定 s 不是可图的)的算法：把序列 s 按照非增顺序排序以后，其顺序为 $d_1, d_2, \cdots, d_n$；度数最大的顶点设为 v_1，将它分别与序列中后续的前 d_1 个顶点连边，然后这个顶点就可以不管了，即在序列中删除首项 d_1，并把后面的 d_1 个度数各减 1；再把剩下的序列重新按非增顺序排序，按照上述过程连边；……；直到构造出完整的图，或出现负度数等不合理的情况为止。

例如，对序列 s: 3, 3, 2, 2, 1, 1 构造图，设度数从大到小的 6 个顶点为 $v_1 \sim v_6$。首先 v_1 与 v_2、v_3、v_4 连边，如图 1.4(a)所示；剩下序列为 2, 1, 1, 1, 1。如果后面 4 个 1 对应 v_3、v_4、v_5、v_6，则应该在 v_2 与 v_3、v_2 与 v_4 之间连边，最后在 v_5 与 v_6 之间连边，如图 1.4(b)所示。如果后面 4 个 1 对应 v_5、v_6、v_3、v_4，则应该在 v_2 与 v_5、v_2 与 v_6 之间连边，最后在 v_3 与 v_4 之间连边，如图 1.4(c)所示。由此可见，由同一个可图的序列构造出来的图不一定是唯一的。

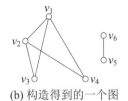
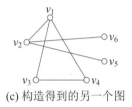

(a) v_1 与 3 个顶点连边　　(b) 构造得到的一个图　　(c) 构造得到的另一个图

图 1.4　根据度序列构造图

从 Havel-Hakimi 算法的构图过程可以看出，构造出来的无向图不包含平行边和自身环，即 Havel-Hakimi 算法只适用于简单图的情形。

利用 Havel-Hakimi 定理判断一个序列是否是可图的，其程序实现详见例 1.2。

3. 有向图的度序列及 Erdös 定理

给定一个有向图，可求出每个顶点的出度和入度，把各顶点的出度排成一个序列、各顶点的入度排成另一个序列。其逆问题是：给定两个非负整数序列，记为 $d^+ = \{d_1^+, d_2^+, \cdots, d_n^+\}$ 和 $d^- = \{d_1^-, d_2^-, \cdots, d_n^-\}$，判定能否将 d^+ 作为出度序列、将 d^- 作为入度序列构造出一个有向图，其中 d_j^+、d_j^- 为顶点 j 的出度和入度，$d_j^+ \geq 0$，$d_j^- \geq 0$，$d_j^+ + d_j^- > 0, j \in [1, n]$，即不考虑孤立顶点。对于这一问题，Péter L. Erdös 于 2010 年提出了求解算法，即定理 1.3。

序列的标准顺序(normal order)。 称序列 d^+ 和 d^- 是标准顺序的，如果满足 $d_i^- > d_{i+1}^-$，或者 $d_i^- = d_{i+1}^-$ 且 $d_i^+ \geq d_{i+1}^+$，$i = 1, 2, 3, \cdots, n-2$。

说明：(1) 标准顺序的定义中对 d_n^+ 和 d_n^- 在大小顺序上没有要求。(2) $d_i^- > d_{i+1}^-$，或者 $d_i^- = d_{i+1}^-$ 且 $d_i^+ \geq d_{i+1}^+$ 意味着要对剩下的 $n-1$ 个顶点先按 d^- 非增顺序排序；如果 d^- 中存在相等的入度，则再按 d^+ 非增顺序排序。

定理 1.3(Erdös 定理) 假定(d^+，d^-)是标准顺序，且 $d_n^+ > 0$，则非负整数序列(d^+，d^-)分别是某个有向图的出度和入度序列[称(d^+，d^-)是可图的]，当且仅当(Δ_k^+, Δ_k^-)

$$\Delta_k^+ = \begin{cases} d_k^+, & k \neq n \\ 0, & k = n; \end{cases} \qquad \Delta_k^- = \begin{cases} d_k^- - 1, & k \leqslant d_n^+ \\ d_k^-, & k > d_n^+ \end{cases}$$

是可图的(去掉出度和入度均为 0 的顶点)。

注意：定理 1.3 中的 $k \leqslant d_n^+$，实际上是指 d^-(已经是标准顺序)中的前 d_n^+ 个入度对应的顶点。

定理 1.3 实际上也给出了根据两个非负整数序列 d^+ 和 d^- 构造有向图(或判定 d^+ 和 d^- 不可图)的算法：每一步从 d^+ 中选择一个非 0 的出度(记为 d_n^+)，然后对剩下的序列构造出标准顺序，并将 d^- 中前 d_n^+ 个入度减 1，即从 d_n^+ 对应的顶点向前 d_n^+ 个入度对应的顶点各连一条有向边。注意，虽然每一步可以选择任何顶点作为 d_n^+ 对应的顶点，但选择入度为 0 的顶点更有利，因为这一步运算后，该顶点出度和入度都为 0，从而可以去掉了。

例如，给定 $d^+ = \{1,2,0,1,2\}$，$d^- = \{1,0,3,1,1\}$(各元素对应的顶点序号依次为 1~5)。按照 Erdös 算法构造有向图的过程如图 1.5 所示。在图 1.5(b)中，选择顶点 2 的出度(为 2)作为 d_n^+，并对剩下的 d^+ 和 d^- 构造标准顺序，然后对入度序列中前两个顶点的入度分别减 1，意味着连两条边<2, 3>和<2, 5>，如图 1.5(a)所示，然后去掉顶点 2(因为入度和出度均为 0)。最后在图 1.5(h)中，连一条边<4, 3>。最终构造的有向图，出度和入度序列分别是 d^+ 和 d^-。

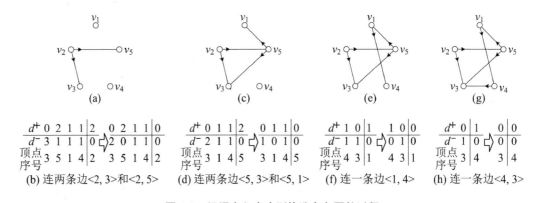

图 1.5 根据出入度序列构造有向图的过程

如果存在 $d_i^- = d_{i+1}^-$ 且 $d_i^+ = d_{i+1}^+$，则在连边时可能有多种方案，因此 Erdös 算法构造出来的有向图可能不唯一。另外，如果原始序列或算法执行过程中得到的序列为 $d^+ = \{1, 1\}$，$d^- = \{1, 1\}$，则构造出来的有向图可能包含**对称边**。

注意：Erdös 算法根据给定的非负整数序列 (d^+, d^-) 构造出来的有向图为简单有向图，即不包含平行边和自身环。

利用 Erdös 定理判断两个非负整数序列 d^+ 和 d^- 是否是可图的，其程序实现详见例 1.3。

1.1.5 二部图与完全二部图

二部图(bipartite graph)。设无向图为 $G(V, E)$，它的顶点集合 V 可分成两个没有公共元素的子集，$X = \{x_1, x_2, \cdots, x_s\}$ 和 $Y = \{y_1, y_2, \cdots, y_t\}$，其元素个数分别为 s 和 t，并且 x_i 与 x_j

之间($1 \leq i$, $j \leq s$)、y_l 与 y_r 之间($1 \leq l$, $r \leq t$)没有边连接，则称 G 为二部图，有的文献也称二分图。例如，图 1.6(a)所示的无向图就是一个二部图。

完全二部图(complete bipartite graph)。在二部图 G 中，如果顶点集合 X 中每个顶点 x_i 与顶点集合 Y 中每个顶点 y_l 都有边相连，则称 G 为完全二部图，记为 $K_{s,t}$，s 和 t 分别为集合 X 和集合 Y 中的顶点个数。在完全二部图 $K_{s,t}$ 中一共有 $s \times t$ 条边。

例如，图 1.6(b)所示的 $K_{2,3}$ 和图 1.6(c)所示的 $K_{3,3}$ 都是完全二部图。

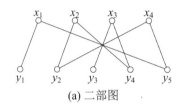 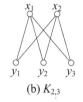 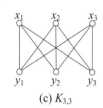

(a) 二部图   (b) $K_{2,3}$ (c) $K_{3,3}$

图 1.6 二部图与完全二部图

观察图 1.7(a)和(c)所示两个图，表面上看起来这两个图都不是二部图。但仔细观察会发现图 1.7(a)中 3 个黑色顶点互不相邻，3 个白色顶点也互不相邻，每个黑色顶点都与 3 个白色顶点相邻，因此图 1.7(a)实际上也是 $K_{3,3}$，如图 1.7(b)所示。同样，图 1.7(c)中 4 个黑色顶点互不相邻，4 个白色顶点也互不相邻，对这 8 个顶点进行编号后，重新画成图 1.7(d)所示的图，发现图 1.7(c)实际上也是一个二部图。

 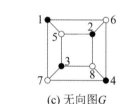 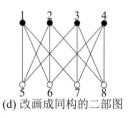

(a) $K_{3,3}$ 的另一种形式   (b) $K_{3,3}$ (c) 无向图 G (d) 改画成同构的二部图

图 1.7 二部图的判定

一个图是否为二部图，可由下面的定理判定。

定理 1.4 一个无向图 G 是二部图当且仅当 G 中无奇数长度的回路(回路及路径长度的概念请参考 1.1.8 节)。

由定理 1.4 可判定图 1.7(a)和(c)都是二部图。

1.1.6 图的同构

从图 1.7 可知，有些图之间看起来差别很大，如图 1.7(a)和(b)、图 1.7(c)和(d)，但经过改画后，它们实际上是同一个图。

又如，图 1.8 中两个无向图 G_1 和 G_2 表面上看差别也很大，但是对图 G_2 按照图 1.8(b)中的顺序给每个顶点编号后发现，G_2 和 G_1 实际上是同一个图。

图的同构(isomorphism)。设有两个图 G_1 和 G_2，如果这两个图区别仅在于图的画法与(或)顶点的标号方式，则称它们是同构的。意思就是说这两个图是同一个图。图的同构，其严格定义和判定方法比较复杂，超出了本书的难度，请读者参考其他相关书籍。

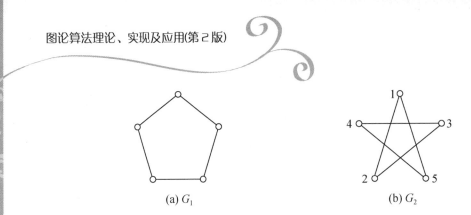

(a) G_1 (b) G_2

图 1.8　图的同构

1.1.7　子图与生成树

子图与生成树

　　设有两个图 $G(V, E)$ 和 $G'(V', E')$，如果 $V' \subseteq V$，且 $E' \subseteq E$，则称图 G' 是图 G 的子图(subgraph)。例如，图 1.9(a)和(b)所示的无向图都是图 1.1(a)所示的无向图 G_1 的子图，而图 1.9(c)和(d)所示的有向图都是图 1.1(b)所示的有向图 G_2 的子图。

　　生成树(spanning tree)。一个无向连通图(连通图的概念详见 1.1.9 节)的生成树是它的包含所有顶点的极小连通子图,这里所谓的极小就是边的数目极小。如果图中有 n 个顶点，则生成树有 $n-1$ 条边。一个无向连通图可能有多个生成树。

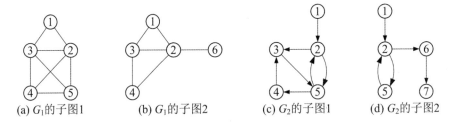

(a) G_1 的子图1　　(b) G_1 的子图2　　(c) G_2 的子图1　　(d) G_2 的子图2

图 1.9　子图

　　例如，图 1.1(a)所示的无向图 G_1 的一个生成树如图 1.10(a)所示。为了更形象地表示这个生成树，在图 1.10(b)中把它画成了以顶点 1 为根结点的树，在图 1.10(c)中把它画成了以顶点 3 为根结点的树。

(a) 无向图G_1的一个生成树　　(b) 以顶点1为根结点　　(c) 以顶点3为根结点

图 1.10　无向图的生成树

　　观察图 1.11，其中图(b)和(c)都是图(a)的子图，这两个子图的顶点集相同，为 $V' = \{2, 3, 4, 5\}$，但边集不相同。图 1.11(b)保留了原图中 V' 内各顶点间的边，而在图 1.11(c)中，原图的边(3, 5)和边(3, 2)被去掉了。因此，有必要进一步讨论子图。

　　设图 $G'(V', E')$ 是图 $G(V, E)$ 的子图，且对于 V' 中的任意两个顶点 u 和 v，只要 (u, v) 是

G 中的边，则一定是 G' 中的边，此时称图 G' 为**由顶点集合 V' 诱导的 G 的子图**(subgraph of G induced by V')，简称**顶点诱导子图**(vertex-induced subgraph)，记为 $G[V']$。根据定义，图 1.11(b) 是由 $V' = \{ 2, 3, 4, 5 \}$ 诱导的 G 的子图，图 1.11(c)和(d)都不是顶点诱导子图。

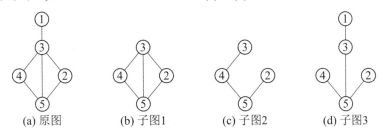

(a) 原图　　(b) 子图 1　　(c) 子图 2　　(d) 子图 3

图 1.11　子图与诱导子图

类似地，对于图 G 的一个非空的边集合 E'，**由边集合 E' 诱导的 G 的子图**是以 E' 作为边集，以至少与 E' 中一条边关联的那些顶点构成顶点集 V'，这个子图 $G'(V', E')$ 称为是 G 的一个**边诱导子图**(edge-induced subgraph)，记为 $G[E']$。根据定义，图 1.11(b)、(c)和(d)都是边诱导子图。

说明：由于边必须依附于顶点而存在，所以对于"某条边属于子图，但该边某个顶点不属于子图"的情形，是没有意义的，本书对这种子图不做进一步的讨论。

1.1.8　路径

路径是图论中一个很重要的概念。在图 $G(V, E)$ 中，若从顶点 v_i 出发，沿着一些边经过一些顶点 $v_{p1}, v_{p2}, \cdots, v_{pm}$，到达顶点 v_j，则称顶点序列$(v_i, v_{p1}, v_{p2}, \cdots, v_{pm}, v_j)$为从顶点 v_i 到顶点 v_j 的一条**路径**(path)，其中$(v_i, v_{p1}), (v_{p1}, v_{p2}), \cdots, (v_{pm}, v_j)$为图 G 中的边。如果 G 是有向图，则$<v_i, v_{p1}>, <v_{p1}, v_{p2}>, \cdots, <v_{pm}, v_j>$为图 G 中的有向边。

路径

路径长度(length)。路径中边的数目通常称为路径的长度。

例如，在图 1.1(a)所示的无向图 G_1 中，顶点序列(1, 2, 5, 4)是从顶点 1 到顶点 4 的路径，路径长度为 3，其中(1,2), (2,5), (5,4)都是图 G_1 中的边；另外，顶点序列(1, 3, 4)也是从顶点 1 到顶点 4 的路径，路径长度为 2。

在图 1.1(b)所示的有向图 G_2 中，顶点序列(3, 5, 2, 6)是从顶点 3 到顶点 6 的路径，路径长度为 3，其中$<3,5>, <5,2>, <2,6>$都是图 G_2 中的有向边；而从顶点 7 到顶点 1 没有路径。

简单路径(simple path)。若路径上各顶点 $v_i, v_{p1}, v_{p2}, \cdots, v_{pm}, v_j$ 均互相不重复，则称为简单路径。例如，在图 1.1(a)所示的无向图 G_1 中，路径(1, 2, 5, 4)就是一条简单路径。

迹(trace)。若路径上各边均不重复，则这样的路径称为迹。

注意：顶点不重复，则边一定不重复，因此简单路径一定是迹。反过来则不成立。

回路(circuit)。若路径上第一个顶点 v_i 与最后一个顶点 v_j 重合，则称这样的路径为回路。例如，在图 1.1 中，图 G_1 中的路径(2, 3, 4, 5, 2)和图 G_2 中的路径(5, 4, 3, 5)都是回路。回路也称**环**(loop)。

简单回路(simple circuit)。除第一个和最后一个顶点外，没有顶点重复的回路称为简单回路。简单回路也称**圈**(cycle)。长度为奇数的圈称为**奇圈**(odd cycle)，长度为偶数的圈称为**偶圈**(even cycle)。

1.1.9 连通性

连通性也是图论中一个很重要的概念。在无向图中，若从顶点 u 到 v 有路径，则称顶点 u 和 v 是**连通**(connected)的。如果无向图中任意一对顶点都是连通的，则称此图是**连通图**(connected graph)；如果一个无向图不连通，则称此图是**非连通图**(disconnected graph)。

如果一个无向图不是连通的，则其极大连通子图称为**连通分量**(connected component)，这里所谓的极大是指子图中包含的顶点个数极大。

例如，图 1.1(a)所示的无向图 G_1 就是一个连通图。在图 G_1 中，如果去掉边(2, 6)，则剩下的图就是非连通的，且包含两个连通分量，一个是由顶点 1、2、3、4、5 组成的连通分量，另一个是由顶点 6 构成的连通分量。

又如，图 1.12 所示的无向图也是非连通图。其中顶点 1、2、3、5 构成一个连通分量，顶点 4、6、7、8 构成另一个连通分量。

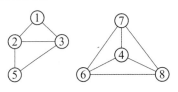

图 1.12　非连通图

对于有向图，若每对顶点 u 和 v，同时存在从 u 到 v 的路径和从 v 到 u 的路径，则称其为**强连通图**(strongly connected digraph)。例如，图 1.13(a)和(b)所示的有向图就是强连通图。

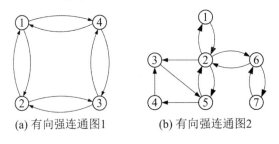

(a) 有向强连通图1　　　　　(b) 有向强连通图2

图 1.13　强连通图

对于非强连通图，其极大强连通子图称为**强连通分量**(strongly connected component)。

例如，图 1.14(a)所示的有向图 G_2 就是非强连通图，它包含 3 个强连通分量，如图 1.14(b)所示。其中，顶点 2、3、4、5 构成一个强连通分量，在这个子图中，每一对顶点 u 和 v，既存在从 u 到 v 的路径，也存在从 v 到 u 的路径；顶点 1、6、8 也构成一个强连通分量，顶点 7 自成一个强连通分量。

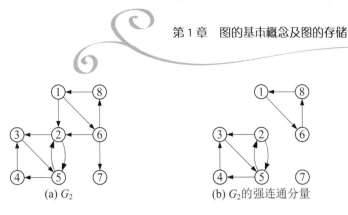

(a) G_2　　　　　(b) G_2 的强连通分量

图 1.14　有向图的强连通分量

1.1.10　权值、有向网与无向网

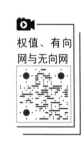
权值、有向
网与无向网

　　某些图的边具有与它相关的数，称为**权值**(weight)。这些权值可以表示从一个顶点到另一个顶点的距离、花费的代价、所需的时间等。如果一个图，其所有边都具有权值，则称其为**加权图**(weighted graph)，或称**网络**(net)。根据网络中的边是否具有方向性，又可以分为**有向网**(directed net)和**无向网**(undirected net)。网络也可以用 $G(V, E)$ 表示，其中边的集合 E 中每个元素包含 3 个分量：边的两个顶点和权值。

　　例如，图 1.15(a)所示的无向网可表示为 $G_1(V, E)$，其中顶点集合 $V(G_1) = \{1, 2, 3, 4, 5, 6, 7\}$；边的集合为

$$E(G_1) = \{ (1, 2, 28), (1, 6, 10), (2, 3, 16), (2, 7, 14), (3, 4, 12),$$
$$(4, 5, 22), (4, 7, 18), (5, 6, 25), (5, 7, 24) \}。$$

在 $E(G_1)$ 中，每个元素的第 3 个分量表示该边的权值。

　　图 1.15(b)所示的有向网可以表示为 $G_2(V, E)$，其中顶点集合 $V(G_2) = \{1, 2, 3, 4, 5, 6, 7\}$；边的集合为

$$E(G_2) = \{ <1, 2, 12>, <2, 4, 85>, <3, 2, 43>, <4, 3, 65>, <5, 1, 58>,$$
$$<5, 2, 90>, <5, 6, 19>, <5, 7, 70>, <6, 4, 24>, <7, 6, 50> \}。$$

同样在 $E(G_2)$ 中，每个元素的第 3 个分量也表示该边的权值。

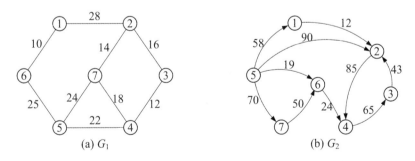

(a) G_1　　　　　(b) G_2

图 1.15　无向网与有向网

1.2　图的存储表示

　　本节介绍图的两种存储表示法：邻接矩阵(adjacency matrix)和邻接表(adjacency list)。此外，由邻接矩阵求得的可达性矩阵，在图论问题中有着广泛的应用。

1.2.1 邻接矩阵

邻接矩阵

1. 有向图和无向图的邻接矩阵

在邻接矩阵存储表示法中,除了一个记录各个顶点信息的**顶点数组**外,还有一个表示各个顶点之间邻接关系的矩阵,称为**邻接矩阵**。设 $G(V, E)$ 是一个具有 n 个顶点的图,则图的邻接矩阵是一个 $n×n$ 的二维数组,在本书中用 **Edge**$[n][n]$ 表示,它的定义为

$$\mathbf{Edge}[i][j] = \begin{cases} 1 & \text{如果} <i, j> \in E,\text{或}(i, j) \in E \\ 0 & \text{其他} \end{cases} \qquad (1\text{-}2)$$

例如,图 1.16 给出了图 1.1(a)中的无向图 $G_1(V, E)$ 及其邻接矩阵表示。在图 1.16 中,为了表示顶点信息,特意将顶点的标号用字母 A、B、C、D、E 和 F 表示,各顶点的信息存储在顶点数组中,如图 1.16(b)所示。注意在 C/C++语言中,数组元素下标从 0 开始计起。G_1 的邻接矩阵如图 1.16(c)所示,从图中可以看出,无向图的邻接矩阵是沿主对角线对称的。

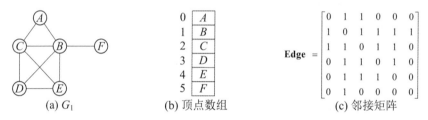

(a) G_1 (b) 顶点数组   (c) 邻接矩阵

图 1.16 无向图的邻接矩阵表示

又如,图 1.17 给出了图 1.1(b)中的有向图 $G_2(V, E)$ 及其邻接矩阵表示。同样,为了表示顶点信息,在图 1.17 中特意将顶点的标号用字母 A、B、C、D、E、F 和 G 表示,各顶点的信息存储在顶点数组中,如图 1.17(b)所示。G_2 的邻接矩阵如图 1.17(c)所示,从该图中可以看出,有向图的邻接矩阵不一定是沿主对角线对称的。

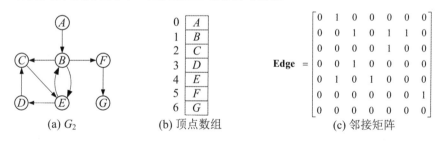

(a) G_2 (b) 顶点数组   (c) 邻接矩阵

图 1.17 有向图的邻接矩阵表示

注意:如果图中存在自身环或平行边的情形,则一般无法用邻接矩阵存储。

从图的邻接矩阵可以获得什么信息?对无向图的邻接矩阵来说,如果 **Edge**$[i][j] = 1$,则表示顶点 i 和顶点 j 之间有一条边。因此,邻接矩阵 **Edge** 第 i 行所有元素中元素值为 1 的个数表示顶点 i 的度数,第 i 列所有元素中元素值为 1 的个数也表示顶点 i 的度数。顶点 i 的度数也等于第 i 行或第 i 列所有元素的和(因为邻接矩阵里的元素值为 1 或 0),即

$$\deg(i) = \sum_{j=0}^{n-1} \mathbf{Edge}[i][j] = \sum_{j=0}^{n-1} \mathbf{Edge}[j][i]。 \tag{1-3}$$

而对有向图的邻接矩阵来说，如果 $\mathbf{Edge}[i][j] = 1$，则表示存在从顶点 i 到顶点 j 有一条有向边，i 是起点，j 是终点。因此，邻接矩阵 $\mathbf{Edge}$ 第 i 行所有元素中元素值为 1 的个数表示顶点 i 的出度，第 i 列所有元素中元素值为 1 的个数表示顶点 i 的入度，即

$$\mathrm{od}(i) = \sum_{j=0}^{n-1} \mathbf{Edge}[i][j],\ \mathrm{id}(i) = \sum_{j=0}^{n-1} \mathbf{Edge}[j][i]。 \tag{1-4}$$

说明：

(1) 由于 C/C++ 语言的数组元素下标从 0 开始计起，而图的顶点序号通常是从 1 开始计起的，所以数组元素下标 i 与第 i+1 个顶点对应。在本书中，为避免烦琐，如无特殊说明，都隐含这种对应关系。例如，例 1.1 的分析中提到邻接矩阵中第 i 行与第 i+1 个顶点对应。

(2) 邻接矩阵经过其他运算如乘方后，还可以获得更多的信息，具体请参见相关图论书籍，本书不讨论这些运算。

例 1.1 用邻接矩阵存储有向图，并输出各顶点的出度和入度。

题目描述：

输入文件包含多个测试数据。每个测试数据描述了一个无权有向图，第 1 行为两个正整数 n 和 $m(1 \leqslant n \leqslant 100, 1 \leqslant m \leqslant 500)$，分别表示顶点数目和边数，顶点序号从 1 开始计起；接下来有 m 个正整数对，用空格隔开，表示一条边的起点和终点。每条边出现一次且仅一次，图中不存在自身环和平行边。输入文件最后一行为 "0 0"，表示输入结束。

输出描述：

对输入文件中的每个有向图，输出两行：第 1 行为 n 个正整数，表示顶点 1~n 的出度；第 2 行也为 n 个正整数，表示顶点 1~n 的入度。每两个正整数之间用一个空格隔开。

样例输入：
```
7 9
1 2 2 3 2 5 2 6 3 5 4 3 5 2 5 4 6 7
0 0
```

样例输出：
```
1 3 1 1 2 1 0
0 2 2 1 2 1 1
```

分析： 在程序中可以使用一个二维数组 $\mathbf{Edge}$ 存储表示邻接矩阵。输入文件中顶点的序号是从 1 开始计起的，所以在将有向边$<u, v>$存储到邻接矩阵 $\mathbf{Edge}$ 时，需要将元素 $\mathbf{Edge}[u-1][v-1]$ 的值置为 1。

本题中的有向图都是无权图，邻接矩阵中每个元素要么为 1，要么为 0。第 i+1 个顶点的出度等于邻接矩阵中第 i 行所有元素中元素值的和。同理，在计算第 i+1 个顶点的入度时，也只需将第 i 列所有元素值累加起来即可。

题目要求在输出 n 个顶点的出度(和入度)时，每两个正整数之间用一个空格隔开，最后一个正整数之后没有空格。可以采取的策略是：输出第 0 个顶点的出度时前面没有空格，输出后面 n-1 个顶点的出度时都先输出一个空格。代码如下。

```
#define MAXN 100        //顶点个数最大值
int Edge[MAXN][MAXN];    //邻接矩阵
```

```
int main( )
{
    int n, m, u, v;          //顶点个数、边数，边的起点和终点
    int i, j, od, id;        //顶点的出度和入度
    while( 1 ){
        scanf( "%d%d", &n, &m );          //读入顶点个数 n 和边数 m
        if( n==0 && m==0 )  break;         //输入数据结束
        memset( Edge, 0, sizeof(Edge) );
        for( i=1; i<=m; i++ ){
            scanf( "%d%d", &u, &v );       //读入边的起点和终点
            Edge[u-1][v-1] = 1;            //构造邻接矩阵
        }
        for( i=0; i<n; i++ ){              //求各顶点的出度
            od = 0;
            for( j=0; j<n; j++ )  od += Edge[i][j];    //累加第 i 行
            if(i==0)  printf( "%d", od );
            else  printf( " %d", od );
        }
        printf( "\n" );
        for( i=0; i<n; i++ ){ //求各顶点的入度
            id = 0;
            for( j=0; j<n; j++ )  id += Edge[j][i];    //累加第 i 列
            if(i==0)  printf( "%d", id );
            else  printf( " %d", id );
        }
        printf( "\n" );
    }
    return 0;
}
```

例 1.2

例 1.2 青蛙的邻居(Frogs' Neighborhood)(Special judge)，POJ1659。

题目描述：

未名湖附近共有 n 个湖泊 $L_1, L_2, \cdots, L_n$(其中包括未名湖)，每个湖泊 L_i 里住着一只青蛙 F_i $(1 \leq i \leq n)$。如果湖泊 L_i 和 L_j 之间有水路相连，则青蛙 F_i 和 F_j 互称为邻居。现在已知每只青蛙的邻居数目为 $x_1, x_2, \cdots, x_n$，请给出每两个湖泊之间的相连关系。

输入描述：

测试数据的组数 t $(0 \leq t \leq 20)$。每组数据包括两行，第 1 行是整数 n $(2 \leq n \leq 10)$，第 2 行是 n 个整数，$x_1, x_2, \cdots, x_n(0 \leq x_i < n)$。

输出描述：

对输入的每组测试数据，如果不存在可能的相连关系，输出 "NO"；否则输出 "YES"，并用 $n \times n$ 的矩阵表示湖泊间的相邻关系，即如果湖泊 i 与湖泊 j 之间有水路相连，则第 i 行的第 j 个数字为 1，否则为 0。每两个数字之间输出一个空格。如果存在多种可能，只需给出一种符合条件的情形。相邻两组测试数据的输出之间输出一个空行。

样例输入：

```
2
7
4 3 1 5 4 2 1
6
4 3 1 4 2 0
```

样例输出：

```
YES
0 1 1 1 1 0 0
1 0 0 1 1 0 0
1 0 0 0 0 0 0
1 1 0 0 1 1 1
1 1 0 1 0 1 0
0 0 0 1 1 0 0
0 0 0 1 0 0 0

NO
```

分析：本题的意思实际上是给定一个非负整数序列，问此序列是不是一个可图的序列，也就是说，能不能根据这个序列构造一个图。这需要根据 Havel-Hakimi 定理(定理 1.2)中的方法来构图，并在构图中判断是否出现了不合理的情形。有以下两种不合理的情形。

(1) 某轮对剩下的序列排序后，最大的度数(设为 d_1)超过了剩余顶点数减 1。

(2) 某轮对最大度数 d_1 后面的 d_1 个度数各减 1 后，出现了负数。

一旦出现了以上两种情形之一，即可判定该序列不是可图的。

如果一个序列是可图的，本题还要求输出构造得到的图的邻接矩阵，实现思路如下。

(1) 为了确保顶点序号与输入时的度数顺序一致，特意声明了一个 vertex 结构体，包含了顶点的度和序号两个成员。

(2) 每次对剩下的顶点按度数从大到小的顺序排序后，设最前面的顶点(即当前度数最大的顶点)序号为 i、度数为 d_1，对后面 d_1 个顶点每个顶点(序号设为 j)度数减 1，并连边，即在邻接矩阵 **Edge** 中设置 **Edge**[i][j] 和 **Edge**[j][i] 为 1。代码如下。

```
#define N 15
struct vertex {
    int degree, index;     //顶点的度,顶点的序号
}v[N];
int cmp( const void *a, const void *b )  //按非递增顺序排序
{
    return ((vertex*)b)->degree - ((vertex*)a)->degree;
}
int main( )
{
    int r, k, p, q, i, j;    //i, j:顶点序号(用于确定图中边的两个顶点)
    int d1;                //对剩下序列排序后第1个顶点(度数最大的顶点)的度数
    int T, n;              //测试数据个数,湖泊个数
    int Edge[N][N], flag;   //Edge 为邻接矩阵; flag 为是否存在合理相邻关系的标志
    scanf( "%d", &T );
    while( T-- ){
        scanf( "%d", &n );
        for( k=0; k<n; k++ ){
            scanf( "%d", &v[k].degree );
            v[k].index = k;   //按输入顺序给每个湖泊编号
        }
        memset( Edge, 0, sizeof(Edge) );  flag = 1;
```

```
for( k=0; k<n&&flag; k++ ){
    //对 v 数组后面 n-k 个元素按非递增顺序排序
    qsort( v+k, n-k, sizeof(vertex), cmp );
    i = v[k].index; d1 = v[k].degree;  //i为第k个顶点的序号
    if( d1>n-k-1 )  flag = 0;    //不合理情形(1)
    for( r=1; r<=d1&&flag; r++ ){
        j = v[k+r].index;      //后边 d1 个顶点每个顶点的序号
        if(v[k+r].degree<=0){ flag = 0;  break; } //不合理情形(2)
        v[k+r].degree--;  Edge[i][j] = Edge[j][i] = 1;
    }
}
if( flag ){
    printf( "YES\n" );
    for( p=0; p<n; p++ ){
        for( q=0; q<n; q++ ){
            if(q)  printf( " " );
            printf( "%d", Edge[p][q] );
        }
        printf( "\n" );    //换行
    }
}
else printf( "NO\n" );
if(T)  printf( "\n" );    //换行
}
return 0;
}
```

例 1.3 有向图的可图序列的判定。

题目描述：

给定两个非负整数序列 d^+ 和 d^-，判定是否可能为某个简单有向图的出度和入度序列。

输入描述：

输入文件包含多个测试数据。每个测试数据占 3 行。第 1 行为正整数 $n(5 \leqslant n \leqslant 20)$，表示序列中整数个数。接下来两行分别表示 d^+ 和 d^- 序列，每行都有 n 个非负整数(范围为[0,20]，且 $d_j^+ + d_j^- > 0, j \in [1,n]$)，用空格隔开。测试数据一直到文件尾。

注意： 测试数据只保证 $d_j^+ + d_j^- > 0$，不保证其他不合理的情形。

输出描述：

对每个测试数据，如果 d^+ 和 d^- 序列是可图的，输出"yes"，否则输出"no"。

样例输入：	样例输出：
5	yes
1 2 0 1 2	no
1 0 3 1 1	
6	
4 4 1 16 1 6	
3 13 5 0 12 5	

分析：本题需要用 Erdös 算法(定理 1.3)来判定两个非负整数序列 d^+ 和 d^- 是否可图。为了确保顶点序号与输入时的出度、入度顺序一致，特意声明了一个 vertex 结构体，包含了顶点的出度、入度和序号 3 个成员。虽然 1.1.4 节提到"每一步可以选择任何顶点作为 d_n^+ 对应的顶点，但选择入度为 0 的顶点更有利"，以下代码每一步把剩余顶点按出度非增顺序排序，然后选择最大的出度作为 d_n^+，这样使得每一步尽可能连更多的边，也能加快 Erdös 算法的运行。本题按照 Erdös 算法构图，只要出现以下情形之一，就说明 d^+ 和 d^- 是不可图的。

(1) 读入 d^+ 或 d^- 时，某个出度或入度大于 $n-1$；

(2) 读入 d^+ 和 d^- 后，d^+ 中出度总和与 d^- 中入度总和不相等；

(3) 某轮选出最大的出度作为 d_n^+ 后，d_n^+ 的值大于剩余顶点数减 1；

(4) 某轮将当前 d^- 中前 d_n^+ 个入度减 1 后，出现了负数。

如果 Erdös 算法运行完毕都没有出现以上情形，则说明 d^+ 和 d^- 是可图的。代码如下。

```c
#define MAXN 30
int Edge[MAXN][MAXN];        //邻接矩阵
int n, i, j;                 //顶点数和循环变量
struct vertex {
    int outd, ind, index;    //顶点的出度,入度,序号
}v[MAXN];      //顶点序列
int cmp1( const void *a, const void *b )     //对顶点序列按出度非增顺序排序
{
    return ((vertex*)b)->outd - ((vertex*)a)->outd;
}
//先对顶点序列按入度非增顺序排序,如果入度相同,再按出度非增顺序排序
int cmp2( const void *a, const void *b )
{
    vertex* aa = (vertex*)a;  vertex* bb = (vertex*)b;
    if( aa->ind != bb->ind )    //入度不相等,返回它们的大小关系
        return bb->ind - aa->ind;
    else  return  bb->outd - aa->outd;      //入度相等,返回出度的大小关系
}
int main( )
{
    int n1;  bool Flag;       //n1 为剩余的顶点数,Flag 为是否可图的标志
    while( scanf("%d",&n)!=EOF ){
        memset( Edge, 0, sizeof(Edge) );
        int sumoutd = 0, sumind = 0;  //出度总和,入度总和
        Flag = true;
        for( i=0; i<n; i++ ){
            scanf( "%d", &v[i].outd );
            //出度大于 n-1(不允许存在自身边或自身环),不合理情形(1)
            if( v[i].outd>n-1 )  Flag = false;
            v[i].index = i;  sumoutd += v[i].outd;
        }
        for( i=0; i<n; i++ ){
            scanf( "%d", &v[i].ind );
```

```
        if( v[i].ind>n-1 )  Flag = false;  //入度大于 n-1,不合理情形(1)
        sumind += v[i].ind;
    }
    if( sumoutd!=sumind )   Flag = false;//出度、入度总和不相等,不合理情形(2)
    int d1n, d2n, k;      //分别表示 d+(n), d-(n)及 d+(n)对应的顶点序号
    n1 = n;         //剩余的顶点数
    while( n1>1&&Flag ){ //剩余顶点数大于 1 且还没有出现非法情形
        qsort( v, n, sizeof(vertex), cmp1 );//对顶点序列按出度非增顺序排序
        d1n = v[0].outd;  d2n = v[0].ind;  //出度 d+(n), 入度 d-(n)
        k = v[0].index;         //d+(n)和 d-(n)对应顶点序号
        if( d1n>n1-1 )  //d1n 大于剩余顶点数(除去 d1n 本身),不合理情形(3)
        { Flag = false;  break;  }
        //如果 d1n 为 0, 则意味着后面的出度也为 0, 无须再处理下去了
        if( d1n==0 )  break;
        //将 v[0].ind 置为-1000 的目的就是使得排序后位于最后面(后面会还原)
        v[0].ind = -1000;
        //先对顶点序列按入度非增顺序排序,如果入度相同,再按出度非增顺序排序
        qsort( v, n, sizeof(vertex), cmp2 );
        for( j=0; j<d1n; j++ ){
            v[j].ind--;
            if( v[j].ind<0 )  //某个顶点的剩余入度减 1 后变成负数,不合理情形(4)
            { Flag = false;  break;  }
            if( v[j].ind==0 && v[j].outd==0 ){//去掉出度和入度同为 0 的顶点
                n1--; v[j].ind = v[j].outd = -2000;//被删除的顶点排在最后面
            }
            Edge[k][v[j].index]++;
        }
        if( !Flag )  break;
        for( j=0; j<n; j++ ){ //已经打乱顺序了, 要找 d-(n)(即 d2n)并还原
            if( v[j].index==k ){
                v[j].outd = 0;  v[j].ind = d2n;  //d1n 设置为 0,并还原 d2n
                //如果该顶点的出度置为 0 后, d2n 同时为 0, 则该顶点要去掉
                if( d2n==0 ){
                    n1--; v[j].ind=v[j].outd=-2000; //被删除的顶点排在最后面
                }
                break;
            }
        }
    }//end of for
    if( Flag) printf( "yes\n" );
    else  printf( "no\n" );
    }
    return 0;
}
```

2. 有向网和无向网的邻接矩阵

对于网络(即带权值的图)，邻接矩阵的定义为

$$\mathbf{Edge}[i][j] = \begin{cases} W(i,j) & \text{如果} i != j, \text{且} <i,j> \in E (\text{或}(i,j) \in E) \\ \infty & \text{如果} i != j, \text{且} <i,j> \notin E (\text{或}(i,j) \notin E) \\ 0 & \text{对角线上的位置，即} i = j \end{cases} \quad (1\text{-}5)$$

在编程实现时，可以用一个比较大的常量表示无穷大 ∞。

图 1.18 给出了图 1.15(a)中的无向网 $G_1(V, E)$ 及其邻接矩阵表示。在无向网的邻接矩阵中，如果 $0 < \mathbf{Edge}[i][j] < \infty$，则顶点 i 和顶点 j 之间有一条无向边，其权值为 $\mathbf{Edge}[i][j]$。从图 1.18(b)中可以看出，无向网的邻接矩阵也是沿主对角线对称的。

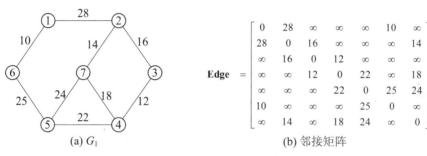

图 1.18　无向网的邻接矩阵表示

图 1.19 给出了图 1.15(b)中的有向网 $G_2(V, E)$ 及其邻接矩阵表示。在有向网的邻接矩阵中，如果 $0 < \mathbf{Edge}[i][j] < \infty$，则从顶点 i 到顶点 j 有一条有向边，其权值为 $\mathbf{Edge}[i][j]$。从图 1.19(b)中可以看出，有向网的邻接矩阵不一定是沿对主角线对称的。

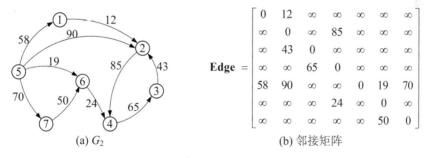

图 1.19　有向网的邻接矩阵表示

3. 关于邻接矩阵的进一步说明

(1) 在求解程序设计竞赛题目时，有时并不严格按照式(1-2)或式(1-5)来定义邻接矩阵。例如，有时为了处理的需要，可以将有向网(或无向网)邻接矩阵对角线元素也定义成 $+\infty$。

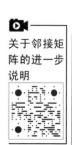

(2) 对于带权图，如果一条边上的权值不止一个，如第6章网络流问题，每条边上有容量和流量两个权值，那么邻接矩阵 **Edge** 里的每个元素就需要存储多个值，可以声明一个结构体类型，**Edge** 的每个元素都是这种结构体类型的变量，详见例6.1。

(3) 另外，一个图中最重要的信息是顶点、顶点之间的邻接关系，如果这些信息可直接表示，那就不需要严格用邻接矩阵(或邻接表)来存储表示图，详见例 2.1、例 2.3 的分析。

1.2.2 可达性矩阵

可达性矩阵

设 $G(V, E)$ 是一个具有 n 个顶点的图，则图的可达性矩阵是一个 $n×n$ 的二维数组，在本书中用 $P[n][n]$ 表示，它的定义为

$$P[i][j] = \begin{cases} 1 & v_i \text{ 和 } v_j \text{ 之间(或从 } v_i \text{ 到 } v_j\text{)有路径} \\ 0 & v_i \text{ 和 } v_j \text{ 之间(或从 } v_i \text{ 到 } v_j\text{)没有路径}。\end{cases} \quad (1\text{-}6)$$

例如，图 1.16(a)所示无向图 G_1 和图 1.17(a)所示有向图 G_2 的可达性矩阵分别如图 1.20(a)和(b)所示。注意，不能用可达性矩阵存储图，因为根据可达性矩阵无法复原出原始的图。

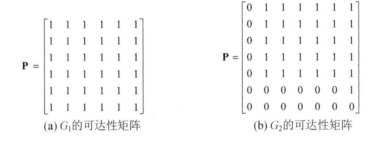

$$\mathbf{P} = \begin{bmatrix} 1 & 1 & 1 & 1 & 1 & 1 \\ 1 & 1 & 1 & 1 & 1 & 1 \\ 1 & 1 & 1 & 1 & 1 & 1 \\ 1 & 1 & 1 & 1 & 1 & 1 \\ 1 & 1 & 1 & 1 & 1 & 1 \\ 1 & 1 & 1 & 1 & 1 & 1 \end{bmatrix} \qquad \mathbf{P} = \begin{bmatrix} 0 & 1 & 1 & 1 & 1 & 1 & 1 \\ 0 & 1 & 1 & 1 & 1 & 1 & 1 \\ 0 & 1 & 1 & 1 & 1 & 1 & 1 \\ 0 & 1 & 1 & 1 & 1 & 1 & 1 \\ 0 & 1 & 1 & 1 & 1 & 1 & 1 \\ 0 & 0 & 0 & 0 & 0 & 0 & 1 \\ 0 & 0 & 0 & 0 & 0 & 0 & 0 \end{bmatrix}$$

(a) G_1 的可达性矩阵　　　　　　　(b) G_2 的可达性矩阵

图 1.20　无向图和有向图的可达性矩阵

可达性矩阵是由邻接矩阵求得的。对无向图，求出了可达性矩阵，就可以判定该无向图是否连通。在图 1.20(a)中，图 G_1 的可达性矩阵的所有元素均为 1，即任何两个顶点都相互可达的，因此 G_1 是连通图。如果无向图不连通，还可以求得每个连通分量包含哪些顶点，对顶点 i，可达性矩阵第 i 行上元素值为 1 的那些顶点就是和顶点 i 位于同一个连通分量。

对有向图，求出了可达性矩阵，就可以判定是否为强连通、单侧连通(详见 8.1 节)等。在图 1.20(b)中，图 G_2 的任何一对顶点 i 和 $j(i \neq j)$，$P[i][j]$ 为 1 或 $P[j][i]$ 为 1，因此 G_2 是单侧连通的，但并非任何一对顶点 $P[i][j]$ 为 1 和 $P[j][i]$ 为 1 同时成立，因此 G_2 不是强连通的，其中由 B、C、D、E 四个顶点构成的子图，其可达性矩阵的元素全为 1，因此构成了一个强连通分量。

不管是无向图还是有向图，顶点间的可达性都满足传递性，因此从邻接矩阵出发，根据 Warshall 在 1962 年提出的算求求传递闭包的关系矩阵，就是可达性矩阵。

Warshall 算法的执行过程为：从左往右依次考察邻接矩阵的第 i 列，从上往下依次考察每个元素，对第 i 列、第 j 行上的元素($j=0, 1, \cdots, n\text{-}1$)，如果为 1，则将第 i 行加到第 j 行上。这里的加法指逻辑相加，即 1+1=1, 1+0=1, 0+1=1, 0+0=0。

Warshall 算法的核心代码如下。

```
memcpy(P, Edge, sizeof(Edge));   //将 P 初始化为 Edge
for(i=0; i<n; i++){   //从左往右依次考察第 i 列
    for(j=0; j<n; j++){   //从上往下依次考察第 j 个元素
        if(P[j][i]==1){   //第 j 行第 i 列的元素为 1
```

```
for(k=0; k<n; k++){      //将第 i 行加(逻辑相加)到第 j 行上
    P[j][k] += P[i][k];
    if(P[j][k]>1)  P[j][k] = 1;
}
    }
  }
}
```

但是 Warshall 算法的复杂度较高，为 $O(n^3)$，如果图中有 $n=1000$ 个顶点，则需要执行 10 亿次运算，这也限制了 Warshall 算法的应用。

1.2.3 邻接表

尽管程序设计竞赛中绝大多数图论题目在求解时可以采用邻接矩阵存储图，但由于邻接矩阵无法存储带自身环(或平行边)的图，所以有时不得不采用邻接表来存储图，详见第 5 章例 5.6。另外，当图的边数(相对于邻接矩阵中的元素个数，即 $n×n$)较少时，使用邻接矩阵存储会浪费较多的存储空间，而用邻接表存储可以节省存储空间。

所谓**邻接表**(adjacency list)，就是把从同一个顶点发出的边链接在同一个称为**边链表**的单链表中。边链表中每个结点代表一条边，称为**边结点**。每个边结点有两个域：该边终点序号；指向下一个边结点的指针。此外，还需要一个用于存储顶点信息的顶点数组。

例如，图 1.21(a)所示的有向图对应的邻接表如图 1.21(b)所示。在**顶点数组**中，每个元素有两个成员：一个成员用来存储顶点信息；另一个成员为该顶点的边链表的表头指针，指向该顶点的边链表。如果没有从某个顶点发出的边，则该顶点没有边链表，因此表头指针为空，如图 1.21(b)中的顶点 G。在本书中，如果指针为空，则用符号"∧"表示。

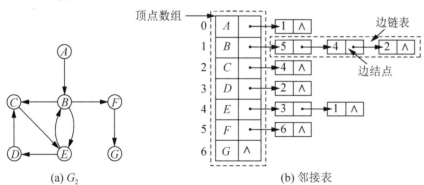

(a) G_2 (b) 邻接表

图 1.21　有向图的邻接表(出边表)

在邻接表每个顶点的边链表中，各边结点所表示的边都是从该顶点发出的边，因此这种邻接表也称**出边表**。采用邻接表存储图时，求顶点的出度很方便，只需要统计每个顶点的边链表中边结点的个数即可，但在求顶点的入度时就比较麻烦。

在图 1.21(b)中，顶点 B 的边链表有 3 个边结点，分别表示边<B, F>、<B, E>和<B, C>，因此其出度为 3；顶点 C 的边链表中只有 1 个边结点，表示边<C, E>，因此其出度为 1。

如果需要统计各顶点的入度，可以采用逆邻接表存储表示图。所谓**逆邻接表**，也称**入边表**，就是把进入同一个顶点的边链接在同一个边链表中。

例如，图 1.22(a)所示的有向图对应的逆邻接表如图 1.22(b)所示。在图 1.22(b)中，顶点 *B* 的边链表有 2 个边结点，分别表示边<*E, B*>和<*A, B*>，因此其入度为 2。

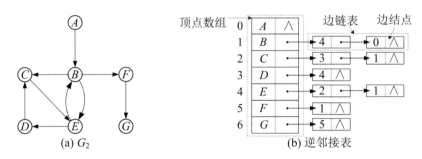

图 1.22　有向图的逆邻接表(入边表)

因为无向图中的边没有方向性，所以无向图的邻接表没有入边表和出边表之分。在无向图的邻接表中，与顶点 *v* 相关联的边都链接到该顶点的边链表中。无向图的每条边在邻接表里出现两次。例如，图 1.23(a)所示的无向图对应的邻接表如图 1.23(b)所示。

在图 1.23(b)中，顶点 *B* 的边链表中有 5 个边结点，分别表示边(*B, F*)、(*B, E*)、(*B, D*)、(*B, C*)和(*B, A*)，顶点 *B* 的度为 5；顶点 *C* 的边链表中有 4 个边结点，分别表示边(*C, E*)、(*C, D*)、(*C, B*)和(*C, A*)，顶点 *C* 的度为 4。边(*B, C*)分别出现在顶点 *B* 和顶点 *C* 的边链表中。

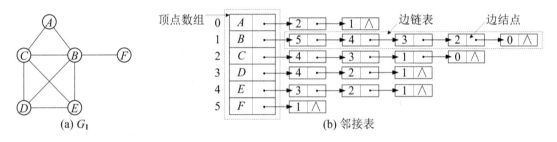

图 1.23　无向图的邻接表

注意：如果用邻接表存储带权图，则边结点还应增加一个成员，用于存储边的权值。

接下来以有向图为例介绍邻接表的实现方法。为了方便求解顶点的出度和入度，在实现时，把出边表和入边表同时包含在图的邻接表结构中。

有向图的邻接表用一个结构体 LGraph 存储表示，它包含 3 个成员：顶点数组 vertexs、顶点数 vexnum 和边的数目 arcnum，其中顶点数组 vertexs 中每个元素都是 VNode 结构体变量。VNode 结构体变量存储图中每个顶点，它包含 3 个成员：顶点信息、出边表的表头指针和入边表的表头指针，其中后面两个成员都是 ArcNode 结构体类型的指针。ArcNode 结构体存储边链表中的边结点，它包含两个成员：边的另一个邻接点的序号、指向下一个边结点的指针。上述 3 个结构体的声明如下。

```
#define MAXN 100
struct ArcNode {            //边结点
    int adjvex;             //有向边的另一个邻接点的序号
    ArcNode *nextarc;       //指向下一个边结点的指针
```

```
};
struct VNode {                       //顶点
    int data;                        //顶点信息
    ArcNode *head1, *head2; //出边表的表头指针,入边表的表头指针
};
struct LGraph {                      //图的邻接表存储结构
    VNode vertexs[MAXN];             //顶点数组
    int vexnum, arcnum;             //顶点数和边(弧)数
};
LGraph lg;                          //图(邻接表存储)
```

声明了有向图的邻接表结构体 **LGraph** 后,构造有向图 *G* 可以采取全局函数 CreateLG( )
来实现。在 CreateLG( )函数中,约定:构造邻接表时,先输入顶点个数和边数,然后按"起
点　终点"的格式输入每条有向边,详见例 1.4 的输入描述和输出描述;注意在输入数据
时,顶点序号从 1 开始计起,而在存储时顶点序号从 0 开始计起。代码如下。

```
void CreateLG( ) //采用邻接表存储表示,构造有向图 G
{
    ArcNode *pi;    //用来构造边链表的边结点指针
    int i, v1, v2;    //有向边的两个顶点
    scanf( "%d%d", &lg.vexnum, &lg.arcnum );//首先输入顶点个数和边数
    for( i=0; i<lg.vexnum; i++ )        //初始化表头指针为空
        lg.vertexs[i].head1 = lg.vertexs[i].head2 = NULL;
    for( i=0; i<lg.arcnum; i++ ){
        scanf( "%d%d", &v1, &v2 );  v1--;  v2--;  //输入一条边的起点和终点
        pi = new ArcNode;  pi->adjvex = v2;     //假定有足够的内存空间
        pi->nextarc = lg.vertexs[v1].head1;     //插入到出边表
        lg.vertexs[v1].head1 = pi;
        pi = new ArcNode;  pi->adjvex = v1;     //假定有足够的内存空间
        pi->nextarc = lg.vertexs[v2].head2;     //插入到入边表
        lg.vertexs[v2].head2 = pi;
    }//end of for
}//end of CreateLG
```

图 1.24 演示了构造有向图邻接表(出边表)的过程:读入边"2 3"后,申请一个边结点,
并链入到顶点 1 的表头指针后面;再读入边"2 5",又申请一个边结点,也插入到顶点 1
的表头指针后面。如图 1.24(b)所示,在顶点 1 表头指针与边结点<1, 2>之间插入了一个边
结点<1,4>。注意输入数据中顶点序号从 1 开始计起,在处理时先减 1 再构造边结点。

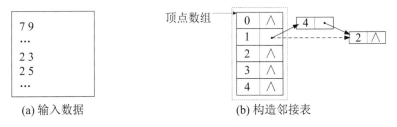

(a) 输入数据　　　　　　　　(b) 构造邻接表

图 1.24　构造有向图邻接表的过程

使用完有向图 G 的邻接表后，应该释放图 G 各顶点的出边表和入边表中所有边结点所占的存储空间，可以使用全局函数 DeleteLG()实现，代码详见例 1.4。

以上声明的邻接表及定义的全局函数使用方法详见例 1.4。

例 1.4 用邻接表存储有向图，并输出各顶点的出度和入度。

输入描述：

输入文件中包含多个测试数据。每个测试数据描述了一个无权有向图，第 1 行为两个正整数 n 和 $m(1 \leq n \leq 100, 1 \leq m \leq 500)$，分别表示该有向图的顶点数目和边数，顶点的序号从 1 开始计起。接下来有 m 个正整数对，用空格隔开，分别表示一条边的起点和终点。每条边出现一次且仅一次。输入文件最后一行为"0 0"，表示输入数据结束。

输出描述：

对输入文件中的每个有向图，输出两行：第 1 行为 n 个正整数，表示顶点 1～n 的出度。第 2 行也为 n 个正整数，表示顶点 1～n 的入度。每两个正整数之间用一个空格隔开。

样例输入：	样例输出：
4 7	1 4 0 2
1 4 2 1 2 2 2 3 2 3 4 2 4 3	1 2 3 1
0 0	

分析：用邻接表存储图，可以表示平行边和自身环的情形。例如，样例输入中的测试数据所描述的有向图及对应的邻接表如图 1.25 所示，该有向图既包含平行边，又包含自身环。在图 1.25(a)中，有向边<2, 2>为自身环，对应到图 1.25(b)所示的邻接表中，顶点 1 的入边表和出边表都有一个边结点，其 adjvex 分量均为 1。另外，在图 1.25(a)中，<2, 3>和<2, 3>为平行边，对应到图 1.25(b)，在顶点 1 的出边表中，有两个边结点的 adjvex 分量均为 2，以及在顶点 2 的入边表中，有两个边结点的 adjvex 分量均为 1。

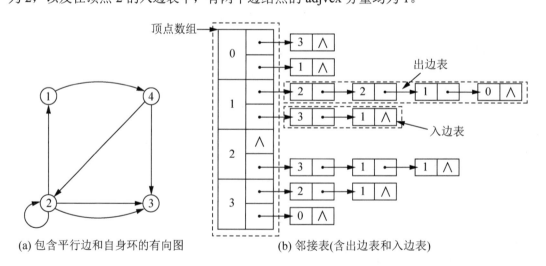

(a) 包含平行边和自身环的有向图　　　(b) 邻接表(含出边表和入边表)

图 1.25　包含平行边和自身环的有向图的邻接表

统计第 i 个顶点的出度的方法是在其出边表中统计边结点的个数，统计第 i 个顶点的入度的方法是在其入边表中统计边结点的个数。

注意：为了实现"当读入的顶点个数 n 为 0 时，结束并退出 main()函数"，下面的代码将读入顶点个数和边数的处理代码由 CreateLG()函数移至 main()函数的 while 循环中。此外，以下代码还需包含前述 LGraph、VNode、ArcNode 结构体和 CreateLG()函数。代码如下。

```
void DeleteLG( )       //释放图 G 邻接表各顶点的边链表中的所有边结点所占的存储空间
{
    ArcNode *pi;      //用来指向边链表中各边结点的指针
    for( int i=0; i<lg.vexnum; i++ ){
        pi = lg.vertexs[i].head1;
        while( pi!=NULL ){ //释放第 i 个顶点出边表各边结点所占的存储空间
            lg.vertexs[i].head1 = pi->nextarc;
            delete pi;  pi = lg.vertexs[i].head1;
        }
        pi = lg.vertexs[i].head2;
        while( pi!=NULL ){ //释放第 i 个顶点入边表各边结点所占的存储空间
            lg.vertexs[i].head2 = pi->nextarc;
            delete pi;  pi = lg.vertexs[i].head2;
        }
    }
}
int main( )
{
    int i, id, od;    //顶点的入度和出度
    ArcNode *pi;         //用来遍历边链表的边结点指针
    while( 1 ){
        scanf( "%d%d", &lg.vexnum, &lg.arcnum ); //首先输入顶点个数和边数
        if( lg.vexnum==0 )  break;         //输入数据结束
        CreateLG( );            //构造有向图的邻接表结构
        for( i=0; i<lg.vexnum; i++ ){  //统计各顶点出度并输出
            od = 0;  pi = lg.vertexs[i].head1;
            while( pi!=NULL ){ od++;  pi = pi->nextarc; }
            if(i==0)  printf( "%d", od );
            else  printf( " %d", od );
        }
        printf( "\n" );
        for( i=0; i<lg.vexnum; i++ ){    //统计各顶点入度并输出
            id = 0;  pi = lg.vertexs[i].head2;
            while( pi!=NULL ){ id++;  pi = pi->nextarc; }
            if(i==0)  printf( "%d", id );
            else  printf( " %d", id );
        }
        printf( "\n" );
        DeleteLG( );    //释放
    }
    return 0;
}
```

关于邻接表的进一步说明主要包括以下两个方面。

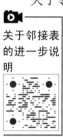

关于邻接表的进一步说明

(1) 在求解程序设计竞赛题目时,有时并不需要严格按照 1.2.3 节中的形式来定义邻接表结构,可以根据题目的要求进行简化。例如,如果无向图(或有向图)中有 n 个顶点,其序号为 $1\sim n$,那么邻接表结构就可以简化成由 n 个表头指针所组成的数组,详见例 2.6、例 2.9、例 5.6 等例题中的代码。

(2) 如果要避免邻接表里动态申请和释放边结点带来的时间开销,可以将所有边结点存储在一个静态数组 E 里,通过记录下一个边结点在数组 E 中的序号来实现边链表,可以用-1 来代表没有下一个边结点了,同时在 head 数组里存储每个顶点的第一个边结点在数组 E 中的序号。

例如,图 1.21 所示的有向图的出边表共有 9 个边结点,可以存储在如图 1.26 所示的静态数组 E 中,每个边结点包含两个分量,第一个分量为有向边的终点,第二个分量表示下一个边结点在数组 E 中的序号,由 head 数组可知,顶点 B 的出边表第一个边结点为 E 中第一个边结点(序号从 0 开始计起),根据边结点的第二个分量可以很容易找到其余两个边结点,分别代表边$<B, E>$和$<B, F>$。

head数组

0	A	0
1	B	1
2	C	4
3	D	5
4	E	6
5	F	8
6	G	-1

E

0	1	-1
1	2	2
2	4	3
3	5	-1
4	4	-1
5	2	-1
6	1	7
7	3	-1
8	6	-1

← 边结点

图 1.26 用静态数组实现边链表(链式前向星)

有的书上将这种方式的边链表称为**链式前向星**,其实现详见例 4.8、例 4.13、例 6.6、例 8.8 等例题中的代码。注意,在链式前向星里插入或删除一个边结点的代价都很高,因此链式前向星适合边不会动态变化的图。

1.2.4 关于邻接矩阵和邻接表的进一步讨论

1. 存储方式对算法复杂度的影响

关于邻接矩阵和邻接表的进一步讨论

本书后续章节会介绍图论里的很多算法,存储方式的选择对这些算法的时间复杂度和空间复杂度有直接影响。假设图中有 n 个顶点,m 条边。

邻接表里直接存储了边的信息,浏览完所有的边,对有向图来说,时间复杂度是 $O(m)$;对无向图来说,时间复杂度是 $O(2m)$。而邻接矩阵是间接存储边,浏览完所有的边,时间复杂度是 $O(n^2)$。

邻接表里除了存储 m 条边所对应的边结点外,还需要一个顶点数组,存储各顶点的顶点信息及各边链表的表头指针,总的空间复杂度为 $O(n+m)$或$O(n+2m)$。而用邻接矩阵存储图,需要 $n×n$ 规模的存储单元,其空间复杂度为 $O(n^2)$。当边的数目相对于 $n×n$ 比较小时,邻接矩阵里存储了较多的无用信息,用邻接表可以节省较多的存储空间。

2. 在求解问题时可以灵活地存储表示图

在求解实际问题时，有时并不需要严格采用邻接矩阵或邻接表来存储图。例如，当图中顶点个数确定以后(这里假设顶点序号是连续的)，图的结构就唯一地取决于边的信息，因此可以把每条边的信息(起点、终点、权值等)存储到一个数组里，在针对该图进行某种处理时只需要访问边的数组中每个元素即可。对于一些可以直接针对边进行处理的算法，如3.3 节的 Kruskal 算法、4.2 节的 Bellman-Ford 算法，可以采用这种存储方式来实现，详细方法见例 3.1、例 4.14 等例题。

练　习

1.1　编程实现，利用邻接矩阵存储一个有向图，并实现邻接矩阵的平方运算，并观察和分析平方运算后邻接矩阵中元素值的含义。

1.2　编程实现，用邻接表存储一个无向图，并统计各顶点的度。注意：在构造无向图的邻接表时，每条边要分别链接到两个顶点的边链表中。

1.3　共同好友数。

题目描述：

共同好友的定义为，设 A 与 B 是好友、A 与 C 是好友、B 与 C 不是好友，则 A 是 B 和 C 的一个共同好友。给定每个人的好友列表，求两两之间的共同好友数。

输入描述：

输入文件包含多个测试数据。每个测试数据的第 1 行是一个正整数 $n(5 \leq n \leq 100)$，表示总人数，这 n 个人的序号为 1~n。接下来有 n 行，第 k 行($1 \leq k \leq n$)表示第 k 个人的好友列表，首先是正整数 $m(1 \leq m \leq n-1)$，接下来是 m 个整数 h_i，范围在[1, n]，$h_i \neq k$，表示 m 个好友的序号。$n=0$，代表输入结束。测试数据保证数据是有效的，如 m 个整数 h_i 没有重复的数，若 h 出现在 k 的好友列表里，则 k 也会出现在 h 的好友列表里。

输出描述：

对每个测试数据，按"1:2"、"1:3"……"$n-1$:n"的顺序依次输出每两个人 k 和 $h(k<h)$ 的好友数，用空格隔开，格式如样例输出所示，如果某两个人没有共同好友，则没有对应输出，因此最多输出 $n \times (n-1)/2$ 行。每两个测试数据的输出内容之间用一个空行隔开。

样例输入：

```
5
3 2 4 5
3 1 3 5
2 2 4
3 1 3 5
3 1 2 4
0
```

样例输出：

```
1:3 2
2:4 3
3:5 2
```

第 2 章　图的遍历与活动网络问题

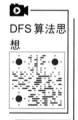

图的遍历与活动网络问题

　　所谓图的**遍历**(graph traversal)，也称**搜索**(search)，就是从图中某个顶点出发，沿着一些边访问图中所有的顶点，且使每个顶点仅被访问一次。注意，有时出于解题的考虑，也需要多次访问同一个顶点，如例 2.4、练习 2.9。遍历可以采取两种方法进行：深度优先搜索和广度优先搜索。本章着重讨论这两种搜索算法。注意，本章以无向连通图为例讲解搜索算法，第 8 章讨论连通性时会涉及无向非连通图及有向图的搜索。

　　遍历是很多图论算法的基础，可以用来解决图论中的许多问题，如活动网络问题。本章最后两节讨论了活动网络问题，包括 AOV 网络与拓扑排序、AOE 网络与关键路径的求解。

2.1　DFS 遍历

2.1.1　DFS 算法思想

　　深度优先搜索(Depth First Search，DFS)是一个递归过程，有回退。DFS 算法的思想是：对一个无向连通图，在访问图中某一起始顶点 v 后，由 v 出发，访问它的某一邻接顶点 w_1；再从 w_1 出发，访问与 w_1 邻接但还没有访问过的顶点 w_2；然后再从 w_2 出发，进行类似的访问……如此进行下去，直至到达所有邻接顶点都被访问过的某个顶点 u 为止；接着，回退一步，回退到前一次刚访问过的顶点，看是否还有其他没有被访问过的邻接顶点，如果有，则访问此顶点，之后再从此顶点出发，进行与前述类似的访问；如果没有，就再回退一步进行类似的访问。重复上述过程，直到该连通图中所有顶点都被访问过为止。

　　接下来以图 2.1(a)所示的无向连通图为例解释 DFS 过程。假设在多个未访问过的邻接顶点中进行选择时，按顶点序号从小到大的顺序进行选择，如顶点 A 有 3 个邻接顶点，即 B、D 和 E，先选择顶点 B 进行深度优先搜索。

　　对图 2.1(a)所示的无向连通图(实线箭头表示前进方向，虚线箭头表示回退方向，箭头旁的数字跟以下的序号对应)，采用 DFS 思想搜索的过程如下。

(1) 从顶点 A 出发，访问顶点序号最小的邻接顶点，即顶点 B。

(2) 访问顶点 B 的未访问过的、顶点序号最小的邻接顶点，即顶点 C。

(3) 访问顶点 C 的未访问过的、顶点序号最小的邻接顶点，即顶点 G。

(4) 此时顶点 G 已经没有未访问过的邻接顶点了，所以回退到顶点 C。

(5) 回退到顶点 C 后，顶点 C 也没有未访问过的邻接顶点了，所以继续回退顶点 B。

(6) 顶点 B 还有一个未访问过的邻接顶点，即顶点 E，所以访问顶点 E。

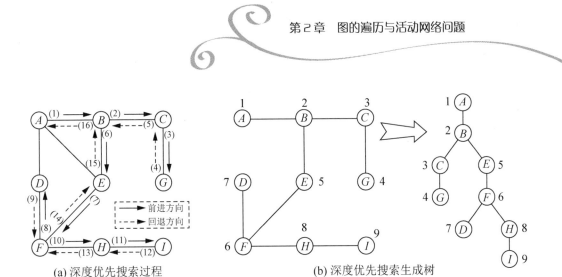

(a) 深度优先搜索过程　　　　(b) 深度优先搜索生成树

图 2.1　深度优先搜索

(7) 访问顶点 E 的未访问过的、顶点序号最小的邻接顶点，即顶点 F。

(8) 顶点 F 有两个未访问过的邻接顶点，选择顶点序号最小的，即顶点 D，所以访问顶点 D。

(9) 此时顶点 D 已经没有未访问过的邻接顶点了，所以回退到顶点 F。

(10) 顶点 F 还有一个未访问过的邻接顶点，即顶点 H，所以访问顶点 H。

(11) 访问顶点 H 的未访问过的、顶点序号最小的邻接顶点，即顶点 I。

(12) 此时顶点 I 已经没有未访问过的邻接顶点了，所以回退到顶点 H。

(13) 回退到顶点 H 后，顶点 H 也没有未访问过的邻接顶点了，所以继续回退到顶点 F。

(14) 回退到顶点 F 后，顶点 F 也没有未访问过的邻接顶点了，所以继续回退到顶点 E。

(15) 回退到顶点 E 后，顶点 E 也没有未访问过的邻接顶点了，所以继续回退到顶点 B。

(16) 回退到顶点 B 后，顶点 B 也没有未访问过的邻接顶点了，所以继续回退到顶点 A。

回退到顶点 A 后，顶点 A 也没有未访问过的邻接顶点了，而且顶点 A 是搜索的起始顶点。至此，整个搜索过程全部结束。由此可见，DFS 最终要回退到起始顶点，并且如果起始顶点没有未访问过的邻接顶点了，则算法结束。

在图 2.1(b) 中，每个顶点外侧的数字标明了进行深度优先搜索时各顶点访问的次序，称为顶点的**深度优先数**。图 2.1(b) 还给出了访问 n 个顶点时经过的 $n-1$ 条边，这 $n-1$ 条边将 n 个顶点连接成一棵树，称此图为原图的**深度优先搜索生成树**，该树的根结点就是深度优先搜索的起始顶点。在图 2.1(b) 中，为了更加直观地描述该生成树的树形结构，将此生成树改画成右侧所示的树形形状。

2.1.2　DFS 算法的实现及复杂度分析

1. DFS 算法的实现

假设有函数 DFS(v)，可实现从顶点 v 出发访问它的所有未访问过的邻接顶点。在 DFS 算法中，必有一数组，设为 visited，用来存储各顶点的访问状态。如果 visited[i] = 1，则表示顶点 i 已经访问过；如果 visited[i] = 0，则表示顶点 i 还未访问过。初始时，各顶点的访问状态均为 0。

DFS 算法的实现及复杂度分析

图 2.1(a)所示的搜索过程用 DFS()函数实现，其执行过程如图 2.2 所示，在主函数中只要调用 DFS(A)就可以搜索整个图。图 2.2 中的序号(1)～(16)跟图 2.1(a)中的序号是一一对应的。

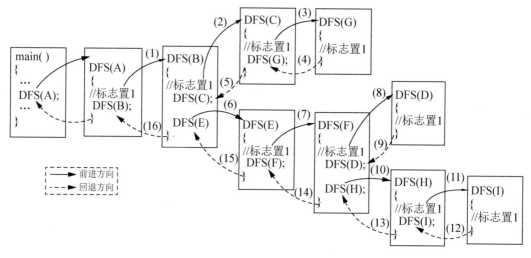

图 2.2　深度优先搜索的实现

如果用邻接表存储图，则 DFS 算法实现的伪代码如下。

```
DFS( 顶点 i )        //从顶点 i 进行深度优先搜索
{
    visited[ i ]=1;  //将顶点 i 的访问标志置为1
    p=顶点 i 的边链表表头指针;
    while( p 不为空 ){
        //设指针 p 所指向的边结点所表示的边中，另一个顶点为顶点 j
        if( 顶点 j 未访问过 ){
            //递归搜索前的准备工作需要在这里写代码，如例2.1
            DFS( 顶点 j );
            //以下是 DFS 的回退位置，在很多应用中需要在这里写代码
            //如例2.1 以及求关节点的算法(8.2 节)
        }
        p=p->nextarc;    //"扫描"当前边结点并使得指针 p 指向下一个边结点
    }
}
```

如果用邻接矩阵存储图(设顶点个数为 *n*)，则 DFS 算法实现的伪代码如下。

```
DFS( 顶点 i )      //从顶点 i 进行深度优先搜索
{
    visited[ i ]=1;      //将顶点 i 的访问标志置为1
    for( j=0; j<n; j++ ){    //对其他所有顶点 j
        //j 是 i 的邻接顶点，且顶点 j 没有访问过
        if( Edge[i][j]==1 && !visited[j] ){
            //递归搜索前的准备工作需要在这里写代码，如例2.1
            DFS( j )          //从顶点 j 出发进行 DFS
```

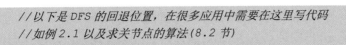

```
        //以下是 DFS 的回退位置，在很多应用中需要在这里写代码
        //如例 2.1 以及求关节点的算法(8.2 节)
      }
    }
}
```

在上述伪代码中，在递归调用 DFS()函数前后的两个位置特别重要。

(1) 如果需要在递归搜索前做一些准备工作(如例 2.1 中在递归搜索前将当前方格设置为墙壁)，则需要在 DFS 递归调用前的位置写代码。

(2) 如果需要在搜索回退后做一些还原工作(如例 2.1 中在搜索回退后将当前方格还原成空格)，或者根据搜索结果做一些统计或计算工作(如 8.2 节求关节点的算法)，则需要在 DFS 递归调用后的位置写代码。

2. 算法复杂度分析

现以图 2.1(a)所示的无向图为例分析 DFS 算法的复杂度。设图中有 n 个顶点，有 m 条边。

如果用邻接表存储图，如图 2.3 所示，从顶点 i 进行深度优先搜索，首先要取得顶点 i 的边链表表头指针，设为 p，然后通过 p 指向的边结点访问它的第 1 个邻接顶点，如果该邻接顶点未访问过，则从这个顶点出发进行递归搜索；如果这个邻接顶点已经访问过，则"扫描"当前边结点并使得 p 指向下一个边结点。在这个过程中，对每个顶点递归访问一次，即每个顶点的边链表表头指针取出一次，而每个边结点都只访问了一次。由于总共有 $2m$ 个边结点，所以扫描边的时间为 $O(2m)$。因此，采用邻接表存储图时，进行深度优先搜索的时间复杂性为 $O(n+2m)$。注意，这里没有包含递归函数调用的时间开销。

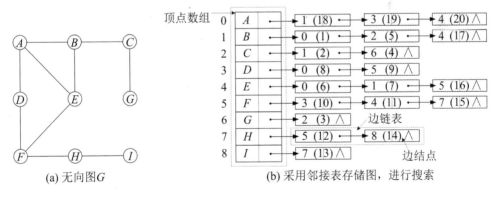

(a) 无向图 G　　　　(b) 采用邻接表存储图，进行搜索

图 2.3　采用邻接表存储图，进行深度优先搜索

在图 2.3(b)中，每个边结点上用圆括号括起来的序号表示每条边的扫描顺序。这个扫描顺序不太好理解，现详细解释如下。

(1) 从顶点 A 出发进行 DFS，首先取出顶点 A 的边链表表头指针，设为 pA；pA 所指向的边结点表示边(A, B)，而顶点 B 没有访问过，所以要递归调用 DFS(B)，注意这个过程并没有去扫描边结点(A, B)。

(2) 从顶点 B 进行 DFS，首先取出顶点 B 的边链表表头指针，设为 pB；pB 所指向的边结点表示边(B, A)，而顶点 A 已经访问过了，所以将指针 pB 移向下一个边结点，即要扫描边结点(B, A)，并使得 pB 指向边(B, C)所表示的边结点，所以整个 DFS 过程最先扫描的边结点是(B, A)；现 pB 指向边结点(B, C)，而顶点 C 还未访问，所以要递归调用 DFS(C)，同样这个过程并没有去扫描边结点(B, C)。

(3) 从顶点 C 进行 DFS，首先取出顶点 C 的边链表表头指针，设为 pC；pC 所指向的边结点表示边(C, B)，而顶点 B 已经访问过了，所以将指针 pC 移向下一个边结点，即要扫描边结点(C, B)(因此，边结点(C, B)的扫描顺序为 2)，并使得 pB 指向边(C, G)所表示的边结点；现 pB 指向边结点(C, G)，而顶点 G 还未访问，所以要递归调用 DFS(G)。

(4) 从顶点 G 进行 DFS，首先取出顶点 G 的边链表表头指针，设为 pG；pG 所指向的边结点表示边(G, C)，而顶点 C 已经访问过了，所以要扫描边结点(G, C)(因此，边结点(G, C)的扫描顺序为 3)，并将指针 pG 移向下一个边结点，而下一个边结点为空，所以顶点 G 访问完毕，回退到 DFS(C)。

(5) 回退到 DFS(C)后，继续扫描边结点(C, G)(因此，边结点(C, G)的扫描顺序为 4)后，顶点 C 也访问完毕，回退到 DFS(B)。

······

如果采用邻接矩阵存储图，由于邻接矩阵只是间接地存储了边的信息，对某个顶点进行 DFS 时，要检查其他每个顶点，包括它的邻接顶点和非邻接顶点，所需时间为 $O(n)$。例如，在图 2.4(b)中，执行 DFS(A)时，要在邻接矩阵中的第 0 行检查顶点 A~I 与顶点 A 是否相邻且是否已经访问过。另外，整个搜索过程，对每个顶点都要递归进行 DFS，因此遍历图中所有顶点所需时间为 $O(n^2)$。这里也没有包含递归函数调用的时间开销。

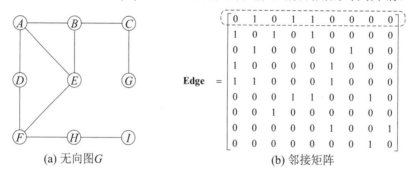

(a) 无向图 G   (b) 邻接矩阵

图 2.4　采用邻接矩阵存储图，进行深度优先搜索

2.1.3　例题解析

例 2.1　骨头的诱惑(Tempter of the Bone)，ZOJ2110。
题目描述：

一只小狗在迷宫里找到一根骨头，当它叼起骨头时，迷宫开始颤抖，地面开始下沉。它才明白骨头是一个陷阱，它拼命地试着逃出迷宫。迷宫是 $N \times M$ 大小的网格，有一个门。刚开始门是关着的，并且这个门会在第 T 秒开启，门只会开启很短的时间(少于 1 秒)，因此小狗必须恰好在第 T 秒到达门的位置。每秒钟，它可以向上、下、左或右移动一步到相邻的方格中。但一旦它移动到相邻的方格，这个方格就开始下沉，在下一秒消失。所以，它不能在一个方格中停留超过一秒，也不能回到经过的方格。小狗能成功逃离吗？

输入描述：

输入文件包括多个测试数据。每个测试数据的第 1 行为 3 个整数 N、M 和 $T(1<N, M<7,$ $0<T<50)$，分别代表迷宫的长和宽，以及迷宫的门会在第 T 秒时刻开启。

接下来 N 行信息给出了迷宫的格局，每行有 M 个字符，这些字符可能为以下值之一："X"表示墙壁，小狗不能进入；"S"表示小狗所处的位置；"D"表示迷宫的门；"."表示空的方格。

输入数据以 3 个 0 表示输入数据结束。

输出描述：

对每个测试数据，如果小狗能成功逃离，则输出"YES"，否则输出"NO"。

样例输入：	样例输出：
3 4 5	YES
S...	YES
.X.X	NO
...D	
4 4 8	
.X.X	
..S.	
....	
DX.X	
4 4 5	
S.X.	
..X.	
..XD	
....	
0 0 0	

分析：本题似乎和图论没关系，看似偏离了本书主题。但把每个方格(墙壁除外)视为顶点，如果两个方格相邻，在对应的两个顶点之间连边，则可以构造出一个图。以样例输入中的第 1 个测试数据为例，图 2.5(a)表示测试数据及所描绘的迷宫；图 2.5(b)为构造得到的图，圆圈中的数字表示某个位置的行号和列号，行号和列号均从 0 开始计起。当然，本题并不需要真正把图构造出来，或者说不需要用邻接矩阵来存储这个构造出来的图，因为根据当前位置的坐标就可以推算出其 4 个相邻位置，再排除墙壁就能找到邻接顶点。

本题要采用 DFS 思想求解，本节也借助这道题目详细分析 DFS 策略的实现方法及搜索时要注意的问题。

(1) 搜索策略。

搜索时从小狗所在初始位置 S 出发进行搜索。每搜索到一个方格位置，对该位置的 4 个可能方向(要排除边界和墙壁)进行下一步搜索。往前走一步，要将到达的方格设置成墙壁，表示当前搜索过程不能回到经过的方格。一旦前进不了，要回退，要恢复现场(将前面设置的墙壁还原成空的方格)，回到上一步时的情形。只要有一个搜索分支到达门的位置并且符合要求，则搜索过程结束。如果所有可能的分支都搜索完毕，还没找到满足题目要求的解，则该迷宫无解。在图 2.5(c)中，实线箭头表示搜索前进方向，虚线箭头表示回退方向。

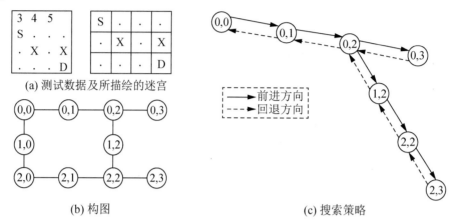

(a) 测试数据及所描绘的迷宫

(b) 构图

(c) 搜索策略

图 2.5　骨头的诱惑(构图及搜索策略)

(2) 搜索实现。

假设实现搜索的函数为 dfs()，它有 3 个参数。dfs(wi, wj, cnt)的功能为：目前到达(wi, wj)位置，且已经花费 cnt 秒，如果到达门的位置且时间符合要求，则搜索终止；否则继续从其相邻位置进行搜索。继续搜索则要递归调用 dfs()函数，因此 dfs()是一个**递归函数**。

成功逃离条件为：wi = di，wj = dj，cnt = t。其中(di, dj)是门的位置，在第 t 秒钟开启。

假设按照上、右、下、左顺时针的顺序进行搜索。则对样例输入中的第 1 个测试数据，其搜索过程及 dfs()函数的执行过程如图 2.6 所示。

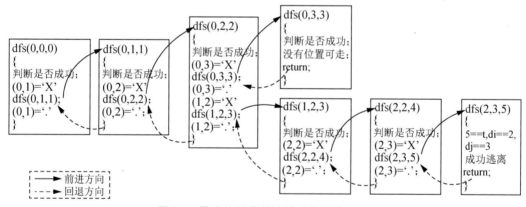

图 2.6　骨头的诱惑(搜索策略的函数实现)

在该测试数据中，小狗的起始位置在(0,0)处，门的位置在(2,3)处，门会在第 5 秒钟开启。在主函数中，调用 dfs(0,0,0)搜索迷宫。当递归执行到某一个 dfs(wi, wj, cnt)，满足 wi=2=di，wj=3=dj，且 cnt=5=t，则表示能成功逃离。

图 2.6 演示了 dfs(0,0,0)的递归执行过程。在图中，各符号含义如下。

① (0,1) = 'X'表示往前走一步，要将当前方格设置成墙壁。

② (0,1) = '.'表示回退过程恢复现场，将(0,1)这个位置由原来设置的墙壁还原成空格。

在执行 dfs(0,0,0)时，按照搜索顺序，上方是边界，不能走，所以向右走一步，即要递归调用 dfs(0,1,1)。在调用 dfs(0,1,1)之前，将(0,1)位置设置为墙壁。走到(0,1)位置后，下一步要走的位置是(0,2)，要递归调用 dfs(0,2,2)。在调用 dfs(0,2,2)之前，将(0,2)位置设置为墙壁。走到(0,2)位置后，下一步要走的位置是(0,3)，要递归调用 dfs(0,3,3)。在调用 dfs(0,3,3)之前，将(0,3)位置设置为墙壁。走到(0,3)位置后，其 4 个相邻位置中上边、右边是边界，下边是墙壁，左边本来是空的方格，但因为在前面的搜索前进方向上已经将它设置成墙壁了，所以没有位置可走，只能回退到上一层，即 dfs(0,3,3)函数执行完毕，要回退到主调函数处，也就是 dfs(0,2,2)函数中。回到 dfs(0,2,2)函数处，首先将原先设置的墙壁还原为空格；(0,2)位置的 4 个相邻位置中，还有(1,2)这个位置可以走，则从(1,2)位置继续搜索，……

按照上述搜索策略，一直搜索到(2,3)位置处，这个位置是门的位置，且刚好走了 5 秒。所以得出结论：能够成功逃脱。

这里要注意，搜索方向的选择是通过下面的二维数组及循环控制来实现的。该二维数组表示上、右、下、左 4 个方向相对当前位置 x、y 坐标的增量。

```
int dir[4][2] = { {-1,0}, {0,1}, {1,0}, {0,-1} };
```

(3) 为什么在回退过程中要恢复现场？

以样例输入中的第 2 个测试数据来解释这个问题。在这个测试数据中，如果加上回退过程的恢复现场操作，则不管按什么顺序(上、右、下、左顺序，或者左、右、下、上顺序)进行搜索，都能成功脱离；但是去掉回退过程的恢复现场操作后，按某种搜索顺序可能恰好能成功脱离，但按另外一种搜索顺序则不能成功脱离，这是错误的。图 2.7～图 2.10 以测试数据 2 为例分析了加上和去掉回退过程分别按两种搜索顺序进行搜索的过程和结果。

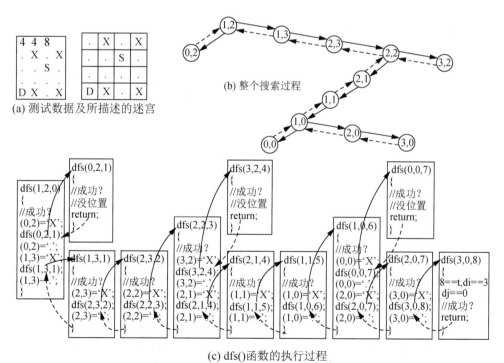

图 2.7　骨头的诱惑(测试数据 2 分析 1)

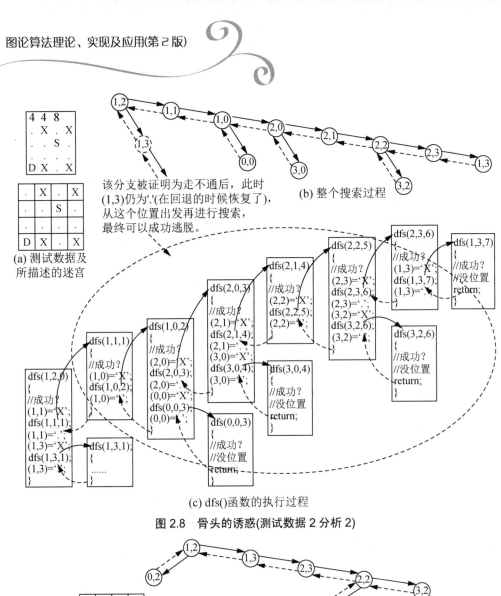

该分支被证明为走不通后,此时
(1,3)仍为'.'(在回退的时候恢复了),
从这个位置出发再进行搜索,
最终可以成功逃脱。

(b) 整个搜索过程

(a) 测试数据及
所描述的迷宫

(c) dfs()函数的执行过程

图 2.8　骨头的诱惑(测试数据 2 分析 2)

(b) 整个搜索过程

(a) 测试数据及所描述的迷宫

(c) dfs()函数的执行过程

图 2.9　骨头的诱惑(测试数据 2 分析 3)

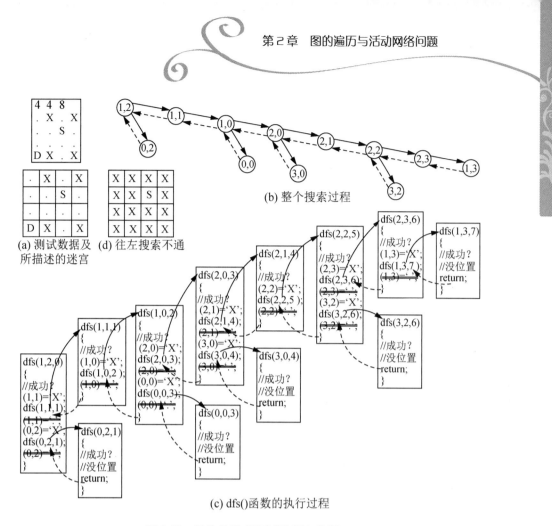

(b) 整个搜索过程

(a) 测试数据及
所描述的迷宫

(d) 往左搜索不通

(c) dfs() 函数的执行过程

图 2.10　骨头的诱惑(测试数据 2 分析 4)

测试数据 2 分析 1：回退过程有恢复现场操作，dir 数组如下，即搜索方向为上、右、下、左顺序，整个搜索过程如图 2.7(b)所示，dfs()函数的执行过程如图 2.7(c)所示。dfs()函数执行的结果是能成功逃脱。

```
int dir[4][2] = { {-1,0}, {0,1}, {1,0}, {0,-1} };
```

测试数据 2 分析 2：回退过程有恢复现场操作，dir 数组如下，即搜索方向为左、右、下、上顺序，整个搜索过程如图 2.8(b)所示，dfs()函数的执行过程如图 2.8(c)所示。从图 2.8(b)和(c)可知，往左搜索走不通后，此时右边(即(1,3)位置)仍为'.'(在回退的时候恢复了)，从这个位置出发再进行搜索，将找到一条能成功逃脱的路径。dfs()函数执行的结果是能成功逃脱。

```
int dir[4][2] = { {0,-1}, {0,1}, {1,0}, {-1,0} };
```

测试数据 2 分析 3：去掉回退过程的恢复现场操作，在图 2.9(c)中，"(1,3) = '.' ;"等代码加上了删除线。dir 数组如下，即搜索方向为上、右、下、左顺序，整个搜索过程如图 2.9(b)所示，dfs()函数的执行过程如图 2.9(c)所示。dfs()函数执行的结果是恰好能成功逃脱。

```
int dir[4][2] = { {-1,0}, {0,1}, {1,0}, {0,-1} };
```

测试数据 2 分析 4：去掉回退过程的恢复现场操作。dir 数组如下，即搜索方向为左、右、下、上顺序，整个搜索过程如图 2.10(b)所示，dfs()函数的执行过程如图 2.10(c)所示。

由于没有恢复现场操作，在往左搜索走不通后，所有位置都被设置为墙壁，无法再进行搜索了，如图2.10(d)所示。因此，dfs()函数执行的结果是不能成功逃脱。

```
int dir[4][2] = { {0,-1}, {0,1}, {1,0}, {-1,0} };
```

为什么在回退过程中要恢复现场？答案是：如果当前搜索方向行不通，该搜索过程要结束了，但并不代表其他搜索方向也行不通，所以在回退时必须还原到原来的状态，保证其他搜索过程不受影响。

说明：

(1) 用 C 语言的 scanf()函数读入字符型数据(使用"%c"格式控制)时，会把上一行的换行符读进来。因此在读入每一行迷宫字符前，要跳过上一行的换行符。

(2) 本程序两处地方使用了剪枝，分别是搜索前的剪枝和搜索过程中的剪枝。而所谓**剪枝**，就是通过某种判断，避免一些不必要的搜索过程。形象地说，就是剪去了搜索过程中的某些"枝条"，故称剪枝。具体剪枝策略如下。

① 搜索前的剪枝是：如果所有能走的方格数(n*m-wall，包括初始位置 S)小于 t，不用搜索都能判断出小狗无法成功逃离。

② 搜索过程中的剪枝是：搜索到某个位置，计算该位置距离目标方格水平和竖直距离之和(称为曼哈顿距离)，temp = (t-cnt) - abs(wi-di) - abs(wj-dj)，表示剩余时间减去曼哈顿距离，如果 temp<0，很明显，不用继续搜索了；如果 temp 为奇数，也不用继续搜索了，这是因为，如果"绕圈"多走一些方格到达目标位置，一定比曼哈顿距离多走偶数步。

代码如下。

```
char map[9][9];        //迷宫地图
int n, m, t;           //迷宫的大小(行和列)，及迷宫的门会在第 t 秒开启
int di, dj;            //(di,dj)为门的位置
bool escape;           //是否成功逃脱的标志，escape 为 1 表示能成功逃脱
int dir[4][2]={{0,-1},{0,1},{1,0},{-1,0}}; //分别表示左、右、下、上四个方向
void dfs( int wi, int wj, int cnt )       //搜索到位置(wi,wj)，已经前进了 cnt 秒
{
    int i, temp, nexti, nextj;
    if( wi==di && wj==dj && cnt==t ) {  //成功逃脱
        escape = 1;  return;
    }
    //搜索过程的剪枝:abs(wi-di)+abs(wj-dj),表示当前所在格子到目标格子的曼哈顿距离
    //t-cnt 是实际还需要的步数，将它们做差
    //如果 temp < 0 或 temp 为奇数，那就不可能到达！
    temp = (t-cnt) - abs(wi-di) - abs(wj-dj);
    if( temp<0 || temp%2 )  return;
    for( i=0; i<4; i++ ) {
        nexti = wi+dir[i][0];  nextj = wj+dir[i][1];
        if(nexti<0 || nexti>=n || nextj<0 || nextj>=m)  continue; //出了边界
        if( map[nexti][nextj] != 'X') {
            map[nexti][nextj] = 'X';    //前进方向! 将拟走的相邻方格设置为墙壁'X'
            dfs(nexti, nextj, cnt+1);   //从相邻方格继续搜索
```

```
            map[nexti][nextj] = '.';     //后退方向！恢复现场！
            if(escape)  return;   //如果从当前分支能够成功逃离,则不检查其他相邻位置
        }
    }
}
int main( )
{
    int i, j, si, sj;  //(si, sj)为小狗的起始位置
    while( scanf("%d%d%d", &n, &m, &t) ) {
        if( n==0 && m==0 && t==0 )  break;    //测试数据结束
        char temp;  int wall = 0;  //wall用于统计迷宫中墙的数目
        scanf( "%c", &temp );         //跳过上一行的换行符,详见正文中的说明
        for( i=0; i<n; i++ ) {
            for( j=0; j<m; j++ ) {
                scanf( "%c", &map[i][j] );
                if( map[i][j]=='S' ) {  si=i;  sj=j;  }
                else if( map[i][j]=='D' ) {  di=i;  dj=j;  }
                else if( map[i][j]=='X' )  wall++;
            }
            scanf( "%c", &temp );
        }
        if( n*m-wall < t ) { printf( "NO\n" );  continue; } //搜索前的剪枝
        escape = 0;  map[si][sj] = 'X';
        dfs( si, sj, 0 );
        if( escape )  printf( "YES\n" );     //成功逃脱
        else  printf( "NO\n" );
    }
    return 0;
}
```

例 2.2　最大的泡泡串。

题目描述：

泡泡龙是一个经典的游戏。在泡泡龙游戏中，通常奇数行的泡泡数比偶数行的泡泡数多 1。给定泡泡龙游戏中各泡泡的颜色，求由同种颜色泡泡组成的最大泡泡串的泡泡数。

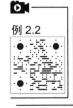

例 2.2

输入描述：

输入文件包含多个测试数据。每个测试数据第 1 行为两个正整数 n 和 $m(2 \leqslant m, n \leqslant 50)$，表示泡泡的行数和列数。行号和列号均从 1 开始计起，如图 2.11(a)所示。接下来有 n 行，奇数行有 m 个字符；偶数行有 $m-1$ 个字符。每个字符代表一个泡泡，字符 a、b、c 分别表示红色、绿色、蓝色。输入文件最后一行为"0 0"，表示输入数据结束。

注意：不管是奇数行还是偶数行，每个泡泡最多有 6 个相邻位置，如图 2.11(c)和(d)所示；当然，如果有相邻位置超出边界，则相邻位置数小于 6。

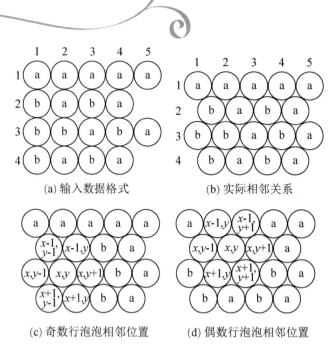

(a) 输入数据格式　　　　(b) 实际相邻关系

(c) 奇数行泡泡相邻位置　　　(d) 偶数行泡泡相邻位置

图 2.11　泡泡的相邻位置

输出描述:

对每个测试数据,输出求得的由同种颜色泡泡组成的最大泡泡串的泡泡数。

样例输入:	样例输出:
4 5	11
aaaaa	
baba	
bbaba	
baba	
0 0	

分析: 本题需要采用深度优先搜索求解。从图 2.11 中任何一个位置的泡泡(设为 A)出发进行搜索,如果相邻位置是同种颜色,则继续搜索。按照这种策略,能找到与 A 颜色相同的一串泡泡,在搜索过程中计数就能统计这串泡泡的长度。求出每串泡泡的长度并求最大值。

本题的搜索需要注意以下几点。

(1) 相邻位置的处理。从图 2.11 可以看出,根据当前位置(x, y)的坐标可以判断所处位置是奇数行还是偶数行,最多有 6 个相邻位置,而且有 4 个相邻位置是相同的,即$(x, y-1)$、$(x, y+1)$、$(x-1, y)$、$(x+1, y)$,可以统一处理;其他 2 个相邻位置需要单独处理。

(2) 搜索前进方向和后退方向的处理。在搜索的前进方向,如果当前位置上泡泡的颜色和要搜索的颜色相同,则把当前位置上泡泡的颜色设置成 a、b、c 以外的字符(以下代码是设置成空格字符),保证不重复计数。注意,如果不做这样的处理,任何一个分支的搜索都会无穷无尽下去,无法结束;但在后退方向上不需任何处理。代码如下。

```
#define MAXN 52
char map[MAXN][MAXN];
int max, max1, n, m;
```

```
//(x,y)为当前位置的坐标；element 为搜索的泡泡串的颜色(即搜索起始位置的泡泡颜色)
void dfs( char map[MAXN][MAXN], int x, int y, char element )
{
    if(map[x][y]==element)  max1++,  map[x][y]=' ';  //搜索前进方向的处理
    if( x%2==1 ) {  //奇数行
        if( x+1<=n && y>1 && map[x+1][y-1]==element )
            dfs( map, x+1, y-1, element );
        if( x>1 && y>1 && map[x-1][y-1]==element )
            dfs( map, x-1, y-1, element );
    }
    else {  //偶数行
        if( x>1 && y+1<=m && map[x-1][y+1]==element )
            dfs( map, x-1, y+1, element );
        if( x+1<=n && y+1<=m && map[x+1][y+1]==element )
            dfs( map, x+1, y+1, element );
    }
    //以下 4 个相邻位置是奇数行和偶数行都有的
    if( x+1<=n && map[x+1][y]==element ) dfs( map, x+1, y, element );
    if( x>1 && map[x-1][y]==element ) dfs( map, x-1, y, element );
    if( y+1<=m && map[x][y+1]==element ) dfs( map, x, y+1, element );
    if( y>1 && map[x][y-1]==element ) dfs( map, x, y-1, element );
}
int main( )
{
    int i, j;
    while( 1 ) {
        scanf( "%d%d", &n, &m );
        if( n==0 && m==0 ) break;
        memset( map, 0, sizeof(map) );
        for( i=1; i<=n; i++ )  scanf( "%s", map[i]+1 );
        max = 0;
        for( i=1; i<=n; i++ ) {
            for( j=1; j<=m; j++ ) {
                if( i%2==0 && j==m )  continue;
                if( map[i][j]!=' ' ) {
                    max1 = 0;
                    dfs( map, i, j, map[i][j] );
                }
                if( max1>max )  max = max1;
            }
        }
        printf( "%d\n", max );
    }
    return 0;
}
```

练　习

2.1　油田(Oil Deposits)，ZOJ1709，POJ1562。

题目描述：

GeoSurvComp 地质探测公司负责探测地下油田。每次都是在一块长方形的土地上来探测油田。探测时把土地用网格分成若干个小方块，然后逐个分析每块土地，用探测设备探测地下是否有油田。方块土地底下有油田则称为 pocket，如果两个 pocket 相邻，则认为是同一块油田，油田可能覆盖多个 pocket。试计算长方形的土地上有多少个不同的油田。

输入描述：

输入文件包含多个测试数据。每个测试数据描述了一个网格。每个网格数据的第 1 行为两个整数 m 和 n，分别表示网格的行和列，如果 $m = 0$，则表示输入结束，否则 $1 \leqslant m \leqslant 100$，$1 \leqslant n \leqslant 100$。接下来有 m 行数据，每行数据有 n 个字符。每个字符代表一个小方块，如果为"*"，则代表没有石油；如果为"@"，则代表有石油，是一个 pocket。

输出描述：

对每个网格，输出网格中不同的油田数目。如果两块不同的 pocket 在水平、垂直或对角线方向上相邻，则被认为属于同一块油田。每块油田所包含的 pocket 数目不会超过 100。

样例输入：　　　　　　　　　　　**样例输出：**

```
5 5                              2
****@
*@@*@
*@**@
@@@*@
@@**@
0 0
```

2.2　农田灌溉(Farm Irrigation)，ZOJ2412。

题目描述：

Benny 有一大片农田需要灌溉。农田是一个长方形，被分割成许多小的正方形。每个正方形中都安装了水管。不同的正方形农田中可能安装了不同的水管。一共有 11 种水管，分别用字母 A～K 标明，如图 2.12(a)所示。Benny 农田的地图是由描述每个正方形农田中水管类型的字母组成的矩阵。样例数据所示的农田地图如图 2.12(b)所示。

某些正方形农田的中心有水源，因此水可以沿着水管从一个正方形农田流向另一个正方形农田。如果水可以流经某个正方形农田，则整个正方形农田可以全部被灌溉到。

Benny 想知道至少需要多少个水源，以保证整个长方形农田都能被灌溉到。

例如，图 2.12(b)所示的农田至少需要 3 个水源，图中的圆点表示每个水源。

输入描述：

输入文件包含多个测试数据。每个测试数据的第 1 行为两个整数 M 和 N，表示农田中有 M 行，每行有 N 个正方形。接下来有 M 行，每行有 N 个字符。字符的取值为 A～K，表示对应正方形农田中水管的类型。当 M 或 N 取负值时，表示输入文件结束；否则 M 和 N 的值为正数，且其取值范围是 $1 \leqslant M, N \leqslant 50$。

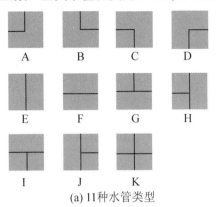

(a) 11种水管类型

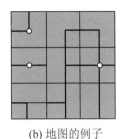

(b) 地图的例子

图 2.12　水管类型及农田的地图

输出描述：

对每个测试数据所描述的农田，输出一行，为求得的所需水源数目的最小值。

样例输入：

```
3 3
ADC
FJK
IHE
-1 -1
```

样例输出：

```
3
```

2.3　Gnome Tetravex 游戏(Gnome Tetravex)，ZOJ1008。

题目描述：

Gnome Tetravex 游戏开始时，玩家会得到 $n \times n (n \leqslant 5)$ 个正方形。每个正方形都被分成 4 个标有数字的三角形(数字的范围是 0～9)。这 4 个三角形分别被称为左三角形、右三角形、上三角形和下三角形。例如，图 2.13(a)所示是 2×2 的正方形的一个初始状态。玩家需要重排正方形，到达目标状态。在目标状态中，任何两个相邻正方形的相邻三角形上的数字都相同。图 2.13(b)所示是一个目标状态的例子。

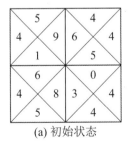
(a) 初始状态

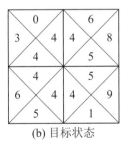
(b) 目标状态

图 2.13　Gnome Tetravex 游戏

输入描述：

输入文件包含多个测试数据。每个测试数据描述了一个 Gnome Tetravex 游戏，第 1 行

为一个整数 $n(1 \leqslant n \leqslant 5)$，表示游戏的规模，该游戏中有 $n \times n$ 个正方形。接下来有 $n \times n$ 行，描述了每个正方形中 4 个三角形中的数字。每一行为 4 个整数，依次代表上三角形、右三角形、下三角形和左三角形中的数字。输入文件最后一行为 0，代表输入结束。

输出描述：

对输入文件中的每个游戏，判断该游戏是否有解。对每个游戏，首先输出游戏的序号，接着是一个冒号和一个空格，如果该游戏有解，输出 Possible，否则输出 Impossible。

每两个游戏的输出之间有一个空行。注意，不要输出多余的空格和空行。

样例输入：	样例输出：
2	Game 1: Possible
5 9 1 4	
4 4 5 6	Game 2: Impossible
6 8 5 4	
0 4 4 3	
2	
1 1 1 1	
2 2 2 2	
3 3 3 3	
4 4 4 4	
0	

2.4 红与黑(Red and Black)，ZOJ2165，POJ1979。

题目描述：

有一个长方形的房间，房间里的地面上布满了正方形的瓷砖，瓷砖为红色或黑色。一男子站在其中一块黑色的瓷砖上。男子可以向 4 个相邻的瓷砖上移动，但只能在黑色的瓷砖上移动。编写程序，计算他在这个房间里可以到达的黑色瓷砖的数量。

输入描述：

输入文件包含多个测试数据。每个测试数据的第 1 行为两个整数 W 和 H，分别表示长方形房间里 x 方向和 y 方向上瓷砖的数目。W 和 H 的值不超过 20。

接下来有 H 行，每行有 W 个字符，每个字符代表了瓷砖的颜色，取值及含义为："."表示黑色的瓷砖；"#"表示红色的瓷砖；"@"表示黑色瓷砖，且一名男子站在上面。注意，每个测试数据中只有一个"@"符号。

输入文件中最后一行为两个 0，代表输入文件结束。

输出描述：

对每个测试数据，输出一行，为该男子从初始位置出发可以到达的黑色瓷砖的数目(包括他初始时所处的黑色瓷砖)。

样例输入：	样例输出：
11 9	59
.#.........	
.#.#######.	

```
.#.#.....#.
.#.#.###.#.
.#.#..@#.#.
.#.#####.#.
.#.....#.#.
.#########.
...........
0 0
```

2.2　BFS 遍历

2.2.1　BFS 算法思想

广度优先搜索(Breadth First Search，BFS)是一个分层的搜索过程，没有回退，是非递归的。

BFS 算法的思想是：对一个无向连通图，选择图中某顶点 v 作为起始顶点，这是第 0 层；然后由 v 出发，依次访问 v 的所有未访问过的邻接顶点 w_1，w_2，w_3，$\cdots$，w_t，即从 v 出发走一步能到达的顶点，这是第 1 层；然后依次从第 1 层的每个顶点出发，再访问它们的所有还未访问过的邻接顶点，这是第 2 层，即从第 1 层的顶点出发，再走一步能到达的未访问过的顶点构成了第 2 层顶点……如此直到图中所有顶点都被访问到为止。

BFS 算法
思想

接下来以图 2.14(a)所示的无向连通图为例解释 BFS 过程。假设在多个未访问过的邻接顶点中进行选择时，按顶点序号从小到大的顺序进行选择，如起始顶点 A 有 3 个邻接顶点，即 B、E 和 D，则按 B、D 和 E 的顺序依次访问。

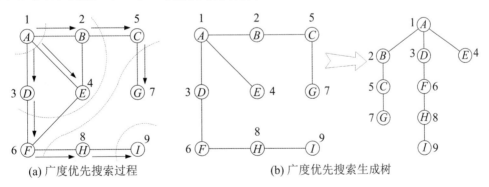

(a) 广度优先搜索过程　　　　　　　(b) 广度优先搜索生成树

图 2.14　广度优先搜索

采用 BFS 思想搜索的过程如下。

(1) 访问起始顶点 A，这是第 0 层。

(2) 访问顶点 A 的 3 个邻接顶点 B、D 和 E，这是第 1 层。

(3) 访问顶点 B 的未访问过的邻接顶点(即顶点 C)，访问顶点 D 的未访问过的邻接顶点(即顶点 F)，顶点 E 没有未访问过的邻接顶点，这是第 2 层。

(4) 访问顶点 C 的未访问过的邻接顶点(即顶点 G),访问顶点 F 的未访问过的邻接顶点(即顶点 H),这是第 3 层。

(5) 顶点 G 没有未访问过的邻接顶点,访问顶点 H 的未访问过的邻接顶点(即顶点 I),这是第 4 层。

至此,整个 BFS 过程结束。图 2.14(a)中各顶点旁的数字表示 BFS 过程中各顶点的访问顺序。图 2.14(b)为广度优先搜索生成树,用访问 n 个顶点时经过的 n-1 条边,将 n 个顶点连接成一棵树,树的根结点就是广度优先搜索的起始顶点。为了更加直观地描述该生成树的树形结构,将此生成树改画成图 2.14(b)中右侧所示的树形形状。

2.2.2 BFS 算法的实现及复杂度分析

1. BFS 算法的实现

与深度优先搜索过程一样,为避免重复访问,也需要一个状态数组 visited,用来存储各顶点的访问状态。如果 visited[i] = 1,则表示顶点 i 已经访问过;如果 visited[i] = 0,则表示顶点 i 还未访问过。初始时,各顶点的访问状态均为 0。

为了实现逐层访问,BFS 算法在实现时需要使用一个队列,用于存储正在访问的这一层和待访问的下一层的顶点,以便扩展出新的顶点。在图 2.14(a)所示的搜索过程中,队列的变化如图 2.15 所示。初始时,队列为空。

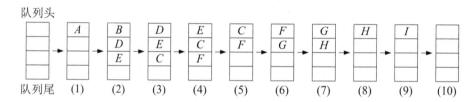

图 2.15 广度优先搜索过程的实现

BFS 算法的具体实现过程如下(图 2.15 中的序号跟以下的序号是一一对应的)。

(1) 访问顶点 A,然后把顶点 A 入队列。

(2) 取出队列头的顶点,即顶点 A,然后依次访问顶点 A 的 3 个邻接顶点 B、D 和 E,并把这 3 个顶点入队列。

(3) 取出此时队列头的顶点,即顶点 B,然后访问顶点 B 的未访问过的邻接顶点,即顶点 C,并把顶点 C 入队列。

(4) 取出此时队列头的顶点,即顶点 D,然后访问顶点 D 的未访问过的邻接顶点,即顶点 F,并把顶点 F 入队列。

(5) 取出此时队列头的顶点,即顶点 E,而顶点 E 已经没有未访问过的邻接顶点。

(6) 取出此时队列头的顶点,即顶点 C,然后访问顶点 C 的未访问过的邻接顶点,即顶点 G,并把顶点 G 入队列。

(7) 取出此时队列头的顶点,即顶点 F,然后访问顶点 F 的未访问过的邻接顶点,即顶点 H,并把顶点 H 入队列。

(8) 取出此时队列头的顶点,即顶点 *G*,而顶点 *G* 已经没有未访问过的邻接顶点。

(9) 取出此时队列头的顶点,即顶点 *H*,然后访问顶点 *H* 的未访问过的邻接顶点,即顶点 *I*,并把顶点 *I* 入队列。

(10) 取出此时队列头的顶点,即顶点 *I*,而顶点 *I* 已经没有未访问过的邻接顶点。至此,队列为空,BFS 执行完毕。

BFS 执行过程中,各顶点的访问顺序依次为:*A*→*B*→*D*→*E*→*C*→*F*→*G*→*H*→*I*。

如果用邻接表存储图,则 BFS 算法实现的伪代码如下。

```
BFS( 顶点 i )      //从顶点 i 进行广度优先搜索
{
    visited[i]=1;  //将顶点 i 的访问标志置为 1
    将顶点 i 入队列;
    while( 队列不为空 ){
        取出队列头的顶点, 设为 k
        p=顶点 k 的边链表表头指针
        while( p 不为空 ){
            //设指针 p 所指向的边结点所表示的边的另一个顶点为顶点 j
            if( 顶点 j 未访问过 ){
                visited[j]=1;  //将顶点 j 的访问标志置为 1
                将顶点 j 入队列
            }
            p=p->nextarc;     //指针 p 移向下一个边结点
        }//end of while
    }//end of while
}//end of BFS
```

如果用邻接矩阵存储图(设顶点个数为 *n*),则 BFS 算法实现的伪代码如下。

```
BFS( 顶点 i )       //从顶点 i 进行广度优先搜索
{
    visited[ i ]=1;   //将顶点 i 的访问标志置为 1
    将顶点 i 入队列;
    while( 队列不为空 ){
        取出队列头的顶点, 设为 k
        for( j=0; j<n; j++ ){    //对其他所有顶点 j
            //j 是 k 的邻接顶点, 且顶点 j 没有访问过
            if( Edge[k][j]==1 && !visited[j] ){
                visited[j]=1;  //将顶点 j 的访问标志置为 1
                将顶点 j 入队列
            }
        }//end of for
    }//end of while
}//end of BFS
```

2. 算法复杂度分析

设无向图有 *n* 个顶点,有 *m* 条边。

如果使用邻接表存储图,对从队列头取出来的每个顶点 *k*,首先取出该顶点的边链表表头指针,然后沿着边链表中的每个边结点,把未访问过的邻接顶点入队列。在这个过程中,

每个顶点各访问一次，2*m* 个边结点各访问一次，所以总的时间代价为 $O(n+2m)$。

如果用邻接矩阵存储图，由于在邻接矩阵中只是间接地存储了边的信息，所以对从队列头取出来的每个顶点 *k*，要循环检测无向图中的其他每个顶点 *j*(不管是否与顶点 *k* 相邻)，判断 *j* 是否跟 *k* 相邻且是否访问过；另外，每个顶点都要入队列，都要从队列头取出，进行判断，所以总的时间代价为 $O(n^2)$。

2.2.3　关于 DFS 算法和 BFS 算法的说明

关于 DFS 算法和 BFS 算法的说明

1. DFS 算法

DFS 算法的思路很简单，因此很好理解，但它求得的解不是最优的；并且一旦某个分支可以无限地搜索下去(假定结点有无穷多个)，但沿着这个分支搜索找不到解，则算法将不会停止，也找不到解。解决的方法可以采用有界深度优先搜索，本书对此不做进一步的讨论。

2. BFS 算法

如果某个问题有解，则采用 BFS 算法必能找到解，且找到的解的步数(指从起始顶点到目标顶点的路径上的步数)是最少的，解是最优的，如例 2.3；当然有些题目所要求的最优解不是简单的步数最少，而是附加了一些其他条件，如访问时间、访问代价等，则在采用 BFS 算法时应该做一些灵活的改动，如例 2.4。

2.2.4　例题解析

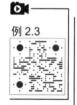

例 2.3

例 2.3　电影系列题目之《预见未来》。

题目描述：

2007 年，好莱坞拍摄了科幻电影《预见未来》(*Next*)。电影的故事情节是：魔术师克里斯•约翰逊能预知下一刻将要发生的事情；一个恐怖组织威胁要引爆核炸弹，把洛杉矶夷为平地；克里斯需要利用他的特异功能帮助美国联邦调查局查出恐怖分子藏在哪里。

在本题中，恐怖分子藏身处用一个 *M×N* 的网格表示。网格中每一个方格可能是障碍物、可通行的方格、克里斯的起始位置或恐怖分子藏身处。从每一个方格出发，克里斯向上、下、左、右走到相邻的方格，所需的时间是 1 秒。克里斯能预测 *T* 秒，也就是说从当前位置出发，*T* 秒钟能到达的方格里是否藏有恐怖分子，他都知道。现在的问题是克里斯至少需要多长时间才能找到恐怖分子的藏身处。

输入描述：

输入文件包含多个测试数据。每个测试数据的第 1 行为 3 个整数 *M*、*N* 和 *T*(5≤*M*, *N*≤10; 2≤*T*≤5)，分别表示网格的行和列，以及克里斯能预测 *T* 秒；接下来有 *M* 行，每行 *N* 个字符，这些字符可能为#、.、S 和 D，分别表示障碍物、可通行的方格、克里斯的起始位置和恐怖分子藏身处，每个测试数据中只有一个 S 和 D。测试数据一直到文件尾。

输出描述：

对每个测试数据，输出克里斯找到恐怖分子的藏身处所需的最少时间(注意，该时间可能为 0)。如果克里斯无法到达目标位置，输出“dead”。

样例输入：
```
5 6 3
.#..##
#S...#
#.##.#
#.#.D#
#....#
6 6 4
.#..##
#..#.#
#.S#.#
###.D#
#....#
#.#..#
```

样例输出：
```
2
dead
```

分析： 把每个方格(障碍物除外)视为顶点，如果两个方格相邻，则在对应的两个顶点之间连边，可以构造出一个图。以样例输入中的第 1 个测试数据为例，图 2.16(a)表示测试数据及所描绘的地图；图 2.16(b)为构造得到的图，圆圈中的数字表示某个位置的行号和列号，行号和列号均从 0 开始计起。当然，和例 2.1 一样，本题并不需要真正把图构造出来，根据当前位置的坐标就可以推算出其 4 个相邻位置，再排除障碍物就能找到邻接顶点。

本题要求最少时间，而且就是最少步数，需要用 BFS 求解。假定在检查相邻位置时，按照上、右、下、左的顺序依次检查。以第 1 个测试数据为例：以 S 所在位置(1, 1)作为起始顶点，这是第 0 层，如图 2.16(c)所示；S 的两个相邻位置(1, 2)和(2, 1)，走一步(即 1 秒钟)就可以到达，这是第 1 层；(1, 2)再走一步可以到达(0, 2)和(1, 3)，(2, 1)再走一步可以到达(3, 1)，这是第 2 层……如此搜索下去，可以在第 5 层搜索到 D 所在的位置(3, 4)。本题只要搜索到目标位置就可以提前结束 BFS 了。BFS 算法结束后，可能出现以下几个结果。

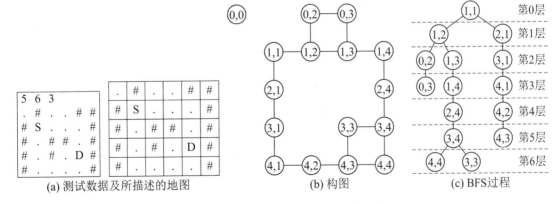

图 2.16　预见未来：构图及 BFS 求解

(1) BFS 算法结束后，表征到达目标位置最少时间的变量 mint(初值为常量 INF)的值仍为 INF，则意味着目标位置不可达，此时应输出"dead"。

(2) 搜索到目标位置，BFS 算法结束，但目标位置所需时间 mint<=T，输出 0。

(3) 搜索到目标位置，BFS 算法结束，且所需时间 mint>T，输出 mint-T。

注意，BFS 算法结束后，要把队列中可能残留的顶点全部弹出，以免影响下一个测试数据的处理。代码如下。

```
#define MAXMN 20
#define INF 1000000    //mint 的初始值
struct point {  //表示到达某个方格时的状态
    int x, y;    //方格的位置
    int step;    //走到当前位置所进行的步数(即时间)
};
queue<point> Q; //队列中的结点为表示当前克里斯所处的位置及步数的 point 型数据
int N, M, T;    //网格的行和列，克里斯能预测的时间
int visited[MAXMN][MAXMN];  //visited[i][j]为1表示(i,j)位置已访问过
char map[MAXMN][MAXMN];     //网格中"."表示可通行的方格、"#"表示障碍物
                           //"S"表示克里斯起始方格、"D"表示目标方格
int mint;    //到达目标位置的最少时间
int dir[4][2] = {{-1,0}, {0,1}, {1,0}, {0,-1}};//4 个相邻方向: 上、右、下、左
int si, sj, di, dj;    //起始位置和目标位置
void BFS( point s )    //从位置 s 开始进行 BFS
{
    int i, x, y;
    Q.push( s );  visited[s.x][s.y] = 1;
    point hd;    //从队列头出队列的位置
    while( !Q.empty() ){    //当队列非空
        hd = Q.front();  Q.pop();
        if(hd.x==di && hd.y==dj){ mint = hd.step;  break; }  //找到目标位置
        for( i=0; i<4; i++ ){    //4 个相邻位置
            x = hd.x + dir[i][0];  y = hd.y + dir[i][1];
            //排除边界和障碍物，且(x,y)位置之前没有访问过
            if( x>=0 && x<=M-1 && y>=0 && y<=N-1
                && !visited[x][y] && map[x][y]!='#' ){
                point t;    //向第 i 个方向走一步后的位置
                t.x = x;  t.y = y;  t.step = hd.step + 1;
                Q.push( t );  visited[x][y] = 1;  //把 t 入队列
            }//end of if
        }//end of for
    }//end of while
}
int main()
{
    int i, j;    //循环变量
    while( scanf( "%d%d%d", &M, &N, &T )!=EOF ){
        memset( map, 0, sizeof(map) ); memset( visited, 0, sizeof(visited) );
        for( i=0; i<M; i++ ){    //读入网格并记录起始位置和目标位置
            getchar();    //跳过每一行末尾的回车键
            for( j=0; j<N; j++ ){
```

```
            scanf( "%c", &map[i][j] );
            if( map[i][j] == 'S' ){ si=i; sj=j; }    //起始位置
            if( map[i][j] == 'D' ){ di=i; dj=j; }    //目标位置
        }
    }
    point start;  start.x=si;  start.y=sj;  start.step=0;  //起始位置
    mint = INF;
    BFS( start );
    if( mint==INF )  printf( "dead\n" );       //无法到达目标位置
    else if( mint<=T )  printf( "0\n" );       //目标位置在预测时间内
    else  printf( "%d\n", mint-T );            //目标位置在预测时间外
    while( !Q.empty( ) )  Q.pop( );
    }
    return 0;
}
```

例 2.4　营救(Rescue)，ZOJ1649。

题目描述：

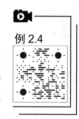

例 2.4

Angel 被抓住了，她被关在监狱里。监狱由 $N×M$ 个方格组成(1<N, M≤ 200)，每个方格中可能为墙壁、道路、警卫、Angel 或 Angel 的朋友。Angel 的朋友们想去营救 Angel。他们的任务是接近 Angel，即到达 Angel 被关的位置。如果 Angel 的某个朋友想到达某个方格，但方格中有警卫，那么他必须杀死警卫，才能到达这个方格。假定 Angel 的朋友向上、下、左、右移动一步用时 1 个单位时间，杀死警卫用时也是 1 个单位时间。假定 Angel 的朋友都很强壮，可以杀死所有的警卫。试计算 Angel 的朋友接近 Angel 至少需要多长时间，只能向上、下、左、右移动，而且墙壁不能通过。

输入描述：

输入文件包含多个测试数据。每个测试数据的第 1 行为两个整数 N 和 M，接下来有 N 行，每行有 M 个字符，其中字符"."代表道路，"a"代表 Angel，"r"代表 Angel 的朋友，"#"代表墙壁，"x"代表警卫。输入数据一直到文件尾。

输出描述：

对每个测试数据，输出一个整数，表示接近 Angel 所需的最少时间。如果无法接近 Angel，则输出"Poor ANGEL has to stay in the prison all his life."。

样例输入：

```
5 6
.#####
a.#xr.
.x#xx.
.xxxx.
......
```

样例输出：

```
12
```

分析：注意，虽然题目给的样例数据里只有一个"r"，但根据题意，可能有多个"r"。本来要从"r"出发去找"a"，现在只能从"a"出发倒着去找某个"r"。本题要求从"a"

出发到达某个"r"的位置并且所需时间最少，适合采用 BFS 求解。但是 BFS 算法求出来的最优解通常是步数最少的解，而在本题中，步数最少的解不一定是最优解。

例如，样例输入数据所描绘的监狱如图 2.17 所示。从"a"到"r"所需的最少步数为 8 步，其中图 2.17(a)、(b)和(c)所表示的路线步数均为 8 步，所花费的时间分别为 13、13 和 14；而图 2.17(d)所表示的路线步数为 12 步，所花费的时间为 12。在该测试数据中，图 2.17(d)所表示的路线是最优解。因此在本题中，最优解不一定是步数最少的解。

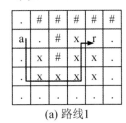
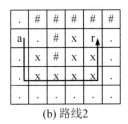
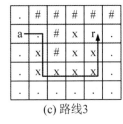
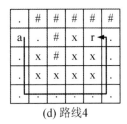

(a) 路线1　　　　　(b) 路线2　　　　　(c) 路线3　　　　　(d) 路线4

图 2.17　营救：最优解不一定是步数最少的解

为了求出最优解，本题采取以下的思路进行 BFS。

(1) 将"a"到达某个方格时的状态用一个结构体 point 表示，除该方格的位置(x, y)外，该结构体还包含了"a"到达该方格时所走过的步数及所花费的时间；在 BFS 过程中，队列中的结点是 point 型数据。

(2) 定义二维数组 mintime，mintime[i][j]表示"a"走到(i, j)位置所需最少时间；在 BFS 过程中，从当前位置走到相邻位置(x, y)时，只有当该种走法比之前走到(x, y)位置所花时间更少，才会把当前走到(x, y)位置所表示的结点入队列，否则不会入队列。

(3) 在 BFS 过程中，不能一判断出"a"到达某个"r"就退出 BFS，一定要等到队列为空、BFS 过程结束后才能求得最优解或者得出"无法到达"的结论。

另外，在本题中，并没有使用标明各位置是否访问过的状态数组 visited，也没有在 BFS 过程中将访问过的相邻位置设置成不可再访问，那么 BFS 过程会不会无限搜索下去呢？实际上是不会的。因为从某个位置出发判断是否需要将它的相邻位置(x, y)入队列时，条件是这种走法比之前记录的走到(x, y)位置所花时间更少；如果所花时间更少，则(x, y)位置会重复入队列，但不会无穷下去，因为到达(x, y)位置的最少时间肯定是有下界的。代码如下。

```
#define MAXMN 210
#define INF 1000000        //"a"走到每个位置所需时间的初始值为无穷大
struct point {             //表示"a"到达某个方格时的状态
    int x, y;              //方格的位置
    int step;              //走到当前位置所进行的步数
    int time;              //走到当前位置所花时间
};
queue<point> Q;            //队列中的结点为"a"到达某个方格时的状态
int N, M;                  //监狱的大小
char map[MAXMN][MAXMN];    //地图中，"."表示道路，"a"表示 Angel，"r"表示 Angel 的朋友
                           //"#"表示墙壁，"x"表示警卫
int mintime[MAXMN][MAXMN];     //"a"走到每个位置所需最少时间
int minT;                  //"a"走到某个"r"所需最少时间
```

```
int dir[4][2]={ {-1,0},{0,1},{1,0},{0,-1} };  //4 个相邻方向：上、右、下、左
int ax, ay;     //"a"所处的位置
void BFS( point s )                      //从位置 s 开始进行 BFS
{
    int i;  point hd;                //出队列的结点
    Q.push( s );
    while( !Q.empty( ) ){            //当队列非空(一直要循环到队列为空)
        hd=Q.front( );  Q.pop( );
        if(map[hd.x][hd.y]=='r' && hd.time<minT) //"a"走到某个"r",且用时更短
            minT = hd.time;
        for( i=0; i<4; i++ ){
            //判断能否移动到相邻位置(x,y),要排除边界和墙壁
            int x=hd.x + dir[i][0],  y=hd.y + dir[i][1];
            if( x>=0 && x<=N-1 && y>=0 && y<=M-1 && map[x][y]!='#' ){
                point t;     //向第 i 个方向走一步后的位置
                t.x=x;  t.y=y;  t.step=hd.step+1;  t.time=hd.time+1;
                if( map[x][y]=='x' )  t.time++;    //杀死警卫需要多花 1 个单位时间
                //如果这种走法比之前走到(x,y)位置所花时间更少,则把 t 入队列
                if( t.time<mintime[x][y] ){  //否则 t 无须入队列
                    mintime[x][y]=t.time;  Q.push( t );    //把 t 入队列
                }
            }//end of if
        }//end of for
    }//end of while
}
int main( )
{
    int i, j;    //循环变量
    while( scanf( "%d%d", &N, &M )!=EOF ){
        memset( map, 0, sizeof(map) );
        for( i=0; i<N; i++ )  scanf( "%s", map[i] );      //读入地图
        point start;
        for( i=0; i<N; i++ ){
            for( j=0; j<M; j++ ){
                mintime[i][j]=INF;
                if( map[i][j]=='a' ) { ax=i; ay=j; }
            }
        }
        minT = INF;
        start.x=ax; start.y=ay; start.step=0; start.time=0;
        mintime[ax][ay]=0;
        BFS( start );     //从"a"出发去找"r"
        if( minT<INF )  printf( "%d\n". minT );
        else  printf( "Poor ANGEL has to stay in the prison all his life.\n" );
    }
    return 0;
}
```

例 2.5　蛇和梯子游戏(Snakes & Ladders)。

题目描述：

蛇和梯子游戏采用 $N \times N$ 的棋盘，方格编号从 1 到 N^2，如图 2.18(a)所示。棋盘中分布着蛇和梯子。玩家 A 和 B 的起始位置都在方格 1 处，玩家只能顺着图 2.18(b)所示的方向走棋；每次走棋之前，先掷骰子，得到一个点数，然后走该点数步。最先到达 N^2 的一方获胜。惩罚：如果玩家的落脚地刚好是在蛇头，则降至蛇尾所在方格处。奖励：如果玩家落脚地刚好是在梯子底部，则顺着梯子爬到顶部所在方格处。

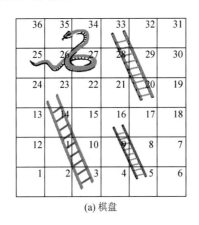

(a) 棋盘

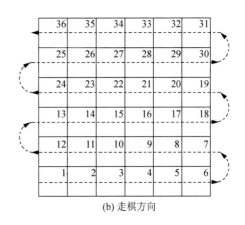

(b) 走棋方向

图 2.18　蛇和梯子游戏

关于棋盘分布有两点值得注意。

(1) 第 1 个和最后一个方格处没有梯子和蛇。

(2) 蛇和梯子不会相邻，即任何放置两者首尾的方格之间至少有一个未放置任何东西的格子。

Fadi 希望编写一个程序，帮助他赢得比赛。Fadi 是一个职业骗子，他掷骰子可以得到任何期望的点数(1 至 6)。Fadi 希望知道他至少需要掷多少次骰子才能赢得比赛。

例如，在图 2.18(a)所示的棋盘中，Fadi 掷 3 次骰子就可以赢得比赛：首先掷骰子得到点数 4，到达方格 5，顺着梯子爬到方格 16；然后掷骰子得到点数 4，到达方格 20，顺着梯子爬到方格 33；最后只要掷骰子得到点数 3 就可以赢得比赛了。

输入描述：

输入文件的第 1 行是一个整数 D，代表输入文件中测试数据的个数。

每个测试数据用 3 行来描述。

(1) 第 1 行包含了 3 个整数 N、S 和 L，N 是棋盘的大小，S 是蛇的个数，L 是梯子的个数，其中 $0 < N \leqslant 20$，$0 < S < 100$，$0 < L < 100$。

(2) 第 2 行包含了 S 个整数对，每对整数描述了一条蛇的起止方格位置，第 1 个整数是蛇的起始位置(蛇头)，第 2 个整数是蛇的终止位置(蛇尾)，注意方格的序号是以 1 开始计起的。

(3) 第 3 行包含了 L 对整数，描述了 L 个梯子的信息，每对整数的第 1 个整数是梯子的起始位置(底部)，第 2 个整数是梯子的终止位置(顶部)。

输出描述：

对每个测试数据，输出一个整数，表示为了到达 N^2 方格处，至少需要掷骰子的次数。

样例输入：	样例输出：
1	3
6 1 3	
35 25	
3 23 5 16 20 33	

分析： 首先，蛇和梯子占据哪些方格并不重要，只需要知道蛇和梯子的起止位置即可。

其次，蛇和梯子并不需要看成是两个不同的东西，因为蛇和梯子的本质都是"单向传送"的工具，只不过梯子的底部是入口而顶部是出口，蛇头是入口而蛇尾是出口。而且在输入数据里，表示蛇和梯子起止位置的数据都是入口在前，出口在后。

本题不能用贪心算法来求解。一方面，选用最大的点数（即点数 6）不能保证最好的效率；另一方面，在图 2.18(a)中，如果为了能利用跨度最大的梯子(3, 23)，从而第 1 次掷骰子，得到的点数为 2，这种方法也不能保证所掷骰子的次数最少。

本题可以采用广度优先搜索算法求解，其思想可以用图 2.19 来表示。具体方法为：将玩家处于第 X 个方格处的状态简称为结点 X；初始时，玩家的位置在 1 号方格处，掷一次骰子，点数为 1～6，可以扩展出 6 个结点，依次判断是否已经到达 N^2 方格处；如果没有到达，则对这些结点继续扩展，直至到达 N^2 方格处为止。

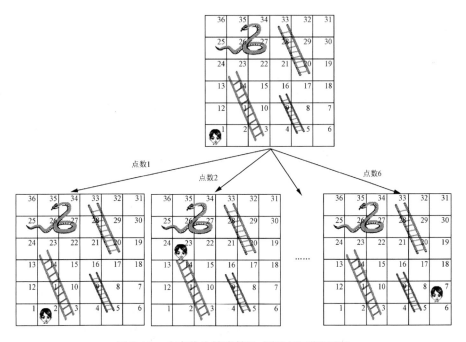

图 2.19　广度优先搜索算法求解蛇和梯子游戏

但是，直接应用 BFS 算法思想求解，存在以下问题。

(1) 解空间比较大。如图 2.19 所示，第 1 层有 1 个结点，第 2 层有 6 个结点，第 3 层有 36 个结点，第 4 层有 216 个结点等。

(2) 会产生重复的结果。当棋盘中没有蛇和梯子时，玩家所处的位置最多为 $N \times N$ 个，如 $N=6$，最多也就 36 个结点，很明显前面提到的结点中有很多是重复的。

为了有效地利用 BFS 算法思想求解本题，需要对蛇和梯子游戏作进一步分析。

(1) 玩家的起始位置为结点 1，第 1 步过后(第 1 次掷骰子，点数从 1 到 6)，扩展的结点是 2、23、4、16、6、7，如图 2.20 所示。

(2) 考虑第 2 步，以结点 2 为例，再走 1 步可以扩展出的结点为 23、4、16、6、7、8。

……

在走了若干步之后，对于一个特定的格子实际上只有两种可能的状态。

(1) 在走了这些步数之后存在一种方案使得玩家的位置位于此格中。

(2) 不存在这样的一种方案。

图 2.20 蛇和梯子游戏：结点扩展

因此，只要记住每次掷骰子后玩家可能到达的位置，到达第 N^2 个方格时停止扩展。在图 2.21 中，从结点 1 出发，掷 3 次骰子就可以到达第 N^2 个方格，因此至少要掷 3 次骰子。

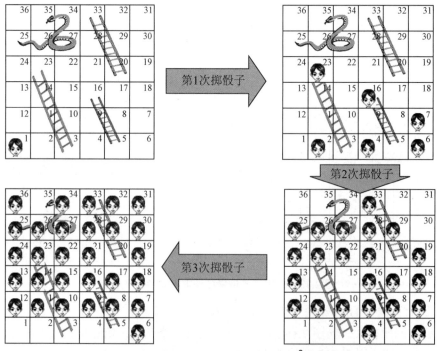

图 2.21 蛇和梯子游戏：扩展结点直至 N^2 方格可达

用长度为 $N×N$ 的一维数组来描述若干步后可以到达的方格的集合，每个元素描述一个方格的状态，0 表示不存在一种方案到达，1 表示至少存在一种方案到达。这样，从第 n 步的数组出发，对每个 1 表示的位置再走一步(点数依次为 1~6)并记录可以到达的位置，对每个点数，都要考虑所有梯子和蛇，从而可以推出第 $n+1$ 步的数组。记住掷骰子的次数 step，当数组最后一个元素变为 1，即表明存在一种方案，使得掷 step 次骰子就可以到达第 N^2 个方格。例如，图 2.18(a)所示的棋盘，每次掷骰子后，数组的状态可以用表 2.1 来表示。

表 2.1 每次掷骰子后记录各位置的状态

	数组元素的内容
起始状态	100000000000000000000000000000000000
第 1 步之后	010101100000000100000010000000000000
第 2 步之后	000101111111001110111111110001000
第 3 步之后	000001111111111111011111111111111101

代码如下。

```
#define NMAX  20
#define SLMAX 200
struct SnakeAndLadder {   //蛇和梯子
    int from, to;          //起止位置
};
int main( )
{
    int D, N, S, L;   //每个测试数据中的N、S、L代表棋盘规模、蛇的数目和梯子的数目
    int grid[NMAX*NMAX+1];       //棋盘(序号从 1 开始计)
    int gridbak[NMAX*NMAX+1];    //备份上一次棋盘状态(序号从 1 开始计)
    SnakeAndLadder obstacle[2*SLMAX];     //障碍物，包括梯子和蛇
    int i, j, k, m;    //循环变量
    int step;         //掷骰子的数目
    int deal;         //如果落脚处是蛇(惩罚)首部或梯子(奖励)底部，则 deal 为 1
    scanf( "%d", &D );
    for( i=0; i<D; i++ ){    //处理每个测试数据
        scanf( "%d%d%d", &N, &S, &L );
        for( j=0; j<S+L; j++ )
            scanf( "%d%d", &obstacle[j].from, &obstacle[j].to );
        memset( grid, 0, sizeof(grid) );    grid[1]=1;    //初始化状态数组
        step=0;    //初始化骰子数目
        //只要第 N^2 个方格没有扩展为 1，则继续按 BFS 进行扩展
        while( grid[N*N]==0 ){
            memcpy( gridbak, grid, sizeof(grid) );//备份上一步棋盘状态
            //grid[ ]数组用来保存在上一步棋盘状态(graibak[ ])下进行扩展后的状态
            memset( grid, 0, sizeof(grid) );
            //搜索所有的格子,最后一格不用搜索,因为在搜索过程结束前它一定为 0
            for( j=1; j<=N*N-1; j++ ){
                if( gridbak[j]==0 )  continue;  //若在上一步无法到达此格则跳过
```

```
                                //考虑点数1～6,走该点数步数后到达 j+k 位置
                                for( k=1; k<=6; k++ ){
                                    deal=0;
                                    if( j+k>N*N )  break;
                                    for( m=0; m<S+L; m++ ){
                                        //如果j+k 位置是蛇(或梯子)起始位置,则沿着它到达终止位置
                                        if( obstacle[m].from==j+k ){
                                            grid[ obstacle[m].to ]=1;  deal=1;
                                            break;   //j+k 位置上最多只有一个蛇(或梯子)的起止位置
                                        }
                                    }
                                    if(deal==0 && grid[j+k]==0)  grid[j+k]=1; //不利用蛇或梯子
                                }
                                step++;     //骰子数加一
                            }
                            printf( "%d\n", step );
                        }
                        return 0;
                    }
```

<h2 style="text-align:center">练　习</h2>

2.5　倍数(Multiple)，ZOJ1136，POJ1465。

题目描述：

编写程序实现，给定一个自然数 N，N 的范围为[0, 4 999]，以及 M 个不同的十进制数字 X_1, X_2, …, X_M(至少一个，即 $M \geqslant 1$)，求 N 的最小的正整数倍数，且 N 的每位数字均为 X_1, X_2, …, X_M 中的一个。

输入描述：

输入文件包含多个测试数据。每个测试数据的格式为：第 1 行为自然数 N；第 2 行为正整数 M；接下来有 M 行，每行为一个十进制数字，分别为 X_1, X_2, …, X_M。

输出描述：

对每个测试数据，输出符合条件的 N 的倍数；如果不存在这样的倍数，则输出"0"。

样例输入：	样例输出：
22	110
3	
7	
0	
1	

2.6　蛇的爬动(Holedox Moving)，ZOJ1361，POJ1324。

题目描述：

蛇的洞穴像一个迷宫，可以把它想象成一个由 $n \times m$ 个方格组成的长方形。每个正方形

区域要么被石头占据了，要么是一块空地，蛇只能在空地间爬动。洞穴行和列的编号从 1 开始计起，且出口在(1,1)位置。蛇的身躯长度为 L，用一块连一块的形式来表示。假设用 $B_1(r_1, c_1), B_2(r_2, c_2), \cdots, B_L(r_L, c_L)$ 表示它的 L 块身躯，其中，B_i 与 B_{i+1}(上、下、左或右)相邻，$i = 1, \cdots, L-1$；B_1 为蛇头，B_L 为蛇尾。

为了在洞穴中爬动，蛇选择与蛇头(上、下、左或右)相邻的一个没有被石头或它的身躯占据的方格。当蛇头移动到这个空地，它的身躯中其他每一块都移动它前一块身躯之前所占据的空地上。例如，图 2.22(a)所示的洞穴中，带有深色阴影的方格为蛇头，带有浅色阴影的方格为蛇身，黑色方格为石头，蛇的初始位置为 $B_1(4,1)$，$B_2(4,2)$，$B_3(3,2)$ 和 $B_4(3,1)$。下一步，蛇头只能移动到 $B_1'(5, 1)$ 位置。移动一步后，蛇的身躯位于 $B_1(5, 1)$，$B_2(4, 1)$，$B_3(4, 2)$ 和 $B_4(3, 2)$，如图 2.22(b)所示。

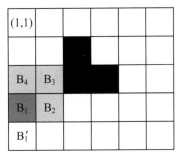

(a) 第1个测试数据所描述的洞穴

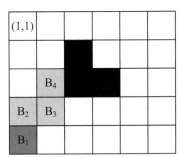

(b) 第1个测试数据移动一步后的情形

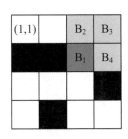

(c) 第2个测试数据所描述的洞穴

图 2.22　蛇的爬动

给定洞穴地图、蛇的每块身躯的初始位置，求蛇头爬到出口(1, 1)位置所需的最少步数。

输入描述：

输入文件包含多个测试数据。每个测试数据的第 1 行为 3 个整数——$n, m, L(1 \leqslant n, m \leqslant 20, 2 \leqslant L \leqslant 8)$，分别代表洞穴的行、列，以及蛇的长度。接下来有 L 行，每行有一对整数，分别表示行和列，代表蛇的每一块身躯的初始位置，依顺序分别为 $B_1(r_1, c_1) \sim B_L(r_L, c_L)$。接下来一行为整数 K，表示洞穴中石头的数目。接下来的 K 行，每行包含一对整数，代表一块石头的位置。输入文件的最后一行为 3 个 0，代表输入结束。

注意：B_i 总是与 B_{i+1} 相邻($1 \leqslant i \leqslant L-1$)，出口位置(1, 1)从不会被石头占据。

输出描述：

对每个测试数据，输出一行：首先是测试数据的序号；然后是蛇爬到洞穴出口所需的最少步数，如果没有解(如第 2 个测试数据，详见图 2.22(c))，则输出"–1"。

样例输入：

```
5 6 4
4 1
4 2
3 2
3 1
3
```

样例输出：

```
Case 1: 9
Case 2: -1
```

```
2 3
3 3
3 4
4 4 4
2 3
1 3
1 4
2 4
4
2 1
2 2
3 4
4 2
0 0 0
```

提示：第 1 个测试数据中，蛇头按以下顺序移动，所需的步数是最少的：$(5, 1)$，$(5, 2)$，$(5, 3)$，$(4, 3)$，$(4, 2)$，$(4, 1)$，$(3, 1)$，$(2, 1)$，$(1, 1)$，所需步数为 9。

2.7 跳马(Knight Moves)，ZOJ1091，POJ2243。

题目描述：

给定象棋棋盘上两个位置 a 和 b，编写程序，计算马从位置 a 跳到位置 b 所需步数的最小值。

输入描述：

输入文件包含多个测试数据。每个测试数据占一行，为棋盘中的两个位置，用空格隔开。棋盘位置为两个字符组成的串，第 1 个字符为字母 $a\sim h$，代表棋盘中的列；第 2 个字符为数字字符 $1\sim 8$，代表棋盘中的行。

输出描述：

对每个测试数据，输出一行"To get from xx to yy takes n knight moves."，其中 xx 和 yy 分别为输入数据中的两个位置，n 为求得的最少步数。

样例输入：	样例输出：
e2 e4	To get from e2 to e4 takes 2 knight moves.
a1 b2	To get from a1 to b2 takes 4 knight moves.

2.8 简单的迷宫问题(Basic Wall Maze)，POJ2935。

题目描述：

在本题中，需要求解一个简单的迷宫问题。

(1) 迷宫由 6 行 6 列的方格组成。

(2) 3 堵长度为 $1\sim 6$ 的墙壁，水平或竖直地放置在迷宫中，用于分隔方格。

(3) 一个起始位置和目标位置。

图 2.23 描述了一个迷宫。需要找一条从起始位置到目标位置的最短路径。从任一个方格出发，只能移动到上、下、左、右相邻方格，并且没有被墙壁所阻挡。

输入描述：

输入文件包含多个测试数据。每个测试数据占 5 行：第 1 行为两个整数，表示起始位置的列号和行号；第 2 行也是两个整数，为目标位置的列号和行号，列号和行号均从 1 开始计起；第 3～5 行均为 4 个整数，描述了 3 堵墙的位置；如果墙是水平放置的，则由左、右两个端点所在的位置指定，如果墙是竖直放置的，则由上、下两个端点所在的位置指定；端点的位置由两个整数表示，第 1 个整数表示端点距离迷宫左边界的距离，第 2 个整数表示端点距离迷宫上边界的距离。假定这 3 堵墙互相不会交叉，但两堵墙可能会相邻于某个方格的顶点。从起始位置到目标位置一定存在路径。样例输入数据描述了图 2.23 所示的迷宫，A、B 分别代表起始位置和目标位置。输入文件的最后一行为两个 0，代表输入结束。

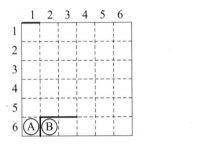
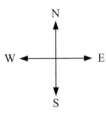

图 2.23　一个简单的迷宫问题

输出描述：

对每个测试数据，输出从起始位置到目标位置的最短路径，最短路径由代表每一步移动的字符组成(N, E, S, W 分别表示向上、右、下、左移动)。对某个测试数据，可能存在多条最短路径，对于这种情形，只需输出任意一条最短路径即可。

样例输入：　　　　　　　　　　**样例输出：**

```
1 6                    NEEESWW
2 6
0 0 1 0
1 5 1 6
1 5 3 5
0 0
```

2.9　送情报。

题目描述：

通信员要穿过敌占区去送情报。在本题中，敌占区是由 $M \times N$ 个方格组成的网格。通信员要从初始方格出发，送情报到达目标方格。初始时，通信员具有一定的体力。

网格中，每个方格可能为安全的方格、布有敌人暗哨的方格、埋有地雷的方格及被敌人封锁的方格。通信员从某个方格出发，对于上、右、下、左 4 个方向上的相邻方格：如果某相邻方格为安全的方格，通信员能顺利到达，所需时间为 1 个单位时间，消耗的体力为 1 个单位的体力；如果某相邻方格为敌人布置的暗哨，则通信员要消灭该暗哨才能到达该方格，所需时间为 2 个单位时间，消耗的体力为 2 个单位的体力；如果某相邻方格为埋有地雷的方格,通信员要到达该方格,则必须清除地雷,所需时间为 3 个单位时间,消耗的体力为 1 个单位的体力。另外,从目标方格的相邻方格到达目标方格,所需时间为 1 个单位时间、消耗的体力为 1 个单位的体力。本题要求的是:通信员能否到达指定的目的地,如果能到达,所需最少的时间是多少(只需要保证到达目标方格时,通信员的体力>0 即可)。

输入描述:

输入文件包含多个测试数据。每个测试数据的第 1 行为两个正整数 M 和 $N(2<M, N<20)$,分别表示网格的行和列。接下来有 M 行,描述了网格;每行有 N 个字符,这些字符可以是".""w""m""x""S""T",分别表示安全的方格、布有敌人暗哨的方格、埋有地雷的方格、被敌人封锁的方格(通信员无法通过)、通信员起始方格、目标方格,保证每个测试数据中只有一个"S"和"T"。网格中各重要符号的含义及参数如表 2.2 所示。每个测试数据的最后一行为一个整数 P,表示通信员初始时的体力。$M = N = 0$,表示输入结束。

表 2.2　网格中各重要符号的含义及参数

符号	含义	消耗的时间	消耗的体力
.	安全的方格	1	1
w	布有敌人暗哨的方格	2	2
m	埋有地雷的方格	3	1

输出描述:

对每个测试数据,如果通信员能在体力消耗完前到达目标方格,则输出所需的最少时间;如果通信员无法到达目标方格(即体力消耗完毕或没有从起始方格到目标方格的路径),则输出"No"。

样例输入:

```
5 6
wx.w..
Sxm.mw
xx.m..
m.w.T.
w..m.w
7
5 7
mwwxwxw
mxww...
xTx..wx
xm.mwww
xmmxmSw
8
0 0
```

样例输出:

```
No
13
```

提示　这道题跟例 2.4 有点类似,但与例 2.4 不同的是,到达某个方格不仅有时间因素,还有体力因素。本题要求的是时间最少的方案,体力因素似乎不重要。然而,如果按照例 2.4 中的方法,以"到达方格(x,y)所花费时间更少"作为"是否将这种到达(x,y)的方案入队列"的标准,所求出来的解可能是错误的。

例如,样例输入中第 2 个测试数据所描述的地图如图 2.24(a)所示,图中同时给出了一种时间最少的方案,按该方案到达目标方格时所花费的时间为 13,所剩体力为 1。然而该方案到达(3,4)位置(图 2.24(b)中圆圈所表示的位置)所需时间为 5,另一种方案到达该位置所需时间为 4。如果照搬例 2.4 中的方法,前一种方案可能会被舍去(而不入队列),而按照后一种方案到达目标方格时体力为 0(见图 2.24(c)),从而得到"无法到达"的错误结论。

| (a) 第2个测试数据所描述的地图 | (b) 到达(3,4)位置 | (c) 另一种方案 |

图 2.24 送情报

2.10 翻木块游戏。

题目描述:

翻木块游戏的规则如下。在由方格组成的棋盘上,有一个孔和一个 1×1×2 大小的长方体木块,如图 2.25(a)所示,可以通过上、下、左、右方向键翻动木块;当木块竖立在孔的位置,则木块从孔中落下,游戏结束。例如,在图 2.25(b)中,如果再按下向右的方向键,则木块顺利地从孔中落下。如果木块压过孔的位置但不是竖立在孔的位置,则不会落下。

| (a) 初始状态 | (b) 过关前的状态 |

图 2.25 翻木块游戏

翻木块游戏难在棋盘是不规则的。在本题中,为了降低难度,假设棋盘由 n 行×m 列个方格组成,棋盘中除了木块和孔外,没有任何障碍物,如图 2.26 所示。给定棋盘大小,孔的位置和方块的初始位置,计算至少需要翻动多少次才能使得木块从孔中落下。

输入描述:

输入文件包含多个测试数据。每个测试数据占 3 行,第 1 行为两个不超过 10 的正整数 n 和 m;第 2 行为两个整数 x_h 和 y_h,表示孔所在的行号和列号(均从 1 开始计起);第 3 行表示木块的初始位置。如果第 1 个整数为 2,则后面有 4 个整数 x_1、y_1、x_2、y_2,表示木块初始时占据两个方格,这 4 个整数表示两个方格的位置;如果第 1 个整数为 1,则后面有两个整数 x_1、y_1,表示木块初始时占据一个方格,这两个整数表示这个方格的位置(即木块是竖立着的)。$n=m=0$,代表输入结束。

样例输入中两个测试数据所描绘的游戏分别如图 2.26(a)和(b)所示。其中,浅色背景阴影的方格表示孔的位置,深色背景阴影的方格表示木块的初始位置。

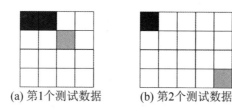

(a) 第1个测试数据   (b) 第2个测试数据

图 2.26 简化的翻木块游戏

输出描述:

对每个测试数据,输出求得的翻动木块的最小次数。

样例输入:	样例输出:
4 4	2
2 3	5
2 1 1 1 2	
4 5	
4 5	
1 1 1	
0 0	

2.11 奇特的迷宫。

题目描述:

如图 2.27(a)所示的 15 行×15 列的迷宫(相当于 $n=8$),迷宫中的每个位置可能为 S(起始位置)、D(目标位置)、1~9 的数字,且 S 和 D 各只有 1 个。对于 1~9 的数字 n,表示从当前位置出发,可以沿上、下、左、右方向走 n 个方格(多一个、少一个方格都不行)。图 2.27(b)演示的是,数字 2 表示可以沿上、下、左、右方向走 2 个方格,到达的位置用星号(*)表示。从 S 出发,可以沿上、下、左、右方向走 1 个方格。现在要求从 S 到 D 的最少步数。

输入描述:

输入文件包含多个测试数据。每个测试数据的第 1 行为一个整数 $n(2 \leqslant n \leqslant 10)$,表示迷宫的大小为 $2n-1$ 行、$2n-1$ 列。接下来有 $2n-1$ 行,为每行各位置上的数字(或者为 S、D),第 1 行有 1 个字符,第 2 行有 2 个字符,……,第 n 行有 n 个字符,第 $n+1$ 行有 $n-1$ 个字符,……,第 $2n-1$ 行有 1 个字符。输入文件中的最后一行为 0,表示测试数据结束。

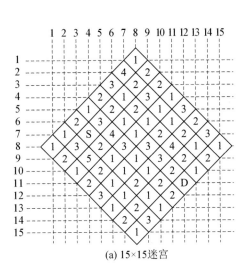

(a) 15×15迷宫

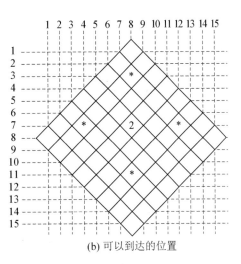

(b) 可以到达的位置

图 2.27　奇特的迷宫

输出描述：

对每个测试数据，如果能从 S 走到 D，输出最少步数；否则(即从 S 走不到 D)，输出 "0"。

样例输入：	样例输出：
8	5
1	
42	
322	
2131	
12213	
231112	
1S41223	
13233411	
2511322	
121121	
2122D	
3112	
121	
23	
1	
0	

提示： 样例数据对应图 2.27(a)，从 S 出发，走 5 步(往上、右、右、右、下)可到达 D。

2.3 活动网络——AOV 网络

活动网络(activity network)可以用来描述生产计划、施工过程、生产流程、程序流程等工程中各子工程的安排问题。活动网络可分为两种：AOV 网络和 AOE 网络。本节介绍 AOV 网络与拓扑排序，下节将介绍 AOE 网络与关键路径。

2.3.1 AOV 网络与拓扑排序

AOV 网络与
拓扑排序

1. AOV 网络与有向无环图

一般一个工程可以分成若干个子工程，这些子工程称为**活动**(activity)。完成了这些活动，整个工程就完成了。例如，计算机专业课程的学习就是一个工程，每门课程的学习就是整个工程中的一个活动。图 2.28(a)给出了 9 门课程，其中有 7 门课程要求先修某些课程，其他 2 门没有先修课程。这样，这 9 门课程有些必须严格按先后顺序学习，有些课程可以并行地学习。可以用如图 2.28(b)所示的有向图来表示这种先修关系，其中顶点表示课程学习活动，有向边表示课程之间的先修关系。例如，课程 C_1 必须在 C_8 之前学习完。

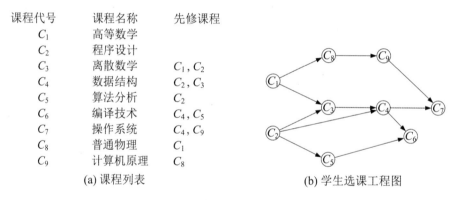

课程代号	课程名称	先修课程
C_1	高等数学	
C_2	程序设计	
C_3	离散数学	C_1, C_2
C_4	数据结构	C_2, C_3
C_5	算法分析	C_2
C_6	编译技术	C_4, C_5
C_7	操作系统	C_4, C_9
C_8	普通物理	C_1
C_9	计算机原理	C_8

(a) 课程列表　　　　　　　　　　(b) 学生选课工程图

图 2.28　AOV 网络——课程安排图

用有向图表示一个工程时，可以用顶点表示活动，用有向边 $<u, v>$ 表示活动 u 必须先于活动 v 进行。这种有向图称为**顶点表示活动的网络**(Activity On Vertices)，记为 **AOV 网络**。

在 AOV 网络中，如果存在有向边 $<u, v>$，则活动 u 必须在活动 v 之前进行，并称 u 是 v 的**直接前驱**(immediate predecessor)，v 是 u 的**直接后继**(immediate successor)。如果存在有向路径 $<u, u_1, u_2, \cdots, u_n, v>$，则称 u 是 v 的**前驱**(predecessor)，v 是 u 的**后继**(successor)。

这种前驱与后继的关系有**传递性**(transitivity)。例如，如果活动 v_2 是 v_1 的后继，v_3 是 v_2 的后继，那么活动 v_3 也是 v_1 的后继。此外，任何活动不能以它自己作为自己的前驱或后继，这种特性称为**反自反性**(irreflexivity)。

从前驱与后继的传递性和反自反性可以看出，AOV 网络中不能出现有向回路(或称有向环)。不含有向回路的有向图称为**有向无环图**(Directed Acyclic Graph，DAG)。

在 AOV 网络中如果出现了有向回路，则意味着某项活动以自己作为先决条件，这是不对的。如果设计出这样的流程图，工程将无法进行。对于程序而言，将陷入死循环。因此，对于给定的 AOV 网络，必须先判断它是否是有向无环图。

2. 拓扑排序

判断有向无环图的方法是对 AOV 网络构造它的**拓扑有序序列**(topological order sequence)，即将各个顶点排列成一个线性有序的序列，使得 AOV 网络中所有存在的前驱和后继关系都能得到满足。

例如，对图 2.29(a)所示的 AOV 网络，它的一个拓扑有序序列为 C_1，C_2，C_3，C_4，如图 2.29(c)所示。所有前驱和后继关系，在图 2.29(c)中都保留了。原图中没有前驱和后继关系的顶点(如 C_2 和 C_3)之间可能也人为增加了前驱和后继关系，如图 2.29(b)和(c)中的虚线所示。

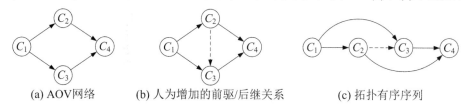

(a) AOV网络　　　　(b) 人为增加的前驱/后继关系　　　　(c) 拓扑有序序列

图 2.29　拓扑排序与拓扑有序序列

这种构造 AOV 网络全部顶点的拓扑有序序列的运算称为**拓扑排序**(topological sort)。如果通过拓扑排序能将 AOV 网络的所有顶点都排入一个拓扑有序的序列中，则该 AOV 网络中必定不存在有向环；相反，如果得不到所有顶点的拓扑有序序列，则说明该 AOV 网络中存在有向环，此 AOV 网络所代表的工程是不可行的。

例如，对图 2.28(b)所示的学生选课工程图进行拓扑排序，得到的拓扑有序序列为 C_1，C_2，C_3，C_4，C_5，C_6，C_8，C_9，C_7 或 C_1，C_8，C_9，C_2，C_5，C_3，C_4，C_7，C_6。

学生必须按照拓扑有序的顺序选修课程，才能保证学习任何一门课程时其先修课程都已经学过。从该例子可以看出，一个 AOV 网络的拓扑有序序列可能不是唯一的。

2.3.2　拓扑排序实现方法

对一个 AOV 网络进行拓扑排序的算法如下。
(1) 从 AOV 网络中选择一个入度为 0(即没有直接前驱)的顶点并输出。
(2) 从 AOV 网络中删除该顶点及该顶点发出的所有边。
(3) 重复步骤(1)和(2)，直至找不到入度为 0 的顶点。

按照上面的方法进行拓扑排序，其结果有两种情形：第 1 种，所有的顶点都被输出，也就是整个拓扑排序完成了；第 2 种，仍有顶点没有被输出，但剩下的图中再也没有入度为 0 的顶点，这样拓扑排序不能再继续进行下去，这就说明此图是有环图。

图 2.30 给出了一个拓扑排序的例子，最后得到的拓扑有序序列为 C_5，C_1，C_4，C_3，C_2，C_6。在该图中，有阴影的顶点表示当前输出的顶点。其拓扑排序过程如下。
(1) 选择一个入度为 0 的顶点，C_5，如图 2.30(b)所示，删除 C_5 及发出的每条边。
(2) 选择一个入度为 0 的顶点，C_1，如图 2.30(c)所示，删除 C_1 及发出的每条边。
(3) 选择一个入度为 0 的顶点，C_4，如图 2.30(d)所示，删除 C_4，C_4 没有出边。
(4) 选择一个入度为 0 的顶点，C_3，如图 2.30(e)所示，删除 C_3 及发出的每条边。

(5) 选择一个入度为 0 的顶点，C_2，如图 2.30(f)所示，删除 C_2 及发出的每条边。

(6) 选择一个入度为 0 的顶点，C_6，如图 2.30(g)所示，删除 C_6，C_6 没有出边。

至此，拓扑排序执行完毕，所有顶点都排在一个线性有序的序列中。

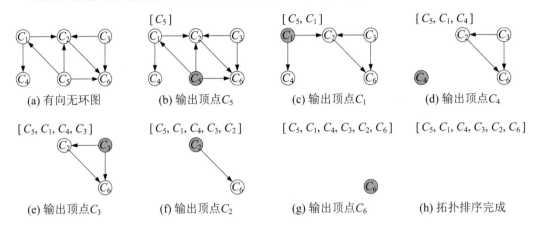

图 2.30 拓扑排序过程

拓扑排序在实现时需要建立一个 id 数组，记录各个顶点的入度。入度为 0 的顶点就是无前驱的顶点。在存储图时选择邻接表(即出边表)更为方便，因为在进行拓扑排序时要依次删除入度为 0 的顶点以及它发出的每条边。

另外，拓扑排序在实现时，还需建立一个存放入度为 0 的顶点的栈，供选择和输出无前驱的顶点。只要出现入度为 0 的顶点，就将它压栈。使用栈的拓扑排序算法描述如下。

(1) 建立存放入度为 0 的顶点的栈，初始时将所有入度为 0 的顶点依次入栈。

(2) 当栈不为空时，重复执行 {

　　　从栈中弹出栈顶顶点，并输出该顶点；

　　　从 AOV 网络中删除该顶点和它发出的每条边，边的终点入度减 1；

　　　如果边的终点入度减至 0，则将该顶点压栈。

　　}

(3) 如果输出顶点个数少于 AOV 网络中的顶点个数，则报告网络中存在有向环。

以图 2.30(a)所示的有向无环图为例分析拓扑排序的实现，该有向无环图的邻接表存储表示如图 2.31(a)所示。图 2.31(b)和(c)描绘了拓扑排序过程中栈的变化。

拓扑排序算法的程序实现，详见例 2.6。

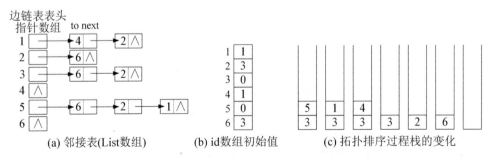

图 2.31 拓扑排序实现

例 2.6　对输入的有向图进行拓扑排序。

输入描述：

输入文件包含多个测试数据。每个测试数据描述了一个有向图，格式如下。首先是顶点个数 n 和边数 m；然后是 m 个正整数对 u v，表示从顶点 u 到 v 的一条有向边，顶点序号从 1 开始计起。输入文件的最后一行为"0 0"，表示输入数据结束。

输出描述：

对每个测试数据，输出一个拓扑有序序列，如果存在有向环，则输出"Network has a cycle!"。

样例输入：
```
6 8
1 2 1 4 2 6 3 2 3 6 5 1 5 2 5 6
6 8
1 3 1 2 2 5 3 4 4 2 4 6 5 4 5 6
0 0
```

样例输出：
```
5 1 4 3 2 6
Network has a cycle!
```

分析： 以下代码中，各顶点边链表的表头指针存放在 List 数组中，如图 2.31(a)所示。在构造每个顶点的边链表时，统计每个顶点的入度并存放在 id 数组中。TopSort()函数实现了如下的拓扑排序过程。首先扫描 id 数组，将入度为 0 的顶点入栈；每次从栈中弹出栈顶顶点并输出，然后扫描该顶点的边链表，把每个边结点的终点的入度减 1(无须真正删除每条出边)，如果减至 0，则将该终点入栈；当 n 个顶点都出栈后，拓扑有序序列也输出完毕；或者在此之前栈为空，则可以判断有向图中存在有向环。

样例输入中第 1 个测试数据描述的有向图如图 2.30(a)所示；第 2 个测试数据描述的有向图如图 2.32 所示，该有向图中存在有向环。

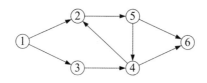

图 2.32　存在有向环的 AOV 网络

代码如下。

```
#define MAXN 10          //顶点个数的最大值
struct ArcNode{          //边结点
    int to;
    struct ArcNode *next;
};
int n, m;                //顶点个数、边数
ArcNode* List[MAXN];     //每个顶点的边链表表头指针
int id[MAXN];            //各顶点的入度
stack<int> S;            //栈(存放入度为 0 的顶点)
char output[100];        //输出内容
void TopSort( )
```

```
{
    int i, pos=0;        //pos 为写入 output 数组的位置
    ArcNode* temp;
    bool bcycle=false;        //是否存在有向环的标志
    for( i=1; i<=n; i++ )        //入度为 0 的顶点入栈
        if( id[i]==0 ) S.push(i);
    for( i=1; i<=n; i++ ){
        if( S.empty() ){        //在输出完 n 个顶点前如果栈为空,则存在有向环
            bcycle=true; break;
        }
        int j=S.top(); S.pop();        //栈顶顶点 j 出栈
        pos+=sprintf( output+pos, "%d ", j );
        temp=List[j];
        while(temp!=NULL){  //遍历顶点 j 的边链表,每条出边的终点的入度减 1
            int k=temp->to;
            if(--id[k]==0)
                S.push(k);        //终点入度减至 0,则入栈
            temp=temp->next;
        }//end of while
    }//end of for
    if( bcycle ) printf( "Network has a cycle!\n" );
    else{
        int len=strlen( output );
        output[len-1]=0;   //去掉最后的空格
        printf( "%s\n", output );
    }
}
int main( )
{
    int i, u, v;        //循环变量、边的起点和终点
    while( 1 ){
        scanf( "%d%d", &n, &m );        //读入顶点个数 n,边数
        if( n==0 && m==0 ) break;
        memset(List, 0, sizeof(List)); memset(id, 0, sizeof(id));
        memset(output, 0, sizeof(output));
        ArcNode* temp;
        for( i=0; i<m; i++ ){        //构造边链表
            scanf( "%d%d", &u, &v );        //读入边的起点和终点
            id[v]++;        //统计入度
            temp=new ArcNode; temp->to=v; temp->next=NULL;  //构造邻接表
            if( List[u]==NULL ) List[u]=temp;  //此时边链表中没有边结点
            else{   //边链表中已经有边结点,插入 temp
                temp->next=List[u]; List[u]=temp;
            }
        }
        TopSort( );
        for( i=1; i<=n; i++ ){        //释放边链表上各边结点所占用的存储空间
```

```
            temp=List[i];
            while( temp!=NULL ){
                List[i]=temp->next;  delete temp;  temp=List[i];
            }
        }
    }
    return 0;
}
```

注意： 例 2.6 也可以采用邻接矩阵来实现，此时在删除顶点 j 的每条出边时，只需将第 j 行的元素全部置为 0 就可以了。

2.3.3　关于拓扑排序的进一步说明

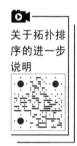

关于拓扑排序的进一步说明

1. 拓扑排序复杂度分析

例 2.6 的程序在实现拓扑排序的过程中，构造边链表所需时间为 $O(m)$，将初始入度为 0 的顶点入栈所需时间为 $O(n)$。当有向图中不存在有向环时，每个顶点要进一次栈，出一次栈，每条边扫描一次且仅一次，其复杂度为 $O(n+m)$。所以，总的时间复杂度为 $O(2n+2m)$。

如果用邻接矩阵实现例 2.6 的程序，则当有向图中不存在有向环时，要在邻接矩阵里检查并删除每条出边，其复杂度为 $O(n^2)$，总的时间复杂度为 $O(n+n^2)$。

2. 拓扑排序与 BFS 算法的对比分析

与 2.2.2 节介绍的 BFS 算法相比，拓扑排序与其有相似之处也有不同之处。

相似之处在于，拓扑排序实质上就是一种广度优先搜索，在算法执行过程中，通过栈顶顶点访问它的每个邻接顶点，整个算法执行过程中，每条边扫描一次且仅一次。

不同之处在于，BFS 算法在扫描每条边时，如果边的终点没有访问过，则入队列；而拓扑排序算法在扫描每条边时，终点的入度要减 1，当减至 0 时才将该终点入栈。

3. 拓扑排序与 BFS 算法中的栈或队列的使用

请注意，在 2.2 节的 BFS 算法中是用队列来存储待扩展的顶点，在 2.3.2 节的拓扑排序算法中是用栈来存储入度为 0 的顶点。那么，在 BFS 算法中是否可以用栈来存储待扩展的顶点？在拓扑排序算法中是否可以用队列来存储入度为 0 的顶点？

队列和栈的区别在于顶点出队列(或栈)的顺序，队列是先进先出，栈是后进先出。所以，能否用队列(或栈)关键要看这种顺序是否会影响算法的正确性。

对于 BFS 算法，如果用栈存储待扩展的顶点，如图 2.33 所示，其中图 2.33(a)为正确的搜索过程，图 2.33(b)为用栈存储待扩展顶点时各顶点入栈和出栈的过程。从图 2.33(b)可以看出，依次出栈的顶点是 $A \rightarrow E \rightarrow F \rightarrow H \rightarrow I \rightarrow D \rightarrow B \rightarrow C \rightarrow G$，很明显，这与 BFS 算法的实现过程和顶点访问顺序大相径庭。因此，在 BFS 算法中不能用栈来存储待扩展的顶点。

对于拓扑排序算法，在算法执行过程中，如果同时存在多个入度为 0 的顶点，则首先选择删除哪个顶点不会影响算法的正确性。所以，在拓扑排序算法中，可以使用队列或栈来存储入度为 0 的顶点。读者不妨试着把例 2.6 的程序改成用队列来实现。

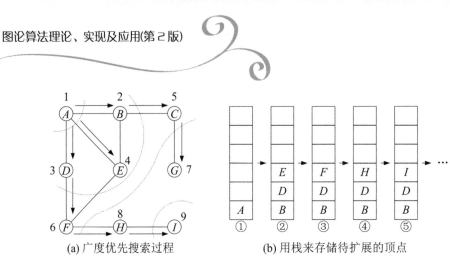

(a) 广度优先搜索过程　　　　　　(b) 用栈来存储待扩展的顶点

图 2.33　用栈 "实现" BFS 算法

2.3.4 例题解析

例 2.7　将所有元素排序(Sorting It All Out)，ZOJ1060，POJ1094。

题目描述：

由一些不同元素组成的升序序列可以用若干个小于号将所有的元素按从小到大的顺序排列起来。例如，排序后的序列为 A, B, C, D，这意味着 $A<B$、$B<C$ 和 $C<D$。在本题中，给定一组形如 $A < B$ 的关系式，试判定是否存在一个有序序列。

输入描述：

输入文件包含多个测试数据。每个测试数据的第 1 行为两个正整数 n 和 m，n 为要排序的元素个数($2 \leqslant n \leqslant 26$)，这 n 个元素为字母表前 n 个大写字母，m 表示有 m 个形如 $A<B$ 的关系式。接下来有 m 行，每行描述了一个关系式，包含一个大写字母、字符 "<"、另一个大写字母；这些字母均不会超出字母表前 n 个字母。$n = m = 0$ 表示输入结束。

输出描述：

对每个测试数据，输出一行，内容为以下 3 行之一。

Sorted sequence determined after xxx relations: yyy…y.

Sorted sequence cannot be determined.

Inconsistency found after xxx relations.

其中 "xxx" 为判定出有序序列存在或存在矛盾(inconsistency)时已经处理的关系式数目，哪一种情形最先出现，则按哪一种情形处理，"yyy…y" 为排序后的升序序列。

样例输入：　　　　　　　　**样例输出：**

```
4 6                    Sorted sequence determined after 4 relations: ABCD.
A<B                    Inconsistency found after 2 relations.
A<C                    Sorted sequence cannot be determined.
B<C
C<D
B<D
A<B
3 2
```

```
A<B
B<A
26 1
A<Z
0 0
```

分析：这道题很明显需要采用拓扑排序求解。先构图，假设有关系式 *A<B*，则在图中画一条有向边<*A, B*>。例如，对第 1 个测试数据，构图后得到的有向图如图 2.34 所示。

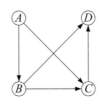

图 2.34　将所有元素排序：第 1 个测试数据的构图

本题在读入每个关系式后可能都需要进行一次拓扑排序，每次拓扑排序后的结果可能为以下 3 种情形之一。

(1) 根据当前已读入的关系式构图后就能判断该图存在环，那么给定的关系肯定是互相矛盾的，后续的关系式仍要读入但不再进行拓扑排序。

(2) 根据当前已读入的关系式构图后能进行拓扑排序且不存在环，但拓扑序列中大写字母的个数小于 *n*，则要继续读入后续的关系式进一步处理。当然，如果所有关系式都读入后还是这种情形，则说明给定的关系式不足以判断出 *n* 个大写字母的拓扑顺序。

(3) 某次拓扑排序后，得到的序列中大写字母的个数等于 *n*，那么当前已读入的关系式就可以得出全部字母的拓扑顺序，后续的关系式仍要读入但不再进行拓扑排序。

注意：初始时很多顶点入度为 0，但程序"看不到"全局的图，只能一视同仁进行拓扑排序，如果拓扑排序后还有顶点入度为 0，则当前无法确定最终的拓扑序列。代码如下。

```
int count[26];      //记录顶点的入度
int temp[26];       //temp 为 count 的复制版，用于拓扑排序时进行修改
char relation[10], seq[30];  //relation 存储读入的关系式，seq 存储得到的序列
bool alpha[30];     //alpha[i]用于记录已读入的关系式中是否包含第 i 个大写字母字符
int n, m;           //元素个数，关系数
vector< vector<char> > v;  //使用 STL 中的向量 vector 来存储每个顶点的多个邻接顶点
//拓扑排序，返回拓扑排序后得到的序列中元素的个数，若发现矛盾则返回-1，无法判断则返回 0
int toposort( int s )    //s 为当前已读入的关系式中包含的(不同的)大写字母的个数
{
    int i, j, r=0, cnt=0;//cnt 表示入度为 0 的顶点的个数；r 表示得到序列中元素的个数
    bool flag=1;         //flag 为标志变量，表示拓扑排序结束后是否可以得到序列
    for( i=0; i<n; i++ )  temp[i]=count[i];
    while( s-- ){  //如果当前 s 个字母能构成拓扑序列，则要依次"删除"s 个顶点
        cnt=0;
        for( i=0; i<n; i++ ){  //统计入度为 0 的顶点的个数
            if( temp[i]==0 ){ j=i;  cnt++; }
```

```
        }
        if( cnt>=1 ){
            //cnt=1 表示有且仅有一个入度为 0 的顶点，则该顶点必然处于序列的最前端
            if( cnt>1 )  flag=0;    //flag 为 0 表示当前还不能确定最终的拓扑序列
            for( i=0; i<v[j].size( ); i++ )
                temp[v[j][i]]--;    //顶点 j 的每个邻接顶点的入度减 1
            seq[r++]=j+'A'; temp[j]=-1; seq[r]=0; //在序列中插入 j,在图中删除 j
        }
        else if( cnt==0 )  //cnt==0 表示没有入度为 0 的顶点，则必然存在环
            return -1;
    }
    if( flag )  return r;
    else  return 0;  //如果"删除"s 个顶点后,还有顶点入度为 0,则当前无法确定
}
int main( )
{
    int i, t, k, c;   //k 用于记录已处理的关系个数,c 用于记录读入的大写字母个数
    int determined=0; //标志,-1 表示矛盾,0 表示"当前"无法得到序列,1 表示可以得到序列
    while( scanf( "%d %d", &n, &m ) !=EOF && n !=0 && m !=0 ){
        memset( count, 0, sizeof( count ) );  //初始化
        memset( alpha, false, sizeof( alpha ) );
        v.clear( ); v.resize( n );  //删除 vector 中的元素，并重新调整大小
        c=0; determined=0;
        for( i=0; i<m; i++ ){
            scanf( "%s", relation );              //读入数据
            count[ relation[2]-'A' ]++;           //小于号右边的顶点入度加 1
            v[ relation[0]-'A' ].push_back( relation[2]-'A' ); //邻接顶点
            if( !alpha[ relation[0]-'A' ] ){      //记录读入的大写字母个数
                c++; alpha[ relation[0]-'A' ]=true;
            }
            if( !alpha[ relation[2]-'A' ] ){
                c++; alpha[ relation[2]-'A' ]=true;
            }
            if( determined==0 ){ //determined 为-1 或 1 都不再需要拓扑排序了
                t = toposort( c );
                if( t==-1 ){ determined = -1;  k = i+1; }
                else if( t==n ){ determined = 1;  k = i+1; }
            }
        }
        if( determined==-1 )
            printf( "Inconsistency found after %d relations.\n", k );
        else if( determined==0 )
            printf( "Sorted sequence cannot be determined.\n" );
        else
            printf("Sorted sequence determined after %d relations: %s.\n",
                k, seq );
    }
```

```
    return 0;
}
```

例 2.8　窗口绘制(Window Pains)，ZOJ2193，POJ2585。

例 2.8

题目描述：

Boudreaux 喜欢多任务的系统。他从不满足于每次只运行一个程序，通常他总是同时运行 9 个程序，每个程序有一个窗口。由于显示器屏幕大小有限，他把窗口重叠，并且当他想用某个窗口时，就把它调到最前面。如果他的显示器是一个 4×4 的网格，则 Boudreaux 的每一个程序窗口就应该像图 2.35 所示那样用 2×2 大小的窗口表示。

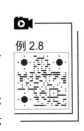

1	1	.	.
1	1	.	.
.	.	.	.
.	.	.	.

.	2	2	.
.	2	2	.
.	.	.	.
.	.	.	.

.	.	3	3
.	.	3	3
.	.	.	.
.	.	.	.

.	.	.	.
4	4	.	.
4	4	.	.
.	.	.	.

.	.	.	.
.	5	5	.
.	5	5	.
.	.	.	.

.	.	.	.
.	.	6	6
.	.	6	6
.	.	.	.

.	.	.	.
.	.	.	.
7	7	.	.
7	7	.	.

.	.	.	.
.	.	.	.
.	8	8	.
.	8	8	.

.	.	.	.
.	.	.	.
.	.	9	9
.	.	9	9

图 2.35　窗口绘制：窗口表示

当 Boudreaux 把一个窗口调到最前面时，它的所有方格都位于最前面，覆盖它与其他窗口共用的方格。例如，如果先是窗口 1 位于最前面，然后是窗口 2，那么结果如图 2.36(a)所示；如果接下来窗口 4 位于最前面，则结果如图 2.36(b)所示，等等。

1	2	2	?
1	2	2	?
?	?	?	?
?	?	?	?

(a) 窗口2位于最前面

1	2	2	?
4	4	2	?
4	4	?	?
?	?	?	?

(b) 窗口4位于最前面

图 2.36　窗口绘制：窗口表示例子

不幸的是，Boudreaux 的计算机经常崩溃。他通过观察这些窗口发现，如果每个窗口都被正确地调到最前面时，而窗口显示的图形不正确，那么就能判断出他的计算机是死机了。

输入描述：

输入文件包含最多 100 组数据。每组数据包含以下 3 部分。

(1) 起始行为字符串“START”。

(2) 显示器屏幕快照，用 4 行表示当前显示器状态。这 4 行为 4×4 的矩阵，每一个元素代表显示器对应方格中所显示的窗口的序号(当然该方格只是窗口的一小块)。

(3) 结束行为字符串“END”。

最后一组数据后，还会有一行字符串，为“ENDOFINPUT”。

注意：每个小块只能出现在它可能出现的地方。例如 1 只能出现在左上方 4 个方格里。

输出描述:

对每个数据只输出一行。如果能按一定顺序依次将每个窗口调到最前面时能到达数据描述的那样(即没死机),输出"THESE WINDOWS ARE CLEAN",否则输出"THESE WINDOWS ARE BROKEN"。

样例输入:
```
START
1 2 3 3
4 5 6 6
7 8 9 9
7 8 9 9
END
START
1 1 3 3
4 1 3 3
7 7 9 9
7 7 9 9
END
ENDOFINPUT
```

样例输出:
```
THESE WINDOWS ARE CLEAN
THESE WINDOWS ARE BROKEN
```

分析:样例输入中两个测试数据所描绘的窗口表示如图 2.37 所示。可以想象,假如是一个正常的屏幕,它可能会是如图 2.37(a)所示的这种显示(9 个窗口的顺序是,窗口 1 在最下面,然后窗口 2 覆盖上去,接下来窗口 3~9 依次覆盖上去)。

1	2	3	3
4	5	6	6
7	8	9	9
7	8	9	9

(a) 测试数据1

1	1	3	3
4	1	3	3
7	7	9	9
7	7	9	9

(b) 测试数据2

图 2.37　窗口绘制:测试数据

表 2.3 描述了屏幕中每个方格能被哪些窗口覆盖住,其中一个方格最多只能被 4 个窗口覆盖住。例如,(2, 2)这个方格可以被 1、2、4、5 这 4 个窗口覆盖住。只要当前一个方格是被其中一个窗口覆盖(即该方格显示的窗口),则这个窗口肯定盖住其他可以覆盖这个方格的窗口。例如,在图 2.37(a)中,(2, 2)位置被 5 号窗口覆盖住了,则 5 号窗口必定覆盖了 1、2、4 这 3 个窗口。

表2.3　窗口绘制:屏幕中每个方格能被哪些窗口覆盖住

(1, 1): 1	(1, 2): 1, 2	(1, 3): 2, 3	(1, 4): 3
(2, 1): 1, 4	(2, 2): 1, 2, 4, 5	(2, 3): 2, 3, 5, 6	(2, 4): 3, 6
(3, 1): 4, 7	(3, 2): 4, 5, 7, 8	(3, 3): 5, 6, 8, 9	(3, 4): 6, 9
(4, 1): 7	(4, 2): 7, 8	(4, 3): 8, 9	(4, 4): 9

这样，就可以根据这个覆盖关系构造出一个有向图，以 9 个窗口为顶点，如果某个方格显示的是 X 号窗口(即 X 号窗口在该方格位于最前面)，则 X 号窗口覆盖了可以在该方格出现的其他窗口(设为 Y 号窗口)，即有一条有向边<X, Y>。例如，第 1 个测试数据所构造的有向图存在有向边<5, 1>、<5, 2>和<5, 4>，如图 2.38 所示。

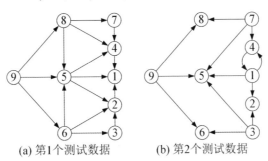

(a) 第1个测试数据　　　　　(b) 第2个测试数据

图 2.38　窗口绘制：构造有向图

一个正常的屏幕构建出来的图肯定是有向无环图(这是因为，不可能出现 A 窗口覆盖了 B 窗口，而 B 窗口又反过来覆盖了 A)，所以第 2 个测试数据为不正常的屏幕。

因此该题转换成拓扑排序问题，具体求解过程如下。

(1) 对输入的屏幕快照构造有向图。

(2) 通过拓扑排序算法判断该图是否有环，如果存在环，则该屏幕为死机后的屏幕，否则为正常的屏幕。代码如下。

```
const int n=4;
int screen[n][n];        //屏幕快照最后显示的内容
string cover[n][n]={  //表示能覆盖(i, j)位置的窗口的集合
    "1", "12", "23", "3", "14", "1245", "2356", "36",
    "47", "4578", "5689", "69", "7", "78", "89", "9"
};
bool exist[20];        //某个窗口是否在屏幕快照上出现
int id[10];            //入度
bool g[10][10];        //邻接矩阵
int t;                 //记录屏幕上总共出现的不同的窗口种类数,以这些窗口为顶点,构建有向图
string s;        //读入字符数据的临时变量
void init( )    //读入屏幕快照数据
{
    int i, j, k;
    memset( exist, 0, sizeof(exist) );
    memset( id, 0, sizeof(id) ); memset( g, 0, sizeof(g) );
    t=0;    //t 为屏幕快照中出现的窗口种类数
    for( i=0; i<n; i++ ){
        for( j=0; j<n; j++ ){
            cin >>k;  screen[i][j]=k;
            if( !exist[k] )  t++;
            exist[k]=true;

    }
```

```
    }
}
void build( )   //构建有向图
{
    int i, j, p;
    for( i=0; i<n; i++ ){
        for( j=0; j<n; j++ ){
            //screen[i][j]能覆盖住 cover[i][j]中除它本身外的每个窗口
            for( p=0; p<cover[i][j].length(); p++ ){
                if( (!g[screen[i][j]][cover[i][j][p]-'0']) &&
                    (screen[i][j]!=cover[i][j][p]-'0') ) {
                    g[screen[i][j]][cover[i][j][p]-'0']=true;
                    id[cover[i][j][p]-'0']++;     //入度加 1
                }
            }
        }
    }
}
bool check( )   //判断有向图是否存在有向环
{
    int i, k, j;
    for( k=0; k<t; k++ ){   //如果能顺利"删除"t 个窗口,则说明不存在环
        i=1;
        //找一个还未删除且入度为 0 的窗口
        while( !exist[i] || (i<=9&&id[i]>0) )  i++;
        if( i>9 )  return false;   //i>9 说明剩余窗口入度均不为 0,则必然存在环
        exist[i]=false;   //处理编号为 i 的窗口,删除该窗口及其相应出边
        for( j=1; j<=9; j++ ){   //删除相应顶点入边(入度减 1)
            if(exist[j]&&g[i][j])  id[j]--;
        }
    }
    return true;
}
int main( )
{
    while( cin>>s ){
        if( s=="ENDOFINPUT" )  break;
        init( );    //读入数据
        build( );    //构造有向图
        if( check( ) )  cout<<"THESE WINDOWS ARE CLEAN\n";
        else  cout<<"THESE WINDOWS ARE BROKEN\n";
        cin>>s;
    }
    return 0;
}
```

例 2.9 概念编排。

题目描述：

现在要编写一本图论的书。图论里的术语特别多，为了使读者尽快进入图论算法层次，而不是停留在概念层面上，编者希望把图论术语分布到各章(而不是集中在第 1 章介绍)，并且是尽可能迟地引入各个术语。例如，第 9 章涉及平面图、图的顶点着色等术语，这些术语在前面的章节里并没有涉及，所以可以在第 9 章介绍。但是，如果 A、B 两个术语有依赖关系，要介绍 B，必须先介绍 A，这时可能不得不提前引入术语 A。

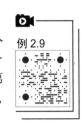
例 2.9

假设有 N 个术语，这本书有 M 章(第 1 章～第 M 章)。已知第 i 个术语必须在第 C_i 章之前(含第 C_i 章)介绍。术语之间有 R 对依赖，这些依赖关系也是已知的。请你帮助作者安排每章要介绍哪些术语，保证每个术语都尽可能迟地引入。

输入描述：

输入文件包含多个测试数据。每个测试数据的第 1 行为 3 个整数 N、M 和 $R(1 \leqslant N \leqslant 26$；$1 \leqslant M \leqslant 10$；$1 \leqslant R \leqslant 50)$，这 N 个术语用字母表前 N 个大写字母表示，序号为 $1 \sim N$。接下来一行为 N 个整数，第 i 个整数 C_i 表示第 i 个术语必须在第 C_i 章之前(含第 C_i 章)介绍，$1 \leqslant C_i \leqslant M$。接下来有 R 行，描述了 R 对依赖关系，每行为两个字符(设为 A 和 B)，表示术语 A 必须在术语 B 引入之前引入(可以在同一章引入)。输入文件的最后一行为"0 0 0"，表示输入结束。

样例数据所描绘的术语、依赖关系如图 2.39 所示(有向边 $<A, H>$ 表示术语 A 必须在术语 H 之前引入)，每个术语旁边的数字表示 C_i。注意，测试数据保证根据术语之间的依赖关系构成的有向图不存在有向回路。

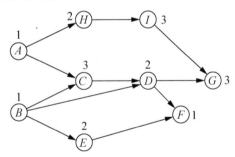

图 2.39　概念编排

输出描述：

对每个测试数据，输出 M 行。第 i 行先输出一个整数 T_i(可能为 0)，表示将在第 i 章引入 T_i 个术语，然后是一个空格(如果 T_i 为 0，则没有空格，也没有后面的字母字符)，空格之后是 T_i 个大写字母字符，代表在第 i 章引入的术语(按字典序排列)。

每个测试数据的输出之后输出一个空行。

样例输入：	样例输出：
`9 3 11`	`6 ABCDEF`
`1 1 3 2 2 1 3 2 3`	`1 H`
`AC`	`2 GI`

```
AH
BC
BD
BE
CD
DF
DG
EF
HI
IG
0 0 0
```

分析：本题中每个图论术语的 C_i 可称为该术语对应顶点的层次。本题在进行拓扑排序时最关键的步骤是：在检查每个顶点 u 的入边时，如果该边起点 v 的层次比 u 的层次(设为 i)要高，则需要将顶点 v 的层次修改为 i，即顶点 v 所表示的术语需要提前引入。

以下算法在检查第 i 层顶点时，用一个队列 Q 来存储这些顶点(也可以使用栈来存储)；而在对层次为 i 的顶点进行拓扑排序时，用一个栈 S 来存储入度为 0 的顶点(也可以用队列来存储)。具体的拓扑排序算法(按照层次从小到大的顺序依次检查每个层次的顶点)如下。

对层次为 L 的顶点(这些顶点表示的术语将安排在第 L 章引入)，按以下两个步骤处理。

(1) 找出所有层次为 L 的顶点(包括初始层次为 L，以及提前到层次 L 的顶点)，方法如下。

① 将每个初始层次为 L 的顶点 u 入队列 Q，如果 u 的入度为 0，则将 u 压入栈 S 中。

② 对队列 Q 中的每个顶点 u，检查它的每条入边，如果入边的起点 v 层次大于 L，则修改为 L，并将 v 加入队列 Q；同样如果 v 的入度为 0，则将 v 压入栈 S 中。

(2) 借助栈 S 对所有层次为 L 的顶点进行拓扑排序。

对层次为 1、2、3……的顶点按层次递增的顺序进行上述两个步骤的处理，直至所有顶点都输出，或者判断出存在有向回路为止。

但是本题对每个层次的顶点不要求按拓扑排序，而是要求按字典序排列，所以答案是唯一的，而且只需用一个队列 Q 存储初始层次为 L 和提前到层次 L 的顶点。代码如下。

```cpp
#define MAXN 27
struct ArcNode {      //边结点
    int vt;           //边的另一个顶点,在出边表中是终点,在入边表中是起点
    struct ArcNode *next;
};
ArcNode* List1[MAXN];     //每个顶点的出边表表头指针
ArcNode* List2[MAXN];     //每个顶点的入边表表头指针
int C[MAXN];              //C[i]表示第 i 个概念必须在第 Ci(含第 Ci 章)章之前介绍
int level[MAXN];          //最终确定的每个概念的层次
int N, M, R, n1;          //顶点数, 章数, 依赖关系数, 已处理的顶点数
queue<int> Q;
int main( )
{
```

```
    int i, j;
    while( 1 ){
        scanf( "%d%d%d", &N, &M, &R );
        if( N==0 && M==0 && R==0 )  break;
        memset( C, 0, sizeof(C) );  memset( List1, 0, sizeof(List1) );
        memset(List2,0,sizeof(List2));  memset(level,0,sizeof(level));
        for( i=1; i<=N; i++ )  scanf( "%d", &C[i] );
        ArcNode *temp, *temp1;
        char c1, c2;      //读入依赖关系中的两个字符
        int u, v;          //依赖关系中两个字符对应的顶点
        for( i=1; i<=R; i++ ){      //根据 R 对依赖关系建立出边表和入边表
            getchar( );              //跳过上一行的换行符
            scanf( "%c%c", &c1, &c2 );      //读入边的起点和终点
            u = c1 - 'A' + 1;  v = c2 - 'A' + 1;
            temp=new ArcNode;  temp->vt=v;  temp->next=NULL;  //构造出边表
            if( List1[u]==NULL )  List1[u] = temp;
            else{ temp->next = List1[u];  List1[u] = temp; }
            temp=new ArcNode;  temp->vt=u;  temp->next=NULL;  //构造入边表
            if( List2[v]==NULL )  List2[v] = temp;
            else{ temp->next = List2[v];  List2[v] = temp; }
        }
        int L = 1;    //当前考察层次为 L 的顶点
        n1 = 0;
        while( n1<N ){
            for( i=1; i<=N; i++ ){ //将初始层次为 L 的顶点入队列
                if( C[i]==L && level[i]==0 ){ //level[i]==0 表示还没有处理
                    level[i]=L;  Q.push(i);  n1++;
                }
            }
            while( !Q.empty( ) ){
                int t = Q.front( );  Q.pop( );
                temp = List1[t];  List1[t] = NULL;
                while( temp!=NULL ){  //去掉顶点 t 的所有出边
                    temp1 = temp;  temp = temp->next;  delete temp1;
                }
                //对每条入边,如果入边起点层次大于 L,则修改为 L 并入队列,并去掉所有入边
                temp = List2[t];  List2[t] = NULL;
                while( temp!=NULL ){
                    temp1 = temp;
                    //level[temp->vt]==0 表示还没有处理
                    if( C[temp->vt]>L && level[temp->vt]==0 ){
                        level[temp->vt]=L;  Q.push( temp->vt );  n1++;
                    }
                    temp = temp->next;  delete temp1;
                }
            }//end of while( Q.empty( ) )
            L++;
```

```
    }//end of while( n1<N )
    char concepts[30], k;
    int num;
    for( i=1; i<=M; i++ ){      //输出每章要介绍的概念
        num = 0;  k = 0;  memset( concepts, 0, sizeof(concepts) );
        for( j=1; j<=N; j++ ){
            if(level[j]==i){num++;  concepts[k] = j - 1 + 'A';  k++;}
        }
        concepts[k] = 0;      //串结束标志
        if( num==0 )  printf( "0\n" );
        else  printf( "%d %s\n", num, concepts );
    }
    printf( "\n" );
}
    return 0;
}
```

练　习

2.12　叠图片(Frame Stacking)，ZOJ1083，POJ1128。

题目描述：

考虑图 2.40(a)所示的 5 张放置在 9×8 大小阵列中的图片。现在将这 5 张图片一张一张地叠在一起。如果某张图片的某一部分覆盖了其他一张图片，则它将遮住底下这张图片。这 5 张图片叠起来后的效果如图 2.40(b)所示，则它们是按照以下顺序叠起来的：EDABC。

```
........    ........    ........    ........    .CCC....    .CCC....
EEEEEE..    ........    ........    ..BBBB..    .C.C....    ECBCBB..
E....E..    DDDDDD..    ........    ..B..B..    .C.C....    DCBCDB..
E....E..    D....D..    ........    ..B..B..    .CCC....    DCCC.B..
E....E..    D....D..    ....AAAA    ..B..B..    ........    D.B.ABAA
E....E..    D....D..    ....A..A    ..BBBB..    ........    D.BBBB.A
E....E..    DDDDDD..    ....A..A    ........    ........    DDDDDAD.A
E....E..    ........    ....AAAA    ........    ........    E...AAAA
EEEEEE..    ........    ........    ........    ........    EEEEEE..
   1           2           3           4           5
```

(a) 5张图片　　　　　　　　　　　　　　　　　　　　　　　　(b) 效果图

图 2.40　叠图片

在本题中，给定叠起来的效果图，判断这些图片是按照怎样的顺序叠起来的(从最底下到最上面)，规则如下。

(1) 图片宽度均为 1 个字符，四边均不短于 3 个字符。

(2) 每张图片的 4 条边中，每条边都能看见一部分。

(3) 用每张图片中的字母代表对应的图片，任何两张图片都不会出现相同的字母。

输入描述：

输入文件包含多个测试数据。每个测试数据的第 1 行为整数 $h(h \leqslant 30)$，表示图片的高度。第 2 行为整数 $w(w \leqslant 30)$，表示图片的宽度。接下来是 h 行，每行有 w 个字符，描述了叠起来后的效果。输入数据一直到文件尾。

输出描述：

对每个测试数据，按从底到顶的顺序输出这些图片的叠加顺序(用图片中的字母代表图片)。如果有多个解，按字典序输出每个解，每个解占一行。每个测试数据至少有一个解。

样例输入：	样例输出：
9	EDABC
8	
.CCC....	
ECBCBB..	
DCBCDB..	
DCCC.B..	
D.B.ABAA	
D.BBBB.A	
DDDDDAD.A	
E...AAAA	
EEEEEE..	

2.13　列出有序序列(Following Orders)，POJ1270。

题目描述：

给定变量之间形如 $x<y$ 的约束关系列表，你的任务是输出满足约束关系的所有变量序列。例如，给定约束关系 $x<y$ 和 $x<z$，则存在两个满足约束关系的变量序列：$x\,y\,z$ 和 $x\,z\,y$。

输入描述：

输入文件包含多个测试数据。每个测试数据描述了一个约束关系列表。每个约束关系列表占两行：第 1 行为变量列表；第 2 行也是变量列表。每两个变量构成了一个约束，如 $x\,y$ 表示 $x<y$。所有的变量均为小写字母字符，至少有 2 个变量，至多有 20 个。至少有一个约束，至多有 50 个约束。在一个约束列表中至少有一个有序序列，至多有 300 个有序序列。测试数据一直到文件尾。

输出描述：

对每一个约束列表，按字典序输出每个有序序列，每个有序序列占一行。测试数据的输出之间用一个空行隔开。

样例输入：	样例输出：
v w x y z	wxzvy
v y x v z v w w	wzxvy
	xwzvy
	xzwvy
	zwxvy
	zxwvy

2.14　给球编号(Labeling Balls)，POJ3687。

题目描述：

Windy 有 N 个不同重量的球，重量为 $1 \sim N$，他想给这些球按照下面的方法编号 $1 \sim N$。

(1) 任何两个球的编号都不一样。

(2) 编号满足一些约束，类似于"编号为 a 的球比编号为 b 的球轻"。

你能帮助他找到一个满足条件的编号方案吗？

输入描述：

输入文件的第 1 行为一个整数 T，表示测试数据的个数。每个测试数据的第 1 行为两个整数 $N(1 \leqslant N \leqslant 200)$ 和 $M(0 \leqslant M \leqslant 40\ 000)$。接下来有 M 行，每行为两个整数 a 和 $b(1 \leqslant a, b \leqslant N)$，表示编号为 a 的球必须轻于编号为 b 的球。

输出描述：

对每个测试数据，输出一行，为编号 $1 \sim N$ 的球的重量。如果存在多个解，则输出这样一个方案：编号为 1 的球重量最轻的方案，如果还是有多个方案，则输出编号为 2 的球重量最轻的方案，依此类推。如果没有解，则输出"-1"。

样例输入：	样例输出：
2	1 2 3 4
4 0	-1
4 1	
1 1	

2.4　活动网络——AOE 网络

2.4.1　AOE 网络与关键路径

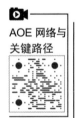

　　与 AOV 网络密切相关的另一种网络是 AOE 网络。如果在有向无环图中用有向边表示一个工程的各项活动(activity)，用边上的权值表示活动的**持续时间**(duration)，用顶点表示**事件**(event)，则这种有向图称为用边表示活动的网络(Activity On Edges)，简称 **AOE 网络**。

　　例如，图 2.41 所示为一个有 11 个活动的 AOE 网络，有 9 个事件 $E_0 \sim E_8$。事件 E_0 发生表示整个工程开始，事件 E_8 发生表示整个工程结束。其他事件 E_i 发生表示在它之前的活动都已完成，在它之后的活动可以开始。例如，E_4 发生表示活动 a_4 和 a_5 已经完成，活动 a_7 和 a_8 可以开始。在图 2.41 中，每条边上的数字表示每个活动的持续时间。在工程开始之后，活动 a_1、a_2 和 a_3 可以并行进行，在事件 E_4 发生之后，活动 a_7 和 a_8 也可以并行进行。

　　由于整个工程只有一个开始点和一个完成点，所以称**开始点**(即入度为 0 的顶点)为**源点**(source)，称**结束点**(即出度为 0 的顶点)为**汇点**(sink)。

　　AOE 网络在某些方面(如工程估算)非常有用。例如，从 AOE 网络可以了解到以下两点。

(1) 完成整个工程至少需要多长时间(假定网络中没有环)？

(2) 为缩短完成工程所需的时间，应加快哪些活动？

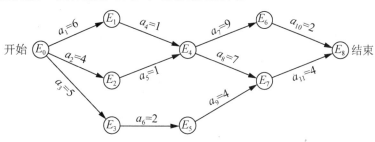

图 2.41 一个 AOE 网络

在 AOE 网络中，有些活动可以并行进行。从源点到各个顶点，以及从源点到汇点的有向路径可能不止一条，这些路径的长度可能也不同。完成不同路径上每个活动所需的总时间虽然不同，但只有各条路径上所有活动都完成了，整个工程才算完成。因此，完成整个工程所需的时间取决于从源点到汇点的最长路径长度，所需时间为这条路径上所有活动的持续时间之和。这条路径长度最长的路径就称为**关键路径**(critical path)。

在图 2.41 所示的例子中，关键路径是 a_1, a_4, a_7, a_{10} 或 a_1, a_4, a_8, a_{11}。这两条路径的所有活动的持续时间之和都是 18，也就是说，完成整个工程所需时间是 18。

2.4.2 关键路径求解方法

要找出关键路径，必须找出关键活动。所谓**关键活动**(critical activity)，就是不按期完成就会影响整个工程完成的活动。关键路径上所有活动都是关键活动，因此，只要找到关键活动，就可以找到关键路径。

下面先定义几个与计算关键活动有关的量。

(1) **事件 E_i 的最早可能开始时间**，记为 $Ee[i]$。$Ee[i]$ 是从源点 E_0 到顶点 E_i 的最长路径长度。例如，在图 2.41 中，只有当 a_1, a_2, a_4, a_5 这些活动都完成了，事件 E_4 才能开始。虽然 a_2, a_5 这条路径的完成只需时间 5，但 a_1, a_4 这条路径还未完成，事件 E_4 还不能开始。只有当 a_1, a_4 也完成了，事件 E_4 才能开始。所以事件 E_4 的最早可能开始时间是 $Ee[4]= 7$。

(2) **事件 E_i 的最迟允许开始时间**，记为 $El[i]$。$El[i]$ 是在保证汇点 E_{n-1} 在 $Ee[n-1]$ 时刻完成的前提下，事件 E_i 的允许最迟开始时间，它等于 $Ee[n-1]$ 减去从 E_i 到 E_{n-1} 的最长路径长度。

(3) **活动 a_k 的最早可能开始时间**，记为 $e[k]$。设活动 a_k 在有向边 $<E_i, E_j>$ 上，则 $e[k]$ 是从源点 E_0 到顶点 E_i 的最长路径长度。因此，$e[k] = Ee[i]$。

(4) **活动 a_k 的最迟允许开始时间**，记为 $l[k]$。设活动 a_k 在有向边 $<E_i, E_j>$ 上，则 $l[k]$ 是在不会引起时间延误的前提下，该活动允许的最迟开始时间。$l[k] = El[j] - dur(<E_i, E_j>)$，其中 $dur(<E_i, E_j>)$ 是完成活动 a_k 所需的时间，即有向边 $<E_i, E_j>$ 的权值。

$l[k] - e[k]$ 表示活动 a_k 的最早可能开始时间和最迟允许开始时间的时间余量，也称松弛时间(slack time)。$l[k] == e[k]$ 表示活动 a_k 没有时间余量，是关键活动。

在图 2.41 所示的例子中，活动 a_8 的最早可能开始时间是 $e[8] = Ee[4] = 7$，最迟允许开始时间是 $l[8] = El[7] - dur(<E_4, E_7>) = 14 - 7 = 7$，所以 a_8 是关键路径上的关键活动。而对活动 a_9，它的最早可能开始时间是：$e[9]= Ee[5] = 7$，最迟允许开始时间是 $l[9] = El[7] -$

$dur(<E_5, E_7>) = 14 - 4 = 10$，它的时间余量是 $l[9] - e[9] = 3$，它推迟 3 天开始或延迟 3 天完成都不会影响整个工程的完成，所以 a_9 不是关键活动。

因此，分析关键路径的目的，是要从源点 E_0 开始估算每个活动，辨明哪些是影响整个工程进度的关键活动，以便科学地安排工作。

为了找出关键活动，就需要求得各个活动的 $e[k]$ 与 $l[k]$，以判别二者是否相等；而为了求得 $e[k]$ 与 $l[k]$，就要先求各个顶点 E_i 的最早可能开始时间 $Ee[i]$ 和最迟允许开始时间 $El[i]$。

下面分别介绍求 $Ee[i]$、$El[i]$、$e[k]$ 和 $l[k]$ 的递推公式。

(1) 求 $Ee[i]$ 的递推公式。从 $Ee[0] = 0$ 开始，向前递推

$$Ee[i] = \max_j \{ Ee[j] + dur(<E_j, E_i>) \}, <E_j, E_i> \in S_2, \quad i = 1, 2, \cdots, n-1 \tag{2-1}$$

式中 S_2 是所有指向顶点 E_i 的有向边 $<E_j, E_i>$ 的集合。

(2) 求 $El[i]$ 的递推公式。从 $El[n-1] = Ee[n-1]$ 开始，反向递推

$$El[i] = \min_j \{ El[j] - dur(<E_i, E_j>) \}, \quad <E_i, E_j> \in S_1, \quad i = n-2, n-3, \cdots, 0 \tag{2-2}$$

式中 S_1 是所有从顶点 E_i 发出的有向边 $<E_i, E_j>$ 的集合。

这两个递推公式的计算必须分别在拓扑排序及逆拓扑排序的前提下进行。所谓**逆拓扑排序**(reverse topological sort)，就是首先输出出度为零的顶点，以相反的次序输出拓扑排序序列。

也就是说，在计算 $Ee[i]$ 时，E_i 的所有前驱顶点 E_j 的 $Ee[j]$ 都已求出。反之，在计算 $El[i]$ 时，也必须在 E_i 的所有后继顶点 E_j 的 $El[j]$ 都已求出的条件下才能进行计算。所以，可以以拓扑排序的算法为基础，在把各个顶点排列成拓扑排序序列的同时，计算 $Ee[i]$；再以逆拓扑排序的顺序计算 $El[i]$。

(3) 求 $e[k]$ 和 $l[k]$ 的递推公式。设活动 a_k 对应的带权有向边为 $<E_i, E_j>$，它的持续时间是 $dur(<E_i, E_j>)$，则有 $e[k] = Ee[i]$，$l[k] = El[j] - dur(<E_i, E_j>)$。

根据上面的分析，可以得到计算关键路径的算法如下。

(1) 输入 m 条带权的有向边，建立邻接表结构。

(2) 从源点 E_0 出发，令 $Ee[0] = 0$，按拓扑排序顺序计算每个顶点的 $Ee[i]$, $i = 1, 2, \cdots, n-1$。若拓扑排序的循环次数小于顶点数 n，则说明网络中存在有向环，不能继续求关键路径。

(3) 从汇点 E_{n-1} 出发，令 $El[n-1] = Ee[n-1]$，按逆拓扑排序顺序求各顶点的 $El[i]$, $i = n-2$, $n-3, \cdots, 0$。

(4) 根据各顶点的 $Ee[i]$ 和 $El[i]$，求各条有向边的 $e[k]$ 和 $l[k]$。

(5) 对网络中每条边，如果满足 $e[k]==l[k]$，则是关键活动。求出所有关键活动并输出。

求关键路径的算法实现详见例 2.10。

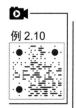
例 2.10

例 2.10 求 AOE 网络的关键路径并输出。

输入描述：

输入文件包含多个测试数据。每个测试数据描述了一个 AOE 网络，格式为：首先是顶点个数 n 和边数 m，然后是每条边(边的序号为 a1~am)，格式为 $u\ v\ w$，表示从顶点 u 到顶点 v 的一条有向边，w 为这条边所代表活动的持续时间。测试数据一直到文件尾。

输出描述：

对每个测试数据，输出关键活动信息，格式如样例输出所示(其中 a1、a4 等，表示边的序号)。如果 AOE 网络中存在环，则输出 "Network has a cycle!"。

<table>
<tr><td>**样例输入：**</td><td>**样例输出：**</td></tr>
<tr><td>9 11</td><td>The critical activities are:</td></tr>
<tr><td>0 1 6</td><td>a1 : 0->1</td></tr>
<tr><td>0 2 4</td><td>a4 : 1->4</td></tr>
<tr><td>0 3 5</td><td>a8 : 4->7</td></tr>
<tr><td>1 4 1</td><td>a7 : 4->6</td></tr>
<tr><td>2 4 5</td><td>a10 : 6->8</td></tr>
<tr><td>3 5 2</td><td>a11 : 7->8</td></tr>
<tr><td>4 6 9</td><td></td></tr>
<tr><td>4 7 7</td><td></td></tr>
<tr><td>5 7 4</td><td></td></tr>
<tr><td>6 8 2</td><td></td></tr>
<tr><td>7 8 4</td><td></td></tr>
</table>

分析： 样例数据描述的 AOE 网络如图 2.41 所示。在以下代码中，表示边结点的结构体 ArcNode 增加了一个表示活动序号的成员 no。在程序中定义了两个边链表表头指针数组，List1[i] 指向由顶点 i 发出的边构造的边链表，List2[i] 指向由进入顶点 i 的边构造的边链表。这两个表头指针数组及边链表构造结果如图 2.42 所示。

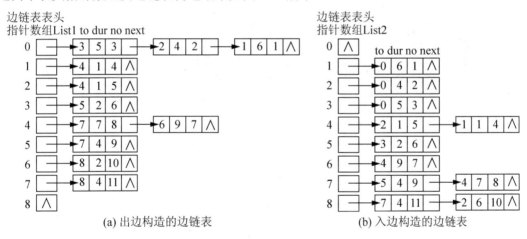

(a) 出边构造的边链表　　　　　　　　　　(b) 入边构造的边链表

图 2.42　关键路径求解：两个邻接表

在 CriticalPath() 函数中，首先根据 List1 进行拓扑排序并求各顶点的 $Ee[i]$；然后根据 List2 进行逆拓扑排序并求 $El[i]$；最后再根据 List1 扫描每条边一次，求每条边所表示的活动的最早可能开始时间 $e[k]$ 和最迟允许开始时间 $l[k]$，并判断是否为关键活动，如果是则输出。对图 2.41 所示的 AOE 网络计算后各个量的结果如表 2.4、表 2.5 所示。

表 2.4　关键路径求解：相关量的计算结果 1

事件	E_0	E_1	E_2	E_3	E_4	E_5	E_6	E_7	E_8
$Ee[i]$	0	6	4	5	7	7	16	14	18
$El[i]$	0	6	6	6	7	10	16	14	18

表 2.5　关键路径求解：相关量的计算结果 2

边	<0, 1>	<0, 2>	<0, 3>	<1, 4>	<2, 4>	<3, 5>	<4, 6>	<4, 7>	<5, 7>	<6, 8>	<7, 8>
活动	a_1	a_2	a_3	a_4	a_5	a_6	a_7	a_8	a_9	a_{10}	a_{11}
$E[k]$	0	0	0	6	4	5	7	7	7	16	14
$l[k]$	0	2	3	6	6	8	7	7	10	16	14
$l[k]-e[k]$	0	2	3	0	2	3	0	0	3	0	0
关键活动	是			是			是	是		是	是

代码如下。

```
#define MAXN 100        //顶点个数的最大值
#define MAXM 200        //边数的最大值
struct ArcNode {
    int vt, dur, no;     //边的另一个顶点,持续时间,活动序号
    ArcNode *next;
};
int n, m;               //顶点个数、边数
ArcNode* List1[MAXN];    //每个顶点的边链表表头指针(出边表)
ArcNode* List2[MAXN];    //每个顶点的边链表表头指针(入边表)
int count1[MAXN], count2[MAXN];  //各顶点的入度和出度
int Ee[MAXN], El[MAXN];  //各事件的最早可能开始时间, 最迟允许开始时间
int e[MAXM], L[MAXM];    //各活动的最早可能开始时间,最迟允许开始时间
void CriticalPath( )     //求关键路径
{
    int i, j, k; stack<int> S1; ArcNode *temp1;
    memset( Ee, 0, sizeof(Ee) );
    for( i=0; i<n; i++ )
        if( count1[i]==0 )  S1.push(i);  //初始入度为 0 的顶点入栈
    for( i=0; i<n; i++ ){  //拓扑排序求 Ee
        if( S1.empty() ){ printf( "Network has a cycle!\n" );  return; }
        else{
            j=S1.top(); S1.pop(); temp1=List1[j];
            while( temp1!=NULL ){
                k=temp1->vt;
                if( --count1[k]==0 )  S1.push(k);//终点入度减至 0,则入栈
                if( Ee[j]+temp1->dur>Ee[k] )    //有向边<j,k>
                    Ee[k]=Ee[j]+temp1->dur;
                temp1=temp1->next;
```

```
            }//end of while
        }//end of else
    }//end of for
    stack<int> S2;    ArcNode* temp2;
    for( i=0; i<n; i++ ){
        El[i]=Ee[n-1];
        if( count2[i]==0 )  S2.push(i);  //初始出度为 0 的顶点入栈
    }
    for( i=0; i<n; i++ ){      //逆拓扑排序求 El
        j=S2.top();  S2.pop();  temp2=List2[j];
        while( temp2!=NULL ){
            k=temp2->vt;
            if( --count2[k]==0 )  S2.push(k);//起点出度减至 0,则入栈
            if( El[j]-temp2->dur<El[k] )    //有向边<k,j>
                El[k]=El[j]-temp2->dur;
            temp2=temp2->next;
        }//end of while
    }//end of for
    //求各活动的 e[k]和 L[k]
    memset( e, 0, sizeof(e) );  memset( L, 0, sizeof(L) );
    printf( "The critical activities are:\n" );
    for( i=0; i<n; i++ ){      //求各活动的 e[k]和 l[k],并判断是否为关键活动
        temp1=List1[i];
        while( temp1!=NULL ){
            j=temp1->vt;  k=temp1->no;    //有向边<i,j>
            e[k]=Ee[i];  L[k]=El[j]-temp1->dur;
            if( e[k]==L[k] )  printf( "a%d : %d->%d\n", k, i, j );
            temp1=temp1->next;
        }
    }
}
int main( )
{
    int i, u, v, w;    //循环变量、边的起点和终点
    while( scanf( "%d%d", &n, &m )!=EOF ){    //读入顶点个数 n, 边数
        memset(List1, 0, sizeof(List1) );  memset( List2, 0, sizeof(List2) );
        memset(count1,0,sizeof(count1)); memset(count2,0,sizeof(count2));
        ArcNode *temp1, *temp2;
        for( i=0; i<m; i++ ){
            scanf( "%d%d%d", &u, &v, &w );    //读入边的起点和终点
            count1[v]++;    temp1=new ArcNode;  //构造邻接表
            temp1->vt=v;  temp1->dur=w;  temp1->no=i+1;  temp1->next=NULL;
            if( List1[u]==NULL )  List1[u]=temp1;
            else{ temp1->next=List1[u];  List1[u]=temp1; }
            count2[u]++;    temp2=new ArcNode;    //构造逆邻接表
            temp2->vt=u;  temp2->dur=w;  temp2->no=i+1;  temp2->next=NULL;
            if( List2[v]==NULL )  List2[v]=temp2;
```

```
            else{ temp2->next=List2[v];  List2[v]=temp2; }
        }
    CriticalPath( );
    for( i=0; i<n; i++ ){      //释放边链表上各边结点所占用的存储空间
        temp1=List1[i];  temp2=List2[i];
        while( temp1!=NULL )
        { List1[i]=temp1->next;  delete temp1;  temp1=List1[i]; }
        while( temp2!=NULL )
        { List2[i]=temp2->next;  delete temp2;  temp2=List2[i]; }
    }
}
return 0;
}
```

第3章 树与图的生成树

树是一种特殊的图，图的生成树是图的一种特殊子图。本章介绍树、森林、无向连通图的生成树、最小生成树、最大生成树、最小(大)生成森林等概念；主要讨论求解无向连通图最小生成树的 3 个算法——克鲁斯卡尔(Kruskal)算法、博鲁夫卡(Boruvka)算法和普里姆(Prim)算法，以及最小生成树问题的拓展。有向图的生成树不在本章的讨论范围。

树与图的生成树

3.1 树 与 森 林

3.1.1 树

如果一个无向连通图不存在回路，则该图称为**树**(tree)，因此树是一种特殊的图。

树

对无向图 $G(V, E)$，设顶点数为 n，边数为 m，以下都是树的等价定义：①无回路的连通图；②无回路且 $m=n-1$；③连通且 $m=n-1$；④无回路，但增加一条边后仅得到一个回路；⑤连通，但删去任意一条边后就不连通；⑥每一对顶点间仅有一条简单路径。

例如，图 3.1(a)所示的无向连通图存在回路，所以它不是一棵树。但可以从中去掉构成回路的边，如去掉边(1, 4)和边(6, 7)成为图 3.1(b)，就不存在回路了，因此该图就是一棵树。当然，去掉边(3, 4)和边(5, 6)也可以构造一棵树。为什么这种图被称为树呢？因为可以改画成倒立的树。例如，图 3.1(c)和(d)，是分别将图 3.1(b)改画成根为顶点 4 的树和根为顶点 5 的树。

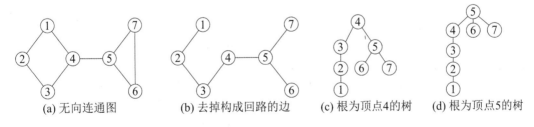

(a) 无向连通图　　　(b) 去掉构成回路的边　　　(c) 根为顶点4的树　　　(d) 根为顶点5的树

图 3.1 树

3.1.2　森林

森林

如果一个无向图中包含了多棵树，那么该无向图可以称为**森林**(forest)。很明显森林是非连通图。例如，图 3.2 为一个包含 3 棵树的森林。

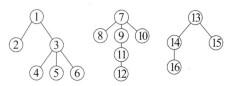

图 3.2　森林

3.2　生成树及最小生成树

3.2.1　生成树

生成树

1.1.7 节已经介绍了生成树的概念，本节将进一步讨论生成树。

无向连通图 G 的一个子图如果是一棵包含 G 的所有顶点的树，则该子图称为 G 的**生成树**(spanning tree)。生成树是连通图的极小连通子图。这里所谓极小是指若在树中任意增加一条边，则将出现一个回路；若去掉一条边，将会使之变成非连通图。

按照生成树的定义，包含 n 个顶点的连通图，其生成树有 n 个顶点、$n-1$ 条边。

根据第 2 章的知识可知：用不同的遍历方法遍历图，可以得到不同的生成树；从不同的顶点出发遍历图，也能得到不同的生成树。所以有时需要根据应用的需求选择合适的边构造一个生成树，如本章所要讨论的最小生成树。

3.2.2　最小生成树

最小生成树

对于一个带权的无向连通图(即无向网)来说，如何找出一棵生成树，使得各边上的权值总和达到最小，这是一个有着实际意义的问题。例如，在 n 个城市之间建立通信网络，至少要架设 $n-1$ 条线路，这时自然会考虑：如何选择这 $n-1$ 条线路，使得总造价最少？

在每两个城市之间都可以架设一条通信线路，并要花费一定的代价。若用图的顶点表示 n 个城市，用边表示两个城市之间架设的通信线路，用边上的权值表示架设该线路的造价，就可以建立一个通信网络。对于这样一个有 n 个顶点的网络，可以有不同的生成树，每棵生成树都可以构成通信网络。现在希望能根据各边上的权值，选择一棵总造价最小的生成树，这就是最小生成树的问题。

对无向连通图的生成树，各边的权值总和称为**生成树的权**，权最小的生成树称为**最小生成树**(Minimum Spanning Tree，MST)或称**最小代价生成树**(Minimum-cost Spanning Tree)。

构造最小生成树的准则有：①必须只使用该网络中的边来构造最小生成树；②必须使用且仅使用 n-1 条边来连接网络中的 n 个顶点；③不能使用产生回路的边。

构造最小生成树的算法主要有 Kruskal 算法、Boruvka 算法和 Prim 算法，它们都遵守以上准则。此外，它们都采用了一种逐步求解的策略：假设一个连通无向网为 $G(V, E)$，顶点集合 V 中有 n 个顶点；最初先构造一个包括全部 n 个顶点和 0 条边的森林 $F = \{ T_0, T_1, \cdots, T_{n-1} \}$；以后每一步向 F 中加入一条边，它应当是一个顶点在 F 中的某一棵树 T_i 上，而另一个顶点不在 T_i 上的所有边中具有最小权值的边，由于边的加入，使 F 中的某两棵树合并为一棵；经过 n-1 步，最终得到一棵有 n-1 条边的、各边权值总和达到最小的生成树。

3.3 Kruskal 算法和 Boruvka 算法

3.3.1 Kruskal 算法思想

Kruskal 算法思想

Kruskal 算法的基本思想是以边为主导地位，始终都是选择当前可用的最小权值的边。

(1) 设一个有 n 个顶点的连通网络 $G(V, E)$，最初先构造一个只有 n 个顶点，没有边的非连通图 $T = \{ V, \varnothing \}$，图中每个顶点自成一个连通分量。

(2) 当在 E 中选择一条具有最小权值的边时，若该边的两个顶点落在不同的连通分量上，则将此边加入到 T 中；否则，即如果这条边的两个顶点落在同一个连通分量上，则将此边舍去(此后永不选用这条边)，重新选择一条权值最小的边。

(3) 如此重复下去，直到所有顶点位于同一个连通分量为止。

图 3.3(a)所示的无向网，其邻接矩阵如图 3.3(b)所示。利用 Kruskal 算法构造最小生成树的过程如图 3.3(c)所示，首先构造的是只有 7 个顶点，没有边的非连通图。剩下的过程如下(图 3.3(c)中的每条边旁边的序号跟以下序号是一致的)。

(1) 在边的集合 E 中选择权值最小的边，即(1, 6)，权值为 10。

(2) 在集合 E 剩下的边中选择权值最小的边，即(3, 4)，权值为 12。

(3) 在集合 E 剩下的边中选择权值最小的边，即(2, 7)，权值为 14。

(4) 在集合 E 剩下的边中选择权值最小的边，即(2, 3)，权值为 16。

(5) 在集合 E 剩下的边中选择权值最小的边，即(7, 4)，权值为 18，但这条边的两个顶点位于同一个连通分量，所以要舍去；继续选择一条权值最小的边，即(4, 5)，权值为 22。

(6) 在集合 E 剩下的边中选择权值最小的边，即(7, 5)，权值为 24，但这条边的两个顶点位于同一个连通分量，所以要舍去；继续选择一条权值最小的边，即(6, 5)，权值为 25。

至此，最小生成树构造完毕，最终构造的最小生成树如图 3.3(d)所示，生成树的权为 99。

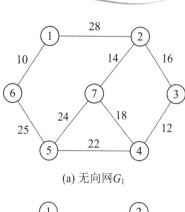

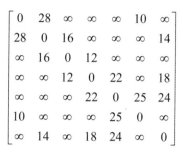

(a) 无向网 G_1 (b) 邻接矩阵

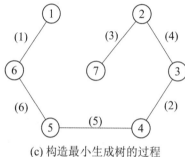

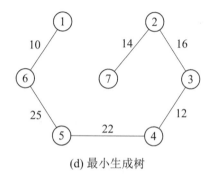

(c) 构造最小生成树的过程   (d) 最小生成树

图 3.3   Kruskal 算法的基本思想

Kruskal 算法的伪代码如下。

```
T=(V, φ);
while( T中所含边数 < n-1 )
{
    从 E 中选取当前权值最小的边(u, v);
    从 E 中删除边(u, v);
    if( 边(u, v)的两个顶点落在两个不同的连通分量上 )
        将边(u, v)并入 T 中;
}
```

Kruskal 算法在每选择一条边加入到生成树集合 T 时，有以下两个关键步骤。

(1) 从 E 中选择当前权值最小的边(u, v)，实现时可以用最小堆来存放 E 中所有的边；或者将所有边的信息(边的两个顶点、权值)存放到一个数组 edges 中，并将 edges 数组按边的权值从小到大进行排序，然后按先后顺序检查每条边。例 3.1 中采用的是后一种方法。

(2) 选择权值最小的边后，要判断两个顶点是否属于同一个连通分量。如果是，则舍去；如果不是，则选用，并将这两个顶点分别所在的连通分量合并成一个连通分量。在实现时可以使用并查集来判断两个顶点是否属于同一个连通分量，以及将两个连通分量合并成一个连通分量。3.3.2 节将详细地介绍并查集的原理及使用方法。

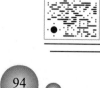

3.3.2 等价类与并查集

并查集(union-find set)是一种数据结构，主要用来解决判断两个元素是否同属一个集合，以及把两个集合合并成一个集合的问题。

"同属一个集合"的关系是一个等价关系，因为它满足**等价关系**(equivalent relation)的 3 个条件(或称为性质)。

(1) 自反性，如果 $X \equiv X$，则 $X \equiv X$。(假设用"$X \equiv Y$"表示"X 与 Y 同属一个集合"。)

(2) 对称性，如果 $X \equiv Y$，则 $Y \equiv X$。

(3) 传递性，如果 $X \equiv Y$，且 $Y \equiv Z$，则 $X \equiv Z$。

如果 $X \equiv Y$，则称 X 与 Y 是一个**等价对**(equivalence)。

等价类(equivalent class)。设 R 是集合 A 上的等价关系，对任何 $a \in A$，集合 $[a]_R = \{ x \mid x \in A$，且 $aRx \}$ 称为元素 a 形成的 R 等价类，其中，aRx 表示 a 与 x 等价。通俗地讲，所谓元素 a 的等价类，就是所有跟 a 等价的元素构成的集合。

下面举一个等价类的应用例子。设初始时有一集合 $S = \{ 1, 2, 3, 4, 5, 6, 7, 8, 9, 10, 11, 12 \}$，依次读入若干已知的等价对 $1 \equiv 5$，$4 \equiv 2$，$7 \equiv 11$，$9 \equiv 10$，$8 \equiv 5$，$7 \equiv 9$，$4 \equiv 6$，$3 \equiv 12$，$12 \equiv 1$，现在需要根据这些等价对将集合 S 划分成若干个等价类。

在每次读入一个等价对后，把等价类合并起来。初始时，各个元素自成一个等价类(用 { } 表示一个等价类)。在读入每一个等价对后，各等价类的变化依次如下。

初始：　　$\{ 1 \}$，$\{ 2 \}$，$\{ 3 \}$，$\{ 4 \}$，$\{ 5 \}$，$\{ 6 \}$，$\{ 7 \}$，$\{ 8 \}$，$\{ 9 \}$，$\{ 10 \}$，$\{ 11 \}$，$\{ 12 \}$。

$1 \equiv 5$：　$\{ 1, 5 \}$，$\{ 2 \}$，$\{ 3 \}$，$\{ 4 \}$，$\{ 6 \}$，$\{ 7 \}$，$\{ 8 \}$，$\{ 9 \}$，$\{ 10 \}$，$\{ 11 \}$，$\{ 12 \}$。

$4 \equiv 2$：　$\{ 1, 5 \}$，$\{ 2, 4 \}$，$\{ 3 \}$，$\{ 6 \}$，$\{ 7 \}$，$\{ 8 \}$，$\{ 9 \}$，$\{ 10 \}$，$\{ 11 \}$，$\{ 12 \}$。

$7 \equiv 11$：$\{ 1, 5 \}$，$\{ 2, 4 \}$，$\{ 3 \}$，$\{ 6 \}$，$\{ 7, 11 \}$，$\{ 8 \}$，$\{ 9 \}$，$\{ 10 \}$，$\{ 12 \}$。

$9 \equiv 10$：$\{ 1, 5 \}$，$\{ 2, 4 \}$，$\{ 3 \}$，$\{ 6 \}$，$\{ 7, 11 \}$，$\{ 8 \}$，$\{ 9, 10 \}$，$\{ 12 \}$。

$8 \equiv 5$：　$\{ 1, 5, 8 \}$，$\{ 2, 4 \}$，$\{ 3 \}$，$\{ 6 \}$，$\{ 7, 11 \}$，$\{ 9, 10 \}$，$\{ 12 \}$。

$7 \equiv 9$：　$\{ 1, 5, 8 \}$，$\{ 2, 4 \}$，$\{ 3 \}$，$\{ 6 \}$，$\{ 7, 9, 10, 11 \}$，$\{ 12 \}$。

$4 \equiv 6$：　$\{ 1, 5, 8 \}$，$\{ 2, 4, 6 \}$，$\{ 3 \}$，$\{ 7, 9, 10, 11 \}$，$\{ 12 \}$。

$3 \equiv 12$：$\{ 1, 5, 8 \}$，$\{ 2, 4, 6 \}$，$\{ 3, 12 \}$，$\{ 7, 9, 10, 11 \}$。

$12 \equiv 1$：$\{ 1, 3, 5, 8, 12 \}$，$\{ 2, 4, 6 \}$，$\{ 7, 9, 10, 11 \}$。

并查集处理这个问题的思想是：初始时把每一个对象看作是一个单元素集合；然后依次读入每个等价对，如果等价对的两个元素所在的集合不同，则合并这两个集合。在此过程中将重复地使用**查找**(find)运算，确定一个元素在哪一个集合中。当读入等价对 $A \equiv B$ 时，先检测 A 和 B 是否同属一个集合，如果是，则不合并；如果不是，则用**合并**(union)运算把 A、B 所在的集合合并，使得这两个集合中的任两个元素都是等价的(依据等价的传递性)。因此，并查集在处理时主要有**查找**和**合并**两个运算。

为了方便并查集的描述与实现，把先后加入到一个集合中的元素表示成树结构，并用根结点的序号代表这个集合。定义一个 parent 数组，parent[i] 的值就是结点 i 的父结点的序号。例如，如果 parent[4]=5，则 4 号结点的父亲是 5 号结点。约定，如果 parent[i] 是负数，则 i 就是它所在集合的根结点(因为没有哪个结点的序号是负的)，且负的绝对值就是该集合所含结点个数。例如，如果 parent[7]=-4，说明 7 号结点就是它所在集合的根结点，这个集合中有 4 个元素。初始时，所有结点的 parent[ ] 值为-1，说明每个结点都是根结点(n 个独立结点集合)，即每个结点自成一个集合，该集合只包含一个元素(就是自己)。

实现并查集数据结构主要有 3 个函数。代码如下。

```
void UFset( )      //初始化
{
    for( int i=0; i<n; i++ )  parent[i]=-1;
}
int Find( int x )      //查找并返回结点 x 所属集合的根结点
{
    int s;      //查找位置
    //一直查找到 parent[s]为负数(此时的 s 即为根结点)为止
    for( s=x; parent[s]>=0; s=parent[s] )  ;
    while( s!=x ){      //优化方案——压缩路径,使后续的查找操作加速
        int tmp=parent[x];  parent[x]=s;  x=tmp;
    }
    return s;
}
void Union( int R1, int R2 )  //R1 和 R2 是两个元素,属于不同的集合,合并这两个集合
{
    int r1=Find(R1),  r2=Find(R2);  //r1 为 R1 的根结点,r2 为 R2 的根结点
    int tmp=parent[r1]+parent[r2];  //两个集合结点个数之和(负数)
    //r2 所在树的结点个数>r1 所在树的结点个数,注意 parent[r1]和 parent[r2]都是负数
    if( parent[r1]>parent[r2] ){  //优化方案——加权法则
        parent[r1]=r2;          //将 r1 合并到 r2,即根结点 r1 所在的树作为 r2 的子树
        parent[r2]=tmp;          //更新根结点 r2 的 parent[ ]值
    }
    else{ parent[r2]=r1;  parent[r1]=tmp; }  //将 r2 合并到 r1
}
```

其中,**Find()** 函数通过一个循环就可以求得结点 x 所属集合的根结点。由于经过多次合并操作会有很多结点在树的比较深的层次中,再查找起来就会很费时。在 Find() 函数里可以通过**压缩路径**来加快后续的查找速度:增加一个 while 循环,把从结点 x 到根结点的路径上经过的每个结点直接设置为根结点的子女结点。虽然这增加了时间,但以后的查找会更快。如图 3.4 所示,假设从结点 x=6 开始压缩路径,则从结点 6 到根结点 1 的路径上有 3 个结点 6、10、8;压缩后,这 3 个结点都直接成为根结点的子女结点,如图 3.4(b)所示。

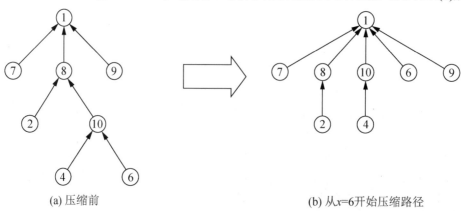

(a) 压缩前   (b) 从 x=6 开始压缩路径

图 3.4   并查集:Find()函数中的路径压缩

Union()函数的功能是合并两个集合。两个集合合并时，任一方可作为另一方的子孙。可采用加权合并，把两个集合中元素个数少的根结点作为元素个数多的根结点的子女结点。这样处理的优势是：可以减少树中的深层元素的个数，减少后续查找时间。例如，假设从 1 开始到 n，不断合并第 i 个结点与第 $i+1$ 个结点，采用加权合并思路的过程如图 3.5 所示(各子树根结点上方的数字为其 parent[ ]值)。这样查找任一结点所属集合的时间复杂度都是 $O(1)$。

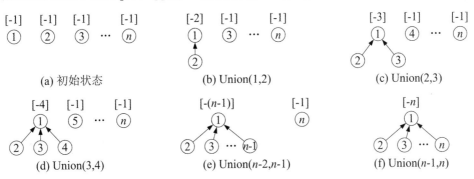

图 3.5　并查集：加权合并

不用加权规则可能会得到如图 3.6 所示的结果。这就是典型的退化树(每个非叶结点只有一个子结点)现象，再查找起来就会很费时，例如查找结点 n 的根结点的时间复杂度为 $O(n)$。

图 3.7 所示为用并查集实现前面的等价类应用例子，是完整的查找和合并过程。

图 3.6　并查集：合并时不加权的结果

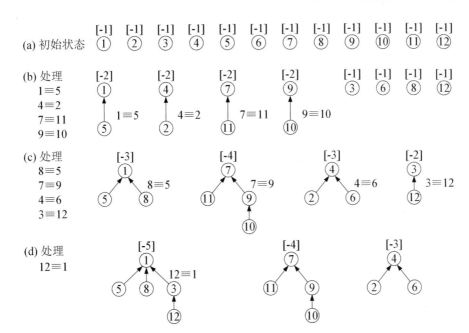

图 3.7　并查集：完整的查找合并过程

3.3.3 Kruskal 算法实现

Kruskal 算法
实现

本节首先以图 3.3(a)所示的无向网为例，解释 Kruskal 算法实现过程中并查集的初始化、路径压缩、合并等过程，如图 3.8 所示。

 (a) 初始状态

 (c) 选择以下边
(1,6)
(3,4)
(2,7)

 (d) 选择边(2,3)

 (e) 检查边(4,7)，这条边最终被弃用

 (f) 选择边(4,5)

(g) 先弃用边(5,7)，再选择边(5,6)

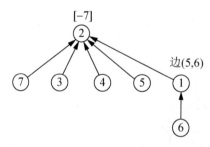

u	v	w
1	6	10
3	4	12
2	7	14
2	3	16
4	7	18
4	5	22
5	7	24
5	6	25
1	2	28

(b) 边的数组

图 3.8 Kruskal 算法的实现过程

在图 3.8(a)中，并查集的初始状态为各个顶点各自构成一个连通分量，每个顶点上方的数字表示其 parent[ ]元素值。

图 3.8(b)所示是 9 条边组成的数组，并且已经按照权值从小到大排好序了。在 Kruskal 算法执行过程中，从这个数组中依次选用每条边，如果某条边的两个顶点位于同一个连通分量上，则要舍去这条边，而且以后也不用再考虑这条边。

在图 3.8(c)中，依次选用(1, 6)、(3, 4)、(2, 7)这 3 条边后，合并 1 和 6 所在的连通分量，合并 3 和 4 所在的连通分量，合并 2 和 7 所在的连通分量。

在图 3.8(d)中，选用边(2, 3)后，要合并顶点 2 和顶点 3 分别所在的连通分量，合并的结果是顶点 3 成为顶点 2 所在子树中根结点(即顶点 2)的子女。

在图 3.8(e)中要特别注意，虽然检查边(4, 7)时，因为这两个顶点位于同一个连通分量上，这条边将会被弃用。但在查找顶点 4 的根结点时，会压缩路径，使得从顶点 4 到根结点的路径上的顶点都成为根结点的子女结点，这样有利于以后的查找。

在图 3.8(f)中，选用边(4, 5)后，要将顶点 5 合并到顶点 4 所在的连通分量上，合并的结果是顶点 5 成为顶点 4 所在子树中根结点(即顶点 2)的子女。

在图 3.8(g)中，首先弃用边(5, 7)，再选用边(5, 6)，要将顶点 6 所在的连通分量合并到顶点 5 所在的连通分量上，因为前一个连通分量的顶点个数较少。

至此，Kruskal 算法执行完毕，选用了 n-1 条边，连接 n 个顶点。

例 3.1　用 Kruskal 算法求无向网的最小生成树。

输入描述：

输入文件包含多个测试数据。每个测试数据的第 1 行是顶点个数 n 和边数 m。然后是 m 行，每行是一条边的数据，格式为 $u\ v\ w$，分别表示这条边的两个顶点及边的权值，顶点序号从 1 开始计起。测试数据一直到文件尾。样例数据描绘的无向网如图 3.3(a)所示。

例 3.1

输出描述：

对每个测试数据，输出依次选用的各条边及最小生成树的权，格式如样例输出所示。

样例输入：	样例输出：
7 9	1 6 10
1 2 28	3 4 12
1 6 10	2 7 14
2 3 16	2 3 16
2 7 14	4 5 22
3 4 12	5 6 25
4 5 22	weight of MST is 99
4 7 18	
5 6 25	
5 7 24	

分析：在 Kruskal 算法里，无须用邻接矩阵或邻接表存储图，只需把各边存到一个数组里即可，另外在输出时，要输出构成生成树的边，因此本题在程序实现时遵从顶点序号从 1 开始计起。在下面的代码中，首先读入边的信息，存放到数组 edges 中，并按权值从

小到大进行排序。Kruskal()函数实现了 Kruskal 算法：首先初始化并查集，然后从 edges 数组中依次检查每条边，如果这条边的两个顶点位于同一个连通分量，则要弃用这条边，否则选用这条边，然后合并这两个顶点所在的连通分量。代码如下。

```c
#define MAXN 50        //顶点个数的最大值
#define MAXM 200       //边个数的最大值
struct edge {          //边
    int u, v, w;       //边的顶点、权值
}edges[MAXM];          //边的数组
int parent[MAXN];      //parent[i]为结点 i 的父结点的序号
int i, j, n, m;        //n 为顶点个数; m 为边的个数
void UFset( )          //初始化
{
    for( i=1; i<=n; i++ )  parent[i]=-1;
}
int Find( int x )      //查找并返回结点 x 所属集合的根结点
{
    int s;             //查找位置
    for( s=x; parent[s]>=0; s=parent[s] )    ;
    while( s!=x ){ int tmp=parent[x];  parent[x]=s;  x=tmp; }
    return s;
}
void Union( int R1, int R2 ) //通过 R1 和 R2 将它们所属的集合合并
{
    int r1=Find(R1),  r2=Find(R2);      //r1 为 R1 的根结点, r2 为 R2 的根结点
    int tmp=parent[r1]+parent[r2];      //两个集合结点个数之和(负数)
    if( parent[r1]>parent[r2] ){ parent[r1]=r2;  parent[r2]=tmp; }
    else{ parent[r2]=r1;  parent[r1]=tmp; }
}
int cmp( const void *a, const void *b )  //实现按权值从小到大排序的比较函数
{
    edge aa=*(const edge *)a;  edge bb=*(const edge *)b;
    return aa.w - bb.w;
}
void Kruskal( )
{
    int sumweight=0, num=0; //sumweight 为生成树的权值,num 为已选用的边的数目
    int u, v;               //每条边的两个顶点
    UFset( );               //初始化 parent 数组
    for( i=0; i<m; i++ ){
        u=edges[i].u;  v=edges[i].v;
        if( Find(u) != Find(v) ){
            printf( "%d %d %d\n", u, v, edges[i].w );
            sumweight+=edges[i].w;  num++;  Union( u, v );
        }
        if( num>=n-1 )  break;
    }
```

```
        printf( "weight of MST is %d\n", sumweight );
}
int main( )
{
    int u, v, w;                      //边的起点和终点及权值
    while( scanf( "%d%d", &n, &m )!=EOF ){
        for( int i=0; i<m; i++ ){
            scanf( "%d%d%d", &u, &v, &w );       //读入边的起点和终点
            edges[i].u=u;  edges[i].v=v;  edges[i].w=w;
        }
        qsort( edges, m, sizeof(edges[0]), cmp );//对边按权值从小到大排序
        Kruskal( );
    }
    return 0;
}
```

3.3.4　关于 Kruskal 算法的进一步讨论

关于 Kruskal 算法的进一步讨论

1. Kruskal 算法的时间复杂度分析

在例 3.1 的代码中，执行 Kruskal()函数前进行了一次排序操作，时间代价为 $O(m\log_2 m)$；在 Kruskal()函数中，最多需要进行 m 次循环，共调用 $2m$ 次 Find()函数，n-1 次 Union 函数()，其时间代价分别为 $O(2m\log_2 n)$ 和 $O(n)$。所以 Kruskal 算法的时间复杂度为 $O(m\log_2 m + 2m\log_2 n + n)$。因此，Kruskal 算法的时间复杂度主要取决于边的数目，比较适合于稀疏图。

2. Kruskal 算法适用于包含平行边的无向连通图

从例 3.1 可以看出，Kruskal 算法不需要严格用邻接矩阵来存储图，只需简单地用一个数组把所有边的信息存储起来。如果无向连通图中包含平行边，即两个顶点之间多于 1 条边，Kruskal 算法同样适用。

3.3.5　Boruvka 算法

Boruvka 算法

Boruvka 算法是最古老的一个 MST 算法，其思想类似于 Kruskal 算法思想。Boruvka 算法可以分为两步：第 1 步，对图中各顶点，将与其关联、具有最小权值的边选入 MST，得到的是由 MST 子树构成的森林；第 2 步，在图中继续选择可以连接两棵不同子树且具有最小权值的边，将子树合并，最终构造 MST。

例如，对图 3.3(a)所示的无向连通图，与顶点 1 关联的、权值最小的边为(1, 6)，将其选入 MST，与顶点 6 关联的、权值最小的边也为(1, 6)，这条边将顶点 1 和 6 连接成 MST 中的第 1 棵子树；按照类似的方法，得到另外两棵子树：顶点 2 和 7 组成的第 2 棵子树，顶点 3、4、5 组成第 3 棵子树，如图 3.9(a)所示。这是第 1 步。

第 2 步，选择边(2, 3)将第 2、3 棵子树合并，以及选择边(5, 6)再将第 1 棵子树合并进来，至此 MST 构造完毕，如图 3.9(b)所示。

Boruvka 算法在实现时也需要使用并查集,读者可以在理解 Boruvka 算法思想的基础上用 Boruvka 算法实现例 3.1。

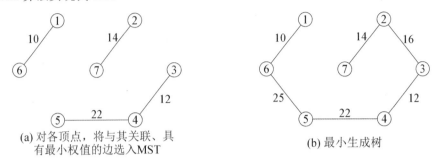

(a) 对各顶点,将与其关联、具
有最小权值的边选入MST

(b) 最小生成树

图 3.9 Boruvka 算法的实现过程

Boruvka 算法的复杂度分析。Boruvka 算法的手工演算比 Kruskal 算法要快一些,但在用程序实现时,其时间复杂度并不比 Kruskal 算法低。第 1 步,对所有边按权值从小到大排序,依次扫描每条边(u, v),如果 u 和 v 都已经连边,则舍弃(u, v),否则将(u, v)选入 MST,其时间复杂度为 $O(m\log_2 m + m)$,这一步至少会连 $n/2$ 条边(n 为偶数)或 $n/2+1$ 边(n 为奇数)。第 2 步,最多还要从剩余边中选 $n/2-1$ 条边,其时间复杂度为 $O((2m-n)\log_2 n + n/2)$(省略了一些常数项)。因此,总的时间复杂度为 $O(m\log_2 m + 2m\log_2 n - n\log_2 n + m + n/2)$。

3.3.6 例题解析

例 3.2

例 3.2 剑鱼行动(Swordfish),ZOJ1203。

题目描述:

给定平面上 N 个城市的位置,计算连接这 N 个城市所需线路长度总和的最小值。

输入描述:

输入文件包含多个测试数据。每个测试数据的第 1 行为正整数 N($0 \leqslant N \leqslant$ 100),代表需要连接的城市数目。接下来有 N 行,每行为两个实数 X 和 Y($-10\,000 \leqslant X, Y \leqslant$ 10\,000),表示每个城市的 X 坐标和 Y 坐标。输入文件的最后一行为 "0",代表输入结束。

输出描述:

对每个测试数据,计算连接所有城市所需线路长度总和的最小值。每对城市之间的线路为连接这两个城市的直线。输出格式为:第 1 行为 "Case #n:",其中 n 为测试数据的序号,序号从 1 开始计起;第 2 行为 "The minimal distance is: d",其中 d 为求得的最小值,精确到小数点后两位有效数字。每两个测试数据的输出之间输出一个空行。

样例输入:

```
5
0 0
0 1
1 1
1 0
0.5 0.5
0
```

样例输出:

```
Case #1:
The minimal distance is: 2.83
```

分析： 在本题中，任意两个顶点之间都有边连通，权值为这两个顶点之间的距离。将所有边求出并存储到边的数组 edges 里后，按照 Kruskal 算法求解即可。代码如下。

```
#define MAXN 100      //顶点个数的最大值
#define MAXM 5000     //边个数的最大值
struct edge {         //边
    int u, v;         //边的顶点
    double w;         //权值(两个点之间的距离)
}edges[MAXM];         //边的数组
int parent[MAXN];     //parent[i]为结点 i 的父结点的序号
int i, j, N, m;                //N 为顶点个数，m 为边的个数
double X[MAXN], Y[MAXN];     //每个顶点的 X 坐标和 Y 坐标
double sumweight;              //生成树的权值
void UFset( )                 //初始化
{
    for( i=0; i<N; i++ )  parent[i]=-1;
}
int Find( int x )     //查找并返回结点 x 所属集合的根结点
{
    int s;            //查找位置
    for( s=x; parent[s]>=0; s=parent[s] )  ;
    while( s!=x ){ int tmp=parent[x]; parent[x]=s; x=tmp; }
    return s;
}
void Union( int R1, int R2 )   //通过 R1 和 R2 将它们所属的集合合并
{
    int r1=Find(R1), r2=Find(R2);    //r1 为 R1 的根结点，r2 为 R2 的根结点
    int tmp=parent[r1]+parent[r2];    //两个集合结点个数之和(负数)
    if( parent[r1]>parent[r2] ){ parent[r1]=r2; parent[r2]=tmp; }
    else{ parent[r2]=r1; parent[r1]=tmp; }
}
int cmp( const void *a, const void *b )    //实现从小到大排序的比较函数
{
    edge aa=*(const edge *)a;  edge bb=*(const edge *)b;
    return (aa.w>bb.w) ? 1 : -1;
}
void Kruskal( )
{
    int num=0, u, v;    //num 为已选用的边的数目，u,v 为选用边的两个顶点
    UFset( );           //初始化 parent 数组
    for( i=0; i<m; i++ ){
        u=edges[i].u;  v=edges[i].v;
        if( Find(u)!=Find(v) ){
            sumweight+=edges[i].w;  num++;  Union( u, v );
        }
        if( num>=N-1 )  break;
    }
```

```
}
int main( )
{
    int kase=1;  double d;  //d 为两个点之间的距离
    while( 1 ){
        scanf( "%d", &N );      //读入顶点个数 N
        if( N==0 )  break;
        for( i=0; i<N; i++ )  scanf( "%lf%lf", &X[i], &Y[i] );
        int mi=0;     //边的序号
        for( i=0; i<N; i++ ){
            for( j=i+1; j<N; j++ ){
                d=sqrt( (X[i]-X[j])*(X[i]-X[j])+(Y[i]-Y[j])*(Y[i]-Y[j]) );
                edges[mi].u=i;  edges[mi].v=j;  edges[mi].w=d;  mi++;
            }
        }
        m=mi;  sumweight=0.0;
        qsort(edges,m,sizeof(edges[0]),cmp);//对边按权值从小到大的顺序进行排序
        Kruskal( );
        if( kase>1 )  printf( "\n" );
        printf( "Case #%d:\n", kase );
        printf( "The minimal distance is: %0.2f\n", sumweight );
        kase++;
    }
    return 0;
}
```

例3.3

例 3.3 网络(Network)，ZOJ1542，POJ1861。

题目描述：

Andrew 计划搭建一个新的网络。在新的网络中，有 N 个集线器，每个集线器必须能通过网线连接其他集线器(可以通过其他中间集线器来连接)。由于长度越短的网线越便宜，因此设计方案必须确保最长的单根网线的长度在所有方案中是最小的。已知集线器之间的 M 对连接。请设计一个网络，连接所有的集线器并满足前面的条件。

输入描述：

输入文件包含多个测试数据。每个测试数据的第 1 行为整数 N 和 M，N 表示网络中集线器的数目($2 \leqslant N \leqslant 1\,000$)，集线器的编号从 $1 \sim N$；M 表示集线器之间连接的数目($1 \leqslant M \leqslant 15\,000$)；接下来 M 行描述了 M 对连接的信息，每对连接的格式为：所连接的两个集线器的编号，连接这两个集线器所需网线的长度(不超过 10^6 的正整数)。两个集线器之间至多有一对连接，集线器不能与自己连接。测试数据保证网络是连通的。测试数据一直到文件尾。

输出描述：

对每个测试数据，首先输出连接方案中最长的单根网线的长度(必须使得这个值取到最小)；然后输出设计方案，先输出一个整数 P，代表所使用的网线数目；再输出 P 对顶点，表示每根网线所连接的集线器编号，整数之间用空格或换行符隔开。

样例输入：
```
5 8
1 2 5
1 4 2
1 5 1
2 3 6
2 4 3
3 4 5
3 5 4
4 5 6
```

样例输出：
```
4
4
1 5
1 4
2 4
3 5
```

分析： 本题虽然没有直接要求求解生成树，但连接 N 个集线器的方案中如果有多于 N–1 条边，那么必然存在回路，因此可以去掉某些边，使得剩下的边及所有顶点构成一个生成树，仍然可以连接这 N 个集线器。另外，可以证明，对于一个图的最小生成树来说，它的最大边满足在所有生成树的最大边里最小。因此本题实际上就是求最小生成树，并要求输出长度最长的边等信息。另外，本题中集线器的序号是从 1 开始计起的，因此下面的代码不使用 parent 数组第 0 个元素，使用第 1～N 个元素。代码如下。

```
#define MAXN 1001        //顶点个数的最大值
#define MAXM 15001       //边个数的最大值
struct edge {            //边
    int u, v, w;         //边的顶点、权值
}edges[MAXM];            //边的数组
int parent[MAXN];        //parent[i]为结点 i 的父结点的序号
int ans[MAXN], ai;       //ans 存储依次选用的边的序号，ai 为数组 ans 的下标
int i, j, N, M;          //集线器个数 N、边的个数 M
int num, maxedge;        //选用边的数目，及最长的单根网线的长度
void UFset( )            //初始化
{
    for( i=1; i<=N; i++ )  parent[i]=-1;
}
int Find( int x )        //查找并返回结点 x 所属集合的根结点
{
    int s;               //查找位置
    for( s=x; parent[s]>=0; s=parent[s] )  ;
    while( s!=x ){ int tmp=parent[x]; parent[x]=s; x=tmp; }
    return s;
}
void Union( int R1, int R2 ) //通过 R1 和 R2 将它们所属的集合合并
{
    int r1=Find(R1), r2=Find(R2);    //r1 为 R1 的根结点，r2 为 R2 的根结点
    int tmp=parent[r1]+parent[r2];   //两个集合结点个数之和(负数)
    if( parent[r1]>parent[r2] ){ parent[r1]=r2; parent[r2]=tmp; }
    else{ parent[r2]=r1; parent[r1]=tmp; }
```

```
}
int cmp( const void *a, const void *b )      //实现从小到大排序的比较函数
{
    edge aa=*(const edge *)a;  edge bb=*(const edge *)b;
    return aa.w-bb.w;
}
void Kruskal( )
{
    ai=0;
    int u, v;      //选用边的两个顶点
    UFset( );      //初始化 parent 数组
    for( i=0; i<M; i++ ){
        u=edges[i].u;  v=edges[i].v;
        if( Find(u) != Find(v) ){
            ans[ai]=i;  ai++;
            if( edges[i].w > maxedge )  maxedge=edges[i].w;
            num++;  Union( u, v );
        }
        if( num>=N-1 )  break;
    }
}
int main( )
{
    int i;
    while( scanf( "%d%d", &N, &M )!=EOF ){
        for( i=0; i<M; i++ )
            scanf( "%d%d%d", &edges[i].u, &edges[i].v, &edges[i].w );
        qsort(edges,M,sizeof(edges[0]),cmp);//对边按权值从小到大的顺序进行排序
        maxedge=0; num=0; Kruskal( );
        printf( "%d\n", maxedge );  printf( "%d\n", num );
        for( i=0; i<num; i++ )
            printf( "%d %d\n", edges[ans[i]].u, edges[ans[i]].v );
    }
    return 0;
}
```

练 习

3.1 丛林中的道路(Jungle Roads)，ZOJ1406，POJ1251。

题目描述:

已知村子之间的道路网络(村子用字母表示)，以及每条道路的维护费用，要保证村子之间都有道路相连，求维护这些道路的最小费用。例如，对图 3.10(a)所示的地图，图 3.10(b)为求得的需要维护的道路，这些道路可以连接所有村庄，并且总的费用是最少的，为 216。

输入描述:

输入文件包含 1～100 个测试数据，最后一行为"0"，表示输入结束。每个测试数据的

第 1 行为整数 n (1<n<27)，表示村子的个数，这 n 个村子用字母表前 n 个大写字母表示。接下来是 n-1 行数据，每行数据代表一个村子，每行中的第 1 个数据是代表这个村子的字母(这 n-1 行数据按这个字母的顺序排列)，第 2 个数据是整数 k，表示该村子与字母靠后的村子相连的道路有 k 条，如果 k 大于 0，接下来是 k 条道路的信息，每条道路的信息首先是道路另一端村子的标识字母，然后是这条道路的维护费用(为小于 100 的整数)，该行所有数据之间用空格隔开。道路网络是连通的，道路网络中不会超过 75 条道路，与每个村子相连的道路不会超过 15 条。

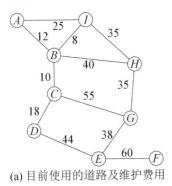
(a) 目前使用的道路及维护费用

(b) 需要维护的道路且总费用最小

图 3.10　丛林中的道路

输出描述：

对每个测试数据，输出道路网络的最小维护费用。

样例输入：
```
9
A 2 B 12 I 25
B 3 C 10 H 40 I 8
C 2 D 18 G 55
D 1 E 44
E 2 F 60 G 38
F 0
G 1 H 35
H 1 I 35
0
```

样例输出：
```
216
```

3.2　网络设计(Networking)，ZOJ1372，POJ1287。

题目描述：

给定一些地点，以及这些地点之间可以用网线连接的线路。对每条线路，给定了连接这两个地点所需网线的长度。注意，两个地点之间的线路可能有多条。假定，给定的线路可以(直接或间接地)连接该地区中的所有地点。试设计一个网络系统，使得所有地点都可以(直接或间接地)连接，并且使用的网线长度最短。

输入描述:

输入文件包含多个测试数据。每个测试数据的第 1 行为整数 P 和 R,P 表示给定的地点数目,R 表示这些地点间的路线数目。接下来 R 行描述了这些线路,每条线路由 3 个整数来描述,前两个整数标明了连线的地点,第 3 个整数表示线路的长度,这 3 个整数用空格隔开。如果 $P=0$,则代表输入结束。测试数据中,地点数目≤50,线路长度≤100。地点用 $1\sim P$ 之间的整数标明,地点 i 和地点 j 之间的线路在输入数据中表示成 $i\,j$ 或 $j\,i$。

输出描述:

对每个测试数据,输出一行,为搭建该网络所需网线长度的最小值。

样例输入:	样例输出:
5 7	26
1 2 5	
2 3 7	
2 4 8	
4 5 11	
3 5 10	
1 5 6	
4 2 12	
0	

3.3 修建空间站(Building a Space Station),ZOJ1718,POJ2031。

题目描述:

空间站由许多单元组成,这些单元被称为单间。所有的单间都是球形的,且大小不必一致。在空间站成功地进入轨道后,每个单间被固定在预定的位置。很奇怪的是,两个单间可以接触,甚至可以重叠,在极端的情形,一个单间甚至可以完全包含另一个单间。

所有的单间都必须连接,因为宇航员可以从一个单间走到另一个单间。在以下情形,宇航员可以从单间 A 走到单间 B:①A 和 B 接触;②A 和 B 相互重叠;③A 和 B 用一个走廊连接,即存在单间 C,使得可以从 A 走到 C,也可以从 B 走到 C。

修建走廊的费用正比于它的长度。要求设计一个方案,安排哪些单间需要用走廊连接,且使得走廊的总长度最短。走廊的宽度可以忽略。走廊修建在两个单间的表面,可以修建成任意长,但当然需要选择最短的长度。即使两个走廊 A 到 B 和 C 到 D 在空间中交叉,它们也不会在 A 和 C 之间形成一个连接。换句话说,可以假设任意两条走廊都不交叉。

输入描述:

输入文件包含多个测试数据。每个测试数据的第 1 行为整数 n,表示单间的数目,n 不超过 100。接下来 n 行描述了这些单间,每行为 4 个数,前 3 个数为该单间中心的空间坐标,第 4 个数为单间的半径;每个数精确到小数点后 3 位有效数字,这 4 个数用空格隔开,这些数都为正数,且小于 100。输入文件的最后一行为"0",表示输入结束。

输出描述:

对每个测试数据,输出一行,为走廊总长度的最小值,精确到小数点后 3 位有效数字。误差不超过 0.001。注意,如果不需要修建走廊,也就是说,不需要走廊这些单间也是连接的,在这种情形下,走廊的总长度为 0.000。

样例输入：

```
5
5.729 15.143 3.996 25.837
6.013 14.372 4.818 10.671
80.115 63.292 84.477 15.120
64.095 80.924 70.029 14.881
39.472 85.116 71.369 5.553
0
```

样例输出：

```
73.834
```

3.4　修路(Constructing Roads)，POJ2421。

题目描述：

有 N 个村庄，编号从 1 到 N。现需要在这 N 个村庄之间修路，使得任何两个村庄之间都可以连通。称 A、B 两个村庄是连通的，当且仅当 A 与 B 有路直接连接，或者存在村庄 C，使得 A 和 C 有路直接连接，且 C 和 B 也是连通的。已知某些村庄之间已经有路直接连接了，试修建一些路使得所有村庄都是连通的、且修路总长度最短。

输入描述：

测试数据的第 1 行为正整数 N (3≤N≤100)，表示村庄的个数。接下来是 N 行，第 i 行有 N 个整数，其中第 j 个整数表示村庄 i 和村庄 j 之间的距离(为[1, 1000]范围内的整数)。接下来是一个整数 Q (0≤Q≤$N(N + 1)/2$)。然后是 Q 行，每行包含了两个整数 a 和 b (1≤a≤b≤N)，表示 a、b 两个村庄已经有路相通了。测试数据一直到文件尾。

输出描述：

输出一个整数，为修路的总长度，所修的路使得所有村庄都连通且总长度最短。

样例输入：

```
3
0 990 692
990 0 179
692 179 0
1
1 2
```

样例输出：

```
179
```

3.4　Prim 算法

3.4.1　Prim 算法思想

Prim 算法的基本思想是以顶点为主导地位：从起始顶点出发，通过选择当前可用的最小权值边依次把其他顶点加入到生成树当中来。

设连通无向网为 $G(V, E)$，在 Prim 算法中，将顶点集合 V 分成两个子集合：T，当前生成树顶点集合；T'，不属于当前生成树的顶点集合。很显然有，$T \cup T' = V$。

Prim 算法思想

Prim 算法的具体过程如下。

(1) 从连通无向网 G 中选择一个起始顶点 u_0，首先将它加入到集合 T 中；然后选择与 u_0 关联的、具有最小权值的边 (u_0, v)，将顶点 v 加入到顶点集合 T 中。

(2) 以后每一步从一个顶点(设为 u)在 T 中，而另一个顶点(设为 v)在 T' 中的各条边中选择权值最小的边 (u, v)，把顶点 v 加入到集合 T 中。如此继续，直到网络中的所有顶点都加入到生成树顶点集合 T 中为止。

接下来以图 3.11(a)所示的无向网为例解释 Prim 算法的执行过程。该无向网的邻接矩阵如图 3.11(b)所示。利用 Prim 算法构造最小生成树的过程如图 3.11(c)所示。初始时集合 T 为空，首先把起始顶点 1 加入到集合 T 中，然后按以下步骤把每个顶点加入到集合 T 中(图 3.11(c)所示的每条边旁边的序号跟下面的序号是一致的)。

(1) 集合 T 中现在只有 1 个顶点，即顶点 1，一个顶点在 T，另一个顶点在 T' 的所有边中，权值最小的边为 $(1, 6)$，权值为 10，通过它把顶点 6 加入到集合 T 中。

(2) 集合 T 中现在有 2 个顶点，即顶点 1、6，一个顶点在 T，另一个顶点在 T' 的所有边中，权值最小的边为 $(6, 5)$，权值为 25，通过它把顶点 5 加入到集合 T 中。

(3) 集合 T 中现在有 3 个顶点，即顶点 1、6、5，一个顶点在 T，另一个顶点在 T' 的所有边中，权值最小的边为 $(5, 4)$，权值为 22，通过它把顶点 4 加入到集合 T 中。

(4) 集合 T 中现在有 4 个顶点，即顶点 1、6、5、4，一个顶点在 T，另一个顶点在 T' 的所有边中，权值最小的边为 $(4, 3)$，权值为 12，通过它把顶点 3 加入到集合 T 中。

(5) 集合 T 中现在有 5 个顶点，即顶点 1、6、5、4、3，一个顶点在 T，另一个顶点在 T' 的所有边中，权值最小的边为 $(3, 2)$，权值为 16，通过它把顶点 2 加入到集合 T 中。

(6) 集合 T 中现在有 6 个顶点，即顶点 1、6、5、4、3、2，一个顶点在 T，另一个顶点在 T' 的所有边中，权值最小的边为 $(2, 7)$，权值为 14，通过它把顶点 7 加入到集合 T 中。

至此，所有顶点都已经加入到集合 T 中，最小生成树构造完毕，最终构造的最小生成树如图 3.11(d)所示，生成树的权值为 99。

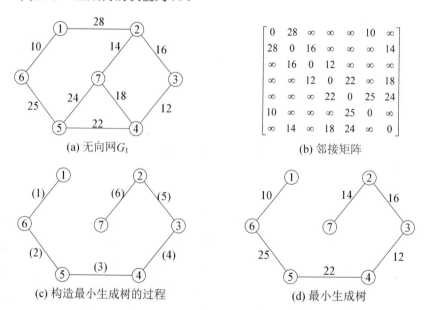

(a) 无向网 G_1　　　　　　　　(b) 邻接矩阵

(c) 构造最小生成树的过程　　　　(d) 最小生成树

图 3.11　Prim 算法的基本思想

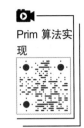

3.4.2　Prim 算法实现

假设采用邻接矩阵来存储图。在 Prim 算法运算过程当中，需要知道以下两类信息：集合 T' 内各顶点距离 T 内各顶点权值最小的边的权值；集合 T' 内各顶点距离 T 内哪个顶点最近(即边的权值最小)。为了存储和表示这两类信息，必须定义两个辅助数组。

(1) lowcost[ ]：存放顶点集合 T' 内各顶点到顶点集合 T 内各顶点权值最小的边的权值。

(2) nearvex[ ]：记录顶点集合 T' 内各顶点距离顶点集合 T 内哪个顶点最近；当 nearvex[i] 为-1 时，表示顶点 i 属于集合 T。

注意：lowcost 数组和 nearvex 数组可以合二为一，详见 3.4.3 节中的讨论。

以图 3.11(a)所示的无向网为例，如果选择的起始顶点为顶点 1，lowcost 和 nearvex 这 2 个辅助数组的初始状态如下。

lowcost	1	2	3	4	5	6	7
	0	28	∞	∞	∞	10	∞

nearvex	1	2	3	4	5	6	7
	-1	1	1	1	1	1	1

这是因为生成树顶点集合 T 内最初只有一个顶点，即顶点 1，因此在 nearvex 数组中，只有表示顶点 1 的数组元素 nearvex[1]=-1，其他元素值都是 1，表示集合 T' 内各顶点距离集合 T 内最近的顶点是顶点 1；而 lowcost 数组的初始值就是邻接矩阵中顶点 1 所在的行。

图 3.12 描述了在求图 3.11(a)所示的无向网的最小生成树过程中 lowcost 数组和 nearvex 数组各元素值的变化。

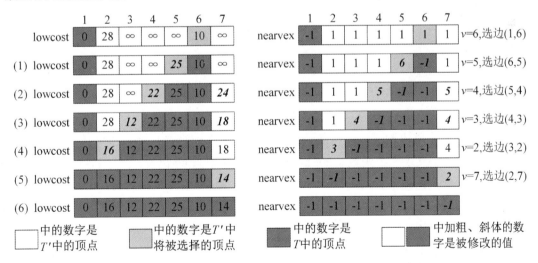

图 3.12　Prim 算法执行过程中 lowcost 数组和 nearvex 数组的变化

在 prim 算法里要重复做以下工作。

(1) 在 lowcost 数组中选择 nearvex[i] !=-1 且 lowcost[i]最小的顶点，用 v 标记它。则选中的权值最小的边为(nearvex[v], v)，相应的权值为 lowcost[v]。例如，在图 3.12 中，第 1 次选中的 v=6，则边(1, 6)是选中的权值最小的边，相应的权值为 lowcost[6]=10。

(2) 将 nearvex[v]改为-1，表示它已经加入生成树顶点的集合 T，边(nearvex[v], v, lowcost[v])是构成生成树的边。

(3) 更新 lowcost[ ]。注意，原来顶点 v 不属于生成树顶点集合，现在 v 加入进来，则顶点集合 T'内的各顶点(设为顶点 j)到顶点集合 T 内的权值最小的边的权值要更新为 lowcost[j]=min{ lowcost[j], Edge[v][j] }，即把顶点 j 到 v 的距离(Edge[v][j])与原来它到集合 T 中顶点的最短距离(lowcost[j])做比较，取距离近的，作为顶点 j 到 T 内顶点的最短距离。

(4) 更新 nearvex[ ]。如果 T'内顶点 j 到顶点 v 的距离比原来它到顶点集合 T 中顶点的最短距离还要近，则更新 nearvex[j]为 v；表示顶点 j 当前到 T 内顶点 v 的距离最近。

例 3.4 用 Prim 算法求无向网的最小生成树。

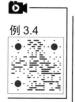
例 3.4

输入描述：

输入文件包含多个测试数据。每个测试数据的第 1 行是顶点个数 n 和边数 m。然后是 m 行，每行是一条边的数据，每条边的格式为 $u\,v\,w$，分别表示这条边的两个顶点及边上的权值，顶点序号从 1 开始计起。测试数据一直到文件尾。样例数据描绘的无向网如图 3.11(a)所示。

输出描述：

对每个测试数据，输出依次选用的各条边及最小生成树的权，格式如样例输出所示。

样例输入：

```
7 9
1 2 28
1 6 10
2 3 16
2 7 14
3 4 12
4 5 22
4 7 18
5 6 25
5 7 24
```

样例输出：

```
1 6 10
6 5 25
5 4 22
4 3 12
3 2 16
2 7 14
weight of MST is 99
```

分析： 本题要输出构成生成树的边，因此在程序实现时遵从顶点序号从 1 开始计起。下面的代码中，定义了一个函数 prim(int u0)，实现从顶点 u0 出发，执行 Prim 算法求解最小生成树，而在主函数中调用函数 prim(1)，即从顶点 1 构造最小生成树。

在下面的代码中，对 prim 算法中每扩展一个顶点时所要进行的 4 个步骤分别用方框标明了，从中可以看出，prim 算法的思路是很清晰的。代码如下。

```
#define INF 1000000        //无穷大
#define MAXN 21            //顶点个数最大值
int n, m, Edge[MAXN][MAXN]; //顶点个数、边数、邻接矩阵
int lowcost[MAXN], nearvex[MAXN];  //两个辅助数组
void prim( int u0 )        //从顶点 u0 出发执行 Prim 算法
{
    int i, j, sumweight=0;  //sumweight 为生成树的权值
```

```
        for( i=1; i<=n; i++ ){      //初始化 lowcost 数组和 nearvex 数组
            lowcost[i]=Edge[u0][i];  nearvex[i]=u0;
        }
        nearvex[u0]=-1;
        for( i=1; i<n; i++ ){
            int min=INF, v=-1;                                      //(1)
            //在 lowcost 数组的 nearvex[ ]值为-1 的元素中找最小值
            for( j=1; j<=n; j++ ){
                if( nearvex[j]!=-1 && lowcost[j]<min )
                { v=j;  min=lowcost[j]; }
            }
            if( v!=-1 ){     //v==-1, 表示没找到权值最小的边
                printf( "%d %d %d\n", nearvex[v], v, lowcost[v] );
                nearvex[v]=-1;                                      //(2)
                sumweight+=lowcost[v];
                for( j=1; j<=n; j++ ){                              //(3)(4)
                    if( nearvex[j]!=-1 && Edge[v][j]<lowcost[j] ){
                        lowcost[j]=Edge[v][j];  nearvex[j]=v;
                    }
                }
            }//end of if
        }//end of for
        printf( "weight of MST is %d\n", sumweight );
    }
    int main( )
    {
        int i, j, u, v, w;              //u,v,w 为边的起点和终点及权值
        while( scanf( "%d%d", &n, &m )!=EOF ){   //读入顶点个数 n 和边数 m
            memset( Edge, 0, sizeof(Edge) );
            for( i=1; i<=m; i++ ){
                scanf( "%d%d%d", &u, &v, &w ); //读入边的起点和终点
                Edge[u][v]=Edge[v][u]=w;          //构造邻接矩阵
            }
            for( i=1; i<=n; i++ ){          //对邻接矩阵中其他元素值进行赋值
                for( j=1; j<=n; j++ ){
                    if( i==j )  Edge[i][j]=0;
                    else if( Edge[i][j]==0 )  Edge[i][j]=INF;
                }
            }
            prim( 1 );    //从顶点 1 出发构造最小生成树
        }
        return 0;
    }
```

3.4.3　关于 Prim 算法的进一步讨论

关于 Prim 算
法的进一步
讨论

1. 关于 lowcost 数组和 nearvex 数组的讨论

在 Prim 算法中，如果不需要输出构成生成树的边，只需要计算最小生成树的权，那么就不需要记录集合 T' 内各顶点距离 T 内哪个顶点最近，这样可以将 lowcost 数组和 nearvex 数组合二为一，从而省略了 nearvex 数组。而 lowcost 数组的含义为：如果 lowcost[i] 的值为-1，表示顶点 i 已经属于集合 T；否则 lowcost[i] 的值表示集合 T' 内顶点 i 距离 T 内各顶点权值最小的边的权值。这种思想的应用详见例 3.5、例 3.6。

2. Prim 算法的时间复杂度分析

Prim 算法的时间复杂度为 $O(n^2)$，n 为图中顶点数目。Prim 算法的时间复杂度只与图中顶点的个数有关，与边的数目无关，因此该算法适合于稠密图。

3. Prim 算法、Kruskal 算法和 Boruvka 算法的对比分析

本章所介绍的 3 个 MST 算法都是从由单个顶点构成的子树(子树中没有边)所组成的森林作为 MST 的开始，并陆续选择一条连接森林中两棵子树的最小权值边将这两棵子树合并，并最终构造一棵完整的 MST 树。这 3 个算法的区别在于：Prim 算法选择的是连接当前 MST 和剩下的单个顶点之间的最小权值边，从而将该顶点合并到 MST 中；而 Kruskal 算法和 Boruvka 算法选择的是连接任意两棵子树的最小权值边，从而将这两棵子树合并。

表 3.1 对这 3 个 MST 算法的时间复杂度及特点进行了对比分析。

表 3.1　MST 算法对比分析

算法	最坏情况下时间复杂度	特点
Prim 算法	$O(n^2)$	适合于稠密图
Kruskal 算法	$O(m \log_2^m + 2m \log_2^n + n)$	时间复杂度主要取决于边的数目，适合于稀疏图
Boruvka 算法	$O(m \log_2^m + 2m \log_2^n - n \log_2^n + m + n/2)$	算法思想与 Kruskal 算法思想类似

3.4.4　例题解析

例 3.5

例 3.5　QS 网络(QS Network)，ZOJ1586。

题目描述：

有一种智能生物，名为 QS。QS 之间通过网络进行通信。如果两个 QS 需要通信，它们需要买 2 个网络适配器(每个 QS 一个)，以及一段网线。注意每个网络适配器只用于单一的通信中，也就是说，如果一个 QS 想建立 4 个通信，那么需要买 4 个适配器。在通信过程中，一个 QS 向所有和它连接的 QS 发送消息，接收到消息的 QS 又向所有和它连接的 QS 发送消息，通信一直到所有 QS 接收到消息为止。

每个 QS 有它自己喜欢的网络适配器品牌，在它建立的所有连接中总是使用它自己喜欢的适配器。QS 之间的距离是不同的。给定每个 QS 喜欢的适配器的价格，以及每对 QS 之间网线的价格，编写程序，计算建立 QS 网络的最小费用。

输入描述：

输入文件包含多个测试数据。输入文件的第 1 行为一个整数 t，表示测试数据的个数。从第 2 行开始有 t 个测试数据。每个测试数据的第 1 行为一个整数 n，表示 QS 的个数，第 2 行为 n 个整数，表示每个 QS 喜欢的适配器的价格，第 3 行到第 $n+2$ 行为一个矩阵，表示每对 QS 之间网线的价格。输入文件中的所有整数都是不超过 1 000 的非负整数。

输出描述：

对每个测试数据，输出一行，为建立 QS 网络的最小费用。

样例输入：	样例输出：
1	370
3	
10 20 30	
0 100 200	
100 0 300	
200 300 0	

分析： 本题需要计算建立 QS 网络的最小费用，这是最小生成树的问题。在构造无向网时，每条边的权值为两个 QS 的适配器价格加上这两个 QS 之间网线的价格。并且本题只需计算最小生成树的权值，不需要记录构造最小生成树时选择的边，因此可以将 lowcost 数组和 nearvex 数组合二为一。代码如下。

```
#define MAX 1000000
int Edge[1010][1010];    //邻接矩阵
int adapter[1010];       //每个 QS 喜欢的适配器价格
int lowcost[1010];   //充当 prim 算法中的两个数组(lowcost 和 nearvex 数组)的作用
int t, n;                //t 为测试数据的个数; n 为每个测试数据中 QS 的个数
void init( )
{
    int i, k;                        //循环变量
    scanf( "%d", &n );               //读入 QS 的个数
    for(i=0; i<n; i++) scanf("%d", &adapter[i]);//读入每个 QS 喜欢的适配器价格
    for( i=0; i<n; i++ ){            //利用输入数据构造邻接矩阵
        for( k=0; k<n; k++ ){
            scanf( "%d", &Edge[i][k] );
            if( i==k )  Edge[i][k]=MAX;
            else  Edge[i][k]+=adapter[i]+adapter[k];
        }
    }
    memset( lowcost, 0, sizeof ( lowcost ) );
}
void prim( )
{
    int i, k, sum=0;        //sum 为最终求得的最小生成树的权值
```

```
        lowcost[0]=-1;          //从顶点 0 开始构造最小生成树
        for( i=1; i<n; i++ )  lowcost[i]=Edge[0][i];
        for( i=1; i<n; i++ ){          //把其他 n-1 个顶点扩展到生成树当中
            int min=MAX, j;
            for( k=0; k<n; k++ ){     //找到当前可用的权值最小的边
                if( lowcost[k] !=-1  &&  lowcost[k]<min )
                { j=k; min=lowcost[k]; }
            }
            sum+=min;  lowcost[j]=-1;     //把顶点 j 扩展进来
            for( k=0; k<n; k++ )
                if( Edge[j][k]<lowcost[k] )  lowcost[k]=Edge[j][k];
        }
        printf( "%d\n", sum );
}
int main( )
{
    scanf ( "%d", &t );          //测试数据的个数
    for( int i=0; i<t; i++ ){
        init( );  prim( );
    }
    return 0;
}
```

例 3.6　卡车的历史(Truck History)，ZOJ2158，POJ1789。

题目描述：

有 N 个卡车类型的编码，每个编码是长度为 7 的字符串。2 个编码的距离定义成 2 个字符串中对应位置上不同字符的数目。例如，编码 aaaaaaa 和 babaaaa 的距离值是 2。假定每种卡车类型编码都是由其他一种卡车类型编码派生出来的，当然，第 1 种卡车类型除外，它不是由任何其他一种类型派生的。派生方案的优劣值定义成

$$1 / \sum_{(t_o, t_d)} d(t_o, t_d)$$

式中，求和部分为派生方案中所有类型对 (t_o, t_d) 的距离；t_o 为基类型；t_d 为派生出来的类型。

编写程序实现，给定 N 个卡车类型的编码，求具有最高优劣值的派生方案。

输入描述：

输入文件包含多个测试数据。每个测试数据的第 1 行为一个整数 N $(2 \leqslant N \leqslant 2\,000)$，表示卡车类型的数目。接下来有 N 行，每行为一种卡车的编码(由 7 个小写字母组成的字符串)。假定这 N 行字符串中任意两个都不相同。输入文件的最后一行为 "0"，表示输入结束。

输出描述：

对每个测试数据，输出 "The highest possible quality is 1/Q."，其中 1/Q 为求得的优劣值。

样例输入：

4

aaaaaaa

样例输出：

The highest possible quality is 1/3.

baaaaaa

abaaaaa

aabaaaa

0

分析：要使派生方案的优劣值 $1/\sum\limits_{(t_o,\,t_d)}d(t_o,\,t_d)$ 最大，分母 $\sum\limits_{(t_o,\,t_d)}d(t_o,\,t_d)$ 的值肯定取到最小。另外，要考虑所有类型对 $(t_o,\,t_d)$ 的距离，使得派生方案中每种卡车类型都是由其他一种卡车类型派生出来的(最初的卡车类型除外)。这样，如果将每种卡车类型理解成无向网中的顶点，最佳派生方案就是最小生成树，而 $\sum\limits_{(t_o,\,t_d)}d(t_o,\,t_d)$ 就是最小生成树的权值。

例如，样例输入中的测试数据所对应的无向网如图 3.13(a)所示，用 4 个顶点表示输入中 4 种卡车类型编码。每个顶点之间边的权值为对应两种卡车编码之间的距离，即卡车类型编码字符串中不同字符的位置数目。这样，求得的最小生成树如图 3.13(b)所示，权值为 3，因此最佳派生方案的优劣值为 1/3。代码如下。

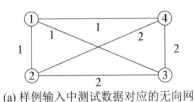
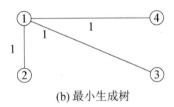

(a) 样例输入中测试数据对应的无向网　　　　　　　　(b) 最小生成树

图 3.13　卡车的历史

```c
#define INF 1000000
#define MAXN 2000      //卡车类型数目的最大值
#define CODELEN 7      //编码长度
int N;                         //卡车类型数目
char codes[MAXN][CODELEN+3];   //存储每种卡车类型编码
int d[MAXN][MAXN];             //每对卡车类型之间的距离(邻接矩阵)
int lowcost[MAXN];  //充当 prim 算法中的两个数组(lowcost 和 nearvex 数组)的作用
int min_tree( )
{
    int i, j, k, dist;       //dist 为两个类型编码之间的距离
    memset( d, 0, sizeof(d) );
    for( i=0; i<N; i++ ){    //求第 i 种类型与第 j 种类型编码之间的距离
        for( j=i+1; j<N; j++ ){
            dist=0;
            for( k=0; k<7; k++ )  dist += codes[i][k]!=codes[j][k];
            d[i][j]=d[j][i]=dist;
        }
    }
    int sum=0;           //sum 为最终求得的最小生成树的权值
    lowcost[0]=-1;       //从顶点 0 开始构造最小生成树
    for( i=1; i<N; i++ )  lowcost[i]=d[0][i];
    for( i=1; i<N; i++ ){     //把其他 N-1 个顶点扩展到生成树当中
```

```
        int min=INF;
        for( k=0; k<N; k++ ){      //找到当前可用的权值最小的边
            if( lowcost[k]!=-1 && lowcost[k]<min ){
                j=k; min=lowcost[k];
            }
        }
        sum+=min; lowcost[j]=-1;    //把顶点 j 扩展进来
        for( k=0; k<N; k++ ){
            if( d[j][k]<lowcost[k] ) lowcost[k]=d[j][k];
        }
    }
    return sum;
}
int main( )
{
    int i;     //循环变量
    while( 1 ){
        scanf( "%d", &N );
        if( N==0 ) break;
        for( i=0; i<N; i++ ) scanf( "%s", codes[i] );
        printf( "The highest possible quality is 1/%d.\n", min_tree( ) );
    }
    return 0;
}
```

练　习

3.5　北极的无线网络(Arctic Network)，ZOJ1914，POJ2349。

题目描述：

某国国防部想在一些前哨之间建立一个无线网络来连接这些前哨。在建立网络时使用了两种不同的通信技术：一种是，在每个前哨有一个无线电收发器；另一种是，在有一些前哨还会设置一个卫星频道。

任何两个拥有卫星频道的前哨之间可以直接通过卫星进行通信，而且卫星通信跟距离和位置无关。如果没有卫星频道，两个前哨之间就只能通过无线电收发器进行通信，并且这两个前哨之间的距离不能超过 D，这个 D 值取决于无线电收发器的功率。功率越大，D 值也就越大，但是价格也就越高。出于对购买费用和维护费用的考虑，所有使用无线电接收器进行通信的前哨的收发器必须相同，即 D 值相同。试计算无线电收发器 D 值的最小值，且保证每两个前哨之间至少有一条通信线路(直接或间接地连接这两个前哨)。

输入描述：

输入文件的第 1 行为整数 N，表示测试数据的数目。每个测试数据的第 1 行为两个整数 S 和 P ($1 \leqslant S \leqslant 100$，$S < P \leqslant 500$)，$S$ 表示卫星频道的个数，P 表示前哨的个数。接下来有 P 行，给出了每个前哨的位置(x, y)，单位为 km，x 和 y 坐标为 0～10 000 的整数。

输出描述：

对每个测试数据，输出一行，为求得的 D 值最小值，精确到小数点后两位有效数字。

样例输入：

```
1
2 4
0 100
0 300
0 600
150 750
```

样例输出：

```
212.13
```

3.6　高速公路系统(Highways)，ZOJ2048，POJ1751。

题目描述：

某个国家一些比较重要的城市之间已经有高速公路了，但一些小城市无法通过高速公路到达，有必要再修建一些高速公路使得任意两个城市之间都可以通过高速公路连通。每段高速公路只连接两个城市。已有的和新修的高速公路均为直线，其长度为所连接的两个城市之间的距离。所有的高速公路均为双向。高速公路可以交叉，但司机只能在有公共城市的两条高速公路之间进行切换。该国政府希望修建新的高速公路的费用最小，并且要保证任何两个城市之间都能通过高速公路连通。修建高速公路的费用取决于高速公路的长度。因此，费用最少的高速公路系统就是长度总和最短的高速公路系统。

输入描述：

输入文件包含多个测试数据。输入文件的第 1 行为整数 T，接下来有 T 个测试数据。每个测试数据包含两部分。第 1 部分：第 1 行为整数 N ($1 \leq N \leq 750$)，表示城市的数目，这 N 个城市的编号为 $1 \sim N$；接下来有 N 行，每行包含两个整数 x_i 和 y_i，为第 i 个城市的笛卡儿直角坐标，坐标的绝对值不超过 10 000，每个城市的位置都是唯一的。第 2 部分：第一行为整数 M ($0 \leq M \leq 1\,000$)，表示已经修建好的高速公路数目；接下来有 M 行，每行包含两个整数，表示每条公路所连接的两个城市，每对城市最多由一条高速公路连接。

输出描述：

对每个测试数据，输出求得的高速公路系统中新修建的每条高速公路，每条高速公路用它所连接的两个城市序号表示，用一个空格隔开。如果不需要再修建新的高速公路(所有的城市已经连接了)，则只输出一个空行。每两个测试数据的输出之间有一个空行。

样例输入：

```
1
9
1 5
0 0
3 2
4 5
5 1
0 4
5 2
1 2
```

样例输出：

```
1 6
3 7
4 9
5 7
8 3
```

```
5 3
3
1 3
9 7
1 2
```

3.7 农场网络(Agri-Net)，POJ1258。

题目描述：

John 给他的农场申请了高速网络连接，他想将网络连接共享给其他农场主。为了降低费用，他用最短的光纤将他的农场和其他农场连接起来。给定连接每两个农场的光纤长度，求将所有农场连接起来所需光纤的最短长度。任何两个农场之间的距离不超过 100 000m。

输入描述：

输入文件包含多个测试数据。每个测试数据的第 1 行为一个整数 N ($3 \leqslant N \leqslant 100$)，表示农场的数目。接下来的 N 行描述了 $N \times N$ 的连接矩阵，其中每个元素表示两个农场之间的距离。在逻辑上，它们有 N 行，每行有 N 个整数，用空格隔开。在物理上，每行的长度不超过 80 个字符，因此有些行(如果显示不下)要延伸到其他行。注意，对角线元素为 0。

输出描述：

对每个测试数据，输出一个整数，代表连接所有农场所需光纤总长度的最小值。

样例输入：	样例输出：
4	28

```
0 4 9 21
4 0 8 17
9 8 0 16
21 17 16 0
```

3.8 Borg 迷宫(Borg Maze)，POJ3026。

题目描述：

在科幻小说中，Borg 是银河系三角洲中无比强大的类人生物。Borg 集体是用来描述 Borg 文明群体意识的术语。每个 Borg 个体与集体通过复杂的子空间网络连接，以确保每个个体得到持续稳定的监督和指导。

试帮助 Borg 编写程序估计扫描整个迷宫并同化隐藏在迷宫中的相异个体的最小代价，扫描迷宫时可以向北、西、南、东移动。棘手的是，搜索是由超过 100 个个体组成的群体进行的。当一个相异个体被同化时(或是在搜索的起点)，群体可以分裂成两个或多个子群体(但是这些子群体的意识仍然是聚积成一整体的)。搜索迷宫的代价被定义成参与搜索的所有子群体走过的步数总和。例如，如果原群体走了 5 步，然后分裂成两个子群体，每个子群体又分别走了 3 步，则总步数为：5+3+3=11。

输入描述：

输入文件的第 1 行为一个整数 N ($0 < N \leqslant 50$)，表示测试数据的个数。每个测试数据的第 1 行为两个整数 x 和 y ($1 \leqslant x, y \leqslant 50$)。接下来是 y 行，每行为 x 个字符，其中空格字符代表一个空的空间、"#"字符代表墙壁障碍物、"A"字符代表相异个体、"S"字符代表搜索的

起点。迷宫的边界是封闭的，也就是说，从 "S" 处无法走出迷宫边界。迷宫中最多有 100 个相异个体，每个个体都是可到达的。

输出描述：

对每个测试数据，输出一行，为遍历完整个迷宫、同化所有相异个体所需的最小代价。

样例输入：	样例输出：
1	11
7 7	
#####	
#AAA###	
#　　 A#	
# S ###	
#　　 #	
#AAA###	
#####	

3.5　最小生成树问题的拓展

3.5.1　带权并查集

普通的并查集主要记录顶点之间的连接关系，没有其他的具体信息，仅仅代表某个顶点与其父顶点之间存在联系，它多用来判断图的连通性，如判断两个顶点是不是在同一个连通分量上、合并两个连通分量。

有时在顶点或边上添加一些额外的信息可以更好地处理问题，在每个顶点或每条边上记录额外信息的并查集就是**带权并查集**。本小节只讨论在顶点上记录额外的信息(即权值)，权值的含义由具体的问题而定，一般表示两个顶点之间的某一种相对的关系，有时边上的权值也可以转换成顶点上的权值。假设用 value 数组记录每个顶点的权值。

由于权值的存在，就需要考虑以下两个问题。

(1) Find()函数的路径压缩。在路径压缩之前，每个顶点都是与其父顶点连接的，value[] 值自然也是与其父顶点之间的权值，路径压缩后，每个顶点直接连到根顶点，因此 value[] 值也应该做相应的更新。

(2) Union()函数中两个集合合并时，权值要做相应的更新，因为两个集合的根顶点不同。

下面通过例 3.7 分析上述两个问题的处理。

例 3.7　网络分析。

题目描述：

小明正在做一个网络实验。他设置了 n 台计算机，称为结点，用于收发和存储数据。初始时，所有结点都是独立的，不存在任何连接。小明可以通过网线将两个结点连接起来，连接后两个结点就可以互相通信了。两个结点如果存在网线连接，称为相邻。

例 3.7

小明有时会测试当时的网络，他会在某个结点发送一条信息，信息会发送到每个相邻的结点，之后这些结点又会转发到自己相邻的结点，直到所有直接或间接相邻的结点都收到了信息。所有发送和接收的结点都会将信息存储下来。一条信息只存储一次。

给出小明连接和测试的过程，请计算出每个结点存储信息的大小。

输入描述：

输入的第 1 行包含两个整数 n 和 m，分别表示结点数量和操作数量。结点从 1 至 n 编号。接下来是 m 行，每行有 3 个整数，表示一个操作。如果操作为 1 a b，表示将结点 a 和结点 b 通过网线连接起来。当 $a = b$ 时，表示连接了一个自环，对网络没有实质影响。如果操作为 2 p t，表示在结点 p 上发送一条大小为 t 的信息。

30%的评测用例，$1 \leqslant n \leqslant 20$，$1 \leqslant m \leqslant 100$。

50%的评测用例，$1 \leqslant n \leqslant 100$，$1 \leqslant m \leqslant 1\,000$。

70%的评测用例，$1 \leqslant n \leqslant 1\,000$，$1 \leqslant m \leqslant 10\,000$。

所有评测用例，$1 \leqslant n \leqslant 10\,000$，$1 \leqslant m \leqslant 100\,000$，$1 \leqslant t \leqslant 100$。

输出描述：

输出一行，包含 n 个整数，相邻整数之间用一个空格分隔，依次表示进行完上述操作后结点 1 至结点 n 上存储信息的大小。

样例输入：	样例输出：
4 8	13 13 5 3
1 1 2	
2 1 10	
2 3 5	
1 4 1	
2 2 2	
1 1 2	
1 2 4	
2 2 1	

分析： 在本题中，如果每次往某个结点上发送一条信息就马上转发到连通分量的每个结点上，则复杂度为 $O(nm)$，当 n 取到 10 000、m 取到 100 000 时肯定会超时。所以本题只能先把信息存储在某个或某几个结点上，在计算每个结点存储信息大小时，以常量阶时间复杂度从这些结点上取出信息大小。可以用带权并查集实现，根结点就存储了信息的大小。

两类操作的处理：第 1 类操作，在连接两个结点时，只是合并集合(当然如果两个结点已经在同一个集合了，则不合并)；第 2 类操作，在结点 p 上发送一条大小为 t 的信息，则 t 先汇总到 p 所在集合的根结点，t 的值会累加到根结点的 value[ ]上，但不在集合中进行实质的转发(最后在输出各结点存储信息的大小时，只需去查根结点的 value[ ]值即可)。

本题在带权并查集中还为每个结点增加了一个 d[ ]值，主要是考虑到以下两点。

(1) 在合并两个集合时，如将小集合合并到大集合，大集合根结点累计的 value[ ]值不能加到小集合各结点上，因为小集合各结点是后加入的，大集合根结点之前汇总的信息不能转发到这些结点上，所以需要在小集合根结点的 d[ ]值上累计要减去的这部分值。这个

d[]值最初只记录在小集合根结点上，也导致第(2)点路径压缩时需要更新其他结点的 d[]值。

（2）由于第(1)点里的 d[]值只记录在小集合的根结点上，在 Find(x)函数里进行路径压缩时，需要把从 x 到根结点的路径上各结点设置为根结点的子女结点，此时有些结点就脱离了原先的父结点，直接连到根结点了，所以要更新这些结点的 d[]值。如图 3.14 所示，每个结点旁边的两个数字分别代表 value[]值和 d[]值，结点 5 和 4 的 d[]值在路径压缩前为 0，路径压缩后应该改为-5，即要累计这条路径上前面所有结点的 d[]值，并加到当前结点上。这个过程必须在递归回退过程中进行累计，所以 Find()函数必须改成递归形式。

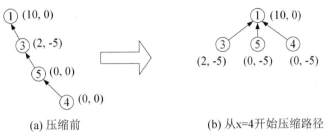

(a) 压缩前　　　　　　　　　　　　　(b) 从 x=4 开始压缩路径

图 3.14　Find()函数中路径压缩时更新结点的 d[ ]值

代码如下。

```
const int N = 10010;
int parent[N];    //用于记录每个结点父结点的序号
int value[N];    //普通结点的 value 值为 0,每个根结点汇总了需要传到每个结点的信息大小
//在查找结点并压缩路径、在合并子树时要更新结点的 d[]值
int d[N];  //比如在合并时,新合并进来的小集合根结点不能获得大集合根结点的信息,要减去
int n, m;
void UFset( )    //初始化
{
    for( int i=1; i<=n; i++ )  parent[i]=-1;  //结点序号从 1 开始计起
}
int Find( int x )    //查找并返回结点 x 所属集合的根结点
{
    if(parent[x]<0)  return x;  //当 parent[x]<0 时不再递归调用,此时 x 就是根结点
    int root = Find(parent[x]);
    d[x] += d[parent[x]];  //在递归回退过程更新从 x 到根结点的路径上各结点的 d[]值
    parent[x] = root;      //优化方案--压缩路径,使后续的查找操作加速
    return root;
}
void Union( int R1, int R2 ) //R1 和 R2 是两个元素,属于不同的集合,合并这两个集合
{
    int r1=Find(R1),  r2=Find(R2);  //r1 为 R1 的根结点, r2 为 R2 的根结点
    int tmp=parent[r1]+parent[r2];  //两个集合结点个数之和(负数)
    //r2 所在树的结点个数>r1 所在树的结点个数,注意 parent[r1]和 parent[r2]都是负数
    if( parent[r1]>parent[r2] ){  //优化方案--加权法则
        parent[r1]=r2;           //将 r1 合并到 r2,即根结点 r1 所在的树作为 r2 的子树
        parent[r2]=tmp;          //更新根结点 r2 的 parent[ ]值
        //r1 及所在集合结点不能获得 r2 原来接收到的信息的大小,这里先减去
```

```
            d[r1] += value[r1] - value[r2];
        }
        else{   //将 r2 合并到 r1
            parent[r2]=r1;  parent[r1]=tmp;
            d[r2] += value[r2] - value[r1];
        }
    }
}
int main( )
{
    int i, op, x, y, px, py;
    cin >> n >> m;  UFset( );
    while(m--){
        cin >> op >> x >> y;
        if(op == 1){
            px = Find(x); py = Find(y);
            if(px != py)  Union(px, py);  //合并
        }
        else{ px = Find(x);  value[px] += y; }
    }
    for(i=1; i<=n; i++)
        cout << value[Find(i)] + d[i] << ' ';
        //各个结点存储的信息大小包含两部分:第 1 部分是根结点汇总的信息大小(要发送
        //到集合中每个结点),第 2 部分是 d[]
    return 0;
}
```

3.5.2 最大生成树

最大生成树

在某些场合,可能希望无向连通图生成树的权值越大越好(但仍然是一棵树,用 n-1 条边连接 n 个顶点),把 Kruskal 算法稍做变通就能实现:将各边按权值从大到小排序,依次选择构成生成树的边;如果某条边的两个顶点已经位于同一个连通分量,则弃用这条边,继续检查下一条边。当然也可以用 Prim 算法求解。详见练习 3.9。

3.5.3 最小生成森林、最大生成森林

最小生成森林、最大生成森林

3.3 节讨论 Kruskal 算法时都是假定无向网是连通的。如果无向网是非连通的,则对每个连通分量可以求最小生成树,这些最小生成树构成了一个森林,可称之为最小(权)生成森林。最小生成森林只能用 Kruskal 算法或 Boruvka 算法求解,不能用 3.4 节的 Prim 算法求解。

用 Kruskal 算法求解最小生成森林时,与对无向连通网的处理类似,也是先将所有边按权值从小到大排序,然后依次检查这些边,最终选用的边,其数目肯定是小于 n-1(n 为顶点数),但具体数目也不好确定(取决于连通分量数,但求连通分量数需要额外的开销),所以直接检查完所有边即可。

同样，也可以用 Kruskal 算法求最大(权)生成森林。练习 3.10 就是转换成求最大生成森林，将总的费用减去最大生成森林的权值就是答案。

3.5.4　判定最小生成树是否唯一

判定最小生成树是否唯一

1. 最小生成树不唯一的原因分析

对于一个给定的连通无向网，它的最小生成树是唯一的吗？例如，图 3.15 所示的连通无向网，在构造最小生成树时可以选择(1, 2)、(2, 3)、(3, 4)这 3 条边，如图 3.15(a)所示，最小生成树的权值为 6；也可以选择(2, 1)、(1, 4)、(4, 3)这 3 条边，如图 3.15(b)所示，最小生成树的权值也为 6。

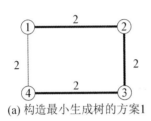
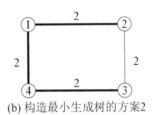

(a) 构造最小生成树的方案1　　　　　(b) 构造最小生成树的方案2

图 3.15　最小生成树不唯一的一个简单例子

通过这个的例子可以看出，在构造最小生成树时有可能可以选择不同的边，这样构造出来的最小生成树不相同，但最小生成树的权值是唯一的。

毫无疑问，无向网中存在相同权值的边是最小生成树不唯一的必要条件(但不是充分条件)。如果无向网中各边的权值都不相同，则在用 Kruskal 算法构造最小生成树时，选择边的方案是唯一的，因此构造的最小生成树必定是唯一的；只有存在相同权值的边，才有可能存在不同的方案构造最小生成树。当然，如果相同权值的边不会被任何一个最小生成树选入，则最小生成树也必定唯一。

如果无向网中存在相同权值的边，还要分成以下几种情形考虑。以下讨论的情形都是针对最小生成树中包含了相同权值的边。

(1) 相同权值的边有公共顶点。图 3.16 所示的两个无向网均存在相同权值的边，且这些边有公共顶点。图 3.16(a)所示的最小生成树是唯一的，在图中用粗线标明了最小生成树中的边。而图 3.16(b)所示的最小生成树不是唯一的，粗线标明的边构成一棵最小生成树，如果将边(4, 6)换成边(1, 6)，同样构成了一棵最小生成树。

(2) 相同权值的边没有公共顶点。图 3.17 所示的两个无向网均存在相同权值的边，且这些边均没有公共顶点。图 3.17(a)所示的最小生成树是唯一的，在图中用粗线标明了最小生成树中的边。而图 3.17(b)所示的最小生成树不是唯一的，粗线标明的边构成一棵最小生成树，如果将边(4, 5)换成边(1, 6)，则构成另一棵最小生成树，且最小生成树的权值是相同的。

(3) 混合情形。即无向网中存在相同权值的边，且这些相同权值的边有些有公共顶点，其他没有公共顶点。对于这种情形，可以拆分成前面两种情形，在此不再赘述。

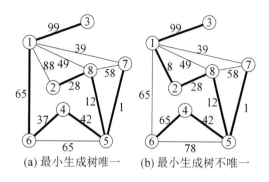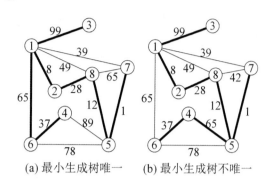

| (a) 最小生成树唯一 | (b) 最小生成树不唯一 | (a) 最小生成树唯一 | (b) 最小生成树不唯一 |

图 3.16　无向网中存在相同权值的边，
且这些边有公共顶点

图 3.17　无向网中存在相同权值的边，
且这些边没有公共顶点

2. 判定最小生成树是否唯一的方法

判定最小生成树是否唯一的一个正确算法如下。

(1) 对图中每条边，扫描其他边，如果存在相同权值的边，则对该边作标记。

(2) 然后用 Kruskal 算法(或 Prim 算法)求最小生成树。

(3) 求得最小生成树后，如果该最小生成树中未包含做了标记的边，即可判定最小生成树唯一；如果包含做了标记的边，则依次去掉这些边再求最小生成树，如果求得的最小生成树权值和原最小生成树的权值相同，即可判定最小生成树不唯一。

例如，对图 3.18 所示的无向网，先求出图 3.18(a)中粗线标明的最小生成树，然后去掉边(4,5)，可以求出图 3.18(b)中所示粗线标明的最小生成树，且权值总和与原最小生成树一样，即可判定此无向网的最小生成树不唯一。以上算法的实现详见例 3.8。

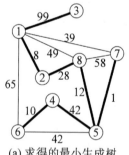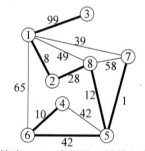

| (a) 求得的最小生成树 | (b) 去掉边(5,4)，求得另一棵最小生成树 |

图 3.18　判定最小生成树不唯一的方法

以上算法的时间复杂度分析。设无向图有 n 个顶点、m 条边($m>n-1$)，标记相同权值边的时间开销为 $O(m^2)$，在求出最小生成树后，最坏情形是构成最小生成树的 $n-1$ 条边都存在相同权值的边，要依次去掉每条边再求最小生成树；如果用 Kruskal 算法求最小生成树，则要执行一次排序，执行 $n-1$ 次 Kruskal 算法，因此以上算法的时间复杂度为 $O(m\log_2^m + 2nm\log_2^n + n^2 + m^2)$。

例 3.8　判定最小生成树是否唯一(The Unique MST)，POJ1679。

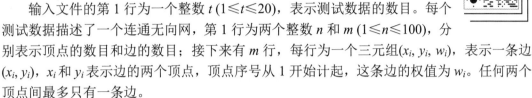

例 3.8

题目描述：

给定一个连通无向网，判定它的最小生成树是否唯一。

输入描述：

输入文件的第 1 行为一个整数 t ($1 \leqslant t \leqslant 20$)，表示测试数据的数目。每个测试数据描述了一个连通无向网，第 1 行为两个整数 n 和 m ($1 \leqslant n \leqslant 100$)，分别表示顶点的数目和边的数目；接下来有 m 行，每行为一个三元组(x_i, y_i, w_i)，表示一条边 (x_i, y_i)，x_i 和 y_i 表示边的两个顶点，顶点序号从 1 开始计起，这条边的权值为 w_i。任何两个顶点间最多只有一条边。

输出描述：

对每个测试数据，如果最小生成树是唯一的，则输出最小生成树的权；如果最小生成树不唯一，则输出 "Not Unique!"。

样例输入：
```
2
3 3
1 2 1
2 3 2
3 1 3
4 4
1 2 2
2 3 2
3 4 2
4 1 2
```

样例输出：
```
3
Not Unique!
```

分析： 在本题中，为了方便按照上述算法判定最小生成树是否唯一，在表示边结构的结构体中增加了 3 个成员，其含义分别如下。

equal 用于标记是否存在其他边的权值与该边权值一样，1 表示存在，0 表示不存在。

used 用于标记第 1 次构造的最小生成树中是否包含该边，1 表示包含，0 表示不包含。

del 用于标记在判定最小生成树是否唯一时，依次"删除"的边，1 表示删除，0 表示不删除。

本题采用 Kruskal 算法求最小生成树，在算法中判断如果是第 1 次构造最小生成树，则标记所采用的边的 used 成员为 1。在算法中还会跳过被去掉的边。代码如下。

```
#define MAXN 101        //顶点个数的最大值
#define MAXM 10000      //边个数的最大值
struct edge {           //边
    int u, v, w;        //边的顶点、权值
    int equal;          //1 表示存在其他边权值跟该边一样，0 表示不存在
    int used;           //在第 1 次求得的 MST 中，是否包含该边，1 表示包含，0 表示不包含
    int del;            //边是否删除的标记，0 表示不删除，1 表示删除
}edges[MAXM];           //边的数组
int parent[MAXN];       //parent[i]为结点 i 的父结点的序号
```

```
int n, m;              //顶点个数、边的个数
bool first;            //第1次求MST的标志变量
void UFset( )          //初始化
{
    for( int i=0; i<n; i++ )  parent[i]=-1;
}
int Find( int x )      //查找并返回结点x所属集合的根结点
{
    int s;             //查找位置
    for( s=x; parent[s]>=0; s=parent[s] )  ;
    while( s!=x ){ int tmp=parent[x];  parent[x]=s;  x=tmp; }
    return s;
}
void Union( int R1, int R2 )  //通过R1和R2将它们所属的集合合并
{
    int r1=Find(R1),  r2=Find(R2);      //r1为R1的根结点，r2为R2的根结点
    int tmp=parent[r1]+parent[r2];      //两个集合结点个数之和(负数)
    if( parent[r1]>parent[r2] ){ parent[r1]=r2;  parent[r2]=tmp; }
    else{ parent[r2]=r1;  parent[r1]=tmp; }
}
int cmp( const void *a, const void *b )     //实现从小到大进行排序的比较函数
{
    edge aa=*(const edge *)a;  edge bb=*(const edge *)b;
    return aa.w - bb.w;
}
int Kruskal( )
{
    int u, v, sumweight=0, num=0;//选用边的两个顶点,生成树的权值,已选用边的数目
    UFset( );                    //初始化parent数组
    for( int i=0; i<m; i++ ){
        if( edges[i].del==1 )  continue;     //忽略去掉的边
        u=edges[i].u;  v=edges[i].v;
        if( Find(u) != Find(v) ){
            sumweight+=edges[i].w;  num++;  Union( u, v );
            if( first )  edges[i].used=1;
        }
        if( num>=n-1 )  break;
    }
    return sumweight;
}
int main( )
{
    int t, i, j, k, u, v, w;       //u,v,w为边的起点和终点及权值
    scanf( "%d", &t );             //读入测试数据数目
    for( i=1; i<=t; i++ ){
        scanf( "%d%d", &n, &m );   //读入顶点个数n和边的数目m
        for( j=0; j<m; j++ ){
```

```
        scanf( "%d%d%d", &u, &v, &w );       //读入边的起点和终点
        edges[j].u=u-1;  edges[j].v=v-1;  edges[j].w=w;
        edges[j].equal=0;  edges[j].del=0;  edges[j].used=0;
    }
    for( j=0; j<m; j++ ){     //标记相同权值的边
        for( k=0; k<m; k++ ){
            if( k==j ) continue;
            if( edges[k].w==edges[j].w )  edges[j].equal=1;
        }
    }
    qsort(edges,m,sizeof(edges[0]),cmp);//对边按权值从小到大的顺序进行排序
    first=true;
    int weight1=Kruskal( ), weight2;      //第 1 次求 MST
    first=false;
    for( j=0; j<m; j++ ){
        if(edges[j].used && edges[j].equal){//依次去掉原 MST 中相同权值的边
            edges[j].del=1;  weight2=Kruskal( );
            if( weight2==weight1 ){printf( "Not Unique!\n" );  break;}
            edges[j].del=0;
        }
    }
    if( j>=m )  printf( "%d\n", weight1 );
    }
    return 0;
}
```

练　习

3.9　最大生成树。

题目描述：

对无向连通图的生成树，各边的权值总和称为生成树的权，权最大的生成树称为最大生成树。给定一个无向连通图，输出其最大生成树的权值。

输入描述：

输入文件包含多个测试数据。输入文件的第 1 行为一个整数 T，代表测试数据的数目。每个测试数据描述了一个无向连通图，其中第 1 行为两个整数 n 和 m $(2 \leqslant n \leqslant 10,\ 1 \leqslant m \leqslant 45)$，$n$ 为顶点数，m 为边数，这 n 个顶点的序号为 $1 \sim n$。接下来有 m 行，每行描述了一条边，格式为 $u\ v\ w$，分别表示这条边的两个顶点及边上的权值。测试数据保证每个无向连通图中不存在平行边和自身环。

输出描述：

对每个无向连通图，输出其最大生成树的权值。

样例输入：　　　　　　　　　　　　　　**样例输出：**

1　　　　　　　　　　　　　　　　　　　129

7 9

```
1 2 28
1 6 10
2 3 16
2 7 14
3 4 12
4 5 22
4 7 18
5 6 25
5 7 24
```

3.10　征兵(Conscription)，POJ3723。

题目描述：

Windy 想建立一支军队来保护他的国家。他招募了 N 个女孩和 M 个男孩，想让他们成为他的士兵。每招募一名士兵，他必须支付 10 000 元钱。女孩和男孩之间有一些关系，而 Windy 可以利用这些关系降低成本。如果女孩 x 和男孩 y 之间存在关系 d，且他们中任何一个已经被招募，则招募另一个只需花费 10 000-d 元钱。给定女孩们和男孩们之间所有的关系，求 Windy 至少需要花费的费用。注意，招募一名士兵时只能用一个关系。

输入描述：

输入文件的第 1 行为一个整数，代表测试数据的个数。每个测试数据的第 1 行包含 3 个整数 N、M 和 R，其中 R 为关系数。接下来有 R 行，每行包含 3 个整数 x_i、y_i 和 d_i。$1 \leqslant N, M \leqslant 10\,000$，$0 \leqslant R \leqslant 50\,000$，$0 \leqslant x_i < N$，$0 \leqslant y_i < M$，$0 < d_i < 10\,000$。

输出描述：

对每个测试数据，输出一行，为求得的答案。

样例输入：

```
1
5 5 8
4 3 6831
1 3 4583
0 0 6592
0 1 3063
3 3 4975
1 3 2049
4 2 2104
2 2 781
```

样例输出：

```
71071
```

第 4 章　最短路径问题

有向网或无向网中一个典型的问题是**最短路径问题**(shortest path problem)。最短路径问题要求解的是，如果从图中某一顶点(称为源点)到达另一顶点(称为终点)的路径可能不止一条，如何找到一条路径，使得沿此路径各边上的权值总和(即从源点到终点的距离)达到最小，这条路径称为**最短路径**(shortest path)。

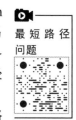

根据有向网或无向网中各边权值的取值情形及问题求解的需要，最短路径问题分为以下 4 种情形，分别用不同的算法求解。

(1) 求单源最短路径(边的权值非负)可用迪杰斯特拉(Dijkstra)算法。所谓**单源最短路径**(single source shortest path)就是固定某个顶点为源点，求源点到其他每个顶点的最短路径。

(2) 求单源最短路径(边的权值允许为负值，但不存在负权值回路)可用贝尔曼-福特(Bellman-Ford)算法。

(3) Bellman-Ford 算法的改进——SPFA 算法。

(4) 求所有顶点之间的最短路径(边的权值允许为负值，但不存在负权值回路)可用弗洛伊德(Floyd)算法。

本章 4.1～4.4 节以有向网为例介绍上述 4 个算法；4.5 节讨论了最短路径问题的拓展，包括无向网最短路径问题、单源最短路径三角形不等式、最长路径等；4.6 节介绍了求最短路径的算法思想在求解差分约束系统中的应用。

4.1　边上权值非负情形的单源最短路径问题——Dijkstra 算法

4.1.1　算法思想

问题的提出：给定一个带权有向图(即有向网)G 和源点 v_0，求 v_0 到 G 中其他每个顶点的最短路径。限定各边上的权值大于或等于 0。

例如，在图 4.1(a)中，假设源点为顶点 0，则源点到其他顶点的最短距离分别如下。

顶点 0 到顶点 1 的最短路径距离是 20，其路径为 $v_0 \rightarrow v_2 \rightarrow v_1$。

顶点 0 到顶点 2 的最短路径距离是 5，其路径为 $v_0 \rightarrow v_2$。

顶点 0 到顶点 3 的最短路径距离是 22，其路径为 $v_0 \rightarrow v_2 \rightarrow v_5 \rightarrow v_3$。

顶点 0 到顶点 4 的最短路径距离是 28，其路径为 $v_0 \rightarrow v_2 \rightarrow v_1 \rightarrow v_4$。

顶点 0 到顶点 5 的最短路径距离是 12，其路径为 $v_0 \rightarrow v_2 \rightarrow v_5$。

这些最短路径距离及对应的最短路径是怎么求出来的呢？

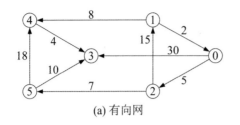

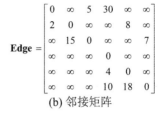

| (a) 有向网 | (b) 邻接矩阵 |

图 4.1　Dijkstra 算法：有向网及其邻接矩阵

为求得这些最短路径，迪杰斯特拉(Dijkstra)提出按路径长度的递增次序，逐步产生最短路径的算法。首先求出长度最短的一条最短路径，再参照它求出长度次短的一条最短路径，依此类推，直到从源点 v_0 到其他各顶点的最短路径全部求出为止。

例如，对图 4.1(a)，求顶点 0 到其他各顶点的最短路径及长度，求解过程如图 4.2 所示。

源点	终点	最短路径				最短路径长度			
v_0	v_1	—	$v_0{\rightarrow}v_2{\rightarrow}v_1$			∞	20		
	v_2	$v_0{\rightarrow}v_2$				5			
	v_3	$v_0{\rightarrow}v_3$		$v_0{\rightarrow}v_2{\rightarrow}v_5{\rightarrow}v_3$		30		22	
	v_4	—		$v_0{\rightarrow}v_2{\rightarrow}v_5{\rightarrow}v_4$	$v_0{\rightarrow}v_2{\rightarrow}v_1{\rightarrow}v_4$	∞	∞	30	28
	v_5	—	$v_0{\rightarrow}v_2{\rightarrow}v_5$			∞	12		

图 4.2　Dijkstra 算法的求解过程

(1) 求出长度最短的一条最短路径，即顶点 0 到顶点 2 的最短路径，其长度为 5，其实就是顶点 0 到其他各顶点的直接边中最短的路径($v_0{\rightarrow}v_2$)。

(2) 顶点 2 的最短路径求出来后，顶点 0 到其他各顶点的最短路径长度可能要更新。例如，顶点 0 到顶点 1 的最短路径长度由∞缩短为 20，顶点 0 到顶点 5 的最短路径长度由∞缩短为 12。这样，长度次短的最短路径就是在还未确定最终的最短路径的顶点中选择最小的最短路径长度，即顶点 0 到顶点 5 的最短路径长度，为 12，其路径为($v_0{\rightarrow}v_2{\rightarrow}v_5$)。

(3) 顶点 5 的最短路径求出来后，顶点 0 到其他各顶点的最短路径长度可能要更新。例如，顶点 0 到顶点 3 的最短路径长度由 30 缩短为 22，顶点 0 到顶点 4 的最短路径长度由∞缩短为 30。这样，长度第三短的最短路径就是在还未确定最终的最短路径的顶点中选择最小的最短路径长度，即顶点 0 到顶点 1 的最短路径长度，为 20，其路径为($v_0{\rightarrow}v_2{\rightarrow}v_1$)。

(4) 此后再依次确定顶点 0 到顶点 3 的最短路径($v_0{\rightarrow}v_2{\rightarrow}v_5{\rightarrow}v_3$)，其长度为 22；以及顶点 0 到顶点 4 的最短路径($v_0{\rightarrow}v_2{\rightarrow}v_1{\rightarrow}v_4$)，其长度为 28。

Dijkstra 算法的具体实现方法如下。

(1) 设置两个顶点的集合 S 和 T。

① S 中存放已找到最短路径的顶点，初始时，集合 S 中只有一个顶点，即源点 v_0。

② T 中存放当前还未找到最短路径的顶点。

(2) 在 T 集合中选取当前长度最短的一条最短路径$(v_0, \cdots, v_u)$，从而将 v_u 加入到顶点集合 S 中，并且由于 v_u 的加入，要更新源点 v_0 到 T 中各顶点的最短路径长度；重复这一步骤，直到所有顶点都加入到集合 S 中，算法就结束了。

假设有向网的邻接矩阵为 **Edge**，用 dist 数组记录源点 v_0 到其他各顶点的最短路径长度。Dijkstra 算法的原理为：可以证明，v_0 到 T 中顶点 v_k 的最短路径(长度为 dist[k])，要么是从 v_0 到 v_k 的直接边(长度为 Edge[v_0][k])，要么是从 v_0 经 S 中某个顶点 v_i 再到 v_k 的路径(长度为 dist[i]+Edge[i][k])，如图 4.3 所示。在 v_u 加入到顶点集合 S 前，v_0 到 T 中顶点 v_k 的最短距离 dist[k] 已经是 min{Edge[v_0][k], dist[i]+Edge[i][k]}，$v_i \in S$，随着 v_u 加入到顶点集合 S 中，需要将 dist[k] 更新为 min{dist[k], dist[u]+Edge[u][k]}。

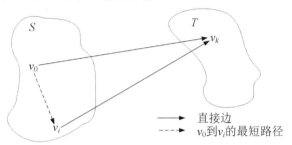

图 4.3　Dijkstra 算法的原理

4.1.2　算法实现

在 Dijkstra 算法里，为了求源点 v_0 到其他各顶点 v_i 的最短路径及其长度，需要设置 3 个数组。

Dijkstra 算法实现

(1) dist 数组：dist[i] 表示当前找到的从源点 v_0 到顶点 v_i 的最短路径的长度，初始时，dist[i] 为 Edge[v_0][i]，即邻接矩阵的第 v_0 行。

(2) S 数组：$S[i]$ 为 0 表示顶点 v_i 还未加入到集合 S 中，$S[i]$ 为 1 表示 v_i 已经加入到集合 S 中。初始时，$S[v_0]$ 为 1，其余为 0，表示最初集合 S 中只有源点 v_0。

(3) path 数组：path[i] 表示 v_0 到 v_i 的最短路径上顶点 v_i 的前一个顶点序号。采用"倒向追踪"的方法，可以确定 v_0 到顶点 v_i 的最短路径上的每个顶点。

在 Dijkstra 算法里，重复做以下 3 步工作。

(1) 在 dist 数组里查找 $S[j]$!= 1，并且 dist[j] 最小的顶点，设该顶点为 v_u。

(2) 将 $S[u]$ 改为 1，表示顶点 v_u 已经加入到集合 S 中。

(3) 更新 T 集合中每个顶点 v_k 的 dist 及 path 数组元素值。当 $S[k]$!= 1，且顶点 v_u 到顶点 v_k 有边(Edge[u][k]<INF)，且 dist[u] + Edge[u][k] < dist[k]，则更新 dist[k] 为 dist[u] + Edge[u][k]，更新 path[k] 为 u。其中 INF 为表示 ∞ 的符号常量。

在例 4.1 的代码中，可以很清晰地观察到这 3 步工作(即用方框标明的代码)。

因此 Dijkstra 算法的**递推公式**(求源点 v_0 到各顶点的最短路径)如下。

初始：dist[k]=Edge[v_0][k]，v_0 是源点
递推：v_u=arg min{ dist[t] }，$v_t \in T$
　　v_u 表示当前 T 集合中 dist[t] 取最小值时的 t 值(即顶点序号)，而不是最小值本身；此后 v_u 加入到集合 S 中。
　　dist[k]=min{ dist[k], dist[u] + Edge[u][k] }，$v_k \in T$ (只更新 T 集合中顶点的 dist 值)

例 4.1 利用 Dijkstra 算法求有向网顶点 0 到其他各顶点的最短路径。

例 4.1

输入描述：

输入文件包含多个测试数据。每个测试数据的第 1 行是顶点个数 n，接下来的每行是每条边的数据，每条边的格式为 u v w，分别表示这条边的起点、终点和边上的权值。顶点序号从 0 开始计起。最后一行为 "-1 -1 -1"，表示该测试数据的结束。测试数据保证顶点 0 可以到达其他每个顶点。测试数据一直到文件尾。

输出描述：

对每个测试数据，依次输出顶点 0 到顶点 1～n-1 的最短路径长度及对应的最短路径，输出格式如样例输出所示。

样例输入：		样例输出：	
6		20	0->2->1
0 2 5		5	0->2
0 3 30		22	0->2->5->3
1 0 2		28	0->2->1->4
1 4 8		12	0->2->5
2 5 7			
2 1 15			
4 3 4			
5 3 10			
5 4 18			
-1 -1 -1			

分析： 样例数据描述的有向网如图 4.1(a)所示，接下来以该有向网为例分析 Dijkstra 算法的实现。Dijkstra 算法的 3 个数组 S、dist、path 的初始状态如图 4.4(a)所示(源点为 v_0)。

(1) $S[0]$为 1，其余为 0，表示初始时，S 集合中只有源点 v_0，其他顶点都是在集合 T 中。

(2) dist 数组各元素的初始值就是邻接矩阵中源点 v_0 所在的那一行对应的元素值。

(3) 在 path 数组中，path[2]和 path[3]为 0，表示当前求得的 v_0 到 v_2 的最短路径上，前一个顶点是 v_0；v_0 到 v_3 的最短路径上，前一个顶点也是 v_0；其余元素值均为-1，因为 v_0 到其余顶点的最短距离为∞(没有直接边)。

在 Dijkstra 算法执行过程中，以上 3 个数组各元素值的变化如图 4.4(b)～(f)所示。以图 4.4(b)为例加以解释。首先在 dist 数组的各元素 dist[j]中，选择一个满足 $S[j]$为 0 且 dist[j]取最小值，为 5，对应 v_2；然后将 $S[2]$更新为 1，表示将 v_2 加入到集合 S 中；最后更新 dist 数组和 path 数组中某些元素的值。

(1) 更新条件是，$S[k]$为 0，顶点 v_2 到顶点 v_k 有直接边，且 dist[2]+Edge[2][k]<dist[k]。

(2) 更新方法是，将 dist[k]更新为 dist[2] + Edge[2][k]，将 path[k]更新为 2。

当源点 v_0 到其他各顶点 v_k 的最短路径长度求解完毕后，如何根据 path 数组输出具体的最短路径？其方法是，从 path[k]开始，采用"倒向追踪"方法，一直找到源点 v_0。

举例说明。设 k 为 4，则因为 path[4]=1，说明最短路径上顶点 4 的前一个顶点是顶点 1；path[1]=2，说明顶点 1 的前一个顶点是顶点 2；path[2]=0，说明顶点 2 的前一个顶点是顶点 0，这就是源点；所以从源点 v_0 到终点 v_4 的最短路径为 $v_0{\rightarrow}v_2{\rightarrow}v_1{\rightarrow}v_4$，最短路径长度为 dist[4]=28。

在下面的代码中，Dijkstra(int vs)函数实现了求源点 v_s 到其他各顶点的最短路径。如果要求顶点 0 到其他各顶点的最短路径，在主函数中只要调用 Dijkstra(0)即可。

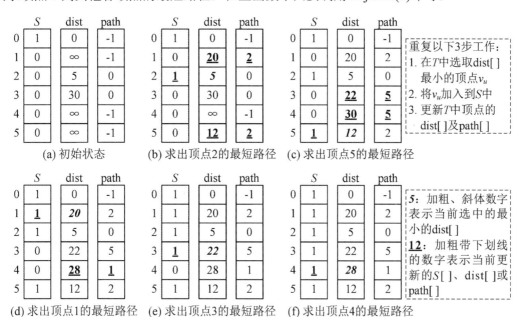

图 4.4　Dijkstra 算法的实现过程

另外，在主函数中，Dijkstra(0)执行完毕后，输出源点 v_0 到其他每个顶点的最短路径长度及最短路径上的每个顶点，shortest 数组的作用是在"倒向追踪"查找最短路径时用于存储最短路径上的各个顶点的序号。代码如下。

```
#define INF 1000000          //无穷大
#define MAXN 20              //顶点个数的最大值
int n, Edge[MAXN][MAXN];     //顶点个数和邻接矩阵
int S[MAXN], dist[MAXN], path[MAXN];    //Dijkstra算法用到的3个数组
void Dijkstra( int vs )      //求源点vs到其他顶点的最短路径
{
    int i, j, k;             //循环变量
    for( i=0; i<n; i++ ){    //初始化3个数组
        dist[i]=Edge[vs][i];  S[i]=0;
        if( i!=vs && dist[i]<INF )  path[i]=vs;
        else  path[i]=-1;
    }
    S[vs]=1;  dist[vs]=0;     //源点vs加入到顶点集合S
    for( i=0; i<n-1; i++ ){   //从源点vs确定n-1条最短路径
        int min=INF, u=vs;
        for( j=0; j<n; j++ )  //选择当前集合T中具有最短路径的顶点u          //(1)
            if( !S[j] && dist[j]<min ){ u=j;  min=dist[j]; }
```

```
            S[u]=1;    //将顶点 u 加入到集合 S, 表示它的最短路径已求得          //(2)

            for( k=0; k<n; k++ ){//更新 T 集合中顶点的 dist 和 path 数组元素值      //(3)
                if( !S[k] && Edge[u][k]<INF && dist[u]+Edge[u][k]<dist[k] ){
                    dist[k]=dist[u]+Edge[u][k];  path[k]=u;
                }//end of if
            }//end of for
    }//end of for
}
int main( )
{
    int i, j, v, u, w;    //v,u,w 为边的起点和终点及权值
    while( scanf( "%d", &n )!=EOF ){ //读入顶点个数 n
        for( i=0; i<n; i++ ){            //初始化邻接矩阵
            for( j=0; j<n; j++ ){
                if( i==j )  Edge[i][j]=0;
                else  Edge[i][j]=INF;
            }
        }
        while( 1 ){
            scanf( "%d%d%d", &v, &u, &w );//读入边的起点和终点
            if( v==-1 && u==-1 && w==-1 )  break;
            Edge[v][u]=w;                    //构造邻接矩阵
        }
        Dijkstra( 0 );            //求顶点 0 到其他顶点的最短路径
        int shortest[MAXN];        //输出最短路径上的各个顶点时,存放各个顶点的序号
        for( i=1; i<n; i++ ){  //输出顶点 0 到顶点 1~n 的最短路径长度及最短路径
            printf( "%d\t", dist[i] );    //输出顶点 0 到顶点 i 的最短路径长度
            //以下代码用于输出顶点 0 到顶点 i 的最短路径
            memset( shortest, 0, sizeof(shortest) );
            int k=0;  shortest[k]=i;  //k 表示 shortest 数组中最后一个元素的下标
            while( path[ shortest[k] ]!=0 ){
                k++;  shortest[k] = path[ shortest[k-1] ];
            }
            k++;  shortest[k]=0;
            for( j=k; j>0; j-- )  printf( "%d→", shortest[j] );
            printf( "%d\n", shortest[0] );
        }
    }
    return 0;
}
```

4.1.3　关于 Dijkstra 算法的进一步讨论

1. Dijkstra 算法的复杂度分析

在 Dijkstra 算法中，最主要的工作是求源点到其他 $n-1$ 个顶点的最短路径及长度，要把其他 $n-1$ 个顶点加入到集合 S 中来。每加入一个顶点前，首先要在 n 个顶点中判断每个顶点是否属于集合 T，且最终要在 dist 数组中找出元素值最小的顶点；然后对 n 个顶点，要判断每个顶点是否属于集合 T 以及是否需要更新 dist 和 path 数组元素值。所以算法的时间复杂度是 $O(n^2)$。

关于 Dijkstra 算法的进一步讨论

2. Dijkstra 算法与 Prim 算法的对比分析

Dijkstra 算法的思想和 Prim 算法的思想有很多类似之处。下面对这两个算法的执行过程进行对比分析。

(1) Dijkstra 算法的执行过程。对 $S[k]$!= 1 的顶点，选择具有最小 dist[ ] 值的顶点，设为 v_u；更新其他顶点 v_k 的 dist[k] 值：取 dist[k]=min{dist[k], dist[u] + Edge[u][k]}；Dijkstra 算法多了一个 path 数组，从而可以求得每个顶点的最短路径。

(2) Prim 算法的执行过程。对 nearvex[j] != -1 的顶点，选择具有最小 lowcost[ ] 值的顶点，设为 v；更新其他顶点 v_k 的 lowcost[k] 值，取 lowcost[k]=min{ lowcost[k], Edge[v][k] }。

4.1.4　例题解析

例 4.2　多米诺骨牌效应(Domino Effect)，ZOJ1298，POJ1135。

题目描述：

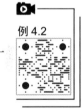

例 4.2

多米诺骨牌游戏很多人都玩过，取一些多米诺骨牌，竖着排成连续的一行，两张骨牌之间只有很短的空隙，如果排列得很好，当推倒第 1 张骨牌，会使其他骨牌连续地倒下。

编写程序，给定一个多米诺骨牌游戏，计算最后倒下的是哪一张骨牌、在什么时间倒下。多米诺骨牌游戏包含一些"关键牌"，它们之间由一行普通骨牌连接。当一张关键牌倒下时，连接这张关键牌的所有行都开始倒下。当倒下的行到达其他还没倒下的关键牌时，则这些关键牌也开始倒下，同样也使得连接到它的所有行开始倒下。每一行骨牌可以从两个端点中的任何一张关键牌开始倒下，甚至两个端点的关键牌都可以分别倒下，在这种情形下，该行最后倒下的骨牌为中间的某张骨牌。假定骨牌倒下的速度一致。

输入描述：

输入文件包含多个测试数据。每个测试数据描述了一个多米诺骨牌游戏，格式如下。第 1 行为两个整数 n 和 m，n 表示关键牌的数目($1 \leqslant n < 500$)，这 n 张牌之间用 m 行普通骨牌连接，n 张关键牌的编号为 1~n，每两张关键牌之间至多有一行普通牌，并且多米诺骨牌图案是连通的，也就是说，从一张骨牌可以通过一系列的行连接到其他每张骨牌；接下来有 m 行，每行为 3 个整数 a、b 和 t，表示第 a 张关键牌和第 b 张关键牌之间有一行普通牌连接，这一行从一端倒向另一端需要 t 秒，每个多米诺骨牌游戏都是从推倒第 1 张关键牌开始的。输入文件的最后一行为 $n=m=0$，表示输入结束。

输出描述：

对每个测试数据，输出一行"System #k"，其中 k 为测试数据序号；再输出一行，首先是最后一块骨牌倒下的时间，精确到小数点后一位有效数字，然后是最后倒下骨牌的位置，最后倒下的骨牌要么是关键牌，要么是两张关键牌之间的某张普通牌。输出格式如样例输出所示。如果存在多个解，则输出任意一个。每个测试数据的输出之后输出一个空行。

样例输入： **样例输出：**

```
2 1          System #1
1 2 27       The last domino falls after 27.0 seconds, at key domino 2.
3 3
1 2 5        System #2
1 3 5        The last domino falls after 7.5 seconds, between key dominoes 2 and 3.
2 3 5
0 0
```

分析： 样例输入中两个测试数据所描述的多米诺骨牌图案如图 4.5(a)和(b)所示。在图 4.5(a)中，先推倒第 1 张关键牌，这样第 2 张关键牌最后倒下，用时为 27 秒。在图 4.5(b)中，先推倒第 1 张关键牌，则第 2、3 张关键牌同时倒下，最后倒下的是第 2、3 张关键牌中间的某张普通骨牌，其用时为 7.5 秒。

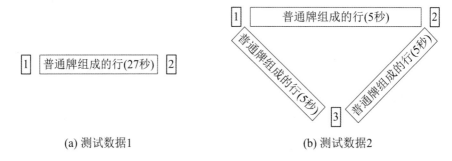

(a) 测试数据1　　　　　　　　　　　　(b) 测试数据2

图 4.5　多米诺骨牌游戏

本题要求的是，推倒第 1 张关键牌后，最后倒下的牌的位置及时间。最后倒下的牌有两种情形：①最后倒下的牌是关键牌，其时间及位置就是第 1 张关键牌到其他关键牌中最短路径的最大值及对应的关键牌；②最后倒下的牌是两张关键牌之间的某张普通牌，其时间为这两张关键牌倒下时间的一半再加上这一行倒下时间的一半，位置为这两张牌之间的某张普通牌(不一定恰好是该行正中间的那张牌，但题目并不需要具体求出是哪张牌)。

本题的求解步骤如下。

(1) 先计算每一张关键牌倒下的 time[i]。这需要利用 Dijkstra 算法求第 1 张关键牌到其他每张关键牌的最短路径长度。然后取 time[i] 的最大值，设为 maxtime1。

(2) 计算每一行完全倒下的时间。设每一行的两端的关键牌为 i 和 j，则这一行完全倒下的时间为(time[i] + time[j] + Edge[i][j])/2.0，其中 Edge[i][j] 为连接第 i、j 两张关键牌的行倒下所花的时间。取所有行完全倒下时间的最大值，设为 maxtime2。

(3) 如果 maxtime2 > maxtime1，则是第(2)种情形；否则是第(1)种情形。代码如下。

```
#define MAXN 500
#define INF 1000000          //无穷大
int n, m;                    //关键牌的数目,关键牌之间连接的数目
int Edge[MAXN][MAXN];  //邻接矩阵
int caseno=1;                //测试数据序号
int time[MAXN]; //time[i]为第 i 张关键牌倒下的时间(最先推倒第 0 张牌,存储时序号已减 1)
int S[MAXN];                 //S[i]表示关键牌 i 的倒下时间是否已计算
void solve_case( )
{
    int i, j, k;    //循环变量
    for( i=0; i<n; i++ ){ time[i]=Edge[0][i];  S[i]=0; }
    time[0]=0;  S[0]=1;
    for( i=0; i<n-1; i++ ){         //Dijkstra 算法,从顶点 0 确定 n-1 条最短路径
        int min=INF, u=0;
        for( j=0; j<n; j++ )     //选择当前集合 T 中具有最短路径的顶点 u
            if( !S[j] && time[j]<min ){ u=j;  min=time[j]; }
        S[u]=1;                  //将顶点 u 加入到集合 S,表示它的最短路径已求得
        for( k=0; k<n; k++ )     //修改 T 集合中顶点的 time 数组元素值
            if( !S[k] && Edge[u][k]<INF && time[u]+Edge[u][k]<time[k] )
                time[k]=time[u]+Edge[u][k];
    }
    double maxtime1=-INF;  int pos; //最后倒下的关键牌时间及位置
    for( i=0; i<n; i++ )
        if( time[i]>maxtime1 ){ maxtime1=time[i];  pos=i; }
    double maxtime2=-INF, t;    //每一行中间普通牌倒下的时间最大值及位置
    int pos1, pos2;
    for( i=0; i<n; i++ ){
        for( j=0; j<n; j++ ){
            t = (time[i]+time[j]+Edge[i][j])/2.0;
            if( Edge[i][j]<INF && t>maxtime2 )
            { maxtime2=t;  pos1=i;  pos2=j; }
        }
    }
    printf( "System #%d\n", caseno++ );    //输出
    printf( "The last domino falls after " );
    if( maxtime2>maxtime1 )
        printf( "%.1f seconds, between key dominoes %d and %d.\n\n",
            maxtime2, pos1+1, pos2+1 );
    else printf( "%.1f seconds, at key domino %d.\n\n", maxtime1, pos+1 );
}
int read_case( )    //读入数据
{
    int i, j, v1, v2, t;    //v1,v2,t 为每对连接的两张关键牌序号、时间
    scanf( "%d %d", &n, &m );
    if( n==0 && m==0 )  return 0;
    for( i=0; i<n; i++ )
        for( j=0; j<n; j++ )  Edge[i][j]=INF;        //INF 表示没有连接
```

```
    for( i=0; i<m; i++ ){
        scanf( "%d %d %d", &v1, &v2, &t);
        v1--;  v2--;  Edge[v1][v2]=Edge[v2][v1]=t;
    }
    return 1;
}
int main( )
{
    while( read_case( ) )  solve_case( );
    return 0;
}
```

例4.3

例 4.3 成语接龙游戏(Idiomatic Phrases Game)，ZOJ2750。

题目描述：

给 Tom 两个成语，他必须选用一组成语，该组成语中第 1 个和最后一个必须是给定的两个成语。在这组成语中，前一个成语的最后一个汉字必须和后一个成语的第一个汉字相同。Tom 有一本字典，他必须从字典中选用成语。字典中每个成语都有一个权值 T，表示选用这个成语后，Tom 需要花时间 T 才能找到下一个合适的成语。试编写程序，给定字典，计算 Tom 至少需要花多长时间才能找到一个满足条件的成语组。

输入描述：

输入文件包含多个测试数据。每个测试数据首先是一本成语字典。字典的第 1 行是一个整数 N (0<N<1 000)，表示字典中有 N 个成语。接下来有 N 行，每行包含一个整数 T 和一个成语，其中 T 表示 Tom 走出这一步所花的时间。每个成语包含多个(至少 3 个)中文汉字，每个中文汉字包含 4 位十六进制位(即 0～9，A～F)。注意，字典中第 1 个和最后一个成语为游戏中给定的起始和末尾成语。输入文件的最后一行为 N=0，代表输入结束。

输出描述：

对每个测试数据，输出一行，为一个整数，表示 Tom 所花的最少时间。如果找不到这样的成语组，则输出"–1"。

样例输入：

```
5
5 12345978ABCD2341
5 23415608ACBD3412
7 34125678AEFD4123
15 23415673ACC34123
4 41235673FBCD2156
2
20 12345678ABCD
30 DCBF5432167D
0
```

样例输出：

```
17
-1
```

分析： 假设用图中的顶点代表字典中的每个成语，如果第 i 个成语的最后一个汉字跟第 j 个成语的第 1 个汉字相同，则画一条有向边，由顶点 i 指向顶点 j，权值为题目中所提到的时间 T，即选用第 i 个成语后，Tom 需要花时间 T 才能找到下一个合适的成语。这样，样例输入中两个测试数据所构造的有向网如图 4.6 所示。

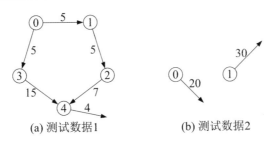

(a) 测试数据1   (b) 测试数据2

图 4.6 成语接龙游戏

构造好有向网后，问题就转化成求一条从顶点 0 到顶点 N-1 的最短路径，如果从顶点 0 到顶点 N-1 没有路径，则输出-1。例如，在图 4.6(a)中，顶点 0 到顶点 4 的最短路径长度为 17，所以输出 17；而在图 4.6(b)中从顶点 0 到顶点 1 不存在路径，所以输出-1。

因为源点是固定的，即顶点 0，所以本题采用 Dijkstra 算法求源点到第 N-1 个顶点之间的最短路径长度。代码如下。

```
#define INF 1000000000    //无穷大
#define MAXN 1000         //顶点个数最大值
struct idiom {
    char front[5], back[5];    //存储成语第 1 个和最后一个汉字
    int T;                     //选用这个成语后，Tom 需要花时间 T 才能找到下一个合适的成语
};
idiom dic[MAXN];          //字典
int N, Edge[MAXN][MAXN];  //成语个数，邻接矩阵
int S[MAXN], dist[MAXN];  //Dijkstra 算法中的 S 和 dist 数组
int main( )
{
    char s[100];     //读入的每个成语(取其第 1 个和最后一个汉字)
    int i, j, k, len;         //len 为成语的长度
    while( scanf( "%d", &N ) != EOF ){
        if( N==0 )  break;    //输入结束
        for( k=0; k<N; k++ ){
            scanf( "%d%s", &dic[k].T, s );
            len=strlen(s);
            for( i=0,j=len-1; i<4; i++, j-- ){ //取前 4 个字符、后 4 个字符
                dic[k].front[i]=s[i];  dic[k].back[3-i]=s[j];
            }
            dic[k].front[4]=dic[k].back[4]='\0';
        }
        for( i=0; i<N; i++ ){     //建图
            for( j=0; j<N; j++ ){
```

```
                    Edge[i][j]=INF;
                    if( i==j )  continue;
                    if( strcmp( dic[i].back, dic[j].front )==0 )
                        Edge[i][j]=dic[i].T;
                }
            }
            for( i=0; i<N; i++ ){      //Dijkstra算法：初始化
                dist[i]=Edge[0][i];  S[i]=0;
            }
            S[0]=1;  dist[0]=0;          //顶点 0 加入到顶点集合 S
            for( i=0; i<N-1; i++ ){    //确定 N-1 条最短路径(Dijkstra 算法)
                int min=INF, u=0;
                for( j=0; j<N; j++ )  //选择当前集合 T 中具有最短路径的顶点 u
                    if( !S[j] && dist[j]<min ){ u=j;  min=dist[j]; }
                S[u]=1;    //将顶点 u 加入到顶点集合 S，表示它的最短路径已求得
                for( k=0; k<N; k++ )    //修改 T 集合中顶点的 dist 数组元素值
                    if(!S[k] && Edge[u][k]<INF && dist[u]+Edge[u][k]<dist[k])
                        dist[k]=dist[u]+Edge[u][k];
            }
            if( dist[N-1]==INF )  printf( "-1\n" );
            else  printf( "%d\n", dist[N-1] );
        }
        return 0;
    }
```

练   习

4.1 校车路线。

题目描述：

某大学有 2 个校区，要安排校车从老校区出发，接上部分学生，再到新校区接上其余学生，到另一个学校参加程序设计竞赛。假设市区有 N 个地点(编号为 $1\sim N$)，这些地点之间有一些线路直接连接，且任何两个地点都是连通的。已知校车通过两点之间的直接线路所需的时间。假设老校区为第 1 个地点，比赛场地为第 N 个地点，新校区为第 W 个地点，$1<W<N$。现在要选择一条从地点 1 到地点 N 的路线，途经地点 W，且所需时间最短。

输入描述：

输入文件包含多个测试数据。输入文件的第 1 行为整数 T，表示测试数据数目。每个测试数据的格式为：第 1 行为 3 个整数 N、M、W，分别表示地点数、两个地点之间直接线路的数目、新校区所在的地点，$5\leqslant N\leqslant 20$，$4\leqslant M\leqslant 190$，$1<W<N$；接下来有 M 行，每行为 3 个整数 a、b 和 t，表示一条连接地点 a 和地点 b 的直接线路，校车经过这条线路所需时间为 t，$1\leqslant a$, $b\leqslant N$，$0<t\leqslant 30$。线路是没有方向的，这 M 条线路保证任何两个地点都是连通的。任何两个地点间最多只有一条直接线路，同一个地点和本身之间没有直接线路。

输出描述：

对每个测试数据，输出题目所要求解的最短时间。

样例输入：

```
1

6 9 5

1 2 2

1 3 5

1 4 30

2 3 15

2 5 8

3 6 7

4 5 4

4 6 10

5 6 18
```

样例输出：

```
24
```

4.2　纽约消防局救援(FDNY to the Rescue!)，ZOJ1053，POJ1122。

题目描述：

给定火警位置、所有消防站的位置、街道交叉路口、通过每条连接交叉路口之间道路所需的时间，根据这些信息计算每个消防站到达指定火警位置所需时间。这些时间必须按从小到大的顺序进行排序。

输入描述：

输入文件包含多个测试数据。输入文件的第 1 行为一个整数 T，表示测试数据的数目。然后是一个空行。空行后面是 T 个测试数据。测试数据之间用一个空行隔开。

每个测试数据的格式为：第 1 行为整数 $N(N<20)$，表示城市中交叉路口的数目；第 2～$N+1$ 行为 $N×N$ 的矩阵，矩阵中的元素用一个或多个空格隔开，元素 t_{ij} 表示从第 i 个交叉路口到第 j 个交叉路口所需的时间(单位为分钟)，如果 t_{ij} 值为-1，则表示从第 i 个交叉路口到第 j 个交叉路口没有直接边；第 $N+2$ 行首先是一个整数 $n(n≤N)$，代表火警位置所在的交叉路口；然后有一个或多个整数，表示消防站所处的交叉路口。

注意：(1) 行和列的序号都是从 1～N；(2) 测试数据中所有数据都是整数；(3) 测试数据保证每个消防站都是可以到达火警位置的；(4) 消防站到火警的距离为消防站所处的交叉路口到火警位置所在的交叉路口的距离。

输出描述：

每个测试数据的输出格式如下。第 1 行是列表的标题行，内容和格式如样例输出所示；从第 2 行开始每一行描述了一个消防站的信息，这些信息按消防站到达火警位置所需时间从小到大排列，这些信息包括消防站的位置(初始位置)、火警位置(目标位置)、所需时间以及最短径上的每个交叉路口。每两个测试数据的输出之间用一个空行隔开。

注意：(1) 列与列之间用<Tab>符号隔开；(2) 如果多个消防站到达的时间一样，则这些消防站之间的输出顺序任意；(3) 如果从某个消防站到火警位置所需的时间为最短时间的路径不止一条，则输出任意一条；(4) 如果火警位置和某个消防站的位置恰好是同一个交叉路口，则输出时，该消防站的输出行中，初始位置和目标位置是同一个交叉路口，所需时间为 0，最短路径上只有一个交叉路口序号，就是火警位置的序号。

样例输入：

```
1

6
0 3 4 -1 -1 -1
-1 0 4 5 -1 -1
2 3 0 -1 -1 2
8 9 5 0 1 -1
7 2 1 -1 0 -1
5 -1 4 5 4 0
2 4 5 6
```

样例输出：

```
Org Dest   Time    Path
5  2   2   5  2
4  2   3   4  5  2
6  2   6   6  5  2
```

4.3 运输物资(Transport Goods)，ZOJ1655。

题目描述：

HERO 国正被其他国家攻打。入侵者正在攻打 HERO 国的首都，因此 HERO 国的其他城市必须运输物资到首都，以支援首都。城市之间有一些道路，物资必须沿着这些道路进行运输。根据道路的长度和物资的重量，在运输途中需要花费一定的费用。每条道路的运输费用率为运输费用与物资重量的比率。运输费用率都是小于 1 的。

另外，每个城市必须等运输到这个城市的所有物资到齐后，才能将这些物资连同它本身提供的物资一起运输到下一个城市。一个城市的所有物资只能运输到其他的一个城市中。

试计算可以运输到首都的物资的最大重量。

输入描述：

输入文件包含多个测试数据。每个测试数据的第 1 行为两个整数 $N(2 \leq N \leq 100)$ 和 M，其中 N 表示城市的数目，包括首都(首都的编号为 N，其他城市的编号为 $1 \sim N-1$)，M 为道路的数目。接下来有 $N-1$ 行，第 i 行($1 \leq i \leq N-1$)为一个正整数 W($W \leq 5\ 000$)，表示该城市有重量为 W 的物资运输到首都。接下来有 M 行，描述了 M 条道路，每行有 3 个整数 A、B 和 C，表示从城市 A 到城市 B 有一条道路，其运输费用率为 C。测试数据一直到文件尾。

输出描述：

对每个测试数据，输出一行，为求得的最大重量，精确到小数点后两位有效数字。

样例输入：

```
5 6
10
10
10
10
1 3 0
1 4 0
```

样例输出：

```
40.00
```

```
2 3 0
2 4 0
3 5 0
4 5 0
```

4.4　邀请卡(Invitation Cards)，ZOJ2008，POJ1511。

题目描述：

Malidinesia 国的喜剧演员们想宣传古代喜剧。他们印制了一些邀请卡，上面是喜剧的演出信息。他们雇了一些学生志愿者来向人们发放邀请卡。每个学生被分派到一个公交站点，他(或她)整天就待在那里，向乘坐公交车的人们发放邀请卡。

公交系统很特别，所有的线路都是单向的，只连接两个站点。公交车搭载乘客，每半个小时从始发站发车。到达目的站点后，空车返回到始发站，等待下一个半小时，如 $X:00$ 或 $X:30$，其中 X 表示整点。两个站点之间的车费由一个列表指定，在站点支付。整个公交系统的路线是这样设计的：每个往返旅途，也就是说从一个站点出发，并回到同一个站点，都要通过中央检查站，在这里，每个乘客都必须通过安检。

所有学生早上从中央检查站出发，每个学生到达一个指定的站点，邀请乘客。学生的人数跟站点的数目一样。每天结束的时候，所有学生乘车回到中央检查站。试编写程序，计算喜剧演员们每天需要支付给所有学生车费的最小值。

输入描述：

输入文件包含 N 个测试数据。输入文件的第 1 行为正整数 N。接下来是 N 个测试数据。每个测试数据的第 1 行为两个整数 P 和 Q $(1 \leqslant P、Q \leqslant 1\,000\,000)$，其中 P 为公交站点的数目，包括中央检查站；Q 为公交线路的数目。接下来有 Q 行，每行描述了一条公交线路，每行有 3 个数，分别是起点站点、目标站点、车费。中央检查站站点的编号为 1。车费为正整数，所有车费总和不超过 1 000 000 000。假定每一个站点都可以到达其他任意站点。

输出描述：

对每个测试数据，输出一行，为喜剧演员们每天需要支付给学生的车费的最小值。

样例输入：

```
2
1
4 6
1 2 10
2 1 60
1 3 20
3 4 10
2 4 5
4 1 50
```

样例输出：

```
210
```

4.5 青蛙(Frogger)，ZOJ1942，POJ2253。

题目描述：

青蛙 Freddy 坐在湖中的一块石头上。突然，它看到青蛙 Fiona 在另外一块石头上。它想过去问候它。但是由于湖水太脏了，它不想游过去，而是想跳过去。不幸的是，Fiona 所在的石头离 Freddy 太远了，超出了它能跳跃的范围。因此，Freddy 考虑将其他石头作为跳板，通过连续跳几次，到达 Fiona 所在的石头。为了完成给定的连续跳跃序列，青蛙能跳跃的最大距离，很显然必须至少跟跳跃序列中最长的一次跳跃一样长。两块石头之间的青蛙距离(也称为最小最大距离)，被定义成两块石头之间所有路径中的最大跳跃距离的最小值。给定湖中 Freddy 所在的石头、Fiona 所在的石头，以及其他石头的坐标，试计算 Freddy 和 Fiona 之间的青蛙距离。

输入描述：

输入文件包含多个测试数据。测试数据的第 1 行为一个整数 n ($2 \leqslant n \leqslant 200$)，表示石头的数目。接下来有 n 行，每行为两个整数：x_i 和 y_i ($0 \leqslant x_i, y_i \leqslant 1\,000$)，代表第 i 块石头的坐标。第 1 块石头为 Freddy 所在的石头，第 2 块石头为 Fiona 所在的石头。其他 $n-2$ 块石头没被占用。输入文件最后一行为 $n=0$，代表输入结束。

输出描述：

对每个测试数据，输出的第一行为 "Scenario #x"，第二行为 "Frog Distance=y"，其中 x 为测试数据序号，测试数据序号从 1 开始计起，y 为求得的青蛙距离，为一个实数，精确到小数点后 3 位有效数字。在每个测试数据(包括最后一个测试数据)的输出之后输出一个空行。

样例输入：

```
3
17 4
19 4
18 5
0
```

样例输出：

```
Scenario #1
Frog Distance=1.414
```

4.2 边上权值为任意值的单源最短路径 问题——Bellman-Ford 算法

4.2.1 算法思想

1. Dijkstra 算法的局限性

Bellman-Ford 算法思想

Dijkstra 算法要求网络中各边上的权值大于或等于 0。如果有向网中存在带负权值的边，则采用 Dijkstra 算法求解最短路径得到的结果有可能是错误的。

例如，对图 4.7(a)所示的有向网，采用 Dijkstra 算法求得 v_0 到 v_2 的最短距离是 dist[2]，即 v_0 到 v_2 的直接边，长度为 5。但从 v_0 到 v_2 的最短路径应该是 (v_0, v_1, v_2)，其长度为 2。

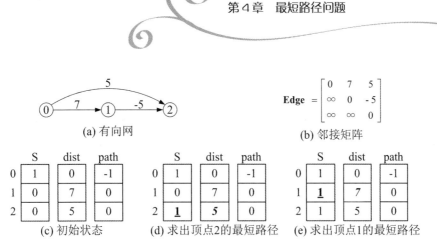

(a) 有向网　　　　　　　　　　　　(b) 邻接矩阵

(c) 初始状态　　　　(d) 求出顶点2的最短路径　　　(e) 求出顶点1的最短路径

图 4.7　有向网中存在带负权值的边，用 Dijkstra 算法求解是错误的

如果把图 4.7(a)中边<1, 2>的权值由-5 改成 5，则采用 Dijkstra 算法求解最短路径，得到的结果是正确的，如图 4.8 所示。

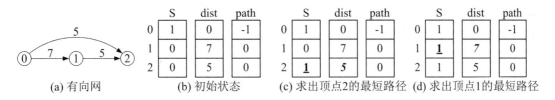

(a) 有向网　　　　(b) 初始状态　　　(c) 求出顶点2的最短路径　(d) 求出顶点1的最短路径

图 4.8　边上权值非负的有向网，用 Dijkstra 算法求解是正确的

为什么当有向网中存在带负权值的边时，采用 Dijkstra 算法求解得到的最短路径有时是错误的？这是因为 Dijkstra 算法在利用顶点 v_u 的 dist[ ]值去递推 T 集合各顶点的 dist[k]值时，前提是顶点 v_u 的 dist[ ]值是当前 T 集合中最短路径长度最小的，此后将顶点 v_u 加入 S 集合且 dist[u]不再更新。如果图中所有边的权值都是正的，这样推导是没有问题的。但是如果有负权值的边，这样推导是不正确的。例如，在图 4.7(d)中，第 1 次在 T 集合中找到 dist[ ]最小的是顶点 2，dist[2]等于 5；但是顶点 0 距离顶点 2 的最短路径是(0→1→2)，长度为 2，而不是 5，其中边<1, 2>是一条负权值边。

2. Bellman-Ford 算法思想

为了能够求解边上带有负权值的单源最短路径问题，Bellman(贝尔曼)和 Ford(福特)提出了从源点逐次途经其他顶点，以缩短到达终点的最短路径长度的方法。该方法也有一个限制条件，要求图中不能包含权值总和为负值的回路。

例如，图 4.9(a)所示的有向网中，回路(v_0, v_1, v_0)包括了一条具有负权值的边，该回路路径长度为-1。当选择的路径为(v_0, v_1, v_0, v_1, v_0, v_1, v_0, v_1, …)时，路径的长度会越来越小，这样顶点 0 到顶点 2 的路径长度最短可达-∞。如果存在这样的回路，则不能采用 Bellman-Ford 算法求解最短路径。当然，如果存在这样的回路，求最短路径也是没有意义的。

如果有向网中存在由带负权值的边组成的回路，但回路权值总和非负，则不影响 Bellman-Ford 算法的求解，如图 4.9(b)所示。

(a) 回路权值总和为负   (b) 回路权值总和为正

图 4.9   Bellman-Ford 算法：有向网中存在包含负权值边的回路

权值总和为负的回路在本书中称为**负权值回路**，在 Bellman-Ford 算法中判断有向网中是否存在负权值回路的方法，详见 4.2.3 节中的第 3 点。

假设有向网中有 n 个顶点且不存在负权值回路，对任意顶点 u 和 v，从 u 到 v 如果存在最短路径，则此路径最多有 $n-1$ 条边。这是因为如果路径上的边数超过了 $n-1$ 条时，必然会重复经过一个顶点，形成回路；而如果这个回路的权值总和为非负时，完全可以去掉这个回路，使得 u 到 v 的最短路径长度缩短。下面将以此为依据，计算从源点 v_0 到每个顶点 u 的最短路径长度 dist[u]。

Bellman-Ford 算法构造一个最短路径长度数组序列，$\text{dist}^1[u]$, $\text{dist}^2[u]$, $\text{dist}^3[u]$, $\cdots$, $\text{dist}^{n-1}[u]$，其中：

$\text{dist}^1[u]$ 为从源点 v_0 到顶点 u 的只经过一条边的最短路径长度，并有 $\text{dist}^1[u]=\text{Edge}[v_0][u]$；

$\text{dist}^2[u]$ 为从源点 v_0 出发最多经过不构成负权值回路的两条边到达 u 的最短路径长度；

……

$\text{dist}^{n-1}[u]$ 为从源点 v_0 出发最多经过不构成负权值回路的 $n-1$ 条边到达 u 的最短路径长度。

算法的最终目的是计算出 $\text{dist}^{n-1}[u]$，为源点 v_0 到顶点 u 的最短路径长度。

采用递推方式计算 $\text{dist}^k[u]$。设已经求出 $\text{dist}^{k-1}[u]$，$u=0, 1, \cdots, n-1$，此即从源点 v_0 最多经过不构成负权值回路的 $k-1$ 条边到达终点 u 的最短路径的长度。

从图的邻接矩阵可以找到各个顶点 j 到达顶点 u 的(直接边)距离 $\text{Edge}[j][u]$，$\text{dist}^{k-1}[j]$ 的含义是从源点 v_0 最多经过不构成负权值回路的 $k-1$ 条边到达终点 j 的最短路径的长度，因此 $\text{dist}^{k-1}[j]+\text{Edge}[j][u]$ 就表示从源点 v_0 出发最后经过 j 到达终点 u，且边数不超过 k 的路径的长度。计算 $\min\{\ \text{dist}^{k-1}[j] + \text{Edge}[j][u]\ \}$，可得从源点 v_0 途经各个顶点，最多经过不构成负权值回路的 k 条边到达终点 u 的最短路径的长度。

比较 $\text{dist}^{k-1}[u]$ 和 $\min\{\ \text{dist}^{k-1}[j] + \text{Edge}[j][u]\ \}$，取较小者作为 $\text{dist}^k[u]$ 的值。

因此 Bellman-Ford 算法的**递推公式**(求源点 v_0 到各顶点 u 的最短路径)如下。

初始：$\text{dist}^1[u]=\text{Edge}[v_0][u]$，$v_0$ 是源点

递推：$\text{dist}^k[u]=\min\{\ \text{dist}^{k-1}[u],\ \min\{\ \text{dist}^{k-1}[j] + \text{Edge}[j][u]\ \}\ \}$，

　　　$j=0, 1, \cdots, n-1$，$j\neq u$，$k=2, 3, 4, \cdots, n-1$

4.2.2   算法实现

Bellman-Ford 算法在实现时，需要使用以下两个数组。

(1) 使用同一个数组 dist 来存放一系列的 $\text{dist}^k[n]$，其中 $k=1, 2, \cdots, n-1$。算法结束时数组 dist 中存放的是 dist^{n-1}。

Bellman-Ford
算法实现

(2) path 数组含义同 Dijkstra 算法中的 path 数组。

Bellman-Ford 算法的具体实现代码详见例 4.4。

例 4.4　利用 Bellman-Ford 算法求有向网顶点 0 到其他各顶点的最短路径。

输入描述：

输入文件包含多个测试数据。每个测试数据的格式如下。首先是顶点个数 n；然后是每条边的数据，每条边的格式为 $u\,v\,w$，分别表示这条边的起点、终点和边上的权值，顶点序号从 0 开始计起；最后一行为 "-1 -1 -1"，表示该测试数据的结束。测试数据保证顶点 0 可以到达其他每个顶点。测试数据一直到文件尾。

输出描述：

对每个测试数据，依次输出顶点 0 到顶点 1～$n-1$ 的最短路径长度及对应的最短路径。输出格式如样例输出所示。

样例输入：

```
7
0 1 6
0 2 5
0 3 5
1 4 -1
2 1 -2
2 4 1
3 2 -2
3 5 -1
4 6 3
5 6 3
-1 -1 -1
```

样例输出：

```
1    0→3→2→1
3    0→3→2
5    0→3
0    0→3→2→1→4
4    0→3→5
3    0→3→2→1→4→6
```

分析： 样例数据描述的有向网如图 4.10(a)所示。在图 4.10(c)中，$k=1$ 时，dist 数组各元素的值 dist[u]就是 Edge[0][u]（见图 4.10(b)）。在 Bellman-Ford 算法执行过程中，dist 数组各元素值的变化如图 4.10(c)所示。在图 4.10(c)中，dist[u]的值如果有更新，则用加粗、斜体标明，u=1, 2, 3, 4, 5, 6。以 $k=2$，$u=1$ 加以解释。求 $\text{dist}^2[1]$ 的递推公式如下。

$$\text{dist}^2[1] = \min\{\,\text{dist}^1[1],\ \min\{\text{dist}^1[j] + \text{Edge}[j][1]\}\,\},\ j = 0, 2, 3, 4, 5, 6$$

所以，$k=2$ 时，dist[1]的值为

dist[1] = min { 6, min{ dist[0] + Edge[0][1], dist[2] + Edge[2][1], dist[3] + Edge[3][1],

dist[4] + Edge[4][1], dist[5] + Edge[5][1], dist[6] + Edge[6][1] } }

= min { 6, min{ 0+6, 5+(-2), 5+∞, ∞+∞, ∞+∞, ∞+∞ } }= 3

此时 dist[1]的值为从源点 v_0 出发，经过不构成负权值回路的两条边到达顶点 v_1 的最短路径长度，其路径为(v_0, v_2, v_1)。

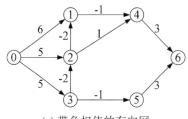

$$\mathbf{Edge} = \begin{bmatrix} 0 & 6 & 5 & 5 & \infty & \infty & \infty \\ \infty & 0 & \infty & \infty & -1 & \infty & \infty \\ \infty & -2 & 0 & \infty & 1 & \infty & \infty \\ \infty & \infty & -2 & 0 & \infty & -1 & \infty \\ \infty & \infty & \infty & \infty & 0 & \infty & 3 \\ \infty & \infty & \infty & \infty & \infty & 0 & 3 \\ \infty & \infty & \infty & \infty & \infty & \infty & 0 \end{bmatrix} \begin{matrix} 0 \\ 1 \\ 2 \\ 3 \\ 4 \\ 5 \\ 6 \end{matrix}$$

(a) 带负权值的有向网   (b) 邻接矩阵

k	$\mathrm{dist}^k[0]$	$\mathrm{dist}^k[1]$	$\mathrm{dist}^k[2]$	$\mathrm{dist}^k[3]$	$\mathrm{dist}^k[4]$	$\mathrm{dist}^k[5]$	$\mathrm{dist}^k[6]$
1	0	6	5	5	∞	∞	∞
2	0	*3*	*3*	5	*5*	*4*	∞
3	0	*1*	3	5	*2*	4	*7*
4	0	1	3	5	*0*	4	*5*
5	0	1	3	5	0	4	*3*
6	0	1	3	5	0	4	3

在递推$\mathrm{dist}^k[u]$时，有更新的$\mathrm{dist}^k[u]$用加粗、斜体标明，$u=1,2,3,4,5,6$

(c) $\mathrm{dist}^k[\ ]$的递推过程

图 4.10 Bellman-Ford 算法的求解过程

在 Bellman-Ford 算法执行过程中，path 数组的变化与 Dijkstra 算法类似，所以在图 4.10 中并没有列出 path 数组的变化过程。当顶点 0 到其他各顶点的最短路径长度求解完毕后，如何根据 path 数组求解顶点 0 到其他各顶点 v_k 的最短路径？方法跟 Dijkstra 算法中的方法完全一样，从 path[k]开始，采用"倒向追踪"方法，一直找到源点 v_0。

在下面的代码中，Bellman(int vs)函数实现了求源点 v_s 到其他各顶点的最短路径。在主函数中调用 Bellman(0)，则求解的是从顶点 0 到其他各顶点的最短路径。另外，主函数中的 shortest 数组的作用与例 4.1 代码中 shortest 数组的作用一样。代码如下。

```
#define INF 1000000        //无穷大
#define MAXN 20            //顶点个数最大值
int n, Edge[MAXN][MAXN];   //顶点个数,邻接矩阵
int dist[MAXN], path[MAXN]; //Bellman-Ford算法中的两个数组
void Bellman( int vs )     //求源点vs到其他顶点的最短路径
{
    int i, j, k, u;        //循环变量
    for( i=0; i<n; i++ ){  //初始化
        dist[i]=Edge[vs][i];
        if( i!=vs && dist[i]<INF )  path[i]=vs;
        else  path[i]=-1;
    }
    for( k=2; k<n; k++ ){ //从dist(1)[u]递推出dist(2)[u],…,dist(n-1)[u]
        for( u=0; u<n; u++ ){ //更新每个顶点的dist[u]和path[u]
            if( u!=vs ){
                for( j=0; j<n; j++ ){//考虑其他每个顶点
                    //顶点j到顶点u有直接边,且途经顶点j可以使得dist[u]缩短
                    if( Edge[j][u]<INF && dist[j]+Edge[j][u]<dist[u] )
                    { dist[u]=dist[j]+Edge[j][u];  path[u]=j; }
```

```
                }//end of for
            }//end of if
        }//end of for
    }//end of for
}
int main( )
{
    int i, j, v, u, w;          //v,u,w 为边的起点和终点及权值
    while( scanf( "%d", &n )!=EOF ){     //读入顶点个数 n
        for( i=0; i<n; i++ ){       //初始化邻接矩阵
            for( j=0; j<n; j++ ){
                if( i==j ) Edge[i][j]=0;  //对角线上的元素设置为 0
                else Edge[i][j]=INF;
            }
        }
        while( 1 ){
            scanf( "%d%d%d", &v, &u, &w );     //读入边的起点和终点
            if( v==-1 && u==-1 && w==-1 ) break;
            Edge[v][u]=w;              //构造邻接矩阵
        }
        Bellman( 0 );          //求顶点 0 到其他顶点的最短路径
        int shortest[MAXN];    //输出最短路径上的各个顶点时存放各个顶点的序号
        for( i=1; i<n; i++ ){  //输出顶点 0 到顶点 1~n 的最短路径长度及最短路径
            printf( "%d\t", dist[i] );     //输出顶点 0 到顶点 i 的最短路径长度
            //以下代码用于输出顶点 0 到顶点 i 的最短路径
            memset( shortest, 0, sizeof(shortest) );
            int k=0; shortest[k]=i;  //k 表示 shortest 数组中最后一个元素的下标
            while( path[ shortest[k] ]!=0 ){
                k++; shortest[k]=path[ shortest[k-1] ];
            }
            k++; shortest[k]=0;
            for( j=k; j>0; j-- ) printf( "%d→", shortest[j] );
            printf( "%d\n", shortest[0] );
        }
    }
    return 0;
}
```

4.2.3 关于 Bellman-Ford 算法的进一步讨论

1. Bellman-Ford 算法的本质思想

关于 Bellman-Ford 算法的进一步讨论

在从 $\text{dist}^{k-1}[\ ]$ 递推到 $\text{dist}^k[\ ]$ 的过程中，Bellman-Ford 算法的本质是对每条边 $<v, u>$(或(v, u))进行判断。设边 $<v, u>$ 的权值为 $w(v, u)$，如图 4.11 所示，如果边 $<v, u>$ 的引入会使得 $\text{dist}^{k-1}[u]$ 的值再减小，则要更新 $\text{dist}^{k-1}[u]$，即如果 $\text{dist}^{k-1}[v] + w(v, u) < \text{dist}^{k-1}[u]$，则要将 $\text{dist}^k[u]$ 的值更新为 $\text{dist}^{k-1}[v] + w(v, u)$。本书将更新 $\text{dist}^{k-1}[u]$ 的运算称为一次**松弛(slack)**。

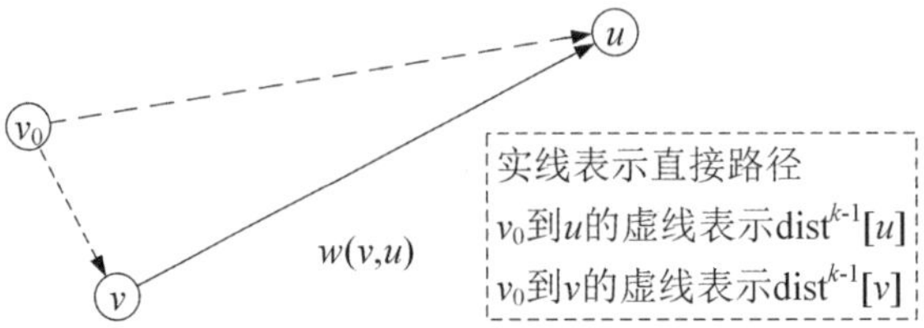

图 4.11　Bellman-Ford 算法的本质思想

按照这样的思想，Bellman-Ford 算法的递推公式可修改(求源点 v_0 到各顶点 u 的最短路径)如下。

初始：$\text{dist}^0[u]=\infty$，$\text{dist}^0[v_0]=0$，v_0 是源点，$u \neq v_0$　　(dist 数组的初始值详见后面的分析)
递推：对每条边$<v, u>$，$\text{dist}^k[u]=\min\{\text{dist}^{k-1}[u], \text{dist}^{k-1}[v]+w(v,u)\}$，　　$k=1, 2, 3, \cdots, n-1$

理解了这一点，就能理解 Bellman-Ford 算法的复杂度分析、Bellman-Ford 算法的优化等。

2. Bellman-Ford 算法的时间复杂度分析

在例 4.4 的 Bellman-Ford 算法代码中，有一个三重嵌套的 for 循环，如果使用邻接矩阵存储有向网，最内层的 if 语句的总执行次数为 n^3，所以算法的时间复杂度是 $O(n^3)$。

如果使用一维数组存储边的信息，内层的两重 for 循环可以改成一重循环，可以使算法的时间复杂度降为 $O(nm)$，其中 n 为有向网中顶点个数，m 为边的数目。具体实现方法为：将每条边的信息(两个顶点 v、u 和权值 w，可以用一个结构体，如 eg，来实现)存储到一个数组 edges 中，从 $\text{dist}^{k-1}[\ ]$ 递推到 $\text{dist}^k[\ ]$ 的过程中，对 edges 数组中的每条边$<v, u>$，判断一下边$<v, u>$的引入，是否会缩短源点 v_0 到顶点 u 的最短路径长度。这种方法的具体应用详见例 4.5、例 4.6。

根据上面的分析，可以将例 4.4 代码中的 Bellman()函数简化成如下代码。

```
void Bellman( int vs )        //求源点 vs 到其他顶点的最短路径
{
    int i, k;                 //循环变量
    for( i=0; i<n; i++ ){     //初始化 dist[ ]数组，n 为顶点数目
        dist[i]=INF; path[i]=-1;    //INF 为代表∞的常量
    }
    dist[vs]=0;
    for( k=1; k<n; k++ ){ //从 dist(0)[u]递推出 dist(1)[u], …,dist(n-1)[u]
        //判断第 i 条边<v,u>的引入，是否会缩短源点 vs 到顶点 u 的最短路径长度
        for( i=0; i<m; i++ ){      //m 为边的数目，即 edges 数组中元素个数
            if( dist[edges[i].v] != INF &&
                edges[i].w + dist[edges[i].v] < dist[edges[i].u] ){
                dist[edges[i].u]=edges[i].w+dist[edges[i].v];
                path[edges[i].u]=edges[i].v;
            }//end of if
```

```
      }//end of for
   }//end of for
}
```

其中，dist 数组中，除源点 v_0 外，其他顶点的 dist[ ] 值都初始化为∞，这样 Bellman-Ford 算法需要多递推一次，详见后面的分析。

3. Bellman-Ford 算法负权值回路的判断方法

如果存在从源点可达的负权值回路，则最短路径不存在，因为可以重复走这个回路，使得路径无穷小。在 Bellman-Ford 算法中，判断是否存在从源点可达的负权值回路的方法为：在求出 $dist^{n-1}[ ]$ 之后，再对每条边 $<v, u>$ 判断一下，加入这条边是否会使得顶点 u 的最短路径值再缩短。即判断

$$dist[v] + Edge[v][u] < dist[u]$$

是否成立，如果成立，则说明存在从源点可达的负权值回路。代码如下。

```
for( i=0; i<n; i++ ){       //采用邻接矩阵
   for ( j=0; j<n; j++ ){
      if( Edge[i][j] < INF && dist[i]+Edge[i][j]<dist[j] )
         return 0;       //存在从源点可达的负权值回路
   }
}
return 1;    //不存在从源点可达的负权值回路
```

或

```
for( i=0; i < m; i++ ){      //每条边存储在数组 edges[ ]中,m 为边的数目
   if(dist[edges[i].v]!=INF && edges[i].w+dist[edges[i].v]<dist[edges[i].u])
      return 0;                //存在从源点可达的负权值回路
}
return 1;                     //不存在从源点可达的负权值回路
```

具体应用详见例 4.14。

4. 关于 Bellman-Ford 算法中数组 dist 的初始值

在 4.2.1 节关于 Bellman-Ford 算法的描述中，dist 数组的初始值为邻接矩阵中源点 v_0 所在的行，实际上还可以采用以下方式对 dist 数组初始化：除源点 v_0 外，其他顶点的最短距离初始为∞(在程序实现时可以用一个权值不会取到的一个较大值表示)；源点 $dist[v_0]=0$。这样 Bellman-Ford 算法的第 1 重 for 循环要多执行一次，即要执行 $n-1$ 次。

5. Bellman-Ford 算法的改进

Bellman-Ford 算法是否一定要循环 $n-2$ 次，n 为顶点个数，即是否一定需要从 $dist^1[u]$ 递推到 $dist^{n-1}[u]$？

答案是未必！其实只要在某次循环过程中，考虑每条边后，都没有改变当前源点到所有顶点的最短路径长度，那么 Bellman-Ford 算法就可以提前结束了。这种思路的具体应用详见例 4.15。

6. Dijkstra 算法与 Bellman-Ford 算法比较

Dijkstra 算法和 Bellman-Ford 算法的求解过程有很大的区别,具体如下。

(1) Dijkstra 算法在求解过程中,源点到集合 S 内各顶点的最短路径一旦求出,则之后不变了,更新的仅仅是源点到 T 集合中各顶点的最短路径长度。

(2) Bellman-Ford 算法在求解过程中,每次循环每个顶点的 dist[ ] 值都有可能要更新,也就是说,源点到各顶点最短路径长度一直要到 Bellman-Ford 算法结束才确定下来。

7. Bellman-Ford 算法的其他用途

Bellman-Ford 算法不仅可以用来求最短路径,还可以用来求某种意义上的"最长"路径。其思路是:dist[ ] 的含义是从源点 v_0 到其他每个顶点的"最长"路径长度,初始时,各顶点的 dist[ ] 值为 0;在从 $\text{dist}^{k-1}[\ ]$ 递推到 $\text{dist}^k[\ ]$ 过程中,对每条边 $<v, u>$,如果这条边的引入会使得 $\text{dist}^{k-1}[u]$ 的值增加,则要修改 $\text{dist}^{k-1}[u]$。其具体应用详见例 4.5。

4.2.4 例题解析

例 4.5

例 4.5 套汇(Arbitrage),ZOJ1092,POJ2240。

题目描述:

套汇是利用汇率之间的差异,从而将 1 单位的某种货币,兑换回多于 1 单位的同种货币。例如,假定 1 美元兑换 0.5 英镑,1 英镑兑换 10.0 法郎,1 法郎兑换 0.21 美元,那么,在兑换货币的过程中,一个聪明的商人可以用 1 美元兑换到 $0.5 \times 10.0 \times 0.21 = 1.05$ 美元,这样就有 5% 的利润。编写程序,读入货币之间的汇率列表,判断是否存在套汇。

输入描述:

输入文件包含多个测试数据。每个测试数据的第 1 行为整数 n $(1 \leq n \leq 30)$,表示有 n 种不同的货币。接下来有 n 行,每行是一种货币的名称,货币名称是一个不包含空格的字符串。接下来一行是整数 m,代表汇率列表中有 m 种汇率。接下来有 m 行,每行格式为 c_i r_{ij} c_j,其中 c_i 为源货币,c_j 表示目标货币,实数 r_{ij} 表示从 c_i 到 c_j 的汇率。汇率列表中没有出现的兑换表示不能进行的兑换。

输入文件的最后一行为 $n=0$,代表输入结束。

输出描述:

对每个测试数据,输出一行。如果获得套汇,则输出"Case i: Yes";否则输出"Case i: No",其中 i 为测试数据的序号。

样例输入:	样例输出:
3	Case 1: Yes
USDollar	Case 2: No
BritishPound	
FrenchFranc	
3	
USDollar 0.5 BritishPound	
BritishPound 10.0 FrenchFranc	

```
FrenchFranc 0.21 USDollar
3
USDollar
BritishPound
FrenchFranc
6
USDollar 0.5 BritishPound
USDollar 4.9 FrenchFranc
BritishPound 10.0 FrenchFranc
BritishPound 1.99 USDollar
FrenchFranc 0.09 BritishPound
FrenchFranc 0.19 USDollar
0
```

分析： 假设用图 4.12 中的顶点代表每一种货币，如果第 i 种货币能够兑换成第 j 种货币，汇率为 c_{ij}，则画一条有向边，由顶点 i 指向顶点 j，权值为 c_{ij}。这样，样例输入中两个测试数据所构造的有向网如图 4.12(a)和(b)所示。在图 4.12(a)中，从 1 美元(顶点 0)出发，兑换回 0.5×10.0×0.21=1.05 美元，所以存在套汇，应该输出"Yes"。而在图 4.12(b)中，从 1 美元(顶点 0)出发，能兑换回 0.5×1.99=0.995 美元，或者能兑换回 0.5×10×0.09×1.99=0.895 5 美元，或者能兑换回 0.5×10×0.19×4.9×0.09×1.99=0.833 710 5 美元，不存在套汇；从其他货币出发，也不存在套汇，所以应该输出"No"。

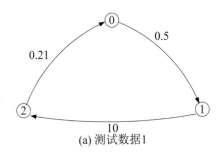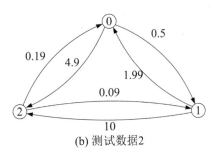

(a) 测试数据1　　　　　(b) 测试数据2

图 4.12　套汇：求最长路径

本题的求解思路是：构造好有向网后，问题就转化成判断图中是否存在某个顶点，从它出发的某条回路上权值乘积是否大于 1，大于 1 则表示存在套汇。具体求解时，可以用 Bellman-Ford 算法求从源点 v_0 出发到各个顶点 u(包括 v_0 本身)最长路径长度，只不过这里路径长度并不是权值之和，而是权值乘积。

假设 maxdist 数组存储的是源点 v_0 到其他每个顶点 u(包括 v_0 本身)的最长路径长度，其递推公式如下，其中 $c(v, u)$ 表示从第 v 种货币到第 u 种货币的汇率。

初始：$\text{maxdist}^0[v_0]=1$，v_0 是源点，$\text{maxdist}^0[u]=0$，$u \neq v_0$

递推：对每条边 $<v, u>$，$\text{maxdist}^k[u]=\max\{\text{maxdist}^{k-1}[u], \text{maxdist}^{k-1}[v] * c(v, u)\}$，$k=1, 2, 3, \cdots, n$

关于 maxdist 数组初始值和 Bellman-Ford 算法递推次数的说明如下。

(1) maxdist 数组的初始值。因为要取最大值，所以 maxdist[v]的初始值应该是一个较小的值，所以取 0。

(2) Bellman-Ford 算法递推次数。在 4.2.1 节介绍 Bellman-Ford 算法思想时，曾经提到从源点 v_0 到顶点 u 的最短路径最多有 $n-1$ 条边，但在本题中，由于要找一条回路，回到源点 v_0，所以最多有 n 条边，且多于 n 条边是没有必要的，因为如果存在套汇的话，n 条边构成的回路就能形成套汇。因此，应该从 $maxdist^0[u]$ 递推到 $maxdist^1[u]$，$maxdist^2[u]$，…，$maxdist^{(n)}[u]$。

Bellman-Ford 算法执行完毕后，如果 maxdist[v0]>1，则表示从源点 v_0 出发，存在套汇。依次将第 i 个顶点作为源点执行 Bellman-Ford 算法，如果某个顶点存在套汇，则不必判断下去了。需要说明的是，本题也可以采用 4.4 节介绍的 Floyd 算法求解。代码如下。

```
#define maxn 50              //顶点数最大值
#define maxm 1000            //边数最大值
#define max(a,b) ( (a)>(b) ? (a):(b) )
struct exchange {            //汇率关系
    int ci, cj;
    double cij;
}ex[maxm];                   //汇率关系数组
int i, j, k, n, m;           //n 为货币种类的数目；m 为汇率的数目
char name[maxn][20], a[20], b[20];   //货币名称
double x;                    //读入的汇率
double maxdist[maxn];        //源点 i 到其他每个顶点(包括它本身)的最长路径长度
int flag;                    //是否存在套汇的标志，flag=1 表示存在
int kase=0;                  //测试数据序号
int readcase( )              //读入数据
{
    scanf( "%d", &n );
    if( n==0 )  return 0;
    for( i=0; i<n; i++ )  scanf( "%s", name[i] );   //读入 n 个货币名称
    scanf( "%d", &m );
    for( i=0; i<m; i++ ){    //读入汇率
        scanf( "%s %lf %s", a, &x, b );
        for( j=0; strcmp( a, name[j] ); j++ )   ;
        for( k=0; strcmp( b, name[k] ); k++ )   ;
        ex[i].ci=j;  ex[i].cij=x;  ex[i].cj=k;
    }
    return 1;
}
void bellman( int vs ) //Bellman 算法,求源点 vs 到每个顶点(包含它本身)的最大距离
{
    flag=0;
    memset( maxdist, 0, sizeof(maxdist) );     //初始化 maxdis 数组
    maxdist[vs]=1;
    for( k=1; k<=n; k++ ){   //从 maxdist(0)递推到 maxdist(1),...,maxdist(n)
        for( i=0; i<m; i++ ){      //判断每条边,加入它是否能使得最大距离增加
```

```
        if( maxdist[ex[i].ci]*ex[i].cij>maxdist[ex[i].cj] )
            maxdist[ex[i].cj]=maxdist[ex[i].ci]*ex[i].cij;
        }
    }
    if( maxdist[vs]>1.0 )  flag=1;
}
int main( )
{
    while( readcase( ) ){      //读入货币种类的数目
        for( i=0; i<n; i++ ){
            bellman( i );      //从第 i 个顶点出发求最长路径
            if( flag )  break;
        }
        if( flag )  printf( "Case %d: Yes\n", ++kase );
        else  printf( "Case %d: No\n", ++kase );
    }
    return 0;
}
```

例 4.6 门(The Doors)，ZOJ1721，POJ1556。

题目描述：

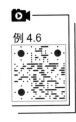
例 4.6

在一个布置了障碍墙的房间里求一条最短路径。房间的边界为 $x=0$，$x=10$，$y=0$，$y=10$。路径的起始位置为(0, 5)，目标位置为(10, 5)。在房间布置了一些竖直的墙，墙的数目范围为 0～18，每堵墙有两个门。图 4.13(a)和(b)描述了这样的房间，并显示了最短路径。

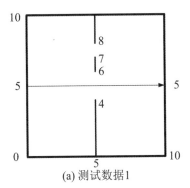
(a) 测试数据1

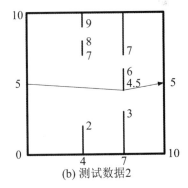
(b) 测试数据2

图 4.13 布满墙的房间

输入描述：

输入文件包含多个测试数据，每个测试数据描述了一个房间。每个测试数据的格式如下。

第 1 行为一个整数 n，表示房间内竖直墙的数目。接下来有 n 行，每行描述了一堵竖直的墙，用 5 个实数表示：第 1 个实数为墙的 x 坐标($0<x<10$)；其他 4 个实数为这堵墙上两扇门的两个端点的 y 坐标。n 堵墙以 x 坐标的升序顺序给出，每堵墙的数据中，4 个 y 坐标也以升序顺序出现。输入文件最后一行为 $n=-1$，表示输入结束。

输出描述：

对每个测试数据，输出一行，为求得的最短路径长度，保留小数点后两位有效数字。

样例输入：

```
1
5 4 6 7 8
2
4 2 7 8 9
7 3 4.5 6 7
-1
```

样例输出：

```
10.00
10.06
```

分析： 本题样例输入中两个测试数据所描述的房间如图4.13(a)和(b)所示。

本题要求平面上两个点(0,5)和(10,5)之间的最短距离。如果要采用本章介绍的最短路径算法进行求解，关键是如何构造一个有向网(或无向网)。本题构造无向网的方法为：以(0,5)为第0个顶点，以(10,5)为最后一个顶点，对每堵墙中的两扇门，每个端点对应无向网中的一个顶点，这样整个无向网的顶点数为$4n+2$，n是墙的数目；顶点a和b之间如果被某堵墙阻挡了，则不能连边，否则在它们之间连一条边，其长度就是它们之间的距离。

例如，在图4.14中，点(0,5)和点(10,5)就不能连线，因为尽管它们没被第1堵墙阻挡，但被第2堵墙阻挡了。每堵墙实际上是由3段组成的，如图4.14中，第2堵墙由(7,0)~(7,3)、(7,4.5)~(7,6)、(7,7)~(7,10)这3段组成。只要顶点a和顶点b被第i堵墙某一段阻挡，那么它们就被第i堵墙阻挡了。

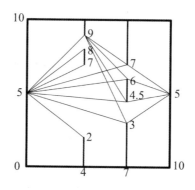

图4.14　布满墙的房间：网络的构造

判断顶点a和顶点b是否被某段墙的某段阻挡，方法是：如果这段墙的两个端点同时位于顶点a和顶点b所确定的直线下方或上方，则它们没被这段墙阻挡；否则如果两个端点一个位于直线上方，另一个端点位于下方，则它们被这段墙阻挡了。代码如下。

```
#define INF 2000000000
#define MAXN 100
struct POINT{        //平面上点的坐标
    double x, y;
};
struct EDGE{         //边
    int v, u;
```

```
};
int i, j, n;                //n 为房间里墙的数目
double wX[20];              //每堵墙的 x 坐标(升序)
POINT p[MAXN];              //存储起点、每扇门的两个端点、终点的平面坐标
int pSize;                  //点的数目(含起点、终点)
double pY[20][4];           //pY[i][0]~[3]为第 i 堵墙的 4 个 y 坐标
double g[MAXN][MAXN];       //邻接矩阵
EDGE e[MAXN*MAXN];          //存储构造的每条边
int eSize;                  //边的数目
double Dis( POINT a, POINT b )    //求平面上两个点之间的距离
{
    return sqrt( (a.x-b.x)*(a.x-b.x)+(a.y-b.y)*(a.y-b.y) );
}
//判断点(x3,y3)是否位于点(x1,y1)和(x2,y2)所确定的直线的上方还是下方
//返回值>0 表示(x3,y3)位于直线上方，<0 表示位于下方
double Cross(double x1,double y1,double x2,double y2,double x3,double y3)
{
    return (x2-x1)*(y3-y1) - (x3-x1)*(y2-y1);
}
bool IsOk( POINT a, POINT b )      //在构造有向网时判断两个点之间能否连一条边
{
    if( a.x>=b.x )  return false;
    bool flag=true;                    //是否能提前结束判断的状态变量
    int i=0;
    while( wX[i]<=a.x && i<n )  i++;
    while( wX[i]<b.x && i<n ){    //判断点 a 和 b 之间是否被第 i 堵墙阻挡
        if( Cross(a.x, a.y, b.x, b.y, wX[i], 0)
            *Cross(a.x,a.y,b.x,b.y,wX[i],pY[i][0])<0  //a 和 b 被第 1 段阻挡
            || Cross(a.x, a.y, b.x, b.y, wX[i], pY[i][1])
            *Cross(a.x,a.y,b.x,b.y,wX[i],pY[i][2])<0  //a 和 b 被第 2 段阻挡
            || Cross(a.x, a.y, b.x, b.y, wX[i], pY[i][3])
            *Cross(a.x, a.y, b.x, b.y, wX[i], 10)<0) //a 和 b 被第 3 段阻挡
        { flag=false;  break; }
        i++;
    }
    return flag;
}
double BellmanFord( int beg, int end ) //求起始顶点 beg 到终止顶点 end 的最短距离
{
    double d[MAXN];     //起点 beg 到其他每个顶点的最短距离
    int i, j;
    for( i=0; i<MAXN; i++ )  d[i]=INF;
    d[beg]=0;
    bool ex=true;     //是否可以提前退出 Bellman 循环的状态变量
    for( i=0; i<pSize && ex; i++ ){    //Bellman 算法
        ex=false;
```

```
        for(j=0;j<eSize;j++){  //判断每条边(v,u),能否使顶点u的最短路径距离缩短
            if(d[e[j].v]<INF && d[e[j].u]>d[e[j].v] + g[e[j].v][e[j].u]){
                d[e[j].u]=d[e[j].v]+g[e[j].v][e[j].u];  ex=true;
            }
        }
    }
    return d[end];    //返回起点beg到终点end的最短路径距离
}
void Solve( )
{
    p[0].x=0;  p[0].y=5;  pSize=1;  //起点
    for( i=0; i<n; i++ ){
        scanf( "%lf", &wX[i] );     //读入每堵墙的x坐标
        for( j=0; j<4; j++ ){
            p[pSize].x=wX[i];
            scanf("%lf", &p[pSize].y);     //读入墙上两扇门的y坐标
            pY[i][j]=p[pSize].y;  pSize++;
        }
    }
    p[pSize].x=10;  p[pSize].y=5;  pSize++;  //终点
    for( i=0; i<pSize; i++ )     //初始化邻接矩阵g
        for( j=0; j<pSize; j++ )  g[i][j]=INF;
    eSize=0;     //边的数目
    for( i=0; i<pSize; i++ ){
        for( j=i+1; j<pSize; j++ ){
            if( IsOk( p[i], p[j] ) ){  //判断第i个点和第j个点是否连线
                g[i][j]=Dis( p[i], p[j] );     //邻接矩阵
                e[eSize].v=i;  e[eSize].u=j;  //边
                eSize++;
            }
        }
    }
    //求第0个顶点到第pSize-1个顶点之间的最短距离
    printf( "%.2lf\n", BellmanFord( 0, pSize-1 ) );
}
int main( )
{
    while( scanf("%d", &n)!=EOF ){
        if( n==-1 )  break;
        Solve( );
    }
    return 0;
}
```

练　习

4.6　电影系列题目之《决战猩球》。

题目描述：

2001 年，好莱坞拍摄了科幻电影《决战猩球》。电影的故事情节如下。公元 2029 年，人类为了寻求更大的生活空间而前往其他星球发展，宇航员里奥独自一人驾驶航天飞机探索宇宙，却不幸迷失于星际间，坠毁在一个未知星球的沼泽丛林中，当他苏醒过来，才发现自己已被一群猿人团团包围。在影片中，时空隧道将里奥带到公元 2472 年，返回到地球时，又回到了公元 2181 年……

在本题中，太阳系由若干个星球组成，星球之间由时空隧道连接，构成连通的星球网络。连接两个星球的时空隧道可能会将时间推后，也可能会将时间提前。给定星球网络，判断宇航员里奥是否能从某个星球出发、经过一些时空隧道和星球后、最后返回到出发的星球时的时间是提前的(因为里奥再也不想生活在被猿人统治的黑暗时代里)。

输入描述：

输入文件包含多个测试数据。输入文件的第 1 行为整数 T，表示测试数据数目。每个测试数据的格式如下。第 1 行为 2 个整数 N、M ($5 \leqslant N \leqslant 20$, $4 \leqslant M \leqslant 380$)，分别表示星球数(编号为 1~$N$)、连接两个星球的时空隧道数(时空隧道是有方向的)；接下来有 M 行，每行为 3 个整数 a、b 和 t ($1 \leqslant a, b \leqslant N$, $0 < t \leqslant 30$ 或 $-30 \leqslant t < 0$)，表示一条从星球 a 到星球 b 的有向时空隧道，里奥驾驶航天飞机通过该隧道后时间会推后 t 年($t>0$)，或提前 $-t$ 年($t<0$)。测试数据保证从一个星球到另一个星球的时空隧道最多有一条，不存在连接同一个星球的时空隧道，每条时空隧道不会重复出现，从每个星球出发能达到任何一个星球(包括它本身)。

输出描述：

对每个测试数据，如果里奥能从某个星球出发，经过一些时空隧道和星球后，最后返回到出发的星球时的时间是提前的，则输出"yes"，否则输出"no"。

样例输入：

```
1
6 10
1 2 -17
1 5 -14
2 1 20
2 3 12
3 4 13
4 2 -30
4 3 -7
4 5 -12
5 1 21
5 4 15
```

样例输出：

```
yes
```

4.7 最小运输费用(Minimum Transport Cost)，ZOJ1456。

题目描述：

有 N 个城市，一些城市之间有直接运输线路。现在有一些货物需要从一个城市运往另一个城市。运输费用包含通过两个城市之间运输线路的费用和通过一个城市时必须缴纳的税(起点城市和目标城市除外)两部分。给定起点城市和目标城市，求最小费用线路。

输入描述：

输入文件包含多个测试数据。每个测试数据的第 1 行为一个整数 N ($N=0$ 表示输入结束)，表示城市的数目，城市序号从 1 开始计起。接下来有 N 行，每行有 N 个数，第 i 行第 j 个数 a_{ij} 表示连接城市 i 和城市 j 的线路的费用，$a_{ij}=-1$ 表示这两个城市之间没有直接线路。接下来一行为 N 个数，每个数 b_i 代表通过城市 i 需要缴纳的税。接下来有若干行，每行为两个整数 c 和 d，表示货物需要从城市 c 运往城市 d。最后一行为 "-1 -1"，代表起点、目标城市序列结束，也代表该测试数据结束。

输出描述：

对每个测试数据中的每对起点、目标城市序列，输出最小费用的路线及经过的城市，格式如样例输出所示。注意，如果某对城市之间具有最小费用的线路不止一条，则输出字典序最小的那条。每个测试数据的输出之后，输出一个空行。

样例输入：
```
5
0 3 22 -1 4
3 0 5 -1 -1
22 5 0 9 20
-1 -1 9 0 4
4 -1 20 4 0
5 17 8 3 1
1 3
3 5
-1 -1
0
```

样例输出：
```
From 1 to 3 :
Path: 1-->5-->4-->3
Total cost : 21

From 3 to 5 :
Path: 3-->4-->5
Total cost : 16
```

4.8 洞穴袭击(Cave Raider)，ZOJ1791，POJ1613。

题目描述：

有一座大山，山里有很多洞穴，这些洞穴通过地道连接。每条地道连接两个洞穴，两个洞穴之间可能有多条地道连接着。一个恐怖分子的首领藏在其中一个洞穴里。在地道和洞穴的接合处，有一扇门。有时，恐怖分子通过关闭两端的门，从而封锁整个地道，然后"清理"地道。当恐怖分子清理地道时，地道中的人都将死亡。当清理完毕，门又会被开启，地道又可以用了。现在，军人已经查明恐怖分子首领藏在哪个洞穴里，而且，他已经知道了恐怖分子清理地道的安排表。军人准备深入到洞穴中，把恐怖分子首领抓出来。请帮助他以最短的时间到达首领所在的洞穴，并确保军人不会被关在某个地道中。

输入描述：

输入文件包含多个测试数据。每个测试数据的第 1 行为 4 个正整数 n、m、s、t ($1 \leqslant s, t$ $\leqslant n \leqslant 50$, $m \leqslant 500$)，用空格隔开，其中 n 表示洞穴的数目，这些洞穴的编号为 1, 2, …, n；m 为地道的数目，编号为 1, 2, …, m；s 为军人在时刻 0 所在的洞穴编号；t 为恐怖分子首领所在的洞穴。接下来 m 行为 m 条地道的信息，每行为一个整数序列，至多有 35 个整数，用空格隔开；前两个整数为该地道的两个端点所在的洞穴的编号，第 3 个整数为军人通过地道的时间，剩下的整数为一个递增的整数序列，每个整数都不超过 10 000，为该地道的一些关闭和开启时间。

例如，如果这一行为 10 14 5 6 7 8 9，则表示这条地道连接第 10、14 两个洞穴，通过这条地道花费 5 个单位时间，地道会在时刻 6 关闭、时刻 7 开启，时刻 8 又关闭、时刻 9 又开启。注意，这条地道从时刻 6 到时刻 7 会被清理，然后从时刻 8 到时刻 9 又被清理，然后就永远开着。

输入文件的最后一行为一个 0，代表输入结束。

输出描述：

对每个测试数据，输出一行。如果军人能到达第 t 个洞穴，则输出最短时间；如果不能到达，则输出字符"*"。注意，开始时刻为时刻 0，因此，如果 $s=t$，即军人和恐怖分子首领在同一个洞穴，则输出 0。

样例输入：

```
2 2 1 2
1 2 5 4 10 14 20 24 30
1 2 6 2 10 22 30
```

样例输出：

```
16
```

4.3 Bellman-Ford 算法的改进——SPFA 算法

4.3.1 算法思想

Bellman-Ford 算法的时间复杂度比较高，为 $O(n^3)$ 或 $O(nm)$，原因在于 Bellman-Ford 算法要递推 $n-2$ 次或 $n-1$ 次，每次递推，扫描所有的边，在递推 n 次的过程中很多判断是多余的。**SPFA (Shortest Path Faster Algorithm) 算法** 是 Bellman-Ford 算法的一种队列实现，减少了不必要的冗余判断。

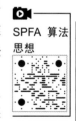

SPFA 算法的大致流程是用一个队列来进行维护。初始时将源点加入队列。每次从队列中取出一个顶点，并对所有与它相邻的顶点进行松弛，若某个相邻的顶点松弛成功，则将其入队列。重复这样的过程直到队列为空时算法结束。

SPFA 算法，简单地说，就是队列优化的 Bellman-Ford 算法，是根据"每个顶点的最短距离不会更新次数太多"的特点来进行优化的。SPFA 算法可以在 $O(km)$ 的时间复杂度内求出源点到其他所有顶点的最短路径，并且可以处理负权值边。k 为每个顶点入队列的平均次数，通常 k 为 2 左右。

与 Bellman-Ford 算法类似，SPFA 算法也使用 dist[i] 存储源点 v_0 到顶点 v_i 的最短路径长度，用 path[i]存储最终求得的源点 v_0 到顶点 v_i 的最短路径上顶点 v_i 的前一个顶点的序号。初始时，dist[v_0]=0，其余元素值均为∞；path[i]均为 v_0(注意，将 path[i]初始化为-1 也不影响 SPFA 算法运行，$i \neq v_0$)；并将源点 v_0 入队列。

SPFA 算法的实现过程如下。

(1) 取出队列头顶点 v，扫描从顶点 v 发出的每条边，设每条边的终点为 u，边<v, u>的权值为 w，如果 dist[v] + w < dist[u]，则将 dist[u]更新为 dist[v] + w，将 path[u]更新为 v，

SPFA 算法
的实现过程

若顶点 u 不在当前队列中，还要将顶点 u 入队列；如果 dist[v] + w < dist[u]不成立，则对顶点 u 不做任何处理。

(2) 重复执行步骤(1)直至队列为空。

SPFA 算法在形式上和广度优先搜索非常类似，不同的是广度优先搜索中一个顶点出了队列后一般不会再进入队列，但是 SPFA 中一个顶点可能在出队列之后再次被放入队列。也就是说，一个顶点改进过其他的顶点之后，过了一段时间可能本身被改进，于是再次用来改进其他的顶点，这样反复迭代下去。

4.3.2 算法实现

例 4.7 利用 SPFA 算法求有向网顶点 0 到其他各顶点的最短路径。

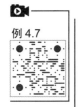
例 4.7

输入描述：

输入文件包含多个测试数据。每个测试数据的格式如下。首先是顶点个数 n，然后是每条边的数据；每条边的格式为 $u\ v\ w$，分别表示这条边的起点、终点和边上的权值，顶点序号从 0 开始计起。最后一行为"-1 -1 -1"，表示该测试数据的结束。测试数据保证顶点 0 可以到达其他每个顶点。测试数据一直到文件尾。

输出描述：

对每个测试数据，依次输出顶点 0 到顶点 1~n-1 的最短路径长度及对应的最短路径，输出格式如样例输出所示。

样例输入：
```
7
0 1 6
0 2 5
0 3 5
1 4 -1
2 1 -2
2 4 1
3 2 -2
3 5 -1
4 6 3
5 6 3
-1 -1 -1
```

样例输出：
```
1    0→3→2→1
3    0→3→2
5    0→3
0    0→3→2→1→4
4    0→3→5
3    0→3→2→1→4→6
```

分析：样例数据描述的有向网如图 4.15 所示。因为 SPFA 算法在执行过程中需要扫描

队列头顶点发出的每条边，所以在实现 SPFA 算法时用邻接表(出边表)存储图便于算法的处理。图 4.15(a)所示的有向网，其邻接表存储如图 4.15(b)所示。

(a) 带负权值的有向网　　(b) 邻接表

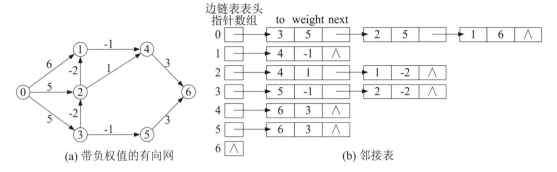

图 4.15　有向网及其邻接表存储表示

SPFA 算法的执行过程如图 4.16 所示。dist 数组和 path 数组的初始值如图 4.16(a)所示。首先将源点 v_0 入队列。图 4.16(b)描绘了第 1 次取出队列头顶点并更新 dist、path 数组的情形：将队列头顶点(即顶点 v_0)取出后，要判断它发出的每条有向边，看是否能松弛每条有向边的终点，因此在图 4.16(b)中更新了顶点 v_3、v_2、v_1 的 dist、path 数组元素值，并将它们一一入队列。图 4.16(c)～(h)所示为其余过程。在图 4.16(h)中，取出队列头顶点(即顶点 6)并做检查后，队列为空，所以下一次无法从队列中取出顶点。至此，SPFA 算法执行完毕。

队列		dist[ ]	path[ ]
0	0	0	0
	1	∞	0
	2	∞	0
	3	∞	0
	4	∞	0
	5	∞	0
	6	∞	0

(a) 初始

队列		dist[ ]	path[ ]
3	0	0	0
2	1	**6**	0
1	2	**5**	0
	3	**5**	0
	4	∞	0
	5	∞	0
	6	∞	0

(b) 顶点0出队列

队列		dist[ ]	path[ ]
2	0	0	0
1	1	6	0
5	2	**3**	**3**
	3	5	0
	4	∞	0
	5	**4**	**3**
	6	∞	0

(c) 顶点3出队列

队列		dist[ ]	path[ ]
1	0	0	0
5	1	**1**	**2**
4	2	3	3
	3	5	0
	4	**4**	**2**
	5	4	3
	6	∞	0

(d) 顶点2出队列

队列		dist[ ]	path[ ]
5	0	0	0
4	1	1	2
	2	3	3
	3	5	0
	4	**0**	**1**
	5	4	3
	6	∞	0

(e) 顶点1出队列

队列		dist[ ]	path[ ]
4	0	0	0
6	1	1	2
	2	3	3
	3	5	0
	4	0	1
	5	4	3
	6	**7**	**5**

(f) 顶点5出队列

队列		dist[ ]	path[ ]
6	0	0	0
	1	1	2
	2	3	3
	3	5	0
	4	0	1
	5	4	3
	6	**3**	**4**

(g) 顶点4出队列

队列		dist[ ]	path[ ]
	0	0	0
	1	1	2
	2	3	3
	3	5	0
	4	0	1
	5	4	3
	6	3	4

(h) 顶点6出队列

图 4.16　SPFA 算法的求解过程

代码如下。

```
#define INF 1000000     //无穷大
#define MAXN 20
struct ArcNode {          //边结点
    int to, weight;  ArcNode *next;
};
```

```
queue<int> Q;                //队列中的结点为顶点序号
int n;                       //顶点个数
ArcNode* List[MAXN];         //每个顶点的边链表表头指针
int inq[MAXN];               //每个顶点是否在队列中的标志
int dist[MAXN], path[MAXN];  //SPFA 算法中的两个数组
void SPFA( int src )
{
    int i, v;     //v 为队列头顶点序号
    ArcNode* temp;
    for( i=0; i<n; i++ ){    //初始化
        dist[i]=INF; path[i]=src; inq[i]=0;
    }
    dist[src]=0; path[src]=src; inq[src]++;
    Q.push( src );
    while( !Q.empty() ){
        v=Q.front( ); Q.pop( ); inq[v]--;
        temp=List[v];
        while( temp!=NULL ){
            int u=temp->to;
            if( dist[u]>dist[v]+temp->weight ){   //松弛
                dist[u]=dist[v]+temp->weight; path[u]=v;
                if( !inq[u] ){ Q.push(u); inq[u]++; }
            }
            temp=temp->next;
        }
    }
}
int main( )
{
    int i, j, v, u, w;     //v,u,w 为边的起点和终点及权值
    while( scanf( "%d", &n )!=EOF ){     //读入顶点个数 n
        memset( List, 0, sizeof(List) );
        ArcNode* temp;
        while( 1 ){
            scanf( "%d%d%d", &v, &u, &w );     //读入边的起点、终点和权值
            if( v==-1 && u==-1 && w==-1 )  break;
            temp=new ArcNode;
            temp->to=u; temp->weight=w; temp->next=NULL;
            if( List[v]==NULL )  List[v]=temp;  //构造邻接表
            else{ temp->next=List[v]; List[v]=temp; }
        }
        SPFA( 0 );    //求顶点 0 到其他顶点的最短路径
        for( j=0; j<n; j++ ){     //释放边链表上各边结点所占用的存储空间
            temp=List[j];
            while( temp!=NULL ){
                List[j]=temp->next; delete temp; temp=List[j];
            }
```

```
    }
    int shortest[MAXN];        //输出最短路径上的各个顶点时存放各个顶点的序号
    for( i=1; i<n; i++ ){
        printf( "%d\t", dist[i] );        //输出顶点 0 到顶点 i 的最短路径长度
        //以下代码用于输出顶点 0 到顶点 i 的最短路径
        memset( shortest, 0, sizeof(shortest) );
        int k=0;  shortest[k]=i;  //k 表示 shortest 数组中最后一个元素的下标
        while( path[ shortest[k] ]!=0 ){
            k++; shortest[k]=path[ shortest[k-1] ];
        }
        k++;  shortest[k]=0;
        for( j=k; j>0; j-- )  printf( "%d->", shortest[j] );
        printf( "%d\n", shortest[0] );
    }
    }
    return 0;
}
```

4.3.3　关于 SPFA 算法的进一步讨论

1. SPFA 算法的时间复杂度分析

关于 SPFA
算法的进一
步讨论

在 SPFA 算法中，如果每个顶点都入队列一遍，则将扫描有向网中每条边一次且仅一次，没有重复，其时间复杂度为 $O(m)$；如果每个顶点平均入队列 k 次，则 SPFA 算法的时间复杂度为 $O(km)$。通常的情况，k 为 2 左右。例如，对图 4.16 所示的例子，顶点数 n 为 7，各顶点入队列的顺序为 0, 3, 2, 1, 5, 4, 6，总次数为 7，$k=1$。

2. SPFA 算法中判断负权值回路的方法

在 SPFA 算法中，如果一个顶点入队列的次数超过 n，则表示有向网中存在负权值回路。需要额外再记录每个顶点入队列的次数。具体判断方法请参考例 4.9。

3. 单源最短路径算法时间复杂度的下界

现已证明，对于单源最短路径问题的算法，其时间复杂度的下界为 $O(m)$。这是很显然的，因为对任意一个单源最短路径算法来说，要是它不"查完"所有的边，那么这样的算法就不可能是正确的。所以不难相信，$O(m)$ 时间复杂度的单源最短路径算法是最好的算法。

4.3.4　例题解析

例 4.8　奶牛派对(Silver Cow Party)，POJ3268。
题目描述：

例 4.8

有 N $(1 \leqslant i \leqslant 1\,000)$ 个农场，编号为 1～N，每个农场有一头奶牛。这些奶牛将参加在 X 号农场举行的派对$(1 \leqslant X \leqslant N)$。这 N 个农场之间有 M $(1 \leqslant M \leqslant 100\,000)$ 条单向路，通过第 i 条路将需要花费 T_i $(1 \leqslant T_i \leqslant 100)$ 单位时间。每头奶牛必须走着去参加派对。派对开完以后，返回到它的农场。每头奶牛都很

懒，所以总是选择一条具有最短时间的最优路径。每头奶牛的往返路线是不一样的，因为所有的路都是单向的。对所有的奶牛来说，花费在去派对的路上和返回农场的最长时间是多少？

输入描述：

测试数据的格式为：第 1 行为 3 个整数 N、M 和 X；第 2～M+1 行描绘了 M 条单向路，其中第 i+1 行描绘了第 i 条路，为 3 个整数 A_i、B_i 和 T_i，表示这条路是从 A_i 农场通往 B_i 农场，所需时间为 T_i。

输出描述：

输出一行，为所有奶牛必须花费的最大时间。

样例输入：	样例输出：
4 8 2	10
1 2 4	
1 3 2	
1 4 7	
2 1 1	
2 3 5	
3 1 2	
3 4 4	
4 2 3	

分析： 样例数据所描绘的有向网如图 4.17 所示。在该测试数据中，第 4 头奶牛去派对的路上，花费时间最少的路径为从农场 4→农场 2，时间为 3；返回农场花费时间最少的路径为从农场 2→农场 1→农场 3→农场 4，时间为 7；总时间为 10。其他奶牛到农场 2 并返回自己的农场所花费的最少时间都比 10 要少，所以答案是 10。

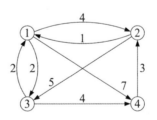

图 4.17 奶牛派对

本题两次运用 SPFA 算法求最短距离。

(1) 以农场 X 为源点，各顶点的出边构成邻接表，求源点到各农场的最短距离，该距离是从农场 X 到各农场(即从 X 返回各农场)的最少时间。

(2) 以农场 X 为源点，各顶点的入边作为出边，构成邻接表，求源点到各农场的最短距离，该距离是从各农场到农场 X 的最少时间。

将两个最少时间加起来，得到每头奶牛往返农场 X 的最少时间，本题要求的是这些最少时间的最大值。

此外，为了避免申请和释放存储边结点内存空间带来的时间开销，以下代码没有采用 1.2.3 节中的方法来构造邻接表，而是用一个静态数组 temp 存储 2M 个边结点。代码如下。

```
#define MAXN 1010
#define MAXM 100100
#define INF 1000000
struct NODE {           //邻接表中的边结点
    int to, w;  NODE *next;
};
NODE temp[MAXM*2];  //存储 2*M 个边结点
NODE edge[MAXN], redge[MAXN];   //正向图和反向图各顶点的边链表表头指针
int pos=0;             //temp 数组中的存储位置
int dist[MAXN];        //SPFA 算法中的 dist 数组
int N, M, X;           //输入数据
queue<int> Q;          //队列
bool visited[MAXN];              //标志数组,记录顶点是否在队列中
void SPFA( int direction )   //SPFA 算法,direction 表示方向,0 为正向,1 为反向
{
    int v, i;     //v 为队列头顶点
    NODE *ptr;     //指向 v 的边链表中各边结点
    memset( visited, 0, sizeof( visited ) );
    for( i=1; i<=N; ++i )  dist[i]=INF;
    dist[X]=0;  Q.push(X);     //X 入队列
    while( !Q.empty() ){
        v=Q.front();  Q.pop();  visited[v]=false;
        if( direction==0 )  ptr=edge[v].next;
        else  ptr=redge[v].next;
        while( ptr ){
            if( dist[v]+ptr->w < dist[ptr->to] ){//边<v,ptr->to>
                dist[ptr->to] = dist[v]+ptr->w; //松弛操作
                if( !visited[ptr->to] ){  //顶点不在队列中则入队列
                    Q.push(ptr->to);  visited[ptr->to]=true;
                }
            }
            ptr=ptr->next;
        }
    }
}
void Insert( const int& x, const int& y, const int& w )  //对邻接表进行插入
{
    NODE *ptr=&temp[pos++];  //正向边链表的边结点
    ptr->to=y;  ptr->w=w;  ptr->next=edge[x].next;  edge[x].next=ptr;
    ptr=&temp[pos++];          //反向边链表的边结点
    ptr->to=x;  ptr->w=w;  ptr->next=redge[y].next;  redge[y].next=ptr;
}
int main( )
{
    int i, x, y, w;
    int ans[MAXN], MaxTime;              //每头奶牛的最短时间以及最短时间的最大值
```

```
scanf("%d %d %d", &N, &M, &X);  //输入数据
for( i=1; i<=N; ++i )            //初始化表头指针
    edge[i].next = redge[i].next = NULL;
for( i=0; i<M; ++i ){            //对每条边,在 temp 数组中添加两个边结点
    scanf( "%d %d %d", &x, &y, &w );
    Insert( x, y, w );
}
MaxTime=0;  memset( ans, 0, sizeof(ans) );
SPFA( 0 );   //正向求最短路径
for( i=1; i<=N; ++i )
    if( i!=X )  ans[i]+=dist[i];
SPFA( 1 );   //反向求最短路径,并累加最短时间
for( i=1; i<=N; ++i ){
    if( i!=X ){
        ans[i]+=dist[i];
        if( ans[i]>MaxTime )  MaxTime=ans[i];  //取最短时间的最大值
    }
}
printf("%d\n", MaxTime);
return 0;
}
```

例 4.9
例 4.9   昆虫洞(Wormholes),POJ3259。

题目描述:

John 的农场有许多奇怪的单向的昆虫洞,从入口到出口,会使得时间倒退一段。John 的农场包含 N ($1 \leqslant N \leqslant 500$)块地,编号从 $1 \sim N$,这 N 块地之间有 M ($1 \leqslant M \leqslant 2\ 500$)条路、$W$ ($1 \leqslant W \leqslant 200$)个昆虫洞。John 是一个狂热的时间旅行迷,他想尝试着做这样一件事:从某块地出发,通过一些路径和昆虫洞,返回到出发点,并且时间早于出发时间,这样或许他可以遇到他自己。试帮助 John 判断是否可行。每条路走完所需时间不超过 10 000 秒,每个昆虫洞倒退的时间也不超过 10 000 秒。

输入描述:

输入文件的第 1 行为一个整数 T,表示 T 个测试数据,每个测试数据描绘了一个农场。

每个测试数据的第 1 行为 3 个整数 N、M 和 W。第 2~$M+1$ 行,每行为 3 个整数 S、E 和 T,表示一条从 S 到 E 的双向路径,通过这条路径所需时间为 T 秒,两块地之间至多有一条路。第 $M+2 \sim M+W+1$ 行,每行为 3 个整数 S、E 和 T,表示从 S 到 E 的一条单向路(即昆虫洞),通过这条路将使得时间倒退 T 秒。

输出描述:

对每个测试数据,如果 John 能实现自己的目标,输出"YES";否则输出"NO"。

样例输入:	样例输出:
2	NO
3 3 1	YES
1 2 2	
1 3 4	

```
2 3 1
3 1 3
3 2 1
1 2 3
2 3 4
3 1 8
```

分析：样例输入中两个测试数据所描述的有向网(昆虫洞)，如图 4.18(a)和(b)所示。在第 2 个测试数据中，沿着路径 1→2→3→1，即从第 1 块土地出发、回到第 1 块土地，所需时间为-1。本题实际上就是要判断一个有向网中是否存在负权值回路，可用 SPFA 算法来实现。

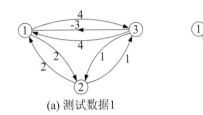

(a) 测试数据1　　　　　　　(b) 测试数据2

图 4.18　昆虫洞

用 SPFA 算法判断是否存在负权值回路的原理是：如果存在负权值回路，那么从源点到某个顶点的最短路径可以无限缩短，某些顶点入队列将超过 N 次(N 为顶点个数)。因此，只需在 SPFA 算法中统计每个顶点入队列的次数，在取出队列头顶点时，都判断该顶点入队列的次数是否已经超过 N 次，如果是，说明存在负权值回路，则 SPFA 算法不需要再进行下去了。另外，如果存在负权值回路，在退出 SPFA 算法时队列可能不为空，所以在进行下一个测试数据的处理前，要清空队列。代码如下。

```
#define INF 100000000      //无穷大
#define MAXN 600
struct ArcNode {            //边结点
    int to, weight;  ArcNode *next;
};
queue<int> Q;              //队列中的结点为顶点序号
int N, M, W;               //农场个数,双向路径个数,单向路径个数
ArcNode* List[MAXN];        //每个顶点的边链表表头指针
int inq[MAXN];              //每个顶点是否在队列中的标志
int count1[MAXN];           //每个顶点入队列的次数
int dist[MAXN];             //SPFA算法中的dist数组
bool SPFA( int src )
{
    int i, v;     //v为队列头顶点序号
    ArcNode* temp;
    for( i=1; i<=N; i++ ){ dist[i]=INF; inq[i]=0; }  //初始化
    dist[src]=0; inq[src]++;
    Q.push( src ); count1[src]++;
```

```
        while( !Q.empty() ){
            v=Q.front( ); Q.pop( ); inq[v]--;
            if( count1[v]>N ) return true;
            temp = List[v];
            while( temp!=NULL ){
                int u=temp->to;
                if( dist[v]+temp->weight < dist[u] ){
                    dist[u]=dist[v]+temp->weight;    //松弛
                    if( !inq[u] ){ Q.push(u); inq[u]++; count1[u]++; }
                }
                temp=temp->next;
            }
        }
        return false;
}
int main( )
{
    int i, j, T, v, u, w;      //T 为测试数据个数；v,u,w 为边的起点、终点及权值
    scanf( "%d", &T );
    for( i=1; i<=T; i++ ){
        scanf( "%d%d%d", &N, &M, &W );
        memset( List, 0, sizeof(List) ); memset( inq, 0, sizeof(inq) );
        memset( count1, 0, sizeof(count1) );
        while( !Q.empty() ) Q.pop( );           //清空队列
        ArcNode* temp;
        for( j=1; j<=M; j++ ){//双向边(v,u),分别在 u 和 v 的边链表中插入一个边结点
            scanf( "%d%d%d", &v, &u, &w );       //读入边的两个顶点
            temp=new ArcNode;
            temp->to=v; temp->weight=w; temp->next=NULL;    //构造邻接表
            if( List[u]==NULL ) List[u]=temp;
            else{ temp->next=List[u]; List[u]=temp; }
            temp=new ArcNode;
            temp->to=u; temp->weight=w; temp->next=NULL;    //构造邻接表
            if( List[v]==NULL ) List[v]=temp;
            else{ temp->next=List[v]; List[v]=temp; }
        }
        for( j=1; j<=W; j++ ){       //单向边<v,u>,只在 v 的边链表中插入一个边结点
            scanf( "%d%d%d", &v, &u, &w );       //读入边的起点和终点
            temp=new ArcNode;
            temp->to=u; temp->weight=-w; temp->next=NULL;   //构造邻接表
            if( List[v]==NULL ) List[v]=temp;
            else{ temp->next=List[v]; List[v]=temp; }
        }
        if( SPFA(1) ) printf( "YES\n" );
        else printf( "NO\n" );
        for( j=1; j<=N; j++ ){     //释放边链表上各边结点所占用的存储空间
            temp=List[j];
```

```
        while( temp!=NULL ){
            List[j]=temp->next; delete temp; temp=List[j];
        }
    }
}
return 0;
}
```

练 习

4.9 复活节假期(Easter Holidays)，ZOJ3088。

题目描述：

在复活节假期时，滑雪胜地 Are 有许多不同难度等级的雪橇和滑雪斜坡。有些雪橇速度比其他雪橇快，而有些雪橇坐的人比较多，需要排队。

Per 是一个滑雪初学者，他很害怕雪橇，尽管他想滑得尽可能快。现在，他发现他可以选择不同的雪橇和滑雪斜坡。他现在想这样安排他的滑雪行程：(1) 从一架雪橇的起点出发并最终回到起点；(2) 这个过程分为两个阶段，第 1 阶段乘坐一架或多架雪橇上升；第 2 阶段一直滑下来直到起点；(3) 尽可能少地避免惊慌，花在滑坡斜面上的时间与花在乘坐和等候雪橇的时间的比率越大就越好。你能帮 Per 找到一条惊慌最少的行程吗？

滑雪胜地包含了 n 个地点、m 个滑雪斜坡、k 架雪橇，其中 $2 \leqslant n \leqslant 1\,000$、$1 \leqslant m \leqslant 1\,000$、$1 \leqslant k \leqslant 1\,000$。滑雪斜坡和雪橇总是从一个地点到另一个地点：滑雪斜坡是从高地点到低地点，而雪橇刚好相反(注意，雪橇不能下降)。

输入描述：

输入文件的第 1 行为一个整数 T，表示测试数据的个数。每个测试数据描述了一个滑雪胜地，格式为：第 1 行为 3 个整数 n、m 和 k；接下来是 m 行，描述了 m 个滑雪斜坡，每行为 3 个整数，分别表示斜坡的起点和终点(地点的序号从 1～n)，以及滑下斜坡所需时间(最大不超过 10 000)；最后是 k 行，描述了 k 个雪橇，每行也是 3 个整数，分别表示雪橇的起点和终点，以及排队等候雪橇和乘坐雪橇到达终点所需时间(最大不超过 10 000)。假定任何两个地点之间的滑雪斜坡至多有一个，雪橇也至多有一个。

输出描述：

对每个测试数据，输出两行。第 1 行按被访问的顺序列出各地点，用空格隔开，第 1 个地点和最后一个地点必须一样。第 2 行为花在滑雪斜坡上的时间与乘坐雪橇和等候雪橇的时间的比率，精确到 1/1 000(如果有两种可能，则向远离 0 的方向舍入，如 1.981 2 和 1.980 6 精确为 1.981，3.133 5 精确为 3.134，3.134 5 精确为 3.135)。如果有多个行程可以优先选择，且具有相等的最小惊慌，则输出任意一个。

样例输入：

```
1
5 4 3
1 3 12
2 3 6
3 4 9
```

样例输出：

```
4 5 1 3 4
0.875
```

```
5 4 9
4 5 12
5 1 12
4 2 18
```

4.10 攀岩(Cliff Climbing)，ZOJ3103。

题目描述：

Jack 要攀爬上一处几乎垂直的悬崖，攀爬时 Jack 的脚踩在悬崖的凸出块上。有些凸出块很光滑，Jack 不得不小心通过，这需要花费一定的时间；而有些凸出块太松了，不足以承受他的体重，所以他不得不绕过去。编写程序，计算攀爬完悬崖所需的最少时间。

图 4.19(a)给出了测试数据的一个例子。悬崖上布满了方块，Jack 从悬崖底下的地面上开始攀爬，将他的左脚或右脚踏在最底下一行中标有 "S" 的方块上。方块中的数字标明方块的"光滑等级"，标有数字 t 的方块将花费他 t 个单位时间安全地将他的脚踏在上面，$1 \leqslant t \leqslant 9$。他不能将脚踏在标有 "X" 的方块上。当他把左脚或右脚踏在最上一行中标有 "T" 的方块时，他才算成功地攀爬上悬崖。

Jack 的攀爬还必须满足以下的限制：当他把左脚(或右脚)踏在一个方块上，他才能移动右脚(或左脚)；假设他左脚的位置为 (l_x, l_y)，右脚的位置为 (r_x, r_y)，必须满足 $l_x < r_x$、$|l_x - r_x| + |l_y - r_y| \leqslant 3$。这意味着，如图 4.19(b)所示，给定左脚的位置，他只能将右脚踏在有阴影的方块上；同样，如图 4.19(c)所示，给定右脚的位置，他只能将左脚踏在有阴影的方块上。

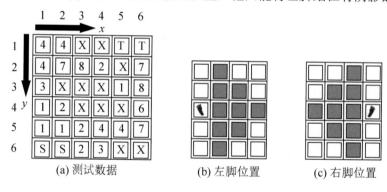

图 4.19 攀岩

输入描述：

输入文件包含多个测试数据。输入文件中的最后一行为两个 0，表示输入结束。每个测试数据的格式为：第 1 行为两个整数 w 和 h ($2 \leqslant w \leqslant 30$，$5 \leqslant h \leqslant 60$)，分别表示悬崖的宽度和高度；接下来有 h 行，每行有 w 个字符，字符 "S" 表示起点，字符 "T" 表示终点，字符 "X" 表示 Jack 不能将他的脚踏在这种方块上，字符 "1"～"9" 表示 Jack 必须花费 t 时间才能将他的脚踏在上面。假定 Jack 将他的脚踏在 "S" 或 "T" 上是不需要时间的。

输出描述：

对每个测试数据，输出一行，如果 Jack 能成功攀爬上悬崖，输出攀爬完整个悬崖所需的最少时间；否则输出 "-1"。

样例输入：

```
6 6
4 4 X X T T
4 7 8 2 X 7
3 X X X 1 8
1 2 X X X 6
1 1 2 4 4 7
S S 2 3 X X
```

样例输出：

```
12
```

4.11 旅行费用(Travelling Fee)，ZOJ2027。

题目描述：

暑假快到了，Samball 想去旅行，现在可以制订一个计划了。选定旅行目的地后，再选择旅行路线。由于他并没有多少钱，所以他想找一条最省钱的路线。Samball 得知旅游公司在暑假会推出一个折扣方案：选定一条路线后，在这条路线上连接两个城市间机票费用最贵的费用将被免去，这可是个好消息。给定出发地和目的地，以及所有机票的费用，请计算最小的费用。假定 Samball 选定的航线没有回路，并且出发地总是可以到达目的地。

输入描述：

输入文件包含多个测试数据。每个测试数据的第 1 行为出发地城市和目的地城市的名字。接下来一行为一个整数 m ($m \leqslant 100$)，表示航线的数目。接下来有 m 行，每行描述了一条航线，格式为：航线的起点城市，终点城市，费用。城市名称是由大写字母组成的字符串，且不超过 10 个字符。航线费用为[0, 1 000]范围内的整数。测试数据一直到文件尾。

输出描述：

对每个测试数据，输出求得的最小费用。

样例输入：

```
HANGZHOU BEIJING
2
HANGZHOU SHANGHAI 100
SHANGHAI BEIJING 200
```

样例输出：

```
100
```

4.4 所有顶点之间的最短路径——Floyd 算法

问题的提出：已知一个有向网(或无向网)，对每一对顶点 $v_i \neq v_j$，要求求出 v_i 与 v_j 之间的最短路径和最短路径长度。解决该问题的方法有以下两种。

(1) 轮流以每个顶点为源点，重复执行 Dijkstra 算法(或 Bellman-Ford 算法)n 次，就可求出每一对顶点之间的最短路径和最短路径长度，总的时间复杂度是 $O(n^3)$($或 O(n^2 m)$)。

(2) 采用 Floyd 算法。Floyd 算法的时间复杂度也是 $O(n^3)$，但 Floyd 算法形式更直接。

4.4.1 算法思想

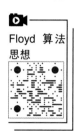

Floyd 算法的基本思想是：对一个顶点个数为 n 的有向网(或无向网)，设置一个 $n \times n$ 的方阵 $A^{(k)}$，其中除对角线的矩阵元素都等于 0 外，其他元素 $A^{(k)}[i][j]$ $(i \neq j)$ 表示从顶点 v_i 到顶点 v_j 的有向路径长度，k 表示运算步骤，k=-1，0, 1, 2, …, n-1。

初始时：$A^{(-1)}$=**Edge**(图的邻接矩阵)，即初始时，以任意两个顶点之间的直接有向边的权值作为最短路径长度。

(1) 对于任意两个顶点 v_i 和 v_j，若它们之间存在有向边，则以此边上的权值作为它们之间的最短路径长度。

(2) 若它们之间不存在有向边，则以无穷大作为它们之间的最短路径长度。

以后逐步尝试在原路径中加入其他顶点作为中间顶点，如果增加中间顶点后，得到的路径比原来的最短路径长度减少了，则以此新路径代替原路径，修改矩阵元素，更新为新的更短的路径长度。

例如，在图 4.20 所示的有向网中，初始时，从顶点 v_2 到顶点 v_1 的最短路径距离为直接有向边$<v_2, v_1>$上的权值(=5)。加入中间顶点 v_0 之后，边$<v_2, v_0>$和$<v_0, v_1>$上的权值之和(=4)小于原来的最短路径长度，则以此新路径$<v_2, v_0, v_1>$的长度作为从 v_2 到 v_1 的最短路径距离 $A[2][1]$。将 v_0 作为中间顶点可能还会改变其他顶点之间的距离。例如，路径$<v_2, v_0, v_3>$的长度(=7)小于原来的直接有向边$<v_2, v_3>$上的权值(=8)，矩阵元素 $A[2][3]$ 也要修改。

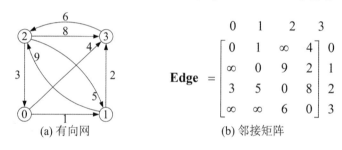

$$\mathbf{Edge} = \begin{matrix} & 0 & 1 & 2 & 3 \\ \begin{bmatrix} 0 & 1 & \infty & 4 \\ \infty & 0 & 9 & 2 \\ 3 & 5 & 0 & 8 \\ \infty & \infty & 6 & 0 \end{bmatrix} & & & & \begin{matrix} 0 \\ 1 \\ 2 \\ 3 \end{matrix} \end{matrix}$$

(a) 有向网　　　　　　(b) 邻接矩阵

图 4.20　Floyd 算法：有向网及其邻接矩阵

在下一步中又增加顶点 v_1 作为中间顶点，对于图中的每一对顶点 v_i, v_j，要比较从 v_i 到 v_1 的最短路径长度加上从 v_1 到 v_j 的最短路径长度是否小于原来从 v_i 到 v_j 的最短路径长度，即判断 $A[i][1] + A[1][j] < A[i][j]$ 是否成立。如果成立，则需要用 $A[i][1] + A[1][j]$ 的值代替 $A[i][j]$ 的值。如图 4.20 所示，$A[2][3]$ 在引入中间顶点 v_0 后，其值减为 7，再引入中间顶点 v_1 后，其值又减到 6。

依此类推，可得到 Floyd 算法。Floyd 算法的描述如下。

定义一个 n 阶方阵序列，$A^{(-1)}, A^{(0)}, A^{(1)}, …, A^{(n-1)}$，其中：

$A^{(-1)}[i][j]$ 表示顶点 v_i 到顶点 v_j 的直接边的长度，$A^{(-1)}$ 就是邻接矩阵 **Edge**$[n][n]$；

$A^{(0)}[i][j]$ 表示从顶点 v_i 到顶点 v_j，中间顶点(如果有，则)是 v_0 的最短路径长度；

$A^{(1)}[i][j]$ 表示从顶点 v_i 到顶点 v_j，中间顶点序号不大于 1 的最短路径长度；

……

$A^{(k)}[i][j]$ 表示从顶点 v_i 到顶点 v_j 的，中间顶点序号不大于 k 的最短路径长度；

......

$A^{(n-1)}[i][j]$ 是最终求得的从顶点 v_i 到顶点 v_j 的最短路径长度。

采用递推方式计算 $A^{(k)}[i][j]$。增加顶点 v_k 作为中间顶点后，对于图中的每一对顶点 v_i 和 v_j，要比较从 v_i 到 v_k 的最短路径长度加上从 v_k 到 v_j 的最短路径长度是否小于原来从 v_i 到 v_j 的最短路径长度，即比较 $A^{(k-1)}[i][k] + A^{(k-1)}[k][j]$ 与 $A^{(k-1)}[i][j]$ 的大小，取较小者作为新的 $A^{(k)}[i][j]$ 值。因此，Floyd 算法的递推公式如下。

$$A^{(-1)}[i][j]=Edge[i][j]$$
$$A^{(k)}[i][j]=\min\{ A^{(k-1)}[i][j], A^{(k-1)}[i][k] + A^{(k-1)}[k][j] \}, \quad i, j, k=0, 1, \cdots, n-1$$

4.4.2　算法实现

Floyd 算法在实现时，需要使用两个数组。

(1) 数组 A。使用同一个数组 A 来存放一系列的 $A^{(k)}$，其中 $k=-1, 0, 1, \cdots, n-1$。初始时，$A[i][j]=Edge[i][j]$，算法结束时 $A[i][j]$ 中存放的是从顶点 v_i 到顶点 v_j 的最短路径长度。

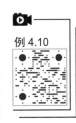

(2) 数组 path。$path[i][j]$ 是从顶点 v_i 到顶点 v_j 的最短路径上顶点 v_j 的前一顶点的序号。

Floyd 算法的具体实现代码详见例 4.10。

例 4.10　利用 Floyd 算法求有向网中各顶点间的最短路径。

输入描述：

输入文件包含多个测试数据。每个测试数据的格式为：首先是顶点个数 n；然后是每条边的数据，每条边的格式为 $u\,v\,w$，分别表示这条边的起点、终点和边上的权值，顶点序号从 0 开始计起；最后一行为 "-1 -1 -1"，表示该测试数据的结束。测试数据保证每个顶点都可以到达其他所有顶点。测试数据一直到文件尾。

输出描述：

对每个测试数据，依次输出两两顶点间的最短路径长度及对应的最短路径，输出格式如样例输出所示。

样例输入：	样例输出：		
4	0=>1	1	0→1
0 1 1	0=>2	9	0→1→3→2
0 3 4	0=>3	3	0→1→3
1 2 9	1=>0	11	1→3→2→0
1 3 2	1=>2	8	1→3→2
2 0 3	1=>3	2	1→3
2 1 5	2=>0	3	2→0
2 3 8	2=>1	4	2→0→1
3 2 6	2=>3	6	2→0→1→3
-1 -1 -1	3=>0	9	3→2→0

3=>1	10	3→2→0→1
3=>2	6	3→2

分析：样例数据描述的有向网如图 4.20 所示。初始时，数组 A 实际上就是邻接矩阵，如图 4.21 所示。path 数组的初始值有以下两种情况。如果顶点 v_i 到顶点 v_j 有直接边，则 path[i][j]初始值为 i；如果顶点 v_i 到顶点 v_j 没有直接边，则 path[i][j]初始值为-1。在 Floyd 算法执行过程中，数组 A 和 path 各元素值的变化如图 4.21 所示。在图中，如果数组元素的值有变化，则用加粗、斜体标明。

	$A^{(-1)}$				$A^{(0)}$				$A^{(1)}$				$A^{(2)}$				$A^{(3)}$			
	0	1	2	3	0	1	2	3	0	1	2	3	0	1	2	3	0	1	2	3
0	0	1	∞	4	0	1	∞	4	0	1	*10*	*3*	0	1	10	3	0	1	*9*	3
1	∞	0	9	2	∞	0	9	2	∞	0	9	2	*12*	0	9	2	*11*	0	*8*	2
2	3	5	0	8	3	*4*	0	*7*	3	4	0	*6*	3	4	0	6	3	4	0	6
3	∞	∞	6	0	∞	∞	6	0	∞	∞	6	0	*9*	*10*	6	0	9	10	6	0

	$path^{(-1)}$				$path^{(0)}$				$path^{(1)}$				$path^{(2)}$				$path^{(3)}$			
	0	1	2	3	0	1	2	3	0	1	2	3	0	1	2	3	0	1	2	3
0	-1	0	-1	0	-1	0	-1	0	-1	0	*1*	*1*	-1	0	1	1	-1	0	*3*	1
1	-1	-1	1	1	-1	-1	1	1	-1	-1	1	1	*2*	-1	1	1	*3*	-1	*3*	1
2	2	2	-1	2	2	*0*	-1	*0*	2	0	-1	*1*	2	0	-1	1	2	0	-1	1
3	-1	-1	3	-1	-1	-1	3	-1	-1	-1	3	-1	*2*	*2*	3	-1	2	2	3	-1

在递推$A^{(k)}$[i][j]和path$^{(k)}$[i][j]时，有更新的用加粗、斜体标明

图 4.21　Floyd 算法的求解过程中数组 A 和 path 的变化

以从 $A^{(-1)}$ 推导到 $A^{(0)}$ 解释 $A^{(k)}$ 的推导。从 $A^{(-1)}$ 推导到 $A^{(0)}$，实际上是将 v_0 作为中间顶点。引入中间顶点 v_0 后，因为 $A^{(-1)}$[2][0] + $A^{(-1)}$[0][1]=4，小于 $A^{(-1)}$[2][1]，所以要将 $A^{(0)}$[2][1]修改为 4；同样 $A^{(0)}$[2][3]的值也要更新成 7。

当 Floyd 算法运算完毕，如何根据 path 数组确定顶点 v_i 到顶点 v_j 的最短路径？方法与 Dijkstra 算法和 Bellman-Ford 算法类似。以顶点 v_1 到顶点 v_0 的最短路径为例，如图 4.21 所示，从 path$^{(3)}$[1][0]=2 可知，v_0 的前一个顶点是 v_2；从 path$^{(3)}$[1][2]=3 可知，v_2 的前一个顶点是 v_3；从 path$^{(3)}$[1][3]=1 可知，v_3 的前一个顶点是 v_1，就是最短路径的起点。因此，从顶点 1 到顶点 0 的最短路径为 $v_1 \rightarrow v_3 \rightarrow v_2 \rightarrow v_0$，最短路径长度为 A[1][0]=11。代码如下。

```
#define INF 1000000        //无穷大
#define MAXN 20
int n, Edge[MAXN][MAXN];    //顶点个数，邻接矩阵
int A[MAXN][MAXN], path[MAXN][MAXN];
void Floyd( )               //Floyd 算法
{
    int i, j, k;
    for( i=0; i<n; i++ ){
        for( j=0; j<n; j++ ){
            A[i][j]=Edge[i][j];   //对 A[ ][ ]初始化
            if( i!=j && A[i][j]<INF ) path[i][j]=i; //i 到 j 有直接边
            else  path[i][j]=-1;   //从 i 到 j 没有直接边
```

```
        }
    }
    //从A(-1)递推到A(0), A(1), ..., A(n-1),
    for( k=0; k<n; k++ ){ //或者理解成依次将v0, v1, ..., v(n-1)作为中间顶点
        for( i=0; i<n; i++ ){
            for( j=0; j<n; j++ ){
                if( k==i || k==j )  continue;
                if( A[i][k]+A[k][j]<A[i][j] ){
                    A[i][j]=A[i][k]+A[k][j];  path[i][j]=path[k][j];
                }//end of if
            }//end of for
        }//end of for
    }//end of for
}
int main( )
{
    int i, j, v, u, w;            //v,u,w为边的起点和终点及权值
    while( scanf( "%d", &n )!=EOF ){       //读入顶点个数n
        for( i=0; i<n; i++ )    //设置邻接矩阵中每个元素的初始值为INF
            for( j=0; j<n; j++ )  Edge[i][j]=INF;
        for( i=0; i<n; i++ )  Edge[i][i]=0;//设置邻接矩阵中对角线上的元素值为0
        while( 1 ){
            scanf( "%d%d%d", &v, &u, &w ); //读入边的起点和终点
            if( v==-1 && u==-1 && w==-1 )  break;
            Edge[v][u]=w;                 //构造邻接矩阵
        }
        Floyd( );               //求各对顶点间的最短路径
        int shortest[MAXN];     //输出最短路径上的各个顶点时存放各个顶点的序号
        for( i=0; i<n; i++ ){
            for( j=0; j<n; j++ ){
                if( i==j )  continue;    //跳过
                //输出顶点i到顶点j的最短路径长度
                printf( "%d=>%d\t%d\t", i, j, A[i][j] );
                //以下代码用于输出顶点0到顶点i的最短路径
                memset( shortest, 0, sizeof(shortest) );
                int k=0; shortest[k]=j;//k表示shortest数组中最后一个元素的下标
                while( path[i][ shortest[k] ] != i ){
                    k++; shortest[k]=path[i][ shortest[k-1] ];
                }
                k++;  shortest[k]=i;
                for( int t=k; t>0; t-- )  printf( "%d→", shortest[t] );
                printf( "%d\n", shortest[0] );
            }
        }
    }
    return 0;
}
```

4.4.3 关于 Floyd 算法的进一步讨论

1. Floyd 算法的时间复杂度分析

关于 Floyd 算法的进一步讨论

在例 4.10 的 Floyd 算法代码中，有一个三重嵌套的 for 循环，因此最内层的 if 语句总执行次数为 n^3，所以 Floyd 算法的时间复杂度为 $O(n^3)$。并且因为 Floyd 算法的思想是逐渐将顶点 $v_0, v_1, \cdots, v_u, \cdots, v_{n-1}$ 作为中间顶点，判断是否能减小任意一对 v_i 和 v_j 之间的最短路径长度，在这个过程需要用到顶点 v_i 到 v_u、顶点 v_u 到 v_j 的最短路径长度。这些信息都是保存在矩阵 A 中，而邻接矩阵只是用来初始化 A 的，所以改用邻接表存储图，并不能降低算法的时间复杂度。

2. Floyd 算法的适用范围

与 Bellman-Ford 算法类似，Floyd 算法允许图中有带负权值的边，但不允许有负权值回路。判断负权值回路的方法是：Floyd 算法结束后，如果某个 A[i][i]<0，即从顶点 i 出发回到顶点 i 的最短路径长度小于 0，则说明存在负权值回路。如果不存在负权值回路，则所有 A[i][i]=0，如图 4.21 所示。

3. Floyd 算法思想的应用

可以灵活应用 Floyd 算法的递推公式：$A^{(k)}[i][j]=\min\{ A^{(k-1)}[i][j], A^{(k-1)}[i][k] + A^{(k-1)}[k][j] \}$，例如，可以把求较小值的 min 运算改成求较大值的 max 运算、"或"运算，把加法运算改成 min 运算、"与"运算等。详见例 4.11、例 4.12 和练习 4.10 等题目。

4.4.4 例题解析

例 4.11

例 4.11 光纤网络(Fiber Network)，ZOJ1967，POJ2570。
题目描述：
一些公司决定搭建一个更快的网络，称为"光纤网"。它们已经在全世界建立了许多站点，这些站点的作用类似于路由器。不幸的是，这些公司在关于站点之间的接线问题上存在争论，"光纤网"项目被迫终止，留下的是每个公司自己在某些站点之间铺设的线路。

当 Internet 服务供应商从站点 A 传送数据到站点 B，需要知道到底哪个公司能够提供必要的连接。请帮助供应商查询所有可以提供从站点 A 到站点 B 的线路连接的公司。

输入描述：
输入文件包含多个测试数据。每个测试数据的第 1 行为一个整数 n，代表网络中站点的个数，n=0 代表输入结束，否则 n 的范围为 1≤n≤200。站点的编号为 1，…，n。接下来列出了这些站点之间的连接。每对连接占一行，首先是两个整数 A 和 B，A=B=0 代表连接列表结束，否则 A、B 的范围为 1≤A, B≤n，表示站点 A 和站点 B 之间的单向连接；然后列出了拥有站点 A 到 B 之间连接的公司，公司用小写字母标识，多个公司的集合为包含小写字母的字符串。连接列表之后，是供应商查询的列表。每个查询包含两个整数 A 和 B，A=B=0 代表查询列表结束，也代表整个测试数据结束，否则 A、B 的范围为 1≤A, B≤n，代表查询的起始和终止站点。假定任何一对连接和查询的两个站点都不相同。

输出描述：

对测试数据中的每个查询，输出一行，为满足以下条件的所有公司的标识——这些公司可以通过自己的线路为供应商提供从查询的起始站点到终止站点的数据通路。如果没有满足条件的公司，则仅输出字符"-"。每个测试数据的输出之后输出一个空行。

样例输入：

```
3
1 2 abc
2 3 ad
1 3 b
3 1 de
0 0
1 3
2 1
3 2
0 0
0
```

样例输出：

```
ab
d
-
```

分析： 样例数据所描述的光纤网络如图 4.22 所示。公司 a 和 b 都可以提供站点 1 到站点 3 之间的连接。其中，公司 b 是直接连接站点 1 到站点 3，而公司 a 要通过中间站点 2 来连接站点 1 到站点 3，所以查询站点 1 到站点 3 之间的连接时，输出为 ab。与此类似，查询站点 2 到站点 1 之间的连接时，输出 d。没有哪个公司能提供站点 3 到站点 2 之间的连接，所以输出 "-"。

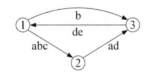

图 4.22 光纤网络：样例输入数据所描述的光纤网络

本题并不是求解最短路径，但要用到 Floyd 算法求解最短路径的思想。定义一个 n 阶方阵序列，$m^{(0)}, m^{(1)}, \cdots, m^{(n)}$，其中：

$m^{(0)}[A][B]$ 表示提供直接连接站点 A 到站点 B 的所有公司组成的集合；

$m^{(1)}[A][B]$ 表示中间站点(如果有，则)取为站点 1，能提供从站点 A 到站点 B 之间连接的所有公司的集合；

......

$m^{(k)}[A][B]$ 表示中间站点序号不超过 k，能提供从站点 A 到站点 B 之间连接的所有公司的集合；

......

$m^{(n)}[A][B]$ 为最终所求，表示能够提供站点 A 到站点 B 之间连接的所有公司。

从 $m^{(k-1)}[A][B]$ 递推到 $m^{(k)}[A][B]$ 的方法如下。$m^{(k)}[A][B]$ 包括两部分：其中一部分为

$m^{(k-1)}[A][B]$；另一部分为 $m^{(k-1)}[A][k]$ 和 $A^{(k-1)}[k][B]$ 的交集，即既能提供站点 A 到站点 k 的连接，也能提供站点 k 到站点 B 的连接。

在本题中，要将 Floyd 算法的递推公式修改如下。

> $A^{(0)}[i][j]$=提供直接连接站点 i 到站点 j 的所有公司组成的集合
> $A^{(k)}[i][j]$=或运算{ $A^{(k-1)}[i][j]$, 与运算($A^{(k-1)}[i][k]$, $A^{(k-1)}[k][j]$) }，k=0, 1, …, n

另外，在本题中，需要很巧妙地处理公司集合。因为公司是用一个小写字母标识的，且每个公司的标识互不相同，也就是说，最多只有 26 个公司，所以可以用整数中的二进制位来表示每个公司，通过按位运算来实现集合的"并"运算和"交"运算。

例如，图 4.22(a)中，提供站点 1 到站点 2 的连接的公司集合为{ 'a', 'b', 'c' }，可以用"00000000000000000000000000000111"表示，提供站点 2 到站点 3 的连接的公司集合为{ 'a', 'd' }，用"00000000000000000000000000001001"表示，这两个整数进行按位与运算后，得到"00000000000000000000000000000001"，表示通过中间站点 2，提供站点 1 到站点 3 的连接的公司集合为{ 'a' }。

这样上述递推公式可以改写成：m[i][j] |=m[i][k] & m[k][j]。

进行了这样的处理后，还需要特别解决公司集合输入输出的问题。在读入提供站点 A 到站点 B 直接连接的公司字符串至字符数组 str 后，对其中的每个字符 str[i]，逻辑左移 str[i]-'a'位后添加到数组元素 m[A][B]中，其公式为 m[A][B] |= 1 << (str[i] - 'a')。

在输出时，循环变量 ch 分别取值为'a'～'z'，如果"m[A][B] & (1 << ch-'a')"为 1，则表示 m[A][B]所代表的集合中包含公司 ch，则要输出。代码如下。

```
#define MAXN 201
int main( )
{
    int m[MAXN][MAXN];      //Floyd 算法中的矩阵 A
    int i, j, k, n;         //n 为站点个数
    int A, B;               //每对连接中的两个顶点，及每对查询中的每个顶点
    char ch, str[27];       //str 用来读入每对连接后的公司标识列表
    while( scanf("%d", &n) && n ){
        memset( m, 0, sizeof(m) );    //初始化矩阵 m
        //while 循环执行完毕后, m[A][B]为提供直接连接 A 和 B 的公司
        while( scanf( "%d %d", &A, &B ) ){
            if( A==0 && B==0 )  break;
            scanf( "%s", str );
            for( i=0; str[i]; ++i )  m[A][B]|=1<<(str[i]-'a');
        }
        for( k=1; k<=n; ++k ){     //Floyd 算法
            for( i=1; i<=n; ++i ){
                for( j=1; j<=n; ++j )  m[i][j]|=m[i][k] & m[k][j];
            }
        }
        while( scanf( "%d %d", &A, &B ) ){    //查询
            if( A==0 && B==0 )  break;
```

```
        for( ch='a'; ch<='z'; ++ch ){        //输出
            if( m[A][B] & (1<<ch-'a') )  putchar( ch );
        }
        if( !m[A][B] )  putchar( '-' );
        putchar( '\n' );
    }
    putchar( '\n' );
    }
    return 0;
}
```

例 4.12　重型运输(Heavy Cargo)，ZOJ1952，POJ2263。

题目描述：

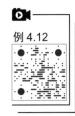

Big Johnson 运输汽车制造公司是专门生产大型汽车的厂商。它们最新型号的运输车 Godzilla V12，运载量是如此之大，以至于它所能装载的重量从不取决于它本身，而是取决于所经过道路的承载限制。给定起点和终点城市，试计算 Godzilla V12 能够装载的最大重量，使得从起点城市到终点城市所经的路径不会超过道路的承载限制。

输入描述：

输入文件包含多个测试数据。每个测试数据的第 1 行为两个整数，城市的个数 n ($2 \leqslant n \leqslant 200$)，组成道路网络的道路的条数 r ($1 \leqslant r \leqslant 19\ 900$)。接下来有 r 行，每行描述了一条直接连接两个城市的道路，格式为：所连接的两个城市的名字、道路的承载限制。城市的名称不会超过 30 个字符，并且不会包含空格字符。重量限制是 0 到 10 000 之间的整数。道路是双向的。每个测试数据的最后一行是两个城市的名称：起点城市和终点城市。

输入文件的最后一行是两个 0，代表输入的结束。

输出描述：

对每个测试数据，输出 3 行。第 1 行格式为 "Scenario #x"，其中 x 是测试数据的序号；第 2 行为 "y tons"，其中 y 为可能装载的最大重量；第 3 行为空行。

样例输入：

```
5 5
Karlsruhe Stuttgart 100
Stuttgart Ulm 80
Ulm Muenchen 120
Karlsruhe Hamburg 220
Hamburg Muenchen 170
Muenchen Karlsruhe
0 0
```

样例输出：

```
Scenario #1
170 tons
```

分析： 样例数据所描述的道路网络如图 4.23(a)所示，用城市名称中第 1 个字母来表示道路网络中的顶点，要求从 Muenchen 到 Karlsruhe 所有路径中承载限制的最大值，答案为 170。

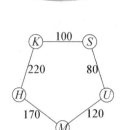

$$\begin{bmatrix} \infty & 100 & 0 & 0 & 220 \\ 100 & \infty & 80 & 0 & 0 \\ 0 & 80 & \infty & 120 & 0 \\ 0 & 0 & 120 & \infty & 170 \\ 220 & 0 & 0 & 170 & \infty \end{bmatrix}$$

(a) 测试数据　　　　　　　　　(b) 邻接矩阵

图 4.23　重型运输：样例输入数据所描述的道路网络

　　本题不是求最短路径，而是求通行能力最大的路，这种路可以称为最大容量路，可用 Floyd 算法求最短路径的思想来求解。以样例数据为例进行解释。设城市 i 到城市 j 的承载重量记为 $A[i][j]$。初始时 K 到 M 没有直接边，因此 K 到 M 的承载重量为 0，即 $A[K][M]=0$。加入中间结点 H 后，K 到 M 的承载重量改为

$$\mathrm{MAX}\{\,A[K][M],\mathrm{MIN}\{\,A[K][H],A[H][M]\,\}\,\},$$

其值为 170。这就是 Floyd 算法的思想。在本题中，要将 Floyd 算法的递推公式修改如下。

$A^{(-1)}[i][j]=\mathrm{Edge}[i][j]$

$A^{(k)}[i][j]=\max\{\,A^{(k-1)}[i][j],\min(A^{(k-1)}[i][k],A^{(k-1)}[k][j])\,\}$，　$i,j,k=0,1,\cdots,n-1$

　　样例数据的求解过程如图 4.24 所示，最终 $A^{(4)}[0][3]=170$ 即为所求。代码如下。

	$A^{(-1)}$					$A^{(0)}$					$A^{(1)}$				
	0	1	2	3	4	0	1	2	3	4	0	1	2	3	4
0	∞	100	0	0	220	∞	100	0	0	220	∞	100	***80***	0	220
1	100	∞	80	0	0	100	∞	80	0	***100***	100	∞	80	0	100
2	0	80	∞	120	0	0	80	∞	120	0	***80***	80	∞	120	***80***
3	0	0	120	∞	170	0	0	120	∞	170	0	0	120	∞	170
4	220	0	0	170	∞	220	***100***	0	170	∞	220	100	***80***	170	∞

在递推 $A^{(k)}[i][j]$ 时，有更新的用加粗、斜体标明

	$A^{(2)}$					$A^{(3)}$					$A^{(4)}$				
	0	1	2	3	4	0	1	2	3	4	0	1	2	3	4
0	∞	100	80	***80***	220	∞	100	80	80	220	∞	100	***120***	***170***	220
1	100	∞	80	***80***	100	100	∞	80	80	100	100	∞	***100***	***100***	100
2	80	80	∞	120	80	80	80	∞	120	***120***	***120***	***100***	∞	120	120
3	***80***	***80***	120	∞	170	80	80	120	∞	170	***170***	***100***	120	∞	170
4	220	100	80	170	∞	220	100	***120***	170	∞	220	100	120	170	∞

图 4.24　重型运输：Floyd 算法执行过程

```
#define MAXN 256
#define INF 1000000000
#define MIN(a,b) ((a)<(b)?(a):(b))
#define MAX(a,b) ((a)>(b)?(a):(b))
int kase=0;                    //测试数据的序号
int n, r;                      //城市的个数和道路的个数
```

```
int A[MAXN][MAXN];                //Floyd 算法中的 A 矩阵
char city[MAXN][30];              //城市名
char start[30], dest[30];         //起点城市和终点城市
int numcities;                    //城市名在 city 数组中的序号
//把陆续读进来的城市名存储到 city 数组中，index()函数的功能是给定一个城市名，
//返回它在 city 数组中的下标，如果不存在，则把该城市名追加到 city 数组中
int index( char* s )
{
    int i;
    for( i=0; i<numcities; i++ )
        if( !strcmp(city[i],s) )  return i;
    strcpy( city[i], s );  numcities++;
    return i;
}
int read_case( )     //读入测试数据
{
    int i, j, k, limit;
    scanf( "%d%d", &n, &r );
    if( n==0 )  return 0;
    for( i=0; i<n; i++ )     //初始化邻接矩阵
        for( j=0; j<n; j++ )  A[i][j]=0;
    for( i=0; i<n; i++ )  A[i][i]=INF;
    numcities=0;
    for( k=0; k<r; k++ ){  //读入道路网络
        scanf( "%s%s%d", start, dest, &limit );
        i=index(start);  j=index(dest);
        A[i][j] = A[j][i] = limit; //Floyd 算法中矩阵 A 的初始值就是邻接矩阵
    }
    scanf( "%s%s", start, dest);  //读入起点城市和终点城市
    return 1;
}
void solve_case( )
{
    int i,j,k;
    for( k=0; k<n; k++ ){  //Floyd 算法
        for( i=0; i<n; i++ ){
            for( j=0; j<n; j++ ){
                A[i][j] = MAX( A[i][j], MIN( A[i][k], A[k][j] ) );
            }
        }
    }
    i=index( start );  j=index( dest );
    printf( "Scenario #%d\n", ++kase );
    printf( "%d tons\n\n", A[i][j] );
}
int main( )
{
```

```
    while ( read_case( ) ) solve_case( );
    return 0;
}
```

练 习

4.12 离芝加哥 106 英里(106 miles to Chicago)，ZOJ2797，POJ2472。

题目描述：

在电影《布鲁斯兄弟》中，如果 Elwood 和 Jack 不支付 5 000 美元的税金给芝加哥 Cook 县的税收办公室，那么抚养他们长大的孤儿院将会被卖给一个教育委员会。在挣够了 5 000 美元之后，他们必须找到一条通往芝加哥的路。请帮助他们找到一条通往芝加哥的最安全的路。在本题中，最安全的路被定义成一条 Elwood 和 Jack 最不可能被警察抓到的路。

输入描述：

输入文件包含多个测试数据。每个测试数据的第 1 行为两个整数 n 和 m ($2 \leq n \leq 100$, $1 \leq m \leq n \times (n-1)/2$)，其中 n 为交叉路口的数目，m 为街道的数目。接下来有 m 行，每行描述了一条街道，每条街道占一行，用 3 个整数描述，分别为 a、b 和 p ($1 \leq a, b \leq n$, $a \neq b$, $1 \leq p \leq 100$)，其中 a 和 b 为这条街道的两个交叉路口，p 为布鲁斯兄弟通过这条街道时不被抓到的可能性(百分比)。每条街道都是双向的。假定每两个交叉路口之间最多有一条街道。输入文件的最后一行为一个 0，代表输入结束。

输出描述：

对每个测试数据，计算从交叉路口 1 到交叉路口 n 最安全路径的(布鲁斯兄弟不被抓到的)概率。可以假定从交叉路口 1 到交叉路口 n 至少有一条路径。输出概率时，以百分比的形式输出，且精确到小数点后 6 位有效数字。输出的百分比值只要与裁判的输出相差不超过 10^{-6}，都被认为是正确的。每个测试数据的输出占一行，格式如样例输出所示。

样例输入：
```
5 7
5 2 100
3 5 80
2 3 70
2 1 50
3 4 90
4 1 85
3 1 70
0
```

样例输出：
```
61.200000 percent
```

提示：样例数据中，最安全的路为 1→4→3→5。

4.13 股票经纪人之间的小道消息(Stockbroker Grapevine)，ZOJ1082，POJ1125。

题目描述：

股票经纪人因对小道消息敏感而为世人所知。你被雇用来开发一种在股票经纪人之间散布小道消息，从而使你的雇主在股票市场上处于战术有利位置的方法。为了达到最好的效果，必须将小道消息以最快的速度散布。不幸的是，股票经纪人只相信来自他们"信赖源"的信息。这意味着当你散布一个小道消息时必须考虑他们之间的联系圈子。一个股票经纪人将小道消息告诉给他的圈子里的每个经纪人需要花费一定的时间。试编写程序，选定一个经纪人，首先将小道消息散布给他(首先把传闻传给他可以达到最小时间)，计算经纪人圈中所有人都收到传闻这个过程所需的时间。

输入描述：

输入文件包含多个测试数据，每个测试数据描述了一个经纪人圈子。每个测试数据的第 1 行为一个整数 n (1≤n≤100)，表示经纪人的数目，这些经纪人的编号从 1~n。接下来有 n 行，每行描述了一个经纪人：首先是一个整数 m (0≤m≤n-1)，表示该经纪人与其他 m 个经纪人有联系；然后是 m 对整数 a 和 t (1≤a≤n，1≤t≤10)，表示该经纪人可以把传闻传给 a 经纪人，所花费的时间为 t 分钟。输入文件的最后一行为 n=0，代表输入结束。

输出描述：

对每个测试数据，输出一行，首先是选定的第 1 个经纪人编号(选定这个经纪人进行传闻散布，可以达到最少时间)，以及所有经纪人都收到小道消息所需时间，单位为分钟(整数)。

注意： 输入文件中可能包含这样的测试数据：某些经纪人收不到小道消息，即经纪人网络是不连通的。对于这样的测试数据，程序只需要输出"disjoint"即可。另外，如果经纪人 A 可以将传闻传给 B，B 也可以传给 A 的话，两者所需时间不一定相等。

样例输入：

```
3
2 2 4 3 5
2 1 2 3 6
2 1 2 2 2
```

样例输出：

```
3 2
```

4.14 Risk 游戏(Risk)，ZOJ1221，POJ1603。

题目描述：

Risk 是一种征服世界的棋盘游戏。棋盘为一个世界地图，假设整个世界由 20 个国家组成。在玩家征服世界的过程中，经常需要将他的军队从一个起始国家 A 调到一个目标国家 B。通常，这个过程要求花费时间最小，这样玩家需要选择一些中间国家，以使得从 A 到 B 的路线上需要征服的国家数目最少。每个国家与其他一些(1~19)国家接壤。试编写程序，计算从起始国家 A 到目标国家 B 至少需要征服多少个国家(包含目标国家)。如果起始国家 A 和目标国家 B 接壤，则输出 1。图 4.25 给出了样例输入中的测试数据所描述的世界格局。

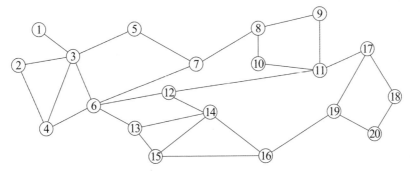

图 4.25 Risk 游戏：样例输入数据所描述的世界格局

输入描述：

输入文件包含多个测试数据，每个测试数据描述了一个世界格局。每个测试数据的第1～19行描述了国家之间的接壤关系。第 I 行($1 \leq I < 20$)，首先是一个整数 X，代表与国家 I 接壤且序号大于 I 的国家有 X 个，然后是 X 个不同的整数 J ($I < J \leq 20$)，每个整数代表与国家 I 接壤的国家。第20行为一个整数 N ($1 \leq N \leq 100$)，表示接下来有 N 对国家。接下来有 N 行，每行只有两个整数 A 和 B ($1 \leq A, B \leq 20$，$A != B$)，代表征服路线上的起始国家和终止国家。输入数据保证从 A 到 B 至少有一条路线。测试数据一直到文件尾。

输出描述：

对每个测试数据，首先输出一行"Test Set #T"，其中 T 为测试数据的序号，序号从1开始计起。接下来有 N 行，每行为测试数据中每对国家 A 和 B 的计算结果，即需要征服的国家数目的最小值。每行的格式为 A to B: min，其中 min 为求得的最小值。每个测试数据的输出之后，输出一个空行。

样例输入：	样例输出：
1 3	Test Set #1
2 3 4	1 to 20: 7
3 4 5 6	2 to 9: 5
1 6	
1 7	
2 12 13	
1 8	
2 9 10	
1 11	
1 11	
2 12 17	
1 14	
2 14 15	
2 15 16	
1 16	
1 19	
2 18 19	
1 20	
1 20	
2	
1 20	
2 9	

4.15 消防站(Fire Station)，ZOJ1857，POJ2607。

题目描述：

某个城市的消防任务由一些消防站承担。有些居民抱怨离他们家最近的消防站距离太远了，所以市政府决定再修建一个新的消防站。试选择消防站的位置，以减小离这些居民家最近的消防站的距离。城市最多有 500 个交叉路口，这些路口由不同长度的道路段连接。对每个交叉路口，在此汇合的道路段不超过 20 个。居民房屋和消防站的位置假定都在路口，而且在每个路口最少有一栋房屋，每个路口也可以有多个消防站。

输入描述：

输入文件的第 1 行为两个正整数 f 和 i，f 表示已经存在的消防站数目($f \leq 100$)，i 表示交叉路口的数目($i \leq 500$)，交叉路口用 1～i 的序号标明。接下来有 f 行，每行给出了一个消防站的路口序号。接下来有若干行，每行为 3 个正整数，描述了连接两个路口的道路段，格式为 $A B L$，A 和 B 为该道路所连接的两个路口，L 表示道路段的长度。所有的道路都是双向的，每对路口都是连通的。测试数据之间用空行隔开。

输出描述：

对每个测试数据，输出一个整数 n，n 的含义是新的消防站所在的交叉路口序号，选择 n 可以使得所有交叉路口到最近的一个消防站的距离中最大值减小，且 n 是满足条件的交叉路口序号中序号最小的。

样例输入：	样例输出：
1 6	5
2	
1 2 10	
2 3 10	
3 4 10	
4 5 10	
5 6 10	
6 1 10	

4.16 超级马里奥的冒险(Adventure of Super Mario)，ZOJ1232。

题目描述：

在救出美丽的公主后，超级马里奥需要找到一条回家的路。在超级马里奥的世界里，有 A 个村子和 B 个城堡。村庄被标号为 1～A，城堡被标号为 $A+1$～$A+B$。马里奥住在村子 1，他出发的城堡标号为 $A+B$。当然，村子 1 和城堡 $A+B$ 之间有双向的通道。两个地方至多有一条路，并且任何地方都没有连接自己的路。马里奥已经计算好每条路的长度，但他不想一直走下去，因为他单位时间只能走单位距离(太慢了)。

马里奥找到一个神奇的靴子。如果他穿上它，他能跑得超快，从一个地方到另一个地方只需一瞬间。因为在城堡里有圈套，马里奥不能用超快速度通过城堡。他总是在到城堡时停下来。当然，他开始/停止"超快速度"只能在村子(或城堡)里。不幸的是，神奇的靴子太旧了，所以他不能一次使用它超过 L 千米，他也不能使用它总共超过 K 次。

输入描述：

输入文件的第 1 行为一个整数 T，表示测试数据的个数($1 \leq T \leq 20$)。每个测试数据的第 1 行为 5 个整数 A、B、M、L 和 K，分别表示村子的个数、城堡个数($1 \leq A, B \leq 50$)，以及路的数目、每次能使用的最大距离、靴子能使用的最多次数($0 \leq K \leq 10$)。接下来有 M 行，每行包括 3 个整数 X_i、Y_i 和 L_i，表示第 i 条路连接 X_i 和 Y_i，距离为 L_i，所以走的时间也要 L_i ($1 \leq L_i \leq 100$)。

输出描述：

对每个测试数据，输出一行，为一个整数，表示超级马里奥回到家所需的最短时间。每个测试数据保证超级马里奥总能回到家。

样例输入：	样例输出：
1	9

```
4 2 6 9 1
4 6 1
5 6 10
4 5 5
3 5 4
2 3 4
1 2 3
```

4.5 最短路径问题拓展

4.5.1 有向网最短路径、回路与最短简单路径

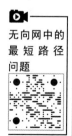

有向网最短路径、回路与最短简单路径

在有向网中求最短路径时，Dijkstra、Bellman-Ford、SPFA、Floyd 算法在递推时都能避免走正权值回路(即权值总和为正的回路)，因为如果包含正权值回路，路径长度将会增加，算法不会通过正权值回路去更新最短路径长度。

当有向网中存在负权值边时，那就可能还存在负权值回路(即权值总和为负的回路)，Bellman-Ford、SPFA、Floyd 算法都能判断出有向网中是否存在负权值回路。如果有向网中存在负权值回路，且允许走负权值回路，则求最短路径是没有意义的，因为可以不断走该负权值回路，使得路径长度为$-\infty$。

当有向网中存在负权值回路，可以试着求最短简单路径。简单路径是指顶点不重复的路径，即不包含回路。但该问题是 NP-难问题，没有多项式时间复杂度的求解算法。

4.5.2 无向网中的最短路径问题

有向网是无向网的一种特殊情形，即每条边有特定的方向。而在无向网中，每条边(v, u)可视为两条对称边，即$<v, u>$和$<u, v>$。在无向网的邻接矩阵 **Edge** 中，对每条边(v, u)，需要在 **Edge**$[v][u]$ 和 **Edge**$[u][v]$两个位置上存相同的权值；在无向网的邻接表(即出边表)中，需要把边结点$<v, u>$存到顶点 v 的出边表、把边结点$<u, v>$存到顶点 u 的出边表。

本章 4.1～4.4 节讨论的最短路径问题的 4 种算法，是否对无向网也适用？无向网是否也可以求最短路径？以下分两种情形讨论。

1. 无向网中各边的权值均为正

如果无向网中各边权值均为正，如图 4.26(a)所示，可以用 Dijkstra、Bellman-Ford、SPFA、Floyd 算法求最短路径，实现代码需做以下调整。

(1) 在例 4.1 中，读入边(v, u)后，需要在 **Edge**$[v][u]$和 **Edge**$[u][v]$两个位置存权值 w。

(2) 在例 4.4 中，同样读入边(v, u)后，需要在 **Edge**$[v][u]$和 **Edge**$[u][v]$两个位置存权值 w；如果采用 4.2.3 节第 3 点所述用一维数组存储边的信息实现 Bellman-Ford 算法，则每条边(v, u)要存两条有向边$<v, u>$和$<u, v>$。

(3) 在例 4.7 中，读入边(v, u)后，需要在顶点 v 的邻接表中插入边结点$<v, u>$、在顶点 u 的邻接表中插入边结点$<u, v>$。

(4) 在例 4.10 中，读入边(v, u)后，需要在 **Edge**$[v][u]$和 **Edge**$[u][v]$两个位置存权值 w。

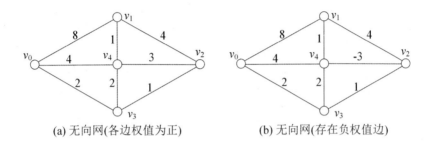

(a) 无向网(各边权值为正)　　　　　(b) 无向网(存在负权值边)

图 4.26　无向网的最短路径问题

2. 无向网中存在负权值边

当无向网中存在负权值边，则最短路径问题比较复杂，这是因为有向网的边有方向，同一条边不能往返走，但无向网的边没有方向，同一条边可以往返走。另外，在无向网中求最短路径时，对正权值边，肯定没必要走多次；但对负权值边，如果允许负权值边走多次，就会构成负权值回路。例如，在图 4.26(b)中，从 v_0 出发沿路径$(v_0, v_4, v_2, v_4, v_3)$走到顶点 v_3，其中(v_4, v_2)走了 2 次，构成了负权值回路。

因此，当无向网中存在负权值边，如果不限定每条边最多走一次，则求最短路径是没有意义的。

当无向网中存在负权值边，且限定每条边最多走一次(即边不重复)，是否可以求最短路径并判断无向网是否存在负权值回路？例如，如果限定每条边最多走一次，则图 4.26(b)所示的无向网存在负权值边(无向边$(4, 2)$的权值为-3)，但不存在负权值回路。

注意，在有向图/无向图中，关于路径有以下命题。

(1) 原命题：顶点不重复，则边一定不重复。原命题是成立的。

(2) 逆否命题：边重复，则顶点一定重复。逆否命题也是成立的。

(3) 逆命题：边不重复，则顶点一定不重复。逆命题不成立。

(4) 否命题：顶点重复，则边一定重复。否命题不成立。

(5) 如果一条路径包含回路，则一定是某个顶点重复了，但边不一定有重复。该命题成立。

前述"限定每条边最多走一次"，即边不重复，但顶点不一定不重复，所以这种路径不是简单路径，可试着求这样的最短路径。求解该问题的两个关键之处如下。

(1) 如何确保每条边最多走一次。对正权值边，最短路径算法在更新每个顶点的最短路径长度时很自然地会保证最多走一次。对负权值边，可以采取的方法是：单独为每条负权值边记录一个序号；在每个顶点的信息中记录当前的最短路径是否包含每条负权值边；在松弛某个顶点时，将每条负权值边最多走一次作为前提条件。

(2) 如何判断是否存在负权值回路。在确保每条边最多走一次的前提下，判断负权值回路的方法和有向网一样，详见 4.2.3 节、4.3.4 节和 4.4.3 节。

很遗憾，上述问题不能用 Dijkstra、Bellman-Ford、SPFA、Floyd 算法求解。以图 4.26(b) 为例，如果用 Bellman-Ford 算法(用一维数组存储边的信息)求解，求得 v_0 到 v_2 的最短路径长度是 3，这是错误的，之所以没有走(v_0, v_4, v_2)这条路，是因为先求得 v_4 的最短路径(v_0, v_3, v_2, v_4)，长度为 0，再试图通过(v_4, v_2)去更新 v_2 的最短路径，因为(v_4, v_2)这条边重复走了，所以无法更新；v_2 的最短路径(v_0, v_4, v_2)是先沿着(v_0, v_4)到达 v_4，再通过(v_4, v_2)去更新 v_2 的最短路径。如果用 SPFA 算法求解，求得 v_0 到 v_4 的最短路径长度是 4，这是错误的，之所以没有走(v_0, v_3, v_2, v_4)这条路径，是因为先求得 v_2 的最短路径(v_0, v_4, v_2)，长度为 1，再试图通过(v_2, v_4)去更新 v_4 的最短路径，因为(v_4, v_2)这条边重复走了，所以无法更新；v_4 的最短路径(v_0, v_3, v_2, v_4)是先沿着(v_0, v_3, v_2)到达 v_2，再通过(v_2, v_4)去更新 v_4 的最短路径。

因此，对于存在负权值边的无向网，如果一个顶点 v_i 的最短路径里包含了一条负权值边(v_i, v_j)，再通过 v_i 去更新 v_j 的最短路径会重复走负权值边。但可能存在 v_i 的另一种走法，虽然不是 v_i 的最短路径，但这种走法没有走(v_i, v_j)这条负权值边，反而通过这种走法再走(v_i, v_j)这条边能使得 v_j 的最短路径长度最小化。这就意味着，对每一条负权值边(v_i, v_j)，需要穷举走到 v_i 的所有可能的路径，再通过它去松弛 v_j 的最短路径长度。而这种方法的时间复杂度是很高的。

4.5.3　单源最短路径三角形不等式

单源最短路径三角形不等式

1. 有向网中的三角形不等式

在有向网中，求出源点 v_0 到各顶点的最短路径及长度后，对任何一条边$<v, u>$，都有

$$d(u) \leqslant d(v) + \text{Edge}[v][u]。$$

式中，$d(u)$和$d(v)$分别是从源点 v_0 到顶点 u 和 v 的最短路径的长度；$\text{Edge}[v][u]$ 是边$<v, u>$的权值，这就是单源最短路径问题中的**三角形不等式**(triangle inequality)。

上述三角形不等式很显然成立。如图 4.27 所示，如果存在顶点 v 到 u 的有向边，那么从源点 v_0 到 u 的最短路径长度一定小于等于从源点 v_0 到 v 的最短路径长度加上边$<v, u>$的权值。

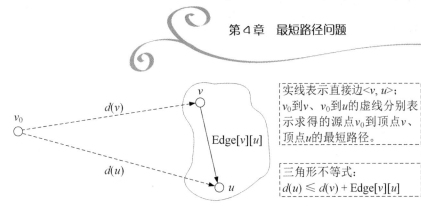

实线表示直接边 $<v, u>$；v_0 到 v、v_0 到 u 的虚线分别表示求得的源点 v_0 到顶点 v、顶点 u 的最短路径。

三角形不等式：
$d(u) \leqslant d(v) + \text{Edge}[v][u]$

图 4.27　单源最短路径中的三角形不等式

2. 无向网中的三角形不等式

当无向网中各边权值均为正，那么对每一条无向边 (v, u)，存在两个三角形不等式：$d(u) \leqslant d(v) + \text{Edge}[v][u]$，$d(v) \leqslant d(u) + \text{Edge}[u][v]$，$\text{Edge}[v][u] = \text{Edge}[u][v]$，且这两个三角形不等式都满足。将这两个不等式相加得 $\text{Edge}[u][v] \geqslant 0$。

例如，在图 4.26(a)中，易知，$d(4) = 4$，$d(2) = 3$，且对无向边 $(4, 2)$，其权值为 3，则 $d(4) \leqslant d(2) + 3$ 和 $d(2) \leqslant d(4) + 3$ 都成立。

当无向网中存在负权值边，单源最短路径三角形不等式的情形比较复杂，如果限定每条边最多走一次，单源最短路径三角形不等式不一定成立。例如，在图 4.26(b)中，易知，$d(4) = 0$，$d(2) = 1$，则 $d(4) \leqslant d(2) + (-3)$ 和 $d(2) \leqslant d(4) + (-3)$ 都不成立。这是怎么回事呢？实际上，$d(2) = 1$ 对应路径 (v_0, v_4, v_2)，$d(2) + (-3)$ 对应路径 (v_0, v_4, v_2, v_4)，其中 (v_4, v_2) 走了 2 次，且 (v_4, v_2, v_4) 构成负权值回路，所以才会使得从源点 v_0 到达顶点 v_4 的距离更小；同样，$d(4) + (-3)$ 对应路径 $(v_0, v_3, v_2, v_4, v_2)$，其中 (v_2, v_4) 走了 2 次，且 (v_2, v_4, v_2) 构成负权值回路。事实上，如果不限定每条边最多走一次，$d(4)$ 和 $d(2)$ 都是负无穷大，那么上述两个不等式都成立。

4.5.4　最长路径

问题描述：给定一个有向网，求某个源点到其他每个顶点的长度最长的路径，路径长度定义为路径上各边权值总和。

以下分两种情况讨论。

1. 有向网中不存在回路

如果有向网中不存在回路，这就是 2.3 节讨论的有向无环图。例如，如果有向边总是从序号较小的顶点指向序号较大的顶点，这种有向网肯定不存在回路。注意，反之不成立，即没有回路的有向网，也可以有从序号较大的顶点指向序号较小的顶点的有向边。

可以用以下方法求这种有向网的最长路径，而且最长路径肯定是不包含回路的。

(1) Bellman-Ford 算法。将各边权值改为相反数，然后用 Bellman-Ford 算法求源点到其他各个顶点的最短路径，该最短路径就是原网络中的最长路径。

(2) Floyd 算法。直接在有向网上执行 Floyd 的算法，但递推公式要修改如下。

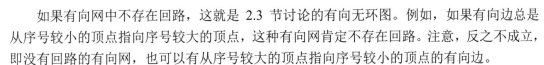

$A^{(-1)}[i][j] = \text{Edge}[i][j]$
$A^{(k)}[i][j] = \max\{A^{(k-1)}[i][j], A^{(k-1)}[i][k] + A^{(k-1)}[k][j]\}$，$i, j, k = 0, 1, \cdots, n-1$

2. 有向网中存在回路

如 4.5.1 节所述，回路又分为正权值回路和负权值回路。与最短路径问题相反，在有向网中求最长路径时能避免走负权值回路，因为如果包含负权值回路，路径长度将会减小，算法不会通过负权值回路去更新最长路径长度。

当有向网中存在正权值回路，且允许走正权值回路，则求最长路径是没有意义的，因为可以不断走该正权值回路，使得路径长度为∞。用 Bellman-Ford 算法判断正权值回路的方法是：将各边权值改为相反数，然后用 Bellman-Ford 算法求源点到其他各个顶点的最短路径；Bellman-Ford 算法结束后，再执行一轮算法，如果源点到某个顶点的最短路径还可以减小，说明该最短路径走了负权值回路(对应到原网络中，就是包含正权值回路)。

同样，当有向网中存在正权值回路，可以试着求最长简单路径。但该问题也是 NP-难问题，没有多项式时间复杂度的求解算法。

关于特定条件下的最长路径和正权值回路的判定，详见例 4.13。

例 4.13　XYZZY，ZOJ1935，POJ1932。

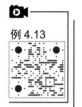

题目描述：

给定 n 个顶点(序号为 1～n)和若干条有向边，每个顶点上都有一个能量值，范围在[-100, 100]。通过一条有向边<v, u>进入 u 后能获得 u 上的能量，可以多次进入 u，且每次都能获得 u 上的能量。起始顶点是 1，终止顶点是 n，初始能量值为100。问是否存在一条从顶点 1 到顶点 n 的路径，且在该路径上行走过程中能量值一直大于 0？

输入描述：

输入文件包含多个测试数据。每个测试数据的第 1 行为一个整数 n，代表顶点个数，n=-1 代表输入结束，否则 n≤100。接下来依次描述顶点 1～顶点 n 的信息，首先是顶点的能量值，然后是一个整数 k，表示该顶点有 k 条出边连到 k 个顶点，然后是这 k 个顶点的序号。顶点 1 和顶点 n 的能量值均为 0。

输出描述：

对每个测试数据，如果存在符合要求的路径，输出"winnable"，否则输出"hopeless"。

样例输入：	样例输出：
5	hopeless
0 1 2	winnable
20 1 3	
-60 1 4	
-60 1 5	
0 0	
5	
0 1 2	
20 2 1 3	
-60 1 4	
-60 1 5	
0 0	
-1	

分析： 本题的有向边似乎没有权值，但通过有向边<v, u>进入 u 后能获得 u 上的能量，

可以将顶点 u 的能量值作为边$<v, u>$的权值。样例输入中 2 个测试数据所描绘的有向图如图 4.28 所示。

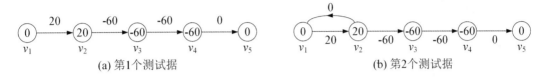

(a) 第1个测试据　　　　　　　　　　(b) 第2个测试据

图 4.28　XYZZY

在求顶点 1 到顶点 n 的路径时，要累加顶点 1 的初始能量值和经过的各个顶点上的能量值。如果不走回路，那么在路径上每到达一个顶点都必须保证累计得到的能量值大于 0。本题采用 SPFA 算法求"最大"路径长度，这里路径长度定义为前述的累计能量值，在通过有向边$<v, u>$去松弛顶点 u 的最大路径长度时，要保证 dist[v]+w(v, u)>0 且 dist[v]+w(v, u)>dist[u]。

还有一种途径可以使得从顶点 1 出发到达顶点 n 的过程中能量值一直大于 0：图中存在正权值回路，且这个正权值回路和终点连通，另外，从顶点 1 出发到达这个正权值回路前能量值一直大于 0。例如，在图 4.28(b)中，可以绕回路(v_1, v_2, v_1)多走几圈，累积足够多的能量，这样就不至于后面经过 v_3 和 v_4 时能量值小于 0。

由于 $n \leq 100$，可以用 Floyd 算法(复杂度为 $O(n^3)$)先把任意两个顶点连通与否求出来。SPFA 算法执行过程中首先保证能量值一直大于 0，如果某个顶点 u 入队列次数大于 n 次，则说明存在正权值回路，进一步，如果 u 和顶点 n 连通，则可以提前判断出存在符合要求的路径。SPFA 算法执行完毕，再判断 dist[n]是否>0，如果是，则也符合要求。代码如下。

```
const int MAXN = 115;
const int INF = 0x3f;
struct Node{                //边结点
    int to, next;           //to 为边的终点，next 为下一个边结点
    int w;                  //边的权值为终点的能量值
};
Node nodes[MAXN*MAXN];      //存储边结点的数组
int head[MAXN];             //边链表表头"指针"用于存储第一个边结点的下标
int pairs[MAXN*MAXN][2];    //暂存表示边的结点对
int n, m;                   //顶点数和边数
bool Edge[MAXN][MAXN];      //邻接矩阵,Edge[i][j]为1表示有边<i,j>
int energy[MAXN];           //顶点的能量值
void Floyd( ){  //Floyd()运算完毕后,Edge[i][j]为1表示从 i 可达 j
    for(int k=1; k<=n; k++)
        for(int i=1; i<=n; i++)
            for(int j=1; j<=n; j++)
                Edge[i][j] = Edge[i][j]||(Edge[i][k]&&Edge[k][j]);
}
bool SPFA(){
    int visited[MAXN], dist[MAXN], inq[MAXN];
    memset(visited,0,sizeof(visited)); memset(inq,0,sizeof(inq));
```

```
        memset(dist,-INF,sizeof(dist));  //dist 数组各元素初始化为很大的负值
        queue<int> Q;
        Q.push(1);  visited[1] = inq[1] = 1;  dist[1] = 100;  //源点为顶点 1
        while(!Q.empty()){
            int now = Q.front();  Q.pop();  visited[now] = 0;
            for(int i=head[now]; i!=-1; i=nodes[i].next){
                Node e = nodes[i];
                if(dist[e.to]<dist[now]+e.w && dist[now]+e.w>0){
                    dist[e.to] = dist[now] + e.w;
                    if(!visited[e.to]){
                        visited[e.to] = 1;  //先标记再判断是否入队大于n次
                        if(++inq[e.to]>=n){
                            if(Edge[e.to][n])//前面能量值一直>0,现在又碰到
                                return true;  //与顶点 n 连通的正权值回路,肯定符合要求
                            else continue;
                        }
                        Q.push(e.to);
                    }//end of if
                }//end of if
            }//end of for
        }//end of while(!Q.empty())
        return dist[n]>0; //如果没有提前退出,则在这里必须判断 dist[n]>0
}
int main()
{
    int i, engy, nn, u, v;//engy 为能量值,nn 为顶点的出边连到的顶点数
    while(scanf("%d",&n)!=EOF && n!=-1){
        memset(head, 0xff, sizeof(head));   //head 各元素初始化为-1
        m = 0;  memset(Edge, 0, sizeof(Edge));
        for( i=1; i<=n; i++ ){//读入各顶点的数据,把各边暂存在 pairs 数组
            scanf("%d %d", &engy, &nn);  energy[i] = engy;
            while(nn--){
                scanf("%d", &v);  //边的序号从 1 开始计起
                m++;  pairs[m][0]=i;  pairs[m][1]=v;
            }
        }
        for( i=1; i<=m; i++ ){   //存 m 条边,构建边链表
            u = pairs[i][0];  v = pairs[i][1];  Edge[u][v] = 1;
            nodes[i].to = v;  nodes[i].w = energy[v];
            nodes[i].next = head[u];  head[u] = i;
        }
        Floyd();
        if(SPFA()) printf("winnable\n");
        else printf("hopeless\n");
    }
    return 0;
}
```

4.6 差分约束系统

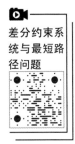

差分约束系统与最短路径问题

4.6.1 差分约束系统与最短路径问题

1. 差分约束系统

假设有下面这样一组不等式。

$$\begin{cases} X_1-X_2\leqslant 0 \\ X_1-X_5\leqslant -1 \\ X_2-X_5\leqslant 1 \\ X_3-X_1\leqslant 5 \\ X_4-X_1\leqslant 4 \\ X_4-X_3\leqslant -1 \\ X_5-X_3\leqslant -3 \\ X_5-X_4\leqslant -3 \end{cases}$$

不等式组(1)

在不等式组(1)中，每个不等式都是两个未知数的差小于等于某个常数(大于等于也可以，因为左右两边乘以-1 就可以化成小于等于)。这样的不等式组就称为**差分约束系统**(system of difference constraints)。

这个不等式组要么无解，要么就有无数组解。因为如果有一组解$\{X_1, X_2, \cdots, X_n\}$的话，那么对于任何一个常数 k，$\{X_1+k, X_2+k, \cdots, X_n+k\}$肯定也是一组解，因为任何两个数同时加一个数之后，它们的差是不变的，那么这个差分约束系统中的所有不等式都不会被破坏。

2. 差分约束系统与最短路径

差分约束系统的求解要利用单源最短路径问题中的三角形不等式，即对于有向网中的任何一条边$<v, u>$，其权值为 Edge$[v][u]$，以下三角形不等式都成立。

$$d(u)\leqslant d(v) + \text{Edge}[v][u]$$

式中，$d(u)$和$d(v)$是求得的从源点分别到顶点 u 和顶点 v 的最短路径的长度。

以上不等式就是 $d(u)-d(v)\leqslant\text{Edge}[v][u]$。这个形式正好和差分约束系统中的不等式形式相同。于是可以把差分约束系统转化成一个有向网。另外，由于差分约束系统中每个不等式右边的常数可以是负数，由 4.5.3 节第 2 点可知，不能将差分约束系统构造成无向网。

3. 有向网的构造

构造方法如下。

(1) 每个不等式中的每个未知数 X_i 对应有向网中的一个顶点 V_i。

(2) 把所有不等式都化成有向网中的边。对于不等式 $X_i-X_j\leqslant c$，把它化成三角形不等式 $X_i\leqslant X_j+c$，即化成$<V_j, V_i>$，权值为 c。因此，X_i 代表源点到顶点 V_i 的最短路径长度。

在这个有向网上求一次单源最短路径，那么这些三角形不等式就全部都满足了。

进一步，增加源点。所谓单源最短路径，当然要有一个源点，然后再求这个源点到其他所有顶点的最短路径。那么源点在哪儿呢？不妨自己造一个。以上面的不等式组为例，就再新加一个未知数 X_0。然后对原来的每个未知数都对 X_0 随便加一个不等式(这个不等式当然也要和其他不等式形式相同，即两个未知数的差小于等于某个常数)。索性就全都写成 $X_n-X_0 \leqslant 0$，于是这个差分约束系统中就多出了下列不等式。

$$\begin{cases} X_1 - X_0 \leqslant 0 \\ X_2 - X_0 \leqslant 0 \\ X_3 - X_0 \leqslant 0 \\ X_4 - X_0 \leqslant 0 \\ X_5 - X_0 \leqslant 0 \end{cases} \qquad 不等式组(2)$$

对于这 5 个不等式，也在图中建出相应的边。

构造好以后，得到的有向网如图 4.29 所示。图中的每一条边都代表差分约束系统中的一个不等式。现在以 V_0 为源点，求单源最短路径。由于存在负权值边，所以必须用 Bellman-Ford 算法求解。最终得到的 V_0 到各顶点 V_i 的最短路径长度就是 $\{X_i\}$ 的一个解。

在图 4.29 中，源点 V_0 到其他各顶点的最短距离分别是 $\{-5, -3, 0, -1, -4\}$，因此满足以上不等式的一组解是 $\{X_1, X_2, X_3, X_4, X_5\} = \{-5, -3, 0, -1, -4\}$。

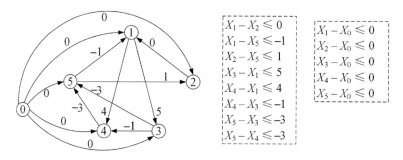

图 4.29　差分约束系统：有向网的构造

当然把每个数都加上 10 也是一组解：$\{5, 7, 10, 9, 6\}$。但是这组解只满足不等式组(1)，也就是原先的差分约束系统；而不满足不等式组(2)，也就是后来加上去的那些不等式。当然这是无关紧要的，因为 X_0 本来就是个新增的变量，是后来加上去的，满不满足与 X_0 有关的不等式并不影响原不等式组的解。

关于源点 V_0 的取值。其实，对于前面求得的一组解来说，它代表的这组解其实是 $\{0, -5, -3, 0, -1, -4\}$，也就是说，X_0 的值也在这组解当中。但是 X_0 的值是无可争议的，既然是以它作为源点求的最短路径，那么源点到它的最短路径长度当然是 0 了。因此，实际上解的这个差分约束系统无形中又存在一个条件：$X_0=0$。

4. 差分约束系统无解的情形

前面所描述的差分约束系统也有可能出现无解的情况，也就是从源点到某一个顶点不存在最短路径。在 4.2.3 节介绍到，如果有向网中存在负权值回路，则求出来的最短路径是没有意义的(从而不等式组也就无解)，因为可以重复走这个回路，使得最短路径长度无穷小。为什么有向网中存在负权值回路，则对应的差分约束系统就无解呢？举例分析，假设构造得到的有向网中存在如图 4.30(a)所示的回路，且回路权值总和为-3，小于 0，对应的不等式组如图 4.30(b)所示。将这个不等式组相加后得到 $0 \leqslant -3$，这是矛盾的，因此不等式组无解。

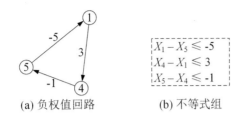

(a) 负权值回路   (b) 不等式组

图 4.30　差分约束系统：负权值回路代表无解

判断差分约束系统是否有解的方法详见 4.2.3 节中的分析及例 4.14 中的代码。

4.6.2　例题解析

例 4.14　火烧连营(Burn the Linked Camp)，ZOJ2770。

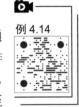

题目描述：

三国时期，陆逊派了很多密探，获得了他的敌人——刘备军队的信息。通过密探，他知道刘备的军队已经分成几十个大营，这些大营连成一片(一字排开)，这些大营从左到右用 $1, 2, \cdots, n$ 编号。第 i 个大营最多能容纳 C_i 个士兵。而且通过观察刘备军队的动静，陆逊可以估计到从第 i 个大营到第 j 个大营至少有多少士兵。最后，陆逊必须估计出刘备最少有多少士兵，这样他才知道要派多少士兵去烧刘备的大营。

输入描述：

输入文件包含多个测试数据。每个测试数据的格式为：第 1 行为整数 n $(0 < n \leqslant 1\,000)$ 和 m $(0 \leqslant m \leqslant 10\,000)$；第 2 行有 n 个整数 $C_1, C_2, \cdots, C_n$；接下来有 m 行，每行有 3 个整数 i, j, k $(0 < i \leqslant j \leqslant n, 0 \leqslant k < 2^{31})$，表示从第 i 个大营到第 j 个大营(包含第 i、j 个大营)至少有 k 个士兵。

输出描述：

对每个测试数据，输出一个整数，占一行，为陆逊估计出刘备军队至少有多少士兵。然而，陆逊的估计可能不是很精确，如果不能很精确地估计出来，输出 "Bad Estimations"。

样例输入：	样例输出：
3 2	1300
1000 2000 1000	Bad Estimations
1 2 1100	
2 3 1300	
3 1	
100 200 300	
2 3 600	

分析：以样例输入中的第 1 个测试数据为例解释差分约束系统的构造及求解。其数学

模型为：设 3 个军营的人数分别为 A_1、A_2、A_3，容量为 C_1、C_2、C_3，前 n 个军营的总人数为 S_n，则有以下不等式组。

(1) 根据第 i 个大营到第 j 个大营士兵总数至少有 k 个，得不等式组(a)。

$$\begin{cases} S_2 - S_0 \geq 1\,100，\text{等价于 } S_0 - S_2 \leq -1\,100 \\ S_3 - S_1 \geq 1\,300，\text{等价于 } S_1 - S_3 \leq -1\,300 \end{cases} \qquad \text{不等式组(a)}$$

(2) 又根据实际情况，第 i 个大营到第 j 个大营的士兵总数不超过这些兵营容量之和，设 $d[i]$ 为前 i 个大营容量总和，得不等式组(b)。

$$\begin{cases} S_2 - S_0 \leq d[2] - d[0] = 3\,000 \\ S_3 - S_1 \leq d[3] - d[1] = 3\,000 \end{cases} \qquad \text{不等式组(b)}$$

(3) 每个兵营实际人数不超过容量，得不等式组(c)。

$$\begin{cases} A_1 \leq 1\,000，\text{等价于 } S_1 - S_0 \leq 1\,000 \\ A_2 \leq 2\,000，\text{等价于 } S_2 - S_1 \leq 2\,000 \\ A_3 \leq 1\,000，\text{等价于 } S_3 - S_2 \leq 1\,000 \end{cases} \qquad \text{不等式组(c)}$$

(4) 另外由 $A_i >= 0$，又得到不等式组(d)。

$$\begin{cases} S_0 - S_1 \leq 0 \\ S_1 - S_2 \leq 0 \\ S_2 - S_3 \leq 0 \end{cases} \qquad \text{不等式组(d)}$$

本题要求的是 $A_1 + A_2 + A_3$ 的最小值，即 $S_3 - S_0$ 的最小值。

有向网的构造：首先将每个 S_i 对应到有向网中的一个顶点 V_i；然后对上述 4 个不等式组中的每一个不等式 $S_i - S_j \leq c$，转化成从 S_j 到 S_i 的一条有向边，权值为 c。由不等式组(a)和(b)可知，存在$<S_j, S_{i-1}>$和$<S_{i-1}, S_j>$对称边，只是权值不一样；由不等式组(c)和(d)可知，存在$<S_i, S_{i+1}>$和$<S_{i+1}, S_i>$对称边，只是权值不一样。构造好的有向网如图 4.31 所示。

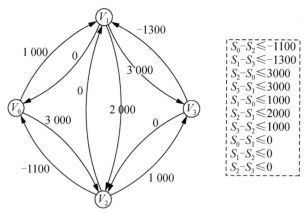

图 4.31 火烧连营：测试数据 1

构造好网络之后，最终要求什么？要求的是 $S_3 - S_0$ 的最小值，即要求不等式

$$S_3 - S_0 \geq M$$

中的约束 M，并且 M 取其最大值(M 是 $S_3 - S_0$ 的下界，希望 M 尽可能大，如取 $S_3 - S_0$ 的下确界)，转化成

$$S_0 - S_3 \leq -M$$

即求 S_3 到 S_0 的最短路径(最小值)，长度为$-M$，求得$-M$ 为$-1\,300$，即 M 为 $1\,300$(M 的最大值)。

对样例输入中的第 2 个测试数据，对应差分系统中的不等式及构造的有向网如图 4.32 所示。

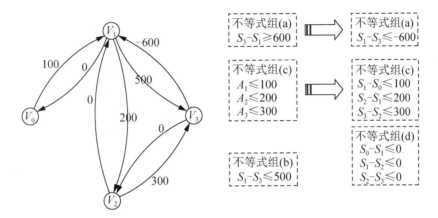

不等式组(a)
$S_3-S_1 \geqslant 600$ ⇒ 不等式组(a)
$S_1-S_3 \leqslant -600$

不等式组(c)
$A_1 \leqslant 100$
$A_2 \leqslant 200$
$A_3 \leqslant 300$ ⇒ 不等式组(c)
$S_1-S_0 \leqslant 100$
$S_2-S_1 \leqslant 200$
$S_3-S_2 \leqslant 300$

不等式组(d)
$S_0-S_1 \leqslant 0$
$S_1-S_2 \leqslant 0$
$S_2-S_3 \leqslant 0$

不等式组(b)
$S_1-S_3 \leqslant 500$

图 4.32 火烧连营：测试数据 2

为什么这个测试数据的输出为"Bad Estimations"？在 Bellman-Ford 算法中，执行完本身的二重循环之后，还应该检查每条边$<v, u>$，判断加入这条边是否会使得顶点 u 的最短路径值再缩短，即判断 $dist[v] + w(v, u) < dist[u]$是否成立，如果成立，则说明存在从源点可达的负权值回路。这时应该输出"Bad Estimations"。

另外，在下面的代码中，dist 数组中除源点外，其余顶点的 dist[ ]值初始为∞，这样 Bellman-Ford 算法要多循环一次，详见 4.2.3 节中的讨论。代码如下。

```
#define INF 9999999
#define NMAX 1001
#define EMAX 23000
int n;              //一共有 n 个大营
int m;              //已知从第 i 个大营到第 j 个大营至少有多少士兵，这些信息有 m 条
int c[NMAX];        //第 i 个大营最多有 c[i]个士兵
int dist[NMAX];     //从源点到各个顶点最短路径长度(注意，源点为 Sn 而不是 S0)
int d[NMAX];//d[0]=0,d[1]=c[1],d[2]=c[1]+c[2],...,即 d[i]为前 i 个大营容量总和
int ei;             //边的序号
struct eg {
    int u, v, w;    //边的起点、终点、权值
}edges[EMAX];
void init( )     //初始化函数
{
    ei=0;   d[0]=0;
    //除源点 Sn 外,其他顶点最短距离初始为 INF,则 Bellman 算法的第 1 重循环要执行 n-1 次
    for( int i=0; i<=n; i++ )  dist[i]=INF;
    dist[n]=0;//以下 Bellman-Ford 算法是以 Sn 为源点的, 所以 dist[n]为 0
}
//如果存在源点可达的带负权值边的回路, 则返回 false
bool bellman_ford( )     //Bellman-Ford 算法
```

```
{
    int i, k, t;
    //Bellman算法第1重循环要执行N-1次,N是网络中顶点个数(本题中,顶点个数是n+1)
    for( i=0; i<n; i++ ){
    //假设第k条边的起点是u,终点是v,以下循环考虑第k条边是否会使得源点v0到v的最短
    //距离缩短,即判断dist[edges[k].u]+edges[k].w<dist[edges[k].v]是否成立
        for(k=0; k<ei; k++){
            t=dist[edges[k].u]+edges[k].w;
            if( dist[edges[k].u]!=INF && t<dist[edges[k].v] ){
                dist[edges[k].v]=t;
            }
        }
    }
    for(k=0; k<ei; k++){  //检查,若还有更新则说明存在无限循环的负权值回路
        if( dist[edges[k].u]!=INF &&
            dist[edges[k].u]+edges[k].w<dist[edges[k].v] )
            return false;
    }
    return true;
}
int main( )
{
    while( scanf("%d %d", &n, &m)!=EOF ){ //输入数据一直到文件尾
        init( );
        int i, u, v, w;
        for( i=1; i<=n; i++ ){          //构造不等式组(c)和(d)
            scanf("%d", &c[i]);         //读入第i个兵营最多有ci个士兵
            edges[ei].u=i-1; edges[ei].v=i;
            edges[ei].w=c[i]; ei++;     //构造边<i-1,i>, 权值为Ci
            edges[ei].u=i; edges[ei].v=i-1;
            edges[ei].w=0; ei++;        //构造边<i,i-1>, 权值为0
            d[i]=c[i]+d[i-1];
        }
        for( i=0; i<m; i++ )            //构造不等式组(a)和(b)
        {
            scanf("%d %d %d", &u, &v, &w);
            edges[ei].u=v; edges[ei].v=u-1;
            edges[ei].w=-w; ei++;       //构造边<v,u-1>,权值为-w
            edges[ei].u=u-1; edges[ei].v=v;
            edges[ei].w=d[v]-d[u-1];    //构造边<u-1,v>,权值为d[v]-d[u-1]
            ei++;
        }
        if( !bellman_ford( ) ) printf("Bad Estimations\n");
        else  printf("%d\n", dist[n]-dist[0]);
    }
    return 0;
}
```

例 4.15　区间(Intervals)，ZOJ1508，POJ1201。

题目描述：

给定 n 个整数闭区间 $[a_i, b_i]$ 和 n 个整数 $c_1, c_2, \cdots, c_n$。编程实现以下 3 点。

(1) 以标准输入方式读入闭区间的个数，每个区间的端点和整数 $c_1, c_2, \cdots, c_n$。

(2) 求一个最小的整数集合 Z，满足 $|Z \cap [a_i, b_i]| \geqslant c_i$，即 Z 里边的数中范围在闭区间 $[a_i, b_i]$ 的个数不小于 c_i 个，$i=1, 2, \cdots, n$。

(3) 以标准输出方式输出答案。

输入描述：

输入文件包含多个测试数据。每个测试数据的第 1 行为一个整数 n ($1 \leqslant n \leqslant 50\ 000$)，表示区间的个数。接下来 n 行描述了这 n 个区间：第 $i+1$ 行包含了 3 个整数 a_i、b_i、c_i ($0 \leqslant a_i \leqslant b_i \leqslant 50\ 000$，$1 \leqslant c_i \leqslant b_i - a_i + 1$)，用空格隔开。输入数据一直到文件尾。

输出描述：

对每个测试数据，输出一个整数，为最小的整数集合 Z 的元素个数 $|Z|$。整数集合 Z 满足：Z 里边的数中范围在闭区间 $[a_i, b_i]$ 的个数不小于 c_i 个，$i=1, 2, \cdots, n$。

样例输入：	样例输出：
5	6
3 7 3	
8 10 3	
6 8 1	
1 3 1	
10 11 1	

分析：该题可建模成一个差分约束系统。以样例输入中的测试数据为例进行分析。

设 $S[i]$ 是集合 Z 中小于等于 i 的元素个数，即 $S[i]=|\{s \mid s \in Z, s \leqslant i\}|$，则有以下不等式组。

(1) Z 集合中范围在 $[a_i, b_i]$ 的整数个数即 $S[b_i] - S[a_i-1]$ 至少为 c_i，得不等式组，即约束条件(1)。

$S[b_i] - S[a_i-1] \geqslant c_i$，转换成 $S[a_i-1] - S[b_i] \leqslant -c_i$。　　　　　约束条件(1)

$S[2] - S[7] \leqslant -3$　　　　　$S[7] - S[10] \leqslant -3$　　　　　$S[5] - S[8] \leqslant -1$

$S[0] - S[3] \leqslant -1$　　　　　$S[9] - S[11] \leqslant -1$

根据实际情况，还有两组约束条件。

(2) $S[i] - S[i-1] \leqslant 1$。　　　　　　　　　　　　　　　　　　　约束条件(2)

(3) $S[i] - S[i-1] \geqslant 0$，即 $S[i-1] - S[i] \leqslant 0$。　　　　　　　约束条件(3)

最终要求的是什么？设所有区间右端点的最大值为 mx，如该测试数据中 $mx=11$，所有区间左端点的最小值为 mn，如该测试数据中 $mn=1$，$mn-1=0$，最终要求的是 $S[mx] - S[mn-1]$ 的最小值，即求 $S[11]-S[0] \geqslant M$ 中的 M，M 取其最大值，转换成 $S[0]-S[11] \leqslant -M$。每个 $S[i]$ 对应到有向网中的一个顶点 S_i。则要求的是源点 S_{11} 到顶点 S_0 的最短路径长度，长度为 $-M$。

假设最终求得的源点 S_{11} 到各顶点的最短路径长度保存在数组 dist 中，那么 $-M=\text{dist}[0] - \text{dist}[11]$，即 $M=\text{dist}[11] - \text{dist}[0]$，即为所求。

与例 4.14 直接根据约束条件构造有向网求解最短路径的方法不同的是，由于第(2)、第(3)个约束条件中的不等式有 $2×(mx-mn+1)$ 个，再加上约束条件(1)，构造的边数最多可达 $3×50\,000$ 条，所以将所有的约束条件转换成图中的边，不是个好方法。

更好的方法如下。

(1) 先仅用约束条件(1)构造有向网，源点到各顶点的最短距离初始为 0，这是因为 $S_i - S_{mx} \leqslant 0$，所以源点到各顶点的最短距离肯定是小于 0 的。注意本题中源点是 S_{mx}。

(2) 用 Bellman-Ford 算法求源点到各顶点的最短路径(注意 Bellman-Ford 算法的思想)，在每次循环中，约束条件(1)判断完后再加上约束条件(2)和(3)的判断。

① 约束条件(2)的判断。

$S[i] \leqslant S[i-1] + 1$ 等效于 $S[i] - S[mx] \leqslant S[i-1] - S[mx] + 1$。

假设 dist[i]为源点 S_{mx} 到顶点 S_i 的最短路径，那么 $S[i] - S[mx]$ 就是 dist[i]，$S[i-1] - S[mx] + 1$ 就是 dist[i-1] + 1，即如果源点 S_{mx} 到顶点 S_i 的最短路径长度大于(即违反了约束条件(2))源点 S_{mx} 到顶点 S_{i-1} 的最短路径长度加 1，则修改 dist[i]为 dist[i-1] + 1。

② 约束条件(3)的判断。

$S[i-1] \leqslant S[i]$ 等效于 $S[i-1] - S[mx] \leqslant S[i] - S[mx]$。

$S[i] - S[mx]$ 就是 dist[i]，$S[i-1] - S[mx]$ 就是 dist[i-1]，即如果源点 S_{mx} 到顶点 S_{i-1} 的最短路径长度大于源点 S_{mx} 到顶点 S_i 的最短路径，则修改 dist[i-1]为 dist[i]。

样例输入中测试数据对应的有向网的构造及差分约束系统的求解如图 4.33 所示。其中，图 4.33(b)所示为仅根据约束条件(1)构造的有向网。

图 4.33(c)所示为 Bellman-Ford 算法执行过程当中 dist 数组各元素值的变化(在该图中，如果 dist 数组元素的值有变化，则用加粗、斜体标明)，其过程如下。

(1) dist 数组各元素的初始值均为 0。

(2) 第 1 次执行 Bellman-Ford 算法中的循环时，首先根据约束条件(1)修改 dist 数组。例如，因为存在边<7, 2>，权为-3，且 dist[7] + (-3) < dist[2]，所以要将 dist[2]修改成-3。然后根据约束条件(2)修改 dist 数组。例如，当 $i=3$ 时，因为 dist[2] + 1 < dist[3]，所以要将 dist[3]修改成 dist[2] + 1=-2。最后根据约束条件(3)修改 dist[ ]数组。例如，当 $i=2$ 时，因为 dist[1] > dist[2]，所以要将 dist[1]修改成 dist[2]=-3。

(3) 第 2 次执行 Bellman-Ford 算法中的循环的过程同上。

(4) 第 3 次执行完 Bellman-Ford 算法中的循环后，dist 数组每个元素的值都没有发生变化，所以 Bellman-Ford 算法中后续的循环没有必要执行下去了。

通过上述分析可知，Bellman-Ford 算法不一定要执行 $N-2$ 次循环，N 为有向网(无向网)中的顶点个数，在图 4.33(b)中，$N=12$。其实只要在某次循环过程中，考虑每条边后，都没有改变当前源点到所有顶点的最短路径长度，那么 Bellman-Ford 算法就可以提前结束了。

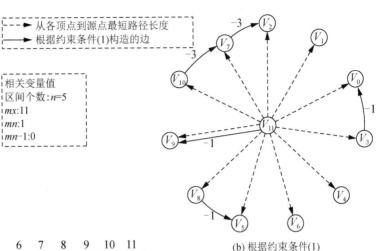

(a) 边的数组edges

(b) 根据约束条件(1)
构造的有向网

	0	1	2	3	4	5	6	7	8	9	10	11	
初始	0	0	0	0	0	0	0	0	0	0	0	0	
Bellman循环：每条边都判断一下，是否会修改最短路径	−1	0	−3	0	0	−1	0	−3	0	−1	0	0	
约束条件(2)判断，将dsit[i]修改为dsit[i−1]+1	−1	0	−3	−2	−1	−1	0	−3	−2	−1	0	0	(1)
约束条件(3)判断，将dsit[i−1]修改为dsit[i]	−3	−3	−3	−3	−3	−3	−3	−3	−2	−1	0	0	
Bellman循环	−4	−3	−6	−3	−3	−3	−3	−3	−2	−1	0	0	
约束条件(2)判断	−4	−3	−6	−5	−4	−3	−3	−3	−2	−1	0	0	(2)
约束条件(3)判断	−6	−6	−6	−5	−4	−3	−3	−3	−2	−1	0	0	
Bellman循环	−6	−6	−6	−5	−4	−3	−3	−3	−2	−1	0	0	
约束条件(2)判断	−6	−6	−6	−5	−4	−3	−3	−3	−2	−1	0	0	(3)
约束条件(3)判断	−6	−6	−6	−5	−4	−3	−3	−3	−2	−1	0	0	

(c) dist[ ]数组的变化

图 4.33　区间：有向网的构造及差分约束系统的求解

代码如下。

```
#define inf 99999
#define EMAX 50002
struct e {
    int u, v, w;      //边的起点、终点、权值
}edges[EMAX];
int n, dist[EMAX];          //区间的个数,求得的从源点到各顶点的最短路径
int mn, mx;                 //所有区间左端点的最小值,所有区间右端点的最大值
void init( )        //初始化函数
{
    int i;
    for( i=0; i<EMAX; i++ )  dist[i]=0;   //将源点到各顶点的最短路径长度初始为 0
```

```
            //这是因为Si-Smx<=0，所以源点到各顶点的最短距离肯定是小于0的
            //Si为Z中小于等于i的元素个数，即S[i]=|{s|s∈Z,s<=i}|
            mx=1;  mn=inf;
}
bool bellman_ford( )
{
    int i, t; //循环变量和临时变量
    int f=1;//标志变量，为提前结束Bellman-Ford算法的标志变量
    while( f ){ //只要某次循环过程中，没有改变源点到各顶点的最短距离，则可以提前结束
        f=0;
        //Bellman-Ford算法本身的循环，考虑每条边是否能改变源点到各顶点的最短距离
        for( i=0; i<n; i++ ){
            t=dist[edges[i].u]+edges[i].w;
            if( dist[edges[i].v]>t ){ dist[edges[i].v]=t;  f=1; }
        }
        for( i=mn; i<=mx; i++ ){//根据约束条件s[i]<=s[i-1]+1进一步修改s[i]值
            t=dist[i-1]+1;
            if( dist[i]>t ){ dist[i]=t;  f=1; }
        }
        for( i=mx; i>=mn; i-- ){//根据约束条件s[i-1]<=s[i]进一步修改s[i-1]值
            t=dist[i];
            if( dist[i-1]>t ){ dist[i-1]=t;  f=1; }
        }
    }
    return true;
}
int main( )
{
    while( scanf("%d", &n)!=EOF ){
        init( );
        int i, u, v, w;     //u,v,w: 区间的两个端点、ci
        for( i=0; i<n; i++ ){
            scanf( "%d %d %d", &u, &v, &w );
            //构造边<v,u-1,-w>
            edges[i].u=v, edges[i].v=u-1, edges[i].w=-w;
            if( mn>u )  mn=u;      //求得mn为所有区间左端点的最小值
            if( mx<v )  mx=v;      //求得mx为所有区间右端点的最大值
        }
        bellman_ford( );
        printf( "%d\n", dist[mx]-dist[mn-1] );
    }
    return 0;
}
```

练　习

4.17　国王(King)，ZOJ1260，POJ1364。

题目描述：

有一个王子智力迟钝，他只能做整数的加法，以及比较加法的结果比给定的一个整数是大还是小。另外，用来求和的数必须排列成一个序列，他只能对序列中连续的整数进行求和。老国王对王子非常不满意。但他决定为王子准备一切，使得在他去世后，王子还能统治王国。考虑到王子的能力，他规定国王需要决断的所有问题必须表示成有限的整数序列，并且国王需要决断的问题只是判断这个序列的和与给定的一个约束的大小关系。

老国王去世后，新国王开始统治王国。但很快，人们开始不满意他的决策，决定废除他。人们试图通过证明新国王的决策是错误的，从而名正言顺地废除新国王。

因此，试图篡位的人们给新国王出了一些题目，让国王做出决策。问题是从序列 $S=\{a_1, a_2, \cdots, a_n\}$ 中取出一个子序列 $S_i=\{a_{si}, a_{si+1}, \cdots, a_{si+ni}\}$。国王有一分钟的思考时间，然后必须做出判断：他对每个子序列 S_i 中的整数进行求和，即 $a_{si} + a_{si+1} + \cdots + a_{si+ni}$，然后对每个子序列的和设定一个约束 k_i，即 $a_{si} + a_{si+1} + \cdots + a_{si+ni} < k_i$，或 $a_{si} + a_{si+1} + \cdots + a_{si+ni} > k_i$。

过了一会儿，他意识到他的判断是错误的。他不能取消他设定的约束，但他努力挽救自己：通过伪造篡位者给他的整数序列。他命令他的幕僚找出这样的一个序列 S，满足他设定的这些约束。请帮助幕僚，编写程序，判断这样的序列是否存在。

输入描述：

输入文件中包含多块输入。除最后一块输入外，每块输入对应一组问题及国王的决策。每块输入的第 1 行为两个整数 n 和 m，其中 n $(0<n\leq100)$ 表示序列 S 的长度，m $(0<m\leq100)$ 为子序列 S_i 的个数。接下来有 m 行为国王的决策，每个决策的格式为 s_i n_i o_i k_i，其中 o_i 代表关系运算符 ">"(用 "gt" 表示)或 "<"(用 "lt" 表示)，s_i、n_i 和 k_i 的含义如题目描述中所述。最后一块输入只有一行，为 "0"，表示输入结束。

输出描述：

对输入文件中的每块输入，输出一行字符串：当满足约束的序列 S 不存在时，输出 "successful conspiracy"；否则输出 "lamentable kingdom"。对最后一块输入，没有输出内容。

样例输入：

```
4 2
1 2 gt 0
2 2 lt 2
1 2
1 0 gt 0
1 0 lt 0
0
```

样例输出：

```
lamentable kingdom
successful conspiracy
```

4.18　出纳员的雇用(Cashier Employment)，ZOJ1420，POJ1275。

题目描述：

一家每天 24 小时营业的超市需要一批出纳员来满足它的需求。超市经理雇用你来帮他解决一个问题——超市在每天的不同时段需要不同数目的出纳员(例如,午夜只需一小批,而下午则需要很多)来为顾客提供优质服务,他希望雇用最少数目的出纳员。

超市经理已经提供一天里每小时需要出纳员的最少数量——$R(0)$, $R(1)$, …, $R(23)$。$R(0)$表示从午夜到凌晨1:00所需出纳员的最少数目;$R(1)$表示凌晨1:00到2:00之间需要的;以此类推。每一天,这些数据都是相同的。有N人申请这项工作,每个申请者i在每天24小时当中,从一个特定的时刻开始连续工作恰好8小时。定义t_i($0 \leqslant t_i \leqslant 23$)为上面提到的开始时刻,也就是说,如果第$i$个申请者被录用,他(她)将从$t_i$时刻开始连续工作8小时。

编写程序,输入$R(i)$,$i=0$…23,以及t_i,$i=1$…N,它们都是非负整数,计算为满足上述限制至少需要雇用多少出纳员。在每一时刻可以有比对应$R(i)$更多的出纳员在工作。

输入描述:

输入文件的第1行为整数T,表示测试数据的数目(至多20个)。每个测试数据的第1行为24个整数,表示$R(0)$, $R(1)$, …, $R(23)$,$R(i)$最大可以取到1 000。接下来一行是一个整数N($0 \leqslant N \leqslant 1\,000$),表示申请者的数目。接下来有$N$行,每行为一个整数$t_i$($0 \leqslant t_i \leqslant 23$)。

输出描述:

对每个测试数据,输出一行,为需要雇用的出纳员的最少数目。如果某个测试数据没有解,则输出"No Solution"。

样例输入:	样例输出:
1	1
1 0 1 0 0 0 1 0 0 0 0 0 0 0 0 0 0 0 0 0 0 0 0 1	
5	
0	
23	
22	
1	
10	

4.19 进度表问题(Schedule Problem),ZOJ1455。

题目描述:

一个项目被分成几个部分,每部分必须在连续的天数完成。也就是说,如果某部分需要3天才能完成,则必须花费连续的3天来完成它。项目的两部分工作之间,有4种类型的约束:FAS、FAF、SAF和SAS。FAS约束的含义是第1部分工作必须在第2部分工作开始之后完成;FAF约束的含义是第1部分工作必须在第2部分工作完成之后完成;SAF的含义是第1部分工作必须在第2部分工作完成之后开始;SAS的含义是第1部分工作必须在第2部分工作开始之后开始。假定参与项目的人数足够多,也就是说,可以同时做任意多的部分工作。试编写程序,对给定的项目设计一个进度表,使得项目完成时间最短。

输入描述:

输入文件包含多个测试数据,每个测试数据描述了一个项目。每个项目包含如下行:第1行为一个整数N,表示该项目被分成N部分,$N=0$代表数据结束;接下来有N行,第i行为第i个部分完成所需的时间;接下来有若干行,每行描述了两个部分之间的约束关系;每个项目的最后一行为"#",代表该项目的输入结束。

输出描述：

每个测试数据的输出占若干行。第 1 行输出项目的序号。接下来有 N 行，每行为某部分的序号及它的开始时间，时间为非负整数，且被安排成最先完成的工作的开始时间为 0。如果该问题没有解，则在第 1 行后只输出一行，为字符串"impossible"。

在每个测试数据的输出之后，输出一个空行。

样例输入：

```
3
2
3
4
SAF 2 1
FAF 3 2
#
0
```

样例输出：

```
Case 1:
1 0
2 2
3 1
```

4.20 母牛的排列(Layout)，POJ3169。

题目描述：

母牛在排队等候食物时喜欢跟自己的朋友站在一起。有 $N(2 \le N \le 1\,000)$ 头母牛，编号为 1～N，排成一条直线，等候食物。这 N 头母牛按照它们的编号顺序排列在一行。由于它们的坚持，两头或多头母牛可能排列在同一个位置(也就是说，如果认为每头母牛位于同一行的某个坐标位置，那么多个母牛的坐标位置可能相同)。

一些母牛互相喜欢，希望相互之间的距离在某个距离之内。有些母牛相互排斥，希望相互之间的距离在某个距离之外。给定两个列表，一个列表中有 ML 个约束($1 \le ML \le 10\,000$)，描述了相互喜欢的母牛，及它们能够分隔开的最大距离；另一个列表中有 MD 个约束($1 \le MD \le 10\,000$)，描述了互相排斥的母牛，及它们必须分隔开的最小距离。试计算(如果存在的话)，满足上述距离限制条件下，第 1 头母牛和第 N 头母牛之间距离的最大值。

输入描述：

第 1 行为 3 个用空格隔开的整数 N、ML 和 MD。第 2～ML+1 行，每行为 3 个用空格隔开的正整数 A、B 和 D ($1 \le A < B \le N$)，表示 A 和 B 之间能分隔开的最大距离为 D ($1 \le D \le 1\,000\,000$)。第 $ML+2$～$ML+MD+1$ 行，每行为 3 个用空格隔开的正整数 A、B 和 D ($1 \le A < B \le N$)，表示 A 和 B 之间必须隔开至少 D 距离($1 \le D \le 1\,000\,000$)。

输出描述：

输出一行，为一个整数。如果不存在满足条件的排列，输出"-1"；如果第 1 头母牛和第 N 头母牛之间的距离可以任意，输出"-2"；否则输出第 1 头母牛和第 N 头母牛之间的最大距离。

样例输入：

```
4 2 1
1 3 10
2 4 20
2 3 3
```

样例输出：

```
27
```

第5章　可行遍性问题

本章讨论**可行遍性问题**，即从图中一个顶点出发不重复地遍历完所有的边或所有的顶点并回到起始顶点，这两种回路分别是欧拉回路和汉密尔顿回路。尽管这两个概念非常相似，但二者的理论迥然不同。本章介绍这两个概念、相关定理以及这两种回路的求解方法。

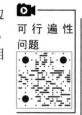

5.1　欧　拉　回　路

5.1.1　基本概念及定理

1. 欧拉通路、欧拉回路、欧拉图

对于无向图。

(1) 设 G 是无向连通图，则称经过 G 的每条边一次并且仅一次的路径为**欧拉通路**。

(2) 如果欧拉通路是回路(起点和终点相同)，则称此回路为**欧拉回路**(Euler circuit)。

(3) 具有欧拉回路的无向图 G 称为**欧拉图**(Euler graph)。

对于有向图。

(1) 设 D 是有向图，D 的基图连通，则称经过 D 的每条边一次并且仅一次的有向路径为**有向欧拉通路**。

(2) 如果有向欧拉通路是有向回路，则称此回路为**有向欧拉回路**(directed Euler circuit)。

(3) 具有有向欧拉回路的有向图 D 称为**有向欧拉图**(directed Euler graph)。

请思考图 5.1 所示的无向图及有向图是否为欧拉图或有向欧拉图。

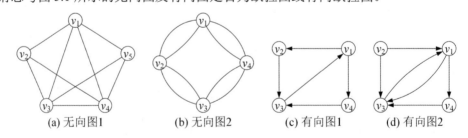

(a) 无向图1　　　(b) 无向图2　　　(c) 有向图1　　　(d) 有向图2

图 5.1　欧拉回路及有向欧拉回路

2. 定理及推论

欧拉通路和欧拉回路的判定是很简单的，即以下定理及推论。

定理 5.1　无向图 G 存在欧拉通路的充要条件是：G 为连通图，并且 G 仅有两个奇度结点(度数为奇数的顶点)或无奇度结点。

定理 5.1 的推论

(1) 当 G 是仅有两个奇度结点的无向连通图时，G 的欧拉通路必以此两个结点为端点。

(2) 当 G 是无奇度结点的无向连通图时，G 必有欧拉回路。

(3) 无向图 G 为欧拉图(存在欧拉回路)的充分必要条件是 G 为无奇度结点的连通图。

例如，图 5.1(a)所示的无向图，存在两个奇度顶点 v_2 和 v_5，所以存在欧拉通路，且欧拉通路必以这两个顶点为起始顶点和终止顶点，该无向图不存在欧拉回路。图 5.1(b)所示的无向图为欧拉图。

定理 5.2　有向图 D 存在欧拉通路的充要条件是：D 的基图连通，并且所有顶点的出度与入度都相等；或者除两个顶点外，其余顶点的出度与入度都相等，而这两个顶点中一个顶点的出度与入度之差为 1，另一个顶点的出度与入度之差为-1。

定理 5.2 的推论

(1) 当有向图 D 除出度与入度之差为 1、-1 的两个顶点外，其余顶点的出度与入度都相等时，D 的有向欧拉通路必以出度与入度之差为 1 的顶点为起点，以出度与入度之差为 -1 的顶点为终点。

(2) 当有向图 D 的基图连通且所有顶点的出度与入度都相等时，D 中存在有向欧拉回路。

(3) 有向图 D 为有向欧拉图的充分必要条件是 D 的基图为连通图，并且所有顶点的出度与入度都相等。

例如，图 5.1(c)所示的有向图，顶点 v_2 和 v_4 入度和出度均为 1，顶点 v_1 的出度与入度相差为 1；顶点 v_3 的出度与入度相差为-1；所以该有向图只存在有向欧拉通路，且必须以顶点 v_1 为始点，以顶点 v_3 为终点。图 5.1(d)所示的有向图不存在有向欧拉通路。

3. 欧拉回路的应用

例 5.1　哥尼斯堡七桥问题。

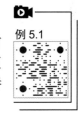

图 5.2(a)所示为七桥问题(关于七桥问题的详细描述，详见本书第 1 版前言)。一条河流及其两条分支将哥尼斯堡市分成北、东、南、岛 4 个区，各区之间共有 7 座桥梁联系着。问：能不能一次走遍所有的 7 座桥，并且每座桥只准经过一次？

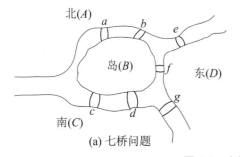
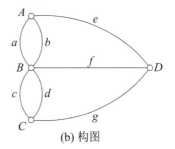

图 5.2　七桥问题

把每一块陆地用一个顶点来代替，将每一座桥用连接相应两个顶点的一条边来代替，从而七桥问题可以转化成如图 5.2(b)所示的图论问题：是否存在一条路径，使得经过每条边一次且仅一次，即是否存在欧拉通路。

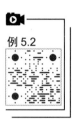
例5.2

利用前面介绍的定理 5.1，很容易判断出图 5.2(b)所示的无向图中不存在欧拉通路，因为该图的 4 个顶点的度数都是奇数。因此，哥尼斯堡七桥问题其实是无解的。

例 5.2 一笔画问题。

与哥尼斯堡七桥问题类似的有一笔画问题：判定一个图 G 是否可以一笔画出。根据是否要求回到起点分别对应判断欧拉回路和欧拉通路的问题。例如，请思考如图 5.3 所示的 3 个图是否能一笔画出，并判断是否能回到起点。

(a) 图1

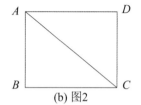
(b) 图2

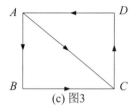
(c) 图3

图 5.3 一笔画问题

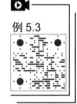
例5.3

例 5.3 旋转鼓轮的设计。

图 5.4 所示的旋转鼓轮，其表面被分为 2^4 个部分，每一部分用绝缘体或导体(阴影部分表示导体)组成，绝缘体部分给出信号 0，导体部分给出信号 1。问鼓轮上 16 个部分应该怎样设计，才能使得鼓轮旋转一周，4 个触点得到的一组 4 位二进制信息都不同？

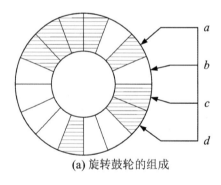
(a) 旋转鼓轮的组成

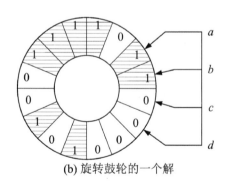
(b) 旋转鼓轮的一个解

图 5.4 旋转鼓轮

分析：鼓轮表面的 2^4 个部分最多可以表示 16 组 4 位二进制信息，而 4 位的二进制信息也是 16 种，即从 0000～1111。

要使得鼓轮旋转一周，得到的 16 组二进制信息都不同，唯一的可能是每组二进制出现一次且仅一次，并且前一组信息的后 3 位跟后一组信息的前 3 位相同。如果把这 3 位信息看成一个图中顶点，那么，前后两组信息可以看成是这个顶点延伸出的边。

设有 8 个顶点的有向图，如图 5.5 所示，顶点记为{ 000, 001, 010, 011, 100, 101, 110, 111 }。对每个顶点 $a_1a_2a_3$(a_1、a_2、a_3 为 0 或 1)，可引出两条有向边，终点分别是 $a_2a_3$0 和 $a_2a_3$1，这两条边分别记为 $a_1a_2a_3$0 和 $a_1a_2a_3$1。这样，一共有 16 条边，并且各不相同，因此

鼓轮问题中的 16 个不同的 4 位二进制对应于图中的一个欧拉回路。找到图中一条欧拉回路，并取每条边上的第 1 位构成 16 位二进制位，这样，构成的鼓轮旋转一周得到的二进制都不相同。

图 5.5 中的一条欧拉回路为 $e_1 \to e_2 \to e_3 \to e_4 \to e_5 \to e_6 \to e_7 \to e_8 \to e_9 \to e_{10} \to e_{11} \to e_{12} \to e_{13} \to e_{14} \to e_{15} \to e_{16}$。按顺序在这 16 条边上取第 1 位二进制位构成的 16 位二进制位为 1111011000010100，这就是旋转鼓轮的一个解，如图 5.4(b)所示。这样，4 个触点得到的 16 组 4 位二进制分别为 1111、1110、1101、1011、0110、1100、1000、0000、0001、0010、0101、1010、0100、1001、0011、0111。

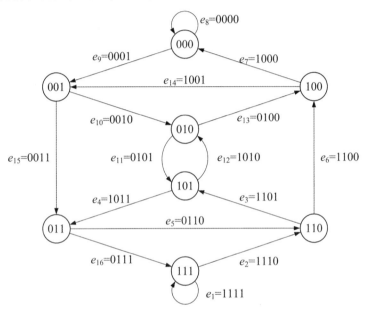

图 5.5　旋转鼓轮的求解

当然，在图 5.5 中欧拉回路不止一条。找到任何一条欧拉回路后，按照前面的方法取每条边上的第 1 位构成 16 位二进制，都是旋转鼓轮的解。所以旋转鼓轮问题的解不唯一。

类似的问题有：找一种 9 个 a、9 个 b、9 个 c 的圆形排列，使由字母 $\{a, b, c\}$ 组成的长度为 3 的 27 个字符串中的每个字符串仅出现一次；以及例 5.7。

4. 欧拉回路问题

欧拉回路一般存在以下两类问题。

(1) 欧拉回路的判定问题，即判断一个无向图(或有向图)中是否存在欧拉通路、欧拉回路(或有向欧拉通路、有向欧拉回路)。这一类问题一般比较简单，只需要根据本节中的定理进行判定即可。但是，如何把问题建模成一个图，并把问题的求解转化成求判断图中是否存在欧拉回路(或欧拉通路)，则是一个比较难的问题。这一类问题将在 5.1.2 节讨论。

欧 拉 回 路 问题

(2) 欧拉回路的求解问题，即经过分析判断出图中存在欧拉回路(或欧拉通路)后，如何输出一条欧拉回路。这一类问题一般比较难求解，本章将在 5.2 节讨论这类问题。

5.1.2 欧拉回路的判定

下面通过两道例题的分析，详细讲解把问题的求解转化成欧拉回路的判定问题及欧拉回路的判定方法。

例 5.4　庄园管家(Door Man)，ZOJ1395，POJ1300。

题目描述：

庄园有很多房间，编号为 0、1、2、3……。主人是一个心不在焉的人，经常随意地把房间的门打开。多年来，管家掌握了一个诀窍：沿着一条通道，穿过这些大房间，并把门关上。问题是能否找到一条路径经过所有开着门的房间，并使得：① 通过门后立即把门关上；② 关上了的门不再打开；③ 最后回到管家的房间(房间 0)，并且所有的门都已经关闭了。在本题中，给定房间列表，以及连通房间的、开着的门，并给定一个起始房间，判断是否存在这样的一条路径。假定任意两个房间之间都是连通的(可能需要经过其他房间)。

输入描述：

输入文件包含多个(最多可达 100 个)测试数据。每个测试数据包括以下 3 个部分。

1) 第 1 行，START M N，M 为管家起始所处的房间号，N 为房间总数，$1 \leq N \leq 20$。

2) 房间列表，一共有 N 行，每行列出了一个房间通向其他房间的房间号(只需列出比它的编号大的房间号，可能有多个，按升序排列)，第 1 行代表房间 0，最后一行代表房间 N-1。有可能有些行为空行，当然最后一行肯定是空行；两个房间之间可能有多扇门连通。

3) 终止行，内容为"END"。

输入文件最后一行是"ENDOFINPUT"，表示输入结束。

输出描述：

每个测试数据对应一行输出，如果能找到一条路关闭所有的门，并且回到房间 0，则输出"YES X"，X 是管家关闭的门的总数，否则输出"NO"。

样例输入：

```
START 0 5
1 1 2 2 3 3 4 4
```

样例输出：

```
YES 8
NO
```

```
END
START 0 5
1 2 2 3 3 4 4
```

```
END
ENDOFINPUT
```

分析： 以房间为顶点、连接房间之间的门为边构造图。根据题意，构造出来的图是连通的。本题实际上是判断一个图中是否存在欧拉回路或欧拉通路，要分两种情况考虑。

(1) 如果所有的房间都有偶数个开着的门(通往其他房间)，那么有欧拉回路，可以从 0 号房间出发，回到 0 号房间。但是在这种情况下，管家起始的房间必须为 0(因为题目要求回到 0 号房间)。例如，第 1 个测试数据对应图 5.6(a)，图中有浅色阴影的顶点(即顶点 0)，表示管家初始时所处的房间，在该测试数据中，管家可以回到 0 号房间。

(2) 有两个房间的门数为奇数，其余的都是偶数，如果起始房间和 0 号房间的门数都是奇数，那么也可以从起始房间到达 0 号房间，并且满足题目要求。但不能选房间 0 作为起始房间。例如，第 2 个测试数据对应图 5.6(b)，起始房间为 0，输出的结果分别是 "NO"。在该测试数据中，如果管家起始所处房间号为 1，则应该输出 "YES 7"。

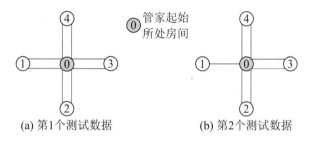

(a) 第1个测试数据　　　　　　(b) 第2个测试数据

图 5.6　庄园管家：两个测试数据

对于庄园的其他情形，都是不能完成题目中所要求的任务的，所以直接输出 "NO"。本题的难点在于输入数据的处理。

(1) 因为有空行，而且这些空行都是有用的信息，所以不能简单地用 cin 读入每个房间有门通往其他房间的房间号。

(2) 一行数据中既有字符型数据，又有数值型数据，例如，START 1 2，必须区分不同类型的数据。

可以采用 cin.getline()函数或 getchar()函数将输入数据读入到字符数组 buf 中，再采用 sscanf()函数从 buf 中读出有用的数据。代码如下。

```
int readLine( char* s )   //以字符形式读入每行数据并返回字符串的长度
{
    int L;
    for( L=0; ( s[L]=getchar() ) != '\n' && s[L]!=EOF; L++ )  ;
    s[L]=0;  return L;
}
int main( )
{
    char buf[128];  int i, j, M, N;      //M为管家起始的房间号，N为房间的总数
    int door[20];        //记录每个房间的门数
    while( readLine(buf) ){
        if( buf[0]=='S' ){
            sscanf( buf, "%*s %d %d", &M, &N );  //%*s表示忽略这部分数据
            for( i=0; i<N; i++ )  door[i]=0;
            int doors=0; //门的总数
```

```
        for( i=0; i<N; i++ ){
            readLine(buf);
            int k=0;     //读取数据的起始位置
            //读取每个房间有门通往其他房间的房间号
            while( sscanf(buf+k, "%d", &j)==1 ){
                doors++;  door[i]++;  door[j]++;
                while( buf[k] && buf[k]==' ' )  k++;
                while( buf[k] && buf[k]!=' ' )  k++;
            }
        }
        readLine( buf );  //读入"END"
        int odd=0, even=0;  //奇点个数、偶点个数
        for( i=0; i<N; i++ ){
            if( door[i]%2==0 )  even++;
            else  odd++;
        }
        if( odd==0 && M==0 )  printf( "YES %d\n", doors );
        else if( odd==2 && door[M]%2==1 && door[0]%2==1 && M!=0 )
            printf( "YES %d\n", doors );
        else  printf( "NO\n" );
    }
    else if( !strcmp(buf, "ENDOFINPUT") )  break;
}
    return 0;
}
```

例 5.5　词迷游戏(Play on Words)，ZOJ2016，POJ1386。

题目描述：

有些秘门需要解开词迷才能打开。本题需要求解词迷，读入一组单词，判定是否可以调整这些单词的先后顺序，使得每个单词的第 1 个字母跟前一个单词的最后一个字母相同。

输入描述：

输入文件中包含 T 个测试数据。输入文件的第 1 行就是 T，接下来是 T 个测试数据。每个测试数据的第 1 行是一个整数 N ($1 \leqslant N \leqslant 100\ 000$)，表示单词的个数；接下来有 N 行，每行是一个单词，每个单词至少有 2 个、至多有 1 000 个小写字母，即单词中只可能出现字母 "a" ～ "z"。在同一个测试数据中，一个单词可能出现多次。

输出描述：

如果通过重组单词可以达到要求，输出 "Ordering is possible."，否则输出 "The door cannot be opened."。

样例输入：

```
2
3
acm
malform
```

样例输出：

```
Ordering is possible.
The door cannot be opened.
```

```
mouse
2
abeceda
okolo
```

分析：在本题中，每个单词只有首尾两个字母很关键，并且每个单词可以看成连接首尾两个字母的一条有向边(由首字母指向尾字母)。这样每个测试数据中的一组单词可以构造成一个图，图中的顶点为 26 个小写字母，每个单词为图中的一条边。例如，本题样例输入中两个测试数据所构造的有向图如图 5.7 所示。

构造好有向图后，题目要判定是否可以调整这些单词的先后顺序，使得每个单词的第 1 个字母跟前一个单词的最后一个字母相同，等价于判断图中是否存在一条路径经过每条边一次且仅一次，这就是有向欧拉通路。本题的处理方法如下。

(1) 读入每个单词时，因为每个单词相当于一条从首字母指向尾字母的边，所以对单词首字母对应的顶点，出度加 1；尾字母对应的顶点，入度加 1。

(2) 26 个顶点的入度和出度都统计完毕后，根据各顶点的出度、入度关系来判断是否存在欧拉通路，但要注意排除每个单词的首尾字母中没有出现过的字母。在下面的代码中，用 bused 数组来表示每个字母是否在单词的首尾中出现。例如，在图 5.7(a)中，只有 3 个字母对应有顶点，其他 23 个字母都没有对应顶点。

(3) 判断完以后，还得判断整个有向图的基图(即不考虑边的方向)是否连通，同样也要排除每个单词的首尾字母中没有出现过的字母。如图 5.7(b)所示，每个顶点的出度、入度都相等，但这个图的基图是不连通的，所以也不存在有向欧拉通路。判断连通，可采用 3.3.2 节的并查集，即考察图中所有的边(u, v)，如果 u 和 v 不相同，且 u 和 v 不在同一个连通分量上，则合并 u 和 v 各自所在的连通分量。处理完毕后，再判断每个顶点是不是在同一个连通分量上，如果是，说明这个有向图的基图是连通的，否则不连通。

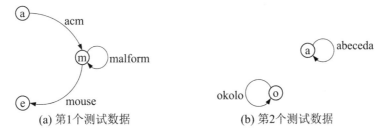

(a) 第1个测试数据　　　　　　　　　　(b) 第2个测试数据

图 5.7　词迷游戏：有向图的构造

代码如下。

```
#define MAXN 100001        //边数的最大值
#define INF 100000000      //无穷大
int T, N;    //测试数据的个数；每个测试数据中单词的个数(每个单词相当于图中的每条边)
char word[1001];           //读入每个单词
int od[26], id[26];        //每个字母所表示的顶点的出度、入度
int bused[26];             //bused[i]表示第 i 个字母在这组单词中是否作为首尾字母
int parent[26];            //parent[i]为顶点 i 所在集合对应的树中的父结点
struct edge {              //边
```

```
    int u, v;              //边的顶点
}edges[MAXN];              //边的数组
void UFset( )              //初始化
{
    for( int i=0; i<26; i++ )  parent[i]=-1;
}
int Find( int x )              //查找并返回节点 x 所属集合的根结点
{
    int s;                 //查找位置
    for( s=x; parent[s]>=0; s=parent[s] )  ;
    while( s!=x ){              //优化方案——压缩路径，使后续的查找操作加速
        int tmp=parent[x];  parent[x]=s;  x=tmp;
    }
    return s;
}
void Union( int R1, int R2 )   //通过 R1 和 R2 将它们所属的集合合并
{
    int r1=Find(R1),  r2=Find(R2);     //r1 为 R1 的根结点, r2 为 R2 的根结点
    int tmp=parent[r1]+parent[r2];      //两个集合结点个数之和(负数)
    //如果 R2 所在树结点个数>R1 所在树结点个数(注意 parent[r1]是负数)
    if( parent[r1]>parent[r2] ){ parent[r1]=r2;  parent[r2]=tmp; }
    else{ parent[r2]=r1;  parent[r1]=tmp; }
}
bool bconnect( )        //判断有向图的基图是否连通
{
    int u, v, i;      //每条边的两个顶点、循环变量
    UFset( );          //初始化
    for( i=0; i<N; i++ ){//对每条边(u,v)，如果 u 和 v 不属于同一个连通分量，则合并
        u=edges[i].u;  v=edges[i].v;
        if( u!=v && Find(u)!=Find(v) )  Union( u, v );
    }
    int first=-1;     //第一个 bused[i]不为 0 的顶点
    for( i=0; i<26; i++ ){
        if( bused[i]==0 )  continue; //排除每个单词的首尾字母中没有出现过的字母
        if( first==-1 )  first=i;
        else if( Find(i) != Find(first) )  break;     //不连通
    }
    if( i<26 )  return false;                          //不连通
    else  return true;                                //连通
}
int main( )
{
    int i, j, u, v;     //u,v 为每个单词首尾字母所对应的序号
    scanf( "%d", &T );
    for( i=0; i<T; i++ ){
        memset( od, 0, sizeof(od) );  memset( id, 0, sizeof(id) );
        memset( bused, 0, sizeof(bused) );
```

```
    scanf( "%d", &N );
    for( j=0; j<N; j++ ){
        scanf( "%s", word );
        u=word[0]-'a'; v=word[strlen(word)-1]-'a';
        od[u]++; id[v]++; bused[u]=bused[v]=1;
        edges[j].u=u; edges[j].v=v;
    }
    bool Euler=true;     //是否存在欧拉通路
    int one=0, none=0; //one 和 none 分别为出度比入度多 1 和少 1 的顶点数
    for( j=0; j<26; j++ ){
        if( bused[j]==0 )  continue; //排除每个单词首尾字母中没有出现过的字母
        if( od[j]-id[j]>=2 || id[j]-od[j]>=2 ){ Euler=false; break; }
        if( od[j]==0 && id[j]==0 ){ Euler=false; break; }
        if( od[j]-id[j]==1 ){
            one++;
            if( one>1 ){ Euler=false; break; }
        }
        if( id[j]-od[j]==1 ){
            none++;
            if( none>1 ){ Euler=false; break; }
        }
    }
    if( one!=none ) Euler=false;
    if( !bconnect() ) Euler=false;     //不连通
    if( Euler ) printf( "Ordering is possible.\n" );
    else  printf( "The door cannot be opened.\n" );
    }
    return 0;
}
```

练 习

5.1　涂有颜色的木棍(Colored Sticks)，POJ2513。

题目描述：

给定一捆木棍。每根木棍的每个端点涂有某种颜色。问是否能将这些棍子首尾相连，排成一条直线，且相邻两根棍子的连接处端点的颜色一样？

输入描述：

输入文件中包含若干行，每行为两个单词，用空格隔开，表示一根棍子两个端点的颜色。表示颜色的单词由小写字母组成，长度不超过 10 个字符。木棍的数目不超过 250 000。

输出描述：

如果木棍能按照题目的要求排成一条直线，输出"Possible"，否则输出"Impossible"。

样例输入：

```
blue red
red violet
```

样例输出：

```
Possible
```

```
cyan blue
blue magenta
magenta cyan
```

5.2 欧拉回路的求解

欧拉回路的求解主要有两种方法：DFS 及弗勒里(Fleury)算法。本节分别介绍这两种方法。

5.2.1 DFS 算法求解欧拉回路

用 DFS 算法求解欧拉回路的思路为：利用欧拉定理判断出一个图存在欧拉通路或回路后，选择一个正确的起始顶点，用 DFS 算法遍历所有的边(每条边只遍历一次)，遇到走不通就回退。在搜索前进方向上将遍历过的边按顺序记录下来，这组边的排列就组成了一条欧拉通路或回路。

下面通过两道例题的分析，详细介绍这种方法的思想及其实现方法。

例 5.6 多米诺骨牌。

题目描述：

给定 n 张骨牌，每张骨牌有左右两个点数(从 1 到 6)。问能不能通过调整骨牌的顺序和交换左右两个点数，使得任意两个相邻骨牌的相邻段为相等的数字？

输入描述：

输入文件有多个测试数据。每个测试数据的第 1 行为一个整数 N($1 \leqslant N \leqslant$ 100)，表示多米诺骨牌的总数。接下来 N 行对每一张牌进行描述，每一行表示一张牌的左右两点的数字(从 1 到 6)，用空格隔开。输入文件的最后一行为 0，表示输入结束。

输出描述：

对每个测试数据，如果不可能满足要求，输出"No solution"；如果有解，输出任意一个即可，输出时按从左到右的顺序输出每张牌，每一行都要包含当前牌的序号(第几张牌)和符号"+"(表示不旋转骨牌)或"-"(表示要旋转骨牌)。在每个测试数据的输出之后输出一个空行。

例如，对图 5.8(a)给出的 5 张牌，其中一个解如图 5.8(b)所示。这 5 张牌按照图 5.8(b)所示的旋转要求及顺序排列后，可以使得任意两个相邻骨牌的相邻段为相等的数字。

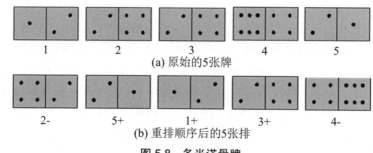

(a) 原始的5张牌

(b) 重排顺序后的5张排

图 5.8 多米诺骨牌

样例输入：

```
5
1 2
2 4
2 4
6 4
2 1
0
```

样例输出：

```
2-
5+
1+
3+
4-
```

分析：本题可以转化成欧拉回路或欧拉通路的求解。首先要构造成一个图，图的顶点就是 6 个点数，每张牌对应一条无向边，这条边的两个顶点就是牌的两个点数。例如，对样例数据，构造好的图如图 5.9 所示。注意，每条边旁边的数字是这条边的序号。

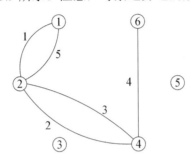

图 5.9　多米诺骨牌：图的构造

图构造好以后，先判断是否存在欧拉通路或欧拉回路。如果存在欧拉通路或欧拉回路，则选择一个正确的起始顶点，采用 DFS 算法从该顶点开始遍历：从该顶点选择一条未访问过的边，访问该条边后到达另一个邻接顶点；然后从这个顶点出发选择一条未访问过的边进行访问……直到所有边都访问一遍为止。在这个过程中，如果遇到死胡同就回退。将每条边的访问顺序记录下来，这组边的排列就组成了一条欧拉通路。

对于起始顶点的选取，如果存在欧拉回路，可以取该回路上的任一顶点，但不要选取不在该回路上的顶点(如在图 5.9 中，不能选择顶点 3 和顶点 5)；如果只存在欧拉通路，则只能选奇度顶点。

对于图的存储结构的设计，由于存在平行边，只能采用邻接表来存储。采用邻接表存储的另一个好处是，因为输出欧拉通路时要指明每条边是正向还是反向，而在构造无向图的邻接表时，每条边对应两个边结点，因此可以在边结点结构中增加一个分量来表示正向或反向。另外边结点中还应增加一个分量，用来保存边的序号。在本题中，针对这些需求所设计的简易邻接表详见下面的代码，对样例数据所构造的邻接表如图 5.10 所示。

在图 5.10 中，每个边结点有 4 个分量，分别是边的另一个邻接顶点的序号、边的序号(即读入时的顺序)、边的标记(正向或反向)、指向下一个边结点的指针。

另外，在下面的代码中，有两个数组很关键。

(1) visited 数组，与第 2 章介绍 DFS 算法时引入的 visited 数组类似但又有所区别，此时 visited 数组用来记录各边的访问标志，为 1 表示已经访问过，初始时为 0。

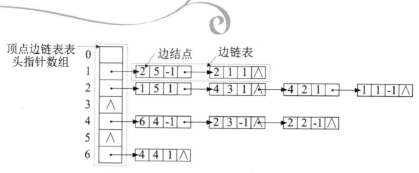

图 5.10 多米诺骨牌：邻接表的构造

(2) path 数组，用来存储欧拉通路(回路)上各边的序号。如果 path[i]=j, $j>0$，则表示欧拉通路上第 i 条边为第 j 块骨牌，且不旋转；path[i] = -j 表示要旋转。代码如下。

```
#define VNUM 6          //顶点个数，在本题中，顶点个数总为 6，即点数的个数
#define MAXN 101        //每个测试数据中骨牌的数目 N 的最大值，1<=N<=100
struct EdgeNode {       //边链表中的边结点
    int adjvex;         //边(弧)的另一个邻接点的序号
    int EdgeNo;         //边的序号(即读入时的顺序)
    int flag;           //标记：1 为正向，-1 为反向
    EdgeNode *nextedge; //指向下一个边结点
};
EdgeNode* EdgeLink[VNUM+1];   //各顶点的边链表(第 0 个元素不用)
int visited[MAXN];      //边的访问标志，为 1 表示已经访问过，初始为 0
int path[MAXN];         //path[i]=j(j>0)表示第 i 条边为第 j 条边，不旋转；-j 表示要旋转
int pi, N;              //pi 为 path 数组的下标，N 为每个测试数据中骨牌的数目
void CreateLG( )        //采用邻接表存储表示，构造无向图 G
{
    int i, v1, v2;      //v1,v2 为边的两个顶点
    EdgeNode *p1, *p2;                              //两个临时边结点
    memset( visited, 0, sizeof(visited) );         //边未访问
    for( i=1; i<=6; i++ )  EdgeLink[i]=NULL;       //各顶点边链表初始为"空"
    int number=1;                                  //边的序号
    for( i=1; i<=N; i++ ){                         //N 条边
        scanf( "%d%d", &v1, &v2 );
        p1=new EdgeNode; p2=new EdgeNode;          //假定有足够空间
        p1->adjvex=v2; p1->EdgeNo=number;          //边的序号
        p1->flag=1;                                //正向
        p1->nextedge=EdgeLink[v1];  EdgeLink[v1]=p1; //插入到顶点 v1 的边链表
        p2->adjvex=v1; p2->EdgeNo=number; p2->flag=-1; //反向
        p2->nextedge=EdgeLink[v2];  EdgeLink[v2]=p2; //插入到顶点 v2 的边链表
        number++;
    }
}
void DFSL( int start )  //无向图的深度优先搜索算法，图用邻接表表示
{
    while( pi<=N ){     //还有边没有访问到
        EdgeNode *p=EdgeLink[start];
        while( p!=NULL ){
```

```
            if( !visited[p->EdgeNo] ){       //第 p->Edgeno 条边未访问过
                //同一条边正向,逆向两个结点对应 EdgeNo 相同,保证不会走同一条路
                visited[p->EdgeNo]=1;
                if( p->flag>0 )  path[pi]=p->EdgeNo;     //不旋转
                else  path[pi]=-(p->EdgeNo);             //要旋转
                pi++;
                DFSL( p->adjvex );
            }
            else p=p->nextedge;
        }
    }
}
void Domino( )
{
    int i, j, JDNum=0;           //JDNum 为奇度顶点个数
    int start1, start2;          //搜索的起始顶点
    EdgeNode* p;
    for( i=1; i<=6; i++ ){
        int DNum=0;  p=EdgeLink[i];                      //DNum 为顶点的度数
        while( p!=NULL ){ DNum++;  p=p->nextedge; } //统计顶点 i 的度数
        if( DNum%2!=0 ){ start1=i;  JDNum++; }
        if( DNum!=0 )   start2=i;
    }
    if( JDNum!=0 && JDNum!=2 ){          //不存在欧拉通路
        printf( "No Solution!\n" );  return;
    }
    pi=1;                                //path 数组的下标
    //存在欧拉通路(回路),还得选对起点
    if( JDNum==2 )  DFSL( start1 );      //欧拉通路,从 start 顶点开始搜索
    else  DFSL( start2 );                //欧拉回路,从顶点 1 开始搜索
    char flag1='+', flag2='-';
    for( i=1; i<=N; i++ ){
        if( path[i]>0 )      //输出欧拉通路上第 i 条的序号及旋转标志
            printf( "%d%c\n", path[i], flag1 );
        else  printf( "%d%c\n", -path[i], flag2 );
    }
}
void DeleteLG( )     //释放各顶点边链表中的边结点所占的存储空间
{
    EdgeNode *pi;    //用来指向边链表中各边结点的指针
    for( int i=1; i<=6; i++ ){
        pi=EdgeLink[i];
        while( pi!=NULL ){     //释放第 i 个顶点边链表中的各边结点所占的存储空间
            EdgeLink[i]=pi->nextedge;  delete pi;  pi=EdgeLink[i];
        }
    }
}
```

```
int main( )
{
    while( scanf( "%d", &N ) && N!=0 ){  //创建邻接表,求解,释放边链表中的边结点
        CreateLG( );  Domino( );  DeleteLG( );
    }
    return 0;
}
```

例5.7

例5.7 密码(Code),ZOJ2238,POJ1780。

题目描述:

KEY 公司开发出一种保险箱。要打开保险箱,不需要钥匙,但需要输入一个正确的、由 n 位数字组成的密码。当正确输入最后一位密码后,保险箱就立刻打开。保险箱上没有"确定"键。当输入超过 n 位数字,只有最后 n 位数字有效。例如,对 4 位密码,如果正确的密码为 4567,当输入 1234567890 时,则输入数字 7 后保险箱的门就会马上打开。

为了达到这种效果,对 n 位密码,保险箱始终处于 $10^{(n-1)}$ 种内部状态之一。保险箱的当前状态只需用最后输入的 $n-1$ 位数字表示,其中有一种状态(例如,对前面的例子,就是 456)被记为"开锁状态"。如果保险箱处于"开锁状态",且输入最后一位正确的数字(例如,在上面的例子中就是 7),保险箱的门就打开了;否则保险箱切换到对应的新状态。例如,如果保险箱的当前状态为 456,接着输入 8,则保险箱的状态切换到 568。

为了打开保险箱,一个烦琐的策略是一位接一位地输入所有可能的编码。然而,在最坏情况下,这需要按键 $n×10^n$ 次(有 10^n 组可能的编码,每个编码有 n 位)。而选择一个好的数字序列,最多只需要按键($10^n + n - 1$)次就可以打开保险箱了,需要做的就是找到一个数字序列包含所有的 n 位数一次且仅一次。

输入描述:

输入文件中包含多个测试数据。每个测试数据为一个整数 n ($1 \leqslant n \leqslant 6$)。输入文件的最后一行为 0,表示输入结束。

输出描述:

对每个测试数据,输出一行,包含 10^n+n-1 位的数字序列,使得每个 n 位数出现一次且仅一次。

样例输入:

```
1
2
0
```

样例输出:

```
0123456789
0010203040506070809112131415161718192232425262728293343536373839445464748495565758596676869778798899 0    (注意,这两行是一个完整的数字序列)
```

分析: 首先要明白为什么选择一个好的数字序列,至多只需按键 $10^n + n - 1$ 次就可以打开保险箱了。n 位数有 10^n 种编码方案(即 10^n 组数),要使得一个数字序列包含这 10^n 组 n 位数,且序列的长度最短,唯一的可能是每组数出现一次且仅一次,且前一组数的后 $n-1$

位是后一组数的前 $n-1$ 位，这样 10^n 组数各取 1 位，共 10^n 位，再加上最后一组数的后 $n-1$ 位，总位数是 $10^n + n - 1$。如图 5.11(a)所示，$d_1 d_2 d_3 d_4 \cdots d_n$ 构成第 1 组数，则第 2 组数就是 $d_2 d_3 d_4 \cdots d_{(n+1)}$，……一共有 10^n 组数，整个数字序列的长度为 $10^n + n - 1$。

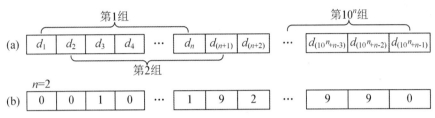

图 5.11 密码：10^n 组 n 位数的最短序列

例如，在图 5.11(b)中，当 $n=2$ 时，总共有 $10^2=100$ 组两位数。样例输出所示的一个数字序列中，第 1 组两位数为 00、第 2 组两位数为 01……第 100 组两位数为 90。该数字序列的长度为 $10^2 + 2 - 1=101$ 位。

这道题跟例 5.3 鼓轮设计有点类似，要求设计一个二进制数字序列，使得 4 位二进制的每种取值都出现。按照本题的公式，该二进制数字序列的长度至少为 $2^4 + 4 - 1=19$ 位，如图 5.12(a)所示。在例 5.3 中，数字序列是环状的，可以节省 3 位二进制，因为最后 3 组二进制(即第 14、15、16 组)的最后几位(分别是最后 1、2、3 位)是该数字序列的前面几位(分别是前面第 1、2、3 位)，因此该环状的二进制数字序列长度最小值为 $19 - 3=16$ 位。

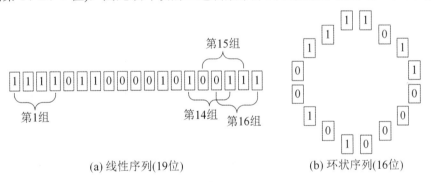

(a) 线性序列(19位)   (b) 环状序列(16位)

图 5.12 线性序列与环状序列

由于至多按键 $10^n + n - 1$ 次就可以打开保险箱，因此可以用一个长度为 $10^n + n - 1$ 的串来存储序列。求序列的方法为，对于当前长度为 $n-1$ 的序列，其后添加一个数字，使得添加后的序列没有在前面出现过。需要注意的地方是，由于 $1 \leqslant n \leqslant 6$，直接用递归方法会造成栈溢出，需要显式地用栈(即用一个数组模拟栈)来实现 DFS 算法。这时算法的输出顺序为从后往前，故用栈存储结果时，优先存储的应是较大值。这样最后对栈进行逆序输出的时候得到的串是按字典序排列的。代码如下。

```
#define M 100000
int list[M];
int stack[M*10];      //用数组模拟栈结构
char ans[M*10];       //结果栈，序列逆序存放
int s, a;             //数组栈的大小以及结果栈的大小
//对于当前长度为 n-1 的序列，其后添加一个数字，使得添加后的序列没有在前面出现过
```

```
void search( int v, int m )
{
    int w;
    while ( list[v]<10 ){
        w=v*10+list[v];  list[v]++;  stack[s++]=w;     //存入栈中
        v=w%m;
    }
}
int main( )
{
    int n, m, i, v;
    while( scanf("%d", &n) && n!=0 ){
        if(n==1){ printf( "0123456789\n" );  continue; }//如果n=1则直接输出
        s=0, a=0, v=0;      //初始化
        m=pow( 10.0, double( n-1 ) );     //m=10^(n-1)
        memset(list, 0, sizeof(list));
        search( v, m );          //DFS
        while( s ){
            v=stack[--s];  ans[a++]=v%10+'0'; //将结果存入栈中
            v/=10;
            search( v, m );    //继续搜索
        }
        for( i=1; i<n; i++ )  printf( "0" );      //输出结果，首先输出0
        while(a)  printf( "%c", ans[--a] );       //逆序输出
        printf( "\n" );
    }
    return 0;
}
```

5.2.2 Fleury 算法求解欧拉回路

Fleury 算法求解欧拉回路

    尽管利用定理5.1和定理5.2可以很轻松地判断出一个图是否存在欧拉通路(回路)，但在输出欧拉通路(回路)时，如果漫不经心地沿着一条随意的路线走，可能无法输出欧拉通路(回路)。例如，图 5.13 中存在欧拉回路，但如果按照图中虚线箭头所示的方向从顶点 v_6 出发走了 3 步以后，就无法再进行下去。所以必须按照有效的方法行走，才能正确地输出欧拉回路，Fleury 算法就是一种有效的算法。

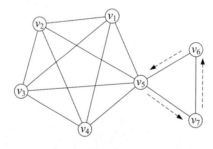

图 5.13　漫不经心地选择路线，无法输出欧拉回路

1. Fleury 算法

设 G 为一个无向图且存在欧拉回路，求 G 中一条欧拉回路的算法如下。

(1) 任取 G 中一顶点 v_0，令 $P_0 = v_0$。

(2) 假设沿 $P_i = v_0 e_1 v_1 e_2 v_2 \cdots e_i v_i$ 走到顶点 v_i，按以下方法从 $E(G) - \{e_1, e_2, \cdots, e_i\}$ 中选 e_{i+1}。

① e_{i+1} 与 v_i 相关联。

② 除非无别的边可供选择，否则 e_{i+1} 不应该是 $G_i = G - \{e_1, e_2, \cdots, e_i\}$ 中的桥。

(3) 当(2)不能再进行时算法停止。

可以证明的是，当算法停止时，所得到的简单回路 $P_m = v_0 e_1 v_1 e_2 v_2 \cdots e_m v_m, (v_m = v_0)$ 为 G 中一条欧拉回路。

注意： 当 G 只存在欧拉通路时，从正确的顶点出发，Fleury 算法也能求出欧拉通路。

2. 桥

设无向图 $G(V, E)$ 为连通图，若边集 $E_1 \subseteq E$，在图 G 中删除 E_1 中所有的边后得到的子图是不连通的，而删除了 E_1 的任一真子集后得到的子图仍是连通图，则称 E_1 是 G 的一个**割边集**。若一条边构成一个割边集，则称该边为**割边**或**桥**。第 8 章会进一步讨论割边集。例如，如图 5.14 所示的无向连通图，边 $(1, 5)$、$(4, 6)$、$(8, 10)$ 和 $(8, 9)$ 都是图 G 中的桥。

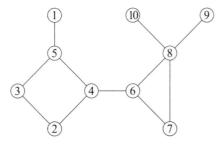

图 5.14　无向连通图中的桥

3. Fleury 算法求解实例

如图 5.15(a)所示的无向图 G 是一个欧拉图。图 5.15(b)在求 G 中的欧拉回路时，走了简单回路 $v_2 e_2 v_3 e_3 v_4 e_{14} v_9 e_{10} v_2 e_1 v_1 e_8 v_8 e_9 v_2$ 之后，没有边可供选择了，并且并没有走遍所有边。试分析这种走法错在哪里。

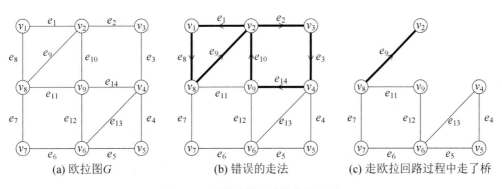

(a) 欧拉图 G　　　　　(b) 错误的走法　　　　(c) 走欧拉回路过程中走了桥

图 5.15　求解欧拉回路的错误走法

在图 5.15(b)所示的求解过程中，走到 v_8 时没有遵循"能不走桥就不走桥"的原则，因而没能找出欧拉回路。当走到 v_8 时，$G - \{ e_2, e_3, e_{14}, e_{10}, e_1, e_8 \}$ 如图 5.15(c)所示。此时 e_9 为该图中的桥，而 e_7、e_{11} 均不是桥，此时不应该走 e_9，而应该走 e_7 或 e_{11}，所以犯了错误。

注意：在图 5.15(b)所示的求解过程中，在 v_3 遇到过桥 e_3，在 v_1 处遇到过桥 e_8，但当时除桥外无别的边可走，所以当时均走了桥，这是不会犯错误的。

4. Fleury 算法实现

例 5.8

例 5.8　用 Fleury 算法输出无向图中的欧拉通路或回路。

输入描述：

输入文件包含多个测试数据。每个测试数据描述了一个无向图，格式为：首先是顶点个数 n 和边数 m；然后输入 m 个整数对 u v，表示顶点 u 和顶点 v 之间的一条无向边。测试数据一直到文件尾。

输出描述：

对每个测试数据，如果不存在欧拉通路或回路，则输出"No Euler path"，否则输出任意一条欧拉通路或回路。

样例输入：
```
9 14
1 2 1 8 2 3 2 8 2 9 3 4 4 5
4 6 4 9 5 6 6 7 6 9 7 8 8 9
```

样例输出：
```
1 8 9 6 7 8 2 9 4 6 5 4 3 2 1
```

分析：样例数据对应图 5.15(a)。在下面的代码中，首先判断是否存在欧拉回路或通路，如果存在则选择一个正确的顶点按照 Fleury 算法输出欧拉回路或通路。代码如下。

```
#define MAXN 200
stack<int> S;      //存储顶点的栈
int n, Edge[MAXN][MAXN];  //顶点个数，邻接矩阵
void dfs( int x )        //深度优先搜索
{
    int i;   S.push(x);     //顶点 x 入栈
    for( i=0; i<n; i++ ){
        if( Edge[i][x]>0 ){
            Edge[i][x]=0;  Edge[x][i]=0;    //删除此边
            dfs( i );
            break;
        }
    }
}
void Fleury( int x )    //Fleury 算法
{
    int i, b, u;    S.push(x);     //顶点 x 入栈
    while( !S.empty() ){
        b=0;
        for( i=0; i<n; i++ ){   //检查当前栈顶顶点是否还有邻接顶点
```

```
                 if( Edge[S.top()][i]>0 ){ b=1;  break; }
        }
        if( b==0 ){       //如果没有点可以扩展，输出并出栈
            printf( "%d ", S.top()+1 );  S.pop();
        }
        else{
            u = S.top();  S.pop();  dfs( u );      //如果有,就 DFS
        }
    }
    printf( "\n" );
}
int main( )
{
    int i, j, m, s, t;            //m:边数; s,t: 读入的边的起点和终点
    int degree, num, start;      //每个顶点的度、奇度顶点个数、欧拉回路的起点
    while( scanf( "%d%d", &n, &m )!=EOF ){   //n:顶点数、m:边数
        memset( Edge, 0, sizeof(Edge) );
        while(!S.empty())  S.pop();  //清空栈
        for( i=0; i<m; i++ ){
            scanf( "%d%d", &s, &t );
            Edge[s-1][t-1]=1;  Edge[t-1][s-1]=1;
        }
        //如果存在奇度顶点，则从奇度顶点出发，否则从顶点 0 出发
        num=0;  start=0;
        for( i=0; i<n; i++ ){          //判断是否存在欧拉回路
            degree=0;
            for( j=0; j<n; j++ )  degree+=Edge[i][j];
            if( degree%2==1 ){ start=i;  num++; }
        }
        if( num==0||num==2 )  Fleury( start );
        else  printf( "No Euler path\n" );
    }
    return 0;
}
```

练 习

5.2 咬尾蛇(Ouroboros Snake)，ZOJ1130，POJ1392。

题目描述：

咬尾蛇是古埃及神话中一种虚构的蛇。它经常把尾巴放在自己的嘴巴里，不停地吞噬自己。环数类似于咬尾蛇，它是 2^n 位的二进制数，具有以下性质：它能"生成"$0 \sim 2^n-1$ 之间的所有数。生成方法是：给定一个环数，将它的 2^n 位数卷成一个圆圈，这样，就可以从中取出 2^n 组 n 位二进制数，以每个数的起始位置的下一个位置，作为下一个数的起始位置。这样的圆圈称为 n 的环圈。在本题中，只针对 n 的最小的环数。

例如,在 $n=2$ 时,只有 4 个环数 0011、0110、1100 和 1001,所以最小的环数为 0011。图 5.16(a)给出了 0011 的环圈。图 5.16(b)所示的表格描述了 $o(n; k)$ 函数,它的值为 n 的最小的环数的环圈中的第 k 个数。试编写程序计算 $o(n; k)$。

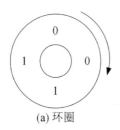

k	00110011…	$o(n; k)$
0	00	0
1	01	1
2	11	3
3	10	2

(a) 环圈　　　　　　　　(b) $o(n; k)$ 函数

图 5.16　咬尾蛇

输入描述:

输入文件中包含多个测试数据。每个测试数据占一行,为两个整数 n 和 k ($1 \leqslant n \leqslant 15$, $0 \leqslant k < 2^n$)。输入文件的最后一行为两个 0,代表输入结束。

输出描述:

对每个测试数据,输出占一行,为求得 $o(n; k)$。

样例输入:	样例输出:
2 0	0
2 2	3
0 0	

5.3　首尾相连的单词串(Catenym),ZOJ1919,POJ2337。

题目描述:

catenym 是一个字符串,由两个单词组成,用点号隔开,并且第 1 个单词的最后一个字母跟第 2 个单词的第一个字母相同。例如,以下字符串均为 catenym。

```
dog.gopher
gopher.rat
aloha.aloha
```

一个复合的 catenym 是由 3 个或多个单词组成的序列,相邻单词之间用点号隔开,并且相邻两个单词都是一个 catenym。例如:

```
aloha.aloha.arachnid.dog.gopher.rat.tiger
```

给定一本字典,字典中的单词都只包含小写字母,试在字典中找一个复合 catenym,使得包含每个单词一次且仅一次。

输入描述:

输入文件的第 1 行为一个整数 t,表示测试数据的数目。每个测试数据的第 1 行为一个整数 n ($3 \leqslant n \leqslant 1\,000$),表示字典中单词的数目。接下来有 n 个不同的单词,每个单词由 1~20 个小写字母组成,每个单词占一行。

输出描述：

对每个测试数据，输出字典序最小的一个复合 catenym，包含每个单词一次且仅一次。如果无解，则输出"***"。

样例输入：

```
1
6
aloha
arachnid
dog
gopher
rat
tiger
```

样例输出：

```
aloha.arachnid.dog.gopher.rat.tiger
```

5.3 中国邮递员问题

中国邮递员问题(Chinese Postman Problem，CPP)也称中国邮路问题，是我国数学家管梅谷教授于 1962 年首次提出的，引起了世界不少数学家的关注。例如，1973 年匈牙利数学家 Edmonds 和 Johnsom 对中国邮路问题提出了一种有效算法。

中国邮递员问题

中国邮路问题的实际模型是：一位邮递员从邮局准备好邮件去投递，然后返回邮局。他必须经过由他负责投递的每条街道至少一次，现需要为这位邮递员设计一条投递线路，使其总耗时最少。

图 5.17(a)所示为邮递员投递区域地图，图中★为邮局，每条街道旁边的数字为该街道的长度。邮递员每次送信必须从邮局出发，走遍区域内的所有道路，并最终回到邮局。

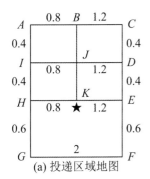
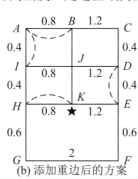
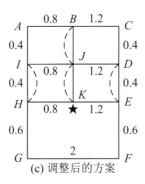

(a) 投递区域地图   (b) 添加重边后的方案   (c) 调整后的方案

图 5.17   中国邮递员问题

很明显，如果图 5.17(a)为欧拉图，那么邮递员从邮局出发，沿着一条欧拉回路最终回到邮局，总耗时肯定最少。但图 5.17(a)中有 6 个奇度顶点，要从邮局出发，每条街道至少走一遍，并回到邮局，必然有一些街道要走不止一次。重复走某条街道相当于在图中为该街道添加一条重边。则问题转换成：如何在图中添加一些重边，构造成一个欧拉图并添加边的距离长度总和最短。

在添加重边时，很明显应该选择为某个奇度顶点添加重边，如果重边的另一个顶点也是奇度顶点，那么这条重边将这两个奇度顶点变成偶度顶点；如果重边的另一个顶点是偶度顶点，则添加重边后，还必须从偶度顶点(该偶度顶点现在已经变成奇度顶点了)出发再添加一条重边与其他一个奇度顶点相连。

添加重边时要注意两个原则：一是不能出现重复添加重边，重复的重边应成对去掉，这样并不改变每一顶点的奇偶性；二是每一个圈上添加的重边总长不能超过圈长一半，否则应将此圈上添加的重边去掉，改在此圈上原来没有添加重边的路线上添加重边，这样也不改变每一顶点的奇偶性。

以上两个原则既保证了不改变每个顶点的奇偶性，又保证了添加重边的总长最短。

图 5.17(b)给出了一个添加重边的方案，添加重边后图中没有奇度顶点了，但对照上面两个原则可知，图中添加重边的总长不是最短，必须调整。显然在 A, B, J, K, H, I, A 圈中，添加重边的总长超过了该圈总长的一半。

调整后，如图 5.17(c)所示。此时，添加的重边没有重复并且每一个圈上添加的重边总长都不超过该圈总长的一半。另外，每个顶点全是偶度顶点，存在欧拉回路，并且这条路线是最短投邮路线。根据以上分析，最短投邮路线可设计为 $K, H, G, F, E, D, C, B, A, I, H, I,$ J, B, J, D, E, K, J, K 或 $K, J, K, H, G, F, E, D, C, B, A, I, H, I, J, B, J, D, E, K$ 等。

5.4 汉密尔顿回路

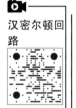

汉密尔顿回路

与欧拉回路非常类似的是汉密尔顿回路问题。该问题起源于英国数学家威廉·汉密尔顿(Willian Hamilton)于 1857 年发明的一个关于正十二面体的数学游戏，如图 5.18(a)所示。正十二面体的每个棱角上标有一个当时非常有名的城市，游戏的目的是"环绕地球"旅行，也就是说，寻找一个环游路线使得经过每个城市一次且恰好一次。

现在把正十二面体的 20 个棱角看成图中的顶点，将正十二面体画成如图 5.18(b)所示的平面图(关于平面图，详见第 9 章)，那么问题就转换成：能否在图中找到一条回路，经过每个顶点一次且仅一次。在图 5.18(b)中，按照图中所给的顶点编号，依顺序找一条路径，可以看出这样一条回路是存在的。

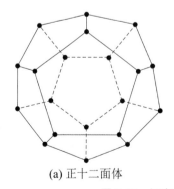

(a) 正十二面体

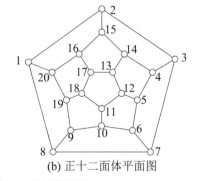

(b) 正十二面体平面图

图 5.18　汉密尔顿回路：十二面体的数学游戏

5.4.1　基本概念及定理

1. 基本概念

给定图 G，若存在一条经过图中的每个顶点一次且仅一次的通路，则称这条通路为**汉密尔顿通路**。

给定图 G，若存在一条回路，经过图中的每个顶点一次且仅一次，则称这条回路为**汉密尔顿回路**(Hamilton circuit)。

具有汉密尔顿回路的图称为**汉密尔顿图**(Hamilton graph)。

请思考图 5.19 中的两个无向图是否存在汉密尔顿通路或汉密尔顿回路。

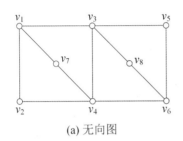
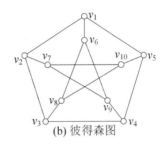

(a) 无向图　　　　　　　　(b) 彼得森图

图 5.19　汉密尔顿通路与汉密尔顿回路

2. 相关定理

与欧拉回路的判定不同，对汉密尔顿回路，迄今为止还没有一个有效的判别方法，以下定理分别给出了一些充分条件或必要条件。

定理 5.3　若无向连通图 $G(V, E)$ 具有汉密尔顿回路，则对于顶点集合 V 的任意非空子集 S，均有 $W(G-S) \leqslant |S|$ 成立。其中 $|S|$ 表示集合 S 中的顶点数，$W(G-S)$ 表示 $G-S$ 中连通分量的数目。

例如，图 5.19(a) 所示的无向连通图 G，如果取 $S = \{v_1, v_4\}$，则 $G-S$ 中有 3 个连通分量，因此，图 G 不是汉密尔顿图。

注意：定理 5.3 给出的条件 $W(G-S) \leqslant |S|$ 是必要条件，如果不满足这一条件，图 G 就不存在汉密尔顿回路；该条件不是充分条件，因此，满足该条件也不能说明存在汉密尔顿回路。例如，对著名的**彼得森**(Peterson)图，如图 5.19(b) 所示，在图中删去任一顶点或任意两个顶点，它仍然连通；删去任意 3 个顶点，得到的子图中，最多只有两个连通分量；删去任意 4 个顶点，得到的子图中，最多只有 3 个连通分量；删去 5 个或 5 个以上的顶点，余下的子图中顶点数都不大于 5，因此不可能有 5 个以上的连通分量。所以该图满足 $W(G-S) \leqslant |S|$。但是彼得森图是非汉密尔顿图。

定理 5.4　设 G 是具有 n 个顶点的简单图，如果 G 中每一对顶点度数之和大于等于 $n-1$，则在 G 中存在一条汉密尔顿通路。

定理 5.5　设 G 是具有 n 个顶点的简单图，如果 G 中每一对顶点度数之和大于等于 n，则在 G 中存在一条汉密尔顿回路。

注意：定理 5.4 和定理 5.5 是充分条件。

3. 汉密尔顿回路的应用

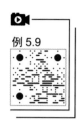

例 5.9 项链。一个由 $m \times n$ 颗珍珠和连接它们之间的丝线组成的网格，珍珠排成 m 行 n 列，如图 5.20(a)和(c)所示。问能否剪断一些丝线，得到一条由这些珍珠做成的项链？

分析：要做成一条项链，就需要把这些珍珠串起来，并且相邻两颗珍珠用一根丝线连起来，整串珍珠首尾相连。这就是一个汉密尔顿回路问题。在图 5.20(a)和(c)中找一条汉密尔顿回路，如果存在，则可以剪断回路外的所有丝线，得到一条项链。

如果以珍珠为顶点，同行相邻的珍珠是一对邻接顶点，同列相邻的珍珠也是一对邻接顶点，此外别无邻接顶点对，因此珍珠网构成一个二部图。在图 5.20(b)和(d)中，○型顶点构成二部图 G 的顶点集合 X，●型顶点构成二部图 G 的顶点集合 Y。

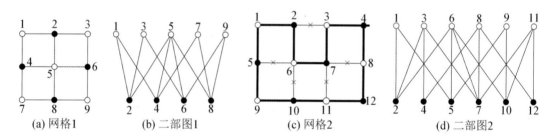

(a) 网格1　　(b) 二部图1　　(c) 网格2　　(d) 二部图2

图 5.20　汉密尔顿回路的应用：项链

当 $m \times n$ 为奇数(即 m 和 n 均为奇数)时，如果图 G 是汉密尔顿图，则存在一条包含 $m \times n$ 个顶点的汉密尔顿回路(长度也为 $m \times n$)，但 G 是二部图，它的任何一条回路中边的数目都是偶数，所以图 G 中不可能存在汉密尔顿回路。

当 $m \times n$ 为偶数(即 m 和 n 中至少有一个为偶数)时，是存在汉密尔顿回路的。例如，在图 5.20(c)中，剪断带有"×"标记的丝线，保留粗线标记的丝线，这些保留的丝线将所有珍珠串成一条项链。

5.4.2　汉密尔顿回路求解

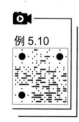

下面通过一道例题的分析，介绍汉密尔顿回路的求解方法。

例 5.10　岛屿和桥(Islands and Bridges)，ZOJ2398，POJ2288。

题目描述：

给定一个地图，地图中有许多岛屿，岛屿之间用桥连接。汉密尔顿路径是一条沿着桥访问每个岛屿一次且仅一次的路径。在地图中，每个岛屿还有一个正整数权值与之关联。如果某条汉密尔顿路径使得下面描述的值取得最大，则称这条汉密尔顿路径为最好的三角汉密尔顿路径。

假定有 n 个岛屿，令 V_i 为岛屿 C_i 的权值。一条汉密尔顿路径 $C_1, C_2, \cdots, C_n$ 的值为 3 部分之和：第 1 部分，将路径中每个岛屿的权值累加起来；第 2 部分，对路径中的每条边 (C_i, C_{i+1})，将乘积 $V_i \times V_{i+1}$ 累加起来；第 3 部分，当路径中连续的 3 个岛屿 C_i、C_{i+1} 和 C_{i+2}

形成一个三角形，即在岛屿 C_i 和 C_{i+2} 之间有一座桥，则把乘积 $V_i \times V_{i+1} \times V_{i+2}$ 累加起来。最好的三角汉密尔顿路径中可能包含多个三角形。在一幅地图中可能也存在多个最好的三角汉密尔顿路径，试计算这些路径的数目。

输入描述：

输入文件的第 1 行为一个数 q $(q \leqslant 20)$，表示测试数据的个数。每个测试数据的第 1 行为两个整数 n 和 m，分别表示岛屿的数目和桥的数目，岛屿的编号从 $1 \sim n$，其中 $n \leqslant 13$。接下来一行包含 n 个正整数，第 i 个正整数表示第 i 个岛屿的权值，每个权值都不超过 100。接下来有 m 行，每行的格式为 $x\ y$，表示有一座双向的桥，连接岛屿 x 和岛屿 y。

输出描述：

对每个测试数据，输出一行，为两个数，用空格隔开。第 1 个数为最好的三角汉密尔顿路径的权值；第 2 个数为不同的最好的三角汉密尔顿的数目。如果不存在汉密尔顿路径，则输出"0 0"。注意，一条路径可以以相反的顺序来表示，但这与原来的路径是同一条路径。

样例输入：	样例输出：
2	22 3
3 3	69 1
2 2 2	
1 2	
2 3	
3 1	
4 6	
1 2 3 4	
1 2	
1 3	
1 4	
2 3	
2 4	
3 4	

分析： 样例输入中两个测试数据所描述的地图如图 5.21 所示。在第 1 个测试数据中，最好的三角汉密尔顿路径共有 3 条，分别为 $C_1C_2C_3$、$C_2C_3C_1$、$C_3C_1C_2$，权值为 $(2+2+2)$ + $(2 \times 2+2 \times 2)$ + $(2 \times 2 \times 2)$ = 6+8+8 = 22；在第 2 个测试数据中，最好的三角汉密尔顿路径为 $C_1C_3C_4C_2$，权值为 $(1+2+3+4)$ + $(1 \times 3+3 \times 4+4 \times 2)$ + $(1 \times 3 \times 4+2 \times 3 \times 4)$ = 10+23+36 = 69。

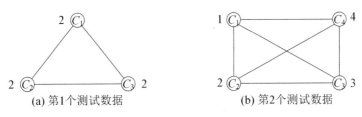

(a) 第1个测试数据　　　　　(b) 第2个测试数据

图 5.21　岛屿和桥：两个测试数据

在算法中用二进制位表示路径状态。例如,如果有 3 个岛,则用二进制的 111 表示一条汉密尔顿路径。算法中记录某条路径最后两个岛,因为这两个岛可决定加入新岛时的三角权值。这样,状态转移方程将是一个三维数组: dp[status][last_island][last_but_one_island],与之对应的还有路径数 ways[status][last_island][last_but_one_island]。

当前路径加入一个点后,状态无疑会变大,因此,状态转移时从小到大进行处理。初始化时,状态中包含两个岛的状态函数需要被初始化为两岛权值之和以及加上桥梁权值,对应的路径应为 1。状态转移时,对当前状态考虑所有可能的最后两个岛,并考虑所有可能加入的岛,从而可以生成新的状态。路径数随之更新。

状态数目无疑是一个很大的数字,但是,通过增加限制条件,可以将状态数大大减少,因此,这个算法又称状态压缩动态规划。有关动态规划的相关知识,请读者参考动态规划相关书籍,在此不再赘述。

需要注意的是,dp 和 ways 的值可能会比较大,因此要用 64 位长整型来表示。另外,要考虑只存在一个岛的情况。只有一个岛的情况无疑是存在最好三角汉密尔顿路径的。

最后,由于桥梁是双向的,一条路径存在顺序与逆序两种表示方式,而算法中对于方向相反的两条路径是视为不同路径的,因此最后求得的路径数目需要除以 2。代码如下。

```
#define MAXN 13                              //岛的最大数目
#define MAXSTATUS 1<<13                      //2^13,状态的最大数目
long long dp[MAXSTATUS][MAXN][MAXN];         //状态转移方程
long long ways[MAXSTATUS][MAXN][MAXN];       //路径数
int value[MAXN];
bool link[MAXN][MAXN];
int nislands;          //岛的数目
long long maxvalue;       //最好的三角汉密尔顿路径的权值
long long maxways;        //最好的三角汉密尔顿路径的数目
void initial( )          //初始化
{
    int i, row, col, nbridges;  //nbridges 为桥的数目
    scanf( "%d%d", &nislands, &nbridges );
    for( i=0; i<nislands; i++ )  scanf( "%d", value+i );
    if( nislands==1 )  return;       //如果只有一个岛屿则直接返回
    memset(dp, -1, sizeof( dp )); //不能初始化为0,否则没有路径时会把 0 当成最大值
    memset(ways, 0, sizeof( ways )); memset(link, 0, sizeof( link ));
    for( i=0; i<nbridges; i++ ){
        scanf( "%d%d", &row, &col );
        row--;  col--;  link[row][col]=1; link[col][row]=1;
        dp[(1<<row)|(1<<col)][row][col]=value[row]*value[col]+value[row]+
            value[col];
        dp[(1<<row)|(1<<col)][col][row]=value[row]*value[col]+value[row]+
            value[col];
        ways[(1<<row)|(1<<col)][row][col]=1;
        ways[(1<<row)|(1<<col)][col][row]=1;
    }
}
```

```
void compute( )
{
    int i, j, k, s;
    long long temp;
    int nextstatus;
    if( nislands==1 ){   //如果只有一个岛屿则直接做处理
        maxvalue=value[0];  maxways=1;  return;
    }
    for( s=0; s<( 1<<nislands ); s++ ){   //从小到大进行状态转移，并做路径压缩
        for( i=0; i<nislands; i++ ){
            if( s & ( 1<<i ) ){
                for( j=0; j<nislands; j++ ){
                    if( i!=j && ( s & ( 1<<j ) ) && dp[s][i][j]>-1 ){
                        for( k=0; k<nislands; k++ ){
                            if( !( s & ( 1<<k ) ) &&link[i][k]==1 ){
                                nextstatus=s | ( 1<<k );
                                //累加岛屿权值与边权值
                                temp=dp[s][i][j]+value[k]+value[k]*value[i];
                                //如果构成三角形，则累加三角权值
                                if( link[j][k]==1 )
                                    temp+=value[k]*value[j]*value[i];
                                if( dp[nextstatus][k][i]==temp ){
                                    ways[nextstatus][k][i]+=ways[s][i][j];
                                }
                                else if( dp[nextstatus][k][i]<temp ){
                                    ways[nextstatus][k][i]=ways[s][i][j];
                                    dp[nextstatus][k][i]=temp;
                                }//end of if
                            }//end of if
                        }//end of for
                    }//end of if
                }//end of for
            }//end of if
        }//end of for
    }//end of for
    maxvalue=-1;  maxways=0;
    s=( 1<<nislands )-1;
    for( i=0; i<nislands; i++ ){   //统计最好的三角汉密尔顿路径的权值与数目
        for( j=0; j<nislands; j++ ){
            if( !link[i][j] )  continue;
            if( dp[s][i][j]==maxvalue )  maxways+=ways[s][i][j];
            else if( dp[s][i][j]>maxvalue ){
                maxvalue=dp[s][i][j];  maxways=ways[s][i][j];
            }//end of if
        }//end of for
    }//end of for
    maxways=maxways/2;   //正向路径与反向路径记作同一条路径
```

```
}
int main( )
{
    int i, cases;
    scanf( "%d", &cases );
    for( i=0; i<cases; i++ ){
        initial( );  compute( );
        if( maxvalue==-1 )printf( "0 0\n" );
        else printf( "%lld %lld\n", maxvalue, maxways );
    }
    return 0;
}
```

第6章　网络流问题

网络流问题是图论中一类常见的问题。许多系统都包含了流量，如公路系统中有车辆流，控制系统中有信息流，供水系统中有水流，金融系统中有现金流等。从问题求解的需求出发，网络流问题可以分为：网络最大流，流量有上下界网络的最大流和最小流，最小费用最大流，流量有上下界网络的最小费用最大流等。网络流算法也是求解其他一些图论问题的基础，如求解图的顶点连通度和边连通度、匹配问题等。本章介绍各种网络流问题及求解方法。

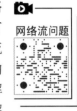

6.1　网络最大流

先看一个运输方案设计的例子。图 6.1(a)所示为连接产品产地 V_s (称为**源点**，source node)和销售地 V_t (称为**汇点**，sink node)的交通网，每一条弧 $<u, v>$ 代表从 u 到 v 的运输线，产品经这条弧由 u 输送到 v，弧旁边的数字表示这条运输线的最大通过能力，以后简称**容量**(capacity)，单位为百吨。产品经过交通网从 V_s 输送到 V_t。现在要求制定一个运输方案，使得从 V_s 运输到 V_t 的产品数量最多。

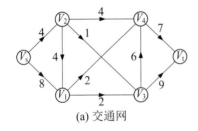
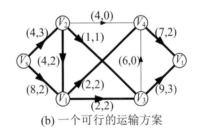

(a) 交通网　　　　　　　　　　　　(b) 一个可行的运输方案

图 6.1　交通网及一个可行的运输方案

图 6.1(b)给出了一个可行的运输方案(粗线所表示的弧为运输方案中的弧)。

(1) 200 吨物资沿着有向路径 $P_1(V_s, V_2, V_1, V_4, V_t)$ 运到销售地。

(2) 200 吨物资沿着有向路径 $P_2(V_s, V_1, V_3, V_t)$ 运到销售地。

(3) 100 吨物资沿着有向路径 $P_3(V_s, V_2, V_3, V_t)$ 运到销售地。

总的运输量为 500 吨。在图 6.1(b)中，每条弧旁边的两个数字，如(4, 3)，分别代表弧的容量和实际运输量。

一个可行的运输方案应满足以下条件。

(1) 实际运输量不能是负的。

(2) 每条弧的实际运输量不能大于该弧的容量。

(3) 除了源点 V_s 和汇点 V_t 外，对其他顶点 u 来说，所有流入 u 的弧上的运输量总和，应该等于所有从 u 出发的弧上的运输量总和。

现在的问题是：(1) 从 V_s 到 V_t 的运输量是否可以增多？(2) 从 V_s 到 V_t 的最大运输量是多少？

6.1.1 基本概念

网络最大流、增广路、残留网络、最小割这几个概念是构成最大流最小割定理(定理 6.5)的基本概念，而该定理是网络流理论的基础。本节介绍这几个概念，在 6.1.2 节里介绍最大流最小割定理。

1. 容量网络和网络最大流

容量网络(capacity network)。设 $G(V, E)$ 是一个有向网络，在 V 中指定了一个顶点，称为**源点**(记为 V_s)，以及另一个顶点，称为**汇点**(记为 V_t)；对于每一条弧 $<u, v> \in E$，对应有一个权值 $c(u, v) > 0$，称为**弧的容量**。通常把这样的有向网络 G 称为容量网络。

例如，图 6.2(a)所示的有向网络就是一个容量网络，每条弧上的数值表示弧的容量。

弧的流量(flow rate)。通过容量网络 G 中每条弧 $<u, v>$ 上的实际流量(简称**流量**)，记为 $f(u, v)$。

网络流(network flow)。所有弧上流量的集合 $f = \{ f(u, v) \}$，称为该容量网络 G 的一个网络流。

在图 6.2(b)中，每条弧旁边括号内的两个数值($c(u, v), f(u, v)$)，第 1 个数值表示弧容量，第 2 个数值表示通过该弧的流量。例如，弧 $<V_s, V_1>$ 上的两个数字(8, 2)，前者是弧容量，表示通过该弧最大流量为 8，后者表示目前通过该弧的实际流量为 2。

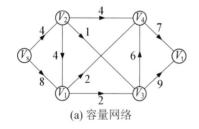

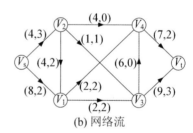

(a) 容量网络　　　　　　　　　　　　　(b) 网络流

图 6.2　容量网络与网络流

从图 6.2(b)中可以观察到以下几点。

(1) 通过每条弧的流量均不超过弧容量。

(2) 源点 V_s 流出的总量为 $3 + 2 = 5$，等于流入汇点 V_t 的总量 $2 + 3 = 5$。

(3) 其他中间顶点的流出流量等于其流入流量。例如，中间顶点 V_2 的流入流量为 3，流出流量为 $2 + 1 = 3$。

在容量网络 $G(V, E)$ 中，满足以下条件的网络流 f，称为**可行流**(feasible flow)。

(1) **弧流量限制条件**(∀表示"对任意的")为

$$0 \leqslant f(u, v) \leqslant c(u, v), \quad \forall <u, v> \in E。 \tag{6-1}$$

(2) 平衡条件为

$$\sum_v f(u,v) - \sum_v f(v,u) = \begin{cases} |f| & \text{当} u = V_s \\ 0 & \text{当} u \neq V_s, V_t \\ -|f| & \text{当} u = V_t \end{cases} \quad (6\text{-}2)$$

式中，$\sum_v f(u,v)$ 表示从顶点 u 流出的流量总和；$\sum_v f(v,u)$ 表示流入顶点 u 的流量总和；$|f|$ 为该**可行流**的流量，即源点的净流出流量，或汇点的净流入流量。

对于任何一个容量网络，可行流总是存在的，如 $f = \{0\}$，即每条弧上的流量为0，该网络流称为**零流**(zero flow)。

伪流(pseudoflow)。如果一个网络流只满足弧流量限制条件(式 6-1)，不满足平衡条件(式 6-2)，则这种网络流称为伪流，或称**容量可行流**。伪流的概念在 6.1.3 和 6.1.7 节中介绍预流推进算法时要用到。

最大流(maximum flow)。在容量网络 $G(V, E)$ 中，满足弧流量限制条件和平衡条件，且具有最大流量的可行流，称为**网络最大流**，简称最大流。

2. 链与增广路

在容量网络 $G(V, E)$ 中，设有一可行流 $f = \{f(u, v)\}$，根据每条弧上流量的多少以及流量和容量的关系，可将弧分为以下 4 种类型。

(1) **饱和弧**，即 $f(u, v) = c(u, v)$。

(2) **非饱和弧**，即 $f(u, v) < c(u, v)$。

(3) **零流弧**，即 $f(u, v) = 0$。

(4) **非零流弧**，即 $f(u, v) > 0$。

例如，在图 6.2(b)中，弧$<V_1, V_4>$、$<V_1, V_3>$是饱和弧；弧$<V_s, V_2>$、$<V_2, V_1>$等是非饱和弧；弧$<V_2, V_4>$、$<V_3, V_4>$是零流弧；弧$<V_1, V_4>$、$<V_3, V_t>$等是非零流弧等。

不难看出，饱和弧与非饱和弧，零流弧与非零流弧这两对概念是交错的，饱和弧一般也是非零流弧，零流弧一般也是非饱和弧。

链(chain)。在容量网络中，称顶点序列$(u, u_1, u_2, \cdots, u_n, v)$为一条链，要求相邻两个顶点之间有一条弧，如$<u, u_1>$或$<u_1, u>$为容量网络中的一条弧。

链与增广路

设 P 是 G 中从 V_s 到 V_t 的一条链，约定从 V_s 指向 V_t 的方向为该链的正方向。注意，链的概念不等同于有向路径的概念，在链中，并不要求所有的弧都与链的正方向同向。

沿着 V_s 到 V_t 的一条链，各弧可分为两类。

(1) **前向弧**(方向与链的正方向一致的弧)，其集合记为 $P+$。

(2) **后向弧**(方向与链的正方向相反的弧)，其集合记为 $P-$。

注意：前向弧和后向弧是相对的，即相对于指定链的正方向。

例如，在图 6.3(a)中，指定的链为 $P = \{V_s, V_1, V_2, V_4, V_t\}$，这条链在图 6.3(a)中用粗线标明。则 $P+$ 和 $P-$ 分别为

$$P+ = \{<V_s, V_1>, <V_2, V_4>, <V_4, V_t>\}, \quad P- = \{<V_2, V_1>\}.$$

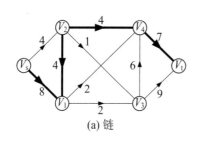
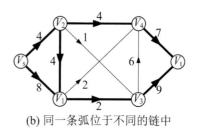

(a) 链   (b) 同一条弧位于不同的链中

图 6.3 前向弧和后向弧

注意：同一条弧可能在某条链中是前向弧，而在另外一条链中是后向弧。例如，如图 6.3(b)所示，弧$<V_2, V_1>$在链 $P_1 = \{V_s, V_1, V_2, V_4, V_t\}$是后向弧，而在链 $P_2 = \{V_s, V_2, V_1, V_3, V_t\}$是前向弧。这一点在 6.4 节中求最小费用最大流时要用到。

增广路(augmenting path)。设 f 是一个容量网络 G 中的一个可行流，P 是从 V_s 到 V_t 的一条链，若 P 满足下列条件。

(1) 在 P 的所有前向弧$<u, v>$上，$0 \leqslant f(u, v) < c(u, v)$，即 $P+$中每一条弧都是非饱和弧。

(2) 在 P 的所有后向弧$<u, v>$上，$0 < f(u, v) \leqslant c(u, v)$，即 $P-$中每一条弧是非零流弧。

则称 P 为关于可行流 f 的一条增广路，简称**增广路**，或称**增广链**、**可改进路**。

那么，为什么将具有上述特征的链 P 称为增广路呢？原因是可以通过修正 P 上所有弧的流量 $f(u, v)$ 来把现有的可行流 f 改进成一个值更大的流 f_1。

沿着增广路改进可行流的操作称为**增广**(augmenting)。

下面具体地给出一种方法，利用这种方法就可以把 f 改进成一个值更大的流 f_1。

(1) 不属于增广路 P 的弧$<u, v>$上的流量一概不变，即 $f_1(u, v) = f(u, v)$。

(2) 增广路 P 上的所有弧$<u, v>$上的流量按下述规则变化(始终满足可行流的 2 个条件)。

① 在前向弧$<u, v>$上，$f_1(u, v) = f(u, v) + \alpha$。

② 在后向弧$<u, v>$上，$f_1(u, v) = f(u, v) - \alpha$。

称 α 为**可改进量**，它应该按照下述原则确定：α 既要取得尽量大，又要使变化后 f_1 仍满足可行流的两个条件——容量限制条件和平衡条件。

不难看出，按照这个原则，α 既不能超过每条前向弧的 $c(u, v) - f(u, v)$，也不能超过每条后向弧的 $f(u, v)$。因此 α 应该等于每条前向弧上的 $c(u, v) - f(u, v)$ 与每条后向弧上的 $f(u, v)$ 的最小值。即

$$\alpha = \min\{\min_{P+}\{c(u,v) - f(u,v)\}, \min_{P-} f(u,v)\}。 \tag{6-3}$$

图 6.4(a)给出了一条增广路 $P(V_s, V_1, V_2, V_4, V_t)$。现在就按照上面描述的方法将流 f 改进成一个更大的流。首先应该确定改进量 α，先看 P 的前向弧集合

$$P+ = \{<V_s, V_1>, <V_2, V_4>, <V_4, V_t>\}，$$

$$C_{s1} - f_{s1} = 8 - 2 = 6，\quad C_{24} - f_{24} = 4 - 0 = 4，\quad C_{4t} - f_{4t} = 7 - 2 = 5。$$

再看 P 的后向弧集合 $P- = \{<V_2, V_1>\}$，在这条弧上 $f_{21} = 2$。

因此 α 最多取 2，这样既可以使改进后的每条前向弧上的流量有所增加，又可以使改进后的每条后向弧上的流量在减少 α 之后不至于变成负数。改进后的网络流如图 6.4(b)所示，其流量为 7。

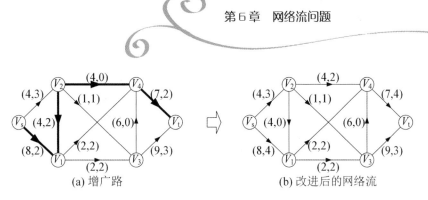

(a) 增广路　　　　　　　　　(b) 改进后的网络流

图 6.4　增广路及改进方法

3. 残留容量与残留网络

残留容量与
残留网络

残留容量(residual capacity)。给定容量网络 $G(V, E)$ 及可行流 f，弧 $<u, v>$ 上的残留容量记为 $c'(u, v) = c(u, v) - f(u, v)$。每条弧的残留容量表示该弧上可以增加的流量。因为，从顶点 u 到顶点 v 流量的减少，等效于顶点 v 到顶点 u 流量增加，所以每条弧 $<u, v>$ 上还有一个反方向的残留容量 $c'(v, u) = f(u, v)$。

残留网络(residual network)。设有容量网络 $G(V, E)$ 及其上的网络流 f，G 关于 f 的残留网络记为 $G'(V', E')$，其中 G' 的顶点集 V' 和 G 的顶点集 V 相同，即 $V' = V$，对于 G 中的任何一条弧 $<u, v>$，如果 $f(u, v) < c(u, v)$，那么在 G' 中有一条弧 $<u, v> \in E'$，其容量为 $c'(u, v) = c(u, v) - f(u, v)$，如果 $f(u, v) > 0$，则在 G' 中还有一条弧 $<v, u> \in E'$，其容量为 $c'(v, u) = f(u, v)$。残留网络也称**剩余网络**。

从残留网络的定义可以看出，原容量网络中的每条弧在残留网络中都化为一条或两条弧。零流弧只化为一条正向弧，饱和弧只化为一条反向弧，其他弧化为一条正向弧和一条反向弧。例如，图 6.5(a)所示的容量网络 G，其残留网络 G' 为图 6.5(b)。

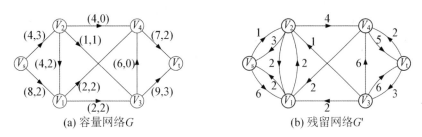

(a) 容量网络 G　　　　　　　　　(b) 残留网络 G'

图 6.5　残留网络

残留网络中每条弧都表示在原容量网络中能沿其方向增广，弧 $<u, v>$ 的容量 $c'(u, v)$ 表示原容量网络能沿着 u 到 v 的方向增广大小为 $c'(u, v)$ 的流量。因此，在残留网络中，从源点到汇点的任意一条简单路径都对应一条增广路，路径上每条弧容量的最小值即为能够一次增广的最大流量。例如，在图 6.5(b)中，源点到汇点的一条路径为(V_s, V_2, V_4, V_t)，这条路径有 3 条弧，容量分别为 1、4、2，因此沿着这条路径增广可以增加 1 个单位的流量。

残留网络与原网络存在以下关系。

定理 6.1(残留网络与原网络的关系)　设 f 是容量网络 $G(V, E)$ 的可行流，f' 是残留网络 G' 的可行流，则 $f + f'$ 仍是容量网络 G 的一个可行流。($f + f'$ 表示对应弧上的流量相加。)

4. 割与最小割

割(cut)。在容量网络 $G(V, E)$ 中，设 $E' \subseteq E$，如果在 G 的基图中删去 E' 后不再连通，则

称 E' 是 G 的割。如果这个割恰好将 G 的顶点集 V 划分成两个子集 S 和 $T = V - S$，可将其记为(S, T)。通常是先将顶点集 V 划分成两个子集 S 和 T，S 和 T 之间的弧就构成了割。

s-t 割。更进一步，如果割所划分的两个顶点子集满足源点 $V_s \in S$，汇点 $V_t \in T$，则称该割为 s-t 割。s-t 割(S, T)中的弧$<u, v>(u \in S, v \in T)$称为割的前向弧，弧$<u, v>(u \in T, v \in S)$称为割的反向弧。

注意：在本章中，如无特别说明，所说的割均指 s-t 割。

割的容量。设(S, T)为容量网络 $G(V, E)$ 的一个割，其容量定义为所有前向弧的容量总和，用 $c(S, T)$ 表示。即

$$c(S, T) = \sum c(u, v), \quad u \in S, \quad v \in T, \quad <u, v> \in E。 \tag{6-4}$$

例如，在图 6.6(a)中，如果选定 $S = \{V_s, V_1, V_2, V_3\}$，则 $T = \{V_4, V_t\}$，(S, T) 就是一个 s-t 割。其容量 $c(S, T)$ 为图中粗线边$<V_2, V_4>$、$<V_1, V_4>$、$<V_3, V_4>$、$<V_3, V_t>$的容量总和，即

$$c(S, T) = C_{24} + C_{14} + C_{34} + C_{3t} = 4 + 2 + 6 + 9 = 21。$$

最小割(minimum cut)。容量网络 $G(V, E)$ 的最小割是指容量最小的割。

割的净流量。设 f 是容量网络 $G(V, E)$ 的一个可行流，(S, T) 是 G 的一个割，定义割的净流量 $f(S, T)$ 为

$$f(S, T) = \sum f(u, v), \quad u \in S, \quad v \in T, \quad <u, v> \in E \text{ 或} <v, u> \in E。 \tag{6-5}$$

注意：

(1) 在统计割的净流量时，在式(6-5)中，反向弧的流量为负值，即如果$<v, u> \in E$，那么在统计割的净流量时 $f(u, v)$ 是一个负值。

(2) 在统计割的容量时，在式(6-4)中，不统计反向弧的容量。

例如，在图 6.6(b)中，$S = \{V_s, V_1\}$，则 $T = \{V_2, V_3, V_4, V_t\}$，割$(S, T)$的容量 $c(S, T)$ 为
$$c(S, T) = C_{s2} + C_{14} + C_{13} = 4 + 2 + 2 = 8。$$

割(S, T)的净流量为 $f(S, T) = f_{s2} + f_{21} + f_{14} + f_{13} = 3 + (-2) + 2 + 2 = 5$。

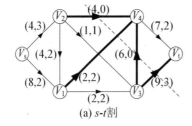
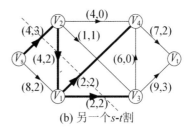

(a) s-t割　　　　(b) 另一个s-t割

图 6.6　割的容量与净流量

定理 6.2(网络流流量与割的净流量之间的关系)　在一个容量网络 $G(V, E)$中，设其任意一个流为 f，关于 f 的任意一个割为(S, T)，则有 $f(S, T) = |f|$，即网络流的流量等于任何割的净流量。

例如，在图 6.6(b)中，$f(S, T) = 5$，$|f| = 5$，两者相等。

定理 6.3(网络流流量与割的容量之间的关系)　在一个容量网络 $G(V, E)$中，设其任意一个流为 f，任意一个割为(S, T)，则必有 $f(S, T) \le c(S, T)$，即网络流的流量小于或等于任何割的容量。注意，网络流 f 的流量$|f|$等于割(S, T)的净流量 $f(S, T)$。

根据下面的定理 6.5 可知，定理 6.3 中的关系式当且仅当 f 为最大流，(S, T) 为最小割时取等号。例如，在图 6.6(b)中，$c(S, T) = 8$，该图所示的割实际上是一个最小割，在后面 6.1.4 节的讨论中可以看到，该容量网络的最大流为 8。

6.1.2　最大流最小割定理

如何判定一个网络流是否是最大流？有以下两个定理。

定理 6.4(增广路定理)　设容量网络 $G(V, E)$ 的一个可行流为 f，f 为最大流的充要条件是在容量网络中不存在增广路。

定理 6.5(最大流最小割定理)　对容量网络 $G(V, E)$，其最大流的流量等于最小割的容量。

根据定理 6.4 和定理 6.5，可以总结出以下 4 个命题是等价的(设容量网络 $G(V, E)$ 的一个可行流为 f)。

(1) f 是容量网络 G 的最大流。

(2) $|f|$ 等于容量网络最小割的容量。

(3) 容量网络中不存在增广路。

(4) 残留网络 G' 中不存在从源点到汇点的路径。

例如，图 6.7(a)所示的网络流是该容量网络中的最大流，其流量为 8。粗线所表示的弧组成了一个最小割，其容量也为 8。在图 6.7(a)中，不存在增广路，而在图 6.7(b)所示的残留网络中，也不存在从源点到汇点的路径。

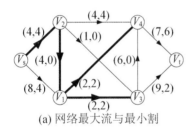
(a) 网络最大流与最小割

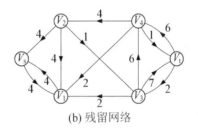
(b) 残留网络

图 6.7　网络最大流、最小割、残留网络

6.1.3　网络最大流的求解

给定一个容量网络 $G(V, E)$，如何求其最大流是 6.1 节的重点。网络最大流的求解主要有两大类算法：**增广路算法**(augmenting path algorithm)和**预流推进算法**(preflow-push algorithm)。

1. 增广路算法

根据增广路定理，为了得到最大流，可以从任何一个可行流开始，沿着增广路对网络流进行增广，直到网络中不存在增广路为止，这样的算法称为**增广路算法**。问题的关键在于如何有效地找到增广路，并保证算法在有限次增广后一定终止。

增广路算法的基本流程如下(见图 6.8)。

(1) 取一个可行流 f 作为初始流(如果没有给定初始流，则取零流 $f = \{ 0 \}$ 作为初始流)。

```
开始
  │
取一个可行流f作为初始流
(如果没有则取零流作为初始流)
  │
f存在增广路? ──N──→ f是最大流
  │Y                  │
将f改进成一个更大的流    结束
  │
```

图 6.8 增广路算法的基本流程

(2) 寻找关于 f 的增广路 P，如果找到，则沿着这条增广路 P 将 f 改进成一个更大的流。

(3) 重复第(2)步直到 f 不存在增广路为止。

增广路算法的关键是寻找增广路和改进网络流。

本章将在 6.1.4 节中讨论 Ford 和 Fulkerson 于 1956 年提出的一般增广路算法——标号法，该算法的思想是通过一个标号过程来寻找容量网络中的增广路。6.1.5 节讨论最短增广路算法，6.1.6 节讨论连续最短增广路算法(Dinic 算法)，这是两种效率更高的增广路算法。

2. 预流推进算法

预流推进算法是从一个预流出发对活跃顶点沿着允许弧进行流量增广，每次增广称为一次**推进**(push)。在推进过程中，流一定满足流量限制条件(式 6-1)，但一般不满足流量平衡条件(式 6-2)，因此只是一个伪流。此外，如果一个伪流中，从每个顶点(源点 V_s、汇点 V_t 除外)流出的流量之和总是小于等于流入该顶点的流量之和，则称这样的伪流为**预流**(preflow)。因此，这类算法被称为预流推进算法。

本章将在 6.1.7 节讨论一般预流推进算法，在 6.1.8 节讨论最高标号预流推进算法。

6.1.9 节对这两大类算法进行对比，最后在 6.1.10 节通过例题讲解这些算法的程序实现。

6.1.4　一般增广路方法——Ford-Fulkerson 算法

在 Ford-Fulkerson 算法中，寻找增广路和改进网络流的方法为**标号法**(label method)，接下来先看标号法的两个实例，再介绍标号法的运算过程和程序实现。

标号法实例

1. 标号法实例

下面两个实例分别从初始流为零流和非零流出发采用标号法求网络最大流。

(1) 标号法求最大流的实例 1——初始流为零流。

在图 6.9(a)中，各条弧上的流量均为 0，初始可行流 f 为零流。

在图 6.9(b)中，对初始流 f 进行第 1 次标号。每个顶点的**标号**包含以下两个分量。

① 第 1 个分量指明它的标号从哪个顶点得到，以便找出可改进路(即增广路)。

② 第 2 个分量是为确定可改进量 α 用的。

首先对源点 V_s 进行标号，标号为 $(0, +\infty)$。每次标号，源点的标号总是 $(0, +\infty)$。其中，第 1 个分量为 0，表示该顶点是源点；第 2 个分量为 $+\infty$，表示 V_s 可以流出任意多的流量(只要从它发出的弧可以接受)。

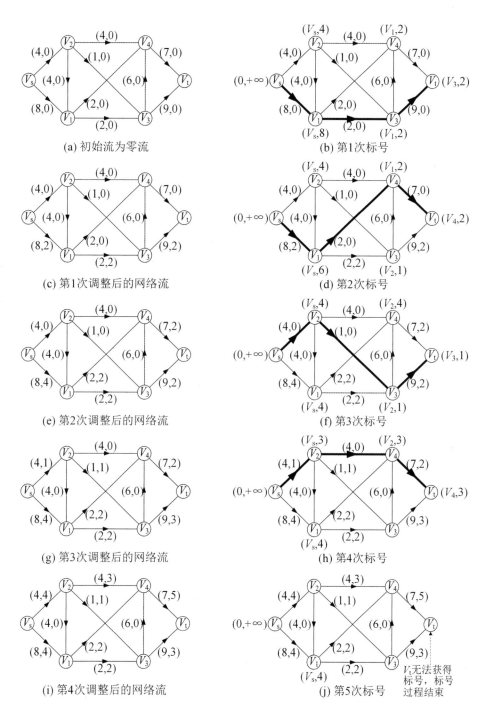

(a) 初始流为零流
(b) 第1次标号
(c) 第1次调整后的网络流
(d) 第2次标号
(e) 第2次调整后的网络流
(f) 第3次标号
(g) 第3次调整后的网络流
(h) 第4次标号
(i) 第4次调整后的网络流
(j) 第5次标号

图 6.9　标号法求网络最大流的实例 1——初始流为零流

　　源点有标号以后，采用**广度优先搜索的思路**从源点出发进行遍历，并对遍历到的每个顶点进行标号。假设在对某个顶点的多个未标号邻接顶点中进行标号时，按顶点序号从小到大的顺序进行标号。例如，源点 V_s 有两个邻接顶点 V_1 和 V_2，则先对 V_1 进行标号。对 V_1 的标号为 $(V_s, 8)$。该标号的含义是：第 2 个分量为 8，表示 V_s 可以流出 $+\infty$ 的流量，但弧 $<V_s$,

$V_1>$的容量为 8，所以，V_1 只能接受 8；第 1 个分量表示流量改进量"8"来自 V_s。按照同样的思路对 V_2 进行标号，标号为 $(V_s, 4)$。

接着从 V_1 出发对它的邻接顶点进行标号，对 V_3 的标号为 $(V_1, 2)$，对 V_4 的标号为 $(V_1, 2)$。注意，V_2 也是 V_1 的"邻接"(通过后向弧"邻接")顶点，但 V_2 已经有标号了，所以不能通过 V_1 对 V_2 进行标号。

然后从 V_2 出发对它的邻接顶点进行标号，此时 V_2 的邻接顶点中，都已经有标号了。

最后从 V_3 出发对它的邻接顶点进行标号，通过 V_3 对汇点 V_t 进行标号，标号为 $(V_3, 2)$。

一旦汇点 V_t 有标号，且第 2 个分量不为 0，则表示找到一条增广路。确定这条增广路的方法是：从汇点 V_t 标号的第 1 个分量出发，采用"**倒向追踪**"的方法，一直找到源点 V_s。

例如，在图 6.9(b)中，汇点 V_t 标号的第 1 个分量为 V_3，表示增广路上汇点 V_t 前面的顶点为 V_3；V_3 标号的第 1 个分量为 V_1，表示增广路上 V_3 前面的顶点为 V_1；V_1 标号的第 1 个分量为 V_s，表示增广路上 V_1 前面的顶点为 V_s。因此找到的这条增广路为 $P(V_s, V_1, V_3, V_t)$，增广路中的弧用粗线标明。并且这条增广路的可改进量 α 就是汇点 V_t 标号的第 2 个分量，为 2。沿着这条增广路，可以将流量增加 2，流量变成 2，改进后的网络流如图 6.9(c)所示。

图 6.9(d)对第 1 次调整后的网络流进行第 2 次标号，求得的增广路为 $P(V_s, V_1, V_4, V_t)$，可改进量 $\alpha = 2$；调整后得到的网络流如图 6.9(e)所示，流量为 4。

图 6.9(f)对第 2 次调整后的网络流进行第 3 次标号，求得的增广路为 $P(V_s, V_2, V_3, V_t)$，可改进量 $\alpha = 1$；调整后得到的网络流如图 6.9(g)所示，流量为 5。

图 6.9(h)对第 3 次调整后的网络流进行第 4 次标号，求得的增广路为 $P(V_s, V_2, V_4, V_t)$，可改进量 $\alpha = 3$；调整后得到的网络流如图 6.9(i)所示，流量为 8。

在图 6.9(j)中，对第 4 次调整后得到的网络流进行第 5 次标号：通过源点 V_s 对 V_1 的标号为 $(V_s, 4)$，源点 V_s 无法对 V_2 进行标号，因为弧 $<V_s, V_2>$ 已经饱和了；而 V_1 也无法对它的邻接顶点进行标号。此后汇点 V_t 无法获得标号，或者说汇点 V_t 的可改进量 α 为 0。至此，标号法结束，求得的最大流流量为 8。

(2) 标号法求最大流的实例 2——初始流为非零流。

如图 6.10(a)所示，初始可行流 f 为非零流，其流量为 5。

图 6.10(b)对初始流进行第 1 次标号，求得的增广路为 $P(V_s, V_2, V_4, V_t)$，可改进量 $\alpha = 1$；调整后得到的网络流如图 6.10(c)所示，流量为 6。

图 6.10(d)所示的第 2 次标号过程要特别注意：V_2 获得的标号中，第 1 个分量为 $-V_1$。第 2 次标号过程为，通过源点 V_s 对 V_1 的标号为 $(V_s, 6)$，源点 V_s 无法对 V_2 进行标号。然后，V_1 的邻接顶点中，V_3 和 V_4 都无法从 V_1 获得标号，因为对应的弧已经饱和了。但这时要注意，V_1 通过后向弧 $<V_2, V_1>$ 与 V_2 "邻接"，且 V_2 还没有标号。所以给 V_2 标号为 $(-V_1, 2)$，第 1 个分量前的负号表示在找到的增广路中，弧 $<V_2, V_1>$ 是后向弧，在改进当前可行流时它的流量应该减少，相当于这个改进量实际上是由 V_2 提供给 V_1 的。第 2 次标号后，求得的增广路为 $P(V_s, V_1, V_2, V_4, V_t)$，可改进量 $\alpha = 2$；调整后得到的网络流如图 6.10(e)所示，流量为 8。

在图 6.10(f)中，对得到的网络流进行第 3 次标号：通过源点 V_s 对 V_1 的标号为 $(V_s, 4)$，源点 V_s 无法对 V_2 进行标号，因为弧 $<V_s, V_2>$ 已经饱和了；而 V_1 也无法对它的邻接顶点进行标号。此后汇点 V_t 无法获得标号，或者说汇点 V_t 的可改进量 α 为 0。至此，标号法结束，求得的最大流流量为 8。

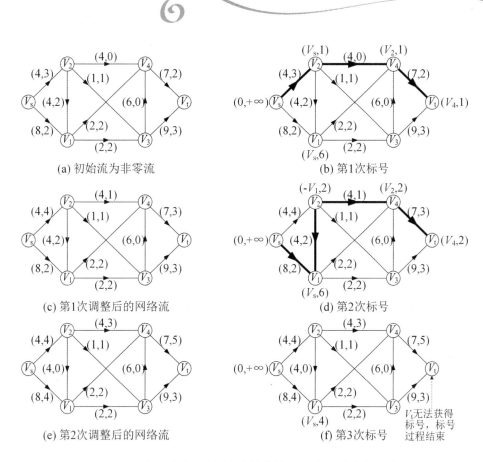

(a) 初始流为非零流

(b) 第1次标号

(c) 第1次调整后的网络流

(d) 第2次标号

(e) 第2次调整后的网络流

(f) 第3次标号

图 6.10　标号法求网络最大流的实例2——初始流为非零流

注意：以上两个实例中，容量网络是相同的，只是初始流不同；求解的结果表明，得到的网络最大流的流量是相同的，都为 8。

2. 标号法的运算过程

标号法的具体运算过程为：从一个可行流 f 出发(若网络中没有给定每条弧的流量，则可以设 f 为零流)，进入标号过程和调整过程。

(1) 标号过程。

在标号过程，容量网络中的顶点可以分为以下 3 类。

① 未标号顶点。

② 已标号，未检查邻接顶点。

③ 已标号，且已检查邻接顶点(即已经检查它的所有邻接顶点，看是否能标号)。

每个标号顶点的标号包含两个分量。

① 第 1 个分量指明它的标号从哪个顶点得到，以便找出增广路。

② 第 2 个分量是为确定可改进量 α 用的。

标号过程开始时，总是先给 V_s 标上 $(0, +\infty)$，0 表示 V_s 是源点，$+\infty$ 表示 V_s 可以流出任意多的流量(只要从它发出的弧可以接受)。这时 V_s 是已标号而未检查的顶点，其余都是未标号点。然后从源点 V_s 出发，对它的每个邻接顶点进行标号。

标号法的运算过程

一般，取一个已标号而未检查的顶点 u，对一切未标号顶点 v，进行以下步骤。

① 若 v 与 u "正向" 邻接，且在弧 $<u, v>$ 上 $f(u, v)<c(u, v)$，则给 v 标号 $(u, L(v))$，这里 $L(v) = \min\{L(u), c(u, v) - f(u, v)\}$，$L(u)$ 是顶点 u 能提供的标号，$c(u, v) - f(u, v)$ 是弧 $<u, v>$ 能接受的标号，取二者中的较小者。这时顶点 v 成为已标号而未检查的顶点。

② 若 v 与 u "反向" 邻接，且在弧 $<v, u>$ 上 $f(v, u)>0$，则给 v 标号 $(-u, L(v))$，这里 $L(v)= \min\{L(u), f(v, u)\}$。这时顶点 v 成为已标号而未检查的顶点。

当 u 的全部邻接顶点都已检查后，u 成为已标号且已检查过的顶点。

重复上述步骤直至汇点获得标号，一旦汇点 V_t 被标号并且汇点标号的第 2 个分量大于 0，则表明得到一条从 V_s 到 V_t 的增广路 P，转入调整过程；若所有已标号未检查的顶点都检查完毕但标号过程无法继续，从而汇点 V_t 无法获得标号，或者得到的可改进量 $\alpha = 0$，则算法结束，这时的可行流即为最大流。

(2) 调整过程。

采用 "倒向追踪" 的方法，从 V_t 开始，利用标号顶点的第 1 个分量逐条弧地找出增广路 P，并以 V_t 的第 2 个分量 $L(V_t)$ 作为改进量 α，改进 P 路上的流量。对增广路 P 上各条弧的流量作以下调整

$$f(u,v) = \begin{cases} f(u,v) + \alpha & <u,v> \in P^+ \\ f(u,v) - \alpha & <u,v> \in P^- \\ f(u,v) & <u,v> \notin P \end{cases} \tag{6-6}$$

去掉所有的标号，对新的可行流重新进行标号过程和调整过程。

3. 标号法的程序实现

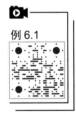

例 6.1

例 6.1　利用前面介绍的标号法求容量网络的最大流。

输入描述：

输入文件包含多个测试数据。每个测试数据描述了一个容量网络及初始可行流，格式为：首先是顶点个数 n 和弧数 m，约定源点为第 0 个顶点，汇点为第 $n-1$ 个顶点；然后是每条弧，格式为 u v c f，分别表示弧的起点、终点、容量和流量。测试数据一直到文件尾。

输出描述：

对每个测试数据，输出各条弧和流量，以及求得的最大流流量，格式如样例输出所示。

样例输入：	样例输出：
6 10	0->1:4
0 1 8 2	0->2:4
0 2 4 3	1->3:2
1 3 2 2	1->4:2
1 4 2 2	2->1:0
2 1 4 2	2->3:1
2 3 1 1	2->4:3
2 4 4 0	3->4:0

```
3 4 6 0                          3->5:3
3 5 9 3                          4->5:5
4 5 7 2                          maxFlow:8
```

分析：样例数据描述的容量网络如图 6.10(a)所示，初始可行流 f 为非零流。在下面的程序中，以邻接矩阵存储容量网络，但邻接矩阵中的元素为结构体 ArcType 类型变量。该结构体描述了网络中弧的结构，包含容量 c 和流量 f 两个成员。

在程序中，还定义了 3 个数组，分别为 flag, prev, alpha。

(1) flag[i]表示顶点 i 的状态，其元素取值及含义为：-1 表示未标号；0 表示已标号未检查；1 表示已标号已检查。

(2) prev[i]为顶点 i 标号的第 1 个分量，指明标号从哪个顶点得到，以便找出可改进量。

(3) alpha[i]为顶点 i 标号的第 2 个分量，用以确定增广路的可改进量 α。

另外，如前所述，从一个已标号未检查的顶点出发，对它的邻接顶点进行标号时，采用的是广度优先搜索的策略，用 C++ STL 中的队列 queue 实现。每一次标号过程如下。

(1) 先将 flag、prev 和 alpha 这 3 个数组各元素都初始化-1。

(2) 将源点初始化为已标号未检查顶点，即 flag[0] = 0, prev[0] = 0, alpha[0] = INF，INF 表示无穷大；并将源点入队列 Q。

(3) 当队列 Q 非空并且汇点没有标号，从队列头取出队列头顶点，设这个顶点为 u，u 肯定是已标号未检查顶点；检查顶点 u 的正向和反向“邻接”顶点，如果没有标号并且当前可以进行标号，则对这些顶点进行标号并入队列，这些顶点都是已标号未检查顶点；此后顶点 u 为已标号已检查顶点。反复执行这一步直至队列为空或汇点已获得标号。

图 6.11 描述了图 6.10(b)所示的从非零流出发进行第 1 次标号的过程。在图 6.11(e)中，检查完顶点 4 后，汇点(即顶点 5)已经有标号了，可以进行调整，这一轮标号过程就结束了。

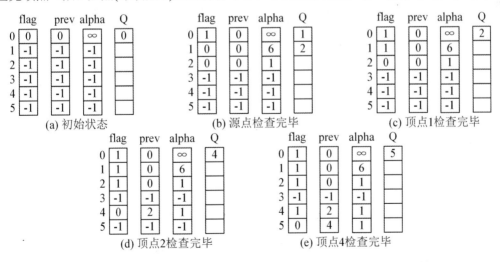

图 6.11　一轮标号过程

标号完毕后，要进行调整，调整方法是：从汇点出发，通过标号的第 1 个分量，即 prev[5]，采用“倒向追踪”方法，一直到找到源点为止，这个过程途经的顶点和弧就构成了增广路。可改进量为汇点标号的第 2 个分量，即 alpha[5]。代码如下。

```
#define MAXN 1000          //顶点个数最大值
#define INF 1000000        //无穷大
#define MIN(a,b) ((a)<(b)?(a):(b))
struct ArcType{            //弧结构
    int c, f;              //容量，流量
};
ArcType Edge[MAXN][MAXN]; //邻接矩阵(每个元素为ArcType类型)
int n, m;         //n为顶点个数，m为弧数
int flag[MAXN];        //顶点状态:-1表示未标号,0表示已标号未检查,1表示已标号已检查
int prev[MAXN];        //标号的第1个分量,指明标号从哪个顶点得到,以便找出可改进量
int alpha[MAXN];       //标号的第2个分量,可改进量α
queue<int> Q;     //BFS算法中的队列
int u;         //u为从队列里取出来的队列头元素
void ford( )
{
    int i, j;
    while( 1 ){      //标号直至不存在可改进路
        //标号前对顶点状态数组初始化
        memset( flag, 0xff, sizeof(flag) );      //将3个数组各元素初始化为-1
        memset(prev,0xff,sizeof(prev)); memset(alpha,0xff,sizeof(alpha));
        flag[0]=0;  prev[0]=0;  alpha[0]=INF;      //源点为已标号未检查顶点
        Q.push(0);      //源点(顶点0)入队列
        //队列非空, flag[n-1]==-1表示汇点未标号
        while( !Q.empty() && flag[n-1]==-1 ){
            u=Q.front();  Q.pop();      //取出队列头顶点
            for( i=0; i<n; i++ ){      //检查顶点u的正向和反向"邻接"顶点
                if( flag[i]==-1 ){      //顶点i未标号
                    //"正向"且未"满"
                    if( Edge[u][i].c<INF && Edge[u][i].f<Edge[u][i].c ){
                        flag[i]=0; prev[i]=u;      //给顶点i标号(已标号未检查)
                        alpha[i]=MIN(alpha[u],Edge[u][i].c-Edge[u][i].f );
                        Q.push(i);      //顶点i入队列
                    }
                    //"反向"且有流量
                    else if( Edge[i][u].c<INF && Edge[i][u].f>0 ){
                        flag[i]=0;prev[i]=-u;      //给顶点i标号(已标号未检查)
                        alpha[i]=MIN( alpha[u], Edge[i][u].f );
                        Q.push(i);      //顶点i入队列
                    }
                }
            }
            flag[u]=1;      //顶点u已标号已检查
        }
        //当汇点没有获得标号,或者汇点的调整量为0,应该退出while循环
        if( flag[n-1]==-1 || alpha[n-1]==0 )  break;
        //当汇点有标号时,应该进行调整了
        int k1=n-1, k2=abs( prev[k1] ), a=alpha[n-1];      //可改进量
        while( 1 ){
            if(Edge[k2][k1].f<INF)  Edge[k2][k1].f=Edge[k2][k1].f+a;//正向
            else  Edge[k1][k2].f=Edge[k1][k2].f-a;            //反向
```

```
            if( k2==0 )  break;      //调整一直到源点 v0
            k1=k2;  k2=abs( prev[k2] );
        }
        while(!Q.empty())  Q.pop();   //当前这一轮调整结束后要清空队列
    }
    int maxFlow=0;
    for( i=0; i<n; i++ ){   //输出各条弧及其流量，以及求得的最大流量
        for( j=0; j<n; j++ ){
            if( i==0 && Edge[i][j].f<INF )    //求源点流出量，即最大流
                maxFlow+=Edge[i][j].f;
            if(Edge[i][j].f<INF) printf("%d->%d:%d\n",i,j,Edge[i][j].f);
        }
    }
    printf( "maxFlow:%d\n", maxFlow );
}
int main( )
{
    int i, j, u, v, c, f;                     //弧的起点、终点、容量、流量
    while( scanf( "%d%d", &n, &m )!=EOF ){     //读入顶点个数 n 和弧数 m
        memset(Edge, 0, sizeof(Edge));
        for( i=0; i<n; i++ )            //初始化邻接矩阵中各元素
            for( j=0; j<n; j++ )
                Edge[i][j].c=Edge[i][j].f=INF;  //INF 表示没有直接边连接
        for( i=0; i<m; i++ ){     //读入每条弧
            scanf( "%d%d%d%d", &u, &v, &c, &f );     //读入边的起点和终点
            Edge[u][v].c=c;  Edge[u][v].f=f;         //构造邻接矩阵
        }
        ford( );   //标号法求网络最大流
    }
    return 0;
}
```

4. Ford-Fulkerson 算法的复杂度分析

很明显，如果容量网络中各弧的容量和初始流量均为正整数，则 Ford-Fulkerson 算法每增广一次，流量至少会增加 1 个单位，因此 Ford-Fulkerson 算法肯定能在有限的步骤内使得网络流达到最大。类似的理由可以说明，当所有弧上的容量为有理数时，也可在有限的步骤内使得网络流达到最大。但是如果弧上的容量可以是无理数，则 Ford-Fulkerson 算法不一定能在有限步内终止。

Ford-Fulkerson 算法并没有明确应该按照怎样的顺序来给顶点进行标号(在前面的实例分析中，为描述方便，以广度优先搜索的顺序给各顶点标号)，因此可能会出现如图 6.12 所示的最坏情形。在图 6.12 中，交替地使用 $V_sV_1V_2V_t$ 和 $V_sV_2V_1V_t$ 作为增广路，很明显每次只能使流量增加 1，这样就需要 2×2^{100} 次增广才能最终求得最大流。

由于割($\{V_s\}$, $V-\{V_s\}$)中前向弧的条数最多为 n 条，因此最大流流量$|f|$的上界为nU(U 表示网络中各条弧的最大容量)。此外，由于每次增广最多需要对所有弧检查一遍，所以 Ford-Fulkerson 算法的最坏时间复杂度为 $O(mnU)$，n 和 m 分别为顶点数和边数。因此，该算法的时间复杂度不仅依赖于容量网络的规模(顶点数和弧数)，还和各条弧的容量有关。

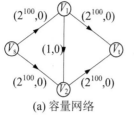
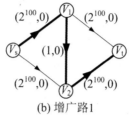
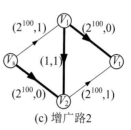

(a) 容量网络　　　　　(b) 增广路1　　　　　(c) 增广路2

图 6.12　Ford-Fulkerson 算法的最坏情形

6.1.5　最短增广路算法

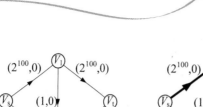

顶点的层次
与层次网络

1. 顶点的层次与层次网络

顶点的**层次**(level)。在残留网络中，把从源点到顶点 u 的最短路径长度(该长度仅仅是指路径上边的数目，与容量无关)，称为顶点 u 的层次，记为 level(u)。源点 V_s 的层次为 0。

将残留网络中所有顶点的层次标注出来的过程称为**分层**。

例如，对图 6.5(b)所示的残留网络进行分层后，得到图 6.13(a)，顶点旁的数值表示顶点的层次。为了更清晰地观察顶点层次，图 6.13(b)特意将顶点按层次递增的顺序排列。

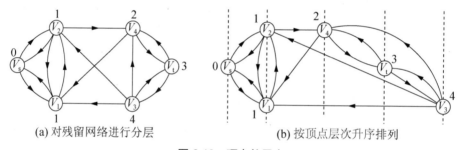

(a) 对残留网络进行分层　　　　　(b) 按顶点层次升序排列

图 6.13　顶点的层次

注意:

(1) 对残留网络进行分层后，弧有 3 种可能的情况。

① 从第 i 层顶点指向第 $i+1$ 层顶点。

② 从第 i 层顶点指向第 i 层顶点。

③ 从第 i 层顶点指向第 j 层顶点($j < i$)。

(2) 不存在从第 i 层顶点指向第 $i+k$ 层顶点的弧($k \geqslant 2$)。

(3) 并非所有网络都能分层。例如，图 6.14 所示的网络就不能分层。

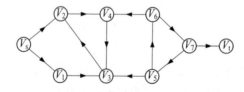

图 6.14　不能分层的网络

层次网络(level network)。对残留网络分层后，删去比汇点 V_t 层次更高的顶点和与汇点 V_t 同层的顶点(保留 V_t)，并删去与这些顶点关联的弧，再删去从某层顶点指向同层顶点和低层顶点的弧，所剩的各条弧的容量与残留网络中的容量相同，这样得到的网络是残留网络的子网络，称为层次网络，记为 $G''(V'', E'')$。

根据层次网络的定义可知，层次网络中任意一条弧$<u, v>$，都满足 $level(u)+1 = level(v)$，这种弧也称为**允许弧**(admissible arc)。

例如，对图 6.5(b)所示的残留网络分层并构造层次网络，得到图 6.15 所示的层次网络。

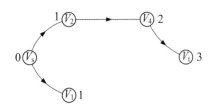

图 6.15　层次网络

直观地说，层次网络是建立在残留网络基础之上的一张"最短路径图"。从源点开始，在层次网络中沿着边不管怎么走，到达一个终点后，经过的路径一定是终点在残留网络中的最短路径。

阻塞流(blocking flow)。设容量网络中的一个可行流为 f，当该网络的层次网络 G'' 中不存在增广路(即从源点 V_s 到汇点 V_t 的路径时)，称该可行流 f 为层次网络 G'' 的阻塞流。

易知，层次网络 G'' 的阻塞流 f 就是原容量网络的最大流。

2. 最短增广路算法思想

最短增广路算法的思路是：每次在层次网络中找一条含弧数最少的增广路进行增广。最短增广路算法的具体步骤如下。

(1) 初始化容量网络和网络流。

(2) 构造残留网络和层次网络，若汇点不在层次网络中，则算法结束。

(3) 在层次网络中不断用 BFS 增广，直到层次网络中没有增广路为止；每次增广完毕，在层次网络中要去掉因改进流量而导致饱和的弧。

(4) 转步骤(2)。

在最短增广路算法中，第(2)、第(3)步被循环执行，将执行第(2)、第(3)步的一次循环称为一个阶段。每个阶段中，首先根据残留网络建立层次网络，然后不断用 BFS 在层次网络内增广，直到出现阻塞流。每次增广后，在层次网络中要去掉因改进流量而导致饱和的弧。这样不断重复每个阶段的增广，直到汇点不在层次网络内出现为止。汇点不在层次网络内意味着在残留网络中不存在一条从源点到汇点的路径，即没有增广路。

注意：在程序实现的时候，并不需要真正"构造"层次网络，只需对每个顶点标记层次，增广的时候，判断边$<u, v>$是否满足 $level(v) = level(u) + 1$ 这一约束条件即可。

3. 最短增广路算法实例

最短增广路
算法实例

下面以图6.16(a)所示的容量网络 G 和初始流为例讲解最短增广路算法的执行过程。

图6.16(b)～(d)为第1个阶段，其过程如下。

(1) 构造残留网络，如图6.16(b)所示，其中顶点旁的数字为顶点的层次。

(2) 构造层次网络，如图6.16(c)所示。在层次网络中利用BFS算法找到一条增广路，在图6.16(c)中用粗线标明了增广路，沿着这条增广路可以将网络流流量增加1。增广完毕后，$<V_s, V_1>$ 这条弧因为饱和了，所以在层次网络中将被去掉，而 $<V_1, V_4>$、$<V_4, V_t>$ 这两条弧的容量将减1(原因详见残留网络和层次网络的定义)。这样层次网络中就不存在增广路了。该阶段的增广完毕。

第1个阶段增广后的网络流如图6.16(d)所示。

图6.16(e)～(h)为第2个阶段，其过程如下。

(1) 构造残留网络，如图6.16(e)所示。

(2) 构造层次网络，如图6.16(f)所示。在层次网络中利用BFS算法找到一条增广路，在图6.16(f)中用粗线标明了增广路，沿着这条增广路可以将网络流流量增加1。增广完毕后，在 $<V_2, V_1>$ 这条弧因为饱和了，所以在层次网络中将被去掉，而 $<V_s, V_2>$、$<V_1, V_4>$、$<V_4, V_t>$ 这3条弧的容量将减1，如图6.16(g)所示。然后继续用BFS算法从源点开始寻找增广路，在图6.16(g)中又找到一条增广路，沿着这条增广路可以将网络流流量增加4。此后，层次网络中就不存在增广路了。该阶段的增广完毕。

第2个阶段增广后的网络流如图6.16(h)所示。

图6.16(i)～(j)为第3个阶段，其过程为：在图6.16(i)中构造残留网络，在图6.16(j)中构造层次网络，构造完毕后，发现汇点不在层次网络中，因此不存在增广路了。

至此，最短增广路算法结束，求得的网络最大流流量为12。

4. 最短增广路算法复杂度分析

最短增广路
算法复杂度
分析

最短增广路算法的复杂度包括建层次网络和寻找增广路两部分。

在最短增广路算法中，最多建 n 个层次网络，每个层次网络用BFS一次遍历即可得到。一次BFS遍历的复杂度为 $O(m)$，所以建层次网络的总复杂度为 $O(nm)$。

现在分析在每一阶段中寻找增广路的复杂度。注意到每增广一次，层次网络中必定有一条边会被删除。层次网络中最多有 m 条边，所以可以认为最多增广 m 次。在最短增广路算法中，用BFS来增广，一次增广的复杂度为 $O(m+n)$，其中 $O(m)$ 为BFS的花费，$O(n)$ 为修改流量的花费。所以在每一阶段寻找增广路的复杂度为 $O(m(m+n)) = O(m^2)$。因此 n 个阶段寻找增广路的总复杂度为 $O(nm^2)$。

最短增广路算法的总复杂度即为建层次网络的总复杂度与寻找增广路的总复杂度之和，为 $O(n \times m^2)$。

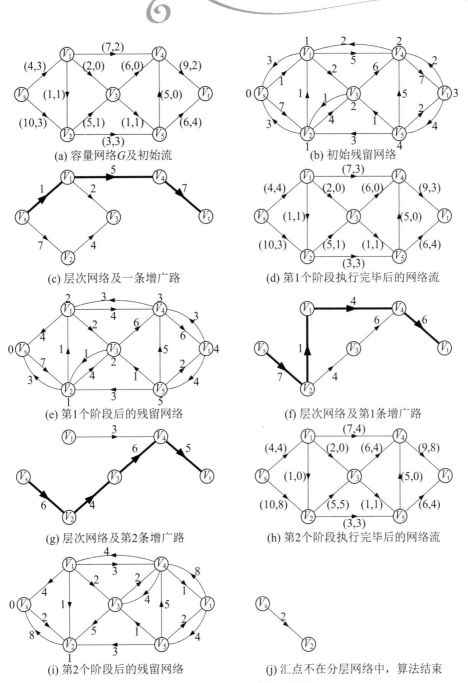

(a) 容量网络 G 及初始流

(b) 初始残留网络

(c) 层次网络及一条增广路

(d) 第1个阶段执行完毕后的网络流

(e) 第1个阶段后的残留网络

(f) 层次网络及第1条增广路

(g) 层次网络及第2条增广路

(h) 第2个阶段执行完毕后的网络流

(i) 第2个阶段后的残留网络

(j) 汇点不在分层网络中，算法结束

图 6.16　最短增广路算法实例

6.1.6　连续最短增广路算法——Dinic 算法

1. Dinic 算法思路

Dinic 算法
思路

Dinic 算法的思想也是分阶段地在层次网络中增广。它与最短增广路算法的不同之处是：最短增广路算法每个阶段执行完一次 BFS 增广后，要重新启动 BFS 从源点 V_s 开始寻找另一条增广路；而在 Dinic 算法中，只需一次 DFS 过程就可以实现多次增广，这是 Dinic 算法的巧妙之处。Dinic 算法的具体步骤如下。

(1) 初始化容量网络和网络流。

(2) 构造残留网络和层次网络，若汇点不在层次网络中，则算法结束。

(3) 在层次网络中用一次 DFS 过程进行增广，DFS 执行完毕，该阶段的增广也执行完毕。

(4) 转第(2)步。

Dinic 算法实例

在 Dinic 算法步骤中，只有第(3)步与最短增广路算法不同。在下面的实例中，将会发现采用 DFS 过程使得算法的效率较之最短增广路算法有非常大的提高。

2. Dinic 算法实例

接下来以图 6.16(e)所示的第 2 个阶段开始分析 Dinic 算法的一个阶段执行过程，图 6.17(a)就是图 6.16(e)。图 6.17(a)～(f)演示了 Dinic 执行的第 2 个阶段，其过程如下。

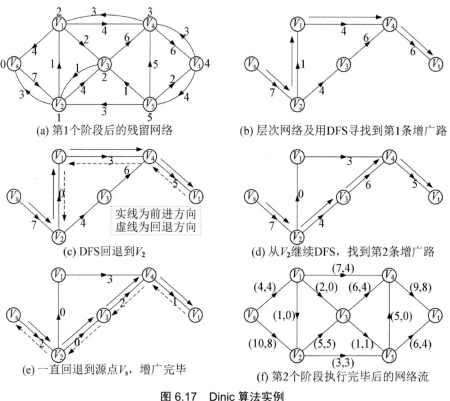

图 6.17　Dinic 算法实例

(1) 构造好残留网络，如图 6.17(a)所示。

(2) 构造好层次网络后，如图 6.17(b)所示。然后从源点开始执行 DFS 过程，约定 DFS 过程中在多个未访问过的邻接顶点中进行选择时，按顶点序号从小到大的顺序进行选择，那么将找到一条增广路$(V_s, V_2, V_1, V_4, V_t)$，沿着这条增广路进行增广，流量增加 1。

(3) DFS 过程沿着图 6.17(c)所示的虚线回退，一直回退到某个顶点(在图 6.17(c)中就是顶点 V_2)，它还有未访问过的邻接顶点，即 V_3。

(4) 从 V_2 继续 DFS，找到第 2 条增广路$(V_s, V_2, V_3, V_4, V_t)$，如图 6.17(d)所示，沿着这条增广路进行增广，流量增加 4。

(5) DFS 过程沿着图 6.17(e)所示的虚线回退,一直回退到源点。至此,DFS 执行完毕,该阶段的增广也执行完毕。增广后的网络流如图 6.17(f)所示。

3. Dinic 算法实现

Dinic 算法实现

以下代码用 Dinic 算法实现了例 6.1。实现思路是:每个阶段先用 BFS 算法构造层次网络,如前所述,并不需要真正"构造"层次网络,只需对每个顶点标记层次;然后用 DFS 算法实现连续增广,从顶点 u 出发增广时,只检查满足 $level(v) = level(u) + 1$ 的顶点 v。最后一个阶段,当用 BFS 算法构造层次网络后,如果汇点无法标注层次,则算法结束。

dfs()函数的两个参数的含义如下。

(1) u 表示从顶点 u 出发进行增广。dfs()函数是递归函数,对符合条件的下一个顶点 v,继续调用 dfs()函数从 v 出发进行增广。

(2) alpha 表示从上一个顶点传进来的可改进量。对符合条件的下一个顶点 v,正向弧 $<u, v>$ 的可改进量是 alpha 和 Edge[u][v].c - Edge[u][v].f 的较小者,反向弧 $<v, u>$ 的可改进量是 alpha 和 Edge[v][u].f 的较小者。

我们希望从顶点 u 出发进行增广,检查完所有顶点后返回到上一层时,dfs()函数的返回值表示从 u 出发沿着每一个分支进行增广的已改进量之和。例如,图 6.17(e)从第 2 条增广路返回到 V_2 后(此后从 V_2 出发没有其他增广路),两条增广路的已改进量之和为 5,把这个值返回给上一层顶点。传递给 V_2 的改进量 alpha=7,在执行 dfs(V_2, 7)时,2 个 DFS 分支返回的已改进量分别为 1(设为 t_1)和 4(设为 t_2),tmp = alpha $- t_1 - t_2$,dfs(V_2, 7)执行结束时返回值为(alpha $-$ tmp) $= t_1 + t_2$。注意,如果 u 是汇点,dfs()函数直接返回 alpha。代码如下。

```
#define MAXN 10          //顶点个数最大值
#define INF 1000000      //无穷大
#define MIN(a,b) ((a)<(b)?(a):(b))
struct ArcType{          //弧结构
    int c, f;            //容量,流量
};
ArcType Edge[MAXN][MAXN];  //邻接矩阵(每个元素为 ArcType 类型)
int n, m;                //n 为顶点个数,m 为弧数
int level[MAXN];         //顶点层次
bool bfs( )              //BFS 方法构造层次网络
{
    queue<int> Q;
    memset(level, 0xff, sizeof(level));  //顶点层次初始化为-1
    Q.push(0);  level[0] = 0;  //源点(顶点 0)入队列,源点层次为 0
    int u, v;
    while(!Q.empty()){
        u = Q.front();  Q.pop();
        for(v=0; v<n; v++){
            if(level[v]==-1 && Edge[u][v].f<Edge[u][v].c){  //"正向"且"未"满"
                level[v] = level[u] + 1;  Q.push(v);
            }
```

```
                if(level[v]==-1 && Edge[v][u].f>0 && Edge[v][u].f<INF){
                    level[v] = level[u] + 1;  Q.push(v);           //"反向"且有流量
                }
            }
        }
    }
    return  level[n-1] != -1;  //判断汇点是否已标注层次
}
//alpha 为从上一个顶点传进来的可改进量
//返回给上一个顶点的信息(返回值)是通过 u 累计已改进流量
int dfs(int u, int alpha)    //从顶点 u 出发,采用 DFS 对网络流进行增广
{
    int v, t;
    if(u==n-1)  return alpha;  //如果 u 是汇点,返回传递给它的可改进量
    int tmp = alpha;    //tmp 为顶点 u 剩余可改进量
    for(v=0; v<n&&alpha; v++){
        if( level[v]==level[u] + 1 ){
            if(Edge[u][v].f<Edge[u][v].c){  //"正向"且未"满"
                t = dfs(v, MIN(tmp, Edge[u][v].c - Edge[u][v].f));
                Edge[u][v].f += t;  tmp -= t;
            }
            if(Edge[v][u].f>0 && Edge[v][u].f<INF){  //"反向"且有流量
                t = dfs(v, MIN(tmp, Edge[v][u].f));
                Edge[v][u].f -= t;  tmp -= t;
            }
        }
    }
    return (alpha-tmp);  //如果 u 不是汇点,(alpha-tmp)是通过 u 累计已改进流量
}
void dinic( )
{
    while( bfs() )
        dfs(0, INF);  //从源点(顶点 0)出发进行增广,源点的可改进量是 INF
    int i, j, maxFlow=0;
    for( i=0; i<n; i++ ){  //输出各条弧及其流量, 以及求得的最大流量
        for( j=0; j<n; j++ ){
            if( i==0 && Edge[i][j].f<INF )    //求源点流出量,即最大流
                maxFlow += Edge[i][j].f;
            if(Edge[i][j].f<INF) printf("%d->%d:%d\n",i,j,Edge[i][j].f);
        }
    }
    printf( "maxFlow:%d\n", maxFlow );
}
int main( )
{
    int i, j, u, v, c, f;         //弧的起点 u、终点 v、容量 c、流量 f
    while( scanf( "%d%d", &n, &m )!=EOF ){    //读入顶点个数 n 和弧数 m
        for( i=0; i<n; i++ )             //初始化邻接矩阵中各元素
```

```
      for( j=0; j<n; j++ )
          Edge[i][j].c=Edge[i][j].f=INF;  //INF 表示没有直接边连接
   for( i=0; i<m; i++ ){      //读入每条弧
       scanf( "%d%d%d%d", &u, &v, &c, &f );     //读入边的起点和终点
       Edge[u][v].c=c;  Edge[u][v].f=f;          //构造邻接矩阵
   }
   dinic( );      //Dinic 算法求网络最大流
 }
 return 0;
}
```

4. Dinic 算法复杂度分析

Dinic 算法复杂度分析

与最短增广路算法一样，Dinic 算法最多被分为 n 个阶段，每个阶段包括建层次网络和寻找增广路两部分，其中建层次网络的复杂度仍是 $O(nm)$。

现在来分析 DFS 过程的总复杂度。在每一阶段，将 DFS 分成两部分分析。

(1) 修改增广路的流量并后退的花费。在每一阶段，最多增广 m 次，每次修改流量的费用为 $O(n)$。而一次增广后在增广路中后退的费用也为 $O(n)$。所以在每一阶段，修改增广路及后退的复杂度为 $O(mn)$。

(2) DFS 遍历时的前进与后退。在 DFS 遍历时，如果当前路径的最后一个顶点能够继续扩展，则一定是沿着第 i 层顶点指向第 $i+1$ 层顶点的边向汇点前进了一步。因为增广路径长度最长为 n，所以最多连续前进 n 步后就会遇到汇点。在前进的过程中，可能会遇到没有边能够沿着继续前进的情况，这时将路径中的最后一个点在层次图中删除。

注意到每后退一次必定会删除一个点，所以后退的次数最多为 n 次。在每一阶段中，后退的复杂度为 $O(n)$。

假设在最坏情况下，所有的点最后均被删除，一共后退了 n 次，这也就意味着，有 n 次的前进被"无情"地退了回来，这 n 次前进操作都没有起到"寻找增广路"的作用。除去这 n 次前进和 n 次后退，其余的前进都对最后找到增广路做了贡献。增广路最多找 m 次，每次最多前进 n 个点。所以所有前进操作最多为 $n+mn$ 次，复杂度为 $O(mn)$。

于是得到，在每一阶段中，DFS 遍历时前进与后退的花费为 $O(mn)$。

综合以上两点，一次 DFS 的复杂度为 $O(mn)$。因为最多进行 n 次 DFS，所以在 Dinic 算法中找增广路的总复杂度为 $O(mn^2)$。因此，Dinic 算法的总复杂度即为建层次网络的总复杂度与寻找增广路的总复杂度之和，为 $O(mn^2)$。

6.1.7　一般预流推进算法

1. 增广路算法的缺点

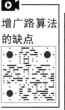

增广路算法的缺点

增广路算法的特点是找到增广路后，立即沿增广路对网络流进行增广。每一次增广可能需要对最多 $n-1$ 条弧进行操作，因此，每次增广的复杂度为 $O(n)$，在有些情况下，这个代价是很高的。如图 6.18 所示是一个极端的例子。在图 6.18 所示的容量网络中，无论采用何种增广路算法，都会找到 10 条增广路，每条路长度为 10，容量为 1。因此，总共需要 10 次增广，每次增广流量增加 1，每次增广时需要对 10 条弧进行操作。

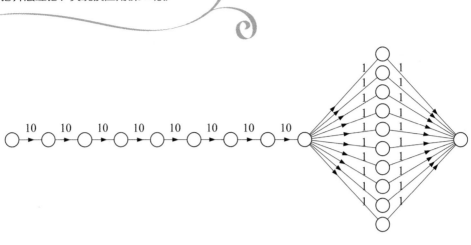

图 6.18　增广路算法的缺点

通过观察发现，10 条增广路中的前 9 个顶点(前 8 条弧)是完全一样的，能否直接将前 8 条弧的流量增广 10 个单位，而只对后面长度为 2 的、不同的有向路单独操作呢？这就是预流推进算法的思想。也就是说，预流推进算法关注于对每一条弧的操作和处理，而不必一次一定处理一条增广路。

2. 距离标号

设容量网络为 $G(V, E)$，f 是其可行流，对于一个残留网络 $G'(V', E')$，如果一个函数 d 将顶点集合 V 映射到非负整数集合，则称 d 是关于残留网络 G' 的**距离函数**(distance function)。$d(u)$ 称为顶点 u 的**距离标号**(distance label)。

如果距离函数 d 满足：①$d(V_t) = 0$；②对 G' 中的任意一条弧$<u, v>$，有 $d(u) \leqslant d(v)+1$。则称距离函数 d 关于流 f 是**有效的**(valid)，或称距离函数 d 是有效的。

如果任意一个顶点的距离标号正好等于残留网络中从该顶点到汇点 V_t 的最短有向路径距离(指路径上弧的数目)，则称距离函数 d 关于流 f 是**精确**(exact)的，或称距离函数是精确的。精确的距离函数一定是有效的。

例如，图 6.19 对图 6.5(b)所示的残留网络进行距离标号，这些标号都是精确的。

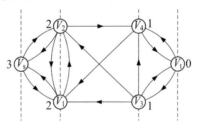

图 6.19　精确的距离标号

如果对残留网络 G' 中某一条弧$<u, v>$，有 $d(u)=d(v)+1$，则称弧$<u, v>$为**允许弧**。如果从源点到汇点的一条有向路径完全由允许弧组成，则该有向路称为**允许路**(admissible path)。

根据有效距离函数的定义，若距离函数 d 是有效的，则有下面的结论。

(1) $d(u)$是残留网络 G' 中从顶点 u 到汇点 V_t 的最短有向路径长度的下界。

(2) 如果 $d(V_s) \geqslant n$，则残留网络 G' 中从源点 V_s 到汇点 V_t 没有有向路(即增广路)。

(3) 允许路是残留网络 G' 中的最短增广路。

对于一个残留网络 G'，如何确定其精确的距离标号呢？可以从汇点 V_t 开始，对 G' 沿反向弧进行广度优先搜索，这一过程的复杂度为 $O(m)$。可以看出，一个顶点精确的距离标号实际上表示的是从该顶点到汇点 V_t 的最短路径长度，也就是说，对所有顶点按照最短路径长度进行了层次划分。例如，图 6.19 将残留网络中的顶点划分成 4 个层次，用虚线标明。

关于层次和距离标号的说明。从顶点层次(6.1.5 节)和距离标号的定义和讨论可以看出，顶点层次实质上就是一种精确的"距离标号"，只不过这种距离是从 $d(V_s) = 0$ 开始进行标号的，顶点 u 的层次 $level(u)$ 为源点 V_s 到顶点 u 的最短路径长度。

3. 一般预流推进算法思想

盈余(excess)。设 u 是容量网络 $G(V, E)$ 中的顶点，定义顶点 u 的盈余为流入顶点 u 的流量之和减去从顶点 u 流出的流量之和，记为 $e(u)$，即

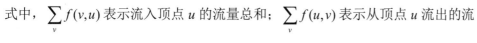

$$e(u) = \sum_v f(v,u) - \sum_v f(u,v) \qquad (6\text{-}7)$$

式中，$\sum\limits_v f(v,u)$ 表示流入顶点 u 的流量总和；$\sum\limits_v f(u,v)$ 表示从顶点 u 流出的流量总和。

活跃顶点(active vertex)。容量网络 G 中，$e(u) > 0$ 的顶点 $u(u \neq V_s, V_t)$ 称为活跃顶点。

预流(preflow)。设 $f = \{ f(u, v) \}$ 是容量网络 $G(V, E)$ 上的一个网络流，如果 G 的每一条弧$<u, v>$都满足

$$0 \leqslant f(u, v) \leqslant c(u, v), \quad <u, v> \in E \qquad (6\text{-}8)$$

另外，除源点 V_s、汇点 V_t 外每个顶点 u 的盈余 $e(u)$ 都满足

$$e(u) \geqslant 0, \quad u \neq V_s, V_t \qquad (6\text{-}9)$$

则称该网络流 f 为 G 的预流。

对容量网络 G 的一个预流 f，如果存在活跃顶点，则说明该预流不是可行流。预流推进算法就是要选择活跃顶点，并通过它把一定的流量推进到它的邻接顶点，尽可能将正的盈余减少为 0。如果当前活跃顶点有多个邻接顶点，那么首先应推进到哪个邻接顶点呢？由于算法的最终目的是尽可能将流量推进到汇点 V_t，因此算法总是首先寻求将流量推进到距离汇点 V_t 最近的邻接顶点中。由于每个顶点的距离标号可以表示顶点到汇点 V_t 的距离，因此算法总是将流量沿着允许弧推进。如果从当前活跃顶点出发没有允许弧，则增加该顶点的距离标号，使得从当前活跃顶点出发至少有一条允许弧。

预流推进算法的基本框架如下。

(1) (预处理)取零流作为初始可行流，即 $f = \{ 0 \}$，对源点 V_s 发出的每条弧$<V_s, u>$，令 $f(V_s, u) = c(V_s, u)$；对任意的顶点 $v \in V$，计算精确的距离标号 $d(v)$；令 $d(V_s) = n$。

(2) 如果残留网络 $G'(V', E')$ 中不存在活跃顶点，则算法结束，已经求得最大流，否则进入第(3)步。

(3) 在残留网络中选取活跃顶点 u；如果存在顶点 u 的某条出弧$<u, v>$为允许弧，则将 $\min\{ e(u), c'(u, v) \}$ 流量的流从顶点 u 推进到顶点 v；否则令 $d(u) = \min\{ d(v)+1 \mid <u, v> \in E'$，且 $c'(u, v)>0 \}$。转第(2)步。$c'(u, v)$ 为残留网络中弧$<u, v>$的容量。

可见，算法的每次迭代都是一次推进操作[第(3)步的前面部分]，或者一次重新标号操作[第(3)步的后面部分]。对于推进操作，如果推进的流量等于弧上的残留容量，则称为**饱和推进**(saturating push)，否则称为**非饱和推进**(nonsaturating push)。当算法终止时，网络中不含有活跃顶点，因此源点 V_s 和汇点 V_t 的盈余不为 0。所以，此时得到的预流实际上已经是一个可行流。又由于在算法预处理时已经令源点的距离标号 $d(V_s)=n$，而距离标号在计算过程中不会减少，因此算法在计算过程中可以保证网络中永远不会有增广路存在。根据增广路定理，算法终止时一定得到了最大流。

一般预流推进算法求解实例

4. 一般预流推进算法求解实例

下面以图 6.20(a)所示的容量网络 G 为例，演示一般预流推进算法的求解过程。在该容量网络中，源点为 V_s，汇点为 V_t，只有顶点 V_1 和 V_2 可能为活跃顶点。

首先进行预处理，得到图 6.20(b)所示的残留网络(注意，在预处理中将源点 V_s 发出的每条弧的流量设置为其容量)。顶点旁的两个数字分别表示顶点的盈余 $e(u)$ 和距离标号 $d(u)$，源点 V_s 的标号设置为 n。在图 6.20(b)中，存在两个活跃顶点 V_1 和 V_2，假设选择 V_1，沿弧 $<V_1, V_t>$ 推进 1 个单位流量，得到的残留网络如图 6.20(c)所示。

在图 6.20(c)中，顶点 V_1 和 V_2 仍是活跃顶点，假设继续选择 V_1，由于没有从 V_1 发出的允许弧，因此将 V_1 的标号修改为 2。

在图 6.20(d)中，此时顶点 V_1 和 V_2 仍是活跃顶点，假设选择 V_2，沿弧 $<V_2, V_t>$ 推进 4 个单位流量，得到的残留网络如图 6.20(e)所示。

在图 6.20(e)中，只有 V_1 是活跃顶点，沿弧 $<V_1, V_2>$ 推进 2 个单位流量，得到的残留网络如图 6.20(f)所示。

在图 6.20(f)中，只有 V_2 是活跃顶点，沿弧 $<V_2, V_t>$ 推进 1 个单位流量，得到的残留网络如图 6.20(g)所示。

在图 6.20(g)中，只有 V_2 是活跃顶点，没有从 V_2 发出的允许弧，因此将 V_2 的标号修改为 3。

在图 6.20(h)中，只有 V_2 是活跃顶点，沿弧 $<V_2, V_1>$ 推进 1 个单位流量，得到的残留网络如图 6.20(i)所示。

在图 6.20(i)中，只有 V_1 是活跃顶点，没有从 V_1 发出的允许弧，因此将 V_1 的标号修改为 4。

在图 6.20(j)中，只有 V_1 是活跃顶点，沿弧 $<V_1, V_2>$ 推进 1 个单位流量，得到的残留网络如图 6.20(k)所示。

在图 6.20(k)中，只有 V_2 是活跃顶点，没有从 V_2 发出的允许弧，因此将 V_2 的标号修改为 5。

在图 6.20(l)中，只有 V_2 是活跃顶点，沿弧 $<V_2, V_s>$ 推进 1 个单位流量，得到的残留网络如图 6.20(m)所示。

在图 6.20(m)中，除源点 V_s、汇点 V_t 外没有活动顶点了。至此，算法结束，求得的网络最大流如图 6.20(n)所示，流量为 6。

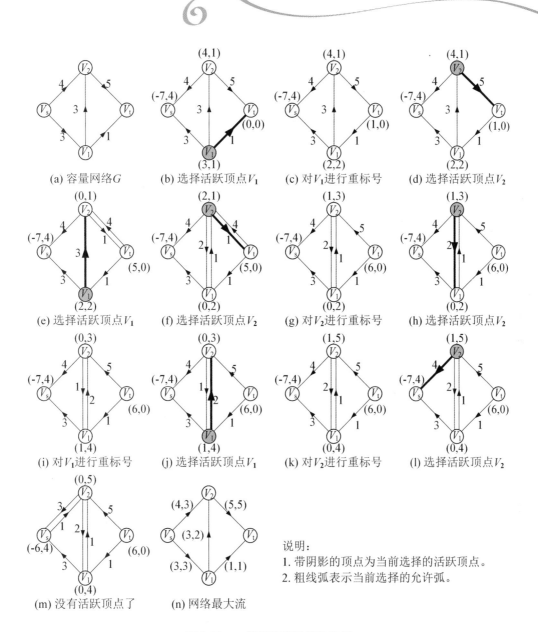

(a) 容量网络 G　　(b) 选择活跃顶点 V_1　　(c) 对 V_1 进行重标号　　(d) 选择活跃顶点 V_2

(e) 选择活跃顶点 V_1　　(f) 选择活跃顶点 V_2　　(g) 对 V_2 进行重标号　　(h) 选择活跃顶点 V_2

(i) 对 V_1 进行重标号　　(j) 选择活跃顶点 V_1　　(k) 对 V_2 进行重标号　　(l) 选择活跃顶点 V_2

(m) 没有活跃顶点了　　(n) 网络最大流

说明：
1. 带阴影的顶点为当前选择的活跃顶点。
2. 粗线弧表示当前选择的允许弧。

图 6.20　一般预流推进算法实例

5．一般预流推进算法的实现及复杂度

一般预流推进算法的实现详见例 6.5，其时间复杂度为 $O(n^2m)$。证明略。

6.1.8　最高标号预流推进算法

最高标号预流推进算法

从前面对一般预流推进算法的演示实例可以看出，该算法的瓶颈在于非饱和推进。每当选定一个活跃顶点后，如果执行的是一次非饱和推进，则该顶点仍然是活跃顶点，但紧接着的下一次迭代可能选择另一个新的活动顶点。最高标号预流推进算法的思想是从具有最大距离标号的活跃顶点开始预流推进。之所以按照这样的顺序做，一个直观的想法是使得距离标号较小的活跃顶点累积尽可

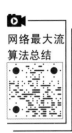

网络最大流
算法总结

能多地来自距离标号较大的活跃顶点的流量，然后对累积的盈余进行推进，可能会减少非饱和推进的次数。

最高标号预流推进算法的时间复杂度为 $O(n^2 m^{1/2})$。证明略。

6.1.9 网络最大流算法总结

前面介绍了求解网络最大流的两大类共 5 种算法，表 6.1 对这 5 种算法做了总结。

表 6.1 网络最大流算法总结

	算法名称	复杂度	算法概要
增广路方法	一般增广路算法(generic augmenting path algorithm)	$O(nmU)$	采取标号法每次在容量网络中寻找一条增广路进行增广(或者在残留网络中，每次任意找一条增广路增广)，直至不存在增广路为止
	最短增广路算法(shortest augmenting path algorithm)	$O(nm^2)$	每个阶段，在层次网络中，不断用 BFS 算法进行增广直至不存在增广路为止。如果汇点不在层次网络中，则算法结束
	连续最短增广路算法——Dinic 算法(successive shortest augmenting path algorithm)	$O(n^2 m)$	在最短增广路算法的基础上改进。在每个阶段，用一个 DFS 过程实现多次增广。如果汇点不在层次网络中，则算法结束
预流推进方法	一般预流推进算法(generic preflow-push algorithm)	$O(n^2 m)$	维护一个预流，不断地对活跃顶点执行推进操作或重标号操作来调整这个预流，直到不能操作
	最高标号预流推进算法(highest-label preflow-push algorithm)	$O(n^2 m^{1/2})$	每次检查具有最高标号的活跃结点

说明：n 为顶点数，m 为弧的数目，U 为网络中各条弧的最大容量。

6.1.10 例题解析

例 6.2

下面通过 4 道例题的分析，详细介绍容量网络建模方法、求解网络最大流各种算法的思想及实现方法。

例 6.2 迈克卖猪问题(PIGS)，POJ1149。

题目描述：

迈克在一个养猪场工作，养猪场里有 M 个猪圈，每个猪圈都上了锁。由于迈克没有钥匙，所以他不能打开任何一个猪圈。要买猪的顾客一个接一个来到养猪场，每个顾客有一些猪圈的钥匙，而且他们要买一定数量的猪。某一天，所有要到养猪场买猪的顾客，他们的信息是提前让迈克知道的。这些信息包括：顾客所拥有的钥匙(详细到有几个猪圈的钥匙、有哪几个猪圈的钥匙)、要购买的数量。这样对迈克很有好处，他可以安排销售计划以便卖出的猪的数目最大。

更详细的销售过程为：当每个顾客到来时，他将那些他拥有钥匙的猪圈全部打开；迈克从这些猪圈中挑出一些猪卖给他们；如果迈克愿意，迈克可以重新分配这些被打开的猪圈中的猪；当顾客离开时，猪圈再次被锁上。注意，猪圈可容纳的猪的数量没有限制。

编写程序，计算迈克这一天能卖出猪的最大数目。

输入描述：

输入格式如下。

(1) 第 1 行是两个整数 M 和 N ($1 \leqslant M \leqslant 1\,000$，$1 \leqslant N \leqslant 100$)，$M$ 是猪圈的数目，N 是顾客的数目。猪圈的编号从 1 到 M，顾客的编号从 1 到 N。

(2) 第 2 行是 M 个整数，为每个猪圈中初始时猪的数目，范围是 $[0, 1\,000]$。

(3) 接下来的 N 行是顾客的信息，第 i 个顾客的信息保存在第 $i+2$ 行，格式为 $A\ K_1\ K_2 \cdots K_A\ B$，其中，$A$ 为拥有钥匙的数目，K_j 表示拥有第 K_j 个猪圈的钥匙，B 为该顾客想买的猪的数目。A、B 均可为 0。

输出描述：

输出有且仅有一行，为迈克能够卖掉的猪的最大数目。

样例输入：

```
3 3
3 1 10
2 1 2 2
2 1 3 3
1 2 6
```

样例输出：

```
7
```

分析： 本题的关键在于如何构造一个容量网络。在本题中，容量网络的构造方法如下。

(1) 将顾客看作除源点和汇点以外的结点，并且另设两个结点：源点和汇点。

(2) 源点和每个猪圈的第 1 个顾客连边，边的权是开始时猪圈中猪的数目。若源点和某个结点之间有重边(某个顾客同时为多个猪圈的第 1 个顾客)，则将权合并，因此源点发出的边的容量总和就是所有猪圈能提供的猪的数目。

(3) 如果顾客 j 紧跟在顾客 i 之后打开某个猪圈，则边 $<i, j>$ 的权是 $+\infty$。这是因为，如果顾客 j 紧跟在顾客 i 之后打开某个猪圈，那么迈克就有可能根据顾客 j 的需求将其他猪圈中的猪调整到该猪圈，这样顾客 j 就能买到尽可能多的猪。

(4) 每个顾客和汇点之间连边，边的权是顾客所希望购买的猪的数目。汇点的流入量就是每个顾客所购买的猪的数目。

例如，对本题样例输入数据所构造的容量网络如图 6.21(a)所示。其过程如下。

(1) 因为有 3 个顾客，所以除源点和汇点外，还有 3 个顶点 V_1、V_2 和 V_3。

(2) 第 1 个猪圈的第 1 个顾客是 V_1，第 2 个猪圈的第 1 个顾客是 V_1，第 3 个猪圈的第 1 个顾客是 V_2，因此源点到顶点 V_1 有重边，合并后，权值为 $3 + 1 = 4$，源点到顶点 V_2 有一条边，权值为 10。

(3) 顾客 V_2 紧跟在 V_1 后面打开第 1 个猪圈，顾客 V_3 紧跟在 V_1 后面打开第 2 个猪圈，因此顶点 V_1 到 V_2、V_1 到 V_3 都有边，其权值为 $+\infty$。

(4) 每个顾客 V_1、V_2 和 V_3 到汇点 V_t 都有一条边，其权值分别为 2、3、6。

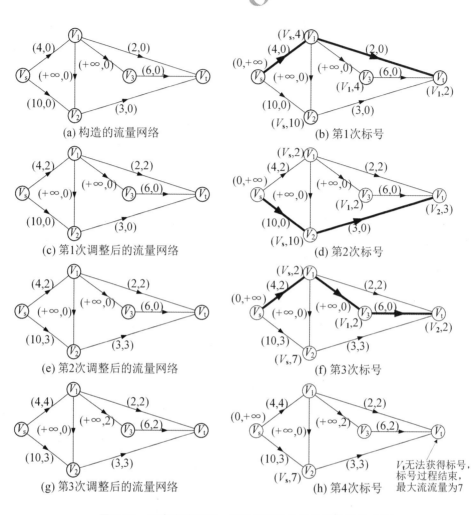

图 6.21　迈克卖猪问题：容量网络的构造及最大流的求解

构造好容量网络后，从初始流(零流)出发进行标号、调整，如图 6.21(b)～(h)所示。其过程如下。

图 6.21(b)对初始网络流进行第 1 次标号，求得的增广路为 $P(V_s, V_1, V_t)$，可改进量 $\alpha=2$；调整后得到的网络流如图 6.21(c)所示。

图 6.21(d)对第 1 次调整后的网络流进行第 2 次标号，求得的增广路为 $P(V_s, V_2, V_t)$，可改进量 $\alpha=3$；调整后得到的网络流如图 6.21(e)所示。

图 6.21(f)对第 2 次调整后的网络流进行第 3 次标号，求得的增广路为 $P(V_s, V_1, V_3, V_t)$，可改进量 $\alpha=2$；调整后得到的网络流如图 6.21(g)所示。

在图 6.21(h)中对第 3 次调整后的网络流进行第 4 次标号时，汇点 V_t 无法获得标号。至此，标号过程结束，求得的网络最大流流量为 7。代码如下。

```
#define INF 300000000        //无穷大
#define MAXM 1000            //猪圈数：1<=M<=1000
#define MAXN 100             //顾客数：1<=N<=100
int i, j, s, t;              //s 为源点，t 为汇点
```

```
int customer[MAXN+2][MAXN+2];  //N+2 个结点(包括源点,汇点)之间的容量 Cij
int flow[MAXN+2][MAXN+2];       //结点之间的流量 Fij
void init( )                    //初始化函数,构造网络流
{
    int M, N;                   //M 是猪圈的数目,N 是顾客的数目
    int num, k;                 //每个顾客拥有钥匙的数目,猪圈钥匙的序号
    int house[MAXM];            //存储每个猪圈中猪的数目
    int last[MAXM];             //存储每个猪圈的前一个顾客的序号
    memset(last,0, sizeof(last)); memset(customer, 0, sizeof(customer));
    scanf( "%d%d", &M, &N );
    s=0;  t=N+1;                //源点、汇点
    for( i=1; i<=M; i++ )       //读入每个猪圈中猪的数目
        scanf( "%d", &house[i] );
    for( i=1; i<=N; i++ ){      //构造网络流
        scanf( "%d", &num );    //读入每个顾客拥有钥匙的数目
        for( j=0; j<num; j++ ){
            scanf( "%d", &k );  //读入钥匙的序号
            if( last[k]==0 )    //第 i 个顾客是第 k 个猪圈的第 1 个顾客
                customer[s][i]=customer[s][i]+house[k];
            else    //last[k]!=0,表示顾客 i 紧跟在顾客 last[k]后面打开第 k 个猪圈
                customer[ last[k] ][i]=INF;
            last[k] = i;
        }
        scanf("%d",&customer[i][t]);//每个顾客到汇点的边,权值为顾客购买猪的数量
    }
}
void ford( )
{
    //可改进路径上该顶点的前一个顶点的序号,相当于标号的第 1 个分量,
    //初始为-2 表示未标号,源点的标号为-1
    int prev[ MAXN+2 ];
    int minflow[ MAXN+2 ]; //每个顶点的可改进量 α,相当于标号的第 2 个分量
    //采用广度优先搜索的思想遍历网络,从而对所有顶点进行标号
    queue<int> Q;           //BFS 算法中的队列
    int u;      //u 为从队列里取出来的队列头元素
    int p;                  //用于保存 Cij-Fij
    memset(flow, 0, sizeof(flow));  //构造零流:从零流开始标号调整
    minflow[0]=INF;         //源点标号的第 2 个分量为无穷大
    while( 1 ){             //标号法
        for( i=0; i<MAXN+2; i++ )    //每次标号前,每个顶点重新回到未标号状态
            prev[i]=-2;
        prev[0]=-1;                  //源点
        Q.push(0);       //源点(顶点 0)入队列
        while( !Q.empty() && prev[t]==-2 ){//队列非空且汇点未获得标号
            u=Q.front(); Q.pop();       //取出队列头顶点
            for( i=0; i<t+1; i++ ){
                //如果顶点 i 是顶点 v 的"邻接"顶点,则考虑是否对顶点 i 进行标号
```

269

```
                //customer[u][i]-flow[u][i]!=0 能保证顶点 i 是 v 的邻接顶点,且能
                //进行标号
                if( prev[i]==-2 && ( p=customer[u][i]-flow[u][i]) ){
                    prev[i]=u;  Q.push(i);
                    minflow[i]=(minflow[u]<p) ? minflow[u] : p;
                }
            }
        }
        if( prev[t]==-2 )  break;    //汇点 t 没有标号,标号法结束
        for( i=prev[t], j=t; i!=-1; j=i, i=prev[i] ){    //调整过程
            flow[i][j]=flow[i][j] + minflow[t];
            flow[j][i]=-flow[i][j];
        }
        while(!Q.empty())  Q.pop();  //当前这一轮调整结束后要清空队列
    }
    for( i=0, p=0; i<t; i++ )     //统计进入汇点的流量,即为最大流的流量
        p=p+flow[i][t];
    printf( "%d\n", p );
}
int main( )
{
    init( );  ford( );
    return 0;
}
```

例 6.3 排水沟(Drainage Ditches),POJ1273。

题目描述:

每次下雨的时候,John 的农场里就会形成一个池塘。因此,John 修建了一套排水系统,雨水被排到了附近的一条小河中。John 还在每条排水沟的起点安装了调节阀门,控制流入排水沟的水流的速度。John 不仅知道每条排水沟每分钟能排多少加仑的水,而且还知道整个排水系统的布局。池塘里的水通过这个排水系统排到排水沟,并最终排到小河中,构成一个复杂的排水网络。给定排水系统,计算池塘能通过这个排水系统排水到小河中的最大流水速度。每条排水沟的流水方向是单方向的,但在排水系统中,流水可能构成循环。

输入描述:

输入文件包含多个测试数据。每个测试数据的第 1 行为两个整数 M 和 N($0 \leq M \leq 200$,$2 \leq N \leq 200$),其中 M 是排水沟的数目,N 是这些排水沟形成的汇合结点数目。结点 1 为池塘,结点 N 为小河。接下来有 M 行,每行描述了一条排水沟,用 3 个整数来描述,分别为 S_i、E_i 和 C_i,其中 S_i 和 E_i($1 \leq S_i, E_i \leq N$)标明了这条排水沟的起点和终点,水流从 S_i 流向 E_i,C_i($0 \leq C_i \leq 10\,000\,000$)表示通过这条排水沟的最大流水速度。

输出描述:

对每个测试数据,输出一行,为一个整数,表示排水系统从池塘排出水的最大速度。

样例输入：

5 4

1 2 40

1 4 20

2 4 20

2 3 30

3 4 10

样例输出：

50

分析：很明显，这道题目就是求容量网络的最大流。样例输入中测试数据所描述的容量网络如图 6.22(a)所示，最终求得的网络最大流如图 6.22(b)所示，最大流的流量为 50。

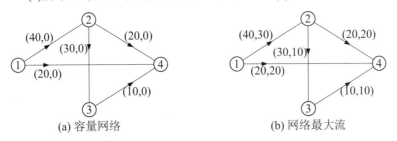

(a) 容量网络   (b) 网络最大流

图 6.22 排水沟

本题采用最短增广路算法求解。在 solve()函数中调用 find_augment_path()函数，采用 BFS 算法求最短增广路，并通过 augment_flow()函数计算可改进量，然后调用 update_flow() 函数更新网络流，如此循环直至网络流中不存在增广路为止。代码如下。

```
#define MAXN 210
struct Matrix{
    int c, f;                    //容量，流量
};
Matrix Edge[MAXN][MAXN];        //流及容量(邻接矩阵)
int M, N, s, t;//排水沟(即弧)数目,汇合结点(即顶点)数目,源点(结点1),汇点(结点N)
int residual[MAXN][MAXN];       //残留网络
queue<int> Q;                    //队列
int pre[MAXN];                   //pre[i]为增广路上顶点 i 前面的顶点序号
int vis[MAXN];                   //BFS算法中各顶点的访问标志
int maxflow, min_augment;        //最大流流量,每次增广时的可改进量
void find_augment_path( )        //BFS 求增广路
{
    int i, cu;                   //cu 为队列头顶点
    memset( vis, 0, sizeof(vis) );  vis[s]=1;
    memset(residual, 0, sizeof(residual)); memset(pre, 0, sizeof(pre));
    pre[s]=s;  Q.push(s);        //s 入队列
    while( !Q.empty() && pre[t]==0 ){ //从 s 出发 BFS,构造残留网络并求增广路
        cu = Q.front();  Q.pop();
        for( i=1; i<=N; i++ ){
            if( vis[i]==0 ){
                if( Edge[cu][i].c - Edge[cu][i].f >0 ){  //前向弧
```

```
                                    residual[cu][i]=Edge[cu][i].c-Edge[cu][i].f;
                                    pre[i]=cu;  Q.push(i);  vis[i]=1;
                            }
                        else if( Edge[i][cu].f>0 ){  //反向弧
                            residual[cu][i]=Edge[i][cu].f;
                            pre[i]=cu;  Q.push(i);  vis[i]=1;
                        }
                }
            }
        }
    while(!Q.empty())  Q.pop();
}
void augment_flow( )     //计算可改进量
{
    int i=t, j;              //t 为汇点
    if( pre[i]==0 ){ min_augment=0;  return; }
    j=0x7fffffff;
    while( i!=s ){          //计算增广路上可改进量的最小值
        if( residual[pre[i]][i]<j )  j=residual[pre[i]][i];
        i=pre[i];
    }
    min_augment=j;
}
void update_flow( )     //调整流量
{
    int i=t;         //t 为汇点
    if( pre[i]==0 )  return;
    while( i!=s ){
        if( Edge[pre[i]][i].c-Edge[pre[i]][i].f>0 )  //前向弧
            Edge[pre[i]][i].f += min_augment;
        else if( Edge[i][pre[i]].f>0 )  //反向弧
            Edge[pre[i]][i].f-=min_augment;
        i=pre[i];
    }
}
void solve( )
{
    s=1;  t=N;  maxflow=0;
    while( 1 ){
        find_augment_path( );               //BFS 寻找增广路
        augment_flow( );                    //计算可改进量
        maxflow+=min_augment;
        if(min_augment>0)  update_flow( );  //更新流
        else  return;
    }
}
int main( )
```

```
{
    int i, u, v, c;
    while( scanf("%d %d",&M,&N)!=EOF ){
        memset( Edge, 0, sizeof(Edge) );
        for( i=0; i<M; i++ ){
            scanf( "%d %d %d", &u, &v, &c );  Edge[u][v].c+=c;
        }
        solve( );  printf( "%d\n", maxflow );
    }
    return 0;
}
```

例 6.4　最优的挤奶方案(Optimal Milking)，POJ2112。

题目描述：

农场主 John 将他的 $K(1 \leqslant K \leqslant 30)$ 个挤奶器运到牧场，在那里有 $C(1 \leqslant C \leqslant 200)$ 头奶牛，在奶牛和挤奶器之间有一组不同长度的路。K 个挤奶器的位置用 $1 \sim K$ 的编号标明，奶牛的位置用 $K+1 \sim K+C$ 的编号标明。每台挤奶器每天最多能为 $M(1 \leqslant M \leqslant 15)$ 头奶牛挤奶。

编写程序，寻找一个方案，安排每头奶牛到某个挤奶器挤奶，并使得 C 头奶牛需要走的所有路程中的最大路程最小。每个测试数据中至少有一个安排方案。每头奶牛到挤奶器有多条路。

输入描述：

测试数据的格式如下。

第 1 行为 3 个整数 K、C 和 M。

第 $2 \sim K+C+1$ 行，描述了奶牛和挤奶器(二者合称实体)之间的距离，每行有 $K+C$ 个整数，这 $K+C$ 行构成了一个沿对角线对称的矩阵。第 2 行描述了第 1 个挤奶器距离其他实体的距离……第 $K+1$ 行描述了第 K 个挤奶器距离其他实体的距离；第 $K+2$ 行描述了第 1 头奶牛距离其他实体的距离……这些距离为不超过 200 的正数。实体之间如果没有直接路径相连，则距离为 0。实体与本身的距离(即对角线上的整数)也为 0。

输出描述：

输出一个整数，为所有方案中 C 头奶牛需要走的最大距离的最小值。

样例输入：	样例输出：
2 3 2	2
0 3 2 1 1	
3 0 3 2 0	
2 3 0 0 1 0	
1 2 1 0 2	
1 0 0 2 0	

分析：本题要安排 C 头奶牛到 K 个挤奶器，使得每头奶牛需要走的路程(可以途经其他奶牛或挤奶器)中最大路程的距离最小。例如，样例输入数据所描绘的挤奶器和奶牛之间的距离如图 6.23(a)所示，图 6.23(b)给出了一个最优的方案，粗线边表示安排奶牛到指定的

挤奶器，在这个方案中，3头奶牛需要走的距离分别为2、1、2，所以最长距离是2。

本题要求解的是最大距离的最小值(min_max)，可以在一个较大的区间(如[0, 10 000])来枚举 min_max。从 0 开始枚举或从 10 000 开始枚举均可，但显然采用二分法更快。求最小的 min_max 值，使得每头奶牛都能安排到某个挤奶器，且安排到每个挤奶器的奶牛数量不超过 M。

先用 Floyd 算法求出任意两个实体之间的最短路径长度，奶牛 i 到挤奶器 j 的最短路径长度为 dist[i][j]。对某个 min_max 值，构建容量网络：增加一个源点 0，连一条有向弧到每头奶牛，容量均为 1；再增加一个汇点 $n+1$ ($n=K+C$)，每个挤奶器连一条有向弧到汇点，容量均为 M；如果 dist[i][j]≤min_max，则从奶牛 i 连一条有向弧到挤奶器 j，容量为 1。例如，对样例输入数据，最初 min_max 的取值为(0+10 000)/2，构造的容量网络如图 6.23(c)所示。

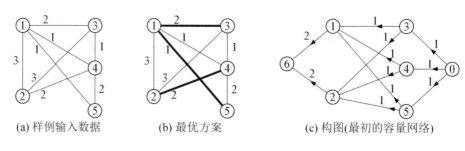

(a) 样例输入数据   (b) 最优方案   (c) 构图(最初的容量网络)

图 6.23　最优挤奶方案

容量网络构造好以后，用 Dinic 算法求最大流，如果最大流流量等于 C(这个流量一定是≤C 的)，说明每头奶牛都安排到了某个挤奶器，且安排到每个挤奶器的奶牛数量没有超过 M。采用二分法搜索符合要求的最小的 min_max 值。代码如下。

```
#define MAX 300
#define INF 10000000
int dis[MAX][MAX];         //任意两点间的最短路径长度
int map[MAX][MAX];         //容量网络
bool sign[MAX][MAX];       //层次网络
bool used[MAX];            //标志数组
int K, C, n, M;            //n=K+C
int min( int a, int b ){
    return a<b ? a:b;
}
void Bulid_Graph( int min_max )          //构建容量网络
{
    int i, j;  memset( map, 0, sizeof( map ) );
    for( i=K+1; i<=n; i++ )  map[0][i]=1;   //源点到每头奶牛连一条弧
    for( i=1; i<=K; i++ )  map[i][n+1]=M;   //每个挤奶器连一条弧到汇点
    for( i=K+1; i<=n; i++ ){
        for( j=1; j<=K; j++ )
            if(dis[i][j]<=min_max)  map[i][j]=1;  //奶牛 i 连一条弧到挤奶器 j
    }
}
```

```
bool BFS( )   //BFS 构建层次网络
{
    memset( used, 0, sizeof(used) );  memset( sign, 0, sizeof(sign) );
    int u, v;  queue<int> Q;
    Q.push(0);  used[0]=1;  //源点(顶点 0)入队列
    while(!Q.empty()){
        u = Q.front();  Q.pop();
        for( v=0; v<=n+1; v++ ){
            if( !used[v]&&map[u][v] ){
                Q.push(v);  used[v]=1;  sign[u][v]=1;
            }
        }
    }
    if( used[n+1] )  return true;     //汇点在层次网络中
    else  return false;              //汇点不在层次网络中
}
int DFS( int v, int sum )  //DFS 增广
{
    int i, s, t;
    if( v==n+1 )  return sum;
    s = sum;
    for( i=0; i<=n+1; i++ ){
        if( sign[v][i] ){
            t=DFS( i, min( map[v][i], sum ) );     //递归调用
            map[v][i]-=t;  map[i][v]+=t;  sum-=t;
        }
    }
    return s-sum;
}
int main( )
{
    int i, j, k, L, R, mid, ans;
    scanf( "%d%d%d", &K, &C, &M );
    n = K + C;
    for( i=1; i<=n; i++ ){  //Floyd 算法,初始化
        for( j=1; j<=n; j++ ){
            scanf( "%d", &dis[i][j] );
            if( dis[i][j]==0 )  dis[i][j]=INF;
        }
    }
    for( k=1; k<=n; k++ ){  //Floyd 算法,求任意两个实体间的最短距离
        for( i=1; i<=n; i++ ){
            if( dis[i][k]!=INF ){
                for( j=1; j<=n; j++ )
                    dis[i][j]=min( dis[i][k]+dis[k][j], dis[i][j] );
            }
        }
```

```
    }
    L=0, R=10000;
    while( L < R ){   //二分法搜索
        mid=( L+R )/2;  ans=0;
        //用 Dinic 算法求最大流
        Bulid_Graph( mid );      //构建容量网络(残余网络)
        while( BFS() ) ans+=DFS( 0, INF );      //构建层次网络,并进行 DFS 增广
        if( ans>=C )  R=mid;   //说明还有更小的 min_max
        else  L=mid+1;          //说明当前的 min_max 太小了
    }
    printf( "%d\n", R );
    return 0;
}
```

例 6.5　电网(Power Network)，ZOJ1734，POJ1459。

题目描述：

一个电网包含一些结点(电站、消费者、调度站)，这些结点通过电线连接。每个结点 u 可能被供给 $s(u)$ 的电能，$s(u) \geqslant 0$，同时也可能产生 $p(u)$ 的电能，$0 \leqslant p(u) \leqslant p_{\max}(u)$；站点 u 还有可能消费 $c(u)$ 电能，$0 \leqslant c(u) \leqslant \min(s(u), c_{\max}(u))$，可能传输 $d(u)$ 的电能，$d(u)=s(u)+p(u)-c(u)$。以上这些量存在以下限制关系：对每个电站，$c(u) = 0$；对每个消费者，$p(u) = 0$；对每个调度站，$p(u) = c(u) = 0$。

在电网中两个结点 u 和 v 之间最多有一条电线连接。从结点 u 到结点 v 传输 $L(u, v)$ 的电能，$0 \leqslant L(u, v) \leqslant L_{\max}(u, v)$。定义 C 为各消费者结点的 $c(u)$ 的总和，表示电网中消费电能的总和。本题的目的是求 C 的最大值。

电网的一个例子如图 6.24 所示。在图 6.24(a)中，电站结点 u 的标记 "x/y" 代表 $p(u) = x$、$p_{\max}(u) = y$。消费者结点 u 的标记 "x/y" 代表 $c(u) = x$、$c_{\max}(u) = y$。每条电线所对应的边 (u, v)，其标记 "x/y" 代表 $L(u, v) = x$、$L_{\max}(u, v) = y$。在图 6.24(b)中，消费的最大电能 $C = 6$；图 6.24(a)列出了在此状态下各个站点的 $s(u)$、$p(u)$、$c(u)$ 和 $d(u)$。注意，图 6.24(b)所示的电网中，电能的流动还存在其他状态，但消费的电能总和不超过 6。

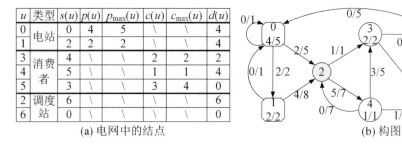

u	类型	$s(u)$	$p(u)$	$p_{\max}(u)$	$c(u)$	$c_{\max}(u)$	$d(u)$
0	电站	0	4	5	\	\	4
1		2	2	2	\	\	4
3	消费者	4	\	\	2	2	2
4		5	\	\	1	1	4
5		3	\	\	3	4	0
2	调度站	6	\	\	\	\	6
6		0	\	\	\	\	0

(a) 电网中的结点　　　　　　　　　　(b) 构图

图 6.24　电网

输入描述：

输入文件包含多个测试数据。每个测试数据描述了一个电网。首先是 4 个整数 n、np、nc、m，其中，$0 \leqslant n \leqslant 100$，代表结点数目，$0 \leqslant np \leqslant n$，代表电站数目，$0 \leqslant nc \leqslant n$，代表消

费者数目，$0 \leqslant m \leqslant n^2$，代表传输电线的数目。接下来有 m 个三元组$(u,v)z$，其中，u 和 v 为结点序号(结点序号从 0 开始计起)，$0 \leqslant z \leqslant 1\ 000$，代表 $L_{max}(u, v)$ 的值。接下来有 np 个二元组$(u)z$，其中 u 为电站结点的序号，$0 \leqslant z \leqslant 10\ 000$，代表 $p_{max}(u)$ 的值。每个测试数据的最后是 nc 个二元组$(u)z$，其中，u 为消费者结点的序号，$0 \leqslant z \leqslant 10\ 000$，代表 $c_{max}(u)$ 的值。所有数据都是整数。除三元组$(u,v)z$ 和二元组$(u)z$ 中不含空格外，输入文件中其他位置允许出现空格。测试数据一直到文件尾。

输出描述：

对每个测试数据所描述的电网，输出一行，为一个整数，表示电网能消费电能的最大值。

样例输入：

```
2 1 1 2 (0,1)20 (1,0)10 (0)15 (1)20
7 2 3 13 (0,0)1 (0,1)2 (0,2)5 (1,0)1 (1,2)8 (2,3)1 (2,4)7
(3,5)2 (3,6)5 (4,2)7 (4,3)5 (4,5)1 (6,0)5
(0)5 (1)2 (3)2 (4)1 (5)4
```

样例输出：

```
15
6
```

分析：本题可以采用网络最大流的模型来求解。网络最大流模型需要有一个源点和汇点，而原图中的电站、调度站和消费者结点都不能作为源点和汇点，因此在原图的基础上添加一个源点和汇点，顶点序号分别为 $n+2$ 和 $n+1$。在输入数据中，顶点序号是从 0 开始计起的，在程序中，顶点序号从 1 开始计起，所以在读入数据时顶点序号要加 1。

引入源点和汇点后，对于每个电站，从源点引一条容量为 p_{max} 的弧；从每个消费者，引一条容量为 c_{max} 的弧到汇点；对于题目中给出的三元组$(u, v)z$，从顶点 u 连一条容量为 z 的弧到顶点 v。这样每个消费者实际消费的电流量流入汇点，源点提供的最大电流量就是每个电站的 p_{max} 之和。显然这样构造的网络最大流模型是符合题目要求的。

例如，对样例输入中的第 2 个测试数据，原网络为图 6.24(b)，构造好网络最大流模型后的网络如图 6.25 所示。

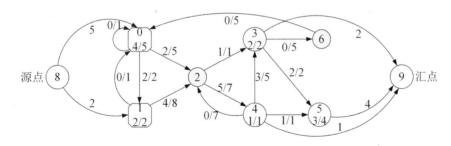

图 6.25　电网：网络最大流模型

构造好网络最大流模型后，求解这个网络的最大流即可。下面的代码采用了预流推进算法来求解网络最大流。与 6.1.7 节描述的一般预流推进算法运算过程不同的是，以下代码省略了初始的距离标号过程，而是将源点的距离标号设置为顶点数 $V = n+2$、将其余顶点的标号设置为 0，接下来就进入推进操作和重新标号操作的迭代过程。这样，经过前面几次迭代过程后，各顶点将获得有效的距离标号。代码如下。

```
const int mxn=110;
const int mxf=0x7fffffff;
#define MIN(a,b)  ((a)<(b)?(a):(b))
int n, np, nc, m;          //输入数据中的量
int resi[mxn][mxn];        //残留网络
queue<int> Q;              //存放活动顶点的队列
int d[mxn];                //每个顶点的距离标号
int ef[mxn];               //每个顶点的盈余
int s, t, V;               //源点和汇点, 顶点数量
void push_relabel( )       //预流推进算法求网络最大流
{
    int i, sum=0;          //sum用于累计推进到汇点的流量
    int u, v, p;
    for(i=1; i<=V; i++)  d[i]=0;    //设置源点的距离标号为V,其余顶点的标号为0
    d[s]=V;  memset( ef, 0, sizeof(ef) );
    ef[s]=mxf; ef[t]=-mxf; //源点的盈余为∞(这样将饱和推进到邻接顶点),汇点的盈
    Q.push(s);             //将源点入队列
    while( !Q.empty() ){
        u=Q.front();  Q.pop(); //读取队列头顶点,然后弹出
        for( v=1; v<=V; v++ ){
            p = MIN(resi[u][v], ef[u]);            //推进流量取二者较小值
            if( p>0 && (u==s || d[u]==d[v]+1) ){ //将u的盈余推进到邻接顶点
                resi[u][v]-=p;  resi[v][u]+=p;   //修改<u,v>和<v,u>的残留容量
                if(v==t) sum+=p;       //累计推进到汇点的流量
                ef[u]-=p;  ef[v]+=p;   //修改u和v的盈余
                if(v!=s && v!=t)  Q.push(v);
            }
        }
        if(u!=s && u!=t && ef[u]>0){ //如果盈余不为0就将它的标号加1并放入队列
            d[u]++;  Q.push(u);
        }
    }
    printf( "%d\n", sum );
}
int main( )
{
    int i, j, u, v, val;
    while( scanf( "%d %d %d %d", &n, &np, &nc, &m )!=EOF ){
        s=n+1; t=n+2; V=n+2; memset( resi, 0, sizeof(resi) );
        for( i=0; i<m; i++ ){
            while( getchar()!='(' )  ;
            scanf( "%d,%d)%d", &u, &v, &val );  //读入弧的数据(u,v)val
            resi[u+1][v+1]=val;
        }
        for( i=0; i<np; i++ ){
            while( getchar()!='(' )  ;
```

```
        scanf( "%d)%d", &u, &val );  //读入电站结点的数据(u)val
        resi[s][u+1]=val; //把生产力引入源点,连一条弧<s,u+1>
    }
    for( i=0; i<nc; i++ ){
        while( getchar()!='(' )  ;
        scanf( "%d)%d", &u, &val );  //读入消费者结点的数据(u)val
        resi[u+1][t]=val; //把消耗力放到汇点,连一条弧<u+1,t>
    }
    push_relabel();
}
return 0;
}
```

练　　习

6.1　UNIX 会议室的插座(A Plug for UNIX)，ZOJ1157，POJ1087。

题目描述：

现在由你负责布置国际联合组织首席执行官就职新闻发布会的会议室。由于会议室修建时被设计成容纳世界各地的新闻记者，因此会议室提供了多种电源插座用以满足(会议室修建时期)各国不同插头的类型和电压。不幸的是，会议室是很多年前修建的，那时新闻记者很少使用电子设备，所以会议室对每种插座只提供了一个。新闻发布会时，新闻记者需要使用许多电子设备，如手提电脑、麦克风等，这些设备也需要使用插座。

在发布会之前，你收集了记者们使用的设备的信息，开始布置会议室。你注意到有些设备的插头没有合适的插座可用；对有些插座来说，有多个设备的插头可以使用；而对另一些插座来说，没有哪些设备的插头可以用得上。

为了解决这个问题，你光顾了附近的商店，商店出售转换器，这些转换器可以将一种插头转换成另一种插头，而且转换器可以串联。商店没有足够多的转换器类型，满足所有的插头和插座的组合，但对于已有某种转换器，总是可以提供无限多个。

输入描述：

输入文件包含多个测试数据。输入文件的第 1 行为整数 N，然后隔一个空行之后是 N 个输入块，每个输入块对应一个测试数据。输入块之间用空行隔开。

每个输入块的第 1 行为正整数 n (1≤n≤100)，表示会议室提供的插座个数。接下来 n 行列出了会议室提供的 n 个插座，每个插座用一个仅包含数字和字母字符的字符串描述(至多有 24 个字符)。接下来一行为正整数 m (1≤m≤100)，表示待插入的设备个数。接下来 m 行中，每行首先是设备的名称，然后是它使用的插头的名称；插头的名称跟它所使用的插座的名称是一样的；设备名称是一个至多包含 24 个数字和字母字符的字符串；任何两个设备的名称都不同；设备名称和插头之间用空格隔开。接下来一行为正整数 k (1≤k≤100)，表明可以使用的转换器种数。接下来的 k 行，每行描述了一种转换器，首先是转换器提供的插座类型，中间是一个空格，然后是插头的类型。

输出描述：

对每个测试数据，输出一个非负整数，表明至少有多少个设备无法插入。

样例输入：

```
1

4
A
B
C
D
5
laptop B
phone C
pager B
clock B
comb X
3
B X
X A
X D
```

样例输出：

```
1
```

6.2 不喜欢雨的奶牛(Ombrophobic Bovines)，POJ2391。

题目描述：

农场里的奶牛讨厌被淋湿。农场主决定在农场设置降雨警报，在快要下雨时可以让奶牛们都知道。农场主设计了一个下雨撤退计划，在下雨之前每头奶牛都能躲到避雨点。天气预报并不总是准确的，为了使错误天气预报的影响尽可能小，希望尽可能晚地拉响警报，只要保证留有足够的时间让所有奶牛都能回到避雨点。农场有 F 块草地(1≤F≤200)，奶牛们在草地上吃草。这些草地之间有 P 条路相连(1≤P≤1 500)，这些路足够宽，再多的奶牛也能同时在路上行走。有些草地上有避雨点，奶牛们可以在此避雨。避雨点的容量是有限的，所以一个避雨点不可能容纳下所有的奶牛。草地与路相比很小，奶牛们通过时不需要花费时间。警报至少需要提前多少时间拉响，才能保证所有奶牛都能到达避雨点。

输入描述：

(1) 第 1 行为两个整数 F 和 P。

(2) 第 2～F+1 行，每行为两个整数，描述了一块草地，前一个整数(范围为 0～1 000)，表示在该草地吃草的奶牛数量；后一个整数(范围为 0～1 000)该草地的避雨点能容纳的奶牛数量。

(3) 第 F+2～F+P+1 行，每行有 3 个整数，描述了一条路，第 1 个和第 2 个整数(范围为 1～F)为这条路连接的两块草地序号，第 3 个整数(范围为 0～1000 000 000)，表示任何一头奶牛通过这条路是需要花费的时间。

输出描述：

输出所有奶牛回到避雨点所需的最少时间，如果不能保证所有的奶牛都回到避雨点，则输出 "-1"。

样例输入：

3 4

7 2

0 4

2 6

1 2 40

3 2 70

2 3 90

1 3 120

样例输出：

110

6.3　ACM 计算机工厂(ACM Computer Factory)，POJ3436。

题目描述：

正如你所知道的，ACM 竞赛中所有参赛队伍使用的计算机必须是相同的，以保证参赛者在公平的环境下竞争。这就是所有这些计算机都是同一个厂家生产的原因。

每台 ACM 计算机包含 P 个部件，当所有这些部件都准备齐全后，计算机就可以组装了，组装好以后就可以交给参赛队伍使用了。计算机的生产过程是全自动的，通过 N 台不同的机器来完成。每台机器从一台半成品计算机中去掉一些部件，并加入一些新的部件(去除一些部件在有时是必需的，因为计算机的部件不能以任意的顺序组装)。每台机器用它的性能(每小时组装多少台计算机)、输入/输出规格来描述。

输入规格描述了机器在组装计算机时哪些部件必须准备好了。输入规格是由 P 个整数组成，每个整数代表一个部件，这些整数取值为 0、1 或 2，其中 0 表示该部件不应该已经准备好了，1 表示该部件必须已经准备好了，2 表示该部件是否已经准备好了无关紧要。

输出规格描述了该机器组装的结果。输出规格也是由 P 个整数组成，每个整数取值为 0 或 1，其中 0 代表该部件没有生产好，1 代表该部件生产好了。

机器之间用传输速度非常快的流水线连接，部件在机器之间传送所需的时间与机器生产时间相比是十分小的。经过多年的运转后，ACM 计算机工厂的整体性能已经远远不能满足日益增长的竞赛需求。因此 ACM 董事会决定升级工厂。升级工厂最好的方法是重新调整流水线。ACM 董事会决定让你来解决这个问题。

输入描述：

输入文件的第 1 行为两个整数 P 和 N。接下来有 N 行，描述了每台机器。第 i 台机器用 $2P+1$ 个整数来描述：$Q_i\ S_{i,1}\ S_{i,2}\cdots S_{i,p}\ D_{i,1}\ D_{i,2}\cdots D_{i,p}$，其中 Q_i 指定了机器的性能，$S_{i,j}$ 为第 j 部分的输入规格，$D_{i,k}$ 为第 k 部分的输出规格。$1\leqslant P\leqslant10$，$1\leqslant N\leqslant50$，$1\leqslant Q_i\leqslant10\,000$。

输出描述：

输出文件的第 1 行为两个整数，第 1 个整数是整体的最大可能性能，第 2 个整数是 M，表示为达到最大性能所需的接连数目。然后是 M 行，每行描述了一对连接。每对连接，设为机器 A 和机器 B 之间的连接，必须用 3 个正数来描述，分别为 A、B 和 W，其中 W 为每小时从机器 A 传送到机器 B 的计算机数目。如果存在多个解，输出任意一个均可。

样例输入：

```
3 4
15  0 0 0  0 1 0
10  0 0 0  0 1 1
30  0 1 2  1 1 1
3   0 2 1  1 1 1
```

样例输出：

```
25 2
1 3 15
2 3 10
```

6.4 观光旅游线(Sightseeing Tour)，ZOJ1992，POJ1637。

题目描述：

Lund 市的市政委员会想建设一条公交观光旅游线，使得游客可以游览到这个美丽城市的各个角落。他们想使得观光旅游线经过每条街一次且仅一次，并且公交车要回到起点。就像其他城市一样，Lund 市的街道有的是单向的，有的是双向的。请帮助市政委员会判断是否能建设这样的一条观光线。

输入描述：

输入文件的第 1 行为正整数 n，表示输入文件中测试数据的个数。每个测试数据的第 1 行为两个正整数 m 和 s ($1 \leq m \leq 200, 1 \leq s \leq 1\,000$)，分别表示交叉路口的数目和街道的数目。接下来有 s 行，描述了 s 条街道，每条街道用 3 个整数描述，分别为 x_i、y_i 和 d_i ($1 \leq x_i, y_i \leq m$；$0 \leq d_i \leq 1$)，其中 x_i 和 y_i 为这条街道所连接的两个交叉路口，$d_i = 1$ 表示这条街道是单向的(从 x_i 到 y_i)，否则表示这条街道是双向的。假定存在一个交叉路口，从这个交叉路口可以到达其他每个交叉路口。

输出描述：

对每个测试数据，输出一行，为"possible"或"impossible"，分别表示可以和不可以建设这样的一条观光线。

样例输入：

```
2
5 8
2 1 0
1 3 0
4 1 1
1 5 0
5 4 1
3 4 0
4 2 1
2 2 0
4 4
1 2 1
2 3 0
3 4 0
1 4 1
```

样例输出：

```
possible
impossible
```

提示：求混合图(某些边为无向边，其他一些边为有向边的图)的欧拉回路，可转换成求网络最大流。

6.2　最小割的求解

最小割是最大流的对偶问题。最小割的求解通常有以下两种情形。

(1) 求最小割的容量，根据最大流最小割定理，可以转换成求解网络最大流流量。

(2) 如果还要进一步求出最小割由哪些边组成，或者要求出最小割将顶点集划分成哪两个子集，这些问题要按以下思路求解。

根据网络最大流的求解思路，当在残留网络中从源点 V_s 出发无法遍历汇点时(或者说汇点不在层次网络中)，所求得的网络流就是最大流。此时，从源点 V_s 能遍历到的顶点就构成最小割(S, T)中的顶点集合 S，其余顶点构成顶点集合 T。因此，求最小割的步骤如下。

(1) 先求得网络最大流。

(2) 在残留网络 G' 中，从源点 V_s 出发进行深度优先搜索，遍历到的顶点构成顶点集合 S，其余顶点构成顶点集合 T，连接 S 和 T 的所有弧构成容量网络的一个最小割(S, T)。

例如，在图 6.26(b)中，求得网络最大流后，其残留网络 G' 如图 6.26(c)所示，从源点 V_s 出发只能遍历到顶点 V_s 和 V_1，因此 $S=\{V_s, V_1\}$，其余顶点构成顶点集合 T。连接 S 和 T 的所有弧，在图 6.26(d)中用粗线标明，构成容量网络的一个最小割(S, T)，其容量为 8，等于网络最大流量。

最小割(S, T)中所有的前向弧在网络最大流中一定是饱和弧，但饱和弧不一定就是最小割中的弧。例如，图 6.26(d)中，弧$<V_2, V_4>$是饱和弧，但不是最小割中的弧。

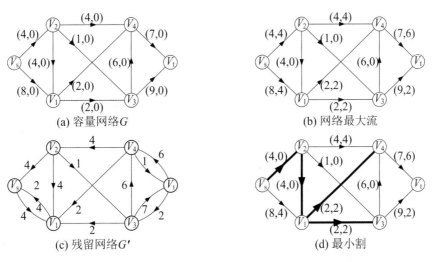

图 6.26　最小割的求解

例 6.6

下面通过 3 道 ACM/ICPC 例题，再详细讲解容量网络最小割的求解思路和程序实现。

例 6.6 双核 CPU(Dual Core CPU)，POJ3469。

题目描述：

由于越来越多的计算机配置了双核 CPU，TinySoft 公司的首席技术官员 SetagLilb 决定升级他们的产品——SWODNIW。SWODNIW 包含了 N 个模块，每个模块必须运行在某个 CPU 中。每个模块在每个 CPU 中运行的耗费已经被估算出来了，设为 A_i 和 B_i。同时，M 对模块之间需要共享数据，如果它们运行在同一个 CPU 中，共享数据的耗费可以忽略不计，否则，还需要额外的费用。请安排这 N 个模块，使得总耗费最小。

输入描述：

测试数据的第 1 行为两个整数 N 和 M ($1 \leqslant N \leqslant 20\,000$，$1 \leqslant M \leqslant 200\,000$)。接下来有 N 行，每行为两个整数 A_i 和 B_i。接下来有 M 行，每行为 3 个整数 a, b, w，表示 a 模块和 b 模块如果不是在同一个 CPU 中运行，则需要花费额外的 w 耗费来共享数据。

输出描述：

输出一个整数，为最小耗费。

样例输入：　　　　　　　　　　　　　　样例输出：

3 1　　　　　　　　　　　　　　　　　13

1 10

2 10

10 3

2 3 1000

分析： 如果将两个 CPU 分别视为源点和汇点、模块视为顶点，则可以按照以下方式构造容量网络：对于第 i 个模块在每个 CPU 中的耗费 A_i 和 B_i，从源点向顶点 i 连接一条容量为 A_i 的弧、从顶点 i 向汇点连接一条容量为 B_i 的弧；对于 a 模块与 b 模块在不同 CPU 中运行造成的额外耗费 w，在顶点 a 和顶点 b 之间连两条方向相反、容量均为 w 的弧。此时每个顶点(即模块)都和源点及汇点(两个 CPU)相连，即每个模块都可以在任意一个 CPU 中运行。例如，对样例输入数据构造的容量网络如图 6.27(a)所示。

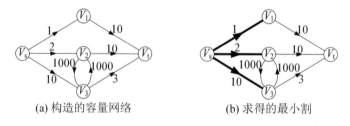

(a) 构造的容量网络　　　　　　　　　　(b) 求得的最小割

图 6.27　双核 CPU

不难理解，对上述容量网络中的任意一个割，源点与汇点必不连通，因此每个顶点(即模块)都不可能同时和源点及汇点(对应两个 CPU)相连，即每个模块只在一个 CPU 中运行。因此，一个割就代表将 N 个模块部署到两个 CPU 上的一个方案，而且耗费即为割的容量。

很显然，当割的容量取得最小值时，总耗费最小。故题目转化为求最小割的容量。例如，在图 6.27 中，求得的最小割为图 6.27(b)；在图 6.27(b) 中，最小割中的弧用粗线标明，其容量为 13。根据最大流最小割定理，可以通过求解最大流流量来求最小割的容量。

下面的代码采用 Dinic 算法来求解网络最大流。注意，6.1.6 节在实现 Dinic 算法时用邻接矩阵来存储容量网络，但本题中顶点数最大可取到 20002，程序里无法定义如此大的二维数组。本题只能采用邻接表来存储容量网络。由于顶点和边的数量太多，为了避免申请和释放边结点带来的时间开销，本题将所有边结点存储在数组 e 里，边结点的 next 成员里记录了下一个边结点的下标，head 数组记录了每个顶点的边链表中第 1 个边结点的下标，head 数组相当于边链表表头指针数组。代码如下。

```
#define INF   0x7fffffff
#define maxn 20005
int N, M;         //N 为模块数,M 为 M 对模块之间需要共享数据
int en;           //en 初值为 0,最终为构造出来的边数
int st, ed;       //st 为源点, ed 为汇点
int level[maxn];  //level[i] 表示源点 st 到顶点 i 的层次
struct edge{      //边结点
    int to, w, next;
};
edge e[1000000];
int head[maxn];   //边链表表头指针数组
void add(int a, int b, int w)  //添加弧<a, b>, 容量为 w
{
    e[en].to=b;  e[en].w=w;  e[en].next=head[a];  head[a]=en++;
    e[en].to=a;  e[en].w=0;  e[en].next=head[b];  head[b]=en++;
}
int bfs( )            //BFS 方法构造层次网络
{
    memset(level, -1, sizeof(level));  level[st]=0;
    queue<int> Q;  Q.push(st);
    while(!Q.empty()){
        int u=Q.front();  Q.pop();  //u 为队列头顶点
        for(int v=head[u]; v!=-1; v=e[v].next){
            int i=e[v].to;
            if(level[i]==-1&&e[v].w){
                level[i] = level[u]+ 1;  Q.push(i);
                if(i==ed)  return true;
            }
        }
    }
    return false;
}
int dfs(int u, int alpha)    //从顶点 u 出发,采用 DFS 对网络流进行连续增广
{
    int i, a;
```

```
            if(u==ed)  return alpha;  //如果u是汇点,返回传递给它的可改进量
            int ret=0;
            for( int k=head[u]; k!=-1&&ret<alpha; k=e[k].next ){
                if( e[k].w && level[e[k].to]==level[u]+1 ){
                    int dd = dfs(e[k].to, min(e[k].w, alpha));
//注意,这里很巧妙地找到了反向弧, 弧<a, b>和<b, a>在数组e中位置相邻,
//下标分别为2p 和(2p+1),如果k=2p,则k^1 就是(2p+1);如果k=(2p+1),则k^1 就是2p
                    e[k].w-=dd;  e[k^1].w+=dd;  //^是按位异或运算
                    alpha-=dd;  ret+=dd;
                }
            }
            if(!ret)  level[u]=-1;
            return ret;
}
void init( )
{
    en=0;  st=N+1;  ed=N+2;  //st 为源点, sd 为汇点
    memset(head, -1, sizeof(head));
}
void build( )
{
    int i, A, B, a, b, w;
    for(i=1; i<=N; i++){
        scanf("%d%d", &A, &B);
        add(st, i, A);  add(i, ed, B);  //构造弧<st, i>和<i, ed>
    }
    for(i=1; i<=M; i++){
        scanf("%d%d%d", &a, &b, &w);
        add(a, b, w);  add(b, a, w);  //构造弧<a, b>和<b, a>
    }
}
int dinic( )
{
    int tmp = 0, maxflow = 0;
    while( bfs( ) )  //构建层次网络
        while(tmp=dfs(st,INF))  maxflow+=tmp;  //每次从源点st 出发进行连续增广
    return maxflow;
}
int main( )
{
    scanf("%d%d", &N, &M);
    init( );  build( );
    printf("%d\n", dinic());
}
```

例 6.7 伞兵(Paratroopers)，ZOJ2874，POJ3308。

题目描述：

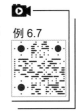

例 6.7

公元 2500 年，地球和火星之间爆发了一场战争。地球军队指挥官获悉火星入侵者将派一些伞兵来摧毁地球的兵工厂，兵工厂是一个 $m \times n$ 大小的网格。他还获悉每个伞兵将着陆的具体位置(行和列)。由于火星的伞兵个个都很强壮，而且组织性强，只要有一个伞兵存活了，就能摧毁整个兵工厂。因此，地球军队必须在伞兵着陆后瞬间全部解决他们。

为了完成这个任务，地球军队需要利用高科技激光枪。他们能在某行(或某列)安装一架激光枪，一架激光枪能杀死该行(或该列)所有的伞兵。在第 i 行安装一架激光枪的费用是 R_i，在第 i 列安装的费用是 C_i。要安装整个激光枪系统，以便能同时开火，总的费用为这些激光枪费用的乘积。现在，试选择能解决所有伞兵的激光枪，并使得整个系统的费用最小。

输入描述：

输入文件的第 1 行为整数 T，表示测试数据的数目。接下来有 T 个测试数据。每个测试数据的第 1 行为 3 个整数 m、n 和 L (1≤m≤50，1≤n≤50，1≤L≤50)，分别表示网格的行和列以及伞兵的数目。接下来一行为 m 个大于或等于 1.0 的实数，第 i 个实数表示 R_i。再接下来一行为 n 个大于或等于 1.0 的实数，第 i 个实数表示 C_i。最后 L 行，每行为两个整数，描述了每个伞兵的着陆位置。

输出描述：

对每个测试数据输出搭建整个激光枪系统的最小费用，保留小数点后面 4 位有效数字。

样例输入：

```
1
4 4 5
2.0 7.0 5.0 2.0
1.5 2.0 2.0 8.0
1 1
2 2
3 3
4 4
1 4
```

样例输出：

```
16.0000
```

分析： 本题把伞兵视为边，行与列视为顶点 r_i 与 c_j，则可以通过以下方式来构建容量网络——增加源点 V_s 与汇点 V_t；对第 i 行，从源点向顶点 r_i 连一条容量为在第 i 行安装激光枪费用(即 R_i)的弧；对第 j 列，从顶点 c_j 向汇点连一条容量为在第 j 列安装激光枪费用(即 C_j)的弧。如果某一个位置(i, j)有伞兵降落，则从顶点 r_i 向顶点 c_j 连一条容量为无穷大的弧。例如，对样例输入数据构造的容量网络如图 6.28(a)所示。

根据 6.1.1 节割的定义，源点与汇点必不连通，因此割边集中必定存在 $V_s \rightarrow r_i$、$r_i \rightarrow c_j$、$c_j \rightarrow V_t$ 其一。为了求得容量最小的割，将 $r_i \rightarrow c_j$ 的容量设为无穷大，则这些边不可能被选中。这样最小割就只能是 $V_s \rightarrow r_i$ 与 $c_j \rightarrow V_t$ 的集合，也就是选中了行或列。此时求得的最小割即为费用最小的方案。例如，对样例输入数据求得的最小割如图 6.28(b)所示，最小割为粗线边组成的集合(删除这些边，则源点与汇点不连通)，这个方案为在第 1、4 行和第 2、3

列安装激光枪。需要注意的是，费用为所选行与列费用的乘积，因此在算法中可以先通过对数运算把乘法转换为加法。

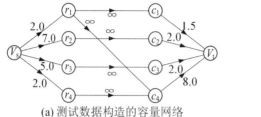
(a) 测试数据构造的容量网络

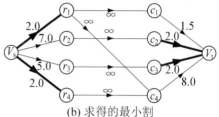
(b) 求得的最小割

图 6.28　伞兵：测试数据

因为本题构建的容量网络规模较小，可以采用最短增广路算法求解。代码如下。

```cpp
#define MAX 110
#define INF 10000000
struct Node{
    double c, f; //map[i][j].c 和 map[i][j].f 分别表示弧<i,j>的容量和流量
}map[MAX][MAX];           //map 为容量网络的邻接矩阵
int pre[MAX];             //pre[i]为增广路上顶点 i 前一个顶点的序号
int s, t;                 //源点,汇点
bool BFS( )               //从 s 出发 BFS 求增广路
{
    queue<int> Q;  int i, hd;     //hd 为队列头顶点
    memset( pre, -1, sizeof(pre) );
    pre[s]=s;  Q.push(s);
    while( !Q.empty() ){
        hd = Q.front();  Q.pop();
        for( i=0; i<=t; i++ ){
            if( pre[i]==-1 && map[hd][i].f<map[hd][i].c ){
                Q.push(i);  pre[i]=hd;
                if( i==t )  return 1;     //找到一条到汇点的增广路
            }
        }
    }
    return 0;         //不存在到汇点的增广路
}
double maxflow( )     //求最大流
{
    double max_flow=0, min;
    int i;
    while( BFS( ) ){
        min=INF;
        for( i=t; i!=s; i=pre[i] )     //在增广路上求可改进量
            if( map[pre[i]][i].c-map[pre[i]][i].f<min )
                min=map[pre[i]][i].c-map[pre[i]][i].f;
        for( i=t; i!=s; i=pre[i] ){     //沿着增广路调整网络
```

```
            map[pre[i]][i].f+=min;  map[i][pre[i]].f-=min;
        }
        max_flow+=min;
    }
    return max_flow;      //返回最大流
}
int main( )
{
    int i, n, m, L, r, c, T;
    double Ri, Ci;
    scanf( "%d", &T );   //T 个测试数据
    while( T-- ){
        memset( map, 0, sizeof(map) );
        scanf( "%d %d %d", &n, &m, &L );
        s=0;  t=n+m+1;   //s 为源点, t 为汇点
        for( i=1; i<=n; i++ ){  //构建网络;用对数运算将乘法转换为加法
            scanf( "%lf", &Ri );  map[s][i].c=log(Ri);
        }
        for( i=1; i<=m; i++ ){
            scanf( "%lf", &Ci );  map[i+n][t].c=log(Ci);
        }
        for( i=1; i<=L; i++ ){  //r,c 为读入的每个伞兵的位置(行和列)
            scanf( "%d %d", &r, &c );  map[r][n+c].c=INF;
        }
        printf( "%.4lf\n", exp( maxflow() ) );         //输出时将对数值转换为原值
    }
    return 0;
}
```

例 6.8　友谊(Friendship)，POJ1815。

题目描述：

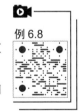

例 6.8

在现代社会，每个人都有自己的朋友。由于每个人都很忙，他们只通过电话联系。你可以假定 A 可以和 B 保持联系，仅当：① A 知道 B 的电话号码；② A 知道 C 的号码，而 C 能联系上 B。如果 A 知道 B 的电话号码，则 B 也知道 A 的电话号码。

有时，有人可能会碰到比较糟糕的事情，导致他与其他人失去联系。例如，他可能会丢失了电话簿，或者换了电话号码。

在本题中，告知 N 个人之间的两两联系，这 N 个人的编号为 $1 \sim N$。给定两个人，如 S 和 T，如果有些人碰到糟糕的事情，S 可能会与 T 失去联系。计算至少多少人碰到糟糕的事情，会导致 S 与 T 失去联系。假定 S 和 T 不会碰到糟糕的事情。

输入描述：

测试数据的第 1 行为 3 个整数 N、S 和 T $(2 \leqslant N \leqslant 200，1 \leqslant S, T \leqslant N, S \neq T)$。接下来有 N 行，每行有 N 个整数，如果 i 知道 j 的电话号码，则第 $i+1$ 行、第 j 列上的数字为 1，否则为 0。假定这 N 行中 1 的数目不超过 5 000。

输出描述:

如果无法使 S 与 T 失去联系,输出 "NO ANSWER!";否则输出的第 1 行为整数 t,表示至少需要 t 个人碰到糟糕的事情,才能导致 S 与 T 失去联系,如果 t 不为 0,则要输出第 2 行,包含 t 个整数,按升序输出这 t 个人的编号,这些整数用空格隔开。

如果存在多个解,则为每个解定义一个分值,输出具有最小分值的解。分值计算方式为:假定解为 A_1, A_2, $\cdots$, A_t, $1 \leqslant A_1 < A_2 < \cdots < A_t \leqslant N$,则分值为 $(A_1-1) \times N^t + (A_2-1) \times N^{t-1} + \cdots + (A_t-1) \times N$。测试数据保证不会出现两个解都具有相同的最小分值。

样例输入:	样例输出:
3 1 3	1
1 1 0	2
1 1 1	2
0 1 1	2 3
9 1 9	
1 1 1 0 0 0 0 0 0	
1 1 1 1 1 0 0 0 0	
1 1 1 0 1 1 0 0 0	
0 1 0 1 0 0 1 0 0	
0 1 1 0 1 0 1 1 0	
0 0 1 0 0 1 0 1 0	
0 0 0 1 1 0 1 1 1	
0 0 0 0 1 1 1 1 1	
0 0 0 0 0 0 1 1 1	

分析:本题要求解的是在一个无向图中至少应该去掉几个顶点才能使得 S 和 T 不连通。样例输入中两个测试数据所描绘的无向图如图 6.29 所示。在图 6.29(a)中,至少应该去掉顶点 2,才能使顶点 1 和 3 不连通。在图 6.29(b)中,至少应该去掉顶点 2 和 3,才能使得顶点 1 和 9 不连通(去掉顶点 7 和 8 也可以,但 2 和 3 这个解是题目所要求的最小分值的解)。

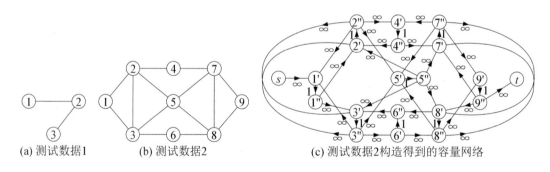

图 6.29 友谊:测试数据

如果把问题扩展一些,对任意一对不相邻顶点,至少应该去掉几个顶点,才能使它们不连通，这是求割顶集和顶点连通度的问题，详见 8.2.3 节。本题可以采取 8.2.3 节中构造容量网络的方法，具体如下。

(1) 原图中的每个顶点 v 变成容量网络中的两个顶点 v' 和 v''，顶点 v' 到 v'' 有一条弧连接，即 $<v', v''>$，其容量为 1。这样，容量网络就有 $2N$ 个顶点。

(2) 原图 G 中的每条边 $e = (u, v)$，在网络 N 中有两条弧 $e' = <u'', v'>$ 和 $e'' = <v'', u'>$，e' 和 e'' 的容量均为 ∞。

(3) 再新增一个源点 s，序号为 0，增加一个汇点 t，序号为 $2N+1$。共有 $2N+2$ 个顶点。

(4) 最后再连两条弧 $<s, S'>$ 和 $<T'', t>$，其中 s 和 t 是新增的源点和汇点，而 S 和 T 是题目中想要分离的两个顶点。

第 2 个测试数据构造得到的容量网络如图 6.29(c)所示。构造好容量网络后，求从 s 到 t 的最大流 F。最大流流量为所求的至少要删除的顶点数。

下面的代码首先通过 Dinic 算法来求得最大流(即最小割)的流量。然后为了求得题目要求的分值最小的解，从顶点 1 开始枚举每个顶点 i，如果弧 $<i', i''>$ 的流量为 1，则顶点 i 可能是割顶集中的顶点，去掉顶点 i 后如果容量网络的最大流流量有减小，则顶点 i 就是所求割顶集中的顶点，程序实现时只需将弧 $<i', i''>$ 的容量暂时设置为 0(后面会根据需要恢复)，再求容量网络的最大流流量。代码如下。

```
#define INF 1000000
struct NODE{
    int w, f;                //容量和流量
};
NODE net[500][500];          //构建的容量网络
int set[500];                //最小割点集
int N, S, T;                 //题目中的数据
bool flag[500];              //标志数组
int d[500];                  //顶点层次
int s, t;                    //源点,汇点
int min( int a, int b ){ return a<b?a:b; }
bool BFS( )                  //从 t 出发 BFS,构建层次网络
{
    queue<int> Q;  int u, v;
    memset( flag, 0, sizeof(flag) );
    Q.push(t), d[t]=0, flag[t]=1;
    while( !Q.empty() ){
        u=Q.front();  Q.pop();
        for( v=0; v<=t; v++ ){
            if( !flag[v] && net[v][u].f<net[v][u].w ){
                d[v]=d[u]+1;  Q.push(v);  flag[v]=1;
            }
            if( flag[s] )  return 1;
        }
    }
    return 0;
}
```

```
int DFS( int v, int low )      //DFS 连续增广
{
    if( v==t )  return low;
    int i, flow;
    for( i=0; i<=t; i++ ){
        if( net[v][i].f<net[v][i].w && d[v]==d[i]+1 ){
            if( flow=DFS( i,min(low,net[v][i].w-net[v][i].f) ) ){ //递归调用
                net[v][i].f+=flow;  net[i][v].f=-net[v][i].f;  //修改流量
                return flow;
            }
        }
    }
    return 0;
}
void Add_Edge( int a, int b, int c )
{
    net[a][b].w=c;
}
void Dinic( )
{
    int ans=0, c, k, i, a, b, cnt, temp;
    while( BFS( ) ){     //求最大流
        int flow;
        while( flow=DFS(s,INF) )  ans+=flow;  //每次从 s 出发连续增广
    }
    printf( "%d\n", ans );
    if( ans==0 )  return;
    cnt=0;  temp=ans;
    for( i=1; i<=N && temp; i++ ){     //从顶点 1 开始枚举每个顶点 i
        if( i==S || i==T )  continue;
        if(!net[i][i+N].f)  continue; //流量为 1 的弧<i',i">,i 才有可能是割点
        net[i][i+N].w=0; //将弧<i',i">的容量置为 0,其实就是删除顶点 i
        for( a=1; a<=t; a++ ){
            for( b=1; b<=t; b++ )  net[a][b].f=0;
        }
        k=0;
        while( BFS( ) ){   //删除顶点 i 后再求网络最大流流量
            int flow;
            while( flow=DFS(S,INF) )  k+=flow;
        }
        if( k!=temp ){   //删除顶点 i 后会使得最大流流量减小,则顶点 i 是割点
            set[cnt++]=i;  //将顶点存入最小割点集
            temp=k;
        }
        else  net[i][i+N].w=1;  //如果 i 不是割点,则恢复弧<i',i">的容量
    }
    for( c=0; c<ans-1; c++ )  printf( "%d ", set[c] );  //输出
```

```
      printf( "%d\n", set[c] );
}
int main( )
{
   int tail, i, j;
   scanf( "%d%d%d", &N, &S, &T );
   memset( net, 0, sizeof(net) );
   s=0;  t=2*N+1;         //新增的源点(s)和汇点(t)
   Add_Edge(s, S, INF);  Add_Edge(T+N, t, INF);  //构造弧<s,S'>,<T',t>
   for( i=1; i<=N; i++ ){ //原来的顶点i,j作为i'和j'
      Add_Edge( i, i+N, 1 );  //i+N为i",构造弧<i',i">
      for( j=1; j<=N; j++ ){
         scanf( "%d", &tail );
         //因为输入的矩阵是对称的,所以会连两条弧<i",j'>和<j",i'>
         if( tail )  Add_Edge( i+N, j, INF );  //i+N为i",构造弧<i",j'>
      }
   }
   Add_Edge(S,S+N,INF);  Add_Edge(T,T+N,INF); //构造弧<S',S">,<T',T">
   if( !net[S+N][T].w )  Dinic( );  //求从S"到T'的网络最大流流量
   else  printf( "NO ANSWER!\n" );  //如果S"和T'直接相连,直接输出
   return 0;
}
```

练　习

6.5　唯一的攻击(Unique Attack)，ZOJ2587。

题目描述：

N 台超级计算机连成一个网络。M 对计算机之间用光纤直接连在一起，光纤的连接是双向的。数据可以直接在有光纤直接连接的计算机之间传输，也可以通过一些计算机作为中转来传输。有一群黑客计划攻击网络。他们的目标是将网络中的两台主计算机断开，这样这两台计算机之间就无法传输数据了。黑客已经计算好了摧毁每条光纤所需要花费的钱。当然了，他们希望攻击的费用最少，因此就必须使得需要摧毁的光纤费用总和最少。现在，黑客的头目想知道要达到目标且费用最少，是否只有一种方案。

输入描述：

输入文件包含多个测试数据。每个测试数据的格式为：第 1 行为 4 个整数 N、M、A 和 B ($2 \leqslant N \leqslant 800$，$1 \leqslant M \leqslant 10\,000$，$1 \leqslant A, B \leqslant N$，$A \neq B$)，$N$ 表示网络中计算机的数目，M 表示直接连接计算机的光纤数目，A 和 B 表示两台主计算机的序号。接下来有 M 行，描述了每条光纤的连接情况，分别为所连接的两台计算机的序号和摧毁它所需的费用，费用非负且不超过 105，任何两台计算机之间最多只有一根光纤连接，任何光纤都不会连着同一台计算机。初始时，两台主计算机是连通的。输入文件的最后一行为 4 个 0，表示输入结束。

输出描述：

对输入文件中的每个测试数据，如果只有一种方案来完成攻击，输出"UNIQUE"，否则输出"AMBIGUOUS"。

样例输入:
```
4 4 1 2
1 2 1
2 4 2
1 3 2
3 4 1
0 0 0 0
```

样例输出:
```
UNIQUE
```

6.6 让人恐慌的房间(Panic Room),ZOJ2788。

题目描述:

你是电子防护系统 9042 的首席程序员,这套软件是 Jellern 公司最新、最好的家用安全软件。这套软件被设计用来保护一个房间。这套软件可以计算为了阻止从其他房间进入被保护的房间至少需要锁上几扇门。每扇门连接两个房间,只有一个控制面板,通过控制面板可以开启门。这个控制面板只能从门的某一面才能打开。例如,如果房子的布局如图6.30 所示,房间编号为 0~6,标有"CP"的一面表示控制面板所在的一面(从这一面所在的房间可以打开这扇门)。在图 6.30 中,为了阻止从房间 1 进入房间 2,至少需要锁上 2 扇门,即房间 2 和房间 1 之间的门、房间 3 和房间 1 之间的门。注意,不能阻止从房间 3 进入房间 2,因为总是可以在房间 3 通过控制面板打开房间 3 和房间 2 之间的门。

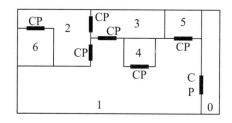

图 6.30 引起恐慌的房间

输入描述:

输入文件的第 1 行为整数 T,表示测试数据的数目。每个测试数据包含以下两个部分。

(1) 开始行占一行,为两个整数 m 和 n $(1 \leqslant m \leqslant 20, 0 \leqslant n \leqslant 19)$,$m$ 表示房子里的房间数目,n 表示需要保护的房间号。

(2) 房间列表共 m 行,第 i 行描述第 i 个房间是否有入侵者,"I"表示有入侵者,"NI"表示没有;然后是整数 c $(0 \leqslant c \leqslant 20)$,表示第 i 个房间有 c 扇门与某些房间相连,这些门的控制面板都是在第 i 个房间;最后是 c 个整数,为 c 扇门所连接的房间的编号(按升序列出);i 为 0~m-1。某个房间可能有多扇门,这样,如果该房间有入侵者就将会有多个。

输出描述:

对每个测试数据,输出为了阻止所有的入侵者进入被保护的房间,至少需要锁上多少扇门。如果无法阻止所有的入侵者进入被保护的房间,则输出"PANIC ROOM BREACH"。假定初始时所有的门都是开着的,被保护的门没有入侵者。

样例输入：
```
1
7 2
NI 0
I 3 0 4 5
NI 2 1 6
NI 2 1 2
NI 0
NI 0
NI 0
```

样例输出：
```
2
```

6.7　项目发展规划(Develop)。

题目描述：

某公司准备制定一份未来的发展规划。公司各部门提出的发展项目汇总成了一张规划表，该表包含了许多项目。对于每个项目，规划表中都给出了它所需的投资或预计的盈利。由于某些项目的实施必须依赖于其他项目的开发成果，所以如果要实施这个项目的话，它所依赖的项目也是必不可少的。现在请你担任该公司的总裁，从这些项目中挑选出一部分，使你的公司获得最大的净利润。

输入描述：

输入文件包括项目的数量 N，每个项目的预算 C_i 和它所依赖的项目集合 P_i。格式如下。

第 1 行是 $N\,(0 \leqslant N \leqslant 1\,000)$；

接下来有 N 行，其中第 i 行每行表示第 i 个项目的信息。每行的第 1 个数是 C_i（$-1\,000\,000 \leqslant C_i \leqslant 1\,000\,000$），正数表示盈利，负数表示投资。剩下的数是项目 i 所依赖的项目的编号。

每行相邻的两个数之间用一个或多个空格隔开。

输出描述：

第 1 行是公司的最大净利润。接着是获得最大净利润的项目选择方案。若有多个方案，则输出挑选项目最少的一个方案。每行一个数，表示选择的项目的编号，所有项目按从小到大的顺序输出。

样例输入：
```
6
-4
1
2 2
-1 1 2
-3 3
5 3 4
```

样例输出：
```
3
1
2
3
4
6
```

6.3 流量有上下界的网络的最大流和最小流

6.3.1 流量有上下界的容量网络

1. 问题的引入

6.1 节讨论了容量网络的最大流问题。这种网络的每一条弧$<u, v>$都对应一个弧容量 $c(u, v) \geq 0$。本节讨论的网络,每条弧对应两个权值 $b(u, v)$ 和 $c(u, v)$,分别表示弧流量的下界和上界。如何求这一类网络的最大流(或最小流)?

很显然,6.1 节讨论的网络结构是流量有上下界网络的一种特例,即 $b(u, v) = 0$。

当 $b(u, v) > 0$ 时,这种有上下界的网络不一定存在可行流。例如,图 6.31 所示的容量网络,弧上的第 1 个数字为 $b(u, v)$ 的值,第 2 个数字为 $c(u, v)$ 的值。由于 $b_{21} + b_{2t} > c_{s2}$,也就是说,弧$<V_s, V_2>$能提供的最大流量,小于弧$<V_2, V_1>$和$<V_2, V_t>$流量最小值之和。因此,在图 6.31 中,不存在可行流。

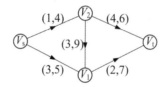

图 6.31 流量有上下界的网络不存在可行流的例子

所以流量有上下界的容量网络,首先要解决的问题是判断是否存在可行流。其数学模型为:在容量网络 $G(V, E)$ 中,每条弧$<u, v>$有两个权值 $b(u, v)$ 和 $c(u, v)$。满足以下条件的网络流 f 称为可行流。

(1) 弧流量限制条件为

$$b(u, v) \leqslant f(u, v) \leqslant c(u, v), \quad \forall <u, v> \in E。 \tag{6-10}$$

(2) 平衡条件为

$$\sum_v f(u, v) - \sum_w f(w, u) = \begin{cases} |f| & \text{当} u = V_s \\ 0 & \text{当} u \neq V_s, V_t。 \\ -|f| & \text{当} u = V_t \end{cases} \tag{6-11}$$

式中,$\sum_v f(u, v)$ 表示从顶点 u 流出的流量总和;$\sum_w f(w, u)$ 表示流入顶点 u 的流量总和;

$|f|$ 为该可行流的**流量**,即源点的净流出流量,或汇点的净流入流量。

2. 流量有上下界的容量网络的可行流的求解

为了利用标号法求流量有上下界容量网络的可行流,必须设法去掉每条弧上的流量下界。设顶点 u 为容量网络中除源点和汇点外的普通顶点,它满足平衡条件

$$\sum_v f(u, v) = \sum_w f(w, u)。 \tag{6-12}$$

因为可行流上每条弧$<u, v>$上至少有 $b(u, v)$的流量，不妨设弧$<u, v>$上的流量$f(u, v)$为：

$$f(u, v) = b(u, v) + f_1(u, v)。 \tag{6-13}$$

代入式(6-12)中，得

$$\sum_v (b(u, v) + f_1(u, v)) = \sum_w (b(w, u) + f_1(w, u))。 \tag{6-14}$$

移项得

$$\sum_v b(u, v) - \sum_w b(w, u) = \sum_w f_1(w, u) - \sum_v f_1(u, v)。 \tag{6-15}$$

注意式(6-15)的左边是只和下界 $b(u, v)$有关的常量，可以看成顶点 u 的属性，因此定义为

$$D(u) = \sum_v b(u, v) - \sum_w b(w, u)。 \tag{6-16}$$

式中，$D(u)$为顶点 u 发出的所有弧的流量下界和与进入顶点 u 的所有弧的流量下界和之差。

因为容量网络 G 上的可行流必须满足每条弧的流量至少达到下界，先考虑这样一个伪流f_0(不满足流量平衡条件)

$$f_0(u, v) = b(u, v)，\quad \forall <u, v> \in E。 \tag{6-17}$$

虽然f_0不满足流量平衡条件，但f_0与式(6-13)中的伪流f_1叠加后的网络流f满足流量平衡条件，即式(6-12)。

由流量限制条件

$$b(u, v) \leqslant f_0(u, v) + f_1(u, v) \leqslant c(u, v)。 \tag{6-18}$$

在式(6-18)中每项都减去 $b(u, v)$(即$f_0(u, v)$)后得

$$0 \leqslant f_1(u, v) \leqslant c(u, v) - b(u, v)。 \tag{6-19}$$

这样在伪流 f_1 中成功地去掉了每条弧的流量下界。并且如果能求出伪流 f_1，那么原网络中的可行流$f(u, v) = b(u, v) + f_1(u, v)$也能求出。

因为伪流 f_1 也不满足流量平衡条件，所以必须构造一个**伴随网络** $\overline{G}$ (accompany network)来求解伪流f_1，该伴随网络必须满足以下条件。

(1) 伴随网络 $\overline{G}$ 与原网络 G 同构，可以增设顶点。

(2) 伴随网络中所有弧的流量只有上界(也称为弧的容量)，而没有下界，或者说弧流量下界为 0。

(3) 原网络的伪流f_1包含在伴随网络的最大流$\overline{f}$中。

这样就可以采用标号法求伴随网络的最大流$\overline{f}$，从而求出原网络的伪流f_1及可行流f。

构造原网络的伴随网络 $\overline{G}$ 的方法如下。

(1) 新增两个顶点 $\overline{V_s}$ 和 $\overline{V_t}$，$\overline{V_s}$ 称为附加源点，$\overline{V_t}$ 称为附加汇点。

(2) 对原网络 G 中每个顶点 V_i，加一条新弧$<V_i, \overline{V_t}>$，这条弧的容量为顶点 V_i 发出的所有弧的流量下界之和。

(3) 对原网络 G 中每个顶点 V_i，加一条新弧$<\overline{V_s}, V_i>$，这条弧的容量为进入到顶点 V_i 的所有弧的流量下界之和。

(4) 原网络 G 中的每条弧$<u, v>$，在伴随网络 $\overline{D}$ 中仍保留，但弧的容量 $\overline{c}(u, v)$ 修正为 $c(u, v) - b(u, v)$。

（5）再添两条新弧$<V_s, V_t>$和$<V_t, V_s>$，流量上界均为∞。

伴随网络$\overline{G}$构造好以后，按照 6.1.4 节介绍的标号法求伴随网络中从附加源点$\overline{V_s}$到附加汇点$\overline{V_t}$的最大流。如果求得的最大流中，附加源点$\overline{V_s}$流出的所有弧均满载，即$\overline{V_s}$发出的所有弧e，均满足$\overline{f}(e) = \overline{c}(e)$，则原网络$G$存在可行流$f(e) = \overline{f}(e) + b(e)$，即在该可行流中，每条弧上的流量为伴随网络最大流对应弧上的流量加上该弧的流量下界。如果伴随网络的最大流中，附加源点$\overline{V_s}$发出的某条弧未满载，则原网络G不存在可行流。

需要说明的是，如果附加源点$\overline{V_s}$流出的所有弧均满载，则流入到附加汇点$\overline{V_t}$的所有弧肯定也满载。

为什么要求解伴随网络的最大流并且要求附加源点$\overline{V_s}$流出的所有弧均满载呢？因为附加源点发出的弧$<\overline{V_s}, V_i>$的容量是进入到顶点V_i的所有弧的流量下界之和，要使得原网络所有弧的流量都大于下界，则附加源点$\overline{V_s}$流出的所有弧流量都取最大值。

例如，对图 6.32(a)所示的容量网络，构造好的伴随网络如图 6.32(b)所示。在图 6.32(b)中，每条弧上的第 1 个数字代表这条弧的容量，第 2 个数字代表弧的流量。

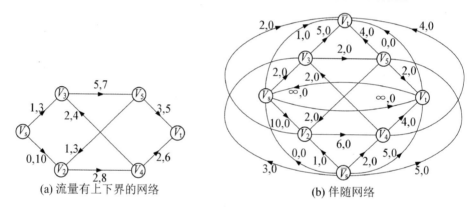

(a) 流量有上下界的网络　　　　(b) 伴随网络

图 6.32　有上下界的流量网络及其伴随网络

在图 6.32(b)中，需要说明的是，构造伴随网络中的第(2)和第(3)步：在第(2)步中，因为在原网络G中不存在汇点V_t发出的弧，所以相应新增的弧(即$<V_t, \overline{V_s}>$)容量为 0；同样，在第(3)步中，因为进入到源点V_s的弧不存在，所以相应新增的弧(即$<\overline{V_s}, V_s>$)容量也为 0。

对 6.32(b)所示的伴随网络，求得的最大流如图 6.33 所示。

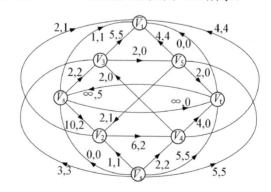

图 6.33　伴随网络的网络最大流

从图 6.33 可以看出，附加源点 $\overline{V}_s$ 流出的所有弧均满载，所以原网络 G 存在可行流，可行流如图 6.34(a)所示，其流量为 5。在图 6.34(a)中，每条弧上的第 1、2、3 个数字分别表示弧流量的下界 $b(e)$、上界 $c(e)$ 及实际流量 $f(e)$。

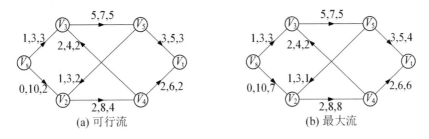

(a) 可行流　　　　　　　　　　　　　(b) 最大流

图 6.34　有上下界网络的可行流及最大流

6.3.2　流量有上下界的网络的最大流

流量有上下界的网络的最大流

1. 数学模型

流量有上下界的网络最大流的数学模型为：在容量网络 $G(V, E)$ 中，每条弧 $<u, v>$ 有两个权值 $b(u, v)$ 和 $c(u, v)$，分别表示通过该弧的流量的下界和上界。求满足以下条件的所有可行流 f 中流量最大的可行流。

(1) 弧流量限制条件为 $b(u, v) \leqslant f(u, v) \leqslant c(u, v)$，$\forall <u, v> \in E$。

(2) 平衡条件为

$$\sum_v f(u,v) - \sum_w f(w,u) = \begin{cases} |f| & \text{当}u = V_s \\ 0 & \text{当}u \neq V_s, V_t \\ -|f| & \text{当}u = V_t \end{cases}$$

2. 流量有上下界的网络最大流算法

求有上下界网络最大流的算法是：先按照 6.3.1 节的方法求可行流，如果可行流不存在，则算法结束；否则从可行流出发，按照 6.1.4 节介绍的标号法(或其他算法)把可行流放大，从而求得最大流。但是在放大可行流的过程中，因为增广路上的反向弧的流量会减少，所以在选择可改进量 α 时要保证反向弧流量减少后不低于流量下限 $b(e)$。即可改进量 α 的取值为

$$\alpha = \min\{\min_{P^+}\{c(e) - f(e)\}, \min_{P^-}\{f(e) - b(e)\}\} \tag{6-20}$$

例如，在图 6.34(a)所示可行流的基础上，求得的最大流如图 6.34(b)所示，从图中可以看出，最大流的流量为 10。

3. 算法实现

把例 6.1 的程序稍做修改，即可实现有上下界网络的最大流：在构造好伴随网络后，利用标号法将可行流放大，在放大可行流时注意应按前面的公式选择可改进量 α。实现方法详见例 6.9。

6.3.3 流量有上下界的网络的最小流

1. 数学模型

流量有上下界的网络的最小流

流量有上下界的网络最小流的数学模型为：在容量网络 $G(V, E)$ 中，每条弧 $<u, v>$ 有两个权值 $b(u, v)$ 和 $c(u, v)$，分别表示通过该弧的流量的下界和上界；求满足以下条件的所有可行流 f 中流量最小的可行流。

(1) 弧流量限制条件为 $b(u, v) \leqslant f(u, v) \leqslant c(u, v)$，$\forall <u, v> \in E$。

(2) 平衡条件为

$$\sum_v f(u, v) - \sum_w f(w, u) = \begin{cases} |f| & \text{当} u = V_s \\ 0 & \text{当} u \neq V_s, V_t \\ -|f| & \text{当} u = V_t \end{cases}$$

2. 流量有上下界的网络最小流算法

求有上下界网络最小流的算法是：先按照 6.3.1 节的方法求可行流，如果可行流不存在，则算法结束；否则从可行流出发，倒向求解，即保持网络中的弧方向不变，将 V_t 作为源点，将 V_s 作为汇点，按照 6.1.4 节介绍的标号法把可行流放大，最终求得的最大流即为从 V_s 到 V_t 的最小流。

图 6.34(a)所示的可行流倒向后，因为源点没有发出的弧，汇点没有流入的弧，所以该可行流已无法放大，求最小流没有意义(实际上图 6.34(a)所示的可行流就是原网络的最小流)。为了演示最小流求解过程，本节再举一个例子。

图 6.35(a)所示的有上下界的网络，源点和汇点既有流量流入，也有流量流出，接下来以该网络为例演示流量有上下界的网络最小流的求解。

图 6.35(b)是图 6.35(a)所示容量网络对应的伴随网络。利用标号法求得伴随网络的最大流，如图 6.35(c)所示，该最大流满足：附加源点 $\overline{V}_s$ 流出的所有弧均满载，所以原网络的可行流存在。原网络的可行流为 $f(e) = \overline{f}(e) + b(e)$，如图 6.35(d)所示，其流量为 0。为了求原网络的最小流，将源点和汇点倒向后，得到如图 6.35(e)所示的网络。对该网络的可行流进行放大，同样在放大可行流的过程中，因为增广路上的反向弧的流量会减少，所以在选择可改进量 α 时要保证反向弧流量减少后不低于流量下限 $b(e)$。求得最大流后，再把源点和汇点交换回来，得到如图 6.35(f)所示的网络流，该网络流就是原网络的最小流，其流量为-2。

3. 算法实现

同样，把例 6.1 的程序稍做修改，可实现有上下界网络的最小流：在构造好伴随网络后，将源点和汇点互换，然后利用标号法将可行流放大，在选择可改进量 α 时要保证反向弧流量减少后不低于流量下限 $b(e)$；求出最大流后再把源点和汇点交换回来，得到的网络流就是原网络的最小流。其实现方法详见例 6.9。

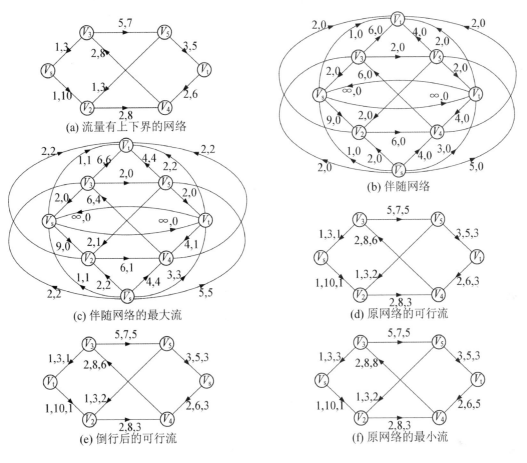

(a) 流量有上下界的网络

(b) 伴随网络

(c) 伴随网络的最大流

(d) 原网络的可行流

(e) 倒行后的可行流

(f) 原网络的最小流

图 6.35　有上下界网络的最小流

例 6.9　利用前面介绍的方法求流量有上下界的容量网络的伴随网络的最大流流量、原网络最大流流量、原网络最小流流量。

输入描述：

输入文件包含多个测试数据。每个测试数据描述了一个容量网络，格式为：首先是顶点个数 n 和弧的数目 m，约定顶点序号从 1 开始计起，且源点为第 1 个顶点，汇点为第 n 个顶点；然后是每条弧的数据，格式为 $u\,v\,b\,c$，分别表示这条弧的起点、终点、流量下界和流量上界。$n = m = 0$ 表示输入结束。

输出描述：

对每个测试数据，依次输出求得的 3 个流量，格式如样例输出所示。

样例输入：

```
6 8
1 2 1 10
2 4 2 8
3 1 1 3
3 5 5 7
```

样例输出：

```
AccommaxFlow : 17
maxFlow : 3
minFlow : -2
```

```
4  3  2  8
5  2  1  3
5  6  3  5
6  4  2  6
0  0
```

分析：样例数据所描绘的容量网络如图 6.35(a)所示。约定顶点序号从 1 开始计起是为了方便地添加附加源点和附加汇点，其顶点序号分别为 0 和 $n+1$。原网络存储在 Edge 数组中，构造好的伴随网络存储在 AccEdge 数组中。

为了求解流量有上下界的容量网络的可行流、最大流和最小流，将例 6.1 中的 Ford() 函数做了修改，添加了 4 个参数。

(1) ArcType network[][MAXN+2]：取值为 Edge 或 AccEdge。

(2) int s：所求网络的源点。

(3) int t：所求网络的汇点。

(4) int max：表示求解伴随网络的最大流、原网络的最大流或最小流。

如果要求伴随网络的最大流，调用 Ford() 函数的形式为 Ford(AccEdge, 0, n+1, -1)，求原网络最大流时调用 Ford() 函数的形式为 Ford(Edge, 1, n, 1)，求原网络的最小流时 Ford 函数的调用形式为 Ford(Edge, 1, n, 0)。代码如下。

```cpp
#define MAXN  30          //顶点个数最大值
#define INF1  1000000     //无穷大1(顶点之间不存在直接弧连接时设置的流量上界)
#define INF2  10000        //无穷大2(伴随网络中新增的两条弧的流量上界)
#define MIN(a,b) ((a)<(b)?(a):(b))
struct ArcType{           //弧结构
    int b, c, f;          //弧流量下界、上界、实际流量
};
ArcType Edge[MAXN+2][MAXN+2];        //原网络邻接矩阵(每个元素为 ArcType 类型)
ArcType AccEdge[MAXN+2][MAXN+2];      //伴随网络的邻接矩阵
int n, m;              //顶点个数、弧的数目
int flag[MAXN+2];  //顶点状态：-1 表示未标号,0 表示已标号未检查,1 表示已标号已检查
int prev[MAXN+2];  //标号的第 1 个分量,指明标号从哪个顶点得到,以便找出 α
int alpha[MAXN+2]; //标号的第 2 个分量,可改进量 α
queue<int> Q;      //BFS 算法中的队列
int u;          //u 为从队列里取出来的队列头元素
//求容量网络 network 的最大流,网络中的顶点序号为 s~t,其中 s 为源点, t 为汇点
//max 为-1 表示求伴随网络最大流,max 为 1 表示求原网络最大流, max 为 0 表示求最小流
void Ford( ArcType network[][MAXN+2], int s, int t, int max )
{
    int i, j;    //循环变量
    while( 1 ){    //标号直至不存在可改进路
        memset( flag, -1, sizeof(flag) );      //标号前对顶点状态数组初始化
        memset( prev,-1,sizeof(prev) ); memset( alpha, -1, sizeof(alpha) );
        flag[s]=0;  prev[s]=0;  alpha[s]=INF1; //源点为已标号未检查顶点
        Q.push(s);   //源点(顶点 s)入队列
        //队列非空, flag[t]==-1 表示汇点未标号
```

```
        while(!Q.empty() && flag[t]==-1){
            u=Q.front(); Q.pop();        //取出队列头顶点
          for( i=s; i<=t; i++ ){        //检查顶点 u 的正向和反向"邻接"顶点
              if( flag[i]==-1 ){        //顶点 i 未标号
                  if( network[u][i].c<INF1 &&  //"正向"且流量还可以增加
                      network[u][i].f<network[u][i].c ){
                      flag[i]=0; prev[i]=u;    //给顶点 i 标号(已标号未检查)
                      alpha[i]=
                          MIN(alpha[u],network[u][i].c-network[u][i].f );
                      Q.push(i);        //顶点 i 入队列
                  }
                  else if( network[i][u].c<INF1 && //"反向"且有流量还可以减少
                      network[i][u].f>network[i][u].b ){
                      flag[i]=0;prev[i]=-u; //给顶点 i 标号(已标号未检查)
                      alpha[i]=
                          MIN( alpha[u],network[i][u].f-network[i][u].b );
                      Q.push(i);            //顶点 i 入队列
                  }
              }
          }
          flag[u]=1;    //顶点 u 已标号已检查
      }
      //当汇点没有获得标号，或者汇点的调整量为 0，应该退出 while 循环
      if( flag[t]==-1 || alpha[t]==0 )  break;
      //当汇点有标号时,应该进行调整了
      int k1=t, k2=abs( prev[k1] );
      int a=alpha[t];     //可改进量
      while( 1 ){
          if( network[k2][k1].f<INF1 )                    //正向
              network[k2][k1].f=network[k2][k1].f+a;
          else  network[k1][k2].f=network[k1][k2].f-a;    //反向
          if( k2==s )  break;      //调整一直到源点 vs
          k1=k2;  k2=abs( prev[k2] );
      }
      while(!Q.empty())  Q.pop();    //当前这一轮调整结束后要清空队列
}//end of while
//输出各条弧及其流量，以及求得的最大流(或最小流)流量
int maxFlow=0;
for( i=s; i<=t; i++ ){
    for( j=s; j<=t; j++ ){
        if( i==s && network[i][j].f<INF1 )    //源点流出量
            maxFlow += network[i][j].f;
        if( i==s && network[j][i].f<INF1 )    //源点流入量
            maxFlow-=network[j][i].f;
    }
}
if( max==-1 )  printf("AccommaxFlow : %d\n", maxFlow); //伴随网络最大流
```

```
        else if( max==1 )  printf("maxFlow : %d\n", maxFlow);  //原网络最大流
        else  printf("minFlow : %d\n", -maxFlow);                    //原网络最小流
    }
    int readcase( )      //读入测试数据
    {
        int i, u, v, b, c;                //弧的起点、终点、流量下界、流量上界
        scanf( "%d%d", &n, &m );      //读入顶点个数 n
        if( n==0 && m==0 )  return 0;
        for( i=0; i<MAXN+2; i++ ){    //初始化邻接矩阵中各元素
            for( int j=0; j<MAXN+2; j++ )
                //INF1 表示没有直接边连接
                Edge[i][j].b=Edge[i][j].c=Edge[i][j].f=INF1;
        }
        for( i=1; i<=m; i++ ){
            scanf("%d%d%d%d", &u, &v, &b, &c);//读入弧的起点和终点,流量下界,流量上界
            Edge[u][v].b=b; Edge[u][v].c=c; Edge[u][v].f=0; //构造邻接矩阵
        }
        return 1;
    }
    int accompany( )      //构造原网络的伴随网络并求可行流、最大流
    {
        memcpy( AccEdge, Edge, sizeof(Edge) );
        int i, j, sum1, sum2;
        for( i=1; i<=n; i++ ){    //附加源点为顶点 0, 附加汇点为顶点 n+1
            sum1=sum2=0;
            for( j=0; j<=n; j++ ){
                //统计第 i 行(顶点 i 发出的弧)、统计第 i 列(进入到顶点 i 的弧)
                if( AccEdge[i][j].b!=INF1 )  sum1+=AccEdge[i][j].b;
                if( AccEdge[j][i].b!=INF1 )  sum2+=AccEdge[j][i].b;
            }
            //增加一条新弧<i, n+1>和<0, i>
            AccEdge[i][n+1].c=sum1; AccEdge[i][n+1].b=AccEdge[i][n+1].f=0;
            AccEdge[0][i].c=sum2; AccEdge[0][i].b=AccEdge[0][i].f=0;
        }
        for( i=1; i<=n; i++ ){
            for( j=1; j<=n; j++ ){
                if( AccEdge[i][j].c!=INF1 ){        //修改原网络中的弧
                    AccEdge[i][j].c=AccEdge[i][j].c-AccEdge[i][j].b;
                    AccEdge[i][j].b=0;
                }
            }
        }
        //再增加两条弧<1, n>和<n, 1>, 其流量上界为 INF2
        AccEdge[1][n].c=AccEdge[n][1].c=INF2;
        AccEdge[1][n].b=AccEdge[n][1].b=0; AccEdge[1][n].f=AccEdge[n][1].f=0;
        Ford( AccEdge, 0, n+1, -1 );      //求伴随网络的最大流
        bool feasible=1;    //附加源点发出的所有弧是否均满载, 以此判断是否存在可行流
```

```
    for( i=0; i<=n+1; i++ ){      //检查伴随网络中附加源点发出的所有弧是否满载
        if( AccEdge[0][i].c!=INF1 && AccEdge[0][i].f != AccEdge[0][i].c )
            feasible=0;
    }
    if( feasible==0 ){    //没有可行流
        printf( "No feasible network flow.\n" );  return 0;
    }
    for( i=1; i<=n; i++ ){  //求原网络的可行流
        for( j=1; j<=n; j++ )
            if( Edge[i][j].c!=INF1 )   //修改原网络中的弧
                Edge[i][j].f=AccEdge[i][j].f+Edge[i][j].b;
    }
    Ford( Edge, 1, n, 1 );                   //求原网络的最大流
    int b, c, f;
    for( i=1; i<=n; i++ ){  //求原网络的最小流,先还原到原网络的可行流
        for( j=1; j<=n; j++ )
            if( Edge[i][j].c!=INF1 )   //修改原网络中的弧
                Edge[i][j].f=AccEdge[i][j].f+Edge[i][j].b;
    }
    //将原网络的源点和汇点互换(第1行与第n行互换,第1列与第n列互换)
    for( i=1; i<=n; i++ ){
        b=Edge[1][i].b;  c=Edge[1][i].c;  f=Edge[1][i].f;
        Edge[1][i].b=Edge[n][i].b;  Edge[1][i].c=Edge[n][i].c;
        Edge[1][i].f=Edge[n][i].f;  Edge[n][i].b=b;
        Edge[n][i].c=c;  Edge[n][i].f=f;
        b=Edge[i][1].b;  c=Edge[i][1].c;  f=Edge[i][1].f;
        Edge[i][1].b=Edge[i][n].b;  Edge[i][1].c=Edge[i][n].c;
        Edge[i][1].f=Edge[i][n].f;  Edge[i][n].b=b;
        Edge[i][n].c=c;  Edge[i][n].f=f;
    }
    Ford( Edge, 1, n, 0 );    //求原网络的最小流
    return 1;
}
int main( )
{
    while( readcase( ) )  accompany( );
    return 0;
}
```

6.3.4　例题解析

　　以下通过两道例题的分析，详细介绍流量有上下界网络的最大流和最小流的求解方法。

　　例 6.10　核反应堆的冷却系统(Reactor Cooling)，ZOJ2314。
　　题目描述：
反应堆的冷却系统包含了许多管子，管子里流动的是用来冷却用的特殊液

例 6.10

体。管子通过结点相连，每根管子有一个起点、一个终点，冷却液只能从起点流向终点，不能逆向流动。结点的编号从 1 到 N。冷却系统必须设计得让冷却液体能循环流动，对每个结点，流入结点的流量等于流出结点的流量。即如果用 $f_{i,j}$ 来标明从结点 i 流向结点 j 的流量(如果从结点 i 到结点 j 没有管子，则 $f_{i,j}=0$)，对每个结点 i，都满足以下条件

$$f_{i,1} + f_{i,2} + \cdots + f_{i,N} = f_{1,i} + f_{2,i} + \cdots + f_{N,i} 。$$

每根管子都有有限的容量，因此对连接结点 i 和结点 j 的管子，必须满足 $f_{i,j} \leqslant C_{i,j}$，其中 $C_{i,j}$ 是管子的容量。为了提供足够的冷却液，$f_{i,j}$ 还有一个最低流量的限制，即 $f_{i,j} \geqslant L_{i,j}$。

给定所有管子的 $C_{i,j}$ 和 $L_{i,j}$，求满足以上条件的流量 $f_{i,j}$。

输入描述：

输入文件包含多个测试数据。输入文件的第 1 行为整数 T，接下来是一个空行，然后是 T 个测试数据。每两个测试数据之间有一个空行。每个测试数据的格式如下。

每个测试数据的第 1 行为两个整数 N 和 M (1≤N≤200)，其中 N 表示结点的数目，M 表示管子的数目。接下来有 M 行，每行描述了一根管子，每行为 4 个整数 i、j、$L_{i,j}$ 和 $C_{i,j}$，$0 \leqslant L_{i,j} \leqslant C_{i,j} \leqslant 10^5$。任意两个结点之间最多有一根管子，没有管子连自结点本身。如果存在一根从结点 i 流向结点 j 的管子，那么就没有从结点 j 流向结点 i 的管子。

输出描述：

对每个测试数据，如果存在满足条件的流量 $f_{i,j}$，输出"YES"，否则输出"NO"；前一种情形还要输出 M 个整数，第 k 个整数为第 k 根管子的流量，管子的序号为输入时的序号。

每个测试数据的输出之后输出一个空行。

样例输入：	样例输出：
2	NO
4 6	YES
1 2 1 2	1
2 3 1 2	2
3 4 1 2	3
4 1 1 2	2
1 3 1 2	1
4 2 1 2	1
4 6	
1 2 1 3	
2 3 1 3	
3 4 1 3	
4 1 1 3	
1 3 1 3	
4 2 1 3	

分析： 本题要求容量网络中的所有顶点都满足流量平衡条件，可以认为这样的容量网络中没有源点和汇点。本题要求解的是容量网络中的可行流。

题目中给出的两个测试数据所述的两个容量网络如图 6.36 所示，其中测试数据 1 没有可行流，测试数据 2 有可行流。

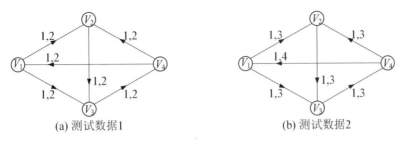

(a) 测试数据1　　　　　　　　　(b) 测试数据2

图 6.36　核反应堆的冷却系统：两个测试数据

本题采用另外一种方法构造容量网络的伴随网络 $\overline{D}$。

(1) 新增两个顶点 $\overline{V_s}$ 和 $\overline{V_t}$，$\overline{V_s}$ 称为附加源点，$\overline{V_t}$ 称为附加汇点。

(2) 对原网络 D 中每个顶点 u，按照式(6-16)计算 $D(u)$，如果 $D(u)>0$，则增加一条新弧 $<u,\overline{V_t}>$，这条弧的容量为 $D(u)$；如果 $D(u)<0$，则增加一条新弧 $<\overline{V_s},u>$，这条弧的容量为 $-D(u)$；如果 $D(u)=0$，则不增加弧。

(3) 原网络 D 中的每条弧，在伴随网络 $\overline{D}$ 中仍保留，但弧的容量 $c(e)$ 修正为 $c(e)-b(e)$。

例如，对测试数据 2 构造的伴随网络 $\overline{D}$ 如图 6.37(a)所示。伴随网络构造好以后，求伴随网络的最大流 $\overline{f}(e)$，如果最大流中从附加源点 $\overline{V_s}$ 流出的所有弧均满载，则原网络 D 存在可行流 $f(e)=\overline{f}(e)+b(e)$；否则原网络 D 不存在可行流。

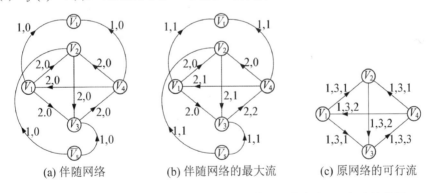

(a) 伴随网络　　　　　(b) 伴随网络的最大流　　　　　(c) 原网络的可行流

图 6.37　核反应堆的冷却系统：伴随网络的构造及最大流、可行流的求解

如果原网络存在可行流，还要求按输入时的顺序输出可行流中各弧的流量，所以在表示弧的结构体 ArcType 中，增加了一个分量 no，为每条弧输入时的序号。代码如下。

```
#define MAXN 201        //顶点个数最大值
#define INF  1000000    //无穷大(顶点之间不存在直接弧连接)
#define MIN(a,b) ((a)<(b)?(a):(b))
struct ArcType{          //弧结构
    int b, c, f;         //弧流量下界、上界、实际流量
    int no;              //弧的序号
};
ArcType Edge[MAXN+2][MAXN+2];        //原网络邻接矩阵(每个元素为 ArcType 类型)
```

```
ArcType AccEdge[MAXN+2][MAXN+2];        //伴随网络的邻接矩阵
int N, M;                              //顶点个数,弧的数目
int flag[MAXN+2];//顶点状态: -1 表示未标号,0 表示已标号未检查,1 表示已标号已检查
int prev1[MAXN+2];    //标号的第 1 个分量,指明标号从哪个顶点得到,以便找出 α
int alpha[MAXN+2];    //标号的第 2 个分量,可改进量 α
queue<int> Q;    //BFS 算法中的队列
int u;        //u 为从队列里取出来的队列头元素
int compare( const void*elem1, const void *elem2 )//qsort()函数用的比较函数
{
    return ((ArcType *)elem1)->no-((ArcType *)elem2)->no;
}
//求容量网络 network 的最大流,网络中的顶点序号为 s~t,其中 s 为源点, t 为汇点
void Ford( ArcType network[][MAXN+2], int s, int t )
{
    int i;    //循环变量
    while( 1 ){    //标号直至不存在可改进路
        memset(flag, -1, sizeof(flag));        //标号前对顶点状态数组初始化
        memset(prev1,-1,sizeof(prev1)); memset(alpha, -1, sizeof(alpha));
        flag[s]=0; prev1[s]=0; alpha[s]=INF; //源点为已标号未检查顶点
        Q.push(s);    //源点(顶点 s)入队列
        while( !Q.empty() && flag[t]==-1 ){ //队列非空并且汇点未标号
            u=Q.front(); Q.pop();    //取出队列头顶点
            for( i=s; i<=t; i++ ){    //检查顶点 u 的正向和反向"邻接"顶点
                if( flag[i]==-1 ){    //顶点 i 未标号
                    if( network[u][i].c<INF &&  //"正向"且流量还可以增加
                        network[u][i].f<network[u][i].c ){
                        flag[i]=0; prev1[i]=u;   //给顶点 i 标号(已标号未检查)
                        alpha[i]=
                            MIN(alpha[u], network[u][i].c-network[u][i].f);
                        Q.push(i);        //顶点 i 入队列
                    }
                    else if( network[i][u].c<INF && //"反向"且有流量还可以减少
                        network[i][u].f>network[i][u].b ){
                        flag[i]=0; prev1[i]=-u; //给顶点 i 标号(已标号未检查)
                        alpha[i]=
                            MIN(alpha[u], network[i][u].f-network[i][u].b);
                        Q.push(i);            //顶点 i 入队列
                    }
                }
            }
            flag[u]=1;    //顶点 u 已标号已检查
        }
        //当汇点无法获得标号,或者汇点的调整量为 0,应该退出 while 循环
        if( flag[t]==-1 || alpha[t]==0 )  break;
        //当汇点有标号时,应该进行调整了
        int k1=t, k2=abs( prev1[k1] ), a=alpha[t];    //a 为可改进量
        while( 1 ){
```

```
            if( network[k2][k1].f<INF )   //正向
                network[k2][k1].f=network[k2][k1].f+a;
            else  network[k1][k2].f=network[k1][k2].f-a;       //反向
            if( k2==s )   break;       //调整一直到源点 vs
            k1=k2;   k2=abs( prev1[k2] );
        }
        while(!Q.empty())   Q.pop();   //当前这一轮调整结束后要清空队列
    }//end of while
}
void readcase( )      //读入测试数据
{
    int i, j, u, v, b, c;        //弧的起点、终点、流量下界、流量上界
    scanf( "%d%d", &N, &M );      //读入顶点个数 N
    for( i=0; i<MAXN+2; i++ ){      //初始化邻接矩阵中各元素
        for( j=0; j<MAXN+2; j++ )       //INF 表示没有直接边连接
            Edge[i][j].b=Edge[i][j].c=Edge[i][j].f=Edge[i][j].no=INF;
    }
    for( i=1; i<=M; i++ ){
        scanf("%d%d%d%d",&u,&v,&b,&c); //读入弧的起点和终点,流量下界,流量上界
        Edge[u][v].b=b; Edge[u][v].c=c; Edge[u][v].f=0; Edge[u][v].no=i;
    }
}
void accompany( )      //构造原网络的伴随网络并求最大流及原网络的可行流
{
    memcpy( AccEdge, Edge, sizeof(Edge) );
    int i, j;      //循环变量
    //附加源点为顶点 0, 附加汇点为顶点 N+1
    for( i=1; i<=N; i++ ){
        int sum1=0, sum2=0;
        for( j=1; j<=N; j++ ){
            //统计第 i 行(顶点 i 发出的弧)、统计第 i 列(进入到顶点 i 的弧)
            if( AccEdge[i][j].b!=INF )   sum1+=AccEdge[i][j].b;
            if( AccEdge[j][i].b!=INF )   sum2+=AccEdge[j][i].b;
        }
        if( sum2>sum1 )      //增加一条新弧<0, i>
            AccEdge[0][i].c=sum2-sum1, AccEdge[0][i].b=AccEdge[0][i].f=0;
        else      //增加一条新弧<i, N+1>
            AccEdge[i][N+1].c=sum1-sum2,AccEdge[i][N+1].b=AccEdge[i][N+1].f=0;
    }
    for( i=1; i<=N; i++ ){
        for( j=1; j<=N; j++ ){
            if( AccEdge[i][j].c!=INF ){      //修改原网络中的弧
                AccEdge[i][j].c=AccEdge[i][j].c-AccEdge[i][j].b;
                AccEdge[i][j].b=0;
```

```
                }
            }
        }
        Ford( AccEdge, 0, N+1 );        //求伴随网络的最大流
        bool feasible=1;        //附加源点发出的所有弧是否均满载，以此判断是否存在可行流
        for( i=0; i<=N+1; i++ ){        //检查伴随网络中附加源点发出的所有弧是否满载
            if( AccEdge[0][i].c!=INF && AccEdge[0][i].f != AccEdge[0][i].c )
                feasible=0;
        }
        if( feasible==0 ){        //没有可行流
            printf( "NO\n" );  return;
        }
        //求原网络的可行流
        for( i=1; i<=N; i++ ){
            for( j=1; j<=N; j++ ){
                if( Edge[i][j].c!=INF )        //修改原网络中的弧
                    Edge[i][j].f=AccEdge[i][j].f + Edge[i][j].b;
            }
        }
        printf( "YES\n" );
        //按弧的序号从小到大排序
        qsort( Edge, (MAXN+2)*(MAXN+2), sizeof(Edge[0][0]), compare );
        for( i=0; i<M; i++ )  printf( "%d\n", Edge[i/M][i%M].f );
    }
    int main( )
    {
        int T;  scanf( "%d", &T );        //测试数据数目
        for( int i=1; i<=T; i++ ){
            readcase( );  accompany( );  printf( "\n" );
        }
        return 0;
    }
```

例 6.11   预算(Budget)，ZOJ1994，POJ2396。

题目描述：

现在要针对多赛区竞赛制定一个预算，该预算是一个行代表不同种类支出、列代表不同赛区支出的矩阵。组委会曾经开会讨论过各类支出的总和，以及各赛区所需支出的总和。另外，组委会还讨论了一些特殊的约束条件：例如，有人提出计算机中心至少需要 1 000k 里亚尔(原伊朗货币)，用于购买食物；也有人提出 Sharif 赛区用于购买 T 恤衫的费用不能超过 30 000k 里亚尔。组委会的任务是制定一个满足所有约束条件且行列和满足要求的预算。

输入描述：

输入文件包含多个测试数据。输入文件的第 1 行是正整数 T，表示测试数据的个数。接下来是一个空行，然后是 T 个测试数据。

每个测试数据的格式如下。

第 1 行为两个整数 m 和 n，分别表示矩阵的行数和列数，$m \leqslant 200$，$n \leqslant 20$。

第 2 行包括 m 个整数，代表矩阵每一行的和。

第 3 行包括 n 个整数，代表矩阵每一列的和。

第 4 行是整数 c，表示约束条件的个数。

接下来 c 行，每行给出一个约束条件，格式为：$r\ q$ 字符 v，其中整数 r 和 q 分别代表行号和列号(如果 r 和 q 都为 0，代表整个矩阵；如果 r 或 q 有一个为 0，则代表 r 整行或 q 整列；否则，代表第 r 行第 q 列)；字符取值为{<, =, >}；v 为整数。例如，1 2 > 5 表示第 1 行第 5 列的元素必须严格大于 5；4 0 = 3 表示第 4 行的元素必须都等于 3。

输出描述：

对每组输入数据，输出一个符合要求的所有元素均非负的矩阵，如果找不到这样的矩阵，则输出"IMPOSSIBLE"，每两个矩阵之间输出一个空行。

样例输入：	样例输出：
1	2 3 3
	3 3 4
2 3	
8 10	
5 6 7	
4	
0 2 > 2	
2 1 = 3	
2 3 > 2	
2 3 < 5	

分析： 本题可以转化为没有源点、汇点的流量有上下界的容量网络的可行流模型，关键在于容量网络的构造。接下来以样例输入数据为例解释容量网络的构造。从该测试数据可以得到如表 6.2 所示的信息。

表 6.2　预算

列号 行号	第 1 列	第 2 列	第 3 列	行和
第 1 行	$(0, \infty)$	$(3, \infty)$	$(0, \infty)$	8
第 2 行	$(3, 3)$	$(3, \infty)$	$(3, 4)$	10
列和	5	6	7	

其中，括号内第 1 个数值表示该项的下界，第 2 个数值表示上界。这样就可以以行和列为顶点构造容量网络。

第 1 步，根据条件构造容量网络。对于上述测试数据构造的容量网络如图 6.38 所示。在图中，每条弧上的第 1 个数值表示该弧的下界，第 2 个数值表示该弧的上界。通过这样的转化，得到了流量有上下界的网络的可行流模型。只要求出这个网络的一个可行流即可。

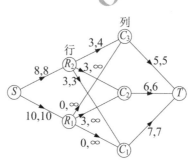

图 6.38　预算：容量网络的构造

第 2 步，将无源汇的上下界可行流模型转化为普通的最大流模型。

首先，对于无源汇的上下界可行流，常见的做法是拆边，然后转换成无下界的模型去做，即添加超级源汇 S 和 T，然后将任意一条边<x, y, u, c>(即 x 到 y、下界为 u、上界为 c 的边)拆成 3 条，分别为<x, y, 0, c−u>、<S, x, 0, u>和<y, T, 0, u>。其思想实际上就是让所有边的下界流量分离出来，作为一条"必要边"(即如果有可行流，这些容量为下界的边一定是满的)，让其统一流入汇点，然后让源点来提供这样的流量。然后在这个网络上求最大流，看最大流是否等于所有边的下界之和。当然，在构图时可以先统计每个顶点的流入量与流出量，然后再加边。然而有了源汇，所以就先连一条<T, S, 0, ∞>的边(显然这不影响流量平衡条件)。这样就转换成了前面所说的无源汇的情况，然后求解。

第 3 步，求最大流，判断是否有解，有解则输出方案。

输出的结果就让相应原始边的流量加上它们的下界就可以了(即边<x, y, 0, c−u>的流量加 u)。代码如下。

```
#define INF 10000000
#define N 300      //顶点上限数
#define KN 205
#define KM 25
#define max(a,b)  ((a)>(b)?(a):(b))
#define min(a,b)  ((a)<(b)?(a):(b))
struct edge{
    int c, f, low, x, y;    //x,y 为边的两点
    edge *next, *bak;          //同一结点的下一条边,同一条边的另外一个结点
    edge( ) { }
    //next 为同一结点的上一条边,本边是该结点第 1 条边的时候,next 应为 NULL
    edge( int x, int y, int c, int f, int low, edge* next )
        :x(x), y(y), c(c), f(f), low(low), next(next), bak(0) { }
    void* operator new( size_t, void *p ){ return p; }
}*E[N];    //保存每个结点的最后一条边
struct NODE{
    int low, high;
};
int S, T;                 //源点,汇点
int D[N];                  //标号
```

```
edge *cur[N], *path[N];    //保存当前弧,路径
edge *base, *data, *it;
NODE limit[KN][KM];        //保存每个格子的约束条件
int sumn[KN], summ[KM], in[N], out[N];
int kn, km;                //kn 为方阵的行数,km 为方阵的列数
void DFS( )                //深搜建立层次图
{
    int i, j; memset( D, -1, sizeof(D) );
    queue<int> Q;  //队列
    Q.push(S);  D[S]=0;
    while( !Q.empty() ){
        i=Q.front();  Q.pop();
        for( edge* e=E[i]; e; e=e->next ){
            if( e->c==0 )  continue;
            j=e->y;
            if( -1==D[j] ){
                Q.push(j);  D[j]=D[i]+1;
                if( j==T )  return;
            }
        }
    }
}
int maxflow( )
{
    //flow 用于累计最大流流量,path_n 为增广路上的边的数目
    int i, k, mink, d, flow=0, path_n;
    while( 1 ){
        DFS( );                            //建层次图
        if( D[T]==-1 )  break;             //如果源点不在层次图上,则算法结束
        memcpy( cur, E, sizeof(E) );  path_n=0;
        i=S;
        while( 1 ){
            if( i==T ){            //找到增广路
                mink=0, d=INF;
                for(k=0; k<path_n; ++k) //在路径上寻找最小剩余流量,记录边的起点
                    if( (path[k]->c)<d )
                    { d=path[k]->c;  mink=k; }
                for( k=0; k<path_n; ++k ){    //修改残留网络
                    (path[k]->c)-=d;  ((path[k]->bak)->c)+=d;
                }
                path_n=mink;  i=path[path_n]->x;  flow+=d;
            }
            edge* e;
```

```
            for( e=cur[i]; e; e=e->next ){      //找一条可以扩展的边
                if( !e->c )  continue;
                int j=e->y;
                if( D[i]+1==D[j] )  break;
            }
            cur[i]=e;
            if( e ){ path[path_n++]=e;  i=e->y; }//在路径上保存新边
            else{     //没找到增广路
                D[i]=-1;
                if( !path_n )  break;
                path_n--;  i=path[path_n]->x;      //退一条边,重新搜索
            }
        }
    }
    return flow;
}
bool isok( )   //检查是否有满足要求的方案
{
    for( edge*e=E[S]; e; e=e->next )
        if( e->c )  return 0;
    return 1;
}
void print( int ok=1 )
{
    int i, j;
    if( ok==-1 )  printf("IMPOSSIBLE\n");
    else{
        for( i=0, it=base; i<kn; i++ ){
            for( j=0; j<km; j++, it+=2 )
                printf( "%d ", it->f-it->c+it->low );
            printf("\n");
        }
    }
}
int setlimit( int x, int y, char op, int v )
{
    if( op=='=' ){
        if( v>limit[x][y].high )  return 0;
        if( v<limit[x][y].low )  return 0;
        limit[x][y].high = limit[x][y].low = v;
    }
    else if( op=='>' )     //注意加1,因为是大于号
        limit[x][y].low = max( limit[x][y].low, v+1 );
```

```
        else if( op=='<' )          //注意减1，因为是小于号
            limit[x][y].high = min( limit[x][y].high, v-1 );
        if( limit[x][y].low>limit[x][y].high ) return 0;
        return 1;
}
int build( )      //先把所有的关系预处理出来
{
    int i, j, c, ok=1;
    scanf( "%d%d", &kn, &km );
    for( i=1; i<=kn; i++ )  scanf( "%d", &sumn[i] );
    for( i=1; i<=km; i++ )  scanf( "%d", &summ[i] );
    for( i=1; i<=kn; i++ ){
        for( j=1; j<=km; j++ )
        { limit[i][j].low=0;  limit[i][j].high=INF; }
    }
    scanf( "%d", &c );
    while( c-- ){
        int x, y, v;
        char op[2];
        scanf( "%d%d%s%d", &x, &y, op, &v );
        if( !x && !y ){
            for( i=1; i<=kn; i++ )
                for( j=1; j<=km; j++ )
                    if( !setlimit(i, j, op[0], v) )  ok=0;
        }
        else if( !x && y ){
            for( i=1; i<=kn; i++ )
                if( !setlimit(i, y, op[0], v) )  ok=0;
        }
        else if( x&&!y ){
            for( i=1; i<=km; i++ )
                if( !setlimit(x, i, op[0], v) )  ok=0;
        }
        else if( !setlimit(x, y, op[0], v) )  ok=0;
    }
    return ok;
}
void addedge( int x, int y, int w, int u )
{
    E[x]=new ((void*) data++) edge(x, y, w, w, u, E[x]);
    E[y]=new ((void*) data++) edge(y, x, 0, 0, u, E[y]);
    E[x]->bak=E[y], E[y]->bak=E[x];
}
```

```
//S,T 为改造后新建图的超级源汇；s,t 为原图的源汇
void solve( )
{
    int i, j, n, x, y, w, s, t, u, c;
    if( !build( ) )   //注意：预处理中可能出现矛盾,要剔除矛盾的情况
    { print(-1);  return; }
    memset( E, 0, sizeof(E) );
    //在新建的图中，行的代表点编号为 2 至 kn+1，列的代表点为 kn+2 至 kn+km+1
    S=0;  T=kn+km+3;  n=kn+km+2;
    memset( in, 0, sizeof(in) );  memset( out, 0, sizeof(out) );
    data=new edge[5 * n * n];  base=data;
    //先建立代表方阵中各个格子数字的边，把这些边建在前面，能够方便最后输出答案
    for( i=1; i<=kn; i++ ){
        for( j=1; j<=km; j++ ){
            x=i+1;  y=j+kn+1;
            c=limit[i][j].high;  u=limit[i][j].low;  w=c-u;
            addedge(x, y, w, u);
            in[y]+=u;  out[x]+=u;
        }
    }
    s=1;  t=kn+km+2;
    for( i=1; i<=kn; i++ ){     //行和的约束
        x=s;  y=i+1;  u=sumn[i];
        in[y]+=u;  out[x]+=u;
    }
    for( i=1; i<=km; i++ ){     //列和的约束
        x=i+kn+1;  y=t;  u=summ[i];
        in[y]+=u;  out[x]+=u;
    }
    for( i=1; i<=n; i++ ){     //新建图的补边
        if( in[i]>out[i] ){ x=S;  y=i;  w=in[i]-out[i]; }
        else{ x=i;  y=T;  w=out[i]-in[i]; }
        addedge( x, y, w, 0 );
    }
    addedge( t, s, INF, 0 );   //将图变成无源汇图
    maxflow( );
    if( !isok( ) )  print(-1);
    else  print( );
    delete[] base;
}
int main( )
{
    int Tc;  scanf( "%d", &Tc );  //Tc 为测试数据的个数
```

```
while( Tc-- ){
    solve( );
    if(Tc)  printf("\n");
}
return 0;
}
```

练　习

6.8　能源(Energy)，Asia 2007，ChangChun(China)。

题目描述：

X 星球的 ACM 基地需要能源。幸运的是，在某个广阔的地区里探测到了很多资源，但这个地区离基地很远。基地必须派机器人去采集资源。

基地有两种类型的机器人，一种是 *G*-型机器人，负责采集资源；另一种是 *R*-型机器人，负责修补桥梁。为了节省能源，每个机器人都被限定了转向。机器人每步只能向南或向东移动。*G*-型机器人能采集能源，当它到达有资源的地方(称为 *E*-地)时，它将采集 *E*-地的资源，采集到一个单位的资源后，它立刻离开这个地方，然后向南或向东继续移动，或者被运回基地。*R*-型机器人能修补桥梁，使得其他机器人能通过。

为了简化题目，本题将这个地区用 *N*×*M* 的矩阵来表示。矩阵中的每个单元的状态如下。

(1) "."表示机器人能通过这个地方。

(2) "#"表示山或河流，机器人不能通过。

(3) "*B*"表示一座被损坏的桥梁。在修补好之前 *G*-型机器人不能到达这个地方，而当一个 *R*-型机器人到达这个地方时，它可以修复这座桥梁。

(4) "*E*"表示一个 *E*-地。在这个地方已经探测到有一定数量的资源。当一个 *G*-型机器人到达这个地方，它采集一个单位的资源。当这个 *E*-地的资源全部被采集完，这个地方将会塌陷，两种类型的机器人都不能通过这个地方。

G-型机器人能采集尽可能多的资源，没有容量限制。两种类型的机器人都能被运到矩阵中任何一个地方，也可以从任何一个地方运回基地。但运输过程会损坏机器人，如果一个机器人有 *L* 的生命期，那么它最多只能被运输 *L* 次。

基地的工作人员计划用这两种机器人采集所有探测到的资源。但是由于每个机器人都有一定的生命期，可能完成不了这个任务。所以必须分析整个地区的地图，判断是否能采集到所有的资源。

输入描述：

输入文件的第 1 行为正整数 *T* (1≤*T*≤21)，表示测试数据的数目。接下来有 *T* 个测试数据。每个测试数据的第 1 行为 4 个整数 *N*、*M*、*Lr*、*Lc*，*N* 和 *M* 表示地区的大小，*Lr* 表示 *R*-型机器人的生命期，*Lc* 表示 *G*-型机器人的生命期。接下来有 *N* 行，每行有 *M* 个字符，描述了地区的地图；接下来一行有若干个整数 t_i (1≤t_i≤50，1≤*i*≤50)，整数的个数与地图中字母 "*E*" 的数目一样，每个整数表示对应的 *E*-地探测到的资源数目。*E*-地按从北到南、同一行从西到东的顺序进行编号。

每个测试数据中至少有 1 个、至多有 50 个 *E*-地，被损坏的桥梁数目少于 11 个。

输出描述：

对每个测试数据，如果可以完成任务，输出"Yes"；否则输出"No"。

样例输入：	样例输出：
3	Yes
2 2 1 4	No
.#	No
#E	
2	
3 3 2 3	
E#E	
BEB	
##E	
1 1 1 1	
2 2 0 0	
EE	
EE	
4 3 2 1	

说明：

第 1 个测试数据中的任务可以完成。一个可行的方案(机器人被运输了 4 次)如下。

G-型机器人：运到(2,2)位置→采集 1 个单位的资源→运回基地。

G-型机器人：运到(2,2)位置→采集 1 个单位的资源→运回基地。

第 2 个测试数据中的任务不可能完成，因为机器人至少必须运输 4 次。

在样例输入中放置第 3 个测试数据的目的是解释 E-地的编号：(1,1)位置，4 单位资源；(1,2)位置，3 单位资源；(2,1)位置，2 单位资源；(2,2)位置，1 单位资源。

6.4 最小费用最大流

6.4.1 基本概念

1. 问题的引入

6.1 节介绍了网络最大流，毫无疑问，任何容量网络的最大流流量是唯一的、是确定的，但最大流 f 是唯一的吗？

最小费用最大流基本概念

例如，在图 6.9 和图 6.10 所示的标号法两个实例中，初始流不同，求得的网络最大流相同，流量也相等。但如图 6.39 所示的容量网络中，最大流流量为 11。图 6.39(a)和(b)的网络流都取得最大流，但图 6.39(a)和(b)中有些相同的弧(如$<V_s, V_1>$)上流量不同。因此在该流量网络中，最大流不唯一，即在最大流中，可以选择某些弧上走不同的流量，如图 6.39(a)中弧$<V_s, V_2>$的流量为 8，而在图 6.39(b)中，该弧的流量为 4。

既然最大流 f 不是唯一的，因此，如果每条弧上不仅有容量限制，还有**费用**，即每条弧上有一个单位费用的参数，那么在保证最大流的前提下，还存在一个选择费用最小的最大流的问题。

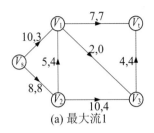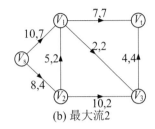

(a) 最大流1   (b) 最大流2

图 6.39 最大流不唯一的例子

2. 最小费用最大流数学模型

先看一个最优运输方案设计的例子。图 6.40 所示是连接产品产地 V_s 和销售地 V_t 的交通网，每一条弧 $<u, v>$ 代表从 u 到 v 的运输线，产品经这条弧由 u 输送到 v。每条弧旁边有两个数字，第 1 个数字 $c(u, v)$ 表示这条运输线的最大通过能力(简称容量，单位为吨)，第 2 个数字 $r(u, v)$ 表示每吨产品通过该公路的费用。产品经过交通网从 V_s 输送到 V_t。现在要求制定一个运输方案，使得从 V_s 运到 V_t 的产品数量最多，并且总的费用最少。

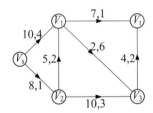

图 6.40 最小费用最大流：最优运输方案的设计

图 6.40 所示的网络中，每一条弧 $<u, v>$ 除了给定的容量限制 $c(u, v)$ 外，还给定了单位流量费用 $r(u, v) \geq 0$。上述问题(即最小费用最大流问题)的数学模型为：求一个最大流 f，使得该最大流的总运输费用

$$r(f) = \sum_{<u,v> \in E} f(u,v) \times r(u,v) \tag{6-21}$$

最少。

6.4.2 最小费用最大流算法

最小费用最大流算法

从 6.1.4 节可知，寻找最大流的方法是从某个可行流 f 出发，找到关于 f 的一条增广路 P，沿着 P 调整 f；对新的可行流又试图寻找关于它的增广路；如此反复直至不存在增广路为止。

现在要寻求最小费用最大流，首先考察一下，当沿着一条关于 f 的增广路 P，以改进量 $\alpha = 1$ 调整 f，得到新的可行流 f'(显然 $|f'| = |f| + 1$)，$r(f')$ 比 $r(f)$ 增加多少？

不难看出

$$r(f') - r(f) = \left[\sum_{P+} r(e)*(f'(e) - f(e)) - \sum_{P-} r(e)*(f'(e) - f(e)) \right]$$
$$= \sum_{P+} r(e) - \sum_{P-} r(e)$$

(6-22)

把

$$\sum_{P+} r(e) - \sum_{P-} r(e)$$

(6-23)

称为这条增广路 P 的"费用"。

显然，若 f 是流量为 $|f|$ 的所有可行流中费用最小者，而 P 是关于 f 的所有增广路中费用最小的增广路，那么沿着 P 去调整 f，得到的可行流为 f'，就是流量为 $|f'|$ 的所有可行流中的最小费用流。这样，当 f 是最大流时，它也就是所要求的最小费用最大流了。

注意：由于 $r(u, v) \geqslant 0$，所有 $f = \{0\}$ 必是流量为 0 的最小费用流。这样，总可以从 $f = \{0\}$ 开始进行增广。一般，设已知 f 是流量为 $|f|$ 的最小费用流，余下的问题是如何寻求关于 f 的最小费用增广路。为此构造容量网络关于 f 的伴随网络 $W(f)$：它的顶点是原网络中的顶点，而把原网络中的每条弧 $<u, v>$ 变成两个方向相反的弧 $<u, v>$ 和 $<v, u>$。

定义 $W(f)$ 中弧的权值为

$$W(u, v) = \begin{cases} r(u, v) & \text{若} f(u, v) < c(u, v) \\ +\infty & \text{若} f(u, v) = c(u, v) \end{cases}$$
$$W(v, u) = \begin{cases} -r(u, v) & \text{若} f(u, v) > 0 \\ +\infty & \text{若} f(u, v) = 0 \end{cases}$$

(6-24)

(长度为 ∞ 的可以从 $W(f)$ 中略去)

为什么要做这样的处理？因为同一条弧可能在某条链中是前向弧，在另外一条链中是后向弧，而同一条弧上的流量在调整过程中可能增加或减少，因此，每条弧要变成两个方向相反的弧。

于是在网络中寻求关于 f 的最小费用增广路，就等价于在伴随网络 $W(f)$ 中，寻求从 V_s 到 V_t 的最短路径。

对图 6.40 所示的网络，图 6.41 演示了如何从零流 $f = \{0\}$ 出发构造伴随网络，寻找关于 f 的最小费用增广路，沿着这些增广路改进流量并最终求得最小费用最大流的全过程。

根据上述分析，得到求解最小费用最大流的算法如下。

(1) 开始取 $f(0) = \{0\}$。

(2) 一般若在第 $k-1$ 步得到的最小费用流为 $f(k-1)$，则构造伴随网络 $W(f(k-1))$。

(3) 在 $W(f(k-1))$ 中寻求从 V_s 到 V_t 的最短路径 P。若不存在最短路径(即最短路径的权为 $+\infty$)，转 (5)；若存在最短路径，则转(4)。

(4) 在原网络 G 中得到相应的增广路 P，在增广路 P 上按式(6-25)求可改进量 α 并对 $f(k-1)$ 进行调整。

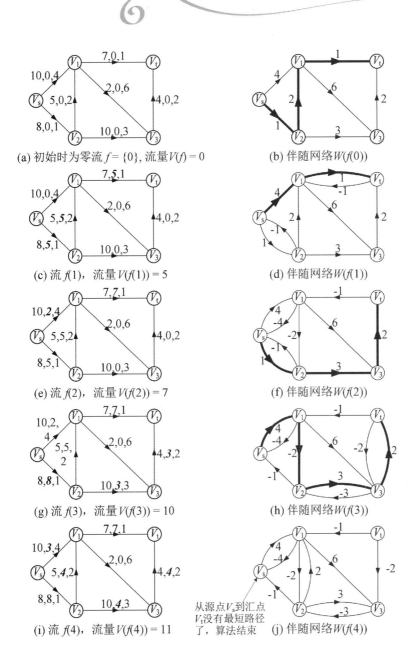

图 6.41 最小费用最大流算法实例

$$\alpha = \min\{ \min_{P+}(c_{uv} - f_{uv}(k-1)), \min_{P-} f_{uv}(k-1) \}$$

$$f_{uv}(k) = \begin{cases} f_{uv}(k-1)+\alpha & (u,v) \in P+ \\ f_{uv}(k-1)-\alpha & (u,v) \in P- \\ f_{uv}(k-1) & (u,v) \notin P \end{cases} \tag{6-25}$$

调整后新的可行流为 $f(k)$，转步骤(2)。

(5) $f(k-1)$ 为最小费用最大流，执行完毕。

接下来以图 6.41(a)所示的容量网络演示最小费用最大流算法的求解过程。

在图 6.41(a)中，从零流 $f(0) = \{0\}$ 开始改进最小费用最大流 f。每条弧上的 3 个数字依次为容量、流量、单位费用。

在图 6.41(b)中，构造伴随网络 $W(f(0))$，求从源点 V_s 到汇点 V_t 的最短路径，在图中用粗线标明最短路径上的边。这条最短路径作为 $f(0)$ 的费用最小的增广路。

在图 6.41(c)中，沿着求得的费用最小的增广路，可改进量 $\alpha=5$，改进 $f(0)$，得到 $f(1)$，其流量 $|f(1)| = 5$。网络中有改进的弧，其流量用加粗、斜体标明了。

在图 6.41(d)~(e)中，构造伴随网络 $W(f(1))$，求从源点 V_s 到汇点 V_t 的最短路径，该最短路径作为 $f(1)$ 的费用最小的增广路，可改进量 $\alpha=2$，改进 $f(1)$，得到 $f(2)$，其流量 $|f(2)|= 7$。

在图 6.41(f)~(g)中，构造伴随网络 $W(f(2))$，求从源点 V_s 到汇点 V_t 的最短路径，该最短路径作为 $f(2)$ 的费用最小的增广路，可改进量 $\alpha=3$，改进 $f(2)$，得到 $f(3)$，其流量 $|f(3)| = 10$。

在图 6.41(h)~(i)中，构造伴随网络 $W(f(3))$，求从源点 V_s 到汇点 V_t 的最短路径，该最短路径作为 $f(3)$ 的费用最小的增广路，可改进量 $\alpha=1$，改进 $f(3)$，得到 $f(4)$，其流量 $|f(4)| = 11$。

在图 6.41(j)中，构造伴随网络 $W(f(4))$ 后，从源点 V_s 到汇点 V_t 的最短路径不存在，算法结束。因此，最小费用最大流为 $f(4)$，其流量为 $|f(4)| = 11$，其费用为 $\sum f(u, v) \times r(u, v) = 3\times4 + 8\times1 + 4\times2 + 7\times1 + 4\times3 + 4\times2 = 55$。

6.4.3 例题解析

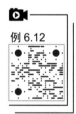

例 6.12

以下通过两道例题的分析，详细介绍最小费用最大流的求解方法。

例 6.12 志愿者招募。

题目描述：

申奥成功后，布布经过不懈努力，终于成为奥组委下属公司人力资源部门的主管。布布刚上任就遇到了一个难题：为即将启动的奥运新项目招募一批短期志愿者。经过估算，这个项目需要 N 天才能完成，其中第 i 天至少需要 A_i 个人。

布布通过了解得知，一共有 M 类志愿者可以招募。其中第 i 类可以从第 S_i 天工作到第 T_i 天，招募费用是每人 C_i 元。新官上任三把火，为了出色地完成自己的工作，布布希望用尽量少的费用招募足够的志愿者。试帮他设计一种最优的招募方案。

输入描述：

输入文件的第 1 行包含两个整数 N、M，表示完成项目的天数和可以招募的志愿者的种类。

接下来的一行中包含 N 个非负整数，表示每天至少需要的志愿者人数。

接下来的 M 行中每行包含 3 个整数 S_i、T_i、C_i，含义如题目描述中所述。为了方便起见，可以认为每类志愿者的数量都是无限多的。

输出描述：

输出一个整数，表示你所设计的最优方案的总费用。

样例输入：

```
4 5
4 2 5 3
1 2 3
```

样例输出：

```
36
```

```
1 1 4
2 3 3
3 3 5
3 4 6
```

分析： 本题可以转化成求解容量网络的最小费用最大流问题，本题的关键在于构造容量网络。接下来以样例测试数据为例解释容量网络的构造方法。

设雇用第 i 类志愿者的人数为 $X[i]$，每类志愿者的费用为 $C[i]$，第 j 天雇用的人数为 $P[j]$，则每天的雇用人数应满足一个不等式。对该测试数据而言，可以列出以下 4 个不等式。

(1) $P[1] = X[1] + X[2] \geqslant 4$。

(2) $P[2] = X[1] + X[3] \geqslant 2$。

(3) $P[3] = X[3] + X[4] + X[5] \geqslant 5$。

(4) $P[4] = X[5] \geqslant 3$。

对于每个不等式，可以添加辅助变量 $Y[i]$ $(Y[i] \geqslant 0)$，使其变为以下等式。

(1) $P[1] = X[1] + X[2] - Y[1] = 4$。

(2) $P[2] = X[1] + X[3] - Y[2] = 2$。

(3) $P[3] = X[3] + X[4] + X[5] - Y[3] = 5$。

(4) $P[4] = X[5] - Y[4] = 3$。

在上述等式最前面和最后面添加 $P[0] = 0$、$P[5] = 0$，每次用下边的式子减去上边的式子，可以得到以下等式。

(1) $P[1] - P[0] = X[1] + X[2] - Y[1] = 4$。

(2) $P[2] - P[1] = X[3] - X[2] - Y[2] + Y[1] = -2$。

(3) $P[3] - P[2] = X[4] + X[5] - X[1] - Y[3] + Y[2] = 3$。

(4) $P[4] - P[3] = -X[3] - X[4] + Y[3] - Y[4] = -2$。

(5) $P[5] - P[4] = -X[5] + Y[4] = -3$。

观察发现，每个变量 $P[i]$ 都在两个式子中出现了，而且一次为正，一次为负。所有等式右边之和为 0。接下来，根据上面 5 个等式构图。

(1) 每个等式为图中一个顶点，添加源点 S 和汇点 T。

(2) 如果一个等式右边为非负整数 c，从源点 S 向该等式对应的顶点连接一条容量为 c、权值为 0 的有向边；如果一个等式右边为负整数 c，从该等式对应的顶点向汇点 T 连接一条容量为 $-c$、权值为 0 的有向边。

(3) 如果一个变量 $X[i]$ 在第 j 个等式中出现为 $X[i]$，在第 k 个等式中出现为 $-X[i]$，从顶点 j 向顶点 k 连接一条容量为 ∞、权值为 $C[i]$ 的有向边。具体如下。

$X[1]$ 在等式 1 出现、$-X[1]$ 在等式 3 出现，连一条边 <1, 3>，容量为 ∞、权值为 $C[1]=3$。

$X[2]$ 在等式 1 出现、$-X[2]$ 在等式 2 出现，连一条边 <1, 2>，容量为 ∞、权值为 $C[2]=4$。

$X[3]$ 在等式 2 出现、$-X[3]$ 在等式 4 出现，连一条边 <2, 4>，容量为 ∞、权值为 $C[3]=3$。

$X[4]$ 在等式 3 出现、$-X[4]$ 在等式 4 出现，连一条边 <3, 4>，容量为 ∞、权值为 $C[4]=5$。

$X[5]$ 在等式 3 出现、$-X[5]$ 在等式 5 出现，连一条边 <3, 5>，容量为 ∞、权值为 $C[5]=6$。

(4) 如果一个变量 $Y[i]$ 在第 j 个等式中出现为 $Y[i]$，在第 k 个等式中出现为 $-Y[i]$，从顶点 j 向顶点 k 连接一条容量为 ∞、权值为 0 的有向边。具体如下。

$Y[1]$在等式 2 出现、$-Y[1]$在等式 1 出现，连一条边<2, 1>，容量为∞、权值为 0。

$Y[2]$在等式 3 出现、$-Y[2]$在等式 2 出现，连一条边<3, 2>，容量为∞、权值为 0。

$Y[3]$在等式 4 出现、$-Y[3]$在等式 3 出现，连一条边<4, 3>，容量为∞、权值为 0。

$Y[4]$在等式 5 出现、$-Y[4]$在等式 4 出现，连一条边<5, 4>，容量为∞、权值为 0。

构图以后，求从源点 S 到汇点 T 的最小费用最大流，费用值就是结果。

根据上面的例子可以构造出容量网络，如图 6.42(a)所示，其中粗线边为每个变量 X 代表的边，虚线边为每个变量 Y 代表的边，边的容量和权值已经标出。在该容量网络中求最小费用最大流，网络流如图 6.42(b)所示，每条粗线边的流量就是对应的变量 X 的值。因此，$X[1] = 4$，$C[1] = 3$，$X[3] = 2$、$C[3] = 3$，$X[5] = 3$、$C[5] = 6$，即第 1 类志愿者招 4 人、第 3 类志愿者招 2 人、第 5 类志愿者招 3 人，所求的最小费用为：$4×3 + 2×3 + 3×6 = 36$。

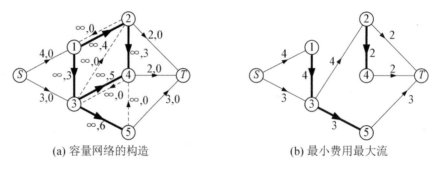

(a) 容量网络的构造   (b) 最小费用最大流

图 6.42　志愿者招募：容量网络的构造

上面的方法很神奇地求出了结果，下面解释为什么要这样构造容量网络。将最后的 5 个等式进一步变形，得出以下结果。

(1)　$-X[1] - X[2] + Y[1] + 4 = 0$。

(2)　$-X[3] + X[2] + Y[2] - Y[1] - 2 = 0$。

(3)　$-X[4] - X[5] + X[1] + Y[3] - Y[2] + 3 = 0$。

(4)　$X[3] + X[4] - Y[3] + Y[4] - 2 = 0$。

(5)　$X[5] - Y[4] - 3 = 0$。

可以发现，每个等式左边都是几个变量和一个常数相加减，右边都为 0，恰好就像网络流中除了源点和汇点的顶点都满足流量平衡。每个正的变量相当于流入该顶点的流量，负的变量相当于流出该顶点的流量，而正的常数可以看作是来自附加源点的流量，负的常数是流向附加汇点的流量。因此可以据此构造容量网络，求出从附加源点到附加汇点的网络最大流，即可满足所有等式。而还要求最小，所以要在 X 变量相对应的边上加上权值，然后求最小费用最大流。代码如下。

```
#define MAXN 1003
#define MAXM 10002*4
#define INF 1000000
struct edge          //邻接表结构
{
    edge *next, *op;
    int t, c, v;
```

```
}ES[MAXM], *V[MAXN];
queue<int> Q;
bool inq[MAXN];     //每个顶点是否在队列中的标志
int N, M, S, T, EC=-1;
int demand[MAXN], sp[MAXN], prev[MAXN];
edge *path[MAXN];
void addedge( int a, int b, int v, int c=INF )    //插入邻接表
{
    edge e1={ V[a], 0, b, c, v }, e2={ V[b], 0, a, 0, -v };
    ES[++EC]=e1;  V[a]=&ES[EC];
    ES[++EC]=e2;  V[b]=&ES[EC];
    V[a]->op=V[b];  V[b]->op=V[a];
}
void init( )         //初始化
{
    int i, a, b, c;
    scanf( "%d%d", &N, &M );
    for( i=1; i<=N; i++ )  scanf( "%d", &demand[i] );
    for( i=1; i<=M; i++ ){  //构造容量网络
        scanf( "%d%d%d", &a, &b, &c );
        addedge( a, b+1, c );
    }
    S=0, T=N+2;
    for( i=1; i<=N+1; i++ ){
        c=demand[i]-demand[i-1];
        if( c>=0 )  addedge( S, i, 0, c );
        else  addedge( i, T, 0, -c );
        if( i>1 )  addedge( i, i-1, 0 );
    }
}
bool SPFA( )     //SPFA 算法求最短路径
{
    int u, v;
    for( u=S; u<=T; u++ )  sp[u]=INF;
    memset(inq, 0, sizeof(inq));
    Q.push( S );  inq[S] = true;
    sp[S]=0;    prev[S]=-1;
    while( !Q.empty() ){
        u=Q.front(); Q.pop(); inq[u] = false;
        for( edge *k=V[u]; k; k=k->next ){
            v=k->t;
            if( k->c>0 && sp[u]+k->v<sp[v] ){    //松弛操作
                sp[v]=sp[u] + k->v; prev[v]=u; path[v]=k;
                if(!inq[v]){Q.push(v); inq[v]=true;}  //顶点不在队列中则入队列
            }
        }
    }
```

```
    return sp[T] != INF;
}
int argument( )      //增广路算法,寻找增广路并调整流量
{
    int i, cost=INF, flow=0;
    edge *e;
    for( i=T; prev[i]!=-1; i=prev[i] ){
        e=path[i];
        if( e->c< cost)  cost=e->c;
    }
    for( i=T; prev[i]!=-1; i=prev[i] ){     //调整流量
        e=path[i];  e->c-=cost;  e->op->c+=cost;  flow+=e->v*cost;
    }
    return flow;         //返回调整后的流量
}
int maxcostflow( )     //求最小费用最大流
{
    int Flow=0;
    while( SPFA( ) )  Flow+=argument( );
    return Flow;
}
int main( )
{
    init( );
    printf( "%d\n", maxcostflow( ) );
    return 0;
}
```

例6.13 卡卡的矩阵之旅(Kaka's Matrix Travels),POJ3422。

题目描述:

有一个 $N×N$ 大小的矩阵,每个位置上都有一个非负整数。卡卡从 SUM=0 开始他的矩阵之旅。每次矩阵之旅,总是从矩阵最左上角位置走到右下角位置,每次移动只能向右移动或向下移动。每次移动到某个方格,卡卡将方格中的数字加到 SUM,并将该位置上的数字替换为0。要求卡卡第1次旅行能获得 SUM 的最大值并不难,现在卡卡想知道他旅行完 K 次之后,SUM 的最大值是多少。注意,SUM 的值在这 K 次旅行中是累加的。

输入描述:

测试数据的第1行为两个整数 N 和 K ($1\leq N\leq 50$, $0\leq K\leq 10$)。接下来有 N 行,描述了一个矩阵,矩阵中的元素都不超过 1 000。

输出描述:

输出卡卡 K 次旅行后能获得的最大 SUM 值。

样例输入:

3 2

1 2 3

样例输出:

15

```
0 2 1
1 4 2
```

分析： 本题可以转化为最小费用最大流问题。构建容量网络的方法如下：将每个位置拆成两个顶点——出点和入点，出点和入点之间连接一条容量为1、费用为矩阵中该位置上的数值；若点 p 与 q 能连通，则连接 p 与 q，$n×n+p$ 与 $n×n+q$，p 与 $n×n+q$，$n×n+p$ 与 q 这4条边，容量为无穷大，费用为0；假设源点与汇点，源点与1、汇点与 $2×n×n$ 之间连接边，容量为 K，费用为0。容量网络构建完成后，求最小费用最大流即可。代码如下。

```
#define INF 10000000
#define MAXN 5100
struct edge{
    int next;
    int f, c, w;
}N, P;
vector<edge> map[MAXN];
int s, t, n, k;
queue<int> Q;
int cost[MAXN];
int pre[MAXN];              //pre[i]为增广路顶点 i 前一个顶点的序号
int m[51][51];
bool SPFA( )               //SPFA算法求最短路径
{
    int i, H=0, T=0, cur;
    pre[s]=0;
    for( i=0; i<=t; i++ )  cost[i]=INF;
    cost[s]=0;  Q.push(s);
    while( !Q.empty() ){
        cur=Q.front();  Q.pop();
        for( i=0; i<map[cur].size(); i++ ){
            N=map[cur][i];
            if( N.c-N.f>0 && cost[N.next]>cost[cur]+N.w ){     //松弛操作
                cost[N.next]=cost[cur]+N.w;
                pre[N.next]=cur;  Q.push(N.next);
            }
        }
    }
    if( cost[t]!=INF )  return 1;
    else  return 0;
}
int argument( )     //增广路算法,得到增广路并调整流量
{
    int i, j, min=INF;
    for( i=t; i!=s; i=pre[i] ){
        for( j=0; j<map[pre[i]].size(); j++ ){
            if( map[pre[i]][j].next==i &&
                    map[pre[i]][j].c-map[pre[i]][j].f<min )
```

```
                         min=map[pre[i]][j].c-map[pre[i]][j].f;
        }
    }
    for( i=t; i!=s; i=pre[i] ){     //调整流量
        for( j=0; j<map[pre[i]].size(); j++ )
            if( map[pre[i]][j].next==i )
                map[pre[i]][j].f+=min;
    }
    for( i=t; i!=s; i=pre[i] ){
        for( j=0; j<map[i].size(); j++ )
            if( map[i][j].next==pre[i] )
                map[i][j].f-=min;
    }
    return min*cost[t];      //返回调整后的流量
}
int maxcostflow( )           //求最小费用最大流
{
    int Flow=0;
    while( SPFA() )
        Flow+=argument();
    return Flow;
}
void build( )     //构建网络
{
    int i;
    N.c=k; N.f=0;  N.next=1;N.w=0;  map[s].push_back(N);
    N.c=0; N.f=0;  N.next=s; N.w=0;  map[1].push_back(N);
    N.c=k; N.f=0;  N.next=t; N.w=0;  map[2*n*n].push_back(N);
    N.c=0; N.f=0;  N.next=2*n*n; N.w=0;  map[t].push_back(N);
    for( i=1; i<=n*n; i++ ){
        N.c=1;N.f=0; N.next=n*n+i;N.w=-m[(i-1)/n+1][(i-1)%n+1];
        map[i].push_back(N);
        N.c=0; N.f=0; N.next=i; N.w=m[(i-1)/n+1][(i-1)%n+1];
        map[i+n*n].push_back(N);
    }
    for( i=1; i<=n*n; i++ ){
        if( i%n!=0 ){
            N.c=INF;N.f=0; N.next=i+1; N.w=0; map[i].push_back(N);
            N.c=0; N.f=0; N.next=i; N.w=0; map[i+1].push_back(N);
            N.c=INF;N.f=0; N.next=n*n+i+1; N.w=0;
            map[n*n+i].push_back(N);
            N.c=0; N.f=0; N.next=n*n + i; N.w=0;
            map[n*n+i+1].push_back(N);
            N.c=INF;N.f=0; N.next=i+1+ n*n; N.w=0;
            map[i].push_back(N);
            N.c=0; N.f=0; N.next=i; N.w=0;  map[i+1+n*n].push_back(N);
            N.c=INF;N.f=0; N.next=i+1; N.w=0;  map[i+n*n].push_back(N);
```

```
            N.c=0; N.f=0;  N.next=i+n*n;  N.w=0;  map[i+1].push_back(N);
        }
        if( i<=n*(n-1) ){
            N.c=INF; N.f=0;  N.next=i+n;  N.w=0;  map[i].push_back(N);
            N.c=0; N.f=0;  N.next=i;  N.w=0;  map[i+n].push_back(N);
            N.c=INF; N.f=0;  N.next=i+n+n*n;  N.w=0;
            map[n*n+i].push_back(N);
            N.c=0; N.f=0;  N.next=i+n*n;  N.w=0;
            map[n*n+i+n].push_back(N);
            N.c=INF; N.f=0;  N.next=i+n+n*n;  N.w=0;
            map[i].push_back(N);
            N.c=0; N.f=0;  N.next=i;  N.w=0;  map[i+n+n*n].push_back(N);
            N.c=INF; N.f=0;  N.next=i+n;  N.w=0;  map[i+n*n].push_back(N);
            N.c=0; N.f=0;  N.next=i+n*n;  N.w=0;  map[i+n].push_back(N);
        }
    }
}
int main( )
{
    int i, j;
    while( scanf("%d %d",&n,&k) != EOF ){
        s=0, t=2*n*n+1;          //初始化
        for( i=1; i<=n; i++ ){
            for(j=1; j<=n ; j++)
                scanf("%d",&m[i][j]);
        }
        for( i=0; i<=2*n*n+1; i++ )
            map[i].clear();          //清空
        build( );                    //构建网络
        printf( "%d\n", -maxcostflow() );    //求最小费用最大流
    }
    return 0;
}
```

练　习

6.9　回家(Going Home)，ZOJ2404，POJ2195。

题目描述：

在一个网格地图上，有 n 个小人和 n 栋房子。在每个单位时间内，每个小人可以往水平方向或垂直方向上移动一步，走到相邻的方格中。对每个小人，每走一步需要支付 1 美元，直到他走入到一栋房子里。每栋房子只能容纳一个小人。

任务是：要让 n 个小人移动到 n 个不同的房子，需要支付的最小费用。输入的地图中，字符"."表示空方格，字符"H"代表在该位置上有一栋房子，字符"m"代表该位置上有一个小人。

输入描述：

输入文件包含多个测试数据。每个测试数据的第 1 行为两个整数 N 和 M ($2 \leq N$, $M \leq$ 100)，分别代表地图的行和列。接下来有 N 行，每行有 M 个字符，描述了地图，地图中字符 "H" 和字符 "m" 的数目一样；每个测试数据中至多有 100 栋房子。输入文件最后一行为两个 0，代表输入结束。

输出描述：

对每个测试数据，输出一行，为一个整数，表示需要支付美元的最少数目。

样例输入：	样例输出：
5 5	10
HH..m	
.....	
.....	
.....	
mm..H	
0 0	

6.10　最小费用(Minimum Cost)，POJ2516。

题目描述：

Dearboy 是一个食品供应商，他现在面临一个大问题，需要帮忙。在他的销售地区，有 N 个店主(编号从 1～N)帮他销售食品。Dearboy 有 M 个仓库(编号从 1～M)，每个仓库可以提供 K 种不同的食品(编号从 1～K)。一旦有店主向他订食品，Dearboy 应该安排哪个仓库向该店主提供多少食品，以减少总的运输费用？

现已知道，从不同的仓库向不同的店主运输不同种类的单位重量食品所需的费用是不同的。给定每个仓库 K 种食品格子的储藏量，N 个店主对 K 种食品的订量，以及从不同的仓库运输不同种食品到不同店主的所需费用，试安排每个仓库的各种食品供应量，以减少总的运输费用。

输入描述：

输入文件包含多个测试数据。每个测试数据的第 1 行为 3 个整数 N、M 和 K (0<N, M, K<50)，含义如题目描述中所述。接下来 N 行描述了每个店主的订量，每行为 K 个整数，范围为[0, 3]，代表每个店主对每种食品的订量。接下来 M 行描述了每个仓库的各种食品的储藏量，每行也是 K 个整数，范围也是[0, 3]，代表每个仓库的每种食品的储藏量。

接下来有 K 个整数矩阵，每个矩阵的大小都是 $N \times M$，矩阵中所有整数的范围都是(0, 100)，第 K 个居中的第 i 行、第 j 列的整数代表将单位重量的第 K 种食品从第 j 个仓库运往第 i 个店主所需的运输费用。

输入文件的最后一行为 3 个 0，表示输入结束。

输出描述：

对每个测试数据，如果 Dearboy 能满足所有店主的所有订购需求，则输出一个整数，代表最小费用。否则输出 "-1"。

样例输入：

```
1 3 3
1 1 1
0 1 1
1 2 2
1 0 1
1 2 3
1 1 1
2 1 1
0 0 0
```

样例输出：

```
4
```

6.11　疏散计划(Evacuation Plan)，ZOJ1553，POJ2175。

题目描述：

某个城市有许多市政大楼，还修建了一些防辐射的庇护所，这些庇护所用来在核战争情况下保护市政工作人员。每个庇护所有一定的容量，能容下一定数量的人，而且该城市的所有庇护所中，几乎没有多余的容量。在理想的情况下，所有工作人员从大楼里跑出来，跑向最近的庇护所。这有可能导致某些庇护所拥挤，而其他一些庇护所则是半空状态。

为了解决这个问题，市政委员会设计了一个疏散计划。在计划中，如果将每个工作人员安排到指定的庇护所，这将导致需要维护大量的信息，因此疏散计划是把庇护所分配给市政大楼。委员会列出了每栋大楼需要共用某个庇护所的人数，然后将个人安排的任务交给每栋大楼的管理者。疏散计划考虑了每栋大楼的人数——所有人都安排到庇护所；同时也充分考虑了每个庇护所的容量是有限的——每个庇护所分配到的人数都不超过它的容量，尽管这将导致某些庇护所没有充分利用。

委员会宣称他们的疏散计划是最优的，也就是说，所有工作人员到达指定的庇护所所需的时间是最少的。该市市长，并不相信委员会的疏散计划，因此他想请你验证该疏散计划。要么是验证该疏散计划是最优的，要么通过找到另外一种花费时间更少的方案，从而证明委员会是无能的。

该城市用长方形的网格来描述，市政大楼和庇护所的位置用两个整数来表示，这样从 (X_i, Y_i) 位置处的市政大楼跑到 (P_j, Q_j) 位置处的庇护所，所需时间为 $D_{i,j} = |X_i - P_j| + |Y_i - Q_j| + 1$ 分钟。

图 6.43 给出了城市地图的一个例子。在图中，$B_1(5)$、$B_2(6)$ 等表示大楼，括号里的数字表示大楼里工作人员的数目；$S_1(3)$、$S_2(4)$ 等表示庇护所，括号里的数字表示庇护所的容量。

输入描述：

输入文件包含多个测试数据。每个测试数据给出了城市的描述和一个疏散计划的描述。每个测试数据的第 1 行为两个整数 N 和 M，用空格隔开，其中 $N(1 \leqslant N \leqslant 100)$ 表示市政大楼的数目，这些市政大楼编号为 $1 \sim N$；$M(1 \leqslant M \leqslant 100)$ 表示庇护所的数目，这些庇护所的编号为 $1 \sim M$。

接下来有 N 行数据，描述了这 N 个市政大楼。每行为 3 个整数 X_i、Y_i 和 B_i，用空格隔开，其中 X_i、Y_i (-1 000≤X_i, Y_i≤1 000)为市政大楼的坐标位置，B_i(1≤B_i≤1 000)为该市政大楼中的工作人员人数。

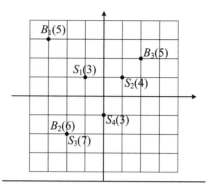

图 6.43 疏散计划：城市地图

接下来有 M 行数目，描述了 M 个庇护所。每行也是 3 个整数 P_j、Q_j 和 C_j，用空格隔开，其中 P_i、Q_i (-1 000≤P_j, Q_j≤1 000)为庇护所的坐标位置，C_j(1≤C_j≤1 000)为庇护所的容量。

接下来 N 行描述了市政委员会的疏散计划。每一行代表一栋市政大楼的疏散计划，按大楼在输入数据中的顺序给出。第 i 栋大楼的疏散计划包含了 M 个整数 $E_{i,j}$，用空格隔开。$E_{i,j}$(0≤$E_{i,j}$≤1 000)为从第 i 栋大楼疏散到第 j 个庇护所的人数。

输入文件中的疏散计划保证是有效的，也就是说，在计划中，所有人都能疏散出来，每个庇护所也都不会超出它的容量。测试数据一直到文件尾。

输出描述：

对每个测试数据，如果市政委员会的计划是最优的，输出"OPTIMAL"；否则先在第 1 行输出"SUBOPTIMAL"，然后是 N 行，描述疏散计划，格式如输入文件中给出的疏散计划一样。完成计划不一定是最优的，但必须保证是有效的，且比市政委员会的计划更好。

样例输入：

```
3 4
-3 3 5
-2 -2 6
2 2 5
-1 1 3
1 1 4
-2 -2 7
0 -1 3
3 1 1 0
0 0 6 0
0 3 0 2
```

样例输出：

```
SUBOPTIMAL
3 0 1 1
0 0 6 0
0 4 0 1
```

第7章 支配集、覆盖集、独立集与匹配

本章内容会涉及以下几个容易相互混淆的概念(设 G 为无向图)。

(1) 点支配集，极小点支配集，最小点支配集，点支配数——$\gamma_0(G)$。
点支配的概念——顶点集合的子集支配其他顶点。

(2) 点覆盖集，极小点覆盖集，最小点覆盖集，点覆盖数——$\alpha_0(G)$。
点覆盖的概念——顶点集合的子集覆盖住所有边。

(3) 点独立集，极大点独立集，最大点独立集，点独立数——$\beta_0(G)$。
点独立的概念——互不相邻的顶点构成的顶点子集。

(4) 边覆盖集，极小边覆盖集，最小边覆盖集，边覆盖数——$\alpha_1(G)$。
边覆盖的概念——边集合的子集覆盖住所有顶点。

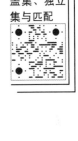

(5) 边独立集(匹配)，极大边独立集(极大匹配)，最大边独立集(最大匹配)，边独立数(或匹配数)——$\beta_1(G)$。

边独立的概念——互不相邻的边构成的边子集。

说明，以上概念都要求无向图 G 没有孤立顶点(但允许 G 不连通)，因为这些概念都涉及顶点和顶点邻接(或顶点和边邻接、边和边邻接)，而孤立顶点不与边和其他顶点邻接。

以上几个量存在以下关系(设无向图 G 有 n 个顶点，且没有孤立顶点；或者如果有 n_1 个孤立顶点，在 β_0 和 n 中分别扣除 n_1 个孤立顶点后以下关系式仍满足)。

$$\alpha_0 + \beta_0 = n，即点覆盖数+点独立数=n。 \tag{7-1}$$

$$\alpha_1 + \beta_1 = n，即边覆盖数+边独立数=n。 \tag{7-2}$$

对二部图(设无向二部图 G 有 n 个顶点，且没有孤立顶点)，还有以下关系式。

$$\alpha_0 = \beta_1。 \tag{7-3}$$

$$\beta_0 = n - \beta_1。 \tag{7-4}$$

说明：在式(7-4)中，如果该二部图有 n_1 个孤立顶点，则 β_0 和 n 中分别扣除 n_1 个孤立顶点后仍满足该式，即 $\beta_0 - n_1 = n - n_1 - \beta_1$。这样原式 $\beta_0 = n - \beta_1$ 仍然成立。

7.1 点支配集、点覆盖集、点独立集

7.1.1 点支配集

1. 支配、点支配集、支配数

支配与**点支配集**(vertex dominating set)。设无向图为 $G(V, E)$，顶点集合 $V^* \subseteq V$，若对于 $\forall v \in (V - V^*)$，$\exists u \in V^*$，使得 $(u, v) \in E$ (可称 u 支配 v)，则称 V^* 为 G 的一个**点支配集**，有时也简称**支配集**。

在图 7.1(a)中，取 $V^* = \{v_1, v_5\}$，则 V^* 就是一个点支配集。因为 $V-V^* = \{v_2, v_3, v_4, v_6, v_7\}$ 中的每个顶点都是 V^* 中某个顶点的邻接顶点。

通俗地讲，所谓点支配集，就是 V^* 中的顶点能"支配"$V-V^*$ 中的每个顶点，即 $V-V^*$ 中的每个顶点都是 V^* 中某个顶点的邻接顶点，或者说 V 中的顶点要么是 V^* 集合中的元素，要么与 V^* 中的一个顶点相邻。

注意： 在无向图中存在用尽可能少的顶点去支配其他顶点的问题，所以点支配集有极小和最小的概念。最大点支配集的概念是没有意义的，因为对任何一个无向图 $G(V, E)$，取 $V^*= V$，总是满足点支配集的定义。

极小点支配集。 若点支配集 V^* 的任何真子集都不是点支配集，则称 V^* 是极小点支配集。

最小点支配集。 顶点数最少的点支配集称为最小点支配集。

点支配数(vertex dominating number)。最小点支配集中的顶点数称为点支配数，记为 $\gamma_0(G)$，或简记为 γ_0。

在图 7.1(a)中，$\{v_1, v_5\}$、$\{v_3, v_5\}$ 和 $\{v_2, v_4, v_7\}$ 都是极小点支配集，$\{v_1, v_5\}$、$\{v_4, v_5\}$ 和 $\{v_3, v_6\}$ 都是最小点支配集，因此 $\gamma_0 = 2$。

在图 7.1(b)中，$\{v_1\}$ 和 $\{v_2, v_3, v_4, v_5, v_6, v_7\}$ 都是极小点支配集，$\{v_1\}$ 是最小点支配集，因此 $\gamma_0 = 1$。

在图 7.1(c)中，$\{v_1\}$、$\{v_2, v_4\}$、$\{v_2, v_5\}$ 等都是极点小支配集，显然 $\gamma_0 = 1$。

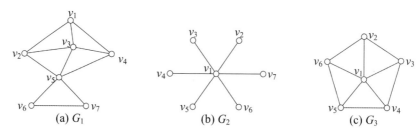

图 7.1   支配与点支配集

2. 点支配集的性质

性质 1   若 G 中无孤立顶点，则**存在**一个点支配集 V^*，使得 G 中除 V^* 外的所有顶点也组成一个点支配集(即 $V-V^*$ 也是一个点支配集)。(证明略)

思考： 在图 7.1(a)中，取 $V^* = \{v_3, v_5, v_6, v_7\}$，$V^*$ 是点支配集，但 $V-V^*$ 是否是点支配集？

性质 2   若 G 中无孤立顶点，V^* 为**任意**一个极小点支配集，则 G 中除 V^* 外的所有顶点也组成一个点支配集(即 $V-V^*$ 也是一个点支配集)。(证明略)

3. 应用例子

例 7.1   应用点支配集设置通信基站。

假设需要在 8 个城镇 $A \sim H$ 之间选择若干个城镇建通信基站，使得通信信号覆盖这 8 个城镇。如果在 A 建设一个基站，能同时覆盖到 B、C、D 和 E；如果在 B 建设一个基站，能同时覆盖 A、C 和 G 等。问至少需要建几个基站？

用顶点表示每个城镇，如果在城镇 X 建设一个基站，能同时覆盖到 Y 城镇，那么在顶点 X 和 Y 之间连一条边。这样构造的图如图 7.2 所示。现在将问题转换成求最小点支配集问题。在图 7.2 中，最小点支配集是 $\{A, H\}$，$\gamma_0 = 2$。因此至少需要建设两个基站。

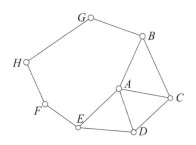

图 7.2　通信基站的设置

7.1.2　点覆盖集

1. 点覆盖边、点覆盖集、点覆盖数

点覆盖集(vertex covering set)。设无向图为 $G(V, E)$，顶点集合 $V^* \subseteq V$，若对于 $\forall e \in E$，$\exists v \in V^*$，使得 v 与 e 相关联(可称 v **覆盖** e)，并称 V^* 为 G 的一个**点覆盖集**，有时也简称**点覆盖**。

在图 7.3(a)中，取 $V^* = \{v_1, v_3, v_5, v_7\}$，则 V^* 就是一个点覆盖集。因为 G 中的每条边都被 V^* 中某个顶点"覆盖"住了。

通俗地讲，所谓点覆盖集 V^*，就是 G 中所有的边至少有一个顶点属于 V^*。

注意：

(1) 点覆盖集里的"覆盖"，含义是顶点"覆盖"边；而 7.3.1 节中边覆盖集里的"覆盖"，含义是边"覆盖"顶点。

(2) 在无向图中存在用尽可能少的顶点去"覆盖"住所有边的问题，所以点覆盖集有极小和最小的概念。最大点覆盖集的概念是没有意义的，因为对任何一个无向图 $G(V, E)$，取 $V^* = V$，总是满足点覆盖集的定义。

极小点覆盖集。若点覆盖集 V^* 的任何真子集都不是点覆盖集，则称 V^* 是极小点覆盖集。

最小点覆盖集。顶点个数最少的点覆盖集称为最小点覆盖集。

点覆盖数(vertex covering number)。最小点覆盖集的顶点数称为点覆盖数，记为 $\alpha_0(G)$，简记为 α_0。

在图 7.3(a)中，$\{v_2, v_3, v_4, v_6, v_7\}$、$\{v_1, v_3, v_5, v_7\}$ 等都是极小点覆盖集，$\{v_1, v_3, v_5, v_7\}$ 等是最小点覆盖集，因此 $\alpha_0 = 4$。在图 7.3(b)中，$\{v_1\}$ 和 $\{v_2, v_3, v_4, v_5, v_6, v_7\}$ 是极小点覆盖集，$\{v_1\}$ 还是最小点覆盖集，因此 $\alpha_0 = 1$。在图 7.3(c)中，$\{v_1, v_2, v_4, v_5\}$、$\{v_1, v_2, v_4, v_6\}$ 是极小点覆盖集，也都是最小点覆盖集，因此 $\alpha_0 = 4$。

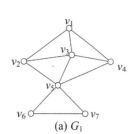
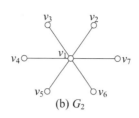
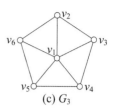

(a) G_1　　　　　　　(b) G_2　　　　　　　(c) G_3

图 7.3　点覆盖集

2. 应用例子

例 7.2　应用点覆盖集配置小区消防设施。

某小区计划在某些路口安装消防设施，约定只有与路口直接相连的道路才能使用该路口的消防设施(发生火灾时消防车开进小区道路上并使用路口的消防设施)，为了使所有道路在必要时都能使用消防设施，问至少要配置多少套消防设施。

小区平面图如图 7.4(a)所示，以路口为顶点、街道为边，构造如图 7.4(b)所示的无向图。本题要求用最少的顶点"覆盖"住所有的边。因此，本题要求的是最小顶点覆盖集。图 7.4(b)给出了一个解，实心圆圈顶点表示安装消防设施的路口。因此最少需要 8 套消防设施。

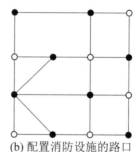

(a) 小区平面图　　　　　　　(b) 配置消防设施的路口

图 7.4　小区消防设施的配置

7.1.3　点独立集

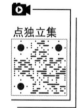

1. 点独立集、点独立数

点独立集(vertex independent set)。设无向图为 $G(V, E)$，顶点集合 $V^* \subseteq V$，若 V^* 中任何两个顶点均不相邻，则称 V^* 为 G 的点独立集。

在图 7.5(a)中，取 $V^* = \{ v_1, v_5 \}$，则 V^* 就是一个点独立集。因为 v_1 和 v_5 是不相邻的。

注意：在无向图中存在将尽可能多的、相互独立的顶点包含到顶点集合的子集 V^* 中的问题，所以点独立集有极大和最大的概念。最小点独立集的概念是没有意义的，因为对任何一个无向图 $G(V, E)$，取 $V^* = \varnothing$(空集)，总是满足点独立集的定义。

极大点独立集。若在 V^* 中加入任何顶点都不再是点独立集，则称 V^* 为极大点独立集。

最大点独立集。顶点数最多的点独立集称为最大点独立集。

点独立数(vertex independent number)。最大点独立集的顶点数称为点独立数,记为 $\beta_0(G)$,简记为 β_0。

在图 7.5(a)中,$\{v_1, v_5\}$、$\{v_3, v_6\}$、$\{v_2, v_4, v_7\}$ 都是极大点独立集,$\{v_2, v_4, v_7\}$ 还是最大点独立集,因此 $\beta_0 = 3$。

在图 7.5(b)中,$\{v_1\}$ 和 $\{v_2, v_3, v_4, v_5, v_6, v_7\}$ 都是极大点独立集,$\{v_2, v_3, v_4, v_5, v_6, v_7\}$ 还是最大点独立集,因此 $\beta_0 = 6$。

在图 7.5(c)中,$\{v_2, v_4\}$、$\{v_2, v_5\}$ 都是极大点独立集,也都是最大点独立集,显然 $\beta_0 = 2$。

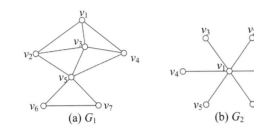 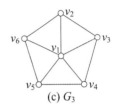

(a) G_1 (b) G_2 (c) G_3

图 7.5 点独立集

2. 应用例子

例 7.3 应用点独立集存放化学药品。

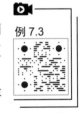

某仓库要存放 n 种化学药品,其中有些药品彼此不能存放在一起,因为相互之间可能引起化学或药物反应导致危险,所以必须把仓库分成若干区,各区之间相互隔离。至少把仓库分成多少隔离区,才能确保安全?

考虑 7 种药品的情况。用 $v_1, v_2, \cdots, v_7$ 分别表示这 7 种药品,已知不能存放在一起的药品为 (v_1, v_2),(v_1, v_4),(v_2, v_3),(v_2, v_5),(v_2, v_7),(v_3, v_4),(v_3, v_6),(v_4, v_5),(v_4, v_7),(v_5, v_6),(v_5, v_7),(v_6, v_7)。在本题中,把各种药品作为顶点,即顶点集为 $V(G) = \{v_1, v_2, v_3, v_4, v_5, v_6, v_7\}$。然后把不能存放在一起的药品用边相连,就构成一个图,如图 7.6 所示。

由点独立集的定义可知,能存放到同一个仓库中的药品应属于同一个点独立集,为了使得仓库数尽可能少,在不导致危险的前提下应该在同一个仓库中存放尽可能多的药品,这个点独立集还应该尽量是极大点独立集。另外,存放在不同仓库中的药品集合分别对应不同的点独立集,而且这些点独立集没有公共元素。由第 9 章的内容可知,这实际上是图的点着色问题。

设想把仓库划分为若干个隔离区,分别用 I、II、III……来代表,每个隔离区相当于一个顶点子集。根据题意,相邻的顶点不能存入在同一个隔离区。现在按照以下的方法将各个顶点划分到不同的隔离区中:选择起始顶点,如 v_1,存放在 I 区;因 v_2 与 v_1 有边相连,所以把 v_2 存放在 II 区;v_3 与 v_2 有边相连,但与 v_1 无边相连,故可存放在 I 区……以此类推,最后一个顶点 v_7,既与 v_5 相连,也与 v_2、v_4、v_6 相连,所以只好存放在 III 区。从而这 7 种药品可用 3 个隔离区存放。每个隔离区存放的药品分别为:I 区存放 v_1, v_3, v_5;II 区存放 v_2, v_4, v_6;III 区存放 v_7。图 7.6 标明了各顶点(代表对应的药品)所属的隔离区。

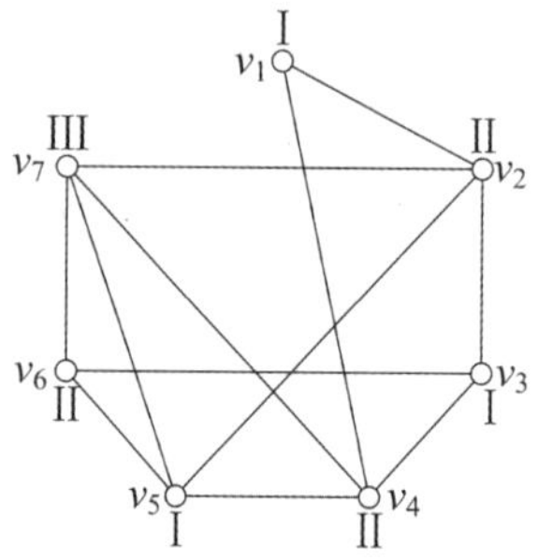

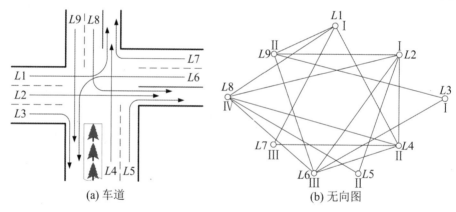

图 7.6 化学药品的存放

例 7.4 应用点独立集设计交通信号灯。

图 7.7(a)所示的是两条繁忙街道交叉路口的交通车道。当一辆车到达这个路口时,它会在 $L1\sim L9$ 中的一个车道上出现。在这个路口处有一个交通信号灯,它告知不同车道上的司机何时可以通过这个路口,这是为了确保某些处于不同车道上的车辆不会在同一时间进入路口,如 $L1$ 和 $L7$。然而 $L1$ 和 $L5$ 上的车辆同时穿过路口是没有问题的。现在的问题是,为了让所有的车辆都能安全通过路口,对于交通信号灯来说,所需的相位最少是多少?

用顶点 $L1\sim L9$ 表示每个车道,当两个车道上的车辆不能同时进入路口时(否则可能引发交通事故),则在这两个车道对应的顶点间连一条边。构造好的无向图如图 7.7(b)所示。

图 7.7 街道交叉路口的交通车道

(a) 车道   (b) 无向图

由点独立集的定义可知,能同时放行的车道应该属于同一个点独立集,在不引发交通事故的前提下为了让尽可能多的车道同时放行,这个点独立集还应该尽量是极大点独立集。另外,由信号灯不同相位控制的车道集合分别对应不同的点独立集,而且这些点独立集没有公共元素。由第 9 章的内容可知,这实际上是图的点着色问题。

图 7.7(b)所示的无向图中最少可以分成 4 个没有公共元素的点独立集,如 $\{L1, L2, L3\}$、$\{L4, L5, L9\}$、$\{L6, L7\}$、$\{L8\}$。这样每个点独立集中的车道由信号灯一个相位控制,所以至少需要 4 个相位的信号灯。

7.1.4 点支配集、点覆盖集、点独立集之间的联系

点支配集、点覆盖集、点独立集都是顶点的集合,这些集合之间存在以下联系。

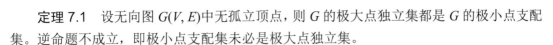

定理 7.1　设无向图 $G(V, E)$ 中无孤立顶点，则 G 的极大点独立集都是 G 的极小点支配集。逆命题不成立，即极小点支配集未必是极大点独立集。

定理 7.2　一个点独立集是极大点独立集，当且仅当它是一个点支配集。

定理 7.3　设无向图 $G(V, E)$ 中无孤立顶点，顶点集合 $V^* \subseteq V$，则 V^* 是 G 的点覆盖集，当且仅当 $V - V^*$ 是 G 的点独立集。

定理 7.3 的推论：设 G 是 n 阶无孤立点的图，则 V^* 是 G 的极小(最小)点覆盖集，当且仅当 $V - V^*$ 是 G 的极大(最大)点独立集。因此，$\alpha_0 + \beta_0 = n$。

7.2　点支配集、点覆盖集、点独立集的求解

7.2.1　逻辑运算

因为点支配集、点覆盖集、点独立集都是顶点集合，求解时要用到集合的逻辑运算。设 G 是一个图，用 v_i 表示事件"包含顶点 v_i"。定义以下两种逻辑运算。

(1) 逻辑或运算，用 $v_i + v_j$ 或 $v_i \vee v_j$ 表示事件"要么包含顶点 v_i，要么包含顶点 v_j"。

(2) 逻辑与运算，用 $v_i v_j$ 或 $v_i \wedge v_j$ 表示事件"既包含顶点 v_i，又包含顶点 v_j"。

上述逻辑运算满足以下运算定律。

(1) 交换律：$v_i + v_j = v_j + v_i$；　$v_i v_j = v_j v_i$。

(2) 结合律：$(v_i + v_j) + v_k = v_i + (v_j + v_k)$；　$(v_i v_j) v_k = v_i (v_j v_k)$。

(3) 分配律：$v_i (v_j + v_k) = v_i v_j + v_i v_k$；　$(v_j + v_k) v_i = v_i v_j + v_i v_k$。

(4) 吸收律：$v_i + v_i = v_i$；　$v_i v_i = v_i$；　$v_i + v_i v_j = v_i$。

上述定律尤其是吸收律，在求解点支配集、点覆盖集、点独立集时用处很大。

7.2.2　极小点支配集的求解

设无向连通图为 $G(V, E)$，顶点集合 $V = \{ v_1, v_2, \cdots, v_n \}$，则求所有极小点支配集的公式为

$$\gamma(v_1, v_2, \cdots, v_n) = \prod_{i=1}^{n} \left(v_i + \sum_{u \in N(v_i)} u \right)。 \tag{7-5}$$

式中，$N(v_i)$ 为顶点 v_i 的邻接顶点集合，也称为 v_i 的**邻域**(neighborhood)；$\sum$ 表示求和；$\prod$ 表示连乘。在式(7-5)中，每个顶点与它的所有邻接顶点进行加法运算组成一个因子项，所有因子项再连乘。连乘过程中根据上述运算规律展开成积之和的形式。在运算完毕得到的结果中，每个乘积项代表一个极小点支配集，其中最小者为最小点支配集。

例如，对图 7.1(a)所示的无向图，求所有极小点支配集的计算式为

γ ($v_1, v_2, v_3, v_4, v_5, v_6, v_7$)

$= (v_1 + v_2 + v_3 + v_4)(v_2 + v_1 + v_3 + v_5)(v_3 + v_1 + v_2 + v_4 + v_5)(v_4 + v_1 + v_3 + v_5)$

$\quad (v_5 + v_2 + v_3 + v_4 + v_6 + v_7)(v_6 + v_5 + v_7)(v_7 + v_5 + v_6)$

$= (1 + 2 + 3 + 4)(2 + 1 + 3 + 5)(3 + 1 + 2 + 4 + 5)(4 + 1 + 3 + 5)$

$\quad (5 + 2 + 3 + 4 + 6 + 7)(6 + 5 + 7)(7 + 5 + 6)$

$= 15 + 16 + 17 + 246 + 247 + 25 + 35 + 36 + 37 + 45$

因此，该图的所有极小点支配集为$\{ v_1, v_5 \}$、$\{ v_1, v_6 \}$、$\{ v_1, v_7 \}$、$\{ v_2, v_4, v_6 \}$、$\{ v_2, v_4, v_7 \}$、$\{ v_2, v_5 \}$、$\{ v_3, v_5 \}$、$\{ v_3, v_6 \}$、$\{ v_3, v_7 \}$、$\{ v_4, v_5 \}$。点支配数 $\gamma_0 (G) = 2$。

请注意理解上述乘法的执行过程。以$(1 + 2 + 3 + 4)(2 + 1 + 3 + 5)$为例解释：因为根据吸收律有 $11 = 1$，因此展开式中所有其他包含 1 的乘积项都被 1"吸收"了；同理所有包含 2 的乘积项都被 2 吸收了，所有包含 3 的乘积项都被 3 吸收了；这样该乘积运算的结果为 $1 + 2 + 3 + 45$。然后再计算$(1 + 2 + 3 + 45)(3 + 1 + 2 + 4 + 5)$……如此运算下去，直至所有的因子项展开完毕。

7.2.3 极小点覆盖集、极大点独立集的求解

设无向连通图为 $G(V, E)$，顶点集合 $V = \{v_1, v_2, \cdots, v_n\}$，求所有极小点覆盖集的公式为

极小点覆盖集、极大点独立集的求解

$$\alpha(v_1, v_2, \cdots, v_n) = \prod_{i=1}^{n}\left(v_i + \prod_{u \in N(v_i)} u \right). \tag{7-6}$$

在式(7-6)中，每个顶点的所有邻接顶点进行积运算后再与该顶点进行和运算，组成一个因子项；所有因子项再连乘，并根据逻辑运算规律展开成积之和的形式。在运算完毕得到的结果中，每个乘积项代表一个极小点覆盖集，其中最小者为最小点覆盖集。

例如，对如图 7.1(a)所示的无向图，求所有极小点覆盖集的计算式为

α ($v_1, v_2, v_3, v_4, v_5, v_6, v_7$)

$= (v_1 + v_2 v_3 v_4)(v_2 + v_1 v_3 v_5)(v_3 + v_1 v_2 v_4 v_5)(v_4 + v_1 v_3 v_5)(v_5 + v_2 v_3 v_4 v_6 v_7)(v_6 + v_5 v_7)(v_7 + v_5 v_6)$

$= (1 + 234)(2 + 135)(3 + 1245)(4 + 135)(5 + 23467)(6 + 57)(7 + 56)$

$= 12456 + 12457 + 1356 + 1357 + 23456 + 23457 + 23467$

因此，该图的所有极小点覆盖集为$\{v_1, v_2, v_4, v_5, v_6\}$、$\{v_1, v_2, v_4, v_5, v_7\}$、$\{v_1, v_3, v_5, v_6\}$、$\{v_1, v_3, v_5, v_7\}$、$\{v_2, v_3, v_4, v_5, v_6\}$、$\{v_2, v_3, v_4, v_5, v_7\}$、$\{v_2, v_3, v_4, v_6, v_7\}$。点覆盖数 $\alpha_0 (G) = 4$。

由 7.1.4 节定理 7.3 的推论可知：无向连通图 G 的极小点覆盖集与极大点独立集存在互补性，求出极小点覆盖集和点覆盖数后，就可以求出极大点独立集和点独立数。由此得出图 7.1(a)的极大点独立集为

$$V - \{ v_1, v_2, v_4, v_5, v_6 \} = \{ v_3, v_7 \}$$
$$V - \{ v_1, v_2, v_4, v_5, v_7 \} = \{ v_3, v_6 \}$$
$$V - \{ v_1, v_3, v_5, v_6 \} = \{ v_2, v_4, v_7 \}$$
$$V - \{ v_1, v_3, v_5, v_7 \} = \{ v_2, v_4, v_6 \}$$
$$V - \{ v_2, v_3, v_4, v_5, v_6 \} = \{ v_1, v_7 \}$$
$$V - \{ v_2, v_3, v_4, v_5, v_7 \} = \{ v_1, v_6 \}$$
$$V - \{ v_2, v_3, v_4, v_6, v_7 \} = \{ v_1, v_5 \}$$

点独立数 $\beta_0(G) = n - \alpha_0(G) = 3$。

说明： 上述求极小点支配集、极小点覆盖集和极大点独立集算法的复杂度是指数阶的。例如，求极小点覆盖集的算法需要处理式(7-6)右边式子展开式中的 2^n 个乘积项，因此时间复杂度至少为 $O(2^n)$。事实上，极小点支配集、极小点覆盖集和极大点独立集问题都是 NP 问题，没有多项式时间复杂度的求解算法。因此上述算法只能用来计算顶点数 n 较小的图。

7.3 边覆盖集与边独立集

7.3.1 边覆盖集

1. 边覆盖点、边覆盖集、边覆盖数

覆盖与**边覆盖集**(edge covering set)。设无向图为 $G(V, E)$，边的集合 $E^* \subseteq E$，若对于 $\forall v \in V$，$\exists e \in E^*$，使得 v 与 e 相关联(可称 e **覆盖** v)，则称 E^* 为**边覆盖集**，或简称**边覆盖**。

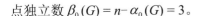

在图 7.8(a)中，取 $E^* = \{e_1, e_4, e_7\}$，则 E^* 就是图 G 的一个边覆盖集，因为图 G 中每个顶点都被 E^* 中某条边"覆盖"住了。

通俗地讲，所谓边覆盖集 E^*，就是 G 中所有的顶点都是 E^* 中某条边的邻接顶点(边覆盖顶点)。

注意： 在无向图中存在用尽可能少的边去"覆盖"住所有顶点的问题，所以边覆盖集有极小和最小的概念。最大边覆盖集的概念是没有意义的，因为对任何一个无向图 $G(V, E)$，取 $E^* = E$，总是满足边覆盖集的定义。

极小边覆盖集。 若边覆盖集 E^* 的任何真子集都不是边覆盖集，则称 E^* 是极小边覆盖集。

最小边覆盖集。 边数最少的边覆盖集称为最小边覆盖集。

边覆盖数(edge covering number)。最小边覆盖集所含的边数称为边覆盖数，记为 $\alpha_1(G)$，或简记为 α_1。

在图 7.8(a)中，$\{e_1, e_4, e_7\}$ 和 $\{e_2, e_5, e_6, e_7\}$ 都是极小边覆盖集，$\{e_1, e_4, e_7\}$ 还是最小边覆盖集，因此 $\alpha_1 = 3$。

在图 7.8(b)中，$\{e_2, e_3, e_6\}$ 和 $\{e_2, e_4, e_8\}$ 都是极小边覆盖集，也都是最小边覆盖集，因此 $\alpha_1 = 3$。

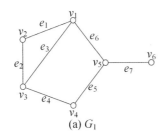
(a) G_1

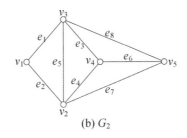
(b) G_2

图 7.8 边覆盖集

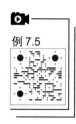

例 7.5

2. 应用例子

例 7.5 应用边覆盖集安排 ACM 竞赛题目的讲解。

某高校举办了一次全校 ACM 程序设计个人赛，共出了 8 道题目($P_1 \sim P_8$)。赛后组委会要求比赛结束后排名前 10 名的学生($s_1 \sim s_{10}$)来讲解题目，并要求他们每人选择两道题目来讲解，如 s_1 学生准备讲解 P_2 和 P_8，s_2 学生准备讲解 P_6 和 P_8 等。问要讲解这 8 道题目至少需要多少名学生。

以题目 $P_1 \sim P_8$ 为顶点，如果某学生 s_k 准备讲解题目 P_i 和 P_j，则在顶点 P_i 和 P_j 之间连一条边 s_k，这样构造的无向图如图 7.9 所示。本题要求解的是讲解这 8 道题目至少需要多少名学生，转换成求图 7.9 的最小边覆盖集。在本题中，边 s_k "覆盖住"顶点 P_i 的含义是学生 s_k 讲解题目 P_i。图 7.9 中粗线所示的边构成了一个最小边覆盖集，共 5 条边，因此至少需要 5 名学生来讲解，很明显某些学生只能讲一道题目。

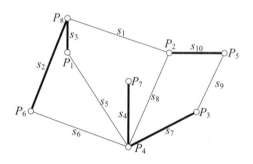

图 7.9 ACM 题目讲解

7.3.2 边独立集(匹配)

边独立集(匹配)

1. 边独立集、边独立数

边独立集(edge independent set)。设无向图为 $G(V, E)$，边的集合 $E^* \subseteq E$，若 E^* 中任何两条边均不相邻，则称 E^* 为 G 的**边独立集**，也称 E^* 为 G 的**匹配**(matching)。所谓任何两条边均不相邻，通俗地讲，就是任何两条边都没有公共顶点。

例如，在图 7.10(a)中，取 $E^* = \{e_1, e_4, e_7\}$，则 E^* 就是图 G_1 的一个匹配，因为 E^* 中每两条边都没有公共顶点。

注意：在无向图中存在将尽可能多的、相互独立的边包含到边的集合 E^* 中的问题，所以边独立集有极大和最大的概念。最小边独立集的概念是没有意义的，因为对任何一个无向图 $G(V, E)$，取 $E^* = \varnothing$(空集)，总是满足边独立集的定义。

极大匹配。若在 E^* 中加入任意一条边所得到的集合都不是匹配，则称 E^* 为极大匹配。

最大匹配。边数最多的匹配称为最大匹配。

边独立数(edge independent number)。最大匹配的边数称为边独立数或匹配数，记为 $\beta_1(G)$，简记为 β_1。

在图 7.10(a)中，$\{e_2, e_6\}$ 和 $\{e_1, e_4, e_7\}$ 都是极大匹配，后者也是最大匹配，因此 $\beta_1 = 3$。

在图 7.10(b)中，$\{e_2, e_3\}$、$\{e_1, e_4\}$ 和 $\{e_3, e_7\}$ 都是极大匹配，也都是最大匹配，因此 $\beta_1 = 2$。

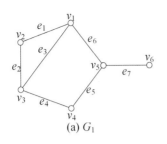 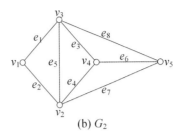

图 7.10　边独立集

以下几个概念都是针对无向图 $G(V, E)$ 中一个给定的匹配 M 而言的。

在无向图 G 中，若边 $(u, v) \in M$，则称**顶点 u 与 v 被 M 所匹配**。

盖点与未盖点。设 v 是图 G 的一个顶点，如果 v 与 M 中的某条边关联，则称 v 为 M 的**盖点**(有的文献上也称之为 **M 饱和点**)。如果 v 不与任意一条属于匹配 M 的边相关联，则称 v 是匹配 M 的**未盖点**(相应地，有的文献上也称之为非 **M 饱和点**)。所谓盖点，就是被匹配 M 中的边"盖住"了，而未盖点就是没有被匹配 M 中的边"盖住"的顶点。

例如，在图 7.11(a)所示的无向图中，取定 $M = \{ e_1, e_4 \}$，M 中的边用粗线标明，则顶点 v_1 与 v_2 被 M 所匹配；v_1、v_2、v_3 和 v_4 是 M 的盖点，v_5 和 v_6 是 M 的未盖点。

而在图 7.11(b)中，取定 $M = \{ e_1, e_4, e_7 \}$，则 G 中不存在未盖点。

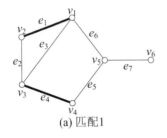 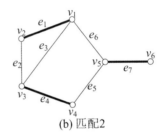

图 7.11　盖点与未盖点

2. 应用例子

例 7.6　飞行员搭配问题 1——**最大匹配**问题。

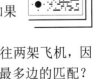

例 7.6

飞行大队有若干个来自各地的飞行员，专门驾驶一种型号的飞机，每架飞机有两个飞行员。由于种种原因，如互相配合的问题，有些飞行员不能在同一架飞机上飞行。问如何搭配飞行员，才能使出航的飞机最多？

设有 10 个飞行员，图 7.12 中的 $v_1, v_2, \cdots, v_{10}$ 就代表这 10 个飞行员。如果两个人可以同机飞行，就在他们之间连一条线，否则就不连。

图 7.12 中的 3 条粗线代表一种搭配方案。由于一个飞行员不能同时派往两架飞机，因此任何两条粗线不能有公共端点。因此该问题就转化为：如何找一个包含最多边的匹配？这个问题就是图的最大匹配问题。

思考：图 7.12 中粗线所示的匹配是最大匹配吗？

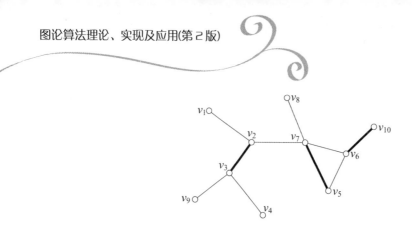

图 7.12　飞行员搭配问题 1

7.3.3　最大边独立集(最大匹配)与最小边覆盖集之间的联系

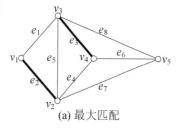

从最大匹配出发可以构造最小边覆盖集,从最小边覆盖集出发也可以构造最大匹配。通常,可以按以下方法进行(详见定理 7.4)。

(1) 从最大匹配出发,通过增加关联未盖点的边获得最小边覆盖集。

(2) 从最小边覆盖集出发,通过移去相邻的一条边获得最大匹配。

任取一个最大匹配,如在图 7.13(a)中,取匹配 $M = \{ e_2, e_3 \}$,M 中的边用粗线标明,则 $M \cup \{ e_6 \}$、$M \cup \{ e_8 \}$、$M \cup \{ e_7 \}$ 都是图的最小边覆盖集,这是因为顶点 v_5 是 M 的未盖点,而边 e_6、e_8、e_7 都与 v_5 关联。

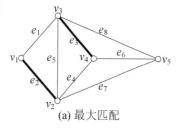
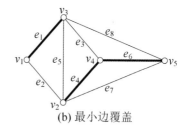

(a) 最大匹配　　　　　　　　　　　　(b) 最小边覆盖

图 7.13　最大匹配与最小边覆盖之间的联系

任取一个最小边覆盖集,如在图 7.13(b)中,取最小边覆盖集 $W = \{ e_1, e_4, e_6 \}$,W 中的边用粗线标明,从中移去一条相邻的边,如去掉 e_6,则 $\{ e_1, e_4 \}$ 是最大匹配;去掉 e_4,则 $\{ e_1, e_6 \}$ 是最大匹配。

定理 7.4　设无向图 G 的顶点个数为 n,且 G 中无孤立点。

(1) 设 M 为 G 的一个最大匹配,对于 G 中 M 的每个未盖点 v,选取一条与 v 关联的边所组成的边的集合为 N,则 $W = M \cup N$ 为 G 中的最小边覆盖集。

(2) 设 W_1 为 G 的最小边覆盖集,若 G 中存在相邻的边就移去其中的一条,设移去的边的集合为 N_1,则 $M_1 = W_1 - N_1$ 为 G 中一个最大匹配。

(3) G 中边覆盖数 α_1 与匹配数 β_1,满足 $\alpha_1 + \beta_1 = n$,即边覆盖数+边独立数=n。

二部图除了满足 $\alpha_1 + \beta_1 = n$,还满足以下关系。

定理 7.5　设无向二部图 G 有 n 个顶点,且没有孤立顶点。

(1) G 的点覆盖数 α_0 和匹配数 β_1 相等,即 $\alpha_0 = \beta_1$。

(2) G 的点独立数 β_0 与匹配数 β_1,满足 $\beta_0 + \beta_1 = n$。如果 G 有 n_1 个孤立顶点,则在 β_0 和 n 中分别扣除 n_1 个孤立顶点后满足 $\beta_0 + \beta_1 - n_1 = n - n_1$。这样 $\beta_0 + \beta_1 = n$ 仍然成立。

7.4 匹 配 问 题

匹配问题是图论中一类常见的问题。7.3.2 节介绍了匹配问题的一个例子，接下来看另一个实例。

例 7.7 飞行员搭配问题 2——二部图的**最大匹配**问题。

在例 7.6 的基础上，如果飞行员分成两部分，一部分是正驾驶员，另一部分是副驾驶员。如何搭配正副驾驶员才能使得出航飞机最多？该问题可以归结为二部图最大匹配问题。

例如，假设有 4 个正驾驶员、5 个副驾驶员，飞机必须要有一名正驾驶员和一名副驾驶员才能起飞。正驾驶员和副驾驶员之间存在搭配的问题。

在图 7.14(a)中，x_1, x_2, x_3, x_4 表示 4 个正驾驶员，y_1, y_2, y_3, y_4, y_5 表示 5 个副驾驶员。正驾驶员之间不能搭配，副驾驶员之间也不能搭配，所以这是一个二部图。图 7.14(b)中的 4 条粗线代表一种搭配方案。这个问题实际上是求一个二部图的最大匹配。

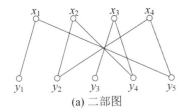
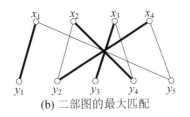

图 7.14　飞行员搭配问题 2

下面对匹配问题做进一步的探讨，7.5 节将讨论二部图最大匹配的求解算法。

7.4.1　完美匹配

完美匹配。对于一个图 G 与给定的一个匹配 M，如果图 G 中不存在 M 的未盖点，则称匹配 M 为图 G 的完美匹配。

例如，图 7.15(a)所示的无向图，取 $M = \{ e_1, e_4, e_7 \}$，则 M 是 G 的一个完美匹配，同时 M 也是图 G 的最大匹配及最小边覆盖集。

而在图 7.15(b)中，不可能有完美匹配，因为对任何匹配都存在未盖点。

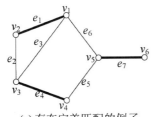
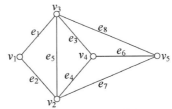

图 7.15　完美匹配

定理 7.4 的推论　设 G 中顶点个数为 n，且 G 中无孤立顶点，M 为 G 中的匹配，W 是

G 中的边覆盖集，则 $|M| \leqslant |W|$，$|M|$ 表示 M 中边的数目。当等号成立时，M 为 G 中的完美匹配，W 为 G 中的最小边覆盖集。

7.4.2 二部图的完备匹配与完美匹配

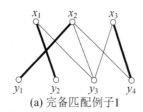
二部图的完备匹配与完美匹配

　　二部图的完备匹配。设无向图 $G(V, E)$ 为二部图，它的两个顶点集合为 X 和 Y，且 $|X| \leqslant |Y|$，M 为 G 中的一个最大匹配，且 $|M| = |X|$，则称 M 为 X 到 Y 的二部图 G 的**完备匹配**。若 $|X| = |Y|$，则该完备匹配覆盖住 G 的所有顶点，所以该完备匹配也是**完美匹配**。

　　例如，图 7.16 所示的 3 个二部图中，图 7.16(a)和(b)中取定的匹配 M 都是完备匹配，而图 7.16(c)中不存在完备匹配。

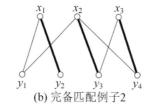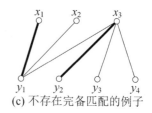

(a) 完备匹配例子1　　　　(b) 完备匹配例子2　　　　(c) 不存在完备匹配的例子

图 7.16　二部图的完备匹配

　　二部图完备匹配的一个应用例子是：某公司有工作人员 $x_1, x_2, \cdots, x_m$，他们去做工作 $y_1, y_2, y_3, \cdots, y_n$，$n > m$，每个人适合做其中一项或几项工作，问能否恰当地安排使得每个人都分配到一项合适的工作。

7.4.3　最佳匹配

最佳匹配

　　继续对上面的应用例子进行深化：工作人员可以做各项工作，但效率未必一致，现在需要制订一个分工方案，使公司的总效益最大，这就是最佳分配问题。

　　二部图的最佳匹配。设 $G(V, E)$ 为加权二部图，它的两个顶点集合分别为 $X = \{ x_1, x_2, \cdots, x_m \}$、$Y = \{ y_1, y_2, \cdots, y_n \}$。$W(x_i, y_k) \geqslant 0$ 表示工作人员 x_i 做工作 y_k 时的效益，权值总和最大的完备匹配称为二部图的**最佳匹配**。

7.4.4　匹配问题求解的基本概念及思路

1. 交错轨

匹配问题求解的基本概念及思路

　　交错轨。设 P 是图 G 的一条轨(即路径)，M 是图 G 中一个给定的匹配，如果 P 的任意两条相邻的边一定是一条属于匹配 M 而另一条不属于 M，则称 P 是关于 M 的一条**交错轨**。

　　例如，在图 7.17(a)所示的图中，取定 $M = \{ e_4, e_6, e_{10} \}$，则图 7.17(b)和(c)所示的路径都是交错轨。

　　特别地，如果轨 P 仅含一条边，那么无论这条边是否属于匹配 M，P 一定是一条交错轨。

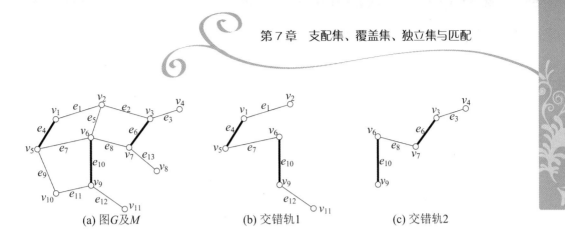

(a) 图G及M   (b) 交错轨1   (c) 交错轨2

图 7.17   交错轨

2. 可增广轨

可增广轨。 对于一个给定的图 G 和匹配 M，两个端点都是未盖点的交错轨称为关于 M 的**可增广轨**。

例如，图 7.17(b)所示的交错轨的两个端点 v_2、v_{11} 都是匹配 M 的未盖点，所以这条轨是可增广轨，而图 7.17(c)所示的交错轨不是可增广轨。

特别地，如果两个未盖点之间仅含一条边，那么单单这条边也组成一条可增广轨。

可增广轨的含义。 对于图 G 的一个匹配 M 来说，如果能找到一条可增广轨 P，那么这个匹配 M 一定可以通过下述方法改进成一个多包含一条边的匹配 M_s(即匹配 M 被扩充了)：把 P 中原来属于匹配 M 的边从匹配 M 中去掉(粗边改成细边)，而把 P 中原来不属于 M 的边加到匹配 M_s 中去(细边改成粗边)，变化后的匹配 M_s 恰好比原匹配 M 多一条边。

例如，对图 7.17(a)中 G 的一个匹配 M，找到图 7.18(a)所示的一条可增广轨，那么按照前述方法可以将原匹配进行扩充，得到图 7.18(b)所示的新匹配 M_s，M_s 比 M 多一条边。

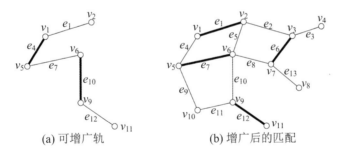

(a) 可增广轨   (b) 增广后的匹配

图 7.18   可增广轨及通过可增广轨扩展匹配

3. 求最大匹配的可行方法

定理 7.6 M 为 G 的最大匹配，当且仅当 G 不存在关于 M 的可增广轨。

因此，求最大匹配的一个可行方法如下。

给定一个初始匹配 M(如果没有给定，则 $M = \varnothing$)，如果图 G 没有未盖点，则肯定不会有可增广轨了，即 M 就是最大匹配；否则对图 G 的所有未盖点 v_i，通过一定的方法搜索以 v_i 为端点的可增广轨，从而通过可增广轨逐渐把 M 扩大。在扩大 M 的过程当中，某些未盖点会逐渐被 M 盖住。

7.5 二部图最大匹配问题的求解

求二部图最大匹配的算法有：网络流解法；匈牙利算法；Hopcroft-Karp算法(匈牙利算法的改进)。本节将介绍前两种算法，并通过例题详细介绍算法的实现方法。

7.5.1 网络流解法

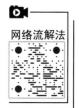

1. 基本思路

设二部图为 $G(V, E)$，它的顶点集合 V 所包含的两个子集为 $X = \{ x_1, x_2, \cdots, x_n \}$ 和 $Y = \{ y_1, y_2, \cdots, y_m \}$，如图7.19(a)所示。如果把二部图看成一个网络，边 (x_i, y_k) 都看成有向边 $<x_i, y_k>$，则在求最大匹配时要保证从顶点 x_i 发出的边最多只选一条，进入顶点 y_k 的边最多也只选一条，在这些前提下将尽可能多的边选入到匹配中来。

设想有一个源点 S，控制从 S 到 x_i 的弧 $<S, x_i>$ 的容量为1，这样就能保证从顶点 x_i 发出的边最多只选一条。同样，设想有一个汇点 T，控制从顶点 y_k 到 T 的弧 $<y_k, T>$ 的容量也为1，这样就能保证进入顶点 y_k 的边最多也只选一条。另外，设边 $<x_i, y_k>$ 的容量也为1。

按照上述思路构造好容量网络后，任意一条从 S 到 T 的路径，一定具有 $S \to x_i \to y_k \to T$ 的形式，且这条路径上3条弧 $<s, x_i>$、$<x_i, y_k>$、$<y_k, t>$ 的容量均为1。因此，该容量网络的最大流中每条从 S 到 T 的路径上，中间这一条边 $<x_i, y_k>$ 的集合就构成了二部图的最大匹配。

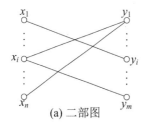
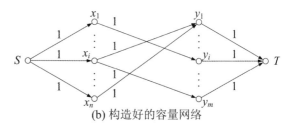

图7.19 二部图最大匹配的网络流解法：容量网络的构造

2. 网络流的构造及求解

求二部图最大匹配的容量网络构造和求解方法如下。

(1) 从二部图 G 出发构造一个容量网络 G'，步骤如下。

① 增加一个源点 S 和汇点 T。

② 从 S 向 X 的每一个顶点都画一条有向弧，从 Y 的每一个顶点都向 T 画一条有向弧。

③ 原来 G 中的边都改成有向弧，方向是从 X 的顶点指向 Y 的顶点。

④ 令所有弧的容量都等于1。构造好的容量网络如图7.19(b)所示。

(2) 求容量网络 G' 的最大流 F。

(3) 最大流 F 求解完毕后，从 X 的顶点指向 Y 的顶点的弧集合中，弧流量为1的弧对应二部图最大匹配中的边，最大流 F 的流量对应二部图的最大匹配的边数。

为什么这样构造的容量网络求出来的最大流就是最大匹配？这是因为：①网络中所有

的弧容量均为 1，这样原二部图 G 中的边，要么选择(即流量为 1)，要么不选择(即流量为 0)；②尽管在网络中顶点 x_i 可能发出多条边，但在最大流中只能选择一条边，因为从源点 S 流入顶点 x_i 的流量不超过 1；③尽管在网络中可能有多条边进入顶点 y_k，但在最大流中只能选择一条边，因为从顶点 y_k 流入汇点 T 的流量不超过 1。

以上第②、第③点保证了最大流 F 中属于二部图的边不存在共同顶点。

3. 网络流解法实例

设有 5 位待业者，用 x_1, x_2, x_3, x_4, x_5 表示，另外有 5 项工作，用 y_1, y_2, y_3, y_4, y_5 表示，如果 x_i 能胜任 y_i 工作，则在他们之间连一条边。图 7.20(a)描述了这 5 位待业者各自能胜任工作的情况，很明显，这是一个二部图。现在要求设计一个就业方案，使尽量多的人能就业。这是求二部图最大匹配的问题。

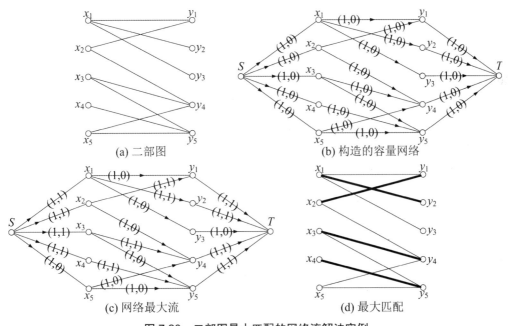

图 7.20 二部图最大匹配的网络流解法实例

按照前面描述的方法构造网络流：在二部图中增加两个顶点 S 和 T，分别作为源点、汇点；并用有向边把它们与原二部图中的顶点相连，令全部边上的容量均为 1，如图 7.20(b) 所示。当网络流达到最大时，如果在最大流中弧 $<x_i, y_j>$ 上的流量为 1，就让 x_i 做 y_j 工作，此即为最大匹配方案。图 7.20(c)是求网络最大流的结果。在图 7.20(d)中，粗线所表示的边就是求得的最大匹配，x_1, x_2, x_3, x_4 分别做 y_2, y_1, y_4, y_5 工作，故最多可安排 4 个人工作。

7.5.2 匈牙利算法

匈牙利算法的原理为：从当前匹配 M (如果没有给定匹配，则取初始匹配为 $M=\varnothing$)出发，检查每一个未盖点，然后从它出发寻找可增广轨，找到可增广轨，则沿着这条可增广轨进行扩充，直到不存在可增广轨为止。

根据从未盖点出发寻找可增广轨搜索的方法，可以分为：DFS 增广；BFS 增广；多增广路(Hopcroft-Karp 算法)，本书没有介绍，请参考其他相关资料。

匈牙利算法

在算法中用到的一些变量及其含义如下。

```
#define MAXN 50          //MAXN 为表示 X 集合和 Y 集合顶点个数最大值的符号常量
int nx, ny;              //X 和 Y 集合中顶点的个数
int g[MAXN][MAXN];       //邻接矩阵,g[i][j]为 1 表示 Xi 和 Yj 有边相连
//cx[i]表示最终求得的最大匹配中与 Xi 匹配的 Y 顶点,cy[i]同理
int cx[MAXN], cy[MAXN];//cx[i],cy[i]的初值为-1(如果顶点序号从 1 开始计,初值为 0)
```

1. DFS 增广

采用 DFS 思想搜索可增广轨并求最大匹配的代码如下。

```
int mk[MAXN]; //DFS 算法中记录顶点访问状态的数组,mk[i]=0 表示未访问过,1 表示访问过
//从 X 集合中的顶点 u 出发,用 DFS 的策略寻找可增广轨,这种可增广轨只能使当前的匹配数增加 1
int path( int u )
{
    for( int v=0 ; v<ny ; v++ ){          //考虑所有 Yi 顶点 v
        if( g[u][v] && !mk[v] ){   //v 与 u 邻接,且没有访问过
            mk[v]=1;     //访问 v
            //如果 v 没有匹配,或者 v 已经匹配了但从 cy[v]出发可以找到一条可增广轨
            //注意,如果前一个条件成立,则不会递归调用
            if( cy[v]==-1 || path( cy[v] ) ){
                cx[u]=v;  cy[v]=u;     //把 v 匹配给 u,把 u 匹配给 v
                return 1;   //找到可增广轨
            }
        }
    }
    return 0 ;       //如果不存在从 u 出发的可增广轨,返回 0
}
int MaxMatch( )    //求二部图最大匹配的匈牙利算法
{
    int res=0;   //所求得的最大匹配数
    memset(cx,0xff,sizeof(cx)); //从 0 匹配开始增广,将 cx 和 cy 各元素初始化为-1
    memset(cy,0xff,sizeof(cy));
    for( int i=0; i<nx; i++ ){
        if( cx[i]==-1 ){ //从每个未盖点出发进行寻找可增广轨
            memset( mk, 0, sizeof(mk) ) ;
            res += path(i); //每找到一条可增广轨,可使得匹配数加 1
        }
    }
    return res;
}
```

接下来以图7.21(a)所示的二部图为例解释匈牙利算法求解过程(DFS增广)。在图7.21(b)中，从顶点 x_1 出发进行 DFS 后，发现 y_2 跟 x_1 邻接且没有匹配，所以将 x_1 匹配给 y_2，从 x_1 出发的搜索过程结束。图 7.21(c)~(e)为从顶点 x_2 出发进行 DFS 的过程，在图 7.21(c)中，发现 y_2 跟 x_2 邻接但已经匹配给 x_1 了，所以递归地从 x_1 出发进行 DFS，从而找到下一个跟

x_1 邻接且没有匹配的顶点 y_3，从而将 x_1 改为匹配给 y_3 并返回；返回到 x_2 的搜索过程后，将空出来的 y_2 匹配给 x_2，如图 7.21(d)所示，至此从 x_2 出发的搜索过程结束。在图 7.21(f)中，将 x_3 匹配给 y_1。至此，算法求解结束，求得最大匹配为图 7.21(f)，匹配数为 3。

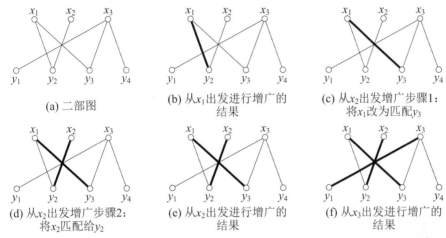

(a) 二部图　　　　(b) 从 x_1 出发进行增广的　　　(c) 从 x_2 出发增广步骤1：
　　　　　　　　　　　　结果　　　　　　　　　　将 x_1 改为匹配 y_3

(d) 从 x_2 出发增广步骤2：　(e) 从 x_2 出发进行增广的　(f) 从 x_3 出发进行增广的
　　将 x_2 匹配给 y_2　　　　　　　结果　　　　　　　　　　结果

图 7.21　匈牙利算法求解过程(DFS 增广)

DFS 增广方法适用于稠密二部图，由于边多，DFS 找可增广轨很快。

2. BFS 增广

采用 BFS 思想搜索可增广轨并求最大匹配的代码如下。

```
int pred[MAXN];  //是用来记录可增广轨的,同时也用来记录 Y 集合中的顶点是否遍历过
queue<int> Q;    //实现 BFS 用到的队列
int MaxMatch( )
{
    int i, j, y;
    int res = 0;                        //所求得的最大匹配数
    memset( cx , 0xff , sizeof(cx) );   //初始化所有点为未被匹配的状态
    memset( cy , 0xff , sizeof(cy) );
    for( i=0; i<nx; i++ ){
        if( cx[i] != -1 ) continue;
        //对 X 集合中的每个未盖点 i 进行一次 BFS 找交错轨
        for( j=0; j<ny; j++ ) pred[j]=-2;    //-2 表示未访问过
        while(!Q.empty()) Q.pop();           //先清空队列
        for( j=0; j<ny; j++ ){               //把 i 的邻接顶点都入队列
            if( g[i][j] ){
                pred[j]=-1;  Q.push(j);//-1 表示遍历到,是邻接顶点
            }
        }
        while( !Q.empty() ){    //BFS
            y=Q.front();
            if( cy[y]==-1 )  break; //找到一个未被匹配的点,则找到了一条可增广轨
            Q.pop();
            //y 已经被匹配给 cy[y]了,从 cy[y]出发,将它的邻接顶点入队列
```

```
        for( j=0; j<ny; j++ ){
            if( pred[j]==-2&&g[cy[y]][j] ){
                pred[j]=y;  Q.push(j);
            }
        }
    }
    if(Q.empty())  continue;           //没有找到可增广轨
    while( pred[y]>-1 ){               //更改可增广轨上的匹配状态
        cx[ cy[ pred[y] ] ]=y;  cy[y]=cy[ pred[y] ];
        y=pred[y];
    }
    cy[y]=i;  cx[i]=y;  res++;         //匹配数加 1
    }
    return res;
}
```

接下来以图 7.22(a)所示的二部图为例解释匈牙利算法求解过程(BFS 增广,见图 7.22)。在图 7.22(c)中,x_2 唯一的邻接顶点 y_2 已经匹配给 x_1 了,这时从 x_1 出发进行 BFS,将 x_1 的所有邻接顶点入队列,从而找到一条可增广轨 $x_2 \rightarrow y_2 \rightarrow x_1 \rightarrow y_3$。在图 7.22(d)中更改可增广轨上的匹配状态,使得匹配数增加 1。最终求得的最大匹配如图 7.22(f)所示,匹配数为 3。

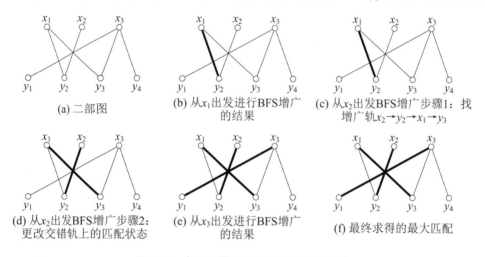

(a) 二部图

(b) 从 x_1 出发进行 BFS 增广的结果

(c) 从 x_2 出发 BFS 增广步骤1:找增广轨 $x_2 \rightarrow y_2 \rightarrow x_1 \rightarrow y_3$

(d) 从 x_2 出发 BFS 增广步骤2:更改交错轨上的匹配状态

(e) 从 x_3 出发进行 BFS 增广的结果

(f) 最终求得的最大匹配

图 7.22 匈牙利算法求解过程(BFS 增广)

BFS 增广方法适用于稀疏二部图,边少,可增广轨短。

7.5.3 例题解析

以下通过 4 道例题的分析,介绍以上算法求解二部图最大匹配的思想及其实现方法。

例 7.8 放置机器人(Place the Robots),ZOJ1654。

题目描述:

Robert 是一个著名的工程师。一天,他的老板给他分配了一个任务。任务的背景是:给定一个 $m \times n$ 大小的地图,地图由方格组成,在地图中有 3 种方格——墙、草地和空地，他的老板希望能在地图中放置尽可能多的机器人。每个机器人都配备了激光枪，可以同时向 4 个方向(上、下、左、右)开枪。机器人一直待在最初始放置的方格处，不可移动，然后一直朝 4 个方向开枪。激光枪发射出的激光可以穿透草地，但不能穿透墙壁。机器人只能放置在空地。当然，老板不希望机器人互相攻击，也就是说，两个机器人不能放在同一行(水平或垂直)，除非他们之间有一堵墙隔开。

给定一张地图，程序需要输出在该地图中可以放置的机器人的最大数目。

输入描述：

输入文件的第 1 行为一个整数 $T (T \leqslant 11)$，代表输入文件中测试数据的数目。对每个测试数据，第 1 行为两个整数 m 和 $n (1 \leqslant m, n \leqslant 50)$，分别代表地图的行和列的数目。接下来有 m 行，每行有 n 个字符，每个字符都是 "#"、"*" 或 "o"，分别代表墙壁、草地、空地。

输出描述：

对每个测试数据，首先在第 1 行输出该测试数据的序号，格式为：Case :id，其中 id 是测试数据的序号，从 1 开始计数。第 2 行输出在该地图中可以放置的机器人最大数目。

样例输入：

```
2
5 5
o***#
*####*
oo#oo
***#o
#o**o
4 4
o***
*###
oo#o
***o
```

样例输出：

```
Case :1
4
Case :2
3
```

分析： 样例输入中两个测试数据所描述的地图，如图 7.23 所示。在图 7.23(a)中，最多可以放置 4 个机器人，一种放置方案是在(0, 0)、(2, 1)、(2, 3)和(3, 4)四个位置(行、列位置序号从 0 开始计起)上放置机器人。在图 7.23(b)中，最多可以放置 3 个机器人，一种放置方案是在(0, 0)、(2, 1)和(2, 3)三个位置上放置机器人。

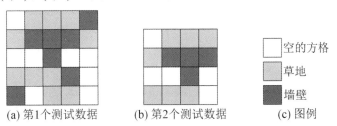

(a) 第1个测试数据　　(b) 第2个测试数据　　(c) 图例

图 7.23　放置机器人：两个测试数据所描述的地图

在问题的原型中，草地、墙这些信息不是本题所关心的，本题关心的只是空地和空地之间的联系。因此，很自然想到了下面这种简单的模型：以空地为顶点，在有冲突的空地之间连边。

这样对图 7.23(a)所示的地图，把所有的空地用数字标明，如图 7.24(a)所示；把所有存在冲突的空地之间用边连接后得到图 7.24(b)。于是，问题转化为求图的最大点独立集问题：求最大顶点集合，集合中所有顶点互不连接(即互不冲突)。但是最大点独立集问题是一个 NP 问题，没有多项式时间复杂度的求解算法。

(a) 对空地进行编号

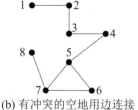
(b) 有冲突的空地用边连接

图 7.24　放置机器人——模型一：最大点独立集问题

将每一行被墙隔开且包含空地的连续区域称为"块"。显然，在一个块之中，最多只能放一个机器人。把这些块编上号，如图 7.25(a)所示。需要说明的是，最后一行，即第 4 行有两个空地，但这两个空地之间没有墙壁，只有草地，所以这两个空地应该属于同一"块"。

同样，把竖直方向的块也编上号，如图 7.25(b)所示。

把每个横向块看作二部图中顶点集合 X 中的顶点，竖向块看作集合 Y 中的顶点，若两个块有公共的空地(注意，每两个块最多有一个公共空地)，则在它们之间连边。例如，横向块 2 和竖向块 1 有公共的空地，即(2, 0)，于是在 X 集合中的顶点 2 和 Y 集合中的顶点 1 之间有一条边。这样，问题转化成一个二部图，如图 7.25(c)所示。

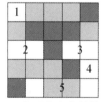
(a) 水平方向上的块

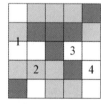
(b) 竖直方向上的块

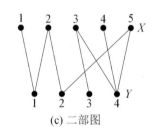
(c) 二部图

图 7.25　放置机器人——模型二：二部图最大匹配问题

由于每条边表示一个空地(即一个横向块和一个竖向块的公共空地)，有冲突的空地之间必有公共顶点(表示位于同一行或同一列且没有墙隔开)。例如，边(x_1, y_1)表示空地$(0, 0)$、边(x_2, y_1)表示空地$(2, 0)$，这两条边的公共顶点是y_1，表示第 1 列，即$(0, 0)$和$(2, 0)$这两个空地是有冲突的(都位于第 1 列且没有墙隔开)，在这两个空地上不能同时放置机器人。所以问题转化为在二部图中找没有公共顶点的最大边集，这就是最大匹配问题。

接下来以图 7.26(a)所示的地图为例解释二部图的构造过程。在下面的代码中，二维数组 xs 和 ys 分别用来给水平方向上和垂直方向上"块"进行编号，编号的结果如图 7.26(b)和(c)所示；二维数组 g 用来对水平方向上和垂直方向上的块进行连接，若两个块有公共的空地，则在它们之间连边，如果水平方向上的第 i 个块跟竖直方向上的第 j 个块有公共的空地，要连边，且 g[i][j]==1；连边后的结果如图 7.26(d)所示；这样构造的二部图如图 7.26(e)所示。

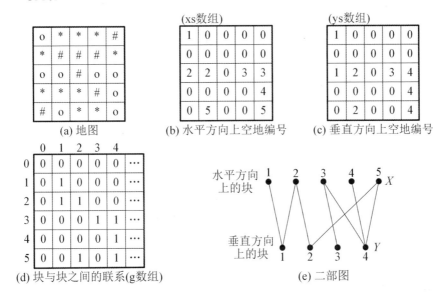

(a) 地图　　　　(b) 水平方向上空地编号　　　　(c) 垂直方向上空地编号

(d) 块与块之间的联系(g数组)　　　　(e) 二部图

图 7.26　放置机器人：算法执行过程

如果从初始匹配为空开始增广，求得的最大匹配如图 7.27(a)所示，粗线边代表匹配中的边。

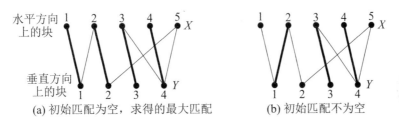

(a) 初始匹配为空，求得的最大匹配　　　　(b) 初始匹配不为空

图 7.27　放置机器人：最大匹配求解

假设从给定的一个初始匹配[如图 7.27(b)所示，可以通过在求最大匹配前给 x、y 数组赋值来实现]出发进行 DFS 增广，其过程为：从顶点 x_1 出发寻找可增广轨，它的邻接顶点 y_1 已经匹配了，所以从 y_1 匹配顶点即 x_2 出发递归寻找可增广轨，x_2 的邻接顶点 y_2 没有匹配，所以找到一条可增广轨(x_1, y_1, x_2, y_2)；沿着这条可增广轨，按照匈牙利算法可以使得当前匹配增加 1；改进后的匹配就是最大匹配了。代码如下。

```
#define MAX 51
int m, n;                 //地图的大小 m×n,(1<=m, n<=50)
char map[MAX][MAX];       //地图
//x[i]表示与 Xi 匹配的 Y 顶点,y[i]表示与 Yi 匹配的 X 顶点
int x[MAX*MAX], y[MAX*MAX];
int xs[MAX][MAX], ys[MAX][MAX]; //水平方向上"块"的编号，垂直方向上"块"的编号
int xn, yn1;              //水平方向上的"块"个数、垂直方向上的"块"个数
//对水平方向上和垂直方向上的块进行连接(若两个块有公共的空地，则在它们之间连边)
//如果 g[i][j]==1,那么水平方向上的第 i 个块跟垂直方向上的第 j 个块有公共的空地
```

```
bool g[MAX*MAX][MAX*MAX];
//DFS 算法中记录顶点访问的状态,如果 t[i]=0 表示未访问过,如果为 1 表示访问过
int t[MAX*MAX];
//从 X 集合中的顶点 u 出发用 DFS 策略寻找可增广轨,这种可增广轨只能使当前的匹配数增加 1
bool path( int u )
{
    for( int v=1; v<=yn1; v++ ){        //考虑所有 Yi 顶点
        if( g[u][v] && !t[v] ){      //v 跟 u 邻接并且 v 未访问过
            t[v]=1;
            //如果 v 没有匹配,或者如果 v 已经匹配了,但从 y[v]出发可以找到一条可增广轨
            if( !y[v] || path(y[v]) ){
                x[u]=v;      y[v]=u;     //把 v 匹配给 u,把 u 匹配给 v
                return 1;
            }
        }
    }
    return 0;          //如果不存在从 u 出发的可增广轨,则返回 0
}
void MaxMatch( )      //求二部图的最大匹配算法
{
    int i, ans=0;     //最大匹配数
    memset(x, 0, sizeof(x) ); memset( y, 0, sizeof(y) ); //从 0 匹配开始增广
    for( i=1; i<=xn; i++ ){
        if( !x[i] ){       //从每个未盖点出发进行寻找可增广轨
            memset( t, 0, sizeof(t) );
            if( path(i) )  ans++;  //每找到一条可增广轨,可使得匹配数加 1
        }
    }
    printf( "%d\n", ans );
}
int main( )
{
    int k, kase;     //kase 的个数
    int i, j;        //循环变量
    int number;      //用来对水平方向和垂直方向上的"块"进行编号的序号
    int flag;        //一个"块"开始的标志
    scanf( "%d", &kase );
    for( k=0; k<kase; k++ ){
        printf( "Case :%d\n", k+1 );
        scanf( "%d%d", &m, &n );    //读入地图大小
        memset( xs, 0, sizeof(xs) ); memset( ys, 0, sizeof(ys) );
        for( i=0; i<m; i++ )        //读入地图
            scanf( "%s", map[i] );
        number=0;    //用来对水平方向和垂直方向上的"块"进行编号的序号
        for( i=0; i<m; i++ ){    //对水平方向上的块进行编号
            flag=0;
            for( j=0; j<n; j++ ){
```

```
            if( map[i][j]=='o' ){
                if( flag==0 )  number++;
                xs[i][j]=number;  flag=1;
            }
            else if( map[i][j]=='#' )  flag=0;
        }
    }
    xn=number;  number=0;
    for( j=0; j<n; j++ ){     //对垂直方向上的块进行编号
        flag=0;
        for( i=0; i<m; i++ ){
            if( map[i][j]=='o' ){
                if( flag==0 )  number++;
                ys[i][j]=number;  flag=1;
            }
            else if( map[i][j]=='#' )  flag=0;
        }
    }
    yn1=number;
    memset( g, 0, sizeof(g) );
    for( i=0; i<m; i++ ){
        for( j=0; j<n; j++ ){
            //对水平方向上和垂直方向上的块进行连接
            //(若两个块有公共的空地,则在它们之间连边)
            if( xs[i][j] )  g[xs[i][j]][ys[i][j]]=1;
        }
    }
    MaxMatch( );
}
return 0;
}
```

例 7.9 机器调度(Machine Schedule),ZOJ1364,POJ1325。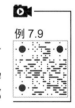

题目描述:

考虑一个针对两台机器的调度问题。假设有两台机器 A 和 B。机器 A 有 n 种工作模式,分别称为 mode_0, mode_1, ⋯, mode_n-1。同样机器 B 有 m 种工作模式,分别为 mode_0, mode_1, ⋯, mode_m-1。刚开始时,A 和 B 都工作在模式 mode_0。

给定 k 个作业,每个作业可以工作在任何一个机器的特定模式下。例如,作业 0 可以工作在机器 A 的模式 mode_3 或机器 B 的 mode_4 模式;作业 1 可以工作在机器 A 的模式 mode_2 或机器 B 的模式 mode_4 等。因此,对作业 i,调度中的约束条件可以表述成一个 3 元组(i, x, y),表示作业 i 可以工作在机器 A 的 mode_x 模式或机器 B 的 mode_y 模式。

很显然的是,为了完成所有的作业,必须时不时切换机器的工作模式,但不幸的是,机器工作模式的切换只能通过手动重启机器完成。试编写程序实现,改变作业的顺序,给每个作业分配一个合适的机器,使得重启机器的次数最少。

输入描述:

输入文件包含多个测试数据。每个测试数据的第一行为 3 个整数 n、m 和 k,其中 $n, m < 100$,$k < 1\,000$。接下来有 k 行给出了 k 个作业的约束,每一行为一个三元组 i、x、y。

输入文件的最后一行为一个 0,表示输入结束。

输出描述:

对输入文件中的每个测试数据,输出一行,为一个整数,表示需要重启机器的最少次数。

样例输入: 样例输出:

5 5 10   3

0 1 1

1 1 2

2 1 3

3 1 4

4 2 1

5 2 2

6 2 3

7 2 4

8 3 3

9 4 3

0

分析:首先构造二部图。把 A 的 n 个 mode 和 B 的 m 个 mode 看作图的顶点,如果某个作业可以在 A 的 mode_i 或 B 的 mode_j 上完成,则从 A_i 到 B_j 连接一条边,这样构造了一个二部图。例如,对题目样例输入中的测试数据,构造的二部图如图 7.28 所示。

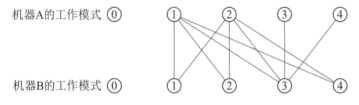

图 7.28 机器调度:二部图的构造

原先机器 A 和机器 B 都工作在 mode_0,切换到机器 A 的 mode_1,可以完成作业(0, 1, 1)、(1, 1, 2)、(2, 1, 3)、(3, 1, 4),再切换到机器 A 的 mode_2,可以完成作业(4, 2, 1)、(5, 2, 2)、(6, 2, 3)、(7, 2, 4),最后切换到机器 B 的 mode_3,可以完成作业(8, 3, 3)、(9, 4, 3)。所以需要手动重启机器 3 次。

本题要求解的是二部图的最小点覆盖集问题,即求最小的顶点集合,"覆盖"住所有的边。转换成求二部图的最大匹配问题,因为二部图的点覆盖数 $\alpha_0 =$ 匹配数 β_1。

另外,机器 A 和机器 B 最初工作在 mode_0,所以对于那些可以工作在机器 A 的 mode_0 或机器 B 的 mode_0 的作业,在完成这些作业时是不需要重启机器的。代码如下。

```
#define maxn 105
```

```
int nx, ny;                    //机器 A,B 的工作模式个数
int jobnum;                    //作业个数
int g[maxn][maxn];             //所构造的二部图
int ans;                       //最大匹配数
int sx[maxn],sy[maxn];  //path 函数所表示的 DFS 算法中用来标明顶点访问状态的数组
int cx[maxn], cy[maxn]; //求得的匹配情况,X 集合中的顶点 i 匹配给 Y 集合中的顶点 cx[i]
//从 X 集合中的顶点 u 出发用 DFS 的策略寻找可增广轨,这种可增广轨只能使当前的匹配数增加 1
int path( int u )
{
    sx[u]=1;
    int v;
    //考虑所有 Yi 顶点(机器 A 和 B 最初工作在模式 0,
    //所以完成可以工作在模式 0 的作业时不需要重启机器)
    for( v=1; v<=ny; v++ ){
        if( (g[u][v]>0) && (!sy[v]) ){      //v 跟 u 邻接并且 v 未访问过
            sy[v]=1;
            //如果 v 没有匹配
            //或者如果 v 已经匹配了,但从 y[v] 出发可以找到一条可增广轨
            if( !cy[v] || path(cy[v]) ){
                //在回退过程修改可增广轨上的匹配,从而可以使匹配数增加 1
                cx[u]=v; cy[v]=u;    //把 v 匹配给 u,把 u 匹配给 v
                return 1;
            }
        }
    }
    return 0;
}
int solve( )//求二部图的最大匹配算法
{
    ans=0;
    int i;
    memset( cx, 0, sizeof(cx) );  memset( cy, 0, sizeof(cy) );
    //机器 A 和 B 最初工作在模式 0,所以完成可以工作在模式 0 的作业时不需要重启机器
    for( i=1; i<=nx; i++ ){
        if( !cx[i] ){
            memset( sx, 0, sizeof(sx) );  memset( sy, 0, sizeof(sy) );
            ans+=path(i);
        }
    }
    return 0;
}
int main( )
{
    int i, j, k, m;
    while( scanf( "%d", &nx ) ){
        if( nx==0 )  break;
        scanf( "%d%d", &ny, &jobnum );
```

```
        memset( g, 0, sizeof(g) );
        for( k=0; k<jobnum; k++ ){
            scanf( "%d%d%d", &m, &i, &j );
            g[i][j]=1;      //构造二部图
        }
        solve( );
        printf( "%d\n", ans );
    }
    return 0;
}
```

例 7.10

例 7.10　课程(Courses)，ZOJ1140，POJ1469。

题目描述：

考虑 N 个学生和 P 门课程。每个学生见习 0、1 或多门课程。试判断是否能从这些学生当中选出 P 名学生，组成一个委员会，并同时满足以下条件。

(1) 委员会中的每名学生代表一门不同的课程(如果一名学生见习了某门课程，则他可以代表这门课程)。

(2) 每门课程在委员会中有一名代表。

输入描述：

输入文件包含多个测试数据。输入文件的第 1 行为一个整数 T，代表输入文件中测试数据的数目。接下来就是 T 个测试数据。每个测试数据的格式如下。

```
P N
Count1 Student1_1 Student1_2 ... Student1_Count1
Count2 Student2_1 Student2_2 ... Student2_Count2
……
CountP StudentP_1 StudentP_2 ... StudentP_CountP
```

也就是说，每个测试数据的第 1 行为两个正整数 P 和 N，其中 $P(1 \leqslant P \leqslant 100)$ 代表课程的数目，$N(1 \leqslant N \leqslant 300)$ 代表学生的数目。接下来有 P 行，描述了这些课程，从课程 1 到课程 P，每行描述了一门课程；每行首先是一个整数 $Count_i$ $(0 \leqslant Count_i \leqslant N)$，表示见习第 i 门课程的学生人数，接着是一个空格，然后是 $Count_i$ 个整数(用空格隔开)，代表见习这门课程的学生的序号，学生的序号从 1～N。

输出描述：

对输入文件中的每个测试数据，输出一行，如果能组成符合条件的委员会，则输出"YES"，否则输出"NO"。

样例输入：

2

3 3

3 1 2 3

2 1 2

1 1

3 3

样例输出：

YES

NO

```
2 1 3
2 1 3
1 1
```

分析：很明显，本题要求解的是二部图的最大匹配。不难发现，只要匹配可以"盖住"每门课程，即匹配数与课程数量相等，委员会就可以组成。

样例输入中两个测试数据所描述的二部图如图 7.29(a)和(b)所示。在图 7.29(a)中，能找到这样的匹配(粗线边组成一个匹配)，所以输出"YES"，而在图 7.29(b)中，找不到这样的匹配，所以输出"NO"。

(a) 测试数据1

(b) 测试数据2

图 7.29 课程：两个测试数据

以下代码采用匈牙利算法求二部图的最大匹配，其中寻找可增广轨的操作采用 DFS 算法实现。

```c
#define M 301
int P, N;    //课程数,学生数
bool course[M][M], used[M];
int match[M];
bool DFS( int k )    //DFS 增广
{
    int i, temp;
    for( i=1; i<=N; i++ ){
        if( course[k][i] && !used[i] ){
            used[i]=1;  temp=match[i];  match[i]=k;
            if( temp==-1 || DFS( temp ) )
                return 1;
            match[i]=temp;
        }
    }
    return 0;
}
int MaxMatch()    //求二部图最大匹配
{
    int i, MatchNum=0;
    memset( match, -1, sizeof( match ) );
    for( i=1; i<=P; i++ ){
        memset( used, 0, sizeof( used ) );
        if( DFS( i ) ) MatchNum++;  //累加匹配数
```

```
            if( MatchNum==P ) break;
        }
        return MatchNum;        //返回最大匹配数
    }
    int main( )
    {
        int i, j, num, t, n;
        scanf( "%d", &n );
        while( n-- ){
            scanf( "%d%d", &P, &N );  //读入数据
            memset( course, 0, sizeof( course ) );
            for( i=1; i<=P; i++ ){
                scanf( "%d", &num );
                for( j=0; j<num; j++ ){
                    scanf( "%d", &t );  course[i][t]=1;
                }
            }
            //如果匹配数与课程数相等,则可以组成委员会
            if( MaxMatch()==P )  printf( "YES\n" );
            else printf( "NO\n" );
        }
        return 0;
    }
```

例 7.11 破坏有向图(Destroying the Graph),ZOJ2429,POJ2125。

题目描述:

Alice 和 Bob 正在玩一个游戏。首先,Alice 画一些包含 N 个顶点、M 条弧的有向图;然后,Bob 试图破坏它。在每一步,Bob 可以从图中移去一个顶点,并且移去所有进入该顶点的弧或所有由该顶点发出的弧。在画图的时候,Alice 给每个顶点赋予了两个权值:W_i+ 和 W_i-。如果 Bob 移去所有进入第 i 个顶点的弧,则 Bob 需要支付 W_i+ 美元给 Alice;如果 Bob 移去所有由第 i 个顶点发出的弧,则 Bob 需要支付 W_i- 美元给 Alice。

计算 Bob 移去图中所有的弧,需要支付的最少费用。

输入描述:

输入文件包含多个测试数据。输入文件的第 1 行是整数 T,代表测试数据的数目。接下来有 T 个测试数据,每个测试数据描述了 Alice 所画的一个有向图,格式为:第 1 行为两个整数 N 和 M ($1 \leqslant N \leqslant 100$,$1 \leqslant M \leqslant 5\,000$);第 2 行为 N 个整数,代表每个顶点的权值 W_i+;第 3 行也是 N 个整数,代表每个顶点的权值 W_i-,所有的权值为正整数,不超过 10^6;接下来有 M 行,每行为两个整数,这 M 行描述了有向图中的 M 条弧。有向图中可能包含回路和重边。

输出描述:

每个测试数据的输出之间用空行隔开。每个测试数据的第 1 行为 W,表示 Bob 移去所有弧所需支付的最少费用。第 2 行为一个整数 K,表示 Bob 走的步数。接下来输出 K 行,

描述 Bob 的每一步，每一行首先是顶点的序号，然后是一个字符"+"或"−"，字符"+"表示 Bob 移去所有进入该顶点的弧，字符"−"表示 Bob 移去所有由该顶点发出的弧。

样例输入：	样例输出：
1	5
	3
3 6	1+
1 2 3	2−
4 2 1	2+
1 2	
1 1	
3 2	
1 2	
3 1	
2 3	

分析： 首先，每条弧<u, v>可能会被作为顶点 u 发出的弧被移去，也可能会被作为进入顶点 v 的弧被移去，所以移去所有的弧有很多方案。

本题中每个顶点有两个属性，删除入边的权值和删除出边的权值，可以将每个顶点拆为两个顶点，一个处理入边(该顶点称为入点)，另一个处理出边(该顶点称为出点)。如此一来，拆分后的顶点各分有一个属性值。整个图也转化为二部图。

具体来说，构造二部图的方法如下。

(1) 原图中每个顶点 V，拆分成两个点 V^-，V^+。

(2) 原图中每条有向边<u, v>，改成(u^-, v^+)。

例如，样例输入中测试数据所描绘的有向图如图 7.30(a)所示，对该图构造的二部图(无向图)如图 7.30(b)所示。

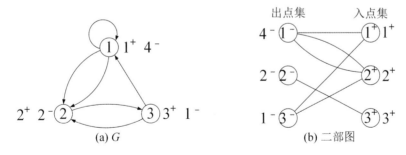

图 7.30　破坏有向图：二部图的构造

由原图构造成二部图，边数不变，顶点数加倍。拆分后的两个顶点分担了原来的顶点的责任：①删除原来顶点 v 的出边，相当于删除与 v^-相连的边；②删除原来顶点 v 的入边，相当于删除与 v^+相连的边。

本题要求解的是移去图中所有的弧，需要支付的最少费用，即在图 7.30(b)所示的二部图中，选择一个最小权值的点集，"覆盖"住所有边，这是求二部图中的最小权点覆盖集。

最小权点覆盖集(minimum weight vertex covering set)。设有一个无向图 $G(V, E)$，对于 $\forall u \in V$，都对应一个非负权值 w，称为顶点 u 的点权；权之和最小的点覆盖集，称为最小权点覆盖集。

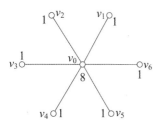

图 7.31　最小权点覆盖集

从定义可以看出，最小权点覆盖集肯定是极小点覆盖集，但不一定是最小点覆盖集。例如，在图 7.31 中，顶点旁的数字为顶点的点权，$\{v_0\}$ 和 $\{v_1, v_2, v_3, v_4, v_5, v_6\}$ 都是极小点覆盖集，前者的点权之和为 8，后者的点权之和为 6。因此 $\{v_0\}$ 是最小点覆盖集，但不是最小权点覆盖集，$\{v_1, v_2, v_3, v_4, v_5, v_6\}$ 是最小权点覆盖集。

最小权点覆盖集的求解可以借鉴二部图匹配的最大流解法。在加入额外的源点 s 和汇点 t 后，将匹配以一条 $s-u-v-t$ 形式的流量路径"串联"起来。匹配的限制是在顶点上，恰当地利用了流的容量限制。而点覆盖集的限制在边上，最小割是最大流的对偶问题，对偶往往是将问题的性质从顶点转边，从边转顶点。可以尝试着转化到最小割模型。

基于以上动机，建立一个源点 s，向出点集中每个顶点 u 连边；建立一个汇点 t，从入点集中每个顶点 v 向汇点 t 连边。任意一条从 s 到 t 的路径，一定具有 $s-u-v-t$ 的形式。割的性质是不存在一条从 s 到 t 的路径。故此路径上的 3 条边 $<s, u>$、$<u, v>$、$<v, t>$ 中至少有一条边在割中。若人为地令 $<u, v>$ 不可能在割中，即令其容量为正无穷大 $c(u, v) = \infty$，则条件简化为 $<s, u>$、$<v, t>$ 中至少有一条边在最小割中，正好与点覆盖集限制条件的形式相符 (每条边 $<u, v>$，至少有一个顶点在顶点集 V' 中，其中 V' 就是一个点覆盖集)。最小权点覆盖集的目标是最小化点权之和，恰好也是最小割的优化目标。

根据以上分析，将原问题的图 G 转化为网络 $N = (V_N, E_N)$ 的最小割模型如下。

(1) 在图 G 的基础上增加源点 s 和汇点 t。

(2) 将二部图中每条边 $(u, v) \in E$，$u \in V^-$，$v \in V^+$，替换为容量为 $c(u, v) = \infty$ 的有向边 $<u, v> \in E_N$。

(3) 增加源点 s 到出点集每个顶点 u 的有向边 $<s, u> \in E_N$，容量为权值 $Wu-$。

(4) 增加入点集每个顶点 v 到汇点 t 的有向边 $<v, t> \in E_N$，容量为权值 $Wv+$。

例如，对图 7.30(b)所示的二部图，构造的网络流模型如图 7.32(a)所示。

网络流模型构造好以后，原问题的最小割等效于网络最大流。在图 7.32(b)中，求得网络最大流为 5，因此移去所有弧的最小费用为 5。

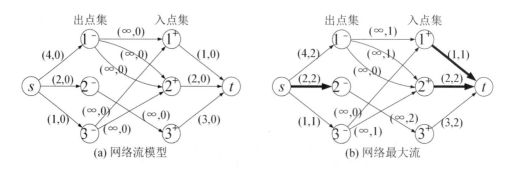

图 7.32　破坏有向图：构造网络流模型

网络最大流求解完毕后，按照 6.2 节的思路，在对应的残留网络 G' 中，从源点 s 出发进行深度优先搜索，遍历到的顶点构成集合 S，其余顶点构成顶点集合 T，连接 S 和 T 的所有弧，构成容量网络的一个最小割 (S, T)。在图 7.32(b) 中，3 条粗线边组成了最小割。最小割中的边对应的带权顶点就是操作的点，左边的边是 "−" 操作，右边是 "+" 操作。代码如下。

```
#define MAXN 2000
#define INF 10000000
struct Edge{ int next, c, f, other; }N;
vector <Edge> map[MAXN];
vector <int> level_map[MAXN];
vector <int> ans;
int level[MAXN], pre[MAXN], hash1[MAXN], d[MAXN];
int s, t;
int min( int a, int b ) { return a<b?a:b; }
void Add( int u, int v, int c )   //插入边
{
    N.next=v; N.c=c; N.other=map[v].size(); N.f=0;
    map[u].push_back( N );
    N.next=u; N.c=0; N.other=map[u].size()-1; N.f=0;
    map[v].push_back( N );
}
bool BFS( )     //BFS 构建层次网络
{
    int cur, i;  queue<int> Q;
    for( i=s; i<=t; i++ ) level_map[i].clear(); //初始化
    memset( level, -1, sizeof( level ) );
    Q.push(s);  level[s]=0;
    while( !Q.empty() ){
        cur=Q.front();  Q.pop();
        unsigned int k;
        for( k=0; k<map[cur].size(); k++ ){
            N=map[cur][k];
            if( N.c>N.f ){
                if( level[N.next]==-1 ){
                    Q.push(N.next);
                    level[N.next]=level[cur]+1;
                }
                if( level[N.next]==level[cur]+1 )
                    level_map[cur].push_back( k );
            }
        }
    }
    if (level[t]!=-1)    return 1;    //汇点在层次网络中
    else return 0;                    //汇点不在层次网络中
}
```

```
int Dinic()     //Dinic 算法求最大流
{
    int i, j , ans=0, len;
    while( BFS() ){
        memset( hash1, 0, sizeof( hash1 ) );   //初始化
        while( !hash1[s] ){        //在当前层次网络进行连续增广
            d[s]=INF;
            pre[s]=-1;
            for( i=s; i!=t&&i!=-1; i=j ){
                len=level_map[i].size();
                while( len && hash1[map[i][level_map[i][len-1]].next] ){
                    level_map[i].pop_back(); len--;
                }
                if( !len ){
                    hash1[i]=1;  j=pre[i];  continue;
                }
                j=map[i][level_map[i][len-1]].next;
                pre[j]=i;
                d[j]=min( d[i], map[i][level_map[i][len-1]].c
                    -map[i][level_map[i][len-1]].f );
            }
            if( i==t ){
                ans+=d[t];
                while( i!=s ){  //调整流量
                    j=pre[i];
                    len=level_map[j][level_map[j].size()-1];
                    map[j][len].f+=d[t];
                    if( map[j][len].f==map[j][len].c )
                        level_map[j].pop_back();
                    map[i][map[j][len].other].f-=d[t];
                    i=j;
                }
            }
        }
    }
    return ans;      //返回最大流
}
void DFS( int u )    //DFS 遍历,建立关联关系
{
    int i, k;
    hash1[u]=1;
    for( i=0; i<map[u].size(); i++ ){
        k=map[u][i].next;
        if( !hash1[k] && map[u][i].c-map[u][i].f>0 )
            DFS( k );     //递归调用
    }
}
```

```
int main()
{
    int T, n, m, i, j, k, N, tmp, answer;
    scanf( "%d", &T );
    while( T-- ){
        scanf( "%d %d", &n, &m );   //读入数据,初始化
        N=n+n+1;
        s=0, t=N;
        for( i=s; i<=t; i++ )  map[i].clear();
        for( i=1; i<=n; i++ ){
            scanf( "%d", &tmp );
            Add( n+i, N, tmp );
        }
        for( i=1; i<=n; i++ ){
            scanf( "%d", &tmp );
            Add( 0, i, tmp );
        }
        for( k=0; k<m; k++ ){
            scanf( "%d %d", &i, &j );
            Add( i, n+j, INF );
        }
        answer = Dinic();    //求得最大流
        memset( hash1, 0, sizeof( hash1 ) );    //初始化
        DFS( 0 );    //DFS 遍历,建立关联关系
        ans.clear();
        for( i=1; i<=n; i++ ){
            if( !hash1[i] ) ans.push_back( i );        //左边为'-'操作
            if( hash1[n+i] ) ans.push_back( n+i );     //右边为'+'操作
        }
        printf( "%d\n%d\n", answer, ans.size() );  //输出
        for( i=0; i<ans.size(); i++ ){
            if( ans[i]<=n ) printf( "%d -\n", ans[i] );
            else printf( "%d +\n", ans[i]-n );
        }
        if(T)  printf("\n");
    }
    return 0;
}
```

练 习

7.1 Tom 叔叔继承的土地(Uncle Tom's Inherited Land)，ZOJ1516。

题目描述：

老叔叔 Tom 从他的老老叔叔那里继承过来一块土地。最初，这块土地是长方形的。然而，很久以前，他的老老叔叔决定把这块土地分成方形土地的网格。他将其中的一些方块挖成池塘，因为他喜欢打猎，所以他想把野鸭吸引到他的池塘里来。由于池塘挖得太多了，导致在土地里可能形成了一些不连通的小岛。

Tom 想卖掉这块土地，但当地政府对不动产的出售有相应的政策。Tom 叔叔被告知，依照他的老老叔叔的要求，这块土地只能以两块方块土地组成的长方形土地块一起进行出售，而且，池塘是不许卖的。请帮忙计算 Tom 叔叔可以出售的最大长方形土地块数目。例如，图 7.33(a)所示的 4×4 土地，最多可以出售 4 个长方形土地块，图 7.33(b)给出了两个可行解，图 7.33(c)为图例。

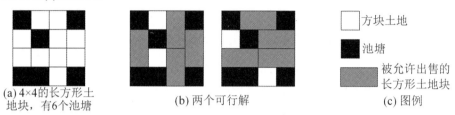

(a) 4×4的长方形土地块，有6个池塘

(b) 两个可行解

(c) 图例

□ 方块土地

■ 池塘

▨ 被允许出售的长方形土地块

图 7.33　Tom 叔叔继承的土地

输入描述：

输入文件包含多个测试数据。每个测试数据的第 1 行包含两个整数 N 和 M ($1 \leq N, M \leq 100$)，分别代表长方形土地行和列的数目。第 2 行为整数 K，代表已经被挖成池塘的方块土地数目，$(N \times M) - K \leq 50$。接下来有 K 行，每行为两个整数 X 和 Y ($1 \leq X \leq N$, $1 \leq Y \leq M$)，描述了 K 块被挖成池塘的方块土地的位置。输入文件的最后一行为"0 0"，代表输入结束。

输出描述：

对每个测试数据，输出一行，为一个整数，代表可以卖出的长方形土地块数目。

样例输入：	样例输出：
4 4	4
6	
1 1	
1 4	
2 2	
4 1	
4 2	
4 4	
0 0	

7.2　女生和男生(Girls and Boys)，ZOJ1137，POJ1466。

题目描述：

浪漫关系被定义为一个男孩和一个女孩之间的关系。求满足条件的最大集合：集合内任何两个学生都没有发生浪漫关系。输出该集合中学生的人数。

输入描述：

输入文件包含若干个测试数据。每个测试数据代表一组研究对象，格式如下：第 1 行是一个整数 n，代表学生人数；接下来有 n 行，每行描述了一个学生，遵循以下格式。

学号：(关系的数目) 学号 1、学号 2、学号 3 ······

或者是以下格式。

学号：(0)

学生的学号是 0 到 $n-1$ 的整数。

输出描述：

对每个测试数据，输出相互之间没有发生浪漫关系的最大学生集合中的人数。

样例输入：	样例输出：
7	5
0: (3) 4 5 6	2
1: (2) 4 6	
2: (0)	
3: (0)	
4: (2) 0 1	
5: (1) 0	
6: (2) 0 1	
3	
0: (2) 1 2	
1: (1) 0	
2: (1) 0	

提示：如果将每个人用一个顶点表示，有关系的人之间连一条线，则构成一个二部图(男生之间不会有关系，女生之间也不会有关系)。例如，题目中两个测试数据所对应的二部图如图 7.34 所示。本题需要求最大点独立集，将问题转换成求二部图的最大匹配。

(a) 测试数据1　　　　　　　　　　(b) 测试数据2

图 7.34　女生和男生

7.3　姓名中的秘密(What's In a Name)，ZOJ1059，POJ1043。

题目描述：

警察对一个犯罪团伙的藏匿点进行监视，这个藏匿点是这个团伙的通信中心，团伙成员通过邮件进行联系。利用尖端的解密软件和缜密的窃听技术，警察能够解密从藏匿点发出的任何邮件。然而，在办理逮捕许可证前，他们必须将邮件中的用户名跟罪犯的真实姓名对应起来。但是，犯罪团伙很狡猾，他们采用随机的字符串作为他们的用户名。警察知道每个罪犯只使用一个 ID。另外，警察通过监视镜头记录下藏匿点的人员进出情况，由此得到一个日志(以时间序)。在很多情况下，这足以将每个罪犯的姓名跟用户名对应起来。

输入描述：

输入文件包含多个测试数据。输入文件中的第 1 行为一个整数 N，代表测试数据的数目。接下来是一个空行，然后是 N 个测试数据，测试数据之间有一个空行隔开。

每个测试数据的第 1 行为一个正整数 n，代表罪犯的人数，n 的最大值为 20；接下来一行为 n 个用户名，用空格隔开。接下来是以时间顺序排列的犯罪团伙进出日志，日志中每条记录的格式为：类型参数，其中类型为 E、L 或 M，E 表示进入房间，后面跟的参数(字符串)表示进来的人的姓名；L 表示离开房间，后面跟的参数(字符串)表示离开的人的姓名；M 表示警察截取到一封邮件，后面跟的字符串表示一个用户名，即当前用这个用户名的人在藏匿点里面。最后一行只有一个字母 Q，代表日志结束。注意，不是所有的用户名都在日志中，但每个人的姓名都会在日志中至少出现一次。在记录日志前，藏匿点是空的。所有的姓名和用户名只包含小写字母字符，长度不超过 20。注意，包含用户名的一行可能会超过 80 个字符。

输出描述：

对输入文件中的每个测试数据，输出 n 行，为 n 个罪犯姓名和用户名的对应关系列表。列表按罪犯姓名的字典序进行排序；每行的格式为"姓名：用户名"。如果根据日志无法确定某个罪犯的用户名，则用字符串"???"代替他的用户名。

每个测试数据的输出之间有一个空行。

样例输入：

```
1

7
bigman mangler sinbad fatman bigcheese frenchie capodicapo
E mugsy
E knuckles
M bigman
M mangler
L mugsy
E clyde
E bonnie
M bigman
M fatman
M frenchie
L clyde
M fatman
E ugati
M sinbad
E moriarty
E booth
Q
```

样例输出：

```
bonnie:fatman
booth:???
clyde:frenchie
knuckles:bigman
moriarty:???
mugsy:mangler
ugati:sinbad
```

7.4　空袭(Air Raid)，ZOJ1525，POJ1422。

题目描述：

考虑一个小镇，所有的街道都是单向的，这些街道都是从一个十字路口通往另一个十字路口。已知从任何一个十字路口出发，沿着这些街道行走，都是不能再回到同一个十字路口的，也就是说，不存在回路。

在这些假定下，试编写一个程序计算袭击这个小镇需要派出伞兵的最少数目。这些伞兵要走遍小镇的所有十字路口，每个十字路口只由一个伞兵走到。每个伞兵在一个十字路口着陆，沿着街道可以走到其他十字路口。每个伞兵选择的起始十字路口没有限制。

输入描述：

输入文件的第 1 行为一个整数 T，代表测试数据的数目。每个测试数据描述了一个小镇，格式为：第 1 行为一个正整数 n $(0<n\leqslant120)$，表示小镇中十字路口的数目，十字路口的序号用 $1\sim n$ 标明；第 2 行为一个正整数 m，表示街道的数目；接下来有 m 行，每行描述了小镇中的一条街道，每行为两个整数，分别表示这条街道所连接的两个十字路口的序号。

输出描述：

对每个测试数据，输出占一行，为一个整数，表示需要派出伞兵的最小数目。

样例输入：	样例输出：
2	2
4	1
3	
3 4	
1 3	
2 3	
3	
3	
1 3	
1 2	
2 3	

7.5　小行星(Asteroids)，POJ3041。

题目描述：

贝茜想驾驶她的太空飞船航行于一个 $N×N$ 的网格，网格中分布了 K $(1\leqslant K\leqslant10\,000)$个危险的小行星，这些小行星位于网格中的方格里。

幸运的是，贝茜有一种强大的武器，只要一枚子弹，就可以使某一行或某一列上的所有小行星气化。这种武器太昂贵了，所以她必须很节俭地使用这种武器。给定网格中所有小行星的位置，求贝茜至少需要发射多少枚子弹，从而消除所有的小行星。

输入描述:

测试数据的第 1 行为两个整数 N 和 K。第 2 行～第 $K+1$ 行,每行为两个整数 R 和 C (1 ≤ R, C ≤ N),代表每个小行星的行和列位置。

输出描述:

输出一行,为贝茜需要发射子弹的最少数目。

样例输入:	样例输出:
3 4	2
1 1	
1 3	
2 2	
3 2	

第8章 图的连通性问题

连通性是图论中一个重要概念。第 1 章初步介绍了图的连通性，本章进一步讨论无向非连通图的连通分量，无向连通图的割顶集、顶点连通度、割点和点双连通分量，无向连通图的割边集、边连通度、割边和边双连通分量，以及有向图的强连通分量等。8.1 节集中介绍上述概念，8.2～8.4 节分别介绍相应的求解算法及应用。

8.1 基 本 概 念

8.1.1 连通图与非连通图

如果无向图 *G* 中任意一对顶点都是连通的，则称此图是**连通图**(connected graph)；相反，如果一个无向图不是连通图，则称为**非连通图**(disconnected graph)。对非连通图 *G*，其极大连通子图称为**连通分量**(connected component)，或称**连通分支**，连通分支数记为 $w(G)$。

当无向图为非连通图时，从图中某一顶点出发，利用深度优先搜索或广度优先搜索算法不可能遍历到图中的所有顶点，只能访问到该顶点所在的极大连通子图(即连通分量)中的所有顶点。若从无向图的每一个连通分量中的一个顶点出发进行遍历，就可以访问到所有顶点。

例如，图 8.1(a)所示的非连通无向图包含两个连通分量：顶点 *A*、*B*、*C* 和 *E* 组成的连通分量；顶点 *D*、*F*、*G* 和 *H* 组成的连通分量。对该图进行 DFS 遍历时，从顶点 A 出发可以遍历到第 1 个连通分量上的各个顶点，从顶点 D 出发可以遍历到第 2 个连通分量上的各个顶点，其 DFS 遍历过程如图 8.1(b)所示。

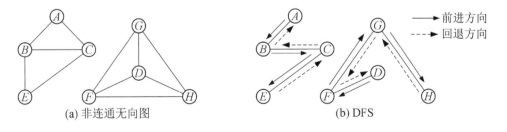

(a) 非连通无向图   (b) DFS

图 8.1　非连通无向图的 DFS 遍历

在用程序实现时，需要对无向图的每一个顶点进行检测：若已被访问过，则该顶点一定是落在图中已求得的连通分量上；若还未被访问，则从该顶点出发遍历，可求得图的另一个连通分量。

假设用邻接矩阵存储图(设顶点个数为 n),下面的伪代码从每个未访问过的顶点出发进行 DFS,可以遍历到所有顶点,并可以求得连通分量的个数。

```
subnets=0;              //表示连通分量个数的变量
for( k=0; k<n; k++ ){
    if( !visited[k] ){    //顶点 k 未访问过
        DFS( k );          //从顶点 k 出发进行深度优先搜索
        subnets++;
    }
}
```

其中 DFS()函数的伪代码详见 2.1.2 节。

观察图 8.2 所示的一些无向图。尽管这些无向图都是连通图,但其中某些图看起来比其他图"更为连通",而某些图的连通性是如此"脆弱",以至于移去某个顶点或某条边就导致图不连通。这意味着有必要引入一些能反映无向连通图连通程度的量,即顶点连通度与边连通度。

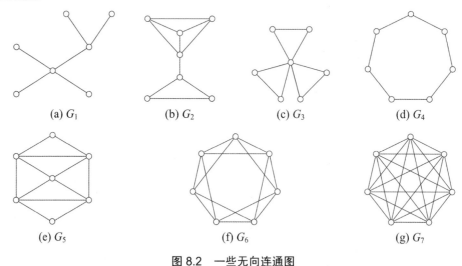

(a) G_1 (b) G_2 (c) G_3 (d) G_4

(e) G_5 (f) G_6 (g) G_7

图 8.2 一些无向连通图

8.1.2 无向图的顶点连通性

无向图的顶点连通性

所谓**顶点连通性**(vertex connectivity),就是与顶点有关的连通性。研究无向图的顶点连通性,通常是通过删除顶点(及与其所关联的每条边)后,观察和分析剩下的无向图连通与否。

1. 割顶集与顶点连通度

关于割顶集和顶点连通度有以下两种定义方式。

方式一:设 V' 是连通图 G 的一个顶点子集,在 G 中删去 V' 及与 V' 关联的边后图不连通,则称 V' 是 G 的**割顶集**(vertex-cut set)。如果割顶集 V' 的任何真子集都不是割顶集,则称 V' 为**极小割顶集**。顶点个数最小的极小割顶集称为**最小割顶集**。最小割顶集中顶点的个数,称为图 G 的**顶点连通度**(vertex connectivity degree),记为 $\kappa(G)$,且称图 G 是 κ-**连通图**(κ-connected graph)。

方式二：设连通图 G 的阶为 n，去掉 G 的任意 $k-1$ 个顶点(及相关联的边)后($1 \leqslant k \leqslant n-2$)，所得到的子图仍然连通，而去掉某 k 个顶点(及所关联的边)后的子图不连通，则称 G 是 **$\kappa-$连通图**，k 称为图 G 的**顶点连通度**，记为 $\kappa(G)$。

如果割顶集中只有一个顶点，则该顶点可以称为**割点(cut-vertex)**或**关节点**。

规定，对 n 阶完全图 K_n，$\kappa(K_n)= n-1$；对非连通图和平凡图，$\kappa(G) = 0$。

如图 8.3(a)所示的连通图，删除任意一个顶点或两个顶点都不会使剩下的子图不连通，而删除某 3 个顶点(注意，不是任意 3 个顶点)，就能使得剩下的子图不连通。例如，删除顶点子集 $\{v_2, v_6, v_8\}$ 及其所关联的边[在图 8.3(a)中用粗线标明]，剩下的子图如图 8.3(b)所示，为非连通图。因此原图的顶点连通度 $\kappa(G) = 3$，该图是 3-连通图。

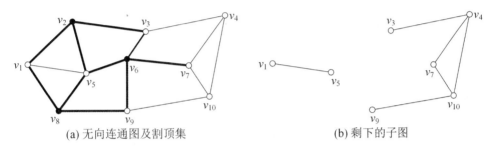

(a) 无向连通图及割顶集　　　　　　　　(b) 剩下的子图

图 8.3　割顶集与顶点连通度

关节点的另外一种定义方式：在一个无向连通图 G 中，当删去 G 中的某个顶点 v 及其所关联的边后，可将图分割成 2 个或 2 个以上的连通分量，则称顶点 v 为**割点**，或称**关节点**。例如，图 8.4(a)所示的无向连通图中，顶点 5、4、6、8 都是关节点。

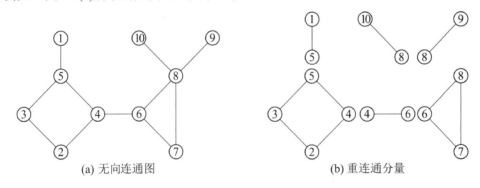

(a) 无向连通图　　　　　　　　　　(b) 重连通分量

图 8.4　连通图和它的割点、重连通分量

2. 点双连通图与点双连通分量

点双连通图。如果一个无向连通图 G 没有关节点，或者说顶点连通度 $\kappa(G)>1$，则称 G 为**点双连通图**，或称**重连通图**。

为什么称为点双连通图呢？因为在这种图($n \geqslant 3$)中任何一对顶点之间至少存在 2 条无公共内部顶点(即除起点和终点外的顶点)的路径，在删去任意一个顶点及其所关联的边时，也不会破坏图的连通性。例如，图 8.3(a)中，顶点 v_1 和 v_4 之间存在 3 条无公共内部顶点的路径：(v_1, v_2, v_3, v_4)、$(v_1, v_5, v_6, v_7, v_4)$和$(v_1, v_8, v_9, v_{10}, v_4)$。

在一个表示通信网络的连通图中是不希望存在关节点的。在这种图中，用顶点表示通信站点,用边表示通信链路。如果一个通信站点是关节点,它一旦出现故障,将导致其他站点之间的通信中断。如果通信网络是点双连通图,那么任意一个站点一旦出现故障,也不会破坏图的连通性,整个系统还能正常运行。

点双连通分量。一个连通图 G 如果不是点双连通图,那么它可以包括几个点双连通分量,也称**重连通分量**(或块)。一个连通图的重连通分量是该图的极大重连通子图,在重连通分量中不存在关节点。例如,图 8.4(a)所示的无向连通图包含 6 个重连通分量,如图 8.4(b)所示。从图 8.4(b)可以看出,割点可以属于多个重连通分量,其余顶点属于且只属于一个重连通分量。

8.1.3 无向图的边连通性

无向图的边连通性

所谓**边连通性**(edge connectivity),就是与边有关的连通性。研究无向图的边连通性,通常是通过删除若干条边后,观察和分析剩下的无向图连通与否。注意,如果顶点之间有平行边,删除一些边可能对连通性没有影响,所以讨论边连通性时针对的是简单图。

1. 割边集与边连通度

与割顶集和顶点连通度类似,割边集和边连通度也有以下两种定义方式。

方式一:设 E' 是连通图 G 的边集的子集,在 G 中删去 E' 后图不连通,则称 E' 是 G 的**割边集**(edge-cut set)。如果割边集 E' 的任何真子集都不是割边集,则称 E' 为**极小割边集**。边数最小的极小割边集称为**最小割边集**。最小割边集中边的个数,称为图 G 的**边连通度**(edge connectivity degree),记为 $\lambda(G)$,且称图 G 是 λ-**边连通图**(λ-edge-connected graph)。

方式二:设连通图 G 的边数为 m,去掉 G 的任意 $\lambda-1$ 条边后($1 \le \lambda \le m-1$),所得到的子图仍然连通,而去掉某 λ 条边后得到的子图不连通,则称 G 是 λ - **边连通图**,λ 称为图 G 的**边连通度**,记为 $\lambda(G)$。

如果割边集中只有一条边,则该边可以称为**割边**或**桥**(bridge)。

图 8.5(a)所示的连通图,删除任意一条边或两条边都不会使剩下的子图不连通,而删除某 3 条边(注意,不是任意 3 条边),就能使得剩下的子图不连通。例如,删除边子集{ (v_2, v_3), (v_5, v_6), (v_8, v_9) },剩下的子图如图 8.5(b)所示,为非连通图,因此原图的边连通度 $\lambda(G) = 3$,该图是 3-边连通图。

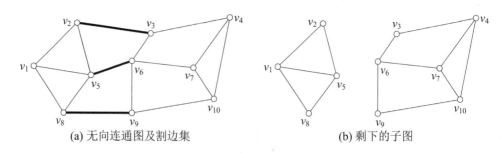

(a) 无向连通图及割边集　　　　　　　　(b) 剩下的子图

图 8.5　割边集与边连通度

割边同样也有另外一种定义方式:在一个无向连通图 G 中,当删去 G 中的某条边 e 后,可将图分割成两个或两个以上的连通分量，则称边 e 为**割边**，或称**桥**。例如，图 8.4(a)所示的无向连通图中，边(v_1, v_5)、(v_4, v_6)、(v_8, v_9)和(v_8, v_{10})都是割边。

2. 边双连通图与边双连通分量

边双连通图。如果一个无向连通图 G 没有割边，或者说边连通度 $\lambda(G)>1$，则称 G 为**边双连通图**。

为什么称为边双连通图呢？因为在这种图中任何一对顶点之间至少存在两条无公共边的路径(允许有公共内部顶点)，在删去任意一条边后，也不会破坏图的连通性。例如，图 8.5(a)中，顶点 v_8 和 v_4 之间存在两条无公共边的路径：$(v_8, v_5, v_6, v_3, v_4)$ 和 $(v_8, v_9, v_6, v_7, v_4)$，这两条路径有一个公共内部顶点(当然这两个顶点之间还存在其他路径)。

边双连通分量。一个连通图 G 如果不是边双连通图，那么它可以包括几个边双连通分量。一个连通图的边双连通分量是该图的极大重连通子图，在边双连通分量中不存在割边。在连通图中，把割边删除，则连通图变成了多个连通分量，每个连通分量就是一个边双连通分量。例如，图 8.6(a)所示的连通无向图存在两条割边(4,10)和(6,10)，把这两条割边删除后，得到 3 个边双连通分量，如图 8.6(b)所示。

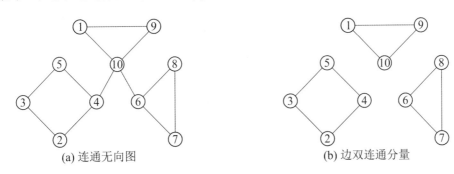

(a) 连通无向图　　　　　　　　　　(b) 边双连通分量

图 8.6　连通图和它的割边、边双连通分量

8.1.4 无向图顶点连通性和边连通性的联系

1. 顶点连通度和边连通度的联系

关于图的顶点连通度和边连通度，有以下定理。

无向图顶点连通性和边连通性的联系

定理 8.1(顶点连通度、边连通度与图的最小度的关系)　设 G 为无向连通图，则存在关系式

$$\kappa(G) \leqslant \lambda(G) \leqslant \delta(G)。 \tag{8-1}$$

即，顶点连通度≤边连通度≤图的最小度。

2. 割边和割点的联系

仔细观察图 8.4(a)和图 8.6(a)中的割边和割点，两者之间有紧密的联系。具体可以用下面的定理来描述。

定理 8.2(割边和割点的联系)　设 v 是图 G 中与一条割边相关联的顶点，则 v 是 G 的割点当且仅当 $\deg(v) \geqslant 2$。

8.1.5 有向图的连通性

有向图的连通性

由于有向图的边具有方向性，所以有向图的连通性比较复杂。根据有向图连通性的强弱可分为强连通、单连通和弱连通。

强连通(strongly connected)。若 G 是有向图，如果对图 G 中任意两个顶点 u 和 v，既存在从 u 到 v 的路径，也存在从 v 到 u 的路径，则称该有向图为**强连通有向图**。对于非强连通图，其极大强连通子图称为其**强连通分量**。强连通分量的例子详见图 1.14。

单连通(simply connected)。若 G 是有向图，如果对图 G 中任意两个顶点 u 和 v，存在从 u 到 v 的路径或从 v 到 u 的路径，则称该有向图为**单连通有向图**。

弱连通(weakly connected)。若 G 是有向图，如果忽略图 G 中每条有向边的方向，得到的无向图(即有向图的基图)连通，则称该有向图为**弱连通有向图**。

强连通图一定也是单连通图和弱连通图，单连通图一定也是弱连通图。例如，图 8.7(a) 所示的有向图 G_1 是强连通图，任何一对顶点间都存在双向的路径。图 8.7(b) 所示的有向图 G_2 是单连通图，任何一对顶点间至少存在一个方向上的路径。图 8.7(c) 所示的有向图 G_3 是弱连通图，基图连通，但顶点 6 和 5 之间不存在有向路径。

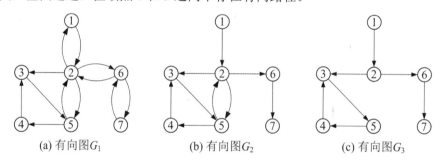

(a) 有向图 G_1 (b) 有向图 G_2 (c) 有向图 G_3

图 8.7   有向图的连通性

8.2   无向图顶点连通性的求解及应用

8.2.1   关节点的求解

1. 求关节点的朴素方法

关节点的求解

判断无向连通图是否存在关节点的一种朴素方法是从关节点的定义出发，依次去掉每个顶点(及其所关联的边)，然后用 DFS 去搜索整个图，可得到该图的连通分量个数，如果是大于 2，则该顶点是关节点。用邻接矩阵存储图时该方法的复杂度较高，为 $O(n^3)$，练习 8.1 可采取这种思路求解。当然，具体实现时并不真正需要去掉每个顶点(及其所关联的边)，只需要在搜索到该顶点时跳过该顶点就可以了。

2. 求关节点的算法——Tarjan 算法

前面介绍的求关节点的朴素方法，需要从每个顶点出发进行 DFS 遍历。本节介绍的 Tarjan 算法只需从某个顶点出发进行一次遍历，就可以求得图中所有的关节点，因此用邻接矩阵存储图时，其复杂度为 $O(n^2)$。接下来以图 8.8(a)所示的无向图为例介绍这种方法。

在图 8.8(a)中，对该图从顶点 4 出发进行 DFS，实线表示搜索前进方向，虚线表示回退方向，顶点旁的数字标明了进行 DFS 时各顶点的访问次序，即深度优先数。在 DFS 过程中，可以将各顶点的深度优先数记录在数组 dfn 中。

图 8.8(b)是进行 DFS 后得到的根为顶点 4 的深度优先搜索生成树。为了更加直观地描述树形结构，将此生成树改画成图 8.8(d)所示的树形形状。在图 8.8(d)中，还用虚线画出了两条虽然属于图 G，但不属于生成树的边，即(4, 5)和(6, 8)。

注意：在深度优先搜索生成树中，如果 u 和 v 是两个顶点，且在生成树中 u 是 v 的祖先，则必有 dfn[u]<dfn[v]，表明 u 的深度优先数小于 v，u 先于 v 被访问。

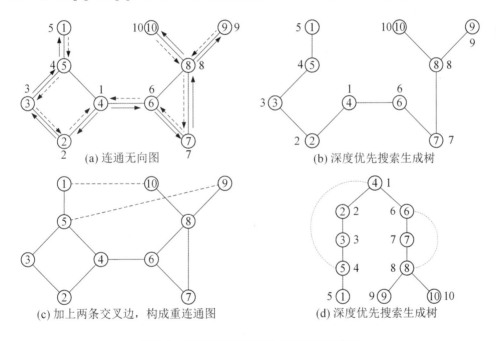

(a) 连通无向图　　　　　　　(b) 深度优先搜索生成树

(c) 加上两条交叉边，构成重连通图　　(d) 深度优先搜索生成树

图 8.8　连通图和它的深度优先搜索生成树

搜索完毕后，无向图 G 中的边可以分为以下 3 种。

(1) **生成树的边**(tree edge)。例如，图 8.8(d)中(2, 4)、(6, 7)等边都是生成树的边。

(2) **后向边**(back edge)，也称**回边**。当且仅当 u 在生成树中是 v 的祖先，或者 v 是 u 的祖先时，非生成树的边(u, v)才称为一条后向边。例如，图 8.8(d)中虚线所表示的非生成树的边，即(4, 5)、(6, 8)，都是后向边。

(3) **横向边**(cross edge)，也称**交叉边**。除生成树的边、后向边外，图 G 中的其他边称为横向边。

注意：

(1) 对无向图，一旦生成树确定以后，那么原图中的边只可能是后向边和生成树的边，横向边实际上是不存在的。为什么？假设图 G 中存在边$(1, 10)$，如图 8.8(c)所示，这就是所谓的横向边，那么顶点 10(甚至其他顶点都)只能位于顶点 4 的左边这棵子树中。另外，如果在图 G 中增加两条边$(1, 10)$和$(5, 9)$，则图 G 就是一个重连通图，如图 8.8(c)所示。

(2) 对有向图进行 DFS 后，非生成树的边可能是横向边，详见 8.4.1 节。

(3) 一条边是后向边还是生成树的边，取决于搜索的起点和选择邻接顶点的顺序。一旦生成树确定以后，各边是后向边还是生成树的边也就确定了。

顶点 u 是关节点的充要条件如下。

(1) 如果顶点 u 是深度优先搜索生成树的根，则 u 至少有两个子女。 为什么呢？因为删除 u，它的这些子女所在的子树就断开了，不用担心这些子树之间(在原图中)可能存在边，因为横向边是不存在的。

(2) 如果 u 不是生成树的根，则它至少有一个子女 w，从 w 出发，不可能通过 w、w 的子孙，以及一条后向边组成的路径到达 u 的祖先。 为什么？这是因为如果删除顶点 u 及其所关联的边，则以顶点 w 为根的子树就从搜索生成树中脱离了。例如，顶点 6 为什么是关节点？这是因为它的一个子女顶点，如图 8.8(d)所示，即顶点 7，不存在如前所述的路径到达顶点 6 的祖先结点，这样，一旦顶点 6 删除了，则以顶点 7 为根结点的子树就断开了。又如，顶点 7 为什么不是关节点？这是因为它的所有子女顶点，当然在图 8.8(d)中只有顶点 8，存在如前所述的路径到达顶点 7 的祖先结点，即顶点 6，这样，一旦顶点 7 删除了，则以顶点 8 为根结点的子树仍然跟图 G 连通。

因此，可对图 G 的每个顶点 u 定义一个 low 值：low[u]是从 u 或 u 的子孙出发通过后向边可以到达的最低深度优先数。low[u]的定义如下。

```
low[u]=min{
    dfn[u],
    min{ low[w] | w 是 u 的一个子女},
    min{ dfn[v] | v 与 u 邻接，且(u,v)是一条后向边 }
}
```

即 low[u]是取以上 3 项的最小值，其中第 1 项为它本身的深度优先数；第 2 项为它的(可能有多个)子女顶点 w 的 low[w]值的最小值，因为它的子女可以到达的最低深度优先数，则它也可以通过子女到达；第 3 项为它直接通过后向边可以到达的最低优先数。

因此，顶点 u 是关节点的充要条件是：u 或者是具有两个及以上子女的深度优先搜索生成树的根，或者虽然不是一个根，但它有一个子女 w，使得 low[w]$\geq$dfn[u]，其中"low[w]$\geq$dfn[u]"的含义是：顶点 u 的子女顶点 w，能够通过如前所述的路径到达顶点的最低深度优先数大于等于顶点 u 的深度优先数(注意，在深度优先搜索生成树中，顶点 v_1 是顶点 v_2 的祖先，则必有 dfn[v_1]<dfn[v_2])，即 w 及其子孙不存在指向顶点 u 的祖先的后向边。这时删除顶点 u 及其所关联的边，则以顶点 w 为根的子树就从搜索生成树中脱离了。

每个顶点的深度优先数 dfn[n]值可以在搜索前进时进行统计，而 low[n]值是在回退的时候进行计算的。

接下来结合图 8.8 和表 8.1 解释在回退过程中计算每个顶点 n 的 low[n]值的方法(在表 8.1 中，当前计算出来的 low[n]值用加粗、斜体及下划线标明)。

表 8.1　计算各顶点的 dfn 与 low 值

顶点序号	1	2	3	4	5	6	7	8	9	10
dfn	5	2	3	1	4	6	7	8	9	10
low	**_5_**									**_10_**
low	5				**_1_**				**_9_**	10
low	5		**_1_**		1			**_6_**	9	10
low	5	**_1_**	1		1		**_6_**	6		10
low	5	1	1	**_1_**	1	**_6_**	6	6		10
	根的左子树，回退顺序为 1→5→3→2→4					根的右子树，回退顺序为 10→9→8→7→6				

(1) 在图 8.8(a)中，访问到顶点 1 后，要回退，因为顶点 1 没有子女顶点，所以 low[1]就等于它的深度优先数 dfn[1]，为 5。

(2) 从顶点 1 回退到顶点 5 后，要继续回退，此时计算 low[5]，因为顶点 5 可以直接通过后向边(5,4)到达根结点，而根结点的深度优先数为 1，所以 low[5]=1。

(3) 从顶点 5 回退到顶点 3 后，要继续回退，此时计算 low[3]，因为它的子女顶点，即顶点 5 的 low 值为 1，则 low[3]=1。

(4) 从顶点 3 回退到顶点 2 后，要继续回退，此时计算 low[2]，因为它的子女顶点，即顶点 3 的 low 值为 1，则 low[2]=1。

(5) 从顶点 2 回退到顶点 4 后，计算 low[4]，因为 low[2]为 1，所以 low[4]=1，再继续访问它的右子树中的顶点(再次回退到顶点 4 时如有必要还会更新 low[4]的值)。

根结点 4 的右子树在回退过程计算顶点的 low[n]，方法类似。

计算出各顶点的 low[n]值后，因为根结点，即顶点 4 有两个子女，所以顶点 4 是关节点；顶点 5 也是关节点，这是因为它的子女顶点，即顶点 1 的 low 值大于 dfn[5]；同样，顶点 6 和顶点 8 也是关节点。

求出关节点 u 后，还有一个问题需要解决：去掉该关节点 u，将原来的连通图分成了几个连通分量？答案如下。

(1) 如果关节点 u 是根结点，则有几个子女，就分成了几个连通分量。

(2) 如果关节点 u 不是根结点，则如果 u 有 d 个子女 w，使得 low[w]≥dfn[u]，则去掉该结点，分成了 d+1 个连通分量。

以上方法的具体实现详见例 8.1。

3. 例题解析

例 8.1　SPF 结点(SPF)，ZOJ1119，POJ1523。

题目描述：

考虑图 8.9 中的两个网络，假定网络中的数据只在有线路直接连接的两个结点之间以点对点的方式传输。一个结点出现故障，如图 8.9(a)所示的网络中结点 3 出现故障,将会阻止其他某些结点之间的通信。因此结点 3 是这个网络的一个 SPF 结点。

严格的定义:对于一个连通的网络,如果一个结点出现故障,将会阻止至少一对结点之间的通信,则该结点是 SPF 结点。注意,图 8.9(b)所示的网络不存在 SPF 结点。

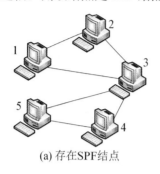

(a) 存在SPF结点

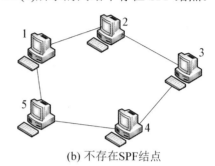

(b) 不存在SPF结点

图 8.9　SPF 结点

输入描述:

输入文件包含多个测试数据,每个测试数据描绘了一个网络。每个网络的数据包含多对整数,表示两个直接连接的结点。结点对中两个结点的顺序是无关的,1 2 和 2 1 表示同一对连接。结点序号范围为 1~1 000,每个网络的数据中最后一行为一个 0,表示该网络数据的结束。整个输入文件的最后一行为一个 0,代表输入结束。

输出描述:

对输入文件中的每个网络,首先输出该网络在输入文件中的序号,然后是该网络中的 SPF 结点。对网络中的每个 SPF 结点,输出一行,输出格式如样例输出所示,输出信息表明 SPF 结点的序号及该 SPF 结点出现故障后将整个网络分成几个连通的子网络。如果网络中不存在 SPF 结点,则只输出 "No SPF nodes"。每两个网络的输出之间输出一个空行。

样例输入:

```
1 2 5 4 3 1 3 2 3 4 3 5
0
1 2 2 3 3 4 4 5 5 1
0
0
```

样例输出:

```
Network #1
  SPF node 3 leaves 2 subnets

Network #2
  No SPF nodes
```

分析: 在用程序实现前面所述的 Tarjan 算法时,需要解决以下几个问题。

(1) 如何判断顶点 v 是顶点 u 的祖先结点。

(2) 如何判断边(v, u)是后向边。

(3) 如何判断顶点 v 是顶点 u 的儿子结点。

这 3 个问题都是在深度优先搜索函数 dfs()中解决的。从顶点 u 出发进行 DFS 时,要判断其他每个顶点 v 是否跟 u 邻接、是否未访问过。如果 v 跟 u 邻接,则在生成树中就有以下两种情况。

(1) 如果顶点 v 是顶点 u 的邻接顶点,且此时 v 还未访问过,则 v 是 u 的儿子结点。

(2) 如果顶点 v 是顶点 u 的邻接顶点,且此时 v 已经访问过了,则 v 是 u 的祖先结点,且(v, u)就是一条后向边。

在下面的代码中,求每个顶点的 low[ ]值的代码特别地用方框标明了,从中可以看出,

每次从顶点 u 的某一个邻接顶点回退到顶点 u 时，计算顶点 u 的 low[ ] 值；当顶点 u 的所有邻接顶点都访问完毕，顶点 u 的 low[ ] 值才计算完毕。代码如下。

```
#define min(a,b) ((a)>(b)?(b):(a))
int Edge[1001][1001];       //邻接矩阵
int visited[1001];           //表示顶点访问状态
int nodes;                   //顶点数目
int tmpdfn;                  //在 DFS 过程中记录当前的深度优先数
int dfn[1001];               //每个顶点的 dfn 值
int low[1001];               //每个顶点的 low 值，根据该值来判断是否是关节点
int son;                     //根结点的子女结点的个数(如果大于 2，则根结点是关节点)
int subnets[1001];           //记录每个结点(去掉该结点后)的连通分量个数
void dfs( int u )            //DFS,记录每个结点的 low 值(根据 low 值来判断是否求关节点)
{
    for( int v=1; v<=nodes; v++ ){
        //v 跟 u 邻接,在生成树中就有 2 种情况
        //①v 是 u 的祖先结点,这样(v,u)就是一条后向边；②v 是 u 的儿子结点
        if( Edge[u][v] ){
            if( !visited[v] ){    //v 还未访问, v 是 u 的儿子结点, 情况②
                visited[v]=1;  tmpdfn++;  dfn[v]=low[v]=tmpdfn;
                dfs( v );      //dfs(v)执行完毕后, low[v]值已求出
                //回退的时候，计算顶点 u 的 low 值
                low[u] = min( low[u], low[v] );
                if( low[v]>=dfn[u] ){
                    if( u!=1 )  subnets[u]++; //去掉该结点后的连通分量个数
                    //根结点的子女结点的个数(如果大于 2，则根结点是关节点)
                    if( u==1 )  son++;  //在 main()函数里从顶点 1(根结点)出发 DFS
                }
            }
            //此前 v 已经访问过了, v 是 u 的祖先结点((v,u)就是一条后向边)：情况①
            else  low[u] = min( low[u], dfn[v] );
        }
    }
}
void init( )     //初始化函数
{
    low[1]=dfn[1]=1;  tmpdfn=1;  son=0;
    memset( visited, 0, sizeof(visited) );  visited[1]=1;
    memset( subnets, 0, sizeof(subnets) );
}
int main( )
{
    int i, u, v;           //u,v 是从输入文件中读入的顶点对
    int find;              //是否找到 SPF 节点的标志
    int number=1;          //测试数据数目
    while( 1 ){
        scanf( "%d", &u );
        if( u==0 )  break;  //整个输入结束
```

```
    memset( Edge, 0, sizeof(Edge) );  nodes=0;
    scanf( "%d", &v );
    if( u>nodes )  nodes=u;
    if( v>nodes )  nodes=v;
    Edge[u][v] = Edge[v][u] = 1;
    while( 1 ){
        scanf( "%d", &u );
        if( u==0 )  break;      //当前测试数据输入结束
        scanf( "%d", &v );
        if( u>nodes )  nodes=u;
        if( v>nodes )  nodes=v;
        Edge[u][v] = Edge[v][u] = 1;
    }
    if( number>1 )  printf( "\n" );      //保证最后一个网络的输出之后没有空行
    printf( "Network #%d\n", number );  number++;
    init( );      //初始化
    dfs( 1 );      //从顶点1开始搜索
    if( son>1 )  subnets[1]=son-1;  //后面输出连通分量个数时会统一加1
    find=0;
    for( i=1; i<=nodes; i++ ){
        if( subnets[i] ){
            find=1;
            printf("  SPF node %d leaves %d subnets\n", i, subnets[i]+1 );
        }
    }
    if( !find )  printf( "  No SPF nodes\n" );
    }
    return 0;
}
```

8.2.2 重连通分量的求解

重连通分量
的求解

在求关节点的过程中就能顺便把每个重连通分量求出。方法是：建立一个栈，存储当前重连通分量，在 DFS 过程中，每找到一条生成树的边或后向边，就把这条边加入栈中。如果遇到某个顶点 u 的子女顶点 v 满足 dfn[u]≤low[v]，说明 u 是一个割点，同时把边从栈顶一条条取出，直到遇到了边(u, v)，取出的这些边与其关联的顶点，组成一个重连通分量。割点可以属于多个重连通分量，其余顶点和每条边属于且只属于一个重连通分量。

以上方法具体实现详见例 8.2。

例 8.2   输出无向连通图各个重连通分量。

输入描述：

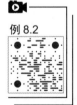

例 8.2

输入文件包含多个测试数据。每个测试数据的格式为：第 1 行为整数 n 和 m，分别表示顶点数和边数，顶点序号从 1 开始计起；第 2 行有 m 个整数对 u v，表示一条无向边(u, v)。假定无向图是连通的(可能有割点，也可能没有割点)。n=m=0 代表输入结束。

输出描述:

对每个测试数据,以 "*u v*" 的形式依次输出各重连通分量中的每条边,每个重连通分量的数据占一行,用空格分隔每条边。各测试数据的输出之间用空行分隔开。

样例输入:

```
7 9
1 2 1 3 1 6 1 7 2 3 2 4 2 5 4 5 6 7
4 4
1 2 1 4 2 3 3 4
0 0
```

样例输出:

```
5-2 4-5 2-4
3-1 2-3 1-2
7-1 6-7 1-6

4-1 3-4 2-3 1-2
```

分析: 图 8.10 是样例输入数据所描绘的两个无向图,其中实线箭头表示搜索的前进过程,虚线箭头表示回退过程。从顶点 1 开始搜索。图 8.10(a)所示的无向图有两个割点、3 个重连通分量,图 8.10(b)所示的无向图没有割点、是重连通图。

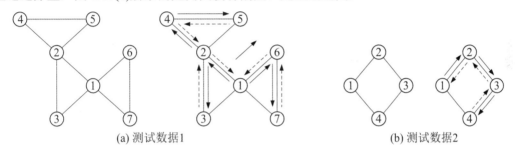

(a) 测试数据1   (b) 测试数据2

图 8.10   重连通分量的求解

以下程序定义了结构体 edge 表示一条边,并包含了输出函数 output( )和判断两条边是否同一条边的函数 comp( )。在搜索前进过程,依次将访问过的边入栈,在回退过程如果发现顶点 *u* 的子女顶点 *v* 满足 dfn[*u*]≤low[*v*],说明 *u* 是一个割点,同时把边从栈顶一条条取出并输出,直到遇到边(*u, v*)为止(该边也要输出),这些边组成了顶点 *v* 所在的重连通分量,在实现时通过栈顶结点 t1 调用 comp( )函数来判断 t1 是不是最先入栈的结点,即边(*u, v*)。

另外,为了防止访问过的边重复入栈,约定邻接矩阵 **Edge** 中,元素 Edge[*u*][*v*]取值为 1 表示顶点 *u* 和 *v* 之间有边连接且该边没有遍历过,取值为 2 表示顶点 *u* 和 *v* 之间有边连接、且该边已经遍历过,取值为 0 表示顶点 *u* 和 *v* 之间没有边连接。

代码如下。

```
#define MAXN 20        //顶点数的最大值
#define MAXM 40        //边数的最大值
#define min(a,b)  ((a)>(b)?(b):(a))
struct edge {
    int u, v;          //边的两个顶点
    void output( ){ printf( "%d-%d", u, v ); }
    int comp( edge& t ){ return ( (u==t.u && v==t.v) || (u==t.v && v==t.u) );}
};
stack<edge> edges;     //存储边的栈
int Edge[MAXN][MAXN];  //邻接矩阵(1表示有连接,2表示有连接且已经走过,0表示没有连接)
int visited[MAXN];     //表示顶点访问状态
int n, m;              //顶点数、边数
```

```
int tmpdfn;              //在 DFS 过程中记录当前的深度优先数
int dfn[MAXN];           //每个顶点的 dfn 值
int low[MAXN];           //每个顶点的 low 值，根据该值来判断是否是关节点
void dfs( int u )        //DFS，记录每个结点的 low 值(根据 low 值来判断是否求关节点)
{
    for( int v=1; v<=n; v++ ){
        //v 跟 u 邻接。在生成树中就有两种情况
        //①v 是 u 的祖先结点，这样(v,u)就是一条后向边；②v 是 u 的儿子结点
        if( Edge[u][v]==1 ){
            edge t; t.u=u; t.v=v; edges.push(t);     //边入栈
            Edge[u][v]=Edge[v][u]=2;     //设置边(u,v)已经访问过
            if( !visited[v] ){     //v 还未访问，v 是 u 的儿子结点，情况②
                visited[v]=1; tmpdfn++; dfn[v]=low[v]=tmpdfn;
                dfs( v );     //dfs(v)执行完毕后，low[v]值已求出
                //回退的时候，计算顶点 u 的 low 值
                low[u] = min( low[u], low[v] );
                if( low[v]>=dfn[u] ){     //删除顶点 u，子女结点 v 所在的子树将脱离
                    bool firstedge=true; //控制最后一条边后面没有空格的状态变量
                    while( 1 ){
                        if( edges.empty() )  break;
                        if( firstedge )  firstedge=false;
                        else  printf( " " );
                        edge t1=edges.top(); t1.output( ); //输出栈顶结点 t1
                        edges.pop();     //弹出栈顶 t1
                        if(t1.comp(t)) break;//如果 t1=t，退出，已输出一重连通分量
                    }
                    printf( "\n" );
                }
            }
            //此前 v 已经访问过了，v 是 u 的祖先结点((v,u)就是一条后向边),情况①
            else  low[u] = min( low[u], dfn[v] );
        }
    }
}
int main( )
{
    int i, u, v;         //u,v 为读入的顶点对
    int number=1;        //测试数据序号
    while( 1 ){
        scanf( "%d%d", &n, &m );
        if( n==0 && m==0 )  break;     //整个输入结束
        memset( Edge, 0, sizeof(Edge) );
        for( i=1; i<=m; i++ ){
            scanf( "%d%d", &u, &v ); Edge[u][v]=Edge[v][u]=1;
        }
        if( number>1 )  printf( "\n" );     //保证最后一个网络的输出之后没有空行
        number++;
        low[1]=dfn[1]=1; tmpdfn=1;
        memset( visited, 0, sizeof(visited) ); visited[1]=1;
        dfs( 1 );     //从顶点 1 出发进行 DFS
    }
```

```
    return 0;
}
```

例 8.3 圆桌武士(Knights of the Round Table)，POJ2942。

题目描述：

武士在讨论事情时很容易激动。国王要求智者确保将来不会发生武士打斗。智者在仔细研究这个问题后，他意识到如果武士围着圆桌坐下，要阻止打斗必须遵循以下两个规则。

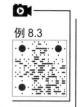

例 8.3

(1) 任何两个互相仇视的武士不能挨着坐，智者有一张清单，列出了互相仇视的武士。注意，武士是围着圆桌坐下的，每个武士有两个相邻的武士。

(2) 围着圆桌坐下的武士数量必须为奇数。这将能保证当武士争论一些事情时，能通过投票解决争端。如果武士数量为偶数，则可能会出现赞同和反对的武士数量一样的情况。

如果遵循以上两个规则，智者让这些武士围着圆桌坐下，否则取消圆桌会议。如果只有一个武士，也将取消会议，因为一个武士无法围着圆桌坐下。如果遵守以上两个规则，可能会使某些武士不能被安排坐下，一种情况是一个武士仇视其他每个武士。如果一个武士不可能被安排坐下，他将被从武士名单中剔除掉。求有多少个武士将会被剔除掉。

输入描述：

输入文件包含多个测试数据。每个测试数据的第 1 行为整数 n 和 m ($1 \leqslant n \leqslant 1\ 000$，$1 \leqslant m \leqslant 1\ 000\ 000$)，$n$ 表示武士数目，编号为 $1 \sim n$，m 表示武士相互仇视的对数。接下来有 m 行，描述了相互仇视的每对武士，每行为两个整数 k_1 和 k_2，表示武士 k_1 和 k_2 相互仇视。$n = m = 0$ 表示输入结束。

输出描述：

对每个测试数据，输出一行，为从名单中被剔除掉的武士数目。

样例输入：   **样例输出：**

5 5   2

1 4

1 5

2 5

3 4

4 5

0 0

分析： 本题的意思是，一群武士，只有满足一定条件才能参加圆桌会议：① 圆桌边上任意相邻的两个武士不能互相仇视；② 同一个圆桌边上的武士数量必须是奇数。

为了使得不互相仇视的武士才能坐在一起，可以做以下处理：将各武士看成顶点，不互相仇视的武士之间存在边，建立无向图。例如，根据样例输入中的测试数据所构造得到的无向图如图 8.11 所示。该测试数据中，要去掉 4 和 5，剩下 1、2、3 能围着圆桌坐下。

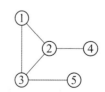

图 8.11 圆桌武士：测试数据

构造无向图以后，先按照条件①，将所有能坐在一起的武士分为一组，全部武士分为若干组，每一组是一个点双连通分量。然后根据点双连通分量的性质，判断点双连通分量中是否存在奇圈，如果存在，则这一组武士都能参与会议，反之这一组都不能参与会议。

具体的方法如下。

(1) 搜索点双连通分量。深度优先搜索过程中，用一个栈保存所有经过的结点，判断割点，碰到割点就标记当前栈顶的结点并退栈，直到当前结点停止并标记当前割点。标记过的结点处于同一个点双连通分量。

(2) 交叉染色搜索奇圈。在一个结点大于 2 的点双连通分量中，必定存在一个圈经过该连通分量的所有顶点。若这个圈是奇圈，则该连通分量内所有的点都满足条件；若这个圈是偶圈，如果包含奇圈，则必定还有一个奇圈经过所有剩下的点。因此一个双连通分量中只要存在一个奇圈，那么该双连通分量内所有的点都处于一个奇圈中。根据这个性质，只需要在一个双连通分量内找奇圈即可判断该连通分量是否满足条件。交叉染色法就是在DFS 的过程中反复交换着用两种不同的颜色对未染色过的点染色，若某次 DFS 中当前结点的子结点和当前顶点同色，则找到奇圈。

(3) 需要注意的地方是，因为同一个点可能在多个点双连通分量中，因此标记某个点是否满足条件必须专门用一数组标记。代码如下。

```
#define N 1001
#define max(a,b) ((a)>(b)?(a):(b))
#define min(a,b) ((a)<(b)?(a):(b))
struct edge      //邻接表结构
{
    int belongto;
    edge *next;
    edge(int u,int v) : belongto(v), next(P[u]){ }
}*P[N+1];
int G[N+1][N+1], used[N+1], part[N+1];
int deep[N+1], anc[N+1], open[N+1], color[N+1];
int n, m, num, top;
void ReadData( )     //读入数据
{
    int i, j;
    memset(G,0,sizeof(G));
    while( m-- ){
        scanf( "%d%d", &i, &j );  G[i][j]=G[j][i]=1;
    }
    for( i=1; i<=n; i++ )  G[i][i]=1;
    for( i=1; i<=n; i++ ){
        for( j=1; j<=n; j++ )  G[0][j]=G[i][j];
        for( j=1; j<=n; j++ )
            if( !G[0][j] )  G[i][++G[i][0]]=j;
    }
}
void DFS( int s, int father, int d )     //DFS 标记割点(搜索双连通分量)
{
```

```
    int i, j, k;
    anc[s]=deep[s]=d;  used[s]=1;  open[top++]=s;
    for( i=1; i <= G[s][0]; i++ ){
        j=G[s][i];
        if( j != father&&used[j]==1 )
            anc[s]=min( anc[s], deep[j] );
        if( !used[j] ){
            DFS( j, s, d+1 );
            anc[s]=min( anc[s], anc[j] );
            if( anc[j]>=deep[s] ){
                num++;
                P[s]=new edge( s, num );
                for( k=open[top]; k!=j; P[k]=new edge(k,num) )
                    k=open[--top];
            }
        }
    }
    used[s]=2;
}
void SearchConn( )      //搜索双连通分量
{
    int i;
    memset(used,0,sizeof(used));  memset(P,0,sizeof(P));
    num=0, top=0;
    for( i=1; i<=n; i++ )
        if( !used[i] )  DFS( i, -1, 1 );
}
bool OddCycle( int s, int col )  //DFS 交叉染色搜索判断奇圈
{
    int i, j;
    color[s]=col;    //染色
    for( i=1; i<=G[s][0]; i++ ){
        j=G[s][i];
        if( part[j] ){
            if( color[j]==0&&OddCycle(j,-col) )  return 1;
            if( color[j]==col )  return 1;
        }
    }
    return 0;
}
int Calculate( )     //累计数目
{
    int i, j, count=0;
    memset(used,0,sizeof(used));
    for( i=1; i<=num; i++ ){
        memset(part,0,sizeof(part));  memset(color,0,sizeof(color));
        for( j=1; j<=n;j++ ){
```

```
        for( edge *L=P[j]; L; L=L->next )
            if( L->belongto==i ){
                part[j]=1;  break;
            }
        }
        for( j=1; j<=n; j++ ){
            if( part[j] ){
                if( OddCycle(j,1) )
                    for( j=1;j<=n;j++ )  used[j]+=part[j];
                break;
            }
        }
    }
    for( i=1; i<=n; i++ )
        if( !used[i] )  count++;
    return count;
}
int main( )
{
    while( scanf("%d%d",&n,&m)!=EOF&&n|m ){
        ReadData( );                    //读入数据
        SearchConn( );                  //搜索双连通分量
        printf( "%d\n", Calculate( ) );  //搜索奇圈并输出累计结果
    }
    return 0;
}
```

8.2.3 顶点连通度的求解

顶点连通度
的求解

给定一个无向连通图，如何求其顶点连通度 $\kappa(G)$ 是本节要讨论的问题。$\kappa(G)$ 的求解需要转换成网络最大流问题。首先，介绍独立轨的概念。

独立轨。 设 A、B 是无向图 G 的两个顶点，从 A 到 B 的两条没有公共内部顶点的路径，互称为独立轨。A 到 B 独立轨的最大条数，记为 $P(A, B)$。例如，在图 8.12(a)所示的无向图中，v_1 和 v_4 之间有 3 条独立轨，用粗线标明。

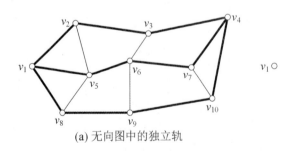

(a) 无向图中的独立轨

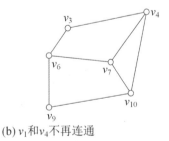

(b) v_1 和 v_4 不再连通

图 8.12　独立轨

设 A、B 是无向连通图 G 的两个不相邻的顶点，最少要删除多少个顶点才能使得 A 和 B 不再连通？答案是 $P(A, B)$ 个(证明略)。例如，在图 8.12(a)中，要使得 v_1 和 v_4 不再连通，可以在这两个顶点的 3 条独立轨上各选择一个顶点，如 v_2、v_5 和 v_8，删除这 3 个顶点后，v_1 和 v_4 不再连通了，如图 8.12(b)所示。注意，并不是在每条独立轨上任意删除一个顶点就可以达到目的。例如，在图 8.12(a)中，如果删除 v_2、v_5 和 v_{10}，则 v_1 和 v_4 仍然连通。

关于无向图 G 顶点连通度 $\kappa(G)$ 与顶点间独立轨数目之间的关系，有以下 Menger 定理。

定理 8.3(Menger 定理) 无向图 G 的顶点连通度 $\kappa(G)$ 和顶点间**最大独立轨数目**之间存在以下关系式

$$k(G) = \begin{cases} |V(G)| - 1 & \text{当 } G \text{ 是完全图} \\ \min_{AB \notin E} \{P(A, B)\} & \text{当 } G \text{ 不是完全图}。 \end{cases} \tag{8-2}$$

在式(8-2)中，$AB \notin E$ 表示顶点 A 和 B 不相邻。为什么要强调不相邻？这是因为如果 A 和 B 相邻，则删除所有的其他顶点，A 和 B 还是连通的。

那么如何求不相邻的两个顶点 A、B 间的最大独立轨数 $P(A, B)$ 呢，最少应删除图中哪些顶点[共 $P(A, B)$ 个顶点]才能使得 A、B 不连通呢？可以采用网络最大流方法来求解。

求 $P(A, B)$ 的方法如下。

(1) 为了求 $P(A, B)$，需要构造一个容量网络 N。

① 原图 G 中的每个顶点 v 变成网络 N 中的两个顶点 v' 和 v''，顶点 v' 到 v'' 有一条弧连接，即 $<v', v''>$，其容量为 1。

② 原图 G 中的每条边 $e = (u, v)$，在网络 N 中有两条弧 $e' = <u'', v'>$ 和 $e'' = <v'', u'>$，e' 和 e'' 的容量均为 ∞。

③ 令 A'' 为源点，B' 为汇点。

(2) 求从 A'' 到 B' 的最大流 F。

(3) 流出 A'' 的一切弧的流量和 $\sum_{e \in (A'', v)} f(e)$，即为 $P(A, B)$，所有具有流量 1 的弧 (v', v'') 对应的顶点 v 构成了一个割顶集，在图 G 中去掉这些顶点后，则 A 和 B 不再连通了。

有了求 $P(A, B)$ 的算法基础，就可以得出 $\kappa(G)$ 的求解思路：首先设 $\kappa(G)$ 的初始值为 ∞；然后分析图 G 中的每一对顶点。如果顶点 A、B 不相邻，则用最大流的方法求出 $P(A, B)$ 和对应的割顶集；如果 $P(A, B)$ 小于当前的 $\kappa(G)$，则 $\kappa(G) = P(A, B)$，并保存其割顶集。如此直至所有不相邻顶点对分析完为止，即可求出图的顶点连通度 $\kappa(G)$ 和最小割顶集了。具体实现时，可固定一个源点，枚举每个汇点，从而求出 $\kappa(G)$。注意，容量网络只需构建一次。

以上算法的程序实现，详见例 8.4。

例 8.4 有线电视网络(Cable TV Network)，ZOJ2182，POJ1966。

题目描述：

有线电视网络中，中继器的连接是双向的。如果任何两个中继器之间至少有一条路，则中继器网络是连通的，否则就是不连通的。一个空的网络及只有一个中继器的网络被认为是连通的。具有 n 个中继器的网络的安全系数 f 被定义成——① f 为 n，如果不管删除多少个中继器，剩下网络仍然是连通的；② f 为删除最少的顶点数，使得剩下的网络不连通。

例如，考虑图 8.13 所示的 3 个中继器网络，其中圆圈代表中继器，实线代表中继器

例 8.4

之间的连接线缆。在图 8.13(a)中，删除任意多个顶点，剩下的网络仍然是连通的，因此 $f = n = 3$。在图 8.13(b)中，删除 0 个顶点，中继器网络就不连通，因此 $f = 0$。在图 8.13(c) 中，至少需要删除中继器 1 和 2，或者 1 和 3，剩下的中继器网络不连通，因此，$f = 2$。

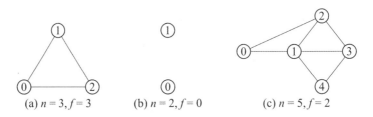

(a) $n = 3, f = 3$ (b) $n = 2, f = 0$ (c) $n = 5, f = 2$

图 8.13　有线电视网络

输入描述：

输入文件包含多个测试数据。每个测试数据首先是两个整数 n 和 m（$0 \leqslant n \leqslant 50$），$n$ 表示网络中中继器数目，m 表示网络中线缆的数目；接下来是 m 个数据对 (u, v)，$u < v$，格式如样例输入所示，其中 u 和 v 为中继器的编号，中继器的编号为 $0 \sim n-1$，(u, v) 表示直接连接 u 和 v 的线缆。数据对可以以任何顺序出现。测试数据一直到文件尾。

输出描述：

对每个测试数据，计算并输出该测试数据所代表的中继器网络的安全系数。

样例输入：	样例输出：
3 3 (0,1) (0,2) (1,2)	3
2 0	0
5 7 (0,1) (0,2) (1,3) (1,2) (1,4) (2,3) (3,4)	2

分析： 对 n 阶完全图 K_n，其顶点连通度 $\kappa(K_n) = n-1$，而在本题中，完全图 K_n 的安全系数 f 定义为 n；对非完全图，本题中的安全系数 f 实际上就是无向图的顶点连通度 $\kappa(G)$。以图 8.13(c)所示的网络为例描述 $\kappa(G)$ 的求解方法。根据前面介绍的方法，构造一个容量网络，如图 8.14(a)所示，其邻接矩阵如图 8.14(b)所示。

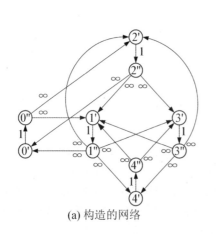

	0'	1'	2'	3'	4'	0''	1''	2''	3''	4''
0'	0	0	0	0	0	1	0	0	0	0
1'	0	0	0	0	0	0	1	0	0	0
2'	0	0	0	0	0	0	0	1	0	0
3'	0	0	0	0	0	0	0	0	1	0
4'	0	0	0	0	0	0	0	0	0	1
0''	0	∞	∞	0	0	0	0	0	0	0
1''	∞	0	∞	∞	∞	0	0	0	0	0
2''	∞	∞	0	0	0	0	0	0	0	0
3''	0	∞	∞	0	∞	0	0	0	0	0
4''	∞	∞	0	∞	0	0	0	0	0	0

(a) 构造的网络　　　　　　　　　　(b) 邻接矩阵

图 8.14　有线电视网络：顶点连通度的求解

在求每一对顶点的独立轨数目时，可固定源点为顶点 0"，枚举每个汇点，并记录最小的独立轨数目，该值就是顶点连通度 $\kappa(G)$。如果求得的网络最大流流量为 ∞，则说明是完全图，其安全系数 f 为 n。以下代码采用最短增广路算法求解网络最大流。代码如下。

```c
#define MAXN 105
#define INF 1000000
#define min(x,y) (x<y?x:y)
int map[MAXN][MAXN];
int N, M;
//最短增广路算法求网络最大流,参数含义为结点数量、网络、源点、汇点
int max_flow( int num, int map[][MAXN], int source, int sink )
{
    queue<int> Q;    //队列Q,用于BFS算法求可增广路
    int pre[MAXN], min_flow[MAXN];//增广路上前一个结点,min_flow用来求可改进量
    int flow[MAXN][MAXN];         //记录当前网络中的流
    int ans=0;                    //最终结果(网络最大流流量)
    memset( flow, 0, sizeof(flow) );
    while( 1 ){                   //一直循环,直到不存在增广路
        memset(pre, -1, sizeof(pre)); memset(min_flow, 0, sizeof(min_flow));
        Q.push(source);  pre[source]=-2;  min_flow[source]=INF;
        while( !Q.empty() ){    //BFS寻找增广路
            int temp=Q.front();  Q.pop();    //出队列
            for( int i=0; i<num; i++ ){       //由结点temp往外扩展
                //当结点i还未被检查到,并且还有可用流量
                if( pre[i]==-1 && flow[temp][i]<map[temp][i] ){
                    Q.push(i);  pre[i]=temp;  //加入队列
                    min_flow[i] = min( min_flow[temp],
                        (map[temp][i]-flow[temp][i]) );  //求得min_flow
                }
            }
            if( pre[sink]!=-1 ){  //找到了一条可增广路
                while(!Q.empty())  Q.pop();//清空队列,以便下一次寻找可增广路
                int k=sink;
                while( pre[k]>=0 ){
                    flow[pre[k]][k]+=min_flow[sink]; //将新的流量加入flow
                    flow[k][pre[k]]=-flow[pre[k]][k];  k=pre[k];
                }
                break;
            }
        }
        if( pre[sink]==-1 )  return ans;  //不存在增广路,返回最大流流量
        else  ans+=min_flow[sink];  //累加汇点的可改进量
    }
}
int main( )
{
    while( scanf("%d%d",&N,&M) !=EOF ){
```

```
        int i, a, b, ans;
        memset( map, 0, sizeof(map) );
        for( i=0; i<N; i++ )  map[i][i+N]=1;
        for( i=0; i<M; i++ ){
            scanf( " (%d,%d)", &a, &b );   map[b+N][a]=map[a+N][b]=INF;
        }
        ans=INF;
        for( i=1; i<N; i++ )
            ans=min( max_flow(N*2,map,0+N,i), ans );
        if( ans==INF )  ans=N;
        printf( "%d\n", ans );
    }
    return 0;
}
```

练　习

8.1　电话线路网络(Network)，ZOJ1311，POJ1144。

题目描述：

TLC 公司正在新建一个电话线路网络。TLC 公司将一些地方(这些地方编号为 1～N)用电话线路连接起来。这些线路是双向的，每条线路连接两个地方，每个地方的电话线路都连接到一个电话交换机。每个地方都有一个电话交换机。有时会因为电力不足导致某个地方的交换机不能工作。TLC 意识到一旦出现这种情况，可能导致其他一些(本来连通的)地方不再连通，称这样的地方为关节点。现在 TLC 想写一个程序来找到关节点的数目。

输入描述：

输入文件包括多个测试数据，每个测试数据描述了一个网络。测试数据的第 1 行是整数 N，代表地方的数目($N<100$)；接下来至多有 N 行信息，每行包括一个地方的号码，以及有直接线路通往其他地方的号码，这些行(至多 N 行)完整地描述了网络，也就是说，该网络中每条直接连接两个地方的线路将会至少出现在某一行中。每行中的整数都用空格隔开。每个测试数据的最后一行为 0，表示该测试数据的结束。输入文件的最后一行为 0，表示输入文件结束。

输出描述：

对输入文件中的每个网络，输出关节点的个数。

样例输入：	样例输出：
5	1
5 1 2 3 4	2
0	
6	
2 1 3	
5 4 6 2	
0	
0	

说明：样例输入中两个测试数据所描绘的电话网络如图 8.15(a)和(b)所示，从中可以看出这两个网络中分别包含了 1 个和 2 个关节点。

(a) 测试数据1　　　　　　　　　　(b) 测试数据2

图 8.15　电话线路网络中的关节点

8.2　仓库管理员，POI1999。

题目描述：

码头仓库是 $N×M$ 个格子的矩形，有的格子是空闲的，没有任何东西；有的格子上已经堆放了沉重的货物，货物太重而不可移动。现在，仓库管理员有一项任务，要将一个较小箱子推到指定的格子上去。管理员可以在仓库中移动，但不得跨过堆放沉重的货物的格子。当管理员站在与箱子相邻的格子上时，他可以做一次推动，把箱子推到另一个相邻的格子。考虑到箱子比较重，仓库管理员为了节省体力，想尽量减少推箱子的次数。

输入描述：

输入文件的第 1 行有两个数 N、$M(1≤N, M≤100)$，表示仓库是 $N×M$ 的矩形。接下来有 N 行，每行有 M 个字符，表示一个格子的状态。字符含义为："S"表示该格子上放了不可移动的沉重货物；"w"表示该格子上没有任何东西；"M"表示仓库管理员初始的位置；"P"表示箱子的初始位置；"K"表示箱子的目标位置。

输出描述：

输出文件只有一行，为一个数，表示仓库管理员最少要推多少次箱子。如果仓库管理员不可能将箱子推到目标位置，则输出"NIE"，表示无解。

样例输入：　　　　　　　　　　**样例输出：**

```
10 12
SSSSSSSSSSSS
SwwwwwwwSSSS
SwSSSSwwSSSS
SwSSSSwwSKSS
SwSSSSwwSwSS
SwwwwwPwwwww
SSSSSSSwSwSw
SSSSSSMwSwww
SSSSSSSSSSSS
SSSSSSSSSSSS
```

　　　　　　　　　7

8.3 备用交换机。

题目描述：

n 个城市之间有通信网络，每个城市都有交换机，直接或间接地与其他城市连接。因交换机容易损坏，需配备备用交换机，但数量有限，只能给部分重要城市配置。规定：如果某个城市的交换机损坏，不仅本城市通信中断，还造成其他城市通信中断，则配备备用交换机。给定通信网络，计算需要备用交换机的个数及配备备用交换机城市的编号。

输入描述：

测试数据的第 1 行为整数 n（$2 \le n \le 100$），表示共有 n 个城市，接下来有若干行(一直到文件尾)，每行有两个正整数 a 和 b，a、b 是城市编号，表示 a 与 b 之间有直接通信线路。

输出描述：

首先输出整数 m，表示需要 m 个备用交换机。接下来有 m 行，每行有一个整数，表示需配备交换机的城市编号(按由小到大的顺序输出)。如果不需配备备用交换机，输出 0 即可。

样例输入：

```
7
1 2
2 3
2 4
3 4
4 5
4 6
4 7
5 6
6 7
```

样例输出：

```
2
2
4
```

8.3 无向图边连通性的求解及应用

8.3.1 割边的求解

割边的求解过程与 8.2.1 节中求关节点的过程类似，方法是：无向图的一条边 (u, v) 是割边，当且仅当 (u, v) 为生成树中的边(在生成树里 u 是 v 的父亲结点)，且满足 $\mathrm{dfn}[u] < \mathrm{low}[v]$。

例如，图 8.16(a)所示的无向图，如果从顶点 4 开始进行 DFS，各顶点的 $\mathrm{dfn}[\ ]$ 值和 $\mathrm{low}[\ ]$ 值用每个顶点旁的两个数值表示，深度优先搜索生成树如图 8.16(b)所示。根据上述方法，可判断出边(1, 5)、(4, 6)、(8, 9)和(9, 10)为无向图中的割边。

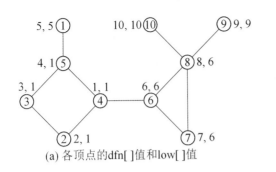

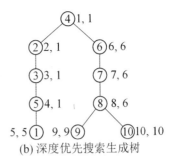

(a) 各顶点的dfn[ ]值和low[ ]值   (b) 深度优先搜索生成树

图 8.16 割边的求解

割边求解的程序实现详见例 8.5。

例 8.5 烧毁的桥(Burning Bridges)，ZOJ2588。

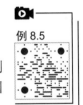

题目描述：

Ferry 国是一个岛国，共有 N 个岛、M 座桥，通过这些桥从每个岛都能到达任何一个岛。很不幸的是，最近 Ferry 国被 Jordan 国征服了。Jordan 国的国王决定烧毁所有的桥。但谋士建议他不要这样做，因为如果烧毁所有的桥梁，他自己的军队也不能从一个岛到达另一个岛。因此 Jordan 国决定烧尽可能多的桥，只要能保证他的军队能从任何一个岛都能到达每个岛就可以了。现在 Ferry 国的人民很想知道哪些桥肯定不会被烧毁。

输入描述：

输入文件包含多个测试数据。输入文件的第 1 行为整数 T $(1 \leqslant T \leqslant 20)$，表示测试数据的数目。接下来有 T 个测试数据。每个测试数据的第 1 行为整数 N 和 M $(2 \leqslant N \leqslant 10\,000$，$1 \leqslant M \leqslant 100\,000)$，分别表示岛的数目和桥的数目。接下来有 M 行，每行为两个不同的整数，为一座桥所连接的岛的编号。注意，两个岛之间可能有多座桥。

输出描述：

对每个测试数据，首先在第 1 行输出一个整数 K，表示 K 座桥不会被烧毁。第 2 行输出 K 个整数，为这些桥的序号。桥的序号从 1 开始计起，按输入的顺序进行编号。

两个测试数据的输出之间有一个空行。

样例输入：

```
2
6 7
1 2
2 3
2 4
5 4
1 3
4 5
3 6
10 16
```

样例输出：

```
2
3 7

1
4
```

```
2 6
3 7
6 5
5 9
5 4
1 2
9 8
6 4
2 10
3 8
7 9
1 4
2 4
10 5
1 6
6 10
```

分析：本题的意思是给定一个无向连通图，要求图中的割边，因为割边所表示的"桥"是不能被烧毁的(注意，此处加了双引号的"桥"是指题目中的桥梁，并不是指割边)。在本题中，由于有重边，所以无法用邻接矩阵来存储图，必须用邻接表来存储。对于重边的处理，只要顶点 u 和 v 之间有重边，那么这些重边任何一条都不可能是割边。

图 8.17 描绘了题目中的两个测试数据，其中每条边旁边的数字为边的序号。在图 8.17(a) 中，边(2, 4)和边(3, 6)为割边，不能被删除。在图 8.17(b)中，边(5, 9)为割边，不能被删除；如果被删除，则顶点 3、9、8、7 构成一个连通分量，从原图中分离了。

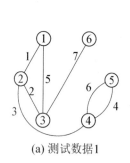

(a) 测试数据1

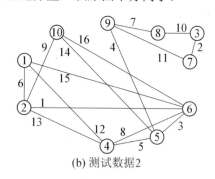

(b) 测试数据2

图 8.17　烧毁的桥：测试数据

在下面的代码中，从顶点 0 出发进行一次 DFS 遍历，并求得每个顶点的 dfn[ ]值和 low[ ]值。对除重边以外的每条生成树中的边(u, v)(在生成树里 u 是 v 的父亲结点)，如果满足 dfn[u]<low[v]，则边(u, v)是割边。代码如下。

```
#define N 10005
#define M 100005
#define MIN(a,b)  ((a)>(b)?(b):(a))
```

```
struct Node{                        //边结点
    int j, tag, id;                 //j 为另一个顶点的序号,tag 为重边的数量,id 为序号
    Node *next;                     //下一个边结点
};
int n, m, nid;          //n 为顶点数,m 为边数,nid 为输入时边的序号
Node mem[M*2];   int memp;   //mem 为存储边结点的数组,memp 为 mem 数组中的序号
Node *e[N];             //邻接表
int bridge[M];          //bridge[i]为 1,则第 i+1 条边为割边
int nbridge;            //求得的割边的数目
int low[N], dfn[N];     //low[i]为顶点 i 可达祖先的最小编号,dfn[i]为深度优先数
int visited[N];//visited[i]为 0 是未访问,为 1 是已访问,为 2 是已访问且已检查邻接顶点
//在邻接表中插入边(i,j),如果有重边,则只是使得相应边结点的 tag 加 1
int addEdge( Node *e[], int i, int j )
{
    Node* p;
    for( p=e[i]; p!=NULL; p=p->next )
        if( p->j==j )  break;
    if( p!=NULL ){ p->tag++; return 0; }  //(i,j)为重边
    p=&mem[memp++]; p->j=j; p->next=e[i]; e[i]=p; p->id=nid; p->tag=0;
    return 1;
}
//参数含义: i 为当前搜索的顶点, father 为 i 的父亲顶点, dth 为搜索深度
void DFS( int i, int father, int dth )
{
    visited[i]=1;  dfn[i]=low[i]=dth;
    Node *p;
    for( p=e[i]; p!=NULL; p=p->next ){
        int j=p->j;
        if( j!=father && visited[j]==1 )
            low[i]=MIN( low[i], dfn[j] );
        if( visited[j]==0 ){    //顶点 j 未访问
            DFS( j, i, dth+1 );
            low[i]=MIN( low[i], low[j] );
            if( low[j]>dfn[i]&&!p->tag )     //重边不可能是割边
                bridge[p->id]=++nbridge;
        }
    }
    visited[i]=2;
}
int main( )
{
    int i, j, k, T;     //T 为测试数据数目
    scanf( "%d", &T );
    while( T-- ){
        scanf( "%d%d", &n, &m );
        memp=0; nid=0; memset(e, 0, sizeof(e));
        for( k=0; k<m; k++, nid++ ){    //读入边,存储到邻接表中
```

```
            scanf( "%d%d", &i, &j );
            addEdge( e, i-1, j-1 );  addEdge( e, j-1, i-1 );
            bridge[nid]=0;
        }
        nbridge=0;  memset(visited, 0, sizeof(visited));
        //从顶点0出发进行DFS,顶点0是根结点,所以第2个参数为-1
        DFS( 0, -1, 1 );
        printf( "%d\n", nbridge );     //输出割边的信息
        for( i=0, k=nbridge; i<m; i++ ){
            if( bridge[i] ){
                printf( "%d", i+1 );
                if( --k )  printf( " " );
            }
        }
        if( nbridge )  puts("");
        if( T )  puts("");
    }
    return 0;
}
```

8.3.2 边双连通分量的求解

与8.2.2节点双连通分量的求解相比,边双连通分量的求法更为简单。只需在求出所有的桥以后,把桥删除,原图变成了多个连通块,则每个连通块就是一个边双连通分量。桥不属于任何一个边双连通分量,其余的边和每个顶点都属于且只属于一个边双连通分量。

例8.6 多余的路(Redundant Paths),POJ3177。

题目描述:

有 F 个牧场($1 \leq F \leq 5\,000$),奶牛们经常需要从一个牧场迁移到另一个牧场。它们已经厌烦老是走同一条路,所以有必要再新修几条路,使得从一个牧场迁移到另一个牧场时总是可以选择至少两条独立的路。两条独立的路是指没有公共边的路,但可以经过同一个中间顶点。任何两个牧场之间已经至少有一条路了。给定现有的 R 条直接连接两个牧场的路($F-1 \leq R \leq 10\,000$),计算至少需要新修多少条直接连接两个牧场的路。

输入描述:

第1行为整数 F 和 R。第2~R+1行,每行为两个整数,为一条道路连接的两个牧场。

输出描述:

输出一行,为一个整数,表示需要新修的道路数目。

样例输入: **样例输出:**

7 7   2

1 2

2 3

3 4

```
2 5
4 5
5 6
5 7
```

分析：本题的意思是给定一个无向连通图，判断最少需要加多少条边，才能使得任意两个顶点之间至少有两条相互"边独立"的道路。同一个边双连通分量的所有顶点可以等价地看成一个顶点，收缩后，新图是一棵树，树的边是原无向图的桥。问题转化为"在树中至少添加多少条边能使图变为边双连通图？"。结论是：添加边数=(树中度为 1 的结点数+1)/2。

例如，题目中给定的样例测试数据所描绘的牧场网络如图 8.18(a)所示。在图 8.18(a)中有一个边双连通分量，即顶点 2、3、4、5 组成的连通分量。将该边双连通分量收缩成一个顶点 2'，如图 8.18(b)所示，这样就得到一棵树，该树有 3 个叶子结点，因此添加的边数为(3+1)/2，为两条边。图 8.18(c)给出了一种添加方案，当然还存在其他的添加方案。

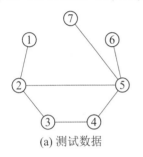
(a) 测试数据

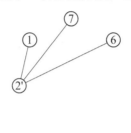
(b) 收缩后得到的树

(c) 新修的道路(一种方案)

图 8.18　多余的路：测试数据

以下代码采用并查集来收缩同一个边双连通分量上的顶点。将所有的边双连通分量分别收缩成一个顶点后，统计得到的树中叶子结点的个数，然后求应添加的边数。代码如下。

```
#define MIN(a,b)  ((a)>(b)?(b):(a))
#define N 1005
#define M 20005
struct Node{                    //边结点
    int j;                      //j 为另一个顶点的序号
    Node *next;                 //下一个边结点
};
int n, m;               //顶点数,边数
Node mem[M];  int memp;  //mem 为存储边结点的数组, memp 为 mem 数组中的序号
Node *e[N];             //邻接表
int w;                  //原图中边双连通分量的个数
int belong[N];
int low[N], dfn[N];     //low[i]为顶点 i 可达祖先的最小编号,dfn[i]为深度优先数
int visited[N];//visited[i]为 0 是未访问,为 1 是已访问,为 2 是已访问且已检查邻接顶点
int bridge[M][2], nbridge;
void addEdge( Node *e[], int i, int j )    //在邻接表中插入边(i,j)
{
    Node *p=&mem[memp++];  p->j=j;  p->next=e[i];  e[i]=p;
}
```

```
int FindSet( int f[], int i )      //并查集的查找函数
{
    int j=i, t;
    while( f[j]!=j )  j=f[j];
    while( f[i]!=i ){ t=f[i];  f[i]=j;  i=t; }
    return j;
}
void UniteSet( int f[], int i, int j )     //并查集的合并函数
{
    int p=FindSet(f,i),  q=FindSet(f,j);
    if( p!=q )  f[p]=q;
}
void DFS_2conn( int i, int father, int dth, int f[] )
{
    int j, tofather=0;  Node *p;
    visited[i]=1;  low[i]=dfn[i]=dth;
    for( p=e[i]; p!=NULL; p=p->next ){
        j=p->j;
        if( visited[j]==1 && (j!=father||tofather) )
            low[i]=MIN(low[i],dfn[j]);
        if( visited[j]==0 ){
            DFS_2conn( j, i, dth+1, f );
            low[i]=MIN( low[i], low[j] );
            if(low[j]<=dfn[i]) UniteSet(f, i, j);    //i,j 在同一个边双连通分量
            if( low[j]>dfn[i] )                      //边(i,j)是桥
                bridge[nbridge][0]=i,  bridge[nbridge++][1]=j;
        }
        if( j==father )  tofather=1;
    }
    visited[i]=2;
}
int DoubleConnection( )  //求无向图极大边双连通分量的个数
{
    int i, k, f[N], ncon=0;
    for( i=0; i<n; i++ )  f[i]=i, belong[i]=-1; //f[]为并查集数组
    memset(visited, 0, sizeof(visited));  nbridge=0;
    DFS_2conn( 0, -1, 1, f );
    for( i=0; i<n; i++ ){
        k=FindSet( f, i );
        if( belong[k]==-1 )  belong[k]=ncon++;
        belong[i]=belong[k];
    }
    return ncon;
}
int main( )
{
    int i, j, k;
```

```
while( scanf( "%d%d", &n, &m ) != EOF ){
    memp=0; memset(e, 0, sizeof(e));
    for( k=0; k<m; k++ ){      //读入边，并插入邻接表中
        scanf( "%d%d", &i, &j ); i--; j--;
        addEdge( e, i, j ); addEdge( e, j, i );
    }
    w=DoubleConnection( );     //求边双连通分量的个数
    int d[N]={ 0 };            //收缩后各顶点的度数
    for( k=0; k<nbridge; k++ ){
        i=bridge[k][0]; j=bridge[k][1];
        d[belong[i]]++; d[belong[j]]++;
    }
    int count=0;    //收缩后叶子结点的个数
    for( i=0; i<w; i++ )
        if( d[i]==1 )  count++;
    printf( "%d\n", (count+1)/2 );
}
return 0;
}
```

8.3.3 边连通度的求解

给定一个无向连通图，如何求其边连通度 $\lambda(G)$ 是本节要讨论的问题。$\lambda(G)$ 的求解也需要转换成网络最大流问题。这里要介绍弱独立轨的概念。

弱独立轨。设 A、B 是无向图 G 的两个顶点，从 A 到 B 的两条没有公共边的路径，互称为弱独立轨。A 到 B 的弱独立轨的最大条数，记为 $P'(A, B)$。例如，在图 8.19(a) 所示的无向图中，v_1 和 v_9 之间有 2 条弱独立轨，用粗线标明，这两条弱独立轨有公共顶点 v_5。当然，在图 8.19(a)中，可以选择其他边使得两条弱独立轨没有公共顶点。

设 A、B 是无向连通图 G 的两个不相邻的顶点，最少要删除多少条边才能使得 A 和 B 不再连通？答案是 $P'(A, B)$个(证明略)。例如，在图 8.19(a)中，要使得 v_1 和 v_9 不再连通，可以在这两个顶点的两条弱独立轨上各选择一条边，如 e_1 和 e_2，删除这两条边后，v_1 和 v_9 不再连通了，如图 8.19(b)所示。注意，并不是在每条弱独立轨上任意删除一条边就可以达到目的。例如，在图 8.19(a)中，如果删除 e_1 和 e_{12}，则不会影响 v_1 和 v_9 的连通性。

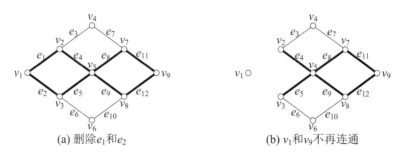

(a) 删除e_1和e_2 (b) v_1和v_9不再连通

图 8.19　弱独立轨

关于无向图 G 边连通度 $\lambda(G)$ 与顶点间弱独立轨数目之间的关系，有以下 Menger 定理。

定理 8.4(Menger 定理) 无向图 G 的边连通度 $\lambda(G)$ 和顶点间**最大弱独立轨数目**之间存在以下关系式

$$\lambda(G) = \begin{cases} |V(G)| - 1 & \text{当 } G \text{ 是完全图} \\ \min_{AB \notin E}\{P'(A,B)\} & \text{当 } G \text{ 不是完全图} \end{cases} \tag{8-3}$$

那么如何求不相邻的两个顶点 A、B 间的最大弱独立轨数 $P'(A,B)$ 呢？最少应删除图中哪些边(共 $P'(A,B)$ 条边)才能使得 A、B 不连通呢？可以采用网络最大流方法来求解。

求 $P'(A,B)$ 的方法如下。

(1) 为了求 $P'(A,B)$，需要构造一个容量网络 N。

① 原图 G 中的每条边 $e = (u, v)$ 变成重边，再将这两条边加上互为反向的方向(即变成对称边)，设 e' 为 $<u,v>$，e'' 为 $<v,u>$，e' 和 e'' 的容量均为 1。

② 以 A 为源点，B 为汇点。

(2) 求从 A 到 B 的最大流 F。

(3) 流出 A 的一切弧的流量和 $\sum\limits_{e \in (A,v)} f(e)$，即为 $P'(A,B)$，流出 A 的流量为 1 的弧 (A, v)

组成一个割边集，在图 G 中删除这些边后，则 A 和 B 不再连通了。

有了求 $P'(A,B)$ 的算法基础，就可以得出 $\lambda(G)$ 的求解思路：首先设 $\lambda(G)$ 的初始值为 ∞；然后分析图 G 中的每一对顶点，如果顶点 A、B 不相邻，则用最大流的方法求出 $P'(A,B)$ 和对应的割边集；如果 $P'(A,B)$ 小于当前的 $\lambda(G)$，则 $\lambda(G) = P'(A,B)$，并保存其割边集。如此直至所有不相邻顶点对分析完为止，即可求出图的边连通度 $\lambda(G)$ 和最小割边集了。同样在具体实现时，可固定一个源点，枚举每个汇点，从而求出 $\lambda(G)$。

练 习

8.4 筑路(Road Construction)，POJ3352。

题目描述：

某个岛上的负责人想修复和升级岛上的道路，这些道路连接岛上不同的旅游景点。所有的道路都不会交叉，如果有交叉则通过桥梁和隧道来避免。当修路公司在修路时，这条路就不能使用了，这将导致从一个景点不能通往另一个景点。为了保证在最终的道路网络中，任何一条道路在维护当中，剩下的道路能保证任何两个景点之间都能连通，这样需要在某些景点之间新修一条路。试计算最少需要新修多少条路。

输入描述：

测试数据的第 1 行为正整数 n 和 r ($3 \leqslant n \leqslant 1\,000$，$2 \leqslant r \leqslant 1\,000$)，$n$ 为旅游景点数目，r 为道路数目，景点编号为 1~n。接下来有 r 个整数对 $v\ w$，表示景点 v 和 w 之间有一条道路。道路是双向的，且任何两个景点之间最多只有一条道路。初始时，道路网络是连通的。

输出描述：

输出一个整数，表示需要新修道路的最少数目。

样例输入：

```
10 12
1 2 1 3 1 4 2 5 2 6 5 6 3 7 3 8 7 8 4 9 4 10 9 10
```

样例输出：

```
2
```

8.5 网络(Network)，POJ3694。

题目描述：

管理员管理一个很大的网络。网络包含了 N 台计算机和 M 对两台计算机之间的直接连接。网络中任何两台计算机要么直接连接，要么通过连续的连接间接地相连。管理员发现某些直接连接对网络起着重要的作用，因为一旦这些连接中的任何一条断开了，就会导致某些计算机之间无法传输数据。这种连接称为桥。他计划一条一条地增加一些新的连接，来消除所有的桥。试向管理员报告添加每条新连接后网络中桥的数目。

输入描述：

输入文件包含多个测试数据。每个测试数据的第 1 行为整数 N 和 M ($1 \leqslant N \leqslant 100\ 000$，$N-1 \leqslant M \leqslant 200\ 000$)；接下来有 M 行，每行为整数 A 和 B ($1 \leqslant A \neq B \leqslant N$)，表示计算机 A 和 B 有网线直接相连，计算机编号从 1 到 N，初始时任何两台计算机都是连通的。接下来一行为整数 Q ($1 \leqslant Q \leqslant 1\ 000$)，表示管理员打算在网络中添加 Q 条新连接。接下来有 Q 行，第 i 行为整数 A 和 B ($1 \leqslant A \neq B \leqslant N$)，表示连接的是计算机 A 和 B。$N=M=0$ 代表输入结束。

输出描述：

对每个测试数据，首先输出其序号(从 1 开始计起)，然后输出 Q 行，第 i 行表示前 i 条新连接添加进来后网络中桥的数目。每个测试数据的输出之后输出一个空行。

样例输入：

```
3 2
1 2
2 3
2
1 2
1 3
0 0
```

样例输出：

```
Case 1:
1
0
```

8.4　有向图连通性的求解及应用

8.4.1　有向图的深度优先搜索

由于有向边存在方向性，有向图的深度优先搜索比较复杂。例如，对图 8.20(a)所示的有向图 G，从顶点 1 出发可以遍历到一棵深度优先树，从顶点 7 出发可以遍历到另一棵深度优先树，这两棵树构成一个森林，如图 8.20(b)所示。其中每个顶点旁边的 2 个数字分别为深度优先数(dfn[ ]值)和 low[ ]值，其定义及含义详见 8.2.1 节。

有向图的深度优先搜索

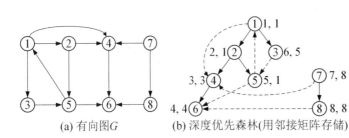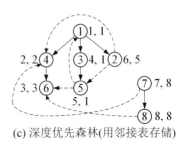

(a) 有向图 G　　　　(b) 深度优先森林(用邻接矩阵存储)　　　(c) 深度优先森林(用邻接表存储)

图 8.20　有向图的深度优先搜索

有向图 G 中的边可以分为以下 4 种。

(1) **生成树的边**(tree edge)。例如，图 8.20(b)中的<1, 2>、<7, 8>等。

(2) **后向边**(back edge)。当且仅当 v 在生成树中是 u 的祖先，非生成树的边<u, v>才成为一条后向边。例如，图 8.20(b)中的<5, 1>就是后向边。

(3) **前向边**(forward edge)。当且仅当 v 在生成树中是 u 的子孙，非生成树的边<u, v>才成为一条前向边。例如，图 8.20(b)中的<1, 4>就是前向边。注意，<3, 5>不是前向边。

注意：在无向图中，由于边没有方向性，前向边和后向边统一为后向边，详见 8.2.1 节。

(4) **横向边**(cross edge)。除上述 3 种边以外的边。这些边可以连接同一棵深度优先树中的结点，只要其中一个结点不是另一个结点的祖先，也可以连接不同深度优先树中的两个结点。例如，图 8.20(b)中的<5, 6>、<3, 5>、<7, 4>、<8, 6>就是横向边，其中前 2 条横向边是连接同一棵深度优先树中的结点，后 2 条横向边是连接不同深度优先树中的结点。

注意：无向图深度优先搜索生成树中非生成树的边都是后向边，没有横向边，详见 8.2.1 节。

从不同的顶点出发进行 DFS，或按不同的顺序检查邻接顶点，得到的深度优先森林可能不同，各边的类别也会不同。例如，图 8.20(b)是用邻接矩阵存储图并按顶点序号顺序检查每个顶点得到的深度优先森林，图 8.20(c)是按<1, 2>、<1, 3>、<1, 4>、<2, 4>、<2, 5>、<3, 5>、<4, 6>、<5, 1>、<5, 6>、<7, 4>、<7, 8>、<8, 6>的顺序构造邻接表(在顶点的边链表中，先读入的出边排在后面)，按顶点序号顺序检查每个顶点得到的深度优先森林。

对有向图 G 进行 DFS 并判断各边类别的策略如下。

设置了一个标记数组 visited，用来记录顶点的访问状态，约定 visited[v]的含义如下。

(1) visited[v] = 0，顶点 v 还没有被访问。

(2) visited[v] = 1，v 已经访问过，但其子孙结点还没访问完(即没有检查完邻接顶点)。

(3) visited[v] = 2，v 已经访问过，且其子孙结点也访问完了(即检查完了邻接顶点)。

在 DFS 过程中，对顶点 u 发出的一条出边<u, v>。

(1) visited[v] = 0，说明 v 还没被访问，即将顺着边<u, v>去访问顶点 v，因此<u, v>是生成树的边。

(2) visited[v] = 1，说明 v 已经被访问过，但其子孙结点还没有访问完(正在访问中)，而 u 又指向 v，说明 u 就是 v 的子孙结点，<u, v>是一条后向边。

(3) visited[v] = 2，说明 v 已经被访问过，且其子孙后代也已经访问完了，<u, v>可能是一条横向边，或者前向边，无法简单地区分。

说明：如果<*u*, *v*>是前向边，则 *u* 是 *v* 的祖先；如果<*u*, *v*>是横向边，则没有这种关系，*u*, *v* 可能是在同一棵树上，但不存在"祖先—子孙"关系，也可能不在同一棵树上。如果要区分，必须额外记录生成树中每个结点的父结点并递归地搜索才能甄别。但是，在相关算法里一般只有后向边有用，前向边和横向边没有太大作用，往往也不用区分。

8.4.2 有向图强连通分量的求解算法

求解有向图强连通分量主要有 3 种算法：Tarjan 算法、Kosaraju 算法和 Gabow 算法，本节详细介绍前两个算法的思想和实现过程。

Tarjan 算法

1. Tarjan 算法

Tarjan 算法是基于 DFS 算法，每个强连通分量为搜索生成树中的一棵子树。搜索时，把访问到的结点依次加入一个栈，回溯时可以判断栈顶到栈中的结点是否为同一个强连通分量。当 dfn(*u*)=low(*u*)时，以 *u* 为根的搜索子树上所有结点是一个强连通分量。

Tarjan 算法的伪代码如下。

```
tmpdfn = 0                          //初值
Tarjan( u )                         //搜索到顶点u
{
  dfn[u]=low[u]=++tmpdfn            //为结点u设定dfn[]值和low[]初值
  Stack.push( u )                  //将结点u压入栈中
  for each <u, v> in E             //枚举u发出的每一条边
    if( v is not visted )//结点v未访问过,v为u的子女结点,<u,v>是生成树的边
      Tarjan( v )                  //继续向下找
      low[u]=min( low[u], low[v] )
    else if( v in Stack )          //如果结点v还在栈内,<u,v>是后向边
      low[u]=min(low[u], dfn[v])
  if( dfn[u]==low[u] )//如果结点u是强连通分量的根(执行到这里,low[u]的值已确定)
    repeat
      v=Stack.pop                  //将v出栈,v是该强连通分量中一个顶点
      print v
    until ( u== v )
}
for each u in V  //从每个未访问过的顶点出发执行Tarjan算法
  if(u is not visited)  Tarjan(u)
```

接下来以图 8.21(a)所示的有向图为例解释 Tarjan 算法的思想和执行过程，在该有向图中，{1, 2, 5, 3}为一个强连通分量，{4}、{6}也分别是强连通分量。

图 8.21(b)所示为从顶点 1 出发进行深度优先搜索后得到的深度优先搜索生成树。约定：如果某个顶点有多个未访问过的邻接顶点，按顶点序号从小到大的顺序进行选择。各顶点旁边的两个数值分别为顶点的深度优先数(dfn[ ])值和 low[ ]值。在图 8.21(b)中，虚线表示非生成树的边，其中边<5, 6>和<3, 5>为横向边，边<5, 1>是后向边。

图 8.21(c)~(f)演示了 Tarjan 算法的执行过程。在图 8.21(c)中，沿着实线箭头所指示的方向搜索到顶点 6，此时无法再前进下去了，并且因为此时 dfn[6] = low[6] = 4，所以找到了一个强连通分量。退栈到 $u = v$ 为止，{ 6 }为一个强连通分量。

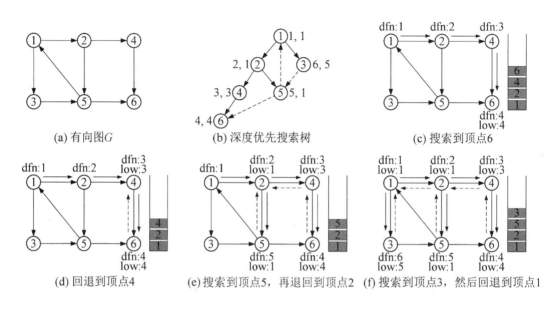

(a) 有向图 G   (b) 深度优先搜索树   (c) 搜索到顶点6

(d) 回退到顶点4   (e) 搜索到顶点5，再退回到顶点2   (f) 搜索到顶点3，然后回退到顶点1

图 8.21　Tarjan 算法

在图 8.21(d)中，沿着虚线箭头所指示的方向回退到顶点 4，发现 dfn[4] = low[4] = 3，退栈后{4}为一个强连通分量。

在图 8.21(e)中，回退到顶点 2 并继续搜索到顶点 5，把顶点 5 加入栈。发现顶点 5 有到顶点 1 的有向边，顶点 1 还在栈中，所以 low[5] = 1，有向边<5, 1>为后向边。顶点 6 已经出栈，所以<5,6>是横向边，返回顶点 2，<2, 5>为生成树的边，所以 low[2] = low[5] = 1。

在图 8.21(f)中，先回退到顶点 1，接着访问顶点 3。发现顶点 3 到顶点 5 有一条有向边，顶点 5 已经访问过了，且 5 还在栈中，所以 low[3] = dfn[5] = 5。返回顶点 1 后，发现 dfn[1] = low[1]，把栈中的顶点全部弹出，组成一个强连通分量{ 3, 5, 2, 1 }。

至此，Tarjan 算法结束，求出了图中全部的 3 个强连通分量为{ 6 }、{ 4 }和{ 3, 5, 2, 1 }。

例 8.7　求有向图的强连通分量。

例 8.7(Tarjan 算法)

输入描述：

输入文件包含多个测试数据。每个测试数据的第 1 行为正整数 n 和 m，分别表示有向图的顶点数和边数，顶点序号从 1 开始计起。第 2 行为 m 个整数对 u, v，描述了一条有向边<u, v>。$n=0$、$m=0$ 代表输入结束。

输出描述：

对每个测试数据，输出一行，为有向图中强连通分量的数目。

样例输入：　　　　　　　　　　　　样例输出：

```
6 8                                    3
1 2 1 3 2 4 2 5 3 5 4 6 5 1 5 6
0 0
```

　　分析：以下代码用邻接矩阵存储有向图，在 Tarjan(u) 函数里，用 for 循环检查每个顶点 v，for 循环结束后，就意味着每个邻接顶点都检查完了，low[u] 的值已经确定，可以用 dfn[u]==low[u] 来判断顶点 u 是否为强连通分量的根结点。代码如下。

```c
#define min(a,b) ((a)>(b)?(b):(a))
#define MAXN 100
int Edge[MAXN][MAXN];          //邻接矩阵
int visited[MAXN];             //DFS 过程中顶点的访问标志
int dfn[MAXN], low[MAXN], inS[MAXN];   //inS 为顶点是否在栈中的标志
stack<int> S;                  //存储顶点的栈
int n, m, tmpdfn, t;           //n,m 为顶点数和边数，t 为强连通分量数
void Tarjan( int u )
{
    int v;
    dfn[u] = low[u] = ++tmpdfn;            //为结点 u 设定 dfn[] 值和 low[] 初值
    visited[u]=1;  S.push(u);  inS[u]=1;  //将结点 u 压入栈中
    for(v=1; v<=n; v++){                   //检查每一个顶点 v
        if( Edge[u][v] ){                  //<u,v>是一条边
            if( !visited[v] ){             //如果结点 v 未被访问过,v 为 u 的子女结点
                Tarjan( v );               //继续向下找
                low[u] = min(low[u], low[v]);
            }
            else if( inS[v] )              //如果结点 v 还在栈内
                low[u] = min(low[u], dfn[v]);
        }
    }
    if(dfn[u]==low[u]){//如果结点 u 是强连通分量的根(执行到这里,low[u]的值已确定)
        t++;
        do{
            v=S.top();  S.pop();  inS[v]=0;//将 v 出栈,v 是该强连通分量中一个顶点
        }while(v!=u);
    }
}
int main( )
{
    int i, u, v;
    while( 1 ){
        scanf("%d%d",&n, &m);
        if(n==0 && m==0)  break;
        memset(Edge, 0, sizeof(Edge));  memset(dfn, 0, sizeof(dfn));
        memset(low, 0, sizeof(low));  memset(inS, 0, sizeof(inS));
        memset(visited, 0, sizeof(visited));
        for(i=0; i<m; i++){
            scanf("%d%d", &u, &v);
            Edge[u][v] = 1;       //设置邻接矩阵
        }
```

```
            tmpdfn = 0;  t = 0;
            for(u=1; u<=n; u++)    //从每个未访问过的顶点出发执行 Tarjan 算法
                if(!visited[u])  Tarjan( u );
            printf("%d\n", t);      //输出强连通分量个数
        }
        return 0;
    }
```

Tarjan 算法的时间复杂度分析。如果用邻接表存储图，在 Tarjan 算法的执行过程中，每个顶点都被访问了一次，且只进出了一次栈，每条边也只被访问了一次，所以该算法的时间复杂度为 $O(n+m)$；如果用邻接矩阵存储图，每个顶点的递归调用都要执行 for 循环，总的时间复杂度为 $O(n+n^2)$，注意，这里没有包含递归函数调用的时间开销。

2. Kosaraju 算法

Kosaraju 算法是基于对有向图 G 及其逆图 G^T(各边反向得到的有向图)进行两次 DFS 的方法，其时间复杂度和 Tarjan 算法一样。但与 Trajan 算法相比，Kosaraju 算法更为直观。Kosaraju 算法的原理为：如果有向图 G 的一个子图 G' 是强连通子图，那么各边反向后没有任何影响，G' 内各顶点间仍然连通，G' 仍然是强连通子图。但如果子图 G' 是单向连通的，那么各边反向后可能某些顶点间就不连通了，因此，各边的反向处理是对非强连通块的过滤。

Kosaraju 算法的执行过程如下。

(1) 对原图 G 进行深度优先搜索，并记录每个顶点完成搜索的顺序，记为 ord[ ]值。

(2) 将图 G 的各边进行反向，得到其逆图 G^T。

(3) 选择从当前 ord[ ]值最大的顶点出发，对逆图 G^T 进行 DFS，删除能够遍历到的顶点，这些顶点构成一个强连通分量。

(4) 如果还有顶点没有删除，继续执行第(3)步，否则算法结束。

关于各顶点完成搜索的顺序的说明。ord[ ]值不同于前述的深度优先数(即 dfn[ ]值)，一个顶点 v 完成了搜索是指检查完 v 的所有邻接顶点，具体来说就是从 v 出发搜索完所有可能的分支并返回到 v，这时，v 才算是完成了搜索。

接下来以图 8.22(a)所示的有向图 G 为例分析 Kosaraju 算法的执行过程。图 8.22(b)为正向搜索过程，搜索完毕后，得到各顶点的 ord[ ]值。图 8.22(c)所示为逆图 G^T。图 8.22(d)所示为从顶点 1 出发对逆图 G^T 进行 DFS，得到第 1 个强连通分量{1, 2, 5, 3}，图 8.22(e)和(f)所示为分别从顶点 4 和顶点 6 出发进行 DFS 得到另外两个强连通分量。

如何判断 ord[ ]值最大的顶点？实现方法是：在 DFS 原图过程中用一个栈存储依次搜索完毕的顶点；在 DFS 逆图时，最初栈顶顶点肯定是 ord[ ]值最大的顶点，从它出发可以遍历到的顶点(将这些顶点标记为已访问)构成同一个强连通分量，依次弹出这些顶点；如果当前栈顶顶点未访问过，则说明有新的强连通分量开始了，从它出发可以遍历到一个新的强连通分量，如此进行下去直至栈为空就可以遍历完所有强连通分量。

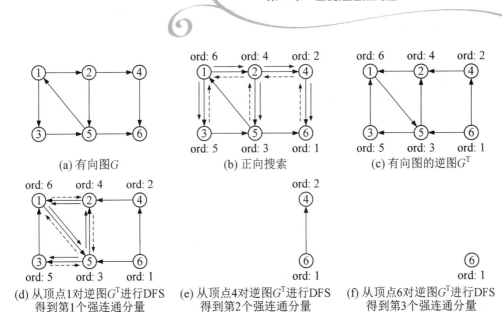

(a) 有向图 G　　　　(b) 正向搜索　　　　(c) 有向图的逆图 G^T

(d) 从顶点1对逆图 G^T 进行DFS　(e) 从顶点4对逆图 G^T 进行DFS　(f) 从顶点6对逆图 G^T 进行DFS
　得到第1个强连通分量　　　　得到第2个强连通分量　　　　得到第3个强连通分量

图 8.22　Kosaraju 算法

以下代码用 Kosaraju 算法实现了例 8.7。存储原图的逆图时，只需对读入的每条边<u, v>，在逆图的邻接矩阵的 REdge[v][u]位置设置为 1。DFS1(u)函数实现了从 u 出发搜索原图，用 for 循环检测每个顶点，对 u 的每个未访问过的邻接顶点要递归访问，for 循环结束后可以记录 u 的 ord[ ]值，方法是设置一个全局的变量 cnt，初值为 1，然后在这里设置 ord[u]=cnt++。当然，本题不需要记录每个顶点的 ord[ ]值，直接在这里把 u 压栈即可。

原图搜索完后，依次弹出栈顶顶点 u，如果该顶点没有访问过，则代表一个新的强连通分量开始，从它出发进行 DFS 遍历，即执行 DFS2(u)函数，并将遍历到的顶点标记为已访问，这些顶点构成同一个强连通分量。如此反复直至栈为空。在这个过程可以统计强连通分量的个数。代码如下。

```
#define MAXN 100
int Edge[MAXN][MAXN];        //原图的邻接矩阵
int REdge[MAXN][MAXN];       //逆图的邻接矩阵
int visited[MAXN];           //DFS过程中顶点的访问标志
stack<int> S;                //存储顶点的栈
int n, m;                    //顶点数和边数
int DFS1(int u)              //搜索原图
{
    visited[u] = 1;
    for(int i=1; i<=n; i++)
        if(!visited[i] && Edge[u][i])  DFS1(i);//从未访问过的邻接顶点递归访问
    S.push(u);                 //u搜索完毕,将u压栈(可以在这里记录u的ord[]值)
    return 0;
}
int DFS2(int u)              //搜索逆图
{
    visited[u] = 1;
    for(int i=1; i<=n; i++)
        if(!visited[i] && REdge[u][i])  DFS2(i);//从未访问过的邻接顶点递归访问
    return 0;
}
```

```
int Kosaraju( )                //Kosaraju 算法
{
    while(!S.empty())  S.pop();        //清空栈
    memset(visited, 0, sizeof(visited));
    for(int i=1; i<=n; i++)
        if(!visited[i])  DFS1( i );  //搜索原图
    int t = 0;      //强连通分量数
    memset(visited, 0, sizeof(visited));
    while( !S.empty() ){
        int u = S.top();  S.pop();
        if( !visited[u] ){ //u 未访问过,且是当前栈顶顶点,则从 u 出发寻找强连通分量
            t++;          //找到一个新的强连通分量
            DFS2(u);      //u 能遍历到的顶点构成同一个强连通分量
        }
    }
    return t;
}
int main( )
{
    int i, u, v;
    while( 1 ){
        scanf("%d%d",&n, &m);
        if(n==0 && m==0)  break;
        memset(Edge, 0, sizeof(Edge));  memset(REdge, 0, sizeof(REdge));
        for(i=0; i<m; i++){
            scanf("%d%d", &u, &v);
            Edge[u][v] = 1;  REdge[v][u] = 1;      //存原图和逆图
        }
        printf("%d\n", Kosaraju());                //输出强连通分量个数
    }
    return 0;
}
```

8.4.3　有向图强连通分量的应用

有向图强连通分量的应用

　　有向图强连通分量中的顶点间存在双向的路径,因此可以将每个强连通分量**收缩**成一个新的顶点。在有向图的处理中经常需要**将强连通分量收缩成一个顶点**,如以下 3 道例题。

　　此外,将强连通分量收缩后,应该怎么对新的顶点进行编号呢?可以考虑的一种方案是:Kosaraju 算法的第 2 个阶段可以记录每个强连通分量的序号,由于每个顶点属于且只属于一个强连通分量,所以可以给每个顶点编号为强连通分量的序号,详见以下例题。

　　例 8.8　受牛仰慕的牛(Popular Cows),POJ2186。

题目描述:

　　每头奶牛都梦想着成为牧群中最受仰慕的奶牛。在牧群中,有 N 头奶牛($1 \leqslant N \leqslant 10\,000$),给定 M 对($1 \leqslant M \leqslant 50\,000$)有序对 $\langle A, B \rangle$,表示 A 仰慕 B。由于仰慕关系具有传递性,也就是说,如果 A 仰慕 B,B 仰慕 C,则 A 也仰慕 C,即使在给定的 M 对关系中并没有<A, C>。

试计算牧群中受每头奶牛仰慕的奶牛数量。

输入描述：

第 1 行是两个用空格隔开的整数 N 和 M。第 2～M+1 行是两个用空格隔开的整数 A 和 B，表示 A 仰慕 B。

输出描述：

输出一行，为一个整数，表示受每头奶牛仰慕的奶牛数目。

样例输入：

```
3 3
1 2
2 1
2 3
```

样例输出：

```
1
```

分析：因为仰慕关系具有传递性，因此对同一个强连通分量：如果强连通分量中一头奶牛 A 受强连通分量外另一头奶牛 B 的仰慕，则该强连通分量中的每头奶牛都受 B 的仰慕；如果强连通分量中一头奶牛 A 仰慕强连通分量外的另一头奶牛 B，则强连通分量中的每一头奶牛都仰慕 B。因此，本题可以将强连通分量缩为一个顶点，并构造新图。最后进行一次扫描，统计出度为 0 的顶点个数，如果正好为 1，则说明该顶点(可能是一个新构造的顶点，即对应一个强连通分量)能被其他所有顶点走到，即该强连通分量为所求答案，输出它的顶点个数即可。

例如，题目中给出的测试数据所描绘的有向图如图 8.23(a)所示，从顶点 1 开始 DFS，有多个邻接顶点时按顶点序号从小到大的顺序进行选择，缩点后只有一个出度为 0 的顶点，因此只有 1 头牛受其他所有牛的仰慕。为了帮助理解，图 8.23(b)给出了另一个测试数据，缩点后有两个出度为 0 的顶点，因此没有哪头牛受其他所有牛的仰慕，应该输出 0。

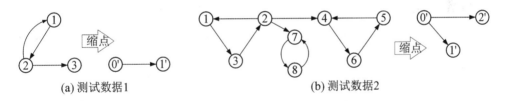

图 8.23 受牛仰慕的牛：测试数据

以上方法的难点在于统计缩点后每个顶点的出度(可参考例 8.9)，以下代码采用另一种策略，该策略是基于以下事实：如果有符合要求的强连通分量，则一定是 Kosaraju 算法在 DFS 逆图 G^T 时访问到的最后一个强连通分量(不管 DFS 原图时按怎样的顺序选择每个搜索分支的起点)。具体方法为：在 Kosaraju 算法的第 2 个阶段，即从栈中弹出栈顶顶点，如果该顶点未访问过，则从其出发 DFS 逆图 G^T，在这个过程可以记录每个顶点所在强连通分量的序号，图 8.23(a)和(b)将有向图缩点后，各顶点新的编号 0'、1'、2'就是强连通分量的序号(序号从 0 开始计起)；DFS 逆图 G^T 结束后，统计最后一个强连通分量的顶点数，设为 num；然后从最后一个强连通分量中的某个顶点(设为 u)出发再 DFS 逆图 G^T，如果 u 能遍历到所有顶点，则 num 即为所求的答案，如果有顶点没有遍历到，则答案为 0。

另外，本题顶点数 N 最大可以取到 10 000，所以不能用邻接矩阵存储图，否则存储空间会超出题目限制。代码如下。

```
const int MAXN = 10010;  //顶点数量的最大值
int N, M;     //顶点数(奶牛数)和边数(仰慕关系数)
vector<int> g[MAXN];    //原图
vector<int> rg[MAXN];   //逆图
stack<int> S;           //存储顶点的栈
bool visited[MAXN];     //顶点的访问标志
int SCC[MAXN];          //记录每个顶点属于哪个强连通分量
void add_edge(int u, int v)
{
    //在原图中添加边<u, v>,在逆图中添加边<v, u>
    g[u].push_back(v);     rg[v].push_back(u);
}
void dfs(int u)     //DFS 原图
{
    visited[u] = true;
    for(int i=0; i<g[u].size(); i++){
        if(!visited[g[u][i]])
            dfs(g[u][i]);
    }
    S.push(u);              //u 搜索完毕,将 u 压栈
}
void rdfs(int u, int k)//DFS 逆图(u 为当前访问的顶点,k 为当前强连通分量的序号)
{
    visited[u] = true;
    SCC[u] = k;
    for(int i=0; i<rg[u].size( ); i++){
        if(!visited[rg[u][i]])
            rdfs(rg[u][i], k);
    }
}
int Kosaraju( )     //Kosaraju 算法求强连通分量
{
    int u;    memset(visited, 0, sizeof(visited));
    for(u=1; u<=N; u++)
        if(!visited[u])    dfs(u);
    memset(visited, 0, sizeof(visited));
    int k = 0;
    while( !S.empty() ){
        u = S.top();  S.pop();
        if( !visited[u] ) //u 未访问过,且是当前栈顶顶点,则从 u 出发寻找强连通分量
            rdfs(u, k++);    //u 能遍历到的顶点构成同一个强连通分量
    }
    return k;    //强连通分量数
}
```

```
int main( )
{
    int i, u, v;
    cin >>N >>M;
    for(i=0; i<M; i++){
        //在原图中添加边<u, v>,在逆图中添加边<v, u>
        cin >> u >> v;    add_edge(u, v);
    }
    int ans = Kosaraju( );    //ans 为强连通分量数
    int num = 0;    //num 为最后一个强连通分量(序号为 ans-1)中的顶点数
    for(v=1; v<=N; v++){  //u 为最后一个强连通分量中的某个顶点
        if(SCC[v]==ans-1){
            u = v;    num++;
        }
    }
    memset(visited, 0, sizeof(visited));
    rdfs(u, 0); //在逆图中从 u 出发遍历所有能遍历到的顶点
    //如果有顶点没有遍历到,则说明没有哪头牛受其他所有牛的仰慕
    //如果所有奶牛都能遍历到,则 num 就是题目所求的答案
    for(v=1; v<=N; v++){
        if(!visited[v]){
            num = 0;    break;
        }
    }
    cout <<num <<endl;
    return 0;
}
```

例 8.9　图的底部(The Bottom of a Graph)，ZOJ1979，POJ2553。

题目描述：

设 v 是图 $G=(V, E)$ 的一个顶点，对图 G 中每个顶点 w，如果 v 可达 w，那么 w 也可达 v，则称 v 为汇点。图的底部为图的顶点子集，子集中所有的顶点都是汇点。给定一个图，求其底部。

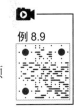

例 8.9

输入描述：

输入文件包含多个测试数据，每个测试数据描绘了一个有向图 G。测试数据的第 1 行为两个整数 v 和 e，v 表示图 $G=(V, E)$ 中顶点数目，顶点序号为 $1\sim v$ $(1\leqslant v\leqslant 5\,000)$，$e$ 表示图 G 中有 e 条边。第 2 行为 e 对顶点，其格式为 $v_1, w_1, \cdots, v_e, w_e$，表示 $(v_i, w_i)\in E$，除了这些整数对表示的边外，没有其他边。输入文件的最后一行为 0，代表输入结束。

输出描述：

对输入文件中的每个测试数据，输出一行，为求得的图的底部，输出图的底部中各个顶点的序号。如果图的底部为空，则输出一个空行。

样例输入：

```
7 10
2 1 2 3 2 5 2 6 3 5 4 3 5 2 5 4 6 7 7 6
3 3
```

样例输出：

```
1 6 7
1 3
```

```
1 3 2 3 3 1
0
```

分析： 本题要求解的是有向图中满足"顶点 u 可达的顶点都能到达 u"的顶点 u 的个数。与例 8.8 类似，强连通分量中如果有一个顶点是汇点，则所有顶点都是汇点。另外，如果强连通分量中某个顶点还能到达分量外的顶点，则该连通分量不满足要求。例如，图 8.24(a) 描绘的测试数据 1 中，顶点 2 所在的连通分量中，顶点 2 还能到达顶点 1 和 6，但顶点 1 和 6 都不能到达 2(实际上，如果顶点 1 或 6 也能到达顶点 2，那顶点 1 或 6 将属于顶点 2 所在的强连通分量)，因此不满足汇点的定义。

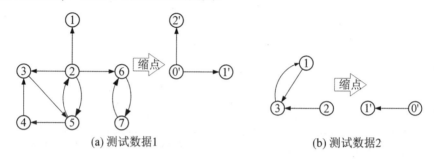

(a) 测试数据1   (b) 测试数据2

图 8.24   图的底部：测试数据

因此，本题要求的是将强连通分量缩点后所构造的新图中出度为 0 的顶点个数，如果是强连通分量收缩得到的新顶点，则连通分量里的所有顶点都满足定义。图 8.24(a)中，用强连通分量的序号(序号从 0 开始计起)对缩点后的每个顶点重新编号，顶点 2′ 和顶点 1′ 满足要求，其中顶点 1′ 是强连通分量收缩所形成的新顶点，因此，在该测试数据中，原图中的顶点 1、6、7 是汇点。在图 8.24(b)所描绘的测试数据 2 中，原图中的顶点 1、3 是汇点。

用 out[k]统计缩点后第 k 个强连通分量的出度，方法为：对原图中的每个顶点 u，假设 u 位于第 k 个强连通分量上，检查 u 发出的每条出边，对每条边的终点 v，如果 v 和 u 在同一个强连通分量上，则不累计到 out[k]上，否则才累计到 out[k]上。

以图 8.24(a)为例，顶点 2 位于第 0 个强连通分量上，顶点 2 发出了 4 条出边，但其中 2 条出边(即<2, 3>和<2, 5>)的终点和顶点 2 在同一个强连通分量上，另外 2 条出边(即<2, 1>和<2, 6>)的终点和顶点 2 不在同一个强连通分量上，所以 out[0]为 2。如果第 0 个强连通分量上其他顶点有出边连到第 0 个强连通分量以外的顶点，也累计到 out[0]上。

以下代码是在例 8.8 的代码基础上修改的，增加了统计各个强连通分量出度的代码。代码如下。

```cpp
const int MAXN = 5010;  //顶点数量的最大值
int N, M;      //顶点数和边数
vector<int> g[MAXN];   //原图
vector<int> rg[MAXN];    //逆图
stack<int> S;            //存储顶点的栈
bool visited[MAXN];    //顶点的访问标志
int SCC[MAXN];          //记录每个顶点属于哪个强连通分量
int out[MAXN];          //out[k]为第 k 个强连通分量的出度
void add_edge(int u, int v)
{
    //在原图中添加边<u, v>,在逆图中添加边<v, u>
```

```
        g[u].push_back(v);      rg[v].push_back(u);
}
void dfs(int u)     //DFS 原图
{
    visited[u] = true;
    for(int i=0; i<g[u].size(); i++){
        if(!visited[g[u][i]])
            dfs(g[u][i]);
    }
    S.push(u);               //u 搜索完毕,将 u 压栈
}
void rdfs(int u, int k)//DFS 逆图(u 为当前访问的顶点,k 为当前强连通分量的序号)
{
    visited[u] = true;
    SCC[u] = k;
    for(int i=0; i<rg[u].size( ); i++){
        if(!visited[rg[u][i]])
            rdfs(rg[u][i], k);
    }
}
int Kosaraju( )     //Kosaraju 算法求强连通分量
{
    int u;    memset(visited, 0, sizeof(visited));
    for(u=1; u<=N; u++)
        if(!visited[u])    dfs(u);
    memset(visited, 0, sizeof(visited));
    int k = 0;
    while( !S.empty() ){
        u = S.top();  S.pop();
        if( !visited[u] ) //u 未访问过,且是当前栈顶顶点,则从 u 出发寻找强连通分量
            rdfs(u, k++);    //u 能遍历到的顶点构成同一个强连通分量
    }
    return k;    //强连通分量数
}
int main( )
{
    int i, u, v, k, y;
    while( scanf("%d", &N) != EOF && N ){
        scanf( "%d", &M );
        for(i=1; i<=N; i++){ g[i].clear();  rg[i].clear(); }
        for(i=0; i<M; i++){
            //在原图中添加边<u, v>,在逆图中添加边<v, u>
            cin >> u >> v;   add_edge(u, v);
        }
        memset(SCC, 0, sizeof(SCC)); memset(out, 0, sizeof(out));
        int ans = Kosaraju( );    //ans 为强连通分量数
        for( u=1; u<=N; u++ ){    //计算出度
            k = SCC[u];
            for(i=0; i<g[u].size(); i++){
                y = SCC[g[u][i]];
                if( k!=y )  out[k]++;
```

```
        }
    }
    int first = 1;      //第 1 个顶点前没有空格
    for( u=1; u<=N; u++ ){   //输出所在强连通分量出度为 0 的顶点
        k = SCC[u];
        if( out[k]==0 ){
            if(first)  first = 0;
            else  printf(" ");
            printf( "%d", u );
        }
    }
    printf( "\n" );
    }
    return 0;
}
```

例 8.10　学校的网络(Network of Schools)，POJ1236。

题目描述：

有一些学校连接到一个计算机网络。这些学校之间达成了一个协议：每个学校维护着一个学校列表，它向学校列表中的学校发布软件。注意，如果学校 B 在学校 A 的列表中，则 A 不一定在 B 的列表中。

任务 A：计算为使得每个学校都能通过网络收到软件，至少需要准备多少份软件拷贝。

任务 B：考虑一个更长远的任务，想确保给任意一个学校发放一个新的软件拷贝，该软件拷贝能发布到网络中的每个学校。为了达到这个目标，必须在列表中增加新成员。计算需要添加新成员的最小数目。

输入描述：

测试数据的第 1 行为一个整数 $N(2 \leqslant N \leqslant 100)$，表示网络中的学校数目，学校的编号为 $1 \sim N$。接下来有 N 行，第 $i+1$ 行描述了第 i 个学校的接收学校列表，每个列表的最后一个数字为 0，如果列表为空，则只有数字 0。

输出描述：

输出两行，第 1 行为一个整数，为任务 A 的解；第 2 行为任务 B 的解。

样例输入：	样例输出：
5	1
2 4 3 0	2
4 5 0	
0	
0	
1 0	

分析： 如果原网络 G 中存在强连通分量 G'，从 G' 中任意一个顶点出发，都能遍历到 G' 中的每个顶点。而从 G' 以外的顶点进入 G'，都可以通过 G' 中任意一个出度大于等于 1 的顶点离开 G'。这样，可以将网络中的强连通分量看成一个点，即缩点，这样图就得到了简化。寻找强连通分量的方法用 Kosaraju 算法。例如，样例输入中测试数据所描述的有向图如图 8.25(a)所示，进行缩点后，得到如图 8.25(b)所示的有向图。

新生成的有向图是一个有向无环图。如果在该有向图中从某个顶点 *u* 出发有多条路径可以到达顶点 *v*，则还需要进一步处理，将这些路径都收缩成一条从 *u* 到 *v* 的边<*u*, *v*>，并去掉原来路径上的中间顶点。例如，如果在图 8.25(a)中增加一条边<3, 4>，得到如图 8.25(c)所示的有向图，缩点后得到图 8.25(d)。在图 8.25(d)中，从顶点 1′ 出发有两条路径可以到达顶点 4，因此，将这两条路径收缩成边<1′, 4>，并删除顶点 3，如图 8.25(e)所示。完成了这两步工作，最后得到的图将是一个有向森林。

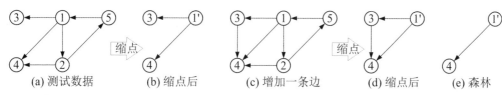

图 8.25　学校的网络：测试数据

从森林里任意一个顶点出发都可以遍历它的子树。森林中每一棵树的根顶点就是任务 *A* 所求顶点，这些顶点的特征是入度为 0。

任务 *B* 的要求是添加最少边，使图完全连通，现在转化成将一个森林变换成完全连通，很显然，只需要将一棵树的叶子顶点轮流着连接到"相邻的"树形结构的祖先顶点，具体需要连接的数量是根顶点总数和叶子顶点总数的较大值，叶子顶点的特征是出度为 0。必须注意的是有一种特殊情况，如果采取记录顶点度数的方式判断，需要注意当最终构造得到的图中只有一个顶点(也就是说原图中只存在一个强连通分量)，不需要将出度为 0 的顶点与入度为 0 的顶点相连(那样得到任务 *B* 的答案为 1)，正确答案是 0。代码如下。

```
#define N 101
struct Edge{               //邻接表
    int dest;
    Edge *next;
}*GA[N], *GT[N], *G[N];
int used[N], path[N], part[N], mark[N][N], m, n;
int in[N], out[N];    //入度,出度
void addedge( Edge *T[],int i, int j )      //插入邻接表
{
    Edge *L=new Edge;  L->dest=j;  L->next=T[i];  T[i]=L;
}
void DFSA( int s )    //DFS 原图
{
    Edge *l;
    if( !used[s] ){
        used[s]=1;
        for( l=GA[s]; l!=NULL; l=l->next )
            DFSA( l->dest );
        path[0]++;  path[path[0]]=s;
    }
}
void DFST( int s )    //DFS 逆图
{
    Edge *l;
```

```
        if( !used[s] ){
            used[s]=1;
            for( l=GT[s]; l!=NULL; l=l->next )
                DFST( l->dest );
            part[s]=part[0];
        }
}
void Kosaraju( )    //Kosaraju 搜索强连通分量
{
    int i, j, k;
    Edge *L;
    memset( used, 0, sizeof( used ) );
    path[0]=part[0]=0;
    for( i=1; i<=n; i++ )  //搜索原图
        DFSA( i );
    memset( used, 0, sizeof( used ) );
    for( i=n; i>=1; i-- )   //搜索逆图
        if( !used[path[i]] ){
            part[0]++;  DFST(path[i]);
        }
    memset( mark, 0, sizeof( mark ) );
    for( k=1; k<=n; k++ ){  //缩点
        for( L=GA[k], i=part[k]; L != NULL; L=L->next ){
            j=part[L->dest];
            if( i!=j&&!mark[i][j] ){
                mark[i][j]=1;  addedge( G, i, j );
            }
        }
    }
}
int main( )
{
    int i, j, A, B;
    Edge *L;
    scanf( "%d", &n );  //读入数据
    for( i=1; i<=n; i++ )  GA[i]=GT[i]=G[i]=NULL;
    for( i=1; i<=n; i++ )
        while( scanf( "%d", &j ) && j ){
            addedge(GA,i,j);  addedge(GT,j,i);
        }
    Kosaraju( );    //Kosaraju 搜索强连通分量
    memset( in, 0, sizeof( in ) );  memset( out, 0, sizeof( out ) );
    for( m=part[0], i=1; i<=m; i++ )  //计算顶点的入度和出度
        for( L=G[i]; L!=NULL; L=L->next ){
            out[i]++;  in[L->dest]++;
        }
    //统计入度为 0 和出度为 0 的顶点个数,即任务 A 和 B 的解
    for( A=B=0, i=1; i <= m; i++ ){
        if( !in[i] )  A++;
        if( !out[i] )  B++;
```

```
    }
    B=A>B?A:B;
    if( m==1 )  B=0;
    printf( "%d\n%d\n", A, B );
    return 0;
}
```

8.4.4　有向图单连通性的判定

有向图 G 是单连通的，是指对图 G 中任意两个顶点 u 和 v，存在从 u 到 v 的路径或从 v 到 u 的路径。有向图单连通性的判定，首先要转换成强连通分量的求解，将每个强连通分量收缩成一个新的顶点，得到的新的图肯定不存在有向回路，这是因为如果存在有向回路，那么该回路上的顶点是相互可达的，就应该属于同一个强连通分量，已经收缩成一个新的顶点了。因此就转换成有向无环图的拓扑排序问题。

判断有向图的单连通性，包含以下 5 个步骤：① 求有向图的强连通分量；② 缩点；③ 构造缩点后的新图；④ 对新图进行拓扑排序，得到拓扑有序序列；⑤ 判断拓扑有序序列中前一个顶点到后一个顶点在新图中是否存在有向边。具体实现方法详见例 8.11。

例 8.11　从 u 到 v 或从 v 到 u (Going from u to v or from v to u?)，POJ2762。
题目描述：

洞穴中有 n 个房间，有一些单向的通道连接某些房间。判断该洞穴是否满足每对房间(设为 x 和 y)都是相通(可以从 x 走到 y，或者可以从 y 走到 x)的。
输入描述：

输入文件的第 1 行为整数 T，表示测试数据的个数。接下来有 T 个测试数据。每个测试数据的第 1 行为两个整数 n 和 m ($0<n<1\,001$，$m<6\,000$)，分别表示洞穴中的房间数和通道数。接下来有 m 个整数对 $u\ v$，表示从房间 u 到 v 有一条单向通道 $<u, v>$。

输出描述：

对每个测试数据，如果洞穴具备题目中提到的属性，输出"Yes"，否则输出"No"。

样例输入：	样例输出：
1	Yes
8 11	
1 2 2 3 2 5 2 6 3 5 4 3 5 2 5 4 6 7 6 8 7 6	

分析：本题要判定单连通性。首先将每个强连通分量收缩成一个新的顶点。以样例输入中的测试数据为例，图 8.26(a)描述了该测试数据。在图 8.26(b)中，将两个强连通分量各收缩成 1 个新的顶点。注意，用 Tarjan 算法和 Kosaraju 算法得到的各强连通分量的序号可能是不一样的。

本题在例 8.8 和例 8.9 的基础上更进了一步，不仅求出了强连通分量的个数，即缩点后的顶点数(变量 n2 的值)，每个新顶点的编号为强连通分量的序号，而且还在 shrink()函数中用数组 mat2 存储了缩点后构造出来的图的邻接矩阵，实现方法为：对原图中的每个顶点 u，其发出的每条出边的终点为 v，如果 u 和 v 不在同一个强连通分量上，则在新图中连一条有向边 $<SCC[u], SCC[v]>$，其中 SCC[u] 和 SCC[v] 分别表示 u 和 v 所在强连通分量的序号，即新图中的两个顶点。

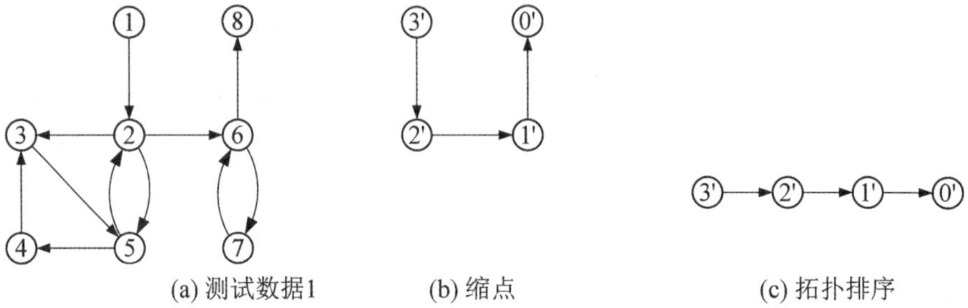

(a) 测试数据1   (b) 缩点   (c) 拓扑排序

图 8.26 从 u 到 v 或从 v 到 u：测试数据

求出缩点后的新图，再求其拓扑排序。图 8.22(c)为样例数据拓扑排序后的结果。单连通性要保证能把新图中的每个顶点都排入一个拓扑有序序列(假设该序列存储在数组 topo[MAXN]中)，且要保证新图中从 topo[i]到 topo[i+1]一定存在有向边，$0 \leqslant i \leqslant$ n2-2，其中 n2 为新图中的顶点数。代码如下。

```
#define MAXN 1002
#define min(a,b) ((a)>(b)?(b):(a))
vector<int> Edge[MAXN];     //存储图
stack<int> S;               //Tarjan算法中存储顶点的栈
int n, m, tmpdfn, t;        //n,m为顶点数和边数, t为强连通分量数
int SCC[MAXN];              //SCC[i]记录顶点i属于第几个连通分量
int mat2[MAXN][MAXN];       //存储缩点后的图
int n2;                     //缩点后的顶点数
int topo[MAXN];             //存储拓扑排序后的顶点序列
int visited[MAXN];          //DFS过程中顶点的访问标志
int dfn[MAXN], low[MAXN], inS[MAXN];  //inS为顶点是否在栈中的标志
//Tarjan算法,计算强连通分量,t记录强连通数,ACC[i]记录顶点i属于第几个连通分量
void Tarjan( int u )
{
    int i, v;
    dfn[u] = low[u] = ++tmpdfn;            //为顶点u设定dfn[]值和low[]初值
    visited[u]=1;  S.push(u);  inS[u]=1;   //将顶点u压入栈中
    for(i=0; i<Edge[u].size(); i++){       //检查向量Edge[u]中的每一个顶点
        v = Edge[u][i];                    //<u,v>是一条边
        if( !visited[v] ){        //如果顶点v未被访问过,v为u的子女顶点
            Tarjan( v );                   //继续向下找
            low[u] = min(low[u], low[v]);
        }
        else if( inS[v] )         //如果顶点v还在栈内
            low[u] = min(low[u], dfn[v]);
    }
    if(dfn[u]==low[u]){//如果顶点u是强连通分量的根(执行到这里,low[u]的值已确定)
        do{
            v=S.top();  S.pop();  //将v出栈,v是该强连通分量中一个顶点
            SCC[v] = t;  inS[v]=0;  //将顶点v标记为第t个强连通分量
        }while(v!=u);
        t++;
```

```
        }
    }
//缩点后构图,缩点后的顶点数为 n2,邻接矩阵为 mat2[MAXN][MAXN]
void shrink( )
{
    int i, u, v;
    n2=t;  memset( mat2, 0, sizeof(mat2) );
    for( u=0; u<n; u++ ){    //原图中的每个顶点 u
        for( i=0; i<Edge[u].size(); i++ ){
            v=Edge[u][i];      //v 为 u 发出的每条出边的终点
            if(SCC[u]!=SCC[v])   //如果 u 和 v 不在同一个强连通分量上
                mat2[SCC[u]][SCC[v]]=1;    //连一条有向边<SCC[u], SCC[v]>
        }
    }
}
//拓扑排序,如果无法完成排序,返回 0,否则返回 1,topo 存储求得的拓扑有序序列
int toposort( int n )
{
    int d[MAXN] = {0}, i, j, k;
    for( i=0; i<n; i++ ){    //初始化
        d[i]=0;
        for( j=0; j<n; j++ )  d[i] += mat2[j][i];    //入度
    }
    for( k=0; k<n; k++ ){
        for( i=0; d[i] && i<n; i++ ) ;
        if( i==n )  return 0;    //无法完成拓扑排序,没有入度为 0 的顶点
        d[i]=-1;                 //标记已经排序完
        for( j=0; j<n; j++ )      //删边(即减入度)
            d[j]-=mat2[i][j];
        topo[k]=i;
    }
    return 1;    //完成拓扑排序
}
int main( )
{
    int m, i, u, v, T;
    scanf( "%d", &T );
    while( T-- ){
        scanf( "%d%d", &n, &m );    //读入数据,初始化
        for( i=0; i<n; i++ )  Edge[i].clear( );
        for( i=0; i<m; i++ ){
            scanf( "%d%d", &u, &v );
            Edge[u-1].push_back(v-1);
        }
        memset(visited, 0, sizeof(visited));
        memset(SCC, 0, sizeof(SCC));  memset(topo, 0, sizeof(topo));
        tmpdfn = 0;  t = 0;
        for(u=0; u<n; u++)  //从每个未访问过的顶点出发执行 Tarjan 算法
            if(!visited[u])  Tarjan( u );
```

```
        shrink( );    //缩点构图
        toposort( n2 );    //拓扑排序
        int flag=1;
        for( i=0; i<n2-1; i++ )
            if( !mat2[topo[i]][topo[i+1]] ){ flag=0; break; }
        if( flag )  printf( "Yes\n" );
        else  printf( "No\n" );
    }
    return 0;
}
```

8.4.5 有向图弱连通性的判定

有向图弱连通性的判定

对一个有向图 G，如果忽略图 G 中每条边的方向，得到的基图是连通的，则 G 就是弱连通的。弱连通性的判定比较简单，用 DFS 算法遍历一次即可。如果用邻接矩阵存储有向图 G，在搜索到顶点 u 时，只要 Edge[u][v] 或 Edge[v][u] 为 1，就视为 v 与 u 邻接。如果用邻接表存储图，则要同时存储出边表和入边表，在搜索到顶点 u 时，要检查 u 的出边表和入边表中的每个顶点，只要顶点 v 出现在顶点 u 的出边表或入边表，都视为 v 与 u 邻接。

练　习

8.6 圣诞老人(Father Christmas Flymouse)，POJ3160。

题目描述：

从武汉大学 ACM 集训队退役后，Flymouse 做起了志愿者。当圣诞节来临时，Flymouse 打扮成圣诞老人给集训队员发放礼物。集训队员住在校园宿舍的不同寝室里。为了节省体力，Flymouse 决定从某个寝室出发，沿着一些有向路一个接一个地访问寝室并顺便发放礼物，直到所有集训队员的寝室走遍为止。

以前 Flymouse 在集训队的日子里，他给其他队员留下了不同印象。一些人对 Flymouse 的印象特别好，将会为他的好心唱赞歌；而其他一些人，将不会宽恕 Flymouse 的懒惰。Flymouse 可以用一种安慰指数来量化他听了这些队员的话语后心情是好还是坏(正数表示心情好，负数表示心情坏)。当到达一个寝室时，他可以选择进入寝室、发放礼物、倾听接收礼物的队员的话语，或者默默地绕开这个寝室。他可能会多次经过一个寝室，但决不会第二次进入该寝室。他想知道在自己发放礼物的整个过程中他收获安慰指数的最大数量。

输入描述：

输入文件中包含多个测试数据。每个测试数据的第 1 行为整数 N 和 M ($1 < N \leqslant 30\,000$，$1 < M \leqslant 150\,000$)，分别表示有 N 名队员住在 N 个不同的寝室里，有 M 条有向路。接下来有 N 行，每行有 1 个整数，第 i 个整数表示第 i 个寝室队员话语的安慰指数。接下来有 M 行，每行为整数 i 和 j，表示第 i 个寝室到第 j 个寝室有一条有向路。测试数据一直到文件尾。

输出描述：

对每个测试数据，输出 Flymouse 收获安慰指数的最大数量。

样例输入：

```
2 2
14
21
0 1
1 0
```

样例输出：

```
35
```

8.7 国王的要求(King's Quest)，ZOJ2470，POJ1904。

题目描述：

曾经有一个国王，他有 N 个儿子。同时，在这个王国中有 N 个漂亮的女孩，国王知道他的每个儿子喜欢哪个女孩。国王的儿子都很年轻，可能会出现一个儿子喜欢多个女孩的情况。

国王要求他的谋士为他的每个儿子挑一个他喜欢的女孩，让他的儿子娶这个女孩。谋士做到了，谋士为国王的每个儿子各选择了一个女孩，他喜欢这个女孩，并且将娶这个女孩。当然了，每个女孩只能嫁给国王的一个儿子。

然而，国王看完选择名单后，说道："我喜欢你安排的名单，但不是十分满意，我需要知道我的每个儿子可以和哪些女孩结婚，当然只要他和某个女孩结婚了，其他的儿子仍然能选择到他喜欢的女孩结婚。"试帮助谋士解决这个问题。

输入描述：

输入文件中包含多个测试数据。每个测试数据的第 1 行为一个整数 $N(1 \leq N \leq 2\,000)$，表示国王的儿子数目。接下来有 N 行，描述了每个儿子喜欢的女孩名单：首先是一个整数 K_i，表示第 i 个儿子喜欢的女孩数目，然后是 K_i 个不同的整数，表示女孩的序号。女孩的序号范围是 1～N。K_i 的总和不超过 200 000。最后一行是谋士做出的原始安排名单——N 个不同的整数：国王的每个儿子与名单中对应的女孩结婚。输入数据保证名单是正确的，也就是说，每个儿子的确是喜欢名单中他将娶的女孩。

输出描述：

对每个测试数据，输出 N 行。对国王的每个儿子，首先输出 L_i，表示第 i 个儿子喜欢并且可以结婚的女孩数目，当第 i 个儿子结婚后，其他每个儿子都可以选择到女孩结婚。然后是 L_i 个不同的整数，表示这些女孩的编号，按非减顺序排列。每个测试数据的输出之后有一个空行。

样例输入：

```
4
2 1 2
2 1 2
2 2 3
2 3 4
1 2 3 4
```

样例输出：

```
2 1 2
2 1 2
1 3
1 4
```

8.8 瞬间转移(Instantaneous Transference)，POJ3592。

题目描述：

在很久以前玩的红警游戏中，可以对游戏中的物体执行一种魔法功能，称为瞬间转移。

当一种物体使用这种功能时，它可以瞬间移动到指定位置，不管有多远。现在有一个矿区，你驾驶一辆采矿的卡车。你的任务是采集到最大数量的矿。矿区是一个长方形的区域，包含 $n \times m$ 个小方格，有些方格中藏有矿石，其他方格中没有。矿石采完后不能再生。

采矿车的起始位置为区域的西北角，它只能移动到东面或南面的相邻方格，而不能移动到北面或西面的相邻方格。其中有些方格有魔法功能，能将矿车瞬间移动到指定方格。然而，作为矿车的驾驶员，你可以决定是否使用这种魔法功能。如果某个方格有魔法功能，则这个功能永远不会消失，你可以在到达任意一个此类方格时使用魔法功能。

输入描述：

输入文件的第 1 行为一个整数 T，表示测试数据的数目。每个测试数据的第 1 行为整数 N 和 M ($2 \leq N, M \leq 40$)。接下来有 N 行，描述了矿区的地图，每行为包含 M 个字符的字符串，每个字符可能为数字字符 X ($0 \leq X \leq 9$)、" * " 或 " # " 字符。整数字符 X 表示该方格有 X 单位的矿石，你的采矿车可以全部采集，" * " 字符表示该方格有魔法功能，" # " 字符表示该方格布满了岩石，采矿车不能通过。假定起始方格不会是 " # "。假设地图中有 K 个 " * " 字符，则接下来有 K 行，描述了每个'*'将采矿车移动到指定的方格，" * " 的顺序为从北到南、从西到东。起点在西北角，坐标方向为南—北，西—东，方格的坐标从 0 开始计起。

输出描述：

对每个测试数据，输出你可以采到的最多矿石。

样例输入：	样例输出：
1	3
2 2	
11	
1*	
0 0	

第9章 平面图及图的着色问题

平面图及图的着色问题

平面图是一类重要的图，应用非常广泛，如集成电路的设计就需要用到平面图的相关理论。与平面图有密切关系的一个图论应用问题是图的着色，包括顶点着色、边着色和面着色。本章将集中讨论平面图和图的着色这两个问题。

9.1 基本概念

9.1.1 平面图与非平面图

假设 $A\sim F$ 表示 6 个村庄，要在这些村庄之间修筑如图 9.1(a)所示的路，且使得任何两条路都不交叉，能找到满足条件的方案吗？答案是不可能的，无论怎么画，总是有边相交，如图 9.1(b)所示。而图 9.1(c)所示的无向图表面上存在相交的边，但可以把它改画成图 9.1(d)，这样就不存在相交的边了。

平面图与非平面图

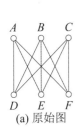
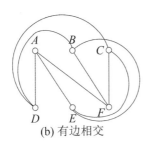

(a) 原始图　　(b) 有边相交　　(c) 表面上存在相交的边　　(d) 改画成边不相交

图 9.1　平面图与非平面图

平面图(planar graph)。设一个无向图为 $G(V, E)$，如果能把它画在平面上，且除 V 中的顶点外，任意两条边均不相交，则称该图为平面图。对平面图 G，画出其无边相交的图，称为 G 的**平面嵌入**(planar embedding)。无平面嵌入的图称为**非平面图**(nonplanar graph)。

图 9.2(a)所示的四阶完全图 K_4，存在两条相交的边，但可以将这两条相交的边改画成不相交，因此 K_4 是平面图。又如图 9.2(c)是从 K_5 中去掉了一条边，对其中相交的边可以改画成不相交，如图 9.2(d)所示，因此该图也是平面图。

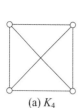 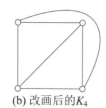  

(a) K_4 (b) 改画后的K_4 (c) 去掉一条边的K_5 (d) 改画后的图(c)

图 9.2   平面图

完全二部图 $K_{1,n}(n \geq 1)$ 和 $K_{2,n}(n \geq 2)$ 都是平面图，如图 9.3(a)、(b)和(c)所示。其中，图 9.3(a)中 $K_{1,3}$ 的标准画法已经是平面嵌入了，图 9.3(b)左图所示的 $K_{2,3}$ 不是平面嵌入，但可以改画成右图所示的平面嵌入画法，图 9.3(c)所示的 $K_{2,4}$ 同样可以改画成平面嵌入画法。

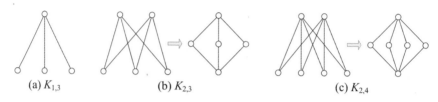

(a) $K_{1,3}$ (b) $K_{2,3}$ (c) $K_{2,4}$

图 9.3 $K_{1,n}$ 和 $K_{2,n}$ 都是平面图

现在可以提前指出的是，在研究平面图理论中居重要地位的两个图 K_5 和 $K_{3,3}$，都是非平面图，如图 9.4 所示。

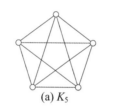

(a) K_5 (b) $K_{3,3}$

图 9.4 K_5 和 $K_{3,3}$ 都是非平面图

9.1.2   区域与边界

区域与边界

一个平面图将平面划分成若干个部分，每个部分称为一个区域。以下是区域的严格定义。

区域(region)。设 G 为一平面图(且已经是平面嵌入)，若由 G 的一条或多条边所界定的范围内不含图 G 的顶点和边，则该范围内的平面部分称为 G 的一个区域，也称为**面**(face)，记为 R。一个平面图所划分的区域中，总有一个区域是无界的，该区域称为**外部区域**(exterior region)，通常记为 R_0。其他区域称为**内部区域**(interior region)。

区域个数。将平面图所划分的平面区域个数简称为平面图的区域个数，并用 r 表示。

例如，图 9.5(a)所示的平面图，将平面分成 6 个区域，如图 9.5(b)所示，因此，该平面图的区域个数 $r = 6$。其中 R_0 为外部区域，$R_1 \sim R_5$ 为内部区域。

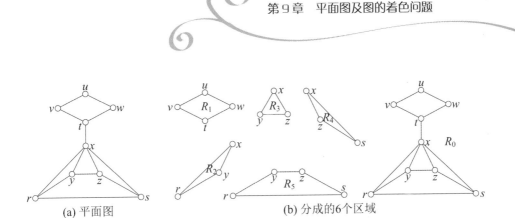

(a) 平面图　　　　　　　　　　　(b) 分成的6个区域

图 9.5　区域与边界

边界(boundary)。在一个平面图中，顶点和边都与某个区域 R 关联的子图称为 R 的边界。边界实际上是平面图的一个回路，但不一定是圈(即简单回路)。

区域的度数。 区域 R 的边界中，边的个数称为区域 R 的度数，记为 $\deg(R)$。

图 9.5(b)所示的内部区域 R_1 的边界为圈(u, v, t, w, u)，R_1 的度数为 4；外部区域 R_0 的边界为回路($u, v, t, x, r, s, x, t, w, u$)，它不是一个圈，因为顶点 t 和 x 重复了，R_0 的度数为 9。

9.1.3　极大平面图与极小非平面图

极大平面图。 设 G 为平面图，若在 G 的任意不相邻的顶点 u、v 之间加边(u, v)，所得图为非平面图，则称 G 为极大平面图。

极大平面图与极小非平面图

例如，图 9.2(c)所示的平面图就是极大平面图，该图只有一对顶点间没有边，如果加上这条边，则在图 9.2(d)中，无论这条边怎么画，总是会和某些边相交。其实加上这条边后，该图变成了 5 阶完全图 K_5，因此 K_5 是一个非平面图。

极小非平面图。 如果在非平面图 G 中任意删除一条边，所得图为平面图，则称 G 为极小非平面图。

例如，在 K_5 中，任意删除一条边后，都是平面图，因此 K_5 就是一个极小非平面图。

9.1.4　平面图的对偶图

设 G 是平面图，且已经是平面嵌入了，按照以下方式构造图 $G*$，称 $G*$ 为图 G 的**对偶图**(dual graph)。

平面图的对偶图

(1) 在 G 的区域 R_i 中放置 $G*$ 的顶点 v_i*。

(2) 设 $e \in E(G)$，若 e 是 G 的区域 R_i 和 R_j 的公共边界，则在 $G*$ 中，顶点 v_i* 和 v_j* 之间有一条边，记为 $e*$，$e*$ 与 e 相交，且 $e*$ 不与图 G 中其他边相交。

(3) 若 e 为 G 中的桥，且为区域 R_i 的边界，则在 $G*$ 的顶点 v_i* 上，存在一条自身环(v_i*, v_i*)。

例如，对图 9.6(a)所示的平面图，构造对偶图的过程和结果分别如图 9.6(b)和(c)所示。在图 9.6 中，空心圆圈为平面图 G 中的顶点，实心圆圈为对偶图 $G*$ 中的顶点。

（图略）

(a) 平面图　　　　　(b) 构造对偶图的过程　　　　　(c) 对偶图

图 9.6　平面图与对偶图

由对偶图的定义不难看出，平面图 G 的对偶图 G^* 具有以下性质。

(1) G^* 是平面图，而且在构造时各条边就互不相交，即构造时就是其平面嵌入。

(2) G^* 是连通图。

(3) 若边 e 为 G 中的环，则 G^* 中与 e 对应的边 e^* 为桥；若 e 为桥，则 G^* 中与 e 对应的边 e^* 为环。

(4) 在多数情况下，G^* 中含有较多的平行边。

9.1.5　关于平面图的一些定理

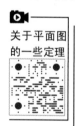

关于平面图，有以下一些定理(证明略)。

定理 9.1　若图 G 是平面图，则 G 的任何子图都是平面图。

定理 9.2　若图 G 是平面图，则在 G 中加平行边和自身环后得到的图还是平面图。

定理 9.3　平面图 G 中所有区域的度数之和等于边数 m 的两倍，即

$$\sum_i \deg(R_i) = 2 \times m \text{。} \tag{9-1}$$

定理 9.4　设 G 为 $n\,(n \geqslant 3)$ 阶简单连通的平面图，G 为极大平面图，当且仅当 G 的每个区域的度数均为 3。

根据定理 9.4 可以判定图 9.7(a)和(b)为一般平面图，图 9.7(c)为极大平面图。

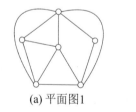 

(a) 平面图1　　　　　(b) 平面图2　　　　　(c) 极大平面图

图 9.7　平面图与极大平面图

平面图 G 与它的对偶图 G^* 的顶点数，边数和区域数有以下定理给出的关系。

定理 9.5　设 G^* 是连通平面图 G 的对偶图，n^*、m^*、r^* 和 n、m、r 分别为 G^* 和 G 的顶点数、边数和面数，则有：① $n^* = r$，$m^* = m$；② $r^* = n$；③ 设 G^* 的顶点 v_i^* 位于 G 的区域 R_i 中，则 $\deg(v_i^*) = \deg(R_i)$，即对偶图中顶点 v_i^* 的度数等于平面图中区域 R_i 的度数。

9.2　欧拉公式及其应用

9.2.1　欧拉公式

欧拉公式

欧拉在研究凸多面体时发现：凸多面体顶点数减去棱数加上面数等于 2。图 9.8 分别画出了正四面体、正六面体、正八面体和正十二面体。以正十二面体为例，其顶点(即棱角)数为 20，棱数为 30，面数为 12，即 20 − 30 + 12 = 2。

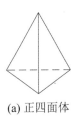

(a) 正四面体

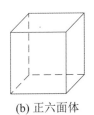

(b) 正六面体

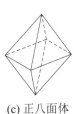

(c) 正八面体

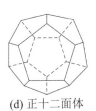

(d) 正十二面体

图 9.8　正多面体

后来欧拉又发现，连通平面图的阶数、边数、区域个数之间也存在同样的关系。这就是欧拉公式。

定理 9.6(欧拉公式)　如果 G 是一个阶为 n、边数为 m 且含有 r 个区域的连通平面图，则有恒等式

$$n-m+r=2。 \tag{9-2}$$

例如，对于图 9.5(a)所示的连通平面图，其阶为 9，边数为 13，含有 6 个区域，则 9 − 13 + 6 = 2。

定理 9.7(欧拉公式的推广)　对于具有 $k(k \geqslant 2)$ 个连通分支的平面图 G，有 $n - m + r = k + 1$。其中，n、m、r 分别为 G 的阶数、边数和区域数。

9.2.2　欧拉公式的应用

下面通过一道 ACM/ICPC 试题的分析，详细介绍欧拉公式的应用。

例 9.1　美好的欧拉回路(That Nice Euler Circuit)，ZOJ2394，POJ2284。

例 9.1

题目描述：

Joey 发明了一种名为欧拉(为了纪念伟大的数学家欧拉)的画图机器。在 Joey 上小学时，他知道了欧拉是从一个著名的问题开始研究图论的。这个问题是在一张纸上一笔画出一个图形(笔尖不离开纸面)，并且笔尖要回到起点。欧拉证明了当且仅当画出的平面图形具备以下两个属性，才能按照要求画出这种图形：① 图形是连通的；② 每个顶点度数为偶数。

Joey 的欧拉机器也是这样工作的。机器中包含了一支与纸面接触的铅笔，机器的控制中心发出一系列指令指示铅笔如何画图。纸面可以看成是无限的二维平面，也就是说，不必担心笔尖会超出边界。

开始画图时，机器发出一条指令，格式为(X_0, Y_0)，这意味着铅笔将移动到起点(X_0, Y_0)。

接下来的每条指令的格式均为(X', Y')，表示铅笔将从当前位置移动到新位置(X', Y')，从而在纸面上画出一条线段。新位置与前面每条指令中的位置都不相同。最后，欧拉机器总是发出一条指令，将铅笔移动到起点(X_0, Y_0)。另外，欧拉机器画出来的线绝不会重叠，但有可能会相交。

当所有指令发布并执行后，在纸上已经画出一个完美的图形，由于笔尖没有离开纸面，画出来的图形可以看成是一个欧拉回路。试计算这个欧拉回路将平面分成了多少个区域。

输入描述：

输入文件中至多包含 25 个测试数据。每个测试数据的第 1 行为整数 N ($N \geq 4$)，表示测试数据中指令的数目；接下来有 N 对整数，用空格隔开，表示每条指令中的位置，第 1 对整数为起点位置。假定每个测试数据中指令的数目不超过 300，所有位置的坐标范围在(-300, 300)。$N = 0$ 表示输入结束。

输出描述：

对每个测试数据，输出一行，格式为 "Case x: There are w pieces."，其中 x 为测试数据的序号，从 1 开始计起。

样例输入：
```
5
0 0 0 1 1 1 1 0 0 0
7
1 1 1 5 2 1 2 5 5 1 3 5 1 1
0
```

样例输出：
```
Case 1: There are 2 pieces.
Case 2: There are 5 pieces.
```

样例输入所描述的两个例子如图 9.9 所示。

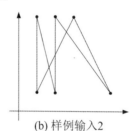

(a) 样例输入1   (b) 样例输入2

图 9.9　美好的欧拉回路

分析： 本题要根据平面图的欧拉定理 "$n - m + r = 2$" 来求解区域个数 r。

顶点个数的计算方法为：两两线段求交点，每个交点都是图中的顶点。

边数的计算方法为：在求交点时判断每个交点落在几条边上，如果一个交点落在一条边上，这条边就分裂成两条边，边数加 1。

求得顶点个数和边数后，根据欧拉定理即可求得区域个数。代码如下。

```
#define EP 1e-10
#define MAXN 90000
struct Point{              //点
    double x, y;
    Point( double a=0, double b=0 ){ x=a; y=b; }
```

```
};
struct LineSegment{      //线段
    Point s, e;
    LineSegment( Point a, Point b ) { s=a; e=b; }
};
struct Line{             //直线
    double a, b, c;
};
bool operator<( Point p1, Point p2 )
{
    return p1.x<p2.x || p1.x==p2.x && p1.y<p2.y;
}
bool operator==( Point p1, Point p2 )
{
    return abs( p1.x-p2.x )<EP && abs( p1.y-p2.y )<EP;
}
bool Online( LineSegment l, Point p )    //判断点是否在线段上
{
    return abs((l.e.x-l.s.x)*(p.y-l.s.y)-(p.x-l.s.x)*(l.e.y-l.s.y))<EP
        && (p.x-l.s.x)*(p.x-l.e.x)<EP && (p.y-l.s.y)*(p.y-l.e.y)<EP;
}
Line MakeLine( Point p1, Point p2 )      //将线段延长为直线
{
    Line l;
    l.a=( p2.y>p1.y )?p2.y-p1.y:p1.y-p2.y;
    l.b=( p2.y>p1.y )?p1.x-p2.x:p2.x-p1.x;
    l.c=( p2.y>p1.y )?p1.y*p2.x-p1.x*p2.y:p1.x*p2.y-p1.y*p2.x;
    return l;                             //返回直线
}
bool LineIntersect( Line l1, Line l2, Point &p )//判断直线是否相交,并求交点 p
{
    double d=l1.a * l2.b-l2.a*l1.b;
    if( abs( d ) < EP )  return false;
    p.x=( l2.c*l1.b-l1.c*l2.b )/d;  p.y=( l2.a*l1.c-l1.a*l2.c )/d; //求交点
    return true;
}
//判断线段是否相交
bool LineSegmentIntersect( LineSegment l1, LineSegment l2, Point &p )
{
    Line a, b;
    a=MakeLine( l1.s, l1.e ), b=MakeLine( l2.s, l2.e ); //将线段延长为直线
    if( LineIntersect( a, b, p ) )     //如果直线相交
        //判断直线交点是否在线段上,是则线段相交
        return Online( l1, p ) && Online( l2, p );
    else return false;
}
Point p[MAXN], Intersection[MAXN];
```

```
int N, m, n;
int main( )
{
    int i, j, Case=1;
    while( scanf( "%d", &N ) && N != 0 ){
        m=0, n=0;
        for( i=0; i<N; i++ ) scanf("%lf%lf", &p[i].x, &p[i].y);//输入数据
        for( i=0; i<N; i++ ){
            for( j=0; j<N; j++ ){
                LineSegment l1(p[i],p[(i+1)%N]), l2(p[j], p[(j+1)%N]);
                Point p;
                if( LineSegmentIntersect( l1, l2, p ) )
                    Intersection[n++]=p;              //记录交点
            }
        }
        sort( Intersection, Intersection+n );     //排序
        //unique 移除重复点,求得 n
        n=unique( Intersection, Intersection+n ) - Intersection;
        for( i=0; i<n; i++ ){
            for( j=0; j<N; j++ ){
                LineSegment t( p[j], p[( j+1 ) % N] );
                //若有交点落在边上,则该边分裂成两条边
                if(Online(t,Intersection[i])&&!(t.s==Intersection[i])) m++;
            }
        }
        //输出欧拉定理的结果
        printf( "Case %d: There are %d pieces.\n", Case++, 2+m-n );
    }
    return 0;
}
```

练　习

9.1　圆(Circles)，ZOJ2589。

题目描述：

考虑平面上 N 个不同的圆，它们将平面分成若干个部分。试计算这些圆将平面分成了几个部分。

输入描述：

输入文件包含多个测试数据。输入文件的第 1 行为整数 T ($1 \leqslant T \leqslant 20$)，表示测试数据的数目。接下来是 T 个测试数据，测试数据间用空行隔开。每个测试数据的第 1 行为整数 N ($1 \leqslant N \leqslant 50$)，表示圆的个数。接下来有 N 行，每行为 3 个整数 x_0、y_0、r，分别表示圆心坐标和圆的半径。所有坐标位置的绝对值 $\leqslant 10^3$，半径 $\leqslant 10^3$。任何两个圆都不重合。

输出描述：

对每个测试数据，输出一行，为一个整数 K，表示这 N 个圆将平面分成了 N 个区域。

注意，由于浮点数精度的原因，在计算时不考虑面积小于 10^{-10} 的区域。

样例输入：   样例输出：

2   3

                                           3

2

0 0 3

0 0 2

2

0 0 1

2 0 1

9.3 平面图的判定

本节介绍判定一个图是否为平面图的一些结论和定理。

定理 9.8 如果 G 是一个阶 $n \geq 3$，边数为 m 的平面图，则 $m \leq 3n - 6$。(证明略)

该定理给出了一个图是平面图的必要条件。从另一个角度看，这也是一个图是非平面图的充分条件。因此，可以得到定理 9.8 的逆否命题。

定理 9.8 的推论 1 如果 G 是一个阶 $n \geq 3$，边数为 $m > 3n-6$ 的图，则图 G 是非平面图。

根据此推论，可以判定图 9.10(a) 和 (b) 都是非平面图。其中，在图 9.10(a) 中，顶点数 $n = 7$，边数 $m = 16 > 3 \times 7 - 6$；在图 9.10(b) 中，顶点数 $n = 6$，边数 $m = 13 > 3 \times 6 - 6$。

(a) 非平面图1   (b) 非平面图2

图 9.10 非平面图

从定理 9.8 还可以得到以下推论。

定理 9.8 的推论 2 每个平面图含有一个度小于或等于 5 的顶点。

定理 9.8 的推论 3 5 阶完全图 K_5 是非平面图。实际上，5 阶以上的完全图都是非平面图。

注意： 定理 9.8 中的条件并不是充分条件。例如，对 $K_{3,3}$ 来说，由于有 6 个顶点、9 条边，因此 $3 \times 6 - 6 > 9$，即满足 $3n - 6 \geq m$，但可以证明 $K_{3,3}$ 是非平面图，从图 9.1(b) 也可以直观地看出，对 $K_{3,3}$ 来说，无论怎么画都存在相交的边。

K_5 和 $K_{3,3}$ 不是平面图这个结论可以用来判定任何一个图是否是平面图，这就是下面将要介绍的 Kuratowski 定理和 Wagner 定理。

在图 9.11 中，可以看到，在给定图 G 的边上，插入一个新的度数为 2 的顶点，使一条边分成两条边，如图 9.11(a)和(c)所示；或者对于关联于一个度数为 2 的顶点的两条边，去掉这个顶点，使两条边化成一条边，如图 9.11(b)和(d)所示，这些都不会影响图的平面性。

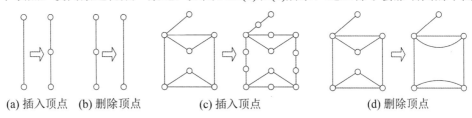

(a) 插入顶点   (b) 删除顶点   (c) 插入顶点   (d) 删除顶点

图 9.11　2 度顶点内同构的图

2 度顶点内同构：给定两个图 G_1 和 G_2，如果它们是同构的，或者可以通过反复插入和(或)去掉度数为 2 的顶点后，使得 G_1 和 G_2 同构，则称 G_1 和 G_2 是在 2 度顶点内同构的。

定理 9.9(Kuratowski 定理)　一个图是平面图，当且仅当它不包含与 $K_{3,3}$ 或 K_5 在 2 度顶点内同构的子图。

$K_{3,3}$ 和 K_5 常被称为**库拉托夫斯基(Kuratowski)图**。

另外，还可以通过收缩边来判定一个图是否是平面图。

收缩：设 e 是图 G 的一条边，从 G 中删去 e 并将 e 的两个顶点合并，删去由此得到的环边和平行边，这个过程称为边 e 的收缩。若图 G_1 可通过一系列边的收缩得到与 G_2 同构的图，则称 G_1 可以收缩到 G_2。注意，收缩边 e 并不要求 e 的两个顶点的度数为 2。

定理 9.10(Wagner 定理)　图 G 是平面图，当且仅当 G 中既没有可收缩到 K_5 的子图，也没有可收缩到 $K_{3,3}$ 的子图。

彼得森(Peterson)图可收缩到 K_5，如在图 9.12(a)中，将粗线边收缩，则彼得森图变成了 K_5。因此，根据 Wagner 定理，可以判定彼得森图为非平面图。

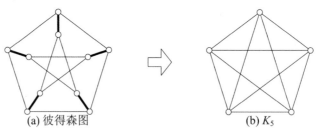

(a) 彼得森图   (b) K_5

图 9.12　彼得森图可以收缩成 K_5

9.4　图的着色问题

9.4.1　地图染色与四色猜想

与平面图有密切关系的一个图论应用问题是图的着色。图的**着色问题**起源于地图染色问题和四色猜想。例如，对图 9.13 所示的案例地图，要给每个州染色，使得任何两个相邻

地图染色与
四色猜想

的州颜色均不同。与 S_1 相邻的州有 $S_2 \sim S_7$，要使得这 7 个州中任何两个相邻的州颜色均不同，至少需要使用 3 种颜色。图 9.13 给出了一个用 3 种颜色染色的方案：S_1 染为红色(r)，S_3、S_5、S_7 染为绿色(g)，S_2、S_4、S_6 染为蓝色(b)。现在的问题是，要给所有州染色，使得任何两个相邻的州颜色均不同，至少需要使用多少种颜色？

图 9.13   地图染色

这个问题最早是由英国数学家弗朗西斯·格思里(Francis Guthrie)于 1852 年提出来的。他发现有些地图能用 3 种颜色完成染色。他也发现，对所有地图，4 种颜色就足以完成染色，但他无法证明。此后，"每张地图都能用 4 种或更少的颜色来染色"这个猜想开始以**四色猜想**(four color conjecture)而闻名，很多数学家都尝试着去证明它。四色猜想不止一次地被有的数学家宣称证明了，但又被其他数学家证明是错误的。

1976 年，美国数学家肯尼特·阿佩尔(Kenneth Appel)与沃尔夫冈·哈肯(Wolfgang Haken)在美国伊利诺斯大学的两台不同的电子计算机上，用了 1 200 个小时，作了 100 亿个判断，终于完成了四色猜想的证明，并在当年的美国数学学会的夏季会议上，向全世界宣布他们已经证明了四色猜想。值得一提的是，并不是所有的数学家都满意他们的证明。

9.4.2　图的着色

根据着色对象不同，图的**着色问题**(coloring problem)分为顶点着色、边着色和平面图的面着色。前面介绍的地图着色实际上是平面图的面着色。

图的着色

1. 顶点着色

图的**顶点着色**(vertex coloring)。给图 G(图 G 中不存在自身环)的每个顶点指定一种颜色，使得任何两个相邻的顶点颜色均不同。

如果能用 k 种颜色对图 G 进行顶点着色，就称对图 G 进行了 **k 着色**(k–coloring)，也称 G 是 **k-可着色的**(k–colorable)。若 G 是 k-可着色的，但不是(k-1)-可着色的，则称 G 是 **k 色**(k–colormatic)的图，并称这样的 k 为图 G 的**色数**(colormatic number)，记为 $\chi(G)$。所谓图 G 的**色数**，就是在对图 G 进行顶点着色时所用的最少颜色数。

关于顶点着色有以下一些结论和定理。

定理 9.11 $\chi(G)=1$，当且仅当 G 为零图(即边集 $E(G)$ 为空的图)。

定理 9.12 $\chi(K_n)=n$。

定理 9.13 奇圈的色数为 3。

定理 9.14 图 G 的色数是 2，当且仅当 G 是一个非空的二部图。

定理 9.15 对任意的图 G(图 G 中不存在自身环)，均有 $\chi(G) \leqslant \Delta(G)+1$。

定理 9.16(Brooks 定理) 设连通图 G 不是完全图 K_n，也不是奇圈，则 $\chi(G) \leqslant \Delta(G)$。

试计算图 9.14 中各图的色数。

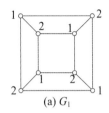
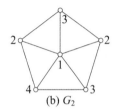
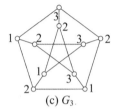
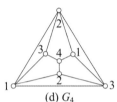

(a) G_1　　　　(b) G_2　　　　(c) G_3　　　　(d) G_4

图 9.14　图的顶点着色

由定理 1.4 可知，G_1 是二部图，而由定理 9.14 可知，$\chi(G_1)=2$。$\chi(G_2)=4$。图 G_3 是彼得森图，由 Brooks 定理可知，$\chi(G_3) \leqslant \Delta(G_3)=3$，又因为 G_3 中有奇圈，所以 $\chi(G_3) \geqslant 3$，因此 $\chi(G_3)=3$。由 Brooks 定理可知，$\chi(G_4) \leqslant \Delta(G_4)=4$，又因为 G_3 中有奇圈，所以 $\chi(G_4) \geqslant 3$，因而 $\chi(G_4)$ 为 3 或 4，但试着用 3 种颜色去着色，发现是不可能的，所以 $\chi(G_4)$ 为 4。

2. 边着色

图的**边着色**(edge coloring)：给图 G 的每条边指定一种颜色，使得任何两条相邻的边颜色均不同。

如果能用 k 种颜色对图 G 进行边着色，就称对图 G 进行了 ***k* 边着色**(*k*–edge coloring)，也称 G 是 ***k*-边可着色的**(*k*–edge colorable)。若 G 是 k-边可着色的，但不是 $(k-1)$-边可着色的，则称 G 是 ***k* 边色**(*k*–edge colormatic)的图，并称这样的 k 为图 G 的**边色数**(edge colormatic number)，记为 $\chi_1(G)$。所谓图 G 的边色数，就是在对图 G 进行边着色时所用的最少颜色数。

关于边着色有以下一些结论和定理。

定理 9.17(Vizing 定理) 对于任何一个非空简单图 G，都有

$$\chi_1(G)=\Delta(G)，\text{或 } \chi_1(G)=\Delta(G)+1。$$

Vizing 定理说明，对简单图 G 来说，它的边色数 $\chi_1(G)$ 为 $\Delta(G)$ 或 $\Delta(G)+1$，但哪些图的边色数为 $\Delta(G)$，哪些图的边色数为 $\Delta(G)+1$，至今还是一个没有解决的问题，只是对于一些特殊的图有一些结论，如定理 9.18、定理 9.19。

定理 9.18 设图 G 为长度大于或等于 2 的偶圈，则 $\chi_1(G)=\Delta(G)=2$；设图 G 为长度大于或等于 3 的奇圈，则 $\chi_1(G)=\Delta(G)+1=3$。

定理 9.19 对二部图 G，有 $\chi_1(G)=\Delta(G)$。

试计算图 9.15 中各图的边色数。因为 G_1 中无奇数长度的回路，所以它是二部图，由定理 9.19 可知，$\chi_1(G_1)=\Delta(G_1)=4$。由维津定理可知，$\chi_1(G_2)$ 为 $\Delta(G_2)=4$，或 $\Delta(G_2)+1=5$，又存在如图 9.15(b)所示的 4 种颜色的边着色，所以 $\chi_1(G_2)=4$。

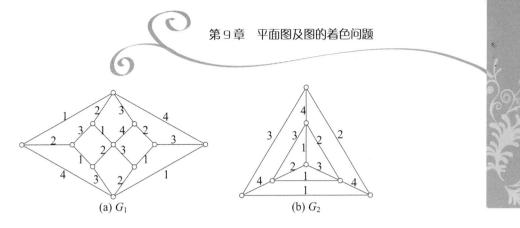

图 9.15　图的边着色

3. 地图着色与平面图的面着色

地图实际上是一种平面图。平面图的区域(即面)代表国家，边表示国家之间的边界，顶点是边界的交汇处。例如，对图 9.16(a)所示的地图，在国家边界的每个交汇处放置一个顶点，用直线或曲线沿着边界将对应的顶点连起来，就得到图 9.16(b)所示的平面图。

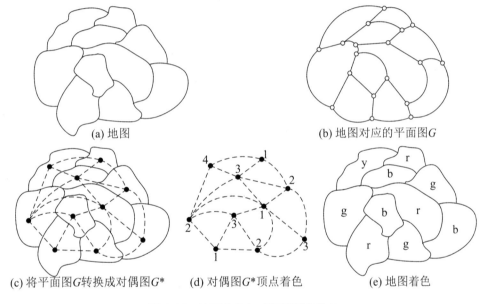

图 9.16　地图着色与对偶图顶点着色

对平面图 G 来说，它将平面分成 r 个区域(即面)，现在对每个区域染色，使得有公共边的区域颜色均不同，这种染色称为平面图的**面着色**(face coloring)。如果能用 k 种颜色给平面图 G 进行面着色，则称 G 是 **k-面可着色的**(k-face colorable)，在进行面着色时，所用最少颜色数称为平面图的**面色数**(face colormatic number)，记为 $\chi^*(G)$。

平面图的面着色可以转换成其对偶图的顶点着色，依据是下面的定理 9.20。

定理 9.20　平面图 G 是 k-面可着色的，当且仅当它的对偶图 G^* 是 k 色的图。

例如，对图 9.16(b)所示的平面图 G 转换成对偶图 G^* 的过程和结果如图 9.16(c)和(d)所示。在图 9.16(d)中，因为对偶图 G^* 存在奇圈，所以 $\chi(G^*)\geqslant 3$。图 9.16(d)给出了一种用 4 种颜色着色的方案，且不存在用 3 种颜色的着色方案，因此 $\chi(G^*)=4$。由定理 9.20 可知，原图的面色数 $\chi^*(G)=4$。图 9.16(e)在对应的地图上用红色(r)、绿色(g)、蓝色(b)和黄色(y)四种颜色进行着色。

4. 平面图面着色与四色猜想

前面已经提到过四色猜想，此处进一步描述四色猜想。

四色猜想。连通简单平面图的色数不超过4。

这个猜想于1976年由Appel和Haken宣称证明了，当然，不是所有的数学家都满意他们的证明。事实上，大部分数学家都持很高的怀疑态度，并对这个证明很不满意。这引起了关于"什么是数学证明"的许多讨论。

尽管现在四色猜想还没有被完全证明，但已经能确定的是，连通简单平面图的色数不超过5，即以下的五色定理。

定理9.21(五色定理) 连通简单平面图 G 的色数不超过5。

9.4.3 图着色的应用

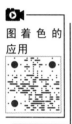

图着色的应用

图着色有着丰富的应用，第7章的例7.3(化学药品存放)和例7.4(交通信号灯设计)实际上就是求图的顶点着色。本节再举一个例子。

例9.2 考试安排问题——图的顶点着色。

某高校有 n 门选修课需要进行期末考试，同一个学生可能选修了多门课程，但他不能在同一时间段参加两门课程的考试。问该校的期末考试至少需要安排几个时间段？

例如，假设需要安排7门课程的期末考试，课程编号为1～7，已知以下课程之间有公共的学生选修：(1, 2)、(1, 3)、(1, 4)、(1, 7)、(2, 3)、(2, 4)、(2, 5)、(2, 7)、(3, 4)、(3, 6)、(3, 7)、(4, 5)、(4, 6)、(5, 6)、(5, 7)、(6, 7)。

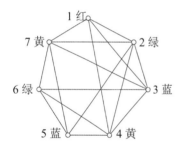

图9.17 考试安排问题

很显然，可以以课程为顶点来构图，如果两门课程之间有公共学生选修，则在这两门课程之间连边。构造好的图如图9.17所示，问题转换成求图的顶点着色，每种颜色的顶点安排在同一个时间段考试。该图的色数为4，因此需要安排4个时间段：Ⅰ－课程1，Ⅱ－课程2、6，Ⅲ－课程3、5，Ⅳ－课程4、7。

9.4.4 图着色求解算法及例题解析

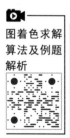

图着色求解算法及例题解析

需要说明的是，尽管有很多定理来判定图的色数、边色数，但求图的色数、边色数以及具体的着色方案并没有有效的算法。本节介绍一种求 $\chi(G)$ 的近似有效算法——**顺序着色算法**。

设图 G 的顶点数为 n，要求对图 G 进行顶点着色，步骤如下。

(1) 用 i 表示顶点序号，$i = 1$。

(2) 用 c 表示给顶点 i 着色为第 c 种颜色，$c = 1$。

(3) 对第 i 个顶点着色：考虑它的每个邻接顶点，如果都没有使用第 c 种颜色，则给顶点 i 着色为第 c 种颜色，并转第(5)步；只要有一个顶点使用了第 c 种颜色，则转第(4)步。

(4) $c = c + 1$，并转第(3)步。

(5) 若还有顶点未着色，则 $i = i + 1$，并转第(2)步，否则算法结束。

顺序着色算法实际上是采取了一种贪心策略：在给任何一个顶点着色时，采用其邻接顶点中没有使用的、编号最小的颜色。

以图 9.18(a)所示的图 G 为例，解释顺序着色算法的执行过程。在图 9.18(b)中首先给顶点 x_1 着色为第 1 种颜色；然后在图 9.18(c)中对顶点 x_2 进行着色，因为它的邻接顶点中已经使用了第 1 种颜色，所以给 x_2 着色为第 2 种颜色；在图 9.18(d)中对顶点 x_3 进行着色，因为它的邻接顶点中没有使用第 1 种颜色，所以给顶点 x_3 着色为第 1 种颜色；……；在图 9.18(h)中，对最后一个顶点 x_7 进行着色，它的邻接顶点中，使用了第 1、3 种颜色，所以给顶点 x_7 着色为第 2 种颜色，至此着色完毕，求得 $\chi(G) = 3$，并求得一个着色方案。

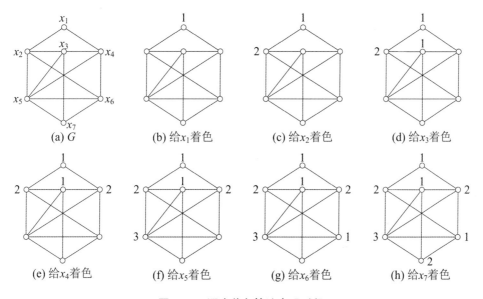

图 9.18　顺序着色算法实现过程

顺序着色算法与顶点的着色顺序有密切的关系，这就是为什么叫顺序着色算法的原因。例如，考虑图 9.19(a)所示的二部图，若按 $x_1, x_2, x_3, x_4, y_1, y_2, y_3, y_4$ 顺序执行该算法，则只需用两种颜色进行着色，如图 9.19(b)所示。但如果按 $x_1, y_1, x_2, y_2, x_3, y_3, x_4, y_4$ 顺序执行该算法，则需用 4 种颜色进行着色，如图 9.19(c)所示。因此，顺序着色算法并不一定有效。

图 9.19　顺序着色算法并不一定有效

接下来通过例 9.3，讲解有关顶点着色问题的求解和顺序着色算法的程序实现。

例 9.3

例9.3 频道分配(Channel Allocation)，ZOJ1084，POJ1129。

题目描述：

当一个广播站向一个很广的地区广播时需要使用中继器，用来转发信号，使得接收器都能接收到足够强的信号。然而，每个中继器所使用的频道必须很好地选择，以保证相邻的中继器不会互相干扰。要满足这个条件，相邻中继器必须使用不同的频道。

由于广播频率带宽是一种很宝贵的资源，对于一个给定的中继器网络，所使用频道数量应该尽可能少。编写程序，读入中继器网络的信息，计算需要使用频道的最少数目。

输入描述：

输入文件包含多个测试数据，每个测试数据描述了一个中继器网络，格式如下。

(1) 第 1 行为整数 N ($1 \leq N \leq 26$)，表示中继器的数目，中继器用前 N 个大写字母表示，例如，假设有 10 个中继器，则这 10 个中继器的名字为 $A, B, C, \cdots, J$。

(2) 接下来有 N 行，描述了这 N 个中继器的相邻关系，第 1 行描述和中继器 A 相邻的中继器，第 2 行描述和中继器 B 相邻的中继器，以此类推。每行的格式为 "A:BCDH"，表示和中继器 A 相邻的中继器有 B、C、D 和 H(按字母升序排列)。如果一个中继器没有相邻中继器，则其格式为 "A:"。

注意：相邻关系是对称的，A 与 B 相邻，则 B 也与 A 相邻；另外，中继器网络是一个平面图，即中继器网络所构成的图中不存在相交的边。

输入文件的最后一行为 $N = 0$，表示输入结束。

输出描述：

对每个中继器网络，输出一行，为该中继器网络所需频道的最小数目。

样例输入：	样例输出：
2	1 channel needed.
A:	4 channels needed.
B:	
6	
A:BEF	
B:ACF	
C:BDF	
D:CEF	
E:ADF	
F:ABCDE	
0	

分析：很明显，本题要求的是图 G 的色数 $\chi(G)$。样例输入中第 2 个测试数据所描述的中继器网络如图 9.20 所示。本题采用前面介绍的顺序着色算法求解，如在图 9.20(c)中给顶点 C 着色时，它的邻接顶点中，顶点 D 和 F 目前没有着色，顶点 B 着色为第 1 种颜色，所以给顶点 C 着色为第 0 种颜色。最终的着色方案如图 9.20(d)所示，求得的 $\chi(G)$ 为 4。

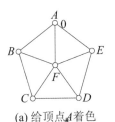
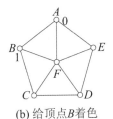
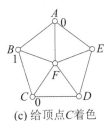
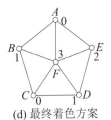

(a) 给顶点A着色　　(b) 给顶点B着色　　(c) 给顶点C着色　　(d) 最终着色方案

图 9.20　频道分配

代码如下。

```
char s[26];              //读入描述中继器相邻关系的每行字符串
int Edge[26][26];        //邻接矩阵
int n;                   //中继器数目
int ans, c[26];          //求得的顶点着色数,各顶点的颜色
int b[26];               //每种颜色使用的标志,b[1]=1表示第i种颜色已经使用了
void greedy( )
{
    int i, k;
    for( i=0; i<n; i++ ){           //给第i个顶点着色
        memset( b, 0, sizeof(b) );
        for( k=0; k<n; k++ ){       //检查顶点i的每个邻接顶点
            if( Edge[i][k] && c[k]!=-1 )  //邻接顶点k已经着色了,颜色为c[k]
                b[c[k]]=1;
        }
        for(k=0;k<=i;k++){ //k为顶点i的所有邻接顶点中没有使用的、编号最小的颜色
            if(!b[k])  break;
        }
        c[i]=k;     //给顶点i着色为第k种颜色
    }
    for( i=0; i<n; i++ ){
        if( ans<c[i] )  ans=c[i];
    }
    ans++;
}
int main( )
{
    int i, k;
    while( 1 ){
        scanf("%d", &n);
        if( n==0 )  break;
        memset( Edge, 0, sizeof(Edge) );
        for( i=0; i<n; i++ )  c[i]=-1;
        ans=0;
        for( i=0; i<n; i++ ){
            scanf( "%s", &s );
```

```
        int m=strlen(s)-2;     //与第 i 个中继器相邻的中继器数目
        for( k=0; k<m; k++ ){
            Edge[i][s[k+2]-'A']=1; Edge[s[k+2]-'A'][i]=1;
        }
    }
    greedy( );
    if( ans!=1 )  printf( "%d channels needed.\n", ans );
    else  printf( "%d channel needed.\n", ans );
}
    return 0;
}
```

练 习

9.2　图着色(Graph Coloring)，POJ1419。

题目描述：

编写程序实现，对于一个给定的图，求其最优着色图。着色时用白色或黑色给图中的顶点着色，并且任何两个相邻的顶点不能同时为黑色。最优着色图是指黑色顶点数最多的着色图。在图 9.21 中，给出一个最优着色的例子，其中包含了 3 个黑色顶点。

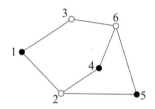

图 9.21　一幅有 3 个黑色顶点的最优着色图

输入描述：

输入文件包含多个测试数据。输入文件的第 1 行为整数 m，表示测试数据个数。每个测试数据描述了一个图，其格式为：第 1 行为整数 n 和 k ($n \leqslant 100$)，分别表示顶点数和边数；接下来有 k 行，每行为两个整数，表示一条边的两个顶点序号，顶点序号为 $1 \sim n$。

输出描述：

对每个测试数据，输出两行。第 1 行为最优着色图中黑色顶点个数，第 2 行给出了一个最优着色方案，输出黑色顶点序号，用空格隔开。

样例输入：

```
1
6 8
1 2
1 3
2 4
2 5
3 4
```

样例输出：

```
3
1 4 5
```

3 6

4 6

5 6

9.3　着色问题(Coloration Problem)。

题目描述：

Richard 是一个数学爱好者，目前正在上海度假。他对自己的研究是如此的狂热，以至于他总是把所有的事情都和数学问题联系起来。昨天黄昏，在广场散步时，广场上铺设的地板砖让他产生了灵感，想起了一道组合题目。

地板砖是一个等边三角形，边长为 1 米。如果把 4 块砖放在一起，可得到一个边长为 2 的大三角形。Richard 把 4 块砖编号为 1、2、3 和 4，如图 9.22(a)所示，然后用红、绿、蓝 3 种颜色给每块砖涂上颜色。由于相同的颜色连在一起会比较难看，所以他觉得任意两块有公共边的三角砖都不能涂上相同的颜色。他很快就算出了所有的 24 种着色方案。由于砖是有编号的，所以旋转起来或对称后看起来一样的方案也被看成是不同的。

如果用更多的三角砖组成更大的大三角形(如用 9 块砖组成边长为 3 米的，如图 9.22(b)所示；用 16 块砖组成边长为 4 米的……)，用更多的颜色去着色，方案数是多少？例如用 5 种颜色去给组成边长为 3 米的大三角形中的 9 块砖着色，方案数将会是一个很大的数字。没有计算机，Richard 不能得出最终的结果，尽管他知道如何去计算方案数。所以他要求你编写程序计算准确的方案数。

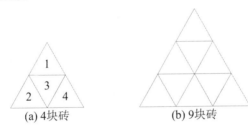

(a) 4块砖　　　　　　(b) 9块砖

图 9.22　地板砖着色问题

输入描述：

输入文件包含多个测试数据。每个测试数据占一行，为两个整数 L 和 C ($0 \leq L \leq 6$, $1 \leq C \leq 4$)，L 表示大三角形的边长，C 表示使用的颜色数。$L = 0$ 表示输入结束。

输出描述：

对每个测试数据，计算并输出着色的方案数，要求任何两个相邻小三角砖颜色不一样。如果给定的颜色数不足以按要求着色，则输出 0。

样例输入：

2 3

6 4

0 0

样例输出：

24

3470494144278528

附录 本书例题和练习题目录

本书题号	题目名称(简称)	ZOJ题号	POJ题号	备注	本书题号	题目名称(简称)	ZOJ题号	POJ题号	备注
练习3.4	修路(Constructing Roads)		2421	☆	练习4.3	运输物资(Transport Goods)	1655		☆
练习3.5	北极的无线网络(Arctic Network)	1914	2349	☆○	练习4.4	邀请卡 (Invitation Cards)	2008	1511	☆○
练习3.6	高速公路系统(Highways)	2048	1751	☆	练习4.5	青蛙(Frogger)	1942	2253	☆○
练习3.7	农场网络(Agri-Net)		1258	☆	练习4.6	电影系列题目之《决战猩球》			☆○△
练习3.8	Borg 迷宫(Borg Maze)		3026	☆○	练习4.7	最小运输费用(Minimum Transport Cost)	1456		☆○△
练习3.9	最大生成树			☆○△	练习4.8	洞穴袭击 (Cave Raider)	1791	1613	☆○
练习3.10	征兵(Conscription)		3723	☆	练习4.9	复活节假期(Easter Holidays)	3088		☆
例4.1	利用 Dijkstra 算法求有向网顶点 0 到其他各顶点的最短路径			☆	练习4.10	攀岩(Cliff Climbing)	3103		☆○
例4.2	多米诺骨牌效应(Domino Effect)	1298	1135	☆○	练习4.11	旅行费用(Travelling Fee)	2027		☆
例4.3	成语接龙游戏(Idiomatic Phrases Game)	2750		☆	练习4.12	离芝加哥 106 英里(106 miles to Chicago)	2797	2472	☆○
例4.4	利用 Bellman-Ford 算法求有向网顶点 0 到其他各顶点的最短路径			☆	练习4.13	股票经纪人之间的谣言 (Stockbroker Grapevine)	1082	1125	☆○
例4.5	套汇(Arbitrage)	1092	2240	☆○	练习4.14	Risk 游戏(Risk)	1221	1603	☆
例4.6	门(The Doors)	1721	1556	☆○	练习4.15	消防站(Fire Station)	1857	2607	☆○
例4.7	利用 SPFA 算法求有向网顶点 0 到其他各顶点的最短路径			☆	练习4.16	超级马里奥的冒险(Adventure of Super Mario)	1232		☆○
例4.8	奶牛派对(Silver Cow Party)		3268	☆	练习4.17	国王(King)	1260	1364	☆○
例4.9	昆虫洞(Wormholes)		3259	☆○	练习4.18	出纳员的雇用(Cashier Employment)	1420	1275	☆○
例4.10	利用 Floyd 算法求有向网中各顶点间的最短路径			☆	练习4.19	进度表问题(Schedule Problem)	1455		☆○
例4.11	光纤网络(Fiber Network)	1967	2570	☆○	练习4.20	母牛的排列(Layout)		3169	☆
例4.12	重型运输(Heavy Cargo)	1952	2263	☆○	例5.1	哥尼斯堡七桥问题			
例4.13	XYZZY	1935	1932	☆○	例5.2	一笔画问题			
例4.14	火烧连营(Burn the Linked Camp)	2770		☆	例5.3	旋转鼓轮的设计			
例4.15	区间(Intervals)	1508	1201	☆○	例5.4	庄园管家(Door Man)	1395	1300	☆○
练习4.1	校车路线			☆○△	例5.5	词迷游戏(Play on Words)	2016	1386	☆○
练习4.2	纽约消防局救援(FDNY to the Rescue!)	1053	1122	☆○	例5.6	多米诺骨牌			☆

续表

本书题号	题目名称(简称)	ZOJ题号	POJ题号	备注	本书题号	题目名称(简称)	ZOJ题号	POJ题号	备注
例5.7	编码(Code)	2238	1780	☆○	练习6.3	ACM计算机工厂(ACM Computer Factory)		3436	☆
例5.8	用Fleury算法输出无向图中的欧拉通路或回路			☆	练习6.4	观光旅游线(Sightseeing Tour)	1992	1637	☆○
例5.9	项链				练习6.5	唯一的攻击(Unique Attack)	2587		☆
例5.10	岛屿和桥(Islands and Bridges)	2398	2288	☆○	练习6.6	让人恐慌的房间(Panic Room)	2788		☆○
练习5.1	涂有颜色的木棍(Colored Sticks)		2513	☆○	练习6.7	项目发展规划(Develop)			
练习5.2	咬尾蛇(Ouroboros Snake)	1130	1392	☆○	练习6.8	能源(Energy)			
练习5.3	首尾相连的单词串(Catenyms)	1919	2337	☆○	练习6.9	回家(Going Home)	2404	2195	☆○
例6.1	利用前面介绍的标号法求容量网络的最大流			☆	练习6.10	最小费用(Minimum Cost)		2516	☆
例6.2	迈克卖猪问题(PIGS)		1149	☆	练习6.11	疏散计划(Evacuation Plan)	1553	2175	☆
例6.3	排水沟(Drainage Ditches)		1273	☆	例7.1	应用点支配集设置通信基站			
例6.4	最优的挤奶方案(Optimal Milking)		2112	☆	例7.2	应用点覆盖集配置小区消防设施			
例6.5	电网(Power Network)	1734	1459	☆○	例7.3	应用点独立集存放化学药品			
例6.6	双核CPU(Dual Core CPU)		3469	☆	例7.4	应用点独立集设计交通信号灯			
例6.7	伞兵(Paratroopers)	2874	3308	☆	例7.5	应用边覆盖集安排ACM竞赛题目的讲解			
例6.8	友谊(Friend ship)		1815	☆	例7.6	飞行员搭配问题1—最大匹配问题			
例6.9	求流量有上下界的容量网络的伴随网络的最大流流量、原网络最大流流量、原网络最小流流量			☆	例7.7	飞行员搭配问题2—二部图的最大匹配问题			
例6.10	核反应堆的冷却系统(Reactor Cooling)	2314		☆	例7.8	放置机器人(Place the Robots)	1654		☆
例6.11	预算(Budget)	1994	2396	☆○	例7.9	机器调度(Machine Schedule)	1364	1325	☆○
例6.12	志愿者招募			☆	例7.10	课程(Courses)	1140	1469	☆○
例6.13	卡卡的矩阵之旅(Kaka's Matrix Travels)		3422	☆	例7.11	破坏有向图(Destroying the Graph)	2429	2125	☆
练习6.1	UNIX会议室的插座(A Plug for UNIX)	1157	1087	☆○	练习7.1	Tom叔叔继承的土地(Uncle Tom's Inherited Land)	1516		☆○
练习6.2	不喜欢雨的奶牛(Ombrophobic Boviness)		2391	☆	练习7.2	女生和男生(Girls and Boys)	1137	1466	☆○

本书题号	题目名称(简称)	ZOJ题号	POJ题号	备注	本书题号	题目名称(简称)	ZOJ题号	POJ题号	备注
练习 7.3	姓名中的秘密(What's In a Name)	1059	1043	☆○	练习 8.1	电话线路网络(Network)	1311	1144	☆○
练习 7.4	空袭(Air Raid)	1525	1422	☆	练习 8.2	仓库管理员			
练习 7.5	小行星(Asteroids)		3041	☆	练习 8.3	备用交换机			
例 8.1	SPF 结点(SPF)	1119	1523	☆○	练习 8.4	筑路(Road Construction)		3352	☆
例 8.2	输出无向连通图各个连通分量			☆	练习 8.5	网络(Network)		3694	☆
例 8.3	圆桌武士(Knights of the Round Table)		2942	☆	练习 8.6	圣诞老人(Father Christmas Flymouse)		3160	☆
例 8.4	有线电视网络(Cable TV Network)	2182	1966	☆○	练习 8.7	国王的需求(King's Quest)	2470	1904	☆
例 8.5	烧毁的桥(Burning Bridges)	2588		☆	练习 8.8	瞬间转移(Instantaneous Transference)		3592	☆
例 8.6	多余的路(Redundant Paths)		3177	☆○	例 9.1	美好的欧拉回路(That Nice Euler Circuit)	2394	2284	☆○
例 8.7	求有向图的强连通分量			☆	例 9.2	考试安排问题——图的顶点着色			
例 8.8	受牛仰慕的牛(Popular Cows)		2186	☆	例 9.3	频道分配(Channel Allocation)	1084	1129	☆○
例 8.9	图的底部(The Bottom of a Graph)	1979	2553	☆○	练习 9.1	圆(Circles)	2589		
例 8.10	学校的网络(Network of Schools)		1236	☆	练习 9.2	图着色(Graph Coloring)		1419	☆○
例 8.11	从 u 到 v 或从 v 到 u(Going from u to v or from v to u?)		2762	☆	练习 9.3	着色问题(Coloration Problem)[①]			

说明：

① ZOJ，浙江大学 ACM 网站，https://zoj.pintia.cn/[2021-9-8]

② POJ，北京大学 ACM 网站，http://poj.org/[2021-9-8]

③ UVA，西班牙 Valladolid 大学 ACM 网站

④ ☆表示有解答程序　○表示有测试数据　△表示有测试数据生成程序

⑤ 部分题目名称过长，本表做了简称处理

⑥ 原题目多是英文题目，为了方便教学，本书采用的是中文，所以括号中的英文只是标明对应的英文题目

---

① UVA2029。

参 考 文 献

段凡丁，1994．关于最短路径的 SPFA 快速算法[J]．西南交通大学学报，29(2)：207-212.

高随祥，2009．图论与网络流理论[M]．北京：高等教育出版社.

耿素云，屈婉玲，2004．离散数学：修订版[M]．北京：高等教育出版社.

刘汝佳，黄亮，2004．算法艺术与信息学竞赛[M]．北京：清华大学出版社.

卢开澄，卢华明，1995．图论及其应用[M]．2 版．北京：清华大学出版社.

王桂平，冯睿，2009．计算机专业图论课程教学改革探索[J]．计算机教育，(20)：70-72.

王树禾，2009．图论[M]．2 版．北京：科学出版社.

吴文虎，王建德，1997．信息学奥林匹克竞赛指导：图论的算法与程序设计：PASCAL 版[M]．北京：清华大学出版社.

谢金星，邢文训，2000．网络优化[M]．北京：清华大学出版社.

徐俊明，1997．《图论及其应用》课程建设探索[J]．教育与现代化，(2)：41-46.

徐俊明，2019．图论及其应用[M]．4 版．合肥：中国科学技术大学出版社.

许卓群，杨冬青，唐世渭，等，2004．数据结构与算法[M]．北京：高等教育出版社.

叶淼林，余桂东，2009．图论文集[M]．合肥：合肥工业大学出版社.

殷剑宏，吴开亚，2003．图论及其算法[M]．合肥：中国科学技术大学出版社.

殷人昆，陶永雷，谢若阳，等，1999．数据结构：用面向对象方法与 C++描述[M]．北京：清华大学出版社.

张宪超，陈国良，万颖瑜，2003．网络最大流问题研究进展[J]．计算机研究与发展，(9)：1281-1292.

左孝凌，李为鑑，刘永才，1982．离散数学[M]．上海：上海科学技术文献出版社.

CHARTRAND G，ZHANG P，2007．图论导引[M]．范益政，汪毅，龚世才，等译．北京：人民邮电出版社.

HAKIMI S. L., 1962. On realizability of a set of integers as degrees of the vertices of a Linear graph [J]. Journal of the Society for Industrial and Applied Mathematics 10(3).

HAVEL V, 1955. A remark on the existence of finite graphs [J]. Casopis Pěst. Mat. (80), 477-480 (Czech).

ERDÖS PL, MIKLÓS I, TOROCZKAI Z, 2010. A simple Havel–Hakimi type algorithm to realize graphical degree sequences of directed graphs [J]. The electronic journal of combinatorics 17(1).

SEDGEWICK R，2003．C++算法：图算法[M]．3 版．林琪，译．北京：清华大学出版社.

WEST DB，2006．图论导引：原书第 2 版[M]．李建中，骆吉洲，译．北京：机械工业出版社.